Introduction to Computer Science

计算机科学导论

——以Python为舟（第3版）

沙行勉 ◎ 著

Sha Xingmian

清華大學出版社

北京

内容简介

本书是一本内容丰实、形式活泼，同时与计算机的最新发展密切结合的计算机入门教材。计算机包含了一切可以执行程序的计算设备。本书用深入浅出的语言讲解了计算机科学的基础知识。主要内容包括计算机学什么、神奇的0与1、程序是如何执行的、学习Python语言与数据库知识、计算思维的核心——算法、操作系统、并行计算、计算机网络与物联网、信息安全与机器学习。本书不仅让读者能够清楚、完整地了解如何用计算机解决问题，而且通过Python程序的巧妙演绎与动手实践，让读者切实体会到计算机科学的广博与趣味，带领读者体会计算机科学之美。

本书可作为计算机科学入门课程的教科书，也可作为广大读者理解计算机科学基本知识的科普读物及学习Python语言的参考书。

图书在版编目(CIP)数据

计算机科学导论：以Python为舟/沙行勉著. —3版. —北京：清华大学出版社，2020.10(2024.8重印)
(清华科技大讲堂)
ISBN 978-7-302-56276-4

Ⅰ. ①计… Ⅱ. ①沙… Ⅲ. ①软件工具—程序设计 Ⅳ. ①TP311.561

中国版本图书馆CIP数据核字(2020)第152955号

责任编辑：付弘宇
封面设计：刘 键
责任校对：时翠兰
责任印制：杨 艳

出版发行：清华大学出版社
网 址：https://www.tup.com.cn，https://www.wqxuetang.com
地 址：北京清华大学学研大厦A座 **邮 编**：100084
社 总 机：010-83470000 **邮 购**：010-62786544
投稿与读者服务：010-62776969，c-service@tup.tsinghua.edu.cn
质量反馈：010-62772015，zhiliang@tup.tsinghua.edu.cn
课件下载：https://www.tup.com.cn，010-83470236
印 装 者：三河市天利华印刷装订有限公司
经 销：全国新华书店
开 本：185mm×260mm **印 张**：27.75 **字 数**：671千字
版 次：2014年10月第1版 2020年11月第3版 **印 次**：2024年8月第9次印刷
印 数：52901～54900
定 价：69.80元

产品编号：089215-02

作者简介

沙行勉(Edwin Sha),博士生导师,2000年起任美国终身制正教授(Full Professor)。1986年获得台湾大学计算机科学系学士学位,1991年和1992年分别获美国普林斯顿大学(Princeton University)计算机科学系硕士学位和博士学位。1992年起任教于美国圣母大学(University of Notre Dame)计算机科学与工程系,并于1995年起担任该系副系主任和研究生部主任。2000年起作为终身制正教授任教于美国得克萨斯大学达拉斯分校(UTD)计算机科学系,2001年曾担任该校计算机科学部主任。曾任上海交通大学、山东大学、北京航空航天大学、湖南大学等高校的客座、兼任教授或博导。2012—2017年任重庆大学特聘教授和计算机学院院长。现全职任上海华东师范大学终身特聘教授。

截至2020年4月,沙教授已在相关国际学术会议及国际核心期刊上发表英文学术论文450余篇,获得各类国家级教学、科研奖项近40项,其中包括杰出青年教授奖、杰出学术发展奖、杰出教学奖,世界顶级期刊 *ACM Transactions*(*ACM TODAES*)颁发的2011年度最佳论文奖,*IEEE Transactions on Computers* 颁发的2016年度代表论文奖,以及多个国际重要学术会议的最佳论文奖。多次以大会主席身份主持国际重要学术会议。沙教授特别重视本科教学,他的教学活泼有趣,深受学生的喜爱。沙教授喜爱中国传统文化及儒释道哲学,以人才培养、教书育人为其终身兴趣及志向。沙教授著有《计算机科学导论——以Python为舟》《编程导论——以Python为舟》等教材,致力于计算机科学的基础教育。

序

笔者深信专业的基础课程对学生至关重要，应当由最优秀的教授用最好的教材来讲授，不仅能激发学生的兴趣，开拓学生的思维，更能够使学生领略“学通”的广度与“贯穿”的高度。同学们得以感受优秀教授的亲炙、熏陶，兴起对本学科高山仰止的孺慕之情，如此初学者方能端正学风，热情向学。然而笔者从事教学工作多年以来，无论中外，总觉得缺少一本合意的计算机导论教科书，能兼顾广度与高度，同时趣味盎然。凭此愿望，感谢因缘具足，得以成书。以笔者在计算机领域三十多年的科研经验和人生积累为因，著作此书，为学子们提供一本内容丰实、形式活泼的计算机导论教科书，为学子们揭示计算机科学的美与真意。笔者在2012年以国家特聘专家的身份全职回国任教，以此因缘写出这回旋已久的心声，历经了数年来第1版、第2版的完善，此次改版又补充了“机器学习概论”一章，使内容更加充实。相信各位读者在读了本书以后，将会对计算机科学建立正确而全面的认识，必将功力大增！

笔者写这本书的目的就是希望本书成为“计算机科学导论”的经典之作。信息类各专业的学生都可以把本书作为基础教材，了解计算机科学的核心知识，或在毕业前复习及补充知识，求职面试前做准备所用；非信息类专业的学生可以借助本书较为完整地理解计算机科学的相关基础知识；各个年龄层的读者都可以把它当作一本有趣又有真材实料的书去阅读。我相信本书就有这样的趣味、广度与深度，值得再三玩味。

第2版内容比第1版增加了一章“并行计算”，而本版内容比第2版又增加了一章“机器学习概论”。为了将机器学习原理和技术用深入浅出、有趣而不失严谨的方式介绍给初学者，笔者着实煞费苦心，最后成果令人欣喜。笔者认为这本书至此可以说是计算机导论教材中最全面的教材之一，包含了相关的各方面知识：计算机组织结构，数字逻辑基础，汇编语言，程序语言基础和Python，算法基础，操作系统，并行计算，网络原理，信息安全基础，机器学习等。希望读者能自行学习，多多利用本书，或合并阅读笔者的另外一本书《编程导论——以Python为舟》(ISBN 9787302505976)，相信对读者将来的相关面试、笔试，乃至于整体提高计算机素养都会大有裨益。

问曰：以何因缘写这本书

一、全世界学者普遍认为最好的大学教授应该教授最基础的大学课程，这也就是为什么诺贝尔奖获得者会去教“基础物理”或“基础化学”这类课程。计算机专业亦然。“计算机导论”课程非常重要，要给学生建立正确的概念和充足的兴趣，要让学生在第一步就有机会对这个学科的“美”有所认知，继而为今后的计算机学习打下扎实基础。“计算机导论”是计算机学科最基础的课程，不好讲。笔者的目的是要通过这本书规划出：这门课教些什么？次序为何？而且笔者认为，最好的方法是由对计算机科学之美的领悟来引导学生的兴趣。

所以窃以为,这本书对计算机教学的影响很大,虽然不好写,但是值得倾注心血把它写好。

二、编写讲授计算机导论的书,作者要具有广泛的计算机科学知识储备——了解各种程序设计语言、逻辑电路、体系结构、编译器、操作系统、算法设计、复杂度分析、计算机网络、信息安全、先进多核和分布计算系统等,进而达到“读通”的境地。并且,作者最好具有多年的教学经验,知道如何以生动活泼的方式来引导学生。笔者从 1982 年开始进入计算机科学专业读书,1988 年又进入美国普林斯顿大学计算机科学专业博士班学习,1992 年博士毕业后就一直在美国高校担任教学和研究工作,这么多年来的教学评分总是全系的最高分之一。近年来全职回国任教,深感因缘和能力的积累已经具足,决定用中文写此书以献给中国的莘莘学子。

三、“计算机导论”课程应该要让学生对编程有所认识并进行练习。传统的计算机语言,如 C、C++、Java 等,都不适合在“计算机导论”课程中使用。Python 则不同,它是一种可以快速上手的语言,虽然它功能强大(Java、C++有的功能,Python 都有),但是只要学习 Python 的一些基本功能就可以使用它,这使它成为学习计算机导论的利器。使用 Python 语言的好处是我们可以不计较程序设计语言在形式上的诸多细节和规则,从而更专心地学习程序本身的逻辑和算法,探究程序执行的过程。所以,本书中的例子都是用 Python 语言编写的。我们会深入浅出地解释一些相关的 Python 知识,让学生不需要有任何编程经验就可以练习和学习编程,其附加价值是可以经由这本书来学习 Python 的使用。因为 Python 易学易用,笔者的博士生基本都在用 Python 编程,而很少用 C++或 Java。Python 语言的发展是笔者写这本书的“增上缘”吧。

四、因缘总是不可思议。不知何时播下的种子,当有一天时机来临时就会发芽结果,而究其种子的根源实已难觅,或许这粒种子是在年轻时就已经种下了吧。笔者与众多学子一样,年轻时辄有大志,以中国读书人自居,为中华文化的衰落而忧愁,以传承圣贤之道而自勉。后攻读计算机专业,深自庆幸做了正确的选择。计算机学科与各学科之间的融通与相互印证、广博多彩的应用,再加上几十年来笔者对人生的体验和对哲学的些许领悟,使笔者深深感觉到计算机科学是美的(其实其他学科亦然,只要是钻研到甚微和通达之处的,必是如此感想吧!)。总之,觉得是时候来分享一些粗浅的心得给大家了,也希望带动各位读者多多思考,进而分享你们各自的领悟。

问曰:请解释书名

这本书的名字“计算机科学导论——以 Python 为舟”,是取其大意而简略为之。假如列出全部的意思可能就太长了:“计算机科学导论及它的美和相关的领悟——本书以 Python 为工具”。

“计算机”在此泛指一切利用程序而执行计算的系统。这个程序可以是随意改动的软件,也可以是已经固化而不能随意改动的固件或硬件。这类计算系统包含汽车、家电、机器、航空航天等各领域的智能控制系统,包含人人都有的手机系统,也包含各式各样的计算机、多核系统、分布式系统等。

而“计算机科学”是设计和应用计算机的理论、技术和工程的总括。随着时代的进步,计算机科学的范畴也越来越宽广,包含了软硬件工程、计算机网络、物联网、信息安全、大数据等相关领域。

在此笔者要特别提醒学习计算机专业的同学们，“计算机”和“计算机科学”这两个词汇在中文里常常混用而不加区分，但是用在英文中就要注意，不要引起笑话。计算机是机器，而计算机科学是门学科。假如有人问你“你的专业是什么”，你用中文回答“我的专业是计算机（或软件）”，这在中文里是通的，但是翻译为英文就不通了。你不能说“My major is Computer.”或“My major is Software.”，这样的话是不通的，因为 Computer 是机器，而不是专业，Computer Science 或 Computer Engineering 才是专业。所以你应该回答“My major is Computer Science.”或者“I study computer science.”。又如“软件学院”的英文不是“School of Software”，而可以是“School of Software Engineering”。假如不注意词汇的使用，“汽车学院”变成了“School of Automobile”，渔业学院就变成了“School of Fish”（一群鱼），那就成笑话了。因此，学科与非学科的词汇不要混淆。

“导论”是指用较为简洁的语言来论述这一学科的基本和整体的思想，从而使读者对该学科有较为正确和系统的把握。对应的英文是“introduction”，在这个词汇上，中文“导论”远胜于英文“introduction”的内涵。“导论”这个词有引导之意，而“introduction”则欠缺这个含义。这本书的目的是，除了给读者一个概括性的、深入浅出的介绍外，也要激发读者的兴趣，引导读者进行更深入的学习。

“以 Python 为舟”是“以 Python 为工具”的意思。Python 是一种很好上手的语言，例如要计算一些数值（存在于 X 数组中）的总和与它们的平均值，我们可以在几分钟内写出如下 Python 程序：

```
X = [10,4,6,9,12,92,138,26,98,21,8,98]
sum = 0
for i in X:
    sum = sum + i
print("总和是:",sum," 平均值是:",sum/len(X))   # len(X)代表 X 数组的元素个数
```

这个程序简单易懂。用循环（for 语句）重复执行加法的方式把 X 数组里的元素一一累加到 sum 里，最后用 print 来输出结果。至于这个 for 循环需要执行几次，写程序的人不需要在程序里特别写明，而是交由 Python 语言的解释器去理解。这使得程序员的负担减轻了很多。

试想用其他常用的计算机语言写这段程序，就没有这么简洁了。例如，在 C 语言里，这段 for 循环程序会是这样：

```
for (int i = 0; i < len(X); i++)
    sum = sum + X[i];
```

C++、Java 的程序写法也和 C 类似，要定义索引变量 i，并用 i 的数学式 i<len(X) 和 i++（表示变量 i 的值在每次循环时都要加 1）明确表述循环执行的次数才行。这和 Python 程序的简单易懂相比，就略逊一筹了。

这本书里用 Python 作工具来介绍计算机科学，介绍如何用计算机来解决问题，计算思维是什么，程序是如何在计算机里执行的……书中提供了很多例子，几乎所有的例子都是用 Python 语言完成的。学生能从这本书中学到如何写基本的 Python 程序。

然而笔者要在此强调的是：Python 是我们学习计算机导论的工具，不是目的！Python 语言的功能非常强大，它是功能齐全的面向对象语言（Object Oriented Programming

Language),甚至也包含了一些函数语言(Functional Programming Language)的功能,有许多复杂、有趣的特性。在编写本书时,笔者要忍住诱惑,不去讲述 Python 语言的一些复杂功能及其细节。例如,下面这两种定义 5×3 的全 0 二维数组(或列表)的方式是有差别的,差别在哪里?了解这些细节对于"计算机导论"这门课的学习是没有必要的。

```
a = [[0 for j in range(3)] for i in range(5)]
b= [[0] * 3] * 5
```

再举个例子:

```
from functools import reduce
items = [(1,1),(2,3),(9,4)]
total = reduce(lambda a, b: (1 + b[0], a[1] + b[1]), items,(1,1))
```

这类 Python 语句的句法太复杂了,对于学习计算机导论也没什么用。其实,再复杂的语句结构都可以用简单语句复合而成,没有必要用过于复杂、隐晦的语句。这门课不需要学习这些复杂而不必要的语句。

这本书里会介绍面向对象编程的基本特性,因为面向对象的概念已经成为计算机编程的常识。但是,本书不会多讲 Python 作为面向对象语言特有的复杂功能,这反而会模糊焦点。"以 Python 为舟"是套用佛学的用语。我们利用舟船来渡过大海,我们的目标是渡过大海,而不是研究舟船的颗颗螺钉和片片甲板,不要让舟船成为我们完成学习目标的障碍。在计算机导论的学习中,若以舟船渡海为喻,我们只要能掌握舟船航行的技巧就可以了。另一方面,对初学者而言,掌握 Python 的基本技巧也是门重要的学问。所谓"一通百通",学好 Python,对大家学习其他计算机语言有极大的助益。

笔者和许多用过 Python 的人一样,一开始用就马上喜欢上了 Python。学习 Python 有其独特的好处。第一,它容易上手,可以马上用来自己编程解决问题。有位在工业界多年使用 Java 和 C++语言编程的资深工程师曾说,他用了 Python 后,突然有一种"解脱感",他的话还是有些道理的吧。第二,用 Python 写程序可以让人更多地关注于创新性地解决问题的思想本质。笔者鼓励同学们提出新的想法,以较小的代价(相比其他语言)来实现想法。第三,可以建立良好的基础来学习其他语言。大家今后肯定要学习很多计算机语言,如 C、C++、Java、C#、VHDL 等,学了 Python 以后,再学习其他语言就会简单多了。

"领悟"就是感想。原来想用的书名是"谈计算机科学的美",因为太长而没有用。然而"领悟"的本意就是要说说计算机科学的美。这门学科的美体现在各个方面,有"她"应用的广泛,有"她"将科学与工程的结合,有"她"解决问题方法的理论之美,凡此种种,难以穷尽。笔者仅举一例在此描述。计算机科学是一门独特的学科,它不仅要设计出给定问题的解决方法(称为"算法"),也要研究这个问题本身的难度(复杂度)有多大。这在其他学科是很少见的。也就是它研究"问题"的本身,而不只是设计出解决问题的方案就罢了。计算机科学的"科学"之名,大体来自于对问题本身的分析吧。

以下面几个不同的问题为例,看看这些问题的难度(复杂度)的差异。例如有 n 个数,存储于 x[1],x[2],…,x[n]中,n 是个较大数,如 100 000。

问题一:求和,Sum = x[1]+x[2]+…+x[n];

问题二:排序,对 x[i]的值由小到大排序;

问题三：划分，是否存在 x[i]加起来刚好等于总和的一半。举个小例子，例如 x=[100900230021，58710120012，7，42190100005，10011]，输出的答案是 YES，因为 100900230021+7 是数组 x 中所有数总和的一半。

在现今的计算机科学知识中，我们知道上述的问题一和二都是可以快速解决的，问题二比问题一更复杂一些，但是都属于所谓“多项式时间”内可以快速解决的问题，这类问题通常是在以“秒”为单位的时间内可以用计算机解答的问题。但是问题三就不一样了，计算机科学从理论上证明这是个非常复杂的计算问题，所以到现在为止我们人类尚未找到一个快速的、“多项式时间”的解决方法。当 x 和 n 是较大数时，用现在的技术找出解答所需要的时间可能要以“世纪”为单位来计算了。一个是秒，一个是世纪，其差别是巨大的。而问题三这类的复杂计算问题实际上还有很多。问题三的最直接解法是试验所有的子集合（其实只需要试验其一半个数的子集合），看子集合内的数加起来是否刚好等于总和的一半。大家知道，n 个元素所组成的集合其子集合数量高达 2^n（2 的 n 次方）这么多。当 n 是 100 000 时，这个数是比天文数字还大的数字！然而，当 x[i]的最大值不太大时，用“动态规划”技术来解这个问题是较快且实际可行的解决方案。“动态规划”技术会在本书的第 5 章讨论。但是 x 的值很大时，动态规划的求解也要花很长的时间。

有趣的是，这些复杂问题的存在对于人类来说并不一定是坏事，信息安全的加密技术常把这类复杂计算问题用作防御信息泄露的“利器”。请看以下的问题。

问题四：因数分解。给定 Z，这个 Z 是两个 200 位的不同质数 X 和 Y 相乘而得的，求 X 和 Y 的值。举个很小的例子，例如输入是 12233883694360273618474283231，输出是 241364017659577 和 50686443708503。

这个问题是我们日常在网上交易时所用加密算法 RSA 的“武器”，因为至今没有找到能快速解这个问题的算法（已知的算法都要花几百年的时间才能算出 X 和 Y）。正因如此，黑客就没有办法快速分解 Z，而找出我们的密码 X 和 Y。也可以说，现在全球的网上金融交易、购物等人类社会的重要经济命脉，竟然就构筑在这个看似非常简单的问题四（因数分解）的复杂度上，怎不令人惊叹啊！假如某位读者有一天能找出快速求解的算法来，其影响力会是惊天动地的。

从对问题四因数分解问题的理解中延伸出来，我们的人生不也是有许多的相似之处吗？

第一，一旦相乘难分解。这两个质数是“因”，乘积是“果”。种因得果，看似简单，但是一旦得果，想要返回就困难了。所以我们一般人总是患得患失，生怕结果不尽人意，这就是苦恼的来源之一。然而具有大智慧的人是注重“因”，而不注重“果”，所谓“菩萨畏因，众生畏果”。因为“果”从“因”来，只要尽力去做“因”就是了，至于结果是什么就不必在乎了。如我们考试，重点在于准备，只要尽力去准备，就无愧于心了，而不是抱着侥幸心理来得到结果。归根结底是我们问自己：是不是尽力准备了呢？

第二，复杂的问题不是坏事。同样，我们的烦恼也不是坏事，而是可以把烦恼转化成为智慧。烦恼是智慧的种子，此话一点不假。从火中生出的莲花，才是最美的莲花。不要惧怕烦恼，而是要转化烦恼，让烦恼成为获得智慧的正面动力。聪明的你，请多想想。

问曰：请简介每章及其作用

第1章：计算机学什么。描述计算机的广泛应用，以激兴趣；讨论“计算机”是什么，以正其名；谈过去、现在和未来，以知往来；接着简述计算机系统、硬件、软件，以知其廓，辅以用Python实现的求解平方根的几种不同程序，以表算法之美。本书最大的特点就是没有虚话，第1章就直接利用实际的例子，指出计算机科学的核心。写出平方根求解的程序并不简单，本章利用Python写出三个程序。第一个程序简单但是性能不高；第二个程序利用二分法技术，效率提高不少又学习了基本算法；第三种方法最快速，利用函数微分求切线的基本数学知识，可以几步就算出精确的平方根。一步步地优化，尽显计算机科学的美。本章也将简述现在前沿的应用之一，那就是大数据的应用，用许多例子来讲述数据分析对我们社会的益处。我们也会谈论用大量数据的方式来计算圆周率的做法和对数据分析与逻辑推理的正确态度。最后讨论计算机科学的美，我们从应用和知识面的广阔这两方面来讨论。

第2章：神奇的0与1。本章介绍二进制和其他进制的转换及其原理。组成计算机的计算能力的基本元素是二进制0与1的开关，这些开关可以由0或1的控制信号来决定开或关的输出状态，开与关的输出状态又分别称为0或1。所以，输入的控制信号与开关的输出状态都可以用0或1表示。例如，输入控制信号是1时，开关状态是0；输入信号是0时，开关状态是1。开关的输出又可以变成其他开关的输入控制信号。而这许许多多简单的二进制开关就能构建出任何逻辑运算。本章会向读者展示逻辑的威力。逻辑可以实现加法运算——加法竟然是逻辑做出来的，这让一般同学较难理解。大家可以想想自己小时候是怎样学会加法的，可能大部分人是用数数法吧。但是计算机的加法器是用许多开关构建而成的，加法这个最基本的运算对于计算机而言是一系列逻辑运算的集合，这确实有趣！而在有了加法和负数的二进制表达方式后，就可以做减法了。然后，乘法也可以实现了。其实整个计算处理和控制单元都是用这些开关组成、用逻辑运算实现的，令人叹为观止。用二进制单元还可以构建出存储单元和图像单元来，把存储、计算处理，以及输入/输出单元综合起来，可以构建出无比复杂的计算系统。本章最后谈0与1的美。这一章是将来学“数字电路”“计算机组成原理”“计算机体系结构”等课程的基础。

谜语一则：沙老师问小明，有一种东西，它开了(open)就暗了，它关了(close)就亮了。请问这是什么东西？

答案是：电灯。因为电路“open”是断开，是断路。电路“close”是闭合，是通路。所以开灯的正确说法是“turn on the light”或“switch on the light”，而不是“open the light”。自然语言是很有趣的，有时候是ambiguous(模棱两可)的，有点恼人。

第3章：程序是如何执行的。任何计算机都包含中央处理器(CPU)和主存(main memory)。中央处理单元是负责计算或读取数据的，而主存是负责存储程序和数据的。本章讲述CPU如何从主存中读取一行行的程序指令(汇编语言)，所读的程序指令如何指使CPU执行计算或者去读写主存上的数据。本章通过解释汇编语言的指令及程序，清楚地描述计算机程序的执行过程、CPU与主存的关系和互动，使读者对计算机程序的工作方式有正确的认识。另外，函数调用是程序执行中最重要的知识之一，本章描述Python是如何调用函数的，接着描述执行函数调用时对于变量和返回地址的管理。本章也会描述几种最常用的程序语言，例如C、C++和Java。本章最后谈计算机程序的美。本章是将来学习计算机编程语言、计算机组成原理、编译原理和操作系统的基础。

此次改版特别配套了一个供教学用的汇编语言模拟器，名为 SEAL（Simple Educational Assembly Language），读者可以从出版社网站下载此工具。利用此工具，读者可以执行书中所描述的汇编语言程序，清楚了解函数调用时栈帧是如何建立的，以及函数内局部变量等重要知识。

第 4 章：学习 Python 语言。本章列出 Python 语言的最重要的知识。同学们只要知道这些基本 Python 知识就可以编写程序了。学习一种新的编程语言时，最先要了解的是一些常用的内置数据结构。例如，Python 的列表（list）和字典（dictionary）是很强大的，要用 Python 写程序的同学一定要熟悉列表和字典的使用。接着讲述 Python 的自定义数据结构——类（class）和面向对象编程的基本概念，我们会用一个关于学生选课、考试和算分的例子来说明面向对象编程的方式。本章是很独特的，坊间还没有任何一本 Python 书能达到我们精简、求实的目标，在短短一章中全面讲述 Python 语言的各种性能。最有用的是我们的"经验谈"，读者请多体会和学习。学任何语言（包括计算机语言）的诀窍是"多看、多写、多玩"。要多"玩弄"Python，相信 Python 比任何游戏都好玩。这一章是学习任何其他程序语言的基础。

Python 也有烦人的地方，Python 语言 v3.0 及以上版本和 v2.0 版本的有些用法不兼容。例如，在 v3.0 及以上版本中，print 后面一定要有括号，而不能用 raw_input()。所以大家在学习 Python 时，要选择 v3.0 以上版本的教程。请注意，本书使用的是 Python v3.0 以上版本。另外，Python 语言和所有语言一样，总有些不统一的规则，大家需要小心。这些确实是比较烦人的。而本书注重计算的基础知识，不会太着重于这些特例的学习。

例如，以下例子展示了一个语言的实现细节会导致程序输出结果与数学结果不一致。

```
>>> x1 = 123456789
>>> x2 = 2097657821235948841
>>> y = 19
>>> z1 = x1 * y
>>> z2 = x2 * y
>>> int(z1/y)            # int(x)代表 x 取值为整数
123456789                # 正确，等于 x1
>>> int(z2/y)
2097657821235948800  # 竟然不等于 x2！请思考要如何写使 z2/y == x2(答案见第 4 章)
```

再强调一次，本书用的是 Python v3.0 以上版本。

第 5 章：计算思维的核心——算法。本章非常重要，也是本书的亮点之一，计算机科学的美尽在此显现。一个大问题的解决方案是由分立的小问题的解构建而成的。具体而言，就是对递归概念的扎实学习。希望各位同学从现在开始都尽量用递归的方式思维，而这种思维方式是大部分同学在接触计算机算法之前很少知道的方式。例如在一个平面上，一条线可以分出两个子平面，两条线可以分出 4 个子平面，那么 n 条线最多可以分出多少个子平面？假如 $F(n)$ 是 n 条线最多分出的子平面个数，只要我们找出 $F(n)$ 和 $F(n-1)$ 的关系，这个问题就马上能解出来了。大家试试看，解答在第 5 章。

在递归的概念下，我们学习分治法和动态规划，这两个方法是解决问题最常用的方法。而在日常生活中最常用的贪心算法是有其局限性的：贪心算法很少能得出最优解来，我们不可不知。例如,从 A 地开车到 B 地,要经过多条道路,如何选择最快速的路径?贪心算法是在 A 处选择最畅通的那条路,然而,这条道路之后可能就是堵塞的道路。贪心算法只顾眼前,而不看全局,通常没有能力找到最优的全局解。本章以"老鼠走迷宫"为例,看我们如何用计算思维来轻松地解决问题。学习了计算思维后,对我们的做人、处事也会有所影响吧。本章是同学们将来学习数据结构、算法分析与设计的基础。

第 6 章:操作系统简介。操作系统是计算机教育中最重要的知识之一(此外还有算法和体系结构),学生一定要牢固地掌握操作系统的知识。不管是手机(安卓、iOS)还是计算机(Linux、Windows)都是以操作系统为硬件接口和软件平台。本章首先解释开机时系统内部经过了哪些步骤,而一个计算机系统内会有多个程序(可能几十个程序)在同时执行,然而在硬件上,只有相对较少的 CPU 核可以使用,这就需要操作系统来管理程序和所有硬件资源。操作系统的主要功能有:①管理各种外围硬件设备,例如 U 盘、网卡、键盘等,并管理文件系统;②管理程序共享的资源,例如 CPU、主存等(一个计算系统会有许多程序同时在执行或等待执行);③管理和调度多个程序的执行;④提供程序和硬件的衔接,即提供各种系统的服务和接口。同学们一定要理解操作系统的内部机制,这样将来才有能力实现一个"计算机系统"。本章也会讨论文件系统,以及 Python 是如何读写文件的。本章是将来学习嵌入式系统、网络、信息安全的基础。

第 7 章:并行计算。多核系统简言之就是一个系统可以使用多个计算和存储单元,并且在多个核之间有通信和同步的机制。并行计算是基于多核系统的软件编程技术。并行计算能够提供两个优势。第一,能充分利用多核硬件,使得执行时间大幅缩短。第二,能直接和方便地利用计算机来模拟真实多并发的情景,使得编程简化。本章讨论并行计算的基本概念,也提供了许多 Python 多进程的实例。其中有计算方差等科学运算的例子,这些例子显示并行计算能加速执行速度。在模拟情景方面,有对于商品市场考虑供给与需求的价格模拟的编程,这个例子非常有趣,对于同学们提高对经济学的理解有相当的帮助;另外有对于多部电梯的控制模拟的编程,同学们从这个例子能明了虽然每部电梯是独立运行的,但是每部电梯的运行方向及开停仍然需要其他电梯的信息。本章末会对并行计算进行较深刻的讨论,也会讲述云计算的概念。本章能打好将来学习并行计算及多核系统结构的基础。

第 8 章:计算机网络与物联网。计算机网络是个非常复杂的系统,当我们在 QQ 上发送一个笑脸给对方,这个笑脸的传递要经过层层的转换和编码,经过环环的连接和控制,其复杂的程度可以说是人类科技文明的高度展现。本章简洁地介绍各个网络的层面,学完本章将会对计算机网络有一个正确而全面的认识。另外,本章介绍网页的原理、网页访问的流程、静态和动态网页的差别,举出网页制作的实例。本章将是学习计算机网络课程和网页制作课程的基础。

互联网的触角不断延伸,逐渐渗透到我们的日常生活中,从而催生出一种新型的网络——物联网(Internet of Things)。物联网被认为是以物品为载体,通过射频识别等技术传感设备与互联网建立连接,从而实现物与物之间的互连。在物联网的时代,每一个物体都可以寻址,每一个物体都能实现通信,每一个物体都能控制。这样的物联网时代将让我们充满期待。本章所介绍的物联网将是物联网相关专业课程的基础。

近年来计算机网络的发展给人类文明与商业模式带来巨大的改变,通常我们身处在这个改变中而不自知。我们理所当然地习惯了这些改变,信息在网上得知,购物在网上交易,娱乐在网上享受，朋友在网上结交……当我们把情感的交流诉诸网络，人与人之间的交流好像是快了，但是深层的感觉又好像远了，交流中多了即时反应的只言片语，而少了静下心来的沉淀、积累。很多人好久没有在深夜花几小时写封沉甸甸的信给远方的亲人了吧？

第 9 章：信息安全。信息安全这门课是笔者最喜欢讲授的课程之一。它的内容很有趣。一方在进攻，另一方在防守。我们要全面地了解各种黑客进攻的手段，才能较完整地学习各类防御的技术。本章首先谈计算机的常见威胁，包含客户端的威胁、服务器端的威胁和网络上的威胁。接着讨论各类安全技术。对信息安全而言，最重要的是密码学，因为密码学是很多防御方法的理论基础。例如 A 要发送一个信息 M(如信用卡密码)给 B，我们怎么知道信息 M 在中途有没有被人改动过？这就需要密码学的技术。B 收到 M 后怎么知道这个 M 是从 A 来的？这也需要密码学的技术。我们怎么保证 M 的原文在途中没有被人偷看？这同样需要密码学的技术。

入侵检测、防火墙、网络安全、杀毒软件、系统安全都会在本章讨论，对新型的手机系统安全也会涉及。最后，我们谈谈对信息安全的领悟。本章和前面各章的集合都是信息安全专业的基础。

第 10 章：机器学习概论。本章是第 3 版所独有的。人工智能已经发展多年，机器学习作为人工智能的重要分支，近年来取得了突出的成果。对于某些应用，较容易取得相关数据作为“训练集”，利用训练集来调试特定函数模型内的系数，使得函数的计算结果能与事实相符，这种技术称为机器学习。基于不同的函数模型，有不同的机器学习技术。本章详细介绍几种重要的机器学习技术，有基于线性代数的函数模型，有基于概率的数学模型，有简单神经网络模型，有多层次神经网络模型，等等。由于原理复杂、多样，要如何深入浅出、清楚地解释原理，笔者煞费苦心。本章所有的程序都是利用 Python 完成的。同学们需要知道，学习本章最重要的是理解机器学习的原理，然后再做编程实验，不要舍本逐末。市面上专注于 Python 编程的机器学习书籍有些本末倒置。同学们也应该了解，机器学习并不等于人工智能，而只是人工智能的一部分。人工智能的发展还有着漫漫长路，我们一起共同努力吧。

问曰：这本书如何作为教材

这本书是以“计算机导论”课程的教材为目标而编写的，内容非常丰富，适用于各种学时数量的课程。笔者建议讲授时宁慢勿快。不要只是单方面传授，不要“填鸭”，要营造活泼的课堂气氛，引导学生学习，多在课堂上讨论，多问学生问题。相信老师们在教这门课时会对计算机科学产生更多的心得和体会吧。

笔者自 1992 年在美国高校任教以来，以教学为乐，常年在美国高校课堂上被学生评为教学最好的老师之一。在课堂上与学生的互动很多，会准备很多有趣又重要的问题来问学生，效果很好。也会给学生布置较多的作业和有趣的、需要动手的课程设计项目，不怕他们“开夜车”，要他们花时间完成作业。老师在关怀学生的同时需要严格要求。学生是聪明的，他们知道这位老师是花时间和精力来教导他们，他们会感激这样的老师。中国的莘莘学子长年受应试教育的“摧残”，尤其是一些大一学生，可能还是以应试为目的，老师不划重点就不知道重点，没有大考小考就没有学习的动力。所以笔者的建议如下：

(1) 要让学生知道，这门课是他们学习计算机科学最重要的一门课！只有多花工夫才行。

(2) 多一些随堂小考试。这些随堂考试可以达到点名的目的,也可以督促他们的课后阅读与学习。

(3) 书里的所有程序都要求学生去试验,要求学生去改进,要求学生去“玩”编程。

(4) 上课要有趣味,不要“教死书”。要旁征博引,多互动。上起课来要收放自如,先提核心,引起疑情,不讲答案;如侦探小说一般,先埋设疑点,再铺陈开来,以激发学生寻求解答的好奇心;条理分明,多些例子;气氛活泼,多些互动。到了讲台上就要潇洒点,这潇洒是来自于自己的学识、素养和充分的准备。

(5) 及早、定期地给学生布置作业。学期刚开始要多布置点作业,让学生养成好习惯,知道这门课的压力大,他们才会预留多点时间给这门课。作业分两种,一种是理论型的作业,一种是要动手完成的作业,可以分别布置。建议早点给学生布置作业,第一个星期也不嫌早。学期一开始就要给学生提出正确的学习方法和要求。所谓“一鼓作气,再而衰,三而竭”。

“计算机导论”课程是计算机专业课程体系的第一门课,至为重要,最好有实验课配合教学。例如配置实验课,包含 Python 编程。本书的前 6 章最为基础,需要花较多的时间。如果学时不够的话,后几章可以略去,或者第二学期再上或让学生自行阅读。

可选择的课时安排如下:第 1 章 4～6 学时;第 2 章 6～8 学时;第 3 章 6～8 学时(配合汇编语言 SEAL 工具);第 4 章 6～8 学时(若有实验课,可在实验课上讲授,总之有机会就让学生多动手);第 5 章 6～8 学时;第 6 章 4～6 学时;第 7～10 章各 6～8 学时。让学生清楚掌握前 6 章的内容,这门课的教学就算是成功了!其实这本书的内容足够作为两学期课程的内容,由授课老师酌量教学。

建议老师、同学们参考和阅读笔者的另外一本书《编程导论——以 Python 为舟》,两本书一起研读收效更大。在笔者任教的华东师范大学,同学们就是学习这两本书,大一上学期结束前,同学们的期末大作业就可以自行设计和开发游戏,用 Python 编程实现所设计的游戏,撰写报告和使用手册并进行现场演示,其成果令人欣喜。同学们充分掌握了计算机科学的核心知识,并对计算机科学产生了极大兴趣,这就是身为老师的欣喜之处吧。

本书里还有三位代表性人物:“小明”是位活泼好问的学生,“阿珍”是位认真负责的研究生助教,而“沙老师”代表笔者和授课老师。他们在本书中的问答还是有些深意的。

感谢

要感谢的人很多。首先感谢我的家人——我的妻子诸葛晴凤教授和我的女儿沙奕兰。她们的支持和鼓励,使我可以花时间和精力来完成这本书。为了这本书,我时常工作到深夜,谢谢家人的体谅和我妻子对撰写这本书的实质性帮助。除了家人外,还有我所在大学的研究团队,他们在汲汲于科研之时,还要帮助我来撰写这本书,我很感激。我们心中抱持的信念是一致的,那就是写出一本最好的计算机导论的书。整本书的内容和例子都是基于我的想法组织而成的,书中的大部分 Python 程序都是我自己编写和调试的。这本书是我们花心血写成的,然而疏漏之处在所难免,我们会持续改进,所谓任重而道远,此之谓矣。我们已经在规划今后的新版和辅助内容,肯定会越来越好。

目 录

第 1 章 计算机学什么 …… 1

1.1 探索黑匣子——从一个程序谈起 …… 2

1.1.1 探索黑匣子之计算机硬件 …… 2

1.1.2 探索黑匣子之计算机软件 …… 3

1.1.3 探索黑匣子之操作系统 …… 4

1.1.4 计算机系统的层次 …… 4

1.2 计算机编程的基本概念 …… 7

1.2.1 初窥高级语言 …… 7

1.2.2 乘 Python 之舟进入计算机语言的世界 …… 9

1.2.3 活学活用——运用 Python 的基本功能解决数学问题 …… 14

小结 …… 16

1.3 计算机核心知识——算法 …… 17

1.3.1 算法的重要性 …… 17

1.3.2 解平方根算法一 …… 18

1.3.3 解平方根算法二 …… 20

1.3.4 解平方根算法三 …… 21

小结 …… 23

1.4 什么是计算机 …… 24

1.4.1 历史上的计算机 …… 24

1.4.2 嵌入式系统 …… 25

1.4.3 未来的计算机 …… 27

小结 …… 29

1.5 计算机前沿知识——大数据 …… 29

1.5.1 数据 …… 29

1.5.2 大数据 …… 30

1.5.3 大数据的应用 …… 30

小结 …… 33

1.5.4 对数据和逻辑的正确态度——沙老师的话 …… 33

1.6 计算机科学之美 …… 36

1.6.1 无处不在的计算机 …… 36

1.6.2 计算机学科本身包含的知识面之广 …… 38
本章总结 …… 40
习题 1 …… 41

第 2 章 神奇的 0 与 1 …… 42

2.1 进位制的概念 …… 42
小结 …… 44
2.2 不同进制间的转换 …… 44
2.2.1 二进制数转换为十进制数 …… 45
2.2.2 十进制数转换为二进制数 …… 47
2.2.3 二、八、十六进制的巧妙转换 …… 50
小结 …… 51
2.3 计算中的二进制四则运算 …… 52
2.3.1 无符号整数与加法 …… 53
2.3.2 乘法与除法 …… 53
2.3.3 带符号整数的减法 …… 54
2.3.4 浮点数 …… 57
小结 …… 58
2.4 一切都是逻辑 …… 60
2.4.1 什么是逻辑运算 …… 60
2.4.2 电路实现逻辑(课时不足时,可不讲本节) …… 61
2.4.3 用逻辑做加法 …… 63
2.4.4 加法与控制语句 …… 68
小结 …… 68
2.5 计算机中的存储 …… 69
2.5.1 数据的存储形式 …… 70
2.5.2 存储设备 …… 74
小结 …… 76
2.6 谈 0 与 1 的美 …… 77
2.6.1 简单开关的无限大用 …… 77
2.6.2 二进制逻辑的神奇妙用 …… 77
2.6.3 “亢龙有悔”和“否极泰来” …… 78
2.6.4 “若见诸相非相,即见如来” …… 79
习题 2 …… 80

第 3 章 程序是如何执行的 …… 83

3.1 引例 …… 83
3.2 a=a+1 的执行过程 …… 84
3.2.1 分解 a=a+1 的执行步骤 …… 84

3.2.2 CPU 中的核心部件 …… 84
3.2.3 汇编指令的概念 …… 85
3.2.4 a=a+1 的完整执行过程 …… 87
小结 …… 89
3.3 控制结构的执行 …… 89
3.3.1 if-else 选择语句 …… 90
3.3.2 分支跳转指令 …… 90
3.3.3 if-else 选择语句的执行 …… 91
3.3.4 while 循环语句的执行 …… 93
3.3.5 for 循环语句的执行 …… 94
小结 …… 95
3.4 关于 Python 的函数调用 …… 95
3.4.1 函数的基本概念 …… 96
3.4.2 Python 函数入门 …… 97
3.4.3 局部变量与全局变量 …… 98
小结 …… 102
3.5 函数调用过程的分析 …… 102
3.5.1 返回地址的存储 …… 103
3.5.2 函数调用时栈的管理 …… 105
3.5.3 SEAL 中函数调用栈帧的建立 …… 111
小结 …… 119
3.6 几种通用的编程语言 …… 119
小结 …… 124
3.7 对计算机程序的领悟 …… 125
3.7.1 清晰的语义 …… 125
3.7.2 严谨的逻辑 …… 126
3.7.3 巧妙的结构 …… 126
3.7.4 智能是程序计算出来的 …… 127
小结 …… 129
习题 3 …… 129

第 4 章 学习 Python 语言 …… 134

4.1 简洁的 Python …… 134
4.2 Python 内置数据结构 …… 135
4.2.1 Python 基本数据类型 …… 135
4.2.2 列表 …… 138
4.2.3 再谈字符串 …… 143
4.2.4 字典——类似数据库的结构 …… 145
4.3 Python 赋值语句 …… 150

4.3.1 基本赋值语句 …… 150
4.3.2 序列赋值 …… 151
4.3.3 扩展序列赋值 …… 151
4.3.4 多目标赋值 …… 152
4.3.5 增强赋值语句 …… 152
4.4 Python 控制结构 …… 153
4.4.1 if 语句 …… 153
4.4.2 while 循环语句 …… 155
4.4.3 for 循环语句 …… 158
4.5 Python 函数调用 …… 161
4.6 Python 自定义数据结构 …… 168
4.6.1 面向过程与面向对象 …… 169
4.6.2 面向对象基本概念——类与对象 …… 169
4.7 基于 Python 面向对象编程实现数据库功能 …… 171
4.7.1 Python 面向对象方式实现数据库的学生类 …… 172
4.7.2 Python 面向对象方式实现数据库的课程类 …… 173
4.7.3 Python 创建数据库的学生与课程类组 …… 173
4.7.4 Python 实例功能模拟 …… 174
4.8 有趣的小乌龟——Python 之绘图 …… 175
4.8.1 初识小乌龟 …… 176
4.8.2 小乌龟绘制基础图形 …… 176
4.8.3 小乌龟绘制迷宫 …… 178
习题 4 …… 181

第 5 章 计算思维的核心——算法 …… 184

5.1 计算思维是什么 …… 184
小结 …… 189
5.2 递归的基本概念 …… 189
小结 …… 195
5.3 分治法 …… 196
小结 …… 202
5.4 贪心算法 …… 202
小结 …… 205
5.5 动态规划 …… 206
小结 …… 217
5.6 以老鼠走迷宫为例 …… 217
小结 …… 221
5.7 谈计算思维的美 …… 221
5.7.1 递归思想的美 …… 223

5.7.2 计算思维求解问题的基本方式的美…… 224
5.7.3 问题复杂度的研究之美…… 225
习题 5 …… 227

第 6 章 操作系统简介…… 231

6.1 计算机的启动 …… 232
6.1.1 启动自检阶段…… 232
6.1.2 初始化启动阶段…… 232
6.1.3 启动加载阶段…… 232
6.1.4 内核装载阶段…… 233
6.1.5 登录阶段…… 234
6.2 认识操作系统 …… 237
6.3 操作系统对硬件资源的管理——硬件中断与异常 …… 238
6.3.1 操作系统对 I/O 设备的管理——硬件中断 …… 238
6.3.2 操作系统对 CPU 的管理——硬件中断 …… 240
6.3.3 操作系统对内存的管理——"异常"中断…… 242
6.4 操作系统对应用程序提供较安全可靠的服务——软件中断 …… 243
6.4.1 内核态与用户态…… 243
6.4.2 系统调用——软件中断…… 246
6.4.3 常用系统调用…… 246
6.4.4 系统调用实例：read 系统调用…… 247
6.5 操作系统对多运行环境的管理 …… 248
6.5.1 进程…… 249
6.5.2 进程状态…… 249
6.5.3 进程调度…… 250
6.6 文件系统 …… 252
6.6.1 文件基本概念…… 252
6.6.2 目录树结构…… 253
6.6.3 Python 中的文件操作 …… 254
6.6.4 学生实例的扩展…… 256
习题 6 …… 259

第 7 章 并行计算…… 261

7.1 并行计算简介 …… 261
7.1.1 并行计算能加速程序执行…… 262
7.1.2 并行计算的基本概念…… 264
7.1.3 并行计算的难点——进程间通信…… 265
7.1.4 并行计算能模拟现实中的复杂情况…… 266
7.2 多进程编程 …… 267

7.2.1 多进程编程在 Python 中的实现 …… 267
7.2.2 牛刀小试——使用多进程加快求解问题的速度…… 271
7.3 进程通信 …… 273
7.3.1 共享内存的基本概念…… 273
7.3.2 共享内存的 Python 实现 …… 274
7.4 多进程编程实例 …… 275
7.4.1 方差计算的多进程实现…… 276
7.4.2 N 阶矩阵与 N 维向量相乘的多进程实现 …… 279
7.4.3 基于价格波动的生产者决策模拟…… 280
7.4.4 电梯运行与调度模拟…… 288
7.5 利用多核进行并行计算的思考 …… 296
7.5.1 没有智慧的计算就是浪费…… 296
7.5.2 能自己做就自己做,不要总是请示协调 …… 296
7.5.3 让大家共享多核,有福同享就是云计算 …… 297
7.5.4 分布式计算也是多核计算…… 298
习题 7 …… 299

第 8 章 计算机网络与物联网…… 301

8.1 无远弗届的网络 …… 301
小结 …… 305
8.1.1 物理层(Physical Layer) …… 305
小结 …… 307
8.1.2 数据链路层(Data Link Layer) …… 308
小结 …… 309
8.1.3 网络层(Network Layer) …… 310
小结 …… 314
8.1.4 传输层(Transport Layer) …… 315
小结 …… 318
8.1.5 应用层(Application Layer) …… 319
小结 …… 320
8.2 Web=? …… 320
8.2.1 一个简单网页的代码…… 320
小结 …… 321
8.2.2 网页访问流程…… 321
小结 …… 323
8.2.3 网页的动静之分…… 323
8.2.4 网站用什么说话…… 324
小结 …… 326
8.2.5 关于本地计算机上的一个小网页…… 327

8.3　对计算机网络的领悟 …… 328
8.4　初窥物联网 …… 330
8.4.1　未来生活中的物联网 …… 331
8.4.2　智能家居 …… 331
8.4.3　智能交通 …… 331
8.4.4　医疗物联网 …… 334
8.4.5　物联网相关技术 …… 335
小结 …… 337
习题 8 …… 337

第 9 章　信息安全 …… 339

9.1　引言 …… 339
9.2　常见威胁 …… 341
9.2.1　网络的威胁 …… 342
9.2.2　恶意软件 …… 344
小结 …… 352
9.2.3　拒绝服务 …… 352
9.3　措施和技术 …… 354
9.3.1　密码学 …… 354
小结 …… 363
9.3.2　防火墙 …… 363
9.3.3　入侵检测 …… 365
9.3.4　网络安全 …… 367
9.3.5　系统安全 …… 368
9.3.6　杀毒软件 …… 369
9.4　手机病毒 …… 369
9.5　硬件安全：木马电路与旁道攻击 …… 371
9.5.1　硬件木马 …… 371
9.5.2　旁道攻击 …… 373
9.6　谈信息安全之美 …… 374
习题 9 …… 375

第 10 章　机器学习概论 …… 377

10.1　人工智能与机器学习简介 …… 377
10.1.1　人工智能简介 …… 379
10.1.2　Alpha-Beta 剪枝搜索 …… 381
10.1.3　机器学习简介 …… 383
10.2　最小二乘分类器 …… 386
10.3　Logistic 分类器 …… 394

10.4 朴素贝叶斯分类器 …… 399
10.5 人工神经网络 …… 406
10.6 深度学习 …… 411
习题 10 …… 416

参考文献 …… 418

第1章 计算机学什么

计算机的应用已经渗透到社会的各个领域，改变着人们的工作、学习和生活方式，推动着社会的发展。每一个人都应该学习计算机，然而这要分成两个层面来说。对一般人而言，学会如何有效地使用计算机，是生活于现代信息时代的基本要求。而对信息技术(Information Technology，IT)专业的人员而言，所要学习的知识和需要掌握的技术远远多于一般人对计算机科学知识的需求。我们要学习如何设计软件和硬件系统，如何分析数据及做出决断，进而学习如何优化设计，如何确保设计是正确、有效、安全并且是符合设计要求的。这涉及一系列计算机专业的学科内容，需要我们从学习计算机软件、硬件、操作系统、网络、算法、信息安全等计算机科学的基本知识开始。这些基本知识实际上是计算机科学的基本脉络，触及计算机科学的本质，是计算机专业人员的"内功"。

现代IT科技产业是推动世界经济的主动力，是主要的创新源泉。中国和世界的IT产业急需高水平的计算机专业人才。在学习计算机科学的知识的过程中，需要有能形成组织体系的知识积累和持续不断的动手实践。笔者在美国和中国等地从事计算机教学20多年，深感很多学生在毕业时仍然对计算机科学没有整体而连贯的理解，也就是说，对计算机的知识没有学"通"，学生也常常为此感到难过和惭愧(做老师的也应该感到难过和惭愧)。追根溯源，从第一门课——"计算机导论"开始，学生就学得迷迷糊糊、一知半解。一方面，刚刚结束高中阶段的学习，学生习惯于高考前养成的被动学习方式。进入大学，开始接触到计算机学科，可能不习惯大学里主动学习和动手实践的学习方法(大学里没有划重点、题海战术这类方式)。另一方面，也可能是教材本身的问题。因此，要让学生转换学习习惯和学习思维，快速适应大学的学习和生活，"计算机导论"这第一门课至关重要！这本书作为学习计算机科学的入门书籍，同时也作为将来很多计算机课程的基础教程，将带领大家走进计算机科学绚烂的殿堂，进而领略计算机的美。

本章的1.1～1.3节介绍计算机系统最基本的概念、计算机程序设计的基础知识，并以一个解平方根程序为例，讲解三种不同的算法和Python程序。通过计算效率的对比，就可以看出计算机科学的根本在于设计解决问题的方法，而作为计算机专业的学生，就是要学习这一系列设计的方法。1.4节简要回顾计算机发展历史，介绍现代计算机科学，对现代观念中的计算机做出解释。1.5节介绍计算机领域一个热门的话题——大数据。最后，1.6节归纳总结计算机科学的美。

沙老师：殿堂给你造好了，归根结底，你还是得要自己打开门，自己走进去。

1.1 探索黑匣子——从一个程序谈起

对于普通的计算机使用者,程序就像是一个黑匣子。当这个程序的黑匣子获得一个输入,它就按照事先定义好的变换规则,对输入进行变换,得到结果并输出。所以,普通用户只需要了解黑匣子的输入格式,就能使用黑匣子所提供的功能。

如图 1-1 所示,该黑匣子的输入是一个实数 C(例如实数 9),所实现的功能(事先定义好的变换规则)是对输入的实数进行开算术平方根运算,最终输出 C 的算术平方根(即实数 3)。

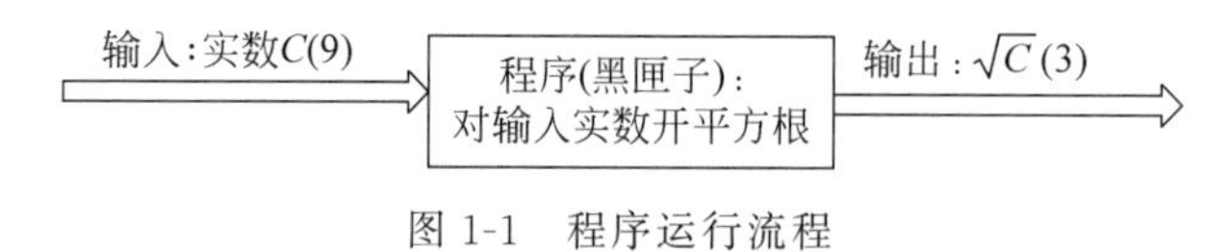

图 1-1　程序运行流程

作为普通用户,不需要了解黑匣子的内部结构,只需要知道怎么使用这个黑匣子就可以了。这是把计算机作为一个快速、方便、精确的工具来学习。而对于计算机专业学生,仅仅知道黑匣子的功能和使用方法是远远不够的。这就需要同学们一步一步打开这个黑匣子,探索和了解其内部的构造,从而进一步设计具有个性功能的、属于自己的黑匣子。

本节将逐步为同学们揭开黑匣子的神秘面纱。

1.1.1 探索黑匣子之计算机硬件

图 1-1 显示了实现开平方根运算的程序在逻辑上的运行流程。在程序实现过程中,从输入、运算到输出,同学们可能有一些疑问,比如,用户怎么给定输入值,输入值又将存放在黑匣子的什么位置?又比如,黑匣子的整个运算过程是谁在控制?黑匣子运算的结果又将输出或者存储到什么位置?

以上所有问题答案可以归结到两个字:硬件。所有的操作都离不开计算机硬件。硬件多种多样,根据不同功能,又可以划分为以下几类。

(1) 输入设备,如键盘、鼠标;

(2) 存储设备,如内存、硬盘;

(3) 运算控制设备,如中央处理器(Central Processing Unit,CPU);

(4) 输出设备,如显示器。

以图 1-1 的黑匣子为例,输入数据在硬件上的逻辑流动过程为:首先,用户从键盘上输入实数 C,操作系统将实数 C 传送到内存;然后,黑匣子内部的中央处理器对输入数据进行运算并得到结果;最后,运算结果输出并通过显示器显示。在这个过程中涉及的数据传输都是通过总线完成的。这样,黑匣子的硬件部分就部署好了,如图 1-2 所示。

了解黑匣子中硬件的部署之后,就能清楚地认识到数据在程序运算过程中的传输与计算流程。但是,仅有这些硬件,计算机仍然不能对输入的实数 C 进行开平方根运算。因为硬件无法自我完成和实现用户的需求,硬件本身并不知道黑匣子要完成的功能,并不能读懂自然语言“对输入实数求平方根”所表示的意思。那么,程序这个黑匣子中就需要有这样一个部件,它专门将用户需求转换为硬件能够看懂的语言,同时也控制着硬件的操作步骤和顺序。

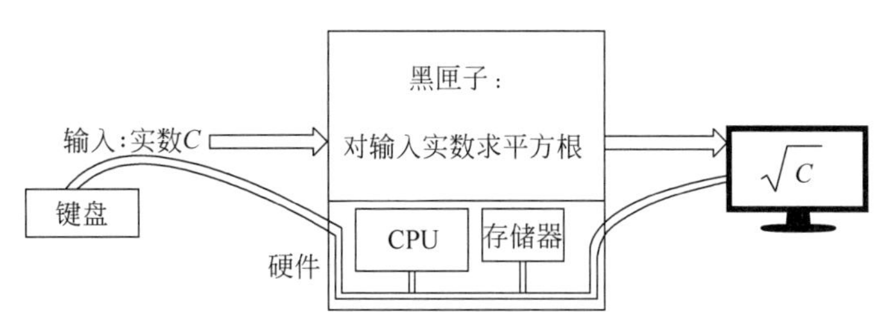

图 1-2　程序执行的硬件支持

1.1.2　探索黑匣子之计算机软件

对于一个高中生，如果需要他求解实数 9 的算术平方根，他会运用已学过的知识，在头脑中进行一系列的运算过程，然后告诉你答案是 3。

对于计算机而言，CPU 是其大脑，而计算机语言(Programming Language)会控制 CPU 按步骤执行任务。例如，要让计算机实现求算术平方根的运算，计算机语言就需要告诉计算机这样的信息：首先，从输入设备读入一个实数，存储在存储器的 1000 号单元；然后，做求平方根运算，在此运算函数简记为 do_sqrt(这是一个已经存储在计算机里面的写好的程序，它只执行求平方根的运算步骤)；最后，将运算结果输出到显示器上显示(或者输出到打印机打印结果，或者输出到扩音机念出结果，等等)。这些指示 CPU 进行操作的语言称为程序语言，每一个步骤称为一条指令，一个程序(或称为软件)由若干条指令组成。在程序执行过程中，所有指令将会被存储在存储器中，然后 CPU 按照顺序逐条执行这些语句，如图 1-3 所示。

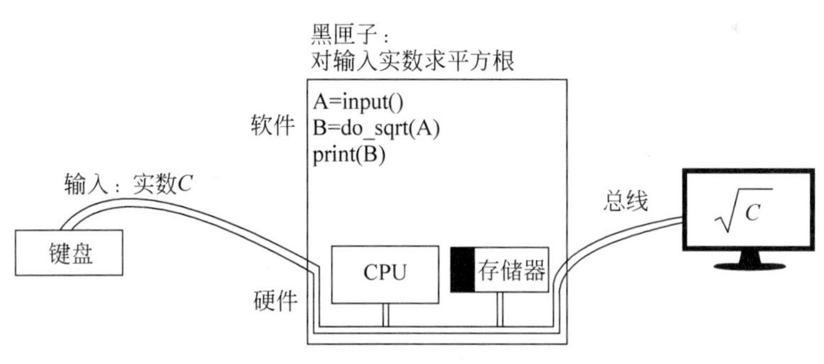

图 1-3　程序语言控制硬件

在程序执行的这个黑匣子中，软件用于描述用户的需求，硬件则用于实现用户的需求。但是，软件与硬件之间的衔接和交互的实现，还需要其他器件的帮助。从图 1-3 中可以看到，写好的程序要被加载到存储器中，CPU 才能通过总线读到这个程序。在程序的执行过程中，软件指令可以让 CPU 做加减乘除等基本的算术和逻辑运算，也可以让 CPU 从存储器上读写数据或指令，但是，一般我们所写的程序指令不能直接控制除 CPU 和存储器之外的、其他与黑匣子协同工作的硬件。例如，从键盘接收输入数据，或是让显示器显示计算结果，或是让扩音器发出声音，或是从网络接收数据，或是从外接的硬盘和 U 盘读写数据等。因此，计算机系统一般都需要一个中间层次来衔接计算机用户所写的软件与黑匣子里的硬

件(或是与黑匣子相连的硬件接口),起到为软件提供服务、控制硬件工作的作用。这个特殊的层次就是操作系统。

1.1.3 探索黑匣子之操作系统

有了存储器、CPU 等硬件,再结合控制这些硬件的程序,计算机就能够工作了。现今的计算机可以附加多种多样的硬件,例如 U 盘、硬盘、扫描仪、打印机、游戏机、网卡、声卡、显卡等。如果让每一个用户都学会控制所有这些外围硬件设备,那写程序就太复杂了,而且用户和用户之间可能产生混乱、争抢这些硬件的情况,无法合理共享资源。而操作系统这种特殊的软件,为用户提供了一系列可以直接使用的程序来控制外围硬件设备。这样,也就可以由操作系统来充当这些硬件的管理者,从而实现对多种不同硬件的使用、共享和管理。在一台计算机上,无论有多少不同类型的应用程序,通常它们都由同一个操作系统来提供服务和管理的工作。例如,当你打开新买的计算机时,你会看到 Windows® 的标志,这就是你的计算机上操作系统的名字。你可能经常听到一部智能手机被称为"安卓"手机,"安卓(Android)"就是这部智能手机上操作系统的名字。

其实,操作系统也是一组程序。这组程序非常大,并且很复杂,是由很多专业的软件工程师编写出来的。它既方便了应用程序的编程人员,又让一些硬件资源处于统一的管理之下,用户程序不能随意使用,因此起到了管理和服务的双重作用。有了操作系统后,应用程序编写者不用再去参考硬件手册,而只需要使用操作系统提供的标准接口函数就可以了。

到此,整个黑匣子就揭开了,它是由软件、操作系统和硬件所共同构成的,如图 1-4 所示。

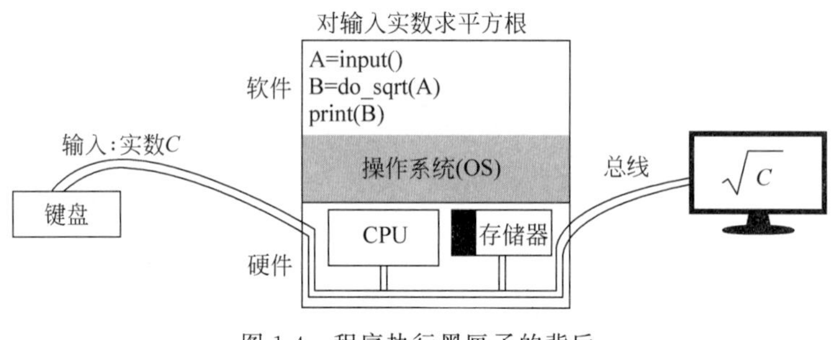

图 1-4 程序执行黑匣子的背后

1.1.4 计算机系统的层次

通过对程序黑匣子的探索,可以发现现代计算机是一个十分复杂的由软、硬件结合而成的整体。没有硬件作为支撑,软件只能是空中楼阁;而没有软件的控制,硬件只是一堆电子器件,就算你给这堆电子器件设计再复杂的按钮,它也只能是执行固定步骤的机器,而不可能做到"智能化"。是软件的出现使得计算机具备了"智能化"计算的条件。"软"件的特性在于它可以按照使用人的目的和设计工作,而不像"硬"件,只能执行被固化在电子器件中的不变的操作步骤。所以,把软件的功能从电子器件里面提取和分离出来,是计算机成为"智能化"机器的关键跨越。

在几十年的使用过程中,为了让所有使用者能更方便、有效地使用计算机,计算机系统的设计者们很快发现，需要把使用者的创造性和繁复的硬件机械式工作分隔开来，让使用更有效率，让机器得到更充分的利用，并且减少人为错误对机器操作的影响。因此，操作系统的发明者们，如比尔·盖茨等，创作了一组能够实现计算机系统服务的软件，叫作"操作系统"。它成为现今几乎任何计算机系统都需要的标准系统服务软件。它让所有使用者所开发的应用软件都能够调用操作系统所提供的服务，例如打印文件、显示数据等。它也让所有使用者所写的应用软件都能够接收到硬件的信号，例如打印完毕、网络传来的数据等。而在中间和软、硬件沟通的是操作系统程序，我们也称这部分程序为"内核(Kernel)"。它在计算机系统中具有特殊的地位，并且被存放在其他应用软件所不能触及的存储区域，以保护整个系统的安全性。在这种系统设计架构下，使用者就只需要和他们的应用软件打交道，而不需要了解、也不可以改变操作系统及硬件的工作方式。通常我们所写的应用软件只要知道操作系统所提供的标准接口函数就可以请求操作系统所提供的服务，并得到响应。

因此，计算机系统基本可以分为三个层次：硬件层、操作系统层和软件层。图1-5展示了这三个层次上一些常见的名称，其实还有更多。例如，我们所熟悉的软件有QQ、办公软件、互联网浏览器、IP电话、日历、闹钟、记事本、游戏等，而操作系统有Windows、Linux、Android等；硬件有Intel或AMD的CPU、硬盘、鼠标、摄像头等。

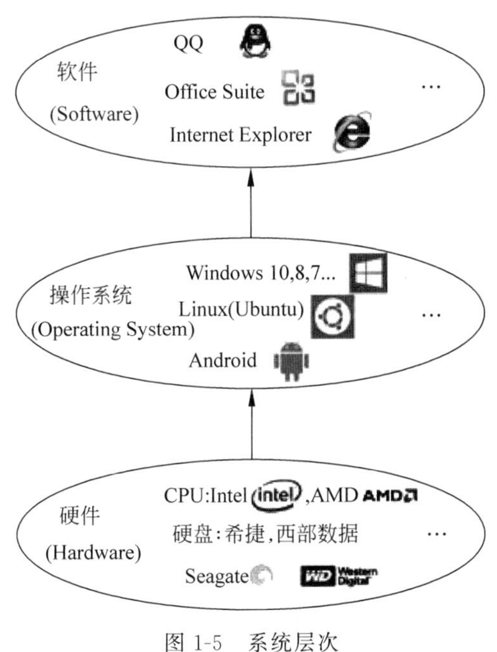

图1-5　系统层次

计算机的硬件层包括了计算机工作所需的各种电子器件和设备，例如处理器(Processor)、存储器(Memory)、数据传输线、硬盘、键盘、鼠标、网卡、声卡、显卡、显示器，以及排热装置等。计算机硬件最核心的组成部分还是处理器和存储器，它们是完成计算机的计算和存储两大工作的核心部分，其他硬件一般都是计算机的外围设备。而数据在硬件之间的传输要通过复杂的数据传输线所组成的互连网络完成。

软件层一般指由使用者通过编程语言(如C/C++、Java、Python以及汇编语言等)所编写的应用程序。例如，很多人熟悉的QQ、办公软件、互联网浏览器、IP电话、日历、闹钟、记事本、游戏等,这些都是应用软件。使用者通过软件的指令实现对处理器的控制,从而完成使用者所需要的操作步骤,实现既定的任务目标。当然,高级程序语言的指令是非常接近人类语言和逻辑思维习惯的,而不是处理器所能识别的指令。因此在使用者和处理器之间当然就需要一个"翻译",完成这个翻译工作的是另一组由专业人员编写的软件,叫作"编译器"。本书对于编译器不做深入的介绍,你们会在计算机专业的"编译原理"等类似的课程中学习。目前,大家只需要有这样一个概念:程序语言所编写的应用软件需要经过编译才能成为机器的指令输入处理器,而机器的指令则是一串串 0 与 1 组成的字符串(相关内容将在第 2 章和第 4 章中讲解)。

在计算机的世界里,起控制作用的软件程序和处理器、存储器联合组成的架构被称为"程序-存储体系结构(Program-Store Architecture)"。这是一个被普遍接受、沿用多年,并且目前为止仍然正确的计算机基本架构。它概括了计算机系统的核心组成部分。早在 1964 年,美籍匈牙利科学家冯·诺依曼所提出的冯·诺依曼体系结构(von Neumann Architecture)就是一个典型的程序-存储体系结构,并且成为现代计算机体系结构的基础。当然,随着科学技术的发展,在未来的计算机世界里,可能会有多种不同的新的计算机系统架构出现,在我们深入理解了目前的计算机系统结构以后,这将是一个可以充分发挥我们想象力和创造力的空间。

阿珍:小明,你觉得有人说"我在用 Linux",或"我在用 Windows 10",或"我在用安卓 4.2",这种讲法是正确吗?

小明:嗯……

沙老师:严格说起来这些说法都是不严谨的、有漏洞的。

操作系统层是连接硬件和软件的中间桥梁。操作系统的种类繁多,一般使用者最常见的操作系统有微软公司的 Windows 系列产品、Linux 系统(包括 Ubuntu、Fedora、Redhat 等多个版本)、苹果 Mac OS 系列产品,以及智能手机中所使用的 Android、iOS 操作系统等。对于某些特殊的应用和特殊的计算机系统,我们还有为此开发的特殊操作系统,例如用于雷达信号处理的操作系统、用于汽车安全气囊控制的操作系统、用于高铁机车控制的操作系统等。这一类特殊用途的计算机系统我们称之为"嵌入式系统"。一般嵌入式系统对于任务的响应时间的要求非常高,通常是毫秒级甚至更短的时间。这里嵌入式系统所需要的是实时操作系统(Real-Time Operating Systems),例如 μC/OS、VxWorks 等。操作系统是一个环环相连,和软件、硬件密切交互的层次,在计算机学习中非常重要。

操作系统的主要职能可以简要概括为以下几点。

(1) 管理文件系统,管理各种硬件资源,例如 U 盘、网络、键盘等;

(2) 管理程序共享的资源,例如 CPU、主存等(一个计算系统会有多个程序同时在执行或等待执行);

(3) 管理和调度多个程序的执行;

(4) 提供程序和硬件的衔接,提供各种系统的服务和接口;

(5) 设法维护系统的安全,尽量防止病毒(恶意软件)有意或无意的侵入。

有关操作系统各个部分的详细内容,将在本书接下来的章节中依次介绍。

作为计算机领域的专业人员，我们的任务是实现真正的“计算机系统”——无论是嵌入式系统、数据库系统、网站系统，还是云计算系统等，而所有这些应用系统的实现都需要设计者对于操作系统具有深刻的理解。

讲完了计算机系统的三个主要层次之后，我们不禁要问：用户在哪个层面呢？如果从层次结构来说，用户应该是在软件的上一个层面，因为用户是使用软件的人，即使用者。请注意，没有任何用户能够直接使用操作系统(更不要说使用硬件了)，所有用户都一定要经过软件才能使用操作系统。从操作系统的角度来看，它向上只看到了软件，一切都是软件，一切只有软件。然而，我们平常很容易产生的一个错觉是：我们在使用一个操作系统。例如，你在使用安卓手机时，很容易产生的一个错觉是：我在直接使用安卓操作系统。错！你没有在直接使用安卓操作系统，只不过是使用软件罢了，是软件在使用操作系统的各类服务。所以在你使用安卓智能手机时，收短信是软件，发短信是软件，看日历是软件，看时间是软件，手机照相是软件，播放音乐是软件，玩游戏是软件，开机后的界面是软件，都是不同的软件，一切都是软件，你个人是无法直接使用操作系统的！当你要使用某一个功能时，例如，你要手机每次接到电话时显示出笑脸，只有两条途径：

(1) 用现有的软件；

(2) 自己开发一个软件，而这个软件利用操作系统的接口实现你所需要的服务。

所以，学习计算机科学的人要将软件编程和操作系统的概念梳理清楚，做到娴熟于心才行。

练习题 1.1.1：将你的计算机或实验室的计算机的硬件配置信息详细列举。

练习题 1.1.2：讨论你使用不同操作系统的经验。

练习题 1.1.3：讨论计算器(Calculator)和计算机(Computer)的差别。

1.2 计算机编程的基本概念

计算机程序并不是一个神秘难懂的东西。程序就是使用者想要计算机执行的任务步骤，程序所要实现的任务由使用者决定，而程序要计算机执行的任务步骤需要用计算机编程语言(Programming Language)来表达。编程就是与计算机对话。本节首先讲述计算机语言中最常用的三种语句：表达式、函数调用和控制，再通过 Python 程序的例子带领大家进入计算机编程的世界。当然，“写一个程序”和“写一个好程序”之间有很大的差距，这种差距需要通过扎实的计算机科学基础知识和日积月累的练习来填补。

1.2.1 初窥高级语言

首先，我们需要补充一些计算机高级编程语言的基础知识。高级编程语言是相对于汇编语言(Assembly Language)而言的。汇编语言非常接近于机器的指令，但仍然是人们可以理解的语言，而不是 0 和 1 的字符串。每一条汇编语言的指令都是计算机可以执行的单元指令。而高级编程语言，如 C、C++、Visual Basic、Java、C# (读作 C-sharp)等，通常在语义上更接近人类的自然语言，符合人的思考方式。因此，高级编程语言的一条指令通常是多个机器指令的复合体。不同的高级语言有不同的编写格式和语句分割符号，计算机按照语句分割符号识别每一条语句。把高级语言编写的程序编译成为机器指令之后，计算机的处理器将按照指令的顺序执行程序,依次执行直到结束。本节将介绍写程序最常用的三种语句。

1. 表达式语句

表达式语句由表达式组成。表达式是由数字、运算符、数字分组符号(括号)、变量等组成的有意义的序列,并且能够求得数值。执行表达式语句就是计算表达式的值。例如:

y+z 为加法运算语句,但计算结果不能保留,因此不是一个完整的表达式语句。

x=3 为赋值语句,意思是将常数 3 的数值赋值给变量 x,执行该赋值语句后变量 x 的值即为 3。这是一个表达式语句。

x=y+z 为上述两个表达式的组合,意思是将 y+z 的值赋给变量 x。这是一个完整的表达式语句。

2. 函数调用语句

函数调用语句由函数名和函数的实际参数所组成。其一般形式为:函数名(实际参数表)。如果该函数有返回值,则调用函数后可以获得它的返回值。例如,x=add(y, z)就是一个函数调用语句。其中,函数 add(y, z)将两个参数 y、z 的值相加,并将两个参数的和作为返回值赋值给变量 x。

3. 控制结构

高级程序语言提供了多种控制逻辑和分支执行结构,因此,程序在执行的过程中可以选择执行路径的分支。本章将介绍三种控制语句:for、while 以及 if 语句。

for 语句

for 语句的一般形式为:for i in range(N):{循环体}。这个语句的语义是:重复 N 次执行{循环体}的程序段。for 语句中的索引变量 i 表示第 i 次执行循环体。索引变量 i 的起始值和终止值可以根据需要来设定。一般而言,程序中索引变量 i 的值设为:i=0,1,…, N−1。至于如何设定 i 的起始值和终止值,不同的编程语言有不同的设置方法。例如,Python 语言的 for 语句形式为:

```
for i in range(10) : print (i)
```

执行这个语句的结果是在屏幕上显示出数字 0 到 9。

while 语句

while 语句的一般形式为:while(表达式){循环体}。这个语句的语义是:当表达式的值为真(或者非 0)时,就执行{循环体}的程序段。语句中的表达式是循环的执行条件。每次开始执行循环体之前,while 语句先要评估表达式的值,一旦表达式的值为 0,循环就终止执行。因此,表达式定义了 while 语句中循环体的执行条件,限定了循环的执行次数。例如,Python 语言的 while 语句形式为:

```
while 0 < 1 : print (0)
```

执行这个语句的结果是在屏幕上不停地显示数字 0,直到程序被强制终止,如终止 Python 的运行。

if 语句

if 语句的一般形式为:if (表达式) {分支}。if 语句的语义是:如果表达式的值为真(或者非 0)，则执行{分支}部分的程序段，否则跳过分支部分，直接执行后面的语句。

下面用这几种语句写一段小程序。

有一栋教学楼，每层有一个班，共六层。小明今天是值日生。在大家放学后小明需要到每一层楼检查各班是否都关好了灯。如果发现某班教室未关灯，则关灯，并扣该班 1 分；如果这层都关了灯，则上一层楼继续检查其他班级，直到检查完最后一个班级。描述小明的值日任务的具体程序步骤(也称为伪代码)如下：

```
#<程序: for 循环>
for 小明所在楼层 i 从 1 到 6:
    if 楼层 i 的灯是亮的:
        关灯
        print 第 i 班扣 1 分
```

for 语句和 while 语句都是循环语句，可以用来处理同一类问题，一般可以相互替代。以上的过程用 while 语句也可以描述如下：

```
#<程序: while 循环>
小明所在楼层 i = 1
while 小明所在楼层 i <= 6:
    if 楼层 i 的灯是亮的:
        关灯
        print 第 i 班扣 1 分
    上一层楼(i 的值变成 i + 1)
```

小明：原来 for 语句和 while 语句是一样的啊。

阿珍：不对！它们之间也有区别。循环变量初始化的操作应在 while 语句之前完成，而 for 语句可以在 for 之后的括号中实现循环变量的初始化。在使用 while 语句时需要小心，表达式可能造成无限循环的情况。

1.2.2 乘 Python 之舟进入计算机语言的世界

什么是 Python？如何写 Python？汉语、英语都有各自的语法，那 Python 的语法是什么样的呢？我们会在第 4 章更详细地讲述如何用 Python 编写程序，这一节将描述一些最基本的概念。

1. 什么是 Python

Python(/'paiθən/)是一种非常接近程序执行步骤描述的语言，它去除了编程过程中的很多"繁文缛节"，让初学者可以直接接触程序的实质计算，而不需要考虑过多的变量类型定义、内存分配等传统 C 或 Java 编程者已经习以为常的"负担"。它的简洁可以大大提高初学者的学习速度，它丰富而且强大的类库(Class)操作可以大大提高编程者的工作效率。用十分正式的语言来说，Python 是一种"面向对象的解释型计算机程序设计语言"。Python 语言由 Guido van Rossum 于 1989 年年底发明。由于 Python 语言的简洁、易读以及可扩展性,国内外用 Python 程序做科学计算研究的机构日益增多,一些知名大学已经采用 Python 语言教授程序设计课程。本书将以 Python 语言为入门的工具,引导读者的学习。让我们一起乘坐 Python 之舟,亲临计算机科学的殿堂。

2. 如何在 Windows 中使用 Python

在 Windows 中使用任何软件,都必须首先进行程序运行环境的搭建。因此,要使用 Python 进行程序开发,必须先安装 Python 的运行环境。安装包下载地址为 https://www.python.org/downloads(注意:Python 3.x 与 Python 2.x 有较大差别,本书使用 Python 3.3 版本,因此推荐读者们使用 Python 3.0 以后的版本)。进入 Latest Python 3 Release,找到 download page 进去,然后下载适合自己计算机的下载包。以本书中为例,所使用的计算机是 Windows x86 系统,所以要选对应的 installer 来下载和安装。

下载安装包,并成功安装后,Python 就可以使用了。为了方便编辑,Python 自动安装了一个 Python 编辑器——IDLE。在安装好 Python 的 Windows 系统中,选择“开始”→“所有程序”→Python→IDLE(Python GUI),并将其打开,这时候一个 Python shell 就建立好了。Python 的 shell 像是一个计算器,能够方便地完成一次性的运算。现在,在 shell 窗口中可以做如下测试:

```
>>> x = 2
>>> y = 1
>>> print(x * x + y * y)
5
```

上述语句完成了 x^2+y^2 的计算,并使用 Python 内置的 print()函数将计算的结果打印出来。但是,在这种情况下,如果还要继续计算不同 x、y 值的 x^2+y^2 结果时,必须重复书写计算式子。对这种情况,最好的办法是写一个函数,可以重复调用一段相同的运算过程。函数需要写在一个新的文件(File)中。新文件的产生方式是:在 shell 菜单中选择 File→New File,并在新的编辑窗口中输入函数。例如:

```
def F(x,y):
    return(x * x + y * y)
```

定义函数时需要注意以下两点。

(1) F(x,y)后面需要接冒号“:”;

(2) return 前面一定要有足够的空格,比 def 具有更多的缩进,建议使用 Tab 键来移位。

然后在这个窗口菜单选择 Run→Run Module(或直接按快捷键 F5)运行。

第一次执行时,Python 会先问你文件名称,可将此程序任意命名并且保存起来。然后可以看到弹出的 Python Shell 窗口显示“>>>======== RESTART ========”。这表示已经成功地定义了一个函数 F,可以使用了,如上面定义的 F 函数接收两个参数,计算它们的平方和,并且返回计算结果。此时,你在 shell 窗口输入 F(2,1),就能得到输出值 5;另起一行,输入 F(2,2),就能得到输出值 8。动手完成下面的练习题。

练习题 1.2.1:将 F 函数改为计算 x^3+y^3,要怎么做?在 shell 中输入 F(1,2),输出是否为 9?

3. Hello world!

小明：为什么要叫 Hello world?

阿珍：Hello world 作为所有编程语言的起始阶段，占据着无法改变的地位，所有中、英、法、德、美……版本的编程教材中，Hello world 总是作为第一个测试程序出现，所有的编程第一步就在于此了！经典之中的经典！Hello world!

沙老师：一个程序肯定是要有输出的，否则算半天干什么？不过就是大家养成了习惯，用输出 Hello world 看看这个语言是如何调用输出函数的。

打开 IDLE，选择 File→New File，创建一个新文件并保存为任何名字的.py 格式。在该文件中输入"print("Hello world!")"，选择 Run→Run Module(或按快捷键 F5)运行。第一次执行该程序时，Python 会先询问函数所在的文件的名称，将此程序存起来。然后可以看到，Python shell 窗口中打印出了"Hello world!"字样，表示程序成功执行。在 print 语句中包含在两个双引号"(或两个单引号')中间的字符叫作字符串。另外，为了增加程序的可读性，为程序填写注释是一个良好的习惯，Python 中的注释是以"#"开始的行，即"#"后面的内容 Python 是不会执行的，只是为了阅读程序的方便而书写的。

```
#<程序:Hello world>
print("Hello world!")
```

如果需要重复打印一个字符串多次，又该如何实现呢？这就需要使用循环语句来实现。例如，将上述例子中 Hello world 重复打印 10 遍。函数 range()是 Python 的内置函数，与 for 循环配合使用。可实现为：for i in range(0,10)表示 for 循环执行所包含的 print()语句 10 遍，i 从 0 到 9。函数 range()有两个参数，第一个参数代表 i 的起始值，第二个参数代表 i 的终止值要小于这个数。假如只有一个参数，例如 range(10)，就代表起始值默认为 0。所以 range(10)和 range(0,10)是一样的意思，都会循环 10 次。

```
#<程序:例子 2>
def Pr():
    for i in range(0,10): # 索引 i = 0 to 9
        print("Hello world")
#下一行执行函数 Pr()
Pr()
# 输出 Hello world 10 遍
```

这个新文件包含两部分：第一部分是函数的定义，用 def 开始；第二部分是和函数定义同级别的函数执行语句。在 Python 语言中，执行函数 Pr()的语句和定义函数的第一行 def Pr()语句同列(开头的空格数相同)，这在 Python 中表示函数的定义已经结束，并且该语句将开始执行函数 Pr()。

4. 变量与表达式

对于程序表达式 y = x + 1，其中 x、y 为变量，1 为常量，+为算术操作符，=为赋值操作符。y=x+1 这个表达式将计算等号右边的式子,并赋值给等号左边的变量 y。等号左边的变量就相当于一个盒子,y 就是这个盒子的标签;等号右边的变量名 x 代表这个变量 x 的值,可以想成是盒子 x 内的值,x+1 就是把盒子 x 的内容取出来加上 1 后,再放进盒子 y 里。变量出现在等号左边和右边时所代表的意义是不一样的,等号左边代表了“盒子”,而等号右边代表了盒子里的值。

理解了等号左右变量的意义不同之后,就可以理解表达式 x=x+1 的意思了。将 x 存的值取出来加 1 后,再将计算后的值存回到变量 x 中。例如有 x=1,经过 x=x+1 后,变量 x 的值就变成 2 了。

在 Python shell 中写:

```
>>> x = 1
>>> x = x + 1
>>> print(x)
# 输出: 2
```

小明:数学家看到 x=x+1 肯定要疯。

5. 数据类型

在数学中,我们把数字分为整数、实数、虚数、复数等。在生活中,也会把物品分类,如食品、洗漱用品、家具。在计算机语言中,数据也是有类型的,也就是每一个变量是有类型的。这里我们只讨论最简单的三种数据类型:整数类型(Integer)、浮点类型(Float)和布尔类型(Boolean)。

不管使用什么编程语言,整数类型都是很常见的,如 1、2、−3、100、9999 均为整数。在 Python 3.0 之后的版本中,整数类型的数值集合包括了任何长度的整数,不会对数据的长度进行约束(这对于 C 和 Java 的程序员是难以想象的“优待”)。而有小数部分的数值,如 5.0、1.6、200.985 等,称为浮点类型。

布尔类型:生活中,对于一个疑问通常会有 Yes 或者 No 的回答。在逻辑学中,对于一个判断也会作出“是”或“非”的回答。在 Python 中,对一个问题肯定的结果用 True 来表示,否定的结果用 False 来表示。例如:

```
#<程序: 布尔类型例子>
b = 100 < 101
print(b)
```

该程序中,表达式 b=100<101 为布尔表达式,因此变量 b 就是布尔类型变量。而表达式右边的式子 100<101 是一个永远肯定的回答,因此运行这个程序将输出“True”。Python 提供一整套比较和逻辑运算,“<、>、<=、>=、==、!=”分别为小于、大于、小于或等于、大于或等于、等于、不等于 6 种比较运算符,以及 not、and、or 三种逻辑运算符。注意,检查 x 和 y 是否相等,要用两个“=”符号表示,即 x==y。

6. 表达式

算术运算符如表 1-1 所示。

表 1-1 算术运算符

运算符	读法	类别	示　例
+	加	二元	z = x + y
-	减	二元	z = x - y
*	乘	二元	z = x * y
/	除	二元	z = x / y
//	整数除	二元	z = x//y
%	求余	二元	z = x % y
+	正	一元	z = +x
-	负	一元	z = -x

大部分运算符与数学中的表达方式很类似。例如，x=4，y=2，那么执行语句 z=x+y 后，z 的值为 6；执行 z=x % y 后，z 的值为 0。注意，表 1-1 中出现了两个除号，分别为/与//，它们的区别在于/表示浮点数的除，使用它进行算术运算所得到的值一定是一个浮点数。执行 z=x/y 后，z 的值为 2.0，而//表示整数除法，执行 z=x//y 后，z 的值为 2。

7. Python 中三种控制语句的实现

for 循环

```
#<程序: for 循环例子>
for i in range(1, 5):
    print(i)
```

for i in (0,n)是一个循环语句，Python 中 for 循环会利用索引 i 的值来控制循环的次数，即 i 从 0 到 n-1 共循环 n 次后结束。其输出结果为：1234(跳行)。

这个程序打印了一个序列的数。程序使用 Python 内建的 range 函数生成了这个数的序列。函数 range 有两个参数 m 和 n，range(m,n)返回一串从 m 开始到 n-1 为止的整数序列，称为迭代值。

for 循环的索引变量 i 遍历了 range 所产生的这个迭代值区域。语句 for i in range(1,5)等价于语句 for i in [1, 2, 3, 4]。这就如同把序列中的每个数赋值给 i，一次一个，然后以变量 i 的值为当前循环的次数，执行这个程序段。这个例子打印了循环执行过程中变量 i 的所有的数值。

诸如 range 这样的常用内置函数在 Python 中还有许多。例如 abs()函数，给该函数输入一个实数，它就能返回该实数的绝对值，例如 abs(-1)的值为 1。

while 循环

在 while 语句所检测的条件为真的情况下，while 语句的循环体被允许重复执行一次。下面的例子使用 while 语句输出 1 到 4 的整数：

```
#<程序: while 循环例子>
i = 1
while i < 5:
    print(i)
    i = i + 1
```

输出结果与上个 for 循环例子的输出相同：1234 (跳行)。

在这个程序中,我们初始化了一个整型变量 i,它的起始值为 1。进入 while 循环后,由于 i 的值小于 5,程序就打印 i 的值,并将 i 的值加 1。在下一次循环开始之前,需要再次执行判断条件,只有当 i<5 时循环体可以被执行。由于每次执行循环体时,变量 i 的值都要增加 1,当 i 的值变为 5 后,while 语句再次进行条件判断,结果 i<5 为 False,这就意味着退出循环。注意,while 里面的语句空格的多少和方式要完全一样。

> **沙老师**：建议大家,学习一种语言就是要放心大胆地使用!只有多练习,才能操纵它。不要害怕,经常用 Python,你才能变成它的主人。Python 很有趣。

if 语句

if 语句用来检验一个条件。如果条件为真,运行 if 后面的程序段(也称为 if 块),否则跳过 if 块,直接处理下一个语句。有时,还会在 if 语句后面看到 else 程序段。下面的例子展示了 if-else 语句的使用：

```
#<程序: if 语句例子>
i = 10
j = 11
if i < j:
    print("i < j")
else:
    print("i >= j")
```

输出结果为：i<j。

这个程序初始化了两个整型变量 i 和 j,初始值分别为 10 和 11,如果 i<j,if 判断条件为 True,否则为 False。通过判断 i<j 表达式的值确定输出所对应的结果。

1.2.3 活学活用——运用 Python 的基本功能解决数学问题

1.2.1 节、1.2.2 节已经介绍了 Python 的基本功能,有了这些基础,就可以运用 Python 来解决很多复杂的数学问题。本小节将运用 Python 解决高中数学里三个与排列组合相关的问题。第一个问题需要求解全排列,第二个问题需要求解组合数,而第三个问题是要求多项式 $(x+1)^n$ 的展开式系数。

首先考虑全排列问题,即要对 n 个有编号的小球进行排列,求所有可能出现的序列。 例如,要将 3 个编号分别为 1、2、3 的小球进行全排列,可能出现的序列为(1,2,3)、(1,3,2)、(2,1,3)、(2,3,1)、(3,1,2)和(3,2,1),共有 $3!=3\times2=6$ 种可能。

全排列 A_n^n 的计算公式为：$A_n^n=n!=1\times2\times\cdots\times(n-1)\times n$。

问题 1：给定一个常数 $n(n>0)$,求 n 的阶乘,即 $n!=1\times2\times\cdots\times(n-1)\times n$。例如,$4!=24$,$5!=120$。

要求 n 的阶乘,一种方法是利用循环来访问 $1\sim n$ 的所有数。在程序最开始时,创建一个初值为 1 的中间变量 res,循环中每访问一个数 i,就将数 i 与中间变量相乘,这样中间变量存储的值就为 $i!$。当 $i=n$ 时,res 的值就是最终要求的 $n!$。求解问题 1 的 Python 程序段如下所示：

```
#<程序:n 的阶乘,n≥0 >
n = 15
if n == 0:
    print (1)
else:
    res = 1
    for i in range(1, n + 1):
        res = res * i
    print (res)
```

输出结果为：1307674368000。

这个程序首先给 n 赋值 15，即要求 15 的阶乘。然后，我们利用 if 语句判断 n 的值是否为 0。如果 n 为 0，根据阶乘的定义，0！=1，程序直接打印 1；否则，进入 else 分支。

在 else 分支中，首先给一个名为 res 的变量赋初值 1，如上所述，该变量用于存储计算的中间结果 i!。我们利用 for 循环依次访问 1～n 的所有数。注意，因为最后一个要访问的数为 n，所以 range 的上边界为 n+1。最后，程序输出所求得的 15！的结果。

接下来考虑一个组合（Combination）问题，即要在 n 个有编号的小球中任意选取 k 个小球，给出所有的可能。

问题 2：给定两个常数 n、k，其中 $n>0$，$k\geqslant 0$，要求所有组合数 C_n^k 的值。例如 $C_4^2=6$。

要求组合数 C_n^k 的值，有如下公式：

$$C_n^k=\frac{n\times(n-1)\times\cdots\times(n-k+1)}{1\times 2\times 3\times\cdots\times k}$$

利用上述计算公式，可以使用两个 for 循环分别求得分子 X 与分母 Y 的值，然后再求组合数 C_n^k 的值。需要注意循环的边界。Python 程序如下所示：

```
#<程序:n 个数中任选 k 个>
def combination(n,k):
    if k < 0 or n <= 0 or k > n:
        print("error")
    elif k == 0:
        print (1)
    else:
        X = 1
        Y = 1
        for i in range(n - k + 1, n + 1):
            X = X * i
        for j in range(1, k + 1):
            Y = Y * j
        print(X/Y)
combination(10,4)
```

输出结果为：210。

上述程序求出了当 n 为 10、k 为 4 时的组合数 C_{10}^4。X 表示公式中的分子，Y 表示公式中的分母。需要注意，上述公式有一个特例，即当 k=0 时，$C_n^0=1$。程序首先检查 n 是否大于 0、k 是否大于或等于 0，以及 k 是否小于或等于 n，如果上述条件不成立，则无法求组合数

C_n^k,打印 error。接下来程序检测 k 的值是否为 0,如 k=0 则打印 1,否则进入 else 分支,根据计算式分别求得分子和分母的值。

在上述程序的第一行,使用了"def combination(n,k):"语句,该语句定义一个名为 combination 的函数,该函数有两个参数,分别为 n 和 k。使用 def 语句定义的函数称为自定义函数,其用法与前面介绍的 Python 内建的函数 range 一样。不同的是调用该函数后,所执行的代码的功能是我们自己定义的。关于自定义函数,将在本书第 3 章进行详细介绍。

问题 3:给定常数 $n(n>0)$,要求输出 $(x+1)^n$ 的展开式中的所有系数(按 x 的幂次数从低到高)。例如,当 n 为 2 时,$(x+1)^2=\mathbf{1}\times x^0+\mathbf{2}\times x^1+\mathbf{1}\times x^2$,这时,输出的系数应为 **1 2 1**。

> **小明**:在高中背过 2 次方、3 次方的展开式,如果 n 大于 3,好像就没有那么容易求得了。

事实上,所求的展开式是有公式的,$(x+1)^n$ 的展开式如下:

$$(x+1)^n=C_n^0\times x^0+C_n^1\times x^1+C_n^2\times x^2+\cdots+C_n^{n-1}\times x^{n-1}+C_n^n\times x^n$$

根据上述公式以及在问题 2 中定义的 combination 函数,问题 3 就可以很好地得到解决。求解该问题的思路是:首先需要编写一个循环,其索引 i 的值为 0~n。对于每一个 i 值,调用自定义函数 combination(n,i),就可以打印 x^i 的系数。根据这个思路,Python 程序的实现如下:

```
#<程序:(x+1)的n次方的展开式系数>
n = 4
for i in range(0,n+1):
    combination(n,i)
```

输出结果为:1 4 6 4 1。

有了自定义函数,该问题的 Python 实现就变得十分简洁。同学们可以尝试一下,如果不定义函数 combination,应该如何编写 Python 代码求解该问题?

小结

> **阿珍**:小明,这小节内容很多,你能总结一下吗?
>
> **小明**:嗯。我在这小节学到了三种条件控制语句 for、while、if,还明白了数学公式中的"="与计算机语言的"="是两个不同的概念。
>
> **阿珍**:那关于 Python 呢?
>
> **小明**:我已经在 Windows 下装好 Python 了,并且本章所有例子都可以按照一样的方法运行。
>
> **沙老师**:掌握程序语言是必要而且最基本的,"举一隅而以三隅反",你们将来会需要学习很多种程序语言。而在学校熟练掌握了几种后,在工作中需要学习一种新语言时,就只要花几天的工夫就行了。注意,基础的编程是雕虫小技,计算机专业人士不只是学习编程,更要学习系统和算法。

练习题 1.2.2：请判断如下布尔表达式的值为 True 还是 False。

(1) 1 != 0 and 2 == 1　　　　(2) 1 == 1 or 2 != 1

(3) not (1 == 1 and 0 != 1)　　　　(4) not (1 != 10 or 3 == 4)

练习题 1.2.3：请用两种方法实现将变量 x 的平方赋值给 x。

练习题 1.2.4：改写以下 for 循环程序为 while 循环：

```
#<程序：改写 for 循环>
for i in range(5, 20):
    print(i * 2)
```

练习题 1.2.5：请参考求组合数自定义函数 combination 的方法，将求全排列(阶乘)的实现定义为一个函数，要求将其函数名与参数定义为 factor(n)，并且将最后求得的结果使用 return 关键字传递回调用该函数的程序(即将“print (res)”改为“return(res)”)。在程序中有“print(factor(4))”时，将输出结果 24。

练习题 1.2.6：请使用练习题 1.2.5 中定义的 factor 函数，重新求解问题 2。要求不能使用循环。提示，组合数计算公式还可以是：

$$C_n^k = \frac{n!}{(n-m)! \times m!}$$

练习题 1.2.7：请改写问题 3 的程序实现，要求每次输出展开式的系数后，将 x 的次方数也同时输出。例如 $10x^4$，需要输出 10x^4。

练习题 1.2.8：根据问题 3 的实现，请写出 $(x-1)^n$ 的实现。要求在计算系数时不能使用 $(-1)^k$，请使用 if 语句判断是奇数还是偶数。

1.3　计算机核心知识——算法

本节将介绍计算机专业的一个核心知识——算法(Algorithm)，首先介绍算法的重要性，接着通过介绍同一个问题的三种不同解法，来揭示算法学习的基本内容和需要掌握的重点。本节旨在说明作为一个计算机专业的学生，我们学习计算机的重点内容和目的。

1.3.1　算法的重要性

算法是核心。算法虽然与编程语言没有关系，是独立于编程语言之外的，但是算法却是编程的第一步。设计出好的算法后，可以用任何自己熟悉的语言来编程实现。假如没有设计出好的算法，无论用什么样的编程语言都无法避免算法带来的计算复杂性和存储空间需求等诸多的问题。

Google(谷歌)被公认为全球最大的搜索引擎，是互联网上五大最受欢迎的网站之一，在全球范围内拥有无数的用户。小明可能要问，为什么我们要在学算法的时候讲到一家公司呢？没错，谷歌的最根本创新就在于此——谷歌搜索算法！

谷歌算法始于 PageRank，是 1997 年拉里 · 佩奇(Larry Page)在斯坦福大学读研究生时开发的。佩奇的创新性想法是：基于输入链接(如 www.sina.com.cn)的数量和重要性对网页进行评级，也就是通过网络的集体智慧确定哪些网站最有用。谷歌也因此迅速成为互联网上最成功的搜索引擎。佩奇以及谷歌公司的另一名创始人塞吉·布林(Sergey Brin)将 PageRank 这一简单概念看作是谷歌公司的最根本的创新。不仅仅是谷歌,诸如 Facebook、Twitter、百度等很多在信息产业取得成功的公司都有各自的算法作为支撑。

计算机技术迅速发展的这几十年来,各种新的算法也在不断涌现,计算机应用的性能得到了显著的提高。这使得众多用计算机解决其核心问题的领域都获得了巨大的发展,如电子商务、移动通信、智能机器人、大数据应用等。在未来几十年里,这样的发展趋势还将持续。

提高计算机性能的途径有多种,比如说通过不断改进计算机硬件的配置来提高计算机运算效率,或者优化程序和计算的过程,减少资源的开销。但是,分析数据表明,计算机系统整体运算效率提高的关键还是提高软件的运行效率,及其对硬件资源的使用效率,而软件的核心是算法。

首先来看一下计算机算法的五个重要特征。

(1) 有限定的运行步骤。即算法必须能在执行有限个步骤之后终止。

(2) 具有确定的执行步骤。算法执行的每一步都是确定的,必须具有确切的定义。而相对应的非确定执行步骤,我们可以把它想象成为在无限多种可能的步骤中,任意一个步骤都可以被执行。

(3) 具有输入项(Input)。每个算法都需要输入,这些输入可以是一个数组,或是一个图的结构等。算法将对可以接受的输入形式进行相应的计算和转换。

(4) 输出项(Output)。每个算法都有一个或者多个输出,以告知使用者算法的运行结果。

(5) 对于计算机系统是可行的。算法执行的任何步骤都是计算机系统可以执行的一个或数个操作。接下来,我们通过一个具体的例子来理解计算机算法对于计算性能的重要意义。在这个例子中,我们将设计出三种不同的算法来解决求算术平方根的计算问题,然后分析比较这三种算法的优劣,从中体会算法对于程序以及整个计算机系统效率的重要作用。

1.3.2 解平方根算法一

要设计一个算法来解决问题,首先要定义问题,并确定问题的输入和输出。求解平方根问题的输入是一个任意的实数 c,问题的定义是求 c 的算术平方根,输出是 c 的算术平方根的值。

这个问题有多种解决的途径。根据以往所学的知识,可能最先想到的是采用趋近的方法来求解。这个算法的描述如下。

输入:一个任意实数 c;

输出:c 的算术平方根 g。

(1) 从 0 到 c 的区域里选取一个整数 g',满足 $g'^2<c$ 且 $(g'+1)^2>c$ 的条件;

(2) 如果 g'^2-c 足够接近于 0,g' 即为所求算术平方根的解 $g=c^{1/2}$;

(3) 否则,以步长 h 增加 g':$g'=g'+h$,其中,h 为设定精度(可设为 0.0001)下的步长(可设为 0.000 01),即每次对 g' 调整的量;

(4) 重复步骤(2)直到满足条件,此时输出 g',并终止计算。

这个算法所得到的计算结果的精度,也就是最终输出的平方根值 g' 接近于真实的值 g 的程度,是给定的值 0.0001。在上面的算法中,当 $|g'^2-c|\leqslant 0.0001$ 时,所得到的 g' 可以

作为 c 的算术平方根的解接受。算法步骤(3)中的步长是指每次改变 g' 值的跨度，以使结果渐渐向精确解靠近。这个步长决定了解的精确度，步长越小，精确度越高。但是如果步长太小，会使得 g' 达到可接受范围的速度变慢；而如果步长跨越过大，又可能导致找不到精度范围内的解。

对于这样一个算法描述，计算机怎么知道每一步怎么执行呢？首先需要确定使用哪种编程语言来实现这个算法。本书的题目已经指明，我们将把 Python 用作引导读者入门的计算机编程工具。下面就用 Python 编写本书的第一个算法的程序。

```
#<程序：平方根运算 1>
def square_root_1():                       #函数定义，函数名为 square_root_1
    c = 10                                 #所求平方根的输入，即该段程序求根号 10
    i = 0                                  #记录执行循环次数
    g = 0
    for j in range(0,c+1):                 #for 循环开始
        if (j * j > c and g == 0):         #if 语句块，获取 g，使得 g^2 < c,(g+1)^2 > c
            g = j - 1
    #for 循环结束
    while (abs(g * g - c) > 0.0001):      #判断 g^2 - c 是否在精度范围内，while 循环
        g += 0.00001                       #g 每次加固定步长，以逼近所求解
        i = i+1
        print ("%d:g = %.5f" % (i,g))

#函数外，执行下面的语句
square_root_1()
```

这个短短 13 行的程序实现了求平方根的功能。该段程序包括两个循环部分和一个判断部分。if 判断语句嵌套在第一个 for 循环中，目的是通过逐步递增找到一个合适的平方根估计值 g，使得 $g^2<c$，$(g+1)^2>c$。索引变量 j 从 0 开始遍历整数序列[0, c]。如果 j^2 第一次大于 c，那么 g 等于 j−1 就是一个满足条件的估计值。紧随其后的 while 循环用于逐步逼近精度范围内的平方根解。在 while 循环中，print 语句将中间过程打印到屏幕以方便对逼近最终解的过程进行观察。在输出打印函数 print()里的格式符号%d 代表以整数的形式打印输出；格式符号%.5f 代表以小数点后 5 位的实数形式打印输出一个实数；符号%(i, g)代表需要打印输出的两个变量，每个变量的数据类型需要对应打印输出的数据类型。因此，变量 i 是以整数形式打印，g 是以浮点数形式打印。注意，# 后面为注释(Comments)，注释是给程序员和读者看的，Python 程序执行过程中不会执行注释。为了让程序更具有可读性，写程序时加上这些注释是非常必要的。

前面的程序运行结果如下：

```
1:g = 3.00001
2:g = 3.00002
⋮
16226:g = 3.16226
16227:g = 3.16227
```

实际运行该程序会发现，程序运行的时间较长。如果把解的精度和步长缩小，那么运行时间会明显延长，这意味着该算法的时间性能还不理想。要提高程序运行的效率，就需要改

进算法。

练习题 1.3.1：请改写本节的函数，将 c 作参数：def square_root_1(c)，去掉 c=10，然后执行 square_root_1(10)。

1.3.3 解平方根算法二

观察算法一的输出结果，可以发现，虽然能够得到正确的算术平方根求解结果，但是当实验对解的精度要求提高时，该算法的效率明显降低。因为输出结果精度增加时，算法不得不减小步长 h，以避免 $g+h$ 跳过可接受的解范围。观察程序后可以发现，随着精度的提高，h 的值减小，算法所需要进行循环的次数大大增加了。算法一例子中，精度要求 0.0001，算法的循环次数已达到 16 227 次。如果提高精确度，循环的次数会成倍增长。这是算法一运行效率低的原因。

根据上面的分析，如果能够减少逼近最终解的步骤，加快逼近过程，便能更快速地求得解。一个在计算机科学领域常用的快速搜索方法是"二分法"，在第 5 章会详细讲述这个方法。二分法的字面意义即"一分为二"的方法。其基本思想是，每次将求解值域的区间减少一半，因此可以快速缩小搜索的范围。所谓求解值域区间就是精确值可能存在的范围。不妨假设 c 的平方根为 x，令 $f(x)=x^2-c$，求 c 的平方根 x 即是求 $f(x)=0$ 的解，如图 1-6 所示。

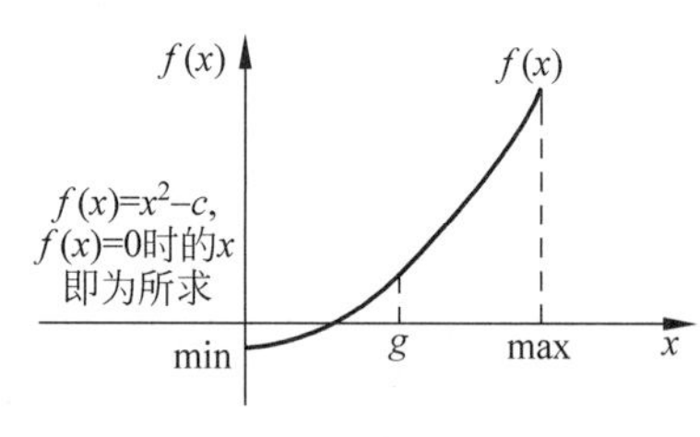

图 1-6 二分查找法求算术平方根

当 $c\geqslant1$ 时，解的范围是 $0<x<c$。不妨先假设 min=0，max=c。则 x 的值肯定是介于 min 和 max 之间，然后取中间值(min+max)/2，令该值为 g。比较 g^2-c 与 0，如果 $|g^2-c|$ 在求解精度范围内，该值即为所求解；否则，如果 $g^2-c>0$，表示 g 的值偏大，因此从 g 到 max 的区间已经不可能包含要找的最终解。于是，可以在算法中将新的 max 设定为当前 g 的值，并继续搜索。同样道理，如果 $g^2-c<0$，表示 g 的值偏小，此时可以将新的 min 设定为当前 g 的值。你发现了吗？每一次循环都将求解范围缩小了一半。这就是二分法的求解过程，它大大加快了问题求解的速度。

假设初始值设定为 max=10，min=0，中点值 $g=5$。测试 $g=5$，发现 $5\times5=25>10$，这表示正确的平方根值 x 不在 5 到 10 的这个区域内，所以可以不再考虑 5 到 10 的区域，于是可以将 max 设定为 5。这样，求解空间立刻变为了原来的一半。接下来从 0 到 5 的区间中，以同样的方式用二分法缩小解的空间。对于新的中间值 $g=2.5$，比较 2.5^2 与 10 的大小。因为 2.5 的平方比 10 小，那么从 0 到 2.5 的区间就可以不考虑了，得到新的求解空间为[2.5,5]。以此类推，经过 n 次循环后，所得到的范围就减到 $10/2^n$ 数量级。这个求解过程以指数级的速度逼近精确解。例如当 $n=40$ 时，$10/2^n$ 就已经到小数点后 11 位了。

设定精度为 0.000 000 000 01，改进后求平方根的具体算法描述如下：

输入：一个任意实数 c；

输出：c 的算术平方根 g。

(1) 令 min=0，max=c；

(2) 令 g'=(min+max)/2；

(3) 如果 g'^2-c 足够接近于 0，g' 即为所求解 g；

(4) 否则，如果 $g'^2<c$，min$=g'$，否则 max$=g'$；

(5) 重复步骤(2)，直到满足条件，输出 g'，终止程序。

该算法实现如下：

```
#<程序：平方根运算 2 - 二分法>
def square_root_2():
    i = 0
    c = 10
    m_max = c
    m_min = 0
    g = (m_min + m_max)/2
    while (abs(g * g - c) > 0.00000000001):      #while 循环开始
        if (g * g < c):
                m_min = g
        else:
                m_max = g
        g = (m_min + m_max)/2
        i = i+1
        print ("%d: %.13f" % (i,g))              #while 循环结束
#函数之外执行
square_root_2 ()
```

该程序用 15 行代码实现了求解平方根的功能。程序包括一个 while 循环部分以及一个 if 语句。循环部分判断 g^2 与 c 的大小，然后针对不同的情况，改变相应 m_min 或 m_max 的值，快速缩小求解空间。运行该程序的输出如下：

```
1:2.5000000000000
2:3.7500000000000
3:3.1250000000000
⋮
38:3.1622776601762
39:3.1622776601671
```

分析结果可知，该算法仅仅用了 39 次循环迭代便实现了平方根的计算，并且精度由 0.0001 提高到了 0.000 000 000 01。相比于算法一的 16 227 次循环，算法效率得到了非常大的提升。

练习题 1.3.2：用 Python 计算 2 的 10 次方、20 次方、30 次方、40 次方和 50 次方，观察所得结果，是不是增长得很快？提示：用 2 ** 10 语句可计算出 2 的 10 次方的值。

练习题 1.3.3：改写第二种"二分法"的 Python 程序，使得当 $c<1$ 时，例如 $c=0.01$，也能算出正确的平方根。提示：更改 m_max 的起始值。

1.3.4 解平方根算法三

相对算法一来说，算法二具有更高的运算效率。这是不是意味着算法二即为平方根的最佳解法呢？有趣的是，还可以进一步修改算法，获得更少的循环次数，加快 g 的求解过程，而且可以得到同样精度甚至是更高精度的解。在计算机科学里，要养成良好的思维习惯，持

续不断地对设计进行优化,寻找更高效的求解方法,这也是计算机科学之美的重要体现。

为了获得更少的循环次数,算法三利用牛顿迭代方式逼近近似解。首先构建一个函数 $f(x)$,使得 $f(x)=0$ 时对应的 x 的解就是 c 的平方根。令 $f(x)=x^2-c$,这样求 c 的平方根的问题就转化为求解 $f(x)=0$ 的问题。设 x_0 是 $f(x)=0$ 的根,选取 g_0 作为 x_0 的初始近似值,算法的核心在于如何推导下一点 g_1,使得 g_1 更趋近于正确的 x_0 值。以此类推,直到找到精确范围内的正确解为止。

算法的思想是:当 $x=g_0$ 时,过点 $f(x)$ 作一条切线。这条切线与 x 轴相交于一点,这个交点就是 g_1。从图 1-7 可以清楚地看到 g_1 比 g_0 更趋近于正确的平方根值。然后,再经过 $f(x=g_1)$ 作一条切线,同样,该切线与 x 轴的交点成为下一个更趋近于精确值 x_0 的近似值 g_2。以此类推,直到 g_n 的平方和 c 的差值达到所设定的精度为止。

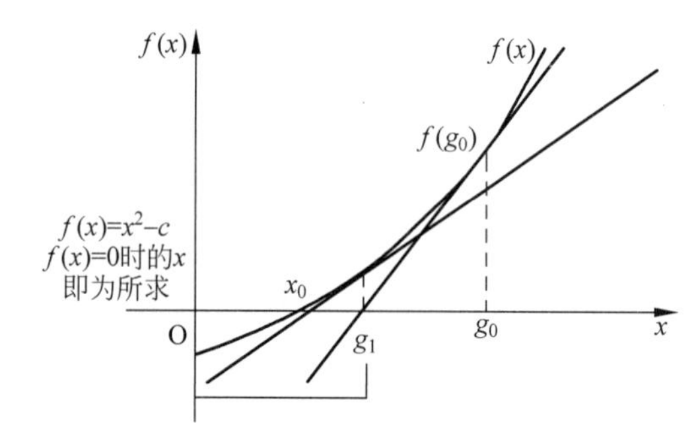

图 1-7 牛顿迭代法求正数 c 的平方根

通过数学计算,可以得出 g_1 和 g_0 的关系是 $g_1=(g_0+c/g_0)/2$。

具体推导如下:过点 $(g_0,f(g_0))$ 做 $f(x)$ 的切线 L,可以算出切线的斜率,即 $f(x)=x^2-c$ 的导数(对 x 微分),就是 $2x$。切线 L 的斜率就是 $f'(g_0)=2g_0$。

L 的方程为 $y=f(g_0)+f'(g_0)(x-g_0)$,设 L 与 x 轴的交点坐标为 $(g_1,0)$,则 $0=f(g_0)+f'(g_0)(g_1-g_0)$。因为 $f(g_0)=g_0^2-c$ 和 $f'(g_0)=2g_0$,代入计算,可以得到:

$g_0^2-c+2g_0(g_1-g_0)=0$,所以 $2g_0g_1=c-g_0^2+2g_0^2=c+g_0^2$,化简得到 $g_1=(g_0+c/g_0)/2$。

以此类推,每次循环将近似值 g_i 更新为 $(g_{i-1}+c/g_{i-1})/2$,新的 g 更加接近最终解 x_0。在 n 次循环迭代后,近似值 $g_{n+1}=(g_n+c/g_n)/2$,这就是牛顿迭代公式。

求任意正数 c 的平方根的具体算法描述如下:

(1) 先设 $g=c/2$;

(2) 如果 g^2-c 足够接近于 0,g 即为所求;

(3) 否则,$g=(g+c/g)/2$;

(4) 重复步骤(2)。

其具体实现如下:

```
#<程序: 平方根运算 3 - 牛顿法>
def square_root_3():
    c = 10
    g = c/2
    i = 0
```

```
    while abs(g * g - c) > 0.00000000001:
        g = (g + c/g)/2
        i = i+1
        print("%d:%.13f" % (i,g))

square_root_3()
```

该程序仅用 9 行代码就实现了解平方根的功能，运行结果如下：

```
1:3.5000000000000
2:3.1785714285714
3:3.1623194221509
4:3.1622776604441
5:3.1622776601684
[Finished in 0.1s]
```

观察发现，算法三仅仅用了 5 次循环迭代便实现了一个求解平方根的计算。相比于算法二的 39 次迭代，又得到了很大的改进，上面的实际运行结果显示实际时间缩短到 0.1 秒之内。计算机科学的最神妙有趣之处，就是它对于“算法”的研究。解决同一个问题可以设计出各种不同的算法，不是获得解就结束了，而且要分析不同算法之间对程序执行效率的影响，不同的算法会有很显著的性能优劣差异，岂可不慎乎！

小结

阿珍：小明，虽然第三个算法思想比较难，但通过这三个例子，你学到了什么？

小明：同一个问题可能会存在多种不同的算法；不同算法的思路不同，在解题的效率上也有很大不同。

阿珍：很好，看来你已经知道计算机专业学生关于算法究竟是要学什么了。

小明：嗯？

阿珍：那就是设计！针对一个问题，设计出高效的算法，而不单单是解决一个给定的问题。设想如果谷歌的搜索算法要 10 秒才能返回一个结果，谷歌能成为全球最大的搜索引擎吗？

小明：我明白了，一个平庸的建筑师修建楼房，一个杰出的建筑师设计楼房，计算机的世界也是如此。

阿珍：是的，非计算机专业的人基本是学如何使用计算机，计算机专业的学生是学如何设计和优化计算机的软硬件、网络、系统和安全机制。

练习题 1.3.4：请将第一种算法的 Python 程序的 for 循环改写为 while 循环，使得一旦找到所要的 g 就跳出循环，这样可以减少不必要的循环（第 4 章会介绍 break 语句，就可以从 for 循环中跳出来）。

练习题 1.3.5：请修改 1.3.4 节中牛顿法的 Python 程序，把 c 设为 2 或 2000 等不同值。

练习题1.3.6：请思考1.3.4节中牛顿法的Python程序，请问：如果把初始值设置语句“g=c/2”改为“g=c”或者“g=c/4”，对结果有影响吗？

练习题1.3.7：试写出求解c的三次方根的牛顿迭代式，并使用Python进行实现，假设$c=10$。

练习题1.3.8：试写出求解c的k次方根的牛顿迭代式。

提示：对求解k次方根，$f(x)=x^k-c$，$f(x)$的微分是$f'(x)=k\cdot x^{k-1}$。

1.4 什么是计算机

什么是计算机？在不同的年代，人们对该问题的回答是不一样的。本节将简要回顾计算机发展历史，解释传统计算机的概念；然后介绍现代计算机，从20世纪人们对计算机的认识角度来回答什么是计算机；最后简要介绍计算机的未来发展趋势。

一般来说，计算机可以分成两种：通用型计算机(General Purpose Computer)和专用型计算机(Special Purpose Computer)。通用型计算机包括常用的台式计算机(Desktop Computer)、笔记本电脑(Laptop Computer)、平板电脑(Tablet)等，或者服务器(Server)、超级计算机(Supercomputer)等。专用型计算机是为特定应用量身打造的计算机，计算机内部的程序一般不能被改动。比如控制智能家电的计算机，工业用机器人，汽车内部的数十个用于控制的计算机，所有舰船、飞机、航天器上的控制计算机，安检侦测设备，智能卡，网络路由器，照相机，印表机，游戏机等，数不胜数。专用型计算机常被称为“嵌入式系统(Embedded System)”，就是将“智能”嵌入应用中的意思。

小明：为什么不用通用型计算机来解决专门的应用问题，也就是取代专用型计算机(嵌入式系统)?

沙老师：对于某个特定应用而设计的专用型计算机(嵌入式系统)都会经过大量优化的过程，使得其性能、能耗、安全、可靠性、成本、体积等能满足需求。这是通用型计算机达不到的。举例而言，一张智能卡上常有一个CPU，轻薄、短小，将一台通用型计算机放到一张卡片上是不明智的。

1.4.1 历史上的计算机

1946年2月14日，世界上第一台电子数字计算机(ENIAC)在美国诞生(如图1-8所示)，并于次日正式对外公布。这台计算机共用了18 000多个电子管，占地170m²，总重量为30t，功率为150kW。运算速度较快，能达到每秒执行5000次加法或300次乘法，这比当时最快的继电器计算机的运算速度要快1000多倍。

电子计算机从诞生起，短短的70多年里经过了电子管、晶体管、集成电路(IC)和超大规模集成电路(VLSI)四个阶段的发展。在这个过程中，计算机的体积越来越小，功能越来越强，价格越来越低，应用越来越广泛。中国的计算机也有了飞速的发展。中国2013年发布的自主制造的“天河2号”计算机是当时世界上最快的计算机，“天河2号”拥有百万个核，当时的运算速度达到每秒5亿亿次浮点运算。

图 1-8　第一台电子计算机

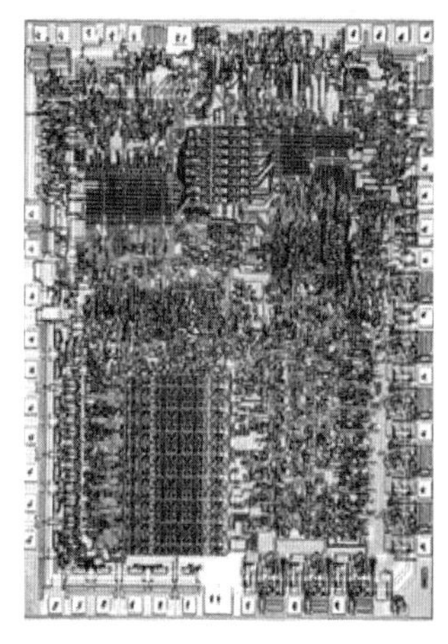

图 1-9　超大规模集成电路(VLSI)

1. 第一代电子计算机

第一代计算机所经历的时间为 1946—1958 年。处于这一时期的计算机的共同特点是：体积较大，运算速度较低，存储容量不大，而且价格昂贵，使用也不方便。解决一个简单问题所编写的程序的复杂程度也难以表述。这一代计算机只在重要机构或科学研究部门使用，主要用于科学计算。

2. 第二代电子计算机

第二代计算机所经历的时间为 1958—1965 年。这一时期的计算机全部采用晶体管作为电子器件，其运算速度比第一代计算机提高了近百倍，体积为原来的几十分之一。在软件方面，开始使用计算机算法语言。这一代计算机不仅用于科学计算，还用于数据处理和事务处理及工业控制。

3. 第三代电子计算机

第三代计算机所经历的时间为 1965—1970 年。这一时期的计算机的主要特征是以中、小规模集成电路为电子器件。一个重大的突破是计算机出现了操作系统，计算机的功能越来越强，应用范围越来越广。它们不仅用于科学计算，还用于文字处理、企业管理、自动控制等事务。与此同时，还出现了计算机技术与通信技术相结合的信息管理系统，可用在生产管理、交通管理、情报检索等领域。

4. 第四代电子计算机

第四代计算机是指从 1970 年以后采用大规模集成电路(LSI)和超大规模集成电路(VLSI)为主要电子器件制成的计算机。例如 80386 微处理器，在面积约为 10mm×10mm 的单个芯片上，可以集成大约 32 万个晶体管，如图 1-9 所示。

第四代计算机的另一个重要分支是以大规模、超大规模集成电路为基础发展起来的微处理器和微型计算机。

1.4.2　嵌入式系统

在汽车上能看到各式各样的智能化功能，如无钥匙启动、自动头灯、倒车影像等，都是由计算机完成的。只不过这样的计算机是嵌入在汽车内部的,称为嵌入式系统。一辆汽车内部可以有多达 50 个这样的"计算机"。

表 1-2 列举了部分常见的设备,这些设备都被称为嵌入式系统。

表 1-2 嵌入式系统

英 文 名	中 文 名	英 文 名	中 文 名
Anti-lock brakes	防抱死刹车	Electronic instruments	电子仪器
Automatic teller machines	自动取款机	Electronic toys/games	电子玩具/游戏
Automatic toll systems	自动收费系统	Factory control	工业控制
Automatic transmission	自动换挡	Fax machines	传真机
Avionic systems	航空系统	Fingerprint identifiers	指纹识别器
Battery chargers	充电器	Home security systems	家庭安全系统
Camcorders	数码摄像机	Printers	打印机
Cell phones	手机	Satellite phones	卫星电话
Cell-phone base stations	手机基站	Scanners	扫描仪
Cordless phones	无线电话	Televisions	电视机
Cruise control	定速巡航	Temperature controllers	温度控制器
Digital cameras	数码相机	Theft tracking systems	盗窃跟踪系统
Disk drives	磁碟机	TV set-top boxes	机顶盒
Electronic card readers	读卡器	Washers and dryers	洗衣机/干洗机

从表 1-2 中能够看到,计算机的应用已深入生活的各个方面,从家用设备到工业设备,从民用设备到军用设备。所以,当现在谈论到什么是计算机的时候,我们应该知道,身边的一切电子控制、自动化系统等都是计算机的应用,它们有一个共同的特点:具有运算能力并且经过编程后可以解决特定的问题。这个编程可以是用软件,在 CPU 的平台上运行,或者是直接做成硬件来执行。举例而言,数码相机照相后都要对图片进行压缩(Compression),一般是使用 JPEG 算法来压缩图片,该 JPEG 压缩是在相机内完成的:

可以是嵌入在相机内的通用 CPU 来执行一个写好的 JPEG 软件程序;也可以是在相机中设计一个 JPEG 硬件,其输入是图形,输出是压缩后的信息。学习第 3 章后,就会了解第一种方式比第二种方式的执行时间要长,能耗也较多。然而第一种方式可以方便、快速地开发,一旦需求改变,我们可以在同一硬件基础上灵活地改变程序,来适应不同的需求。用这种软件的方式来做开发和测试较为简单、方便。

近年来,计算机辅助设计软件的进步使得硬件的开发也较为容易。尤其是随着 FPGA(Field Programmable Gate Array,现场可编程门阵列)的发展,硬件原型机的制作也变得相对容易许多。设计 FPGA 就好像是编写软件程序,设计好的程序(用特殊的语言)经过编译后,下载到 FPGA 的开发板上,就完成了硬件的设计。

无论如何,软件程序是需要硬件来执行,那硬件需要软件吗?通用型的 CPU 肯定是需要软件来完成计算,然而专用型(Application Specific)的硬件就不需要软件了,因为整个"软件"算法已经嵌入在硬件设计里了。

1.4.3 未来的计算机

1. 计算机科学的未来发展与趋势

互联网已经改变了人类社会,并将长期存在于人们的日常生活中。互联网是全球性的网络,是一种公用信息的载体。它比以往的任何一种通信媒体都更快捷。互联网是由一些使用公用语言互相通信的计算机连接而成,并按照一定的通信协议组成的计算机网络。本书将在第 8 章详细讲述网络的知识。

随着互联网的发展,信息安全(Information Security)逐渐成为人们不可忽视的学科,如图 1-10 所示。假想我们生活中的网络没有安全机制,支付宝等网络支付平台将失去大众的信任,MSN、QQ、E-mail 等通信软件也变得不安全。如何确保信息系统的安全,已成为全社会关注的问题。本书有专门的一章(第 9 章)讲述信息安全的知识。

图 1-10　互联网与信息安全

随着网络的发展,云计算(Cloud Computing)将成为主流的计算方式。云计算是利用网络连接的大量计算资源,通过统一的管理和调度,构成一个计算资源池,可以按照用户的需要提供服务。提供资源的网络被称为“云”。“云”中的资源在使用者看来是可以无限扩展的,并且可以随时获取、按需使用,按使用付费,随时可以扩展。对于小微企业来说,利用云计算可以大大节省 IT 成本,它们不需要自己购买计算设备,只需要向云计算中心去租赁机器、平台、软件和服务就可以运作公司的业务了。用户还可以随着淡季或旺季及时改变租赁机器的数目,而数据、安全和可靠性都由云计算中心来负责。

云计算是分布式计算(Distributed Computing)、并行计算(Parallel Computing)、效用计算(Utility Computing)、网络存储技术(Network Storage Technologies)、虚拟化技术(Virtualization)、负载均衡技术(Load Balance)等计算机和网络技术发展融合的产物。云计算一般依托在数据中心(或叫作云计算数据中心,里面可能有数十万台以上的服务器)。目前,世界上很多国家都在投资建设大型的云计算数据中心。在今后很长一段时间,云计算都会是计算机科学研究中的一个重要领域。

互联网、云计算的兴起使得我们所能搜集和利用的数据量极速增长,大数据(Big Data)所涉及的数据资料规模庞大,以至于目前的计算机系统难以在合理时间内完成数据的撷取、管理、处理,以及存储的任务,因而引发了计算机系统的数据 I/O 性能瓶颈问题,即数据读写的速度远远跟不上计算的速度。如何解决数据 I/O 瓶颈问题是目前全世界计算机界的热点研究问题之一。现在已经提出的各种解决方案包括计算机系统结构的变革、操作系统和文件系统的变革等。对于大数据问题的研究将在未来几十年里受到全世界的关注。

大数据技术的战略意义不在于拥有庞大的数据量,而在于如何对这些含有意义的数据进行快速、实时的分析处理。换言之,如果把大数据比作一种产业,那么这种产业实现盈利的关键,在于提高对数据的分析能力和速度,并把这种高速分析数据的能力转化成为数据的"产值",也就是通过数据分析获取"知识",并从中获得商业利润。可以利用大数据的领域不仅仅包括各种产品的开发、设计、包装和广告,甚至还包括国家安全,例如反恐分析等。

从技术上看,大数据与云计算的关系就像一枚硬币的正反面一样密不可分。大数据必然无法用单台的计算机进行处理,必须采用分布式计算架构。关于大数据的概念及应用实例,将在本章 1.5 节介绍。

大量数据中心的建立又带来了能源消耗和冷却技术方面的挑战。对于大数据的应用,谷歌搜索可以说是个非常成功的案例。其搜索引擎的速度快主要是因为谷歌公司在全球分布着众多的数据中心。而数据中心的耗电量惊人,如果数百万台服务器同时运行,一天就可以消耗几十万度电,相当于一个小城市 1/3 的用电量。电能的消耗引起热的聚集,因此数据中心必须配备大量的冷却设备。谷歌公司特别强调了数据中心采用的水冷系统,这是一种比空调更为环保的冷却方式,图 1-11 的右图就是河流边一个谷歌数据中心的俯瞰图。因此,节能省电是当今计算机系统所面临的又一个巨大挑战。

图 1-11　大数据时代的数据中心

2. 计算机系统的发展与趋势

当今计算机系统的发展趋势是:系统越来越大,核数越来越多;终端越来越小,越来越便携;效能越来越高。多核时代已经到来,2005 年 4 月,英特尔公司仓促推出简单封装双核的奔腾 D 和奔腾四至尊版 840。AMD 公司在之后也发布了双核皓龙(Opteron)和速龙(Athlon) 64 X2 处理器。但真正的"双核元年"则被认为是 2006 年。这一年的 7 月 23 日,英特尔公司正式发布基于酷睿(Core)架构的处理器。同年 11 月,又推出面向服务器、工作站和高端个人计算机的至强(Xeon)5300 和酷睿双核、四核至尊版系列处理器。此后,智能手机和个人计算机都呈现核数持续增长的趋势。时代飞速进步,现在的超级计算机已经有一百万核以上了!在多核的时代,如何设计软件使其有效地在多核上运行、操作系统要如何有效管理这么多的核等,这些都是计算机科学所面临的诸多挑战,需要大量计算机专业人才来解决并行、调度、资源管理、节能省电等问题,计算机科学的研究发展方兴未艾、生机蓬勃。

小结

> **阿珍**：小明，现在你来回答，什么是计算机？
>
> **小明**：个人电脑是计算机，身边的很多日常用具都是计算机，就连时髦的大数据、云计算、物联网也都是属于计算机科学的范畴！

练习题 1.4.1：讨论软件和硬件的关系。软件是什么？硬件是什么？它们的关系是什么？可不可以只有软件而没有硬件呢？可不可以只有硬件而没有软件呢？

练习题 1.4.2：讨论智能手机属于通用型计算机还是专业型计算机，还是很难区分。提示：智能手机软件有些是预装的必需软件，例如拨打电话、收发短信等。手机也有可增加、可减少的软件，例如办公软件、游戏、音乐播放器等。

1.5 计算机前沿知识——大数据

本节将介绍数据的定义及大数据的基本概念，进而给出大数据应用实例，最后介绍大数据应用场景。

1.5.1 数据

1. 什么是数据

计算机的世界里只有两个数字：0、1。这两个简单而又神奇的数字，却能表示现实生活中各式各样的数据。回想一下生活中有哪些数据呢？书本中所包含的汉语、英语字符，与人交流所用的语音，摄影摄像所留下的照片、录像，这些统统都是数据。细心的同学会问，诸如照片、语音这类连续的数据(信号)，计算机怎么就能把它看作是 0、1 这两个神奇数字所构成的呢？或者说，这些数据怎么才能被计算机所认识呢？答案是模数转换器(Analog to Digital Converter，ADC)，它是用于将模拟信号(即真实世界的连续的信号)转换为数字信号(即用数值表示的离散信号)的一类设备。举一个简单的例子，现在有一幅图像要输入计算机，怎么做到呢？正如图 1-12 所示，通过 ADC，计算机可以将图片转化为数值形式，这样，再通过第 2 章所介绍的十进制转二进制的方式，便能转化成计算机所能识别的神奇的 0 与 1 了。

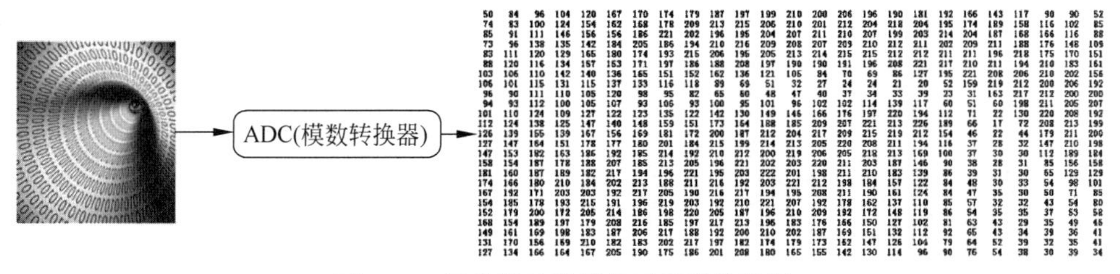

图 1-12 图片转为计算机可识别的数据

在计算机科学中，数据是指所有能输入计算机并被计算机程序处理的，具有一定意义的数字、字母、符号和模拟量等的统称。

2. 数据处理操作(Data Processing)

正如数据在计算机中的定义(输入计算机并进行处理的内容),将照片、音频等信息转化为二进制的过程,是计算机对数据的采集工作;将这些数据以二进制的方式存入计算机,计算机完成了对数据的存储操作;在存入计算机的信息中提取我们感兴趣的部分,是计算机对数据的检索操作;对数据进行加工,比如噪声去除、图像增强,是计算机对数据的加工操作;将关键数据进行加密等操作,是计算机对数据的变换操作;最后,将这些数据传输给其他计算机,计算机完成了对数据的传输操作。

以上各种操作均是数据处理的部分内容。数据处理指的就是对数据的采集、存储、检索、加工、变换和传输。

1.5.2 大数据

同样是数据,同样是对数据进行处理,何谓大数据呢?我们首先来看一下一些公司对大数据的定义。

国际数据公司(IDC)从下面这四个特征来定义大数据,即海量的数据规模(Volume)、快速的数据流转和动态的数据体系(Velocity)、多样的数据类型(Variety)、巨大的数据价值(Value)。

亚马逊公司(全球最大的电子商务公司)的大数据科学家 John Rauser 给出了一个简单的定义:“大数据是任何超过了一台计算机处理能力的数据量。”

维基百科解释为:“大数据(Big Data)指的是所涉及的资料量规模巨大到无法通过目前主流软件工具,在合理时间内达到撷取、管理、处理并整理成为帮助企业经营决策更积极目的的资讯。”

在许多领域,由于数据集庞大,科学家经常因为数据分析和处理过程的漫长而遭遇限制和阻碍,例如气象学、基因组学、神经网络体学、复杂的物理模拟,以及生物和环境研究。这样的限制也对网络搜索、金融与经济信息学造成影响。数据持续地从各种来源被广泛收集,这些来源包括搭载传感设备的移动设备、高空传感科技(遥感)、软件记录、相机、麦克风、无线射频识别(RFID)和无线传感网络等。自 20 世纪 80 年代起,现代科技可存储数据的容量每 40 个月即增加一倍。据统计,2012 年全世界平均每天产生 2.5 艾字节(艾是国际单位,符号为 E,表示 10^{18})的数据;2018 年,这个数字已增加到 92.5。可见全世界每年产生的数据量增长速度惊人。

大数据是一个宽泛的概念。上面几个定义,无一例外地都突出了“大”字。诚然“大”是大数据的一个重要特征,但远远不是全部。大数据是“在多样的大量的数据中,迅速获取信息的能力”。这个定义凸显了大数据的功用,而其重心是“能力”。大数据的核心能力是发现规律和预测未来。下面通过三个例子,来体会大数据获取信息的能力,及其给我们生活带来的益处。

1.5.3 大数据的应用

有了大数据的概念,本节将列举生活中大数据的应用,大数据的应用包括了 RFID、传感设备网络、天文学、大气学、基因组学、生物学、大社会数据分析、互联网文件处理、互联网搜索引擎索引制作、通信记录明细、军事侦察、社交网络、通勤时间预测、医疗记录、照片图像和图像封存、大规模的电子商务等不同领域的应用。

1. 商业中的大数据

沃尔玛公司是最早利用大数据而受益的企业之一，曾拥有世界上最大的数据仓库系统。通过对消费者的购物行为等非结构化数据进行分析，沃尔玛公司成为最了解顾客购物习惯的零售商，并创造了经典商业案例。公司在对消费者购物行为进行分析时发现，男性顾客在购买婴儿尿布时，常常会顺便搭配几瓶啤酒来犒劳自己，于是推出了将啤酒和尿布捆绑销售的促销手段。如今，这一“啤酒＋尿布”的数据分析成果也成了大数据技术应用的经典案例。

同样是沃尔玛这家零售业巨头为其网站自行设计了最新的搜索引擎 Polaris，利用语义数据进行文本分析、机器学习和同义词挖掘等。根据沃尔玛公司的解释，语义搜索技术的运用使得在线购物的完成率提升了 10%～15%。对沃尔玛公司来说，这就意味着数十亿美元的金额。

美国第二大超市塔吉特(Target)百货公司为了吸引孕妇这一含金量很高的群体，也求助数据分析手段。他们希望在孕妇怀孕较初期时就把她们识别出来，这样就可以在别的竞争对手之前吸引她们的采购。可是怀孕毕竟是私密信息，如何准确判断哪位顾客是早期孕妇就成为难题。他们后来发现可以根据顾客的消费数据来分析，比如许多孕妇在第 2 个妊娠期会买许多大包装的无香味护手霜，在怀孕最初的 20 周会购买大量补充钙、镁、锌的善存片类保健品等。最后公司开发出了“怀孕预测指数”，可以在很小的误差范围内预测顾客的怀孕情况，这样便能早早地把孕妇优惠广告寄给顾客。然而塔吉特公司这种优惠广告间接地令一位父亲意外发现自己还是高中生的女儿怀孕了，此事经《纽约时报》报道后，塔吉特公司“大数据”的巨大威力轰动全美，公司的营业额借助大数据而上升。

特易购(Tesco PLC)这家连锁超市在其数据仓库中收集了 700 万台冰箱的数据。通过对这些数据的分析，进行更全面的监控并进行主动的维修以降低整体能耗。

梅西百货(Macy's)的实时定价机制可以根据需求和库存的情况进行实时调价。该公司基于 SAS 的系统可以对多达 7300 万种货品进行实时调价。

美国电视剧《纸牌屋》(*House of Cards*)的大获成功更是让全球影视界对大数据应用刮目相看。无论是剧情设置还是演员选择、导演阵容，都以用户在网站上的行为和使用数据做支撑，从而受到观众热捧，投资公司凭借该剧名利双收。

小明：以后电视剧都这么拍的话多好啊，观众投票喜欢什么，剧情就马上改成什么，投票决定要谁活，要谁跟谁在一起，多有意思啊！

沙老师：《纸牌屋》的剧情后来越来越荒谬，就是因为美国观众喜欢谋杀、政治、尔虞我诈等，搞得剧情竟然变成美国总统是个秘密谋杀犯。电视电影除了商业外还要考虑艺术层面，我认为是要有所坚持的。所谓“有所为，有所不为”。在编写剧本的时候，破坏原著的修改就不要做。例如对孙悟空、猪八戒的“妖魔化”，对东方不败、令狐冲的“俗情化”等，例子太多了。不能为一时的商业利益，制作永久的垃圾片。

从以上的例子中我们可以看出,对于商业中有价值的数据进行分析,带来的将是直接的经济效益。

2. 体育竞技中的大数据

相信不少同学对世界一级方程式锦标赛(F1 赛车)有兴趣。大数据已经悄然进入了这项体育竞技项目的赛场。

F1 赛车如今也掀起节能环保的改革之风,赛车发动机从 V8 引擎缩水到 V6,但又不能牺牲速度。所谓"又让马儿跑,又让马儿不吃草",这个经典难题恐怕只有通过大数据分析才能解决。

F1 赛车场可能是大数据最经典的应用场景之一,一辆辆风驰电掣的、造价高达 200 万美元的 F1 赛车的设计、模拟、测试和建造完全在计算机中完成,这个流程的每个环节都将产生大量数据。虽然 F1 的模拟测试需要昂贵的计算机软硬件环境,但这依然比在赛道上实测的成本要低,据悉,一辆 F1 赛车在赛道上实测的花费每天高达 40 万～60 万美元。

此外,国际汽联对 F1 赛车的设计颁布了很具体的规则,例如汽车底盘高度不得低于 10cm,而且不得采用可拆卸的空气动力组件,而莲花、法拉利和麦克拉伦等 F1 赛车制造商必须在规则范围内绞尽脑汁设计出性能更加出色的赛车。

因此,各大 F1 车队纷纷大量借助高级流体动力计算(CFD)和 CAD/CAM 软件进行赛车的设计、测试和制造。尤其在测试环节,每辆 F1 赛车都是大数据发生器,对计算和存储环境提出了极高的要求。通常用于测试的 F1 赛车上会安装 240 个传感器,每圈能产生 25MB 数据,这些数据通过卫星链路传回到工厂——其中引擎数据与底盘数据将被分开处理,用于分析部件的性能和磨损情况。此外大数据预测分析也是 F1 赛车测试的重要应用,例如麦克拉伦车队能通过汽车传感器在赛前的场地测试中实时采集数据,结合历史数据,通过预测型分析发现赛车问题,并预先采取正确的赛车调校措施,降低事故概率并提高比赛胜率。

随着国际汽联颁布新的"绿色"引擎规则,各大 F1 车队面临一个前所未有的巨大挑战——即如何将 2.4 升的 V8 引擎换装成省油的 1.6 升 V6 引擎,但又不牺牲赛车的速度。这意味着需要对赛车进行重新设计,而完成这一任务的关键环节就是大数据。

新的国际汽联规则意味着各大 F1 车队需要对赛车设计进行大改,以达到新的节能指标,搭载新的 V6 引擎也需要新的传统系统预置匹配。

莲花车队的对策是部署两个并行的 IT 项目,支撑全新的赛车设计和测试工作。其中一个在工厂端,运行微软公司的 Dynamics 商务套件;另外一个在车队端,主要进行与赛道测试相关的数据采集和分析。

莲花车队采用 EMC 公司的存储、虚拟化软件和思科公司的服务器搭建其大数据环境,此外据 EMC 公司市场总监 Jeremy Burton 透露,莲花车队也可能采购 EMC 公司的 Atoms 用于存储和管理内容,Syncplicity 用于异地同步和分享文件,Data Domain 用于备份和恢复。

3. 日常生活中的大数据

美国电业公司 TXU Energy 发明了一种智能电表技术。有了智能电表,公司能每隔 15 分钟就读一次用电数据,而不是过去的一月一次,从而大大节省了抄表的人工费用。且由于能高频率、快速采集和分析用电数据(产生大数据),供电公司能根据用电高峰和低谷时段制定不同的电价。该公司甚至打出了这样的宣传口号"亲,晚上再洗衣服洗碗吧,晚上用电不要钱"。实际上,智能电表和大数据应用真正让分时、动态定价成为可能,而且对于 TXU Energy 公司和用户来说是一个双赢的结果。

又如 Prada 试衣间的大数据。传统奢侈品牌 Prada 正在向大数据时代迈进,其在纽约等地旗舰店里开始了"大数据时代"行动。在纽约旗舰店里,每件衣服上都有 RFID 码。每当顾客拿起衣服进试衣间时,这件衣服上的 RFID 会被自动识别,试衣间里的屏幕会自动播放模特穿着这件衣服走台步的视频。顾客一看见模特,就会下意识里认为自己穿上衣服就是那样,不由自主地会认可手中所拿的衣服。

而在顾客试穿衣服的同时,这些数据会传至 Prada 总部。包括每一件衣服在哪个城市哪个旗舰店,甚至什么时间被拿进试衣间,停留多长时间,这些数据都会被存储起来并加以分析。如果有一件衣服销量很低,以往的做法是直接将衣服丢弃掉。但如果 RFID 传回的数据显示这件衣服虽然销量低,但进试衣间的次数多,那就说明存在一些问题,衣服或许还有改进的余地。传统奢侈品牌在大数据时代采取的行动,体现了其对大数据运用的视角,也是公司对大数据时代的积极回应。

该公司旗下的绿色米兰奥特莱斯及分店,也将会引入类似的技术。不仅在实体商场开设类似的试衣间,而且会在网络商城上面设有"网络试衣间",为那些不想来商场的消费者提供优越的试衣体验。一旦消费者通过互联网进入商场的网络试衣间,然后输入自己的三围数据、体型特征等,网络试衣间就会根据消费者填报的数据生成网络模特,代替消费者试衣,让消费者体验到身临其境的感觉。不仅如此,系统还会将搜集到的消费者的三围数据进一步分类整理,为商家进货、品牌商设计等提供原始的数据,这样的数据将会是未来服装、鞋履类企业梦寐以求的数据。当然,这个试衣间系统只是该公司未来建立的大数据系统下的一个子系统而已。

小结

大数据的影响增加了对信息管理专家的需求,甲骨文(Oracle)、IBM、微软和思爱普(SAP)等公司已支付了超过 15 亿美元给软件智能数据管理和分析的专业公司。这个行业自身价值超过 1000 亿美元。

大数据已经出现。我们生活在一个信息的社会,据统计,截至 2020 年 1 月,全球使用互联网的网民数量已经超过 45 亿,而同期的全球人口数量大约为 77.5 亿,意味着全球已经有超过一半的人在使用互联网。此外,从 2019 年 1 月到 2020 年 1 月,有近 3 亿新用户首次上网,可见使用互联网的用户数量增长迅速且渗透率高,人们比以往任何时候都需要与数据或信息交互。

大数据的影响力涵盖了经济、政治、文化等方面。大数据可以帮助人们开启循"数"管理的模式,也将成为"大社会"的集中体现。因此有这样的说法:"三分技术,七分数据,得数据者得天下。"

1.5.4 对数据和逻辑的正确态度——沙老师的话

不管数据是来自于人的行为,还是来自于一个"系统",假若找不出数据的性质或关联,这些数据就没有意义了,只不过是占用大量空间的垃圾罢了。计算机科学就是要找出数据的性质和关联,提取出有用的知识和规则,通常称为数据挖掘(Data Mining)。

下面举一个有趣的例子,是用一种“大数据”的方式来计算圆周率 Pi 的值。假如有一个黑盒子系统,计算机随机产生很多 0~1 的(x,y)坐标值,将这些坐标值输入这个黑盒子,黑盒子会告诉我们有多少输入是在半径等于 1 的圆里面。利用这些信息,经过简单的统计后,竟然可以算出 Pi 来!

具体细节如下:假想有一个以二维坐标原点(x,y)=(0,0)为圆心、半径为 1 的圆,只看 x、y 为正数象限的那个 1/4 圆的部分。这个 1/4 圆被一个边长为 1 的正方形包围住。象限里面的圆的部分面积为 Pi/4,而正方形面积为 1。让计算机每次随机生成两个 0~1 的数 x 和 y,当作一个随机坐标点(x,y),并判断这个(x,y)坐标点是否在 1/4 圆内。生成 n 个随机点后,统计单位圆内的点数与总点数 n 的比例,这个比例和其面积是相关的。因此,得到一个比例式:落入圆内的点数:n=圆部分面积:正方形面积。所以Pi=落入圆的点数/n×4。随机点取得越多,求得的 Pi 也会越精确。

以下是 Python 的程序。因为要利用一个随机产生函数 random(),所以我们要先载入 random 这个库,用 import random 语句完成。载入后,就可以利用这个库里面的函数了。random. random()函数会随机产生一个 0~1 的实数。

```
#<程序:求圆周率-蒙特卡罗法>
import random
def pi(times):
    sum = 0
    for i in range(times):
        x = random.random()
        y = random.random()
        d2 = x * x + y * y              #计算到原点的距离
        if d2 <= 1: sum += 1            #距离<=1, 代表在圆里面
    return(sum/times * 4)

#函数外执行
times = 100000000
x = pi(times)
print("Pi = %.8f" % (x))
```

```
>>>#输出
Pi = 3.14156456
```

各位很难想象数学问题也可以用这种大数据的方式来解。这种用随机产生数的方法来求解的方式叫作蒙特卡罗法。蒙特卡罗是赌博之都,这个方法的随机性较强,所以被称为蒙特卡罗法。然而有两点体会请大家注意。

第一,专业知识还是重要的。这个方法好像不要什么数学知识,但是趋近的速度是很慢的。取 10^8 个随机点时,其结果也仅在小数点后 3 位或 4 位与圆周率吻合。假如我们有专业知识,学过微积分后,就知道其实精准度高的 Pi 可以很快地算出来。也就是说面对大数据,假若没有专业知识,纯粹地从大量的数据中去找寻知识是很花工夫的。

第二,这个方法还是神奇的。假如这个黑盒子里有一个不规则的图形,在数学上要算这个图形的面积是很困难的。但只要这个黑盒子能决定输入的坐标点是否落在这个图形内,

就可以用蒙特卡罗法得到面积的近似值了。也就是说当专业知识阙如的时候,大数据的摘取和分析是有用的。

另外,必须强调对数据的正确态度,要谨慎!我们知道任意的程序不管对错都会有输出,从计算机输出的结果不一定是对的。即使是正确的输出,我们也不一定会做出正确的分析来。数据分析和挖掘的程序会对数据间的关联性做出统计结果。对这些关联的解释更是要慎重!例如,发现买尿布的男性顾客常常也会买啤酒,所以决策是将卖啤酒的货架和卖尿布的货架靠近。这些统计数据会影响个人、单位、公司、甚至国家的决策,因此需要谨慎。不谨慎就会落入倒因为果、没有因果或只提一因而忽略多因的谬误中。

错误数据分析应用的例子列举如下:大数据统计的结果显示,常吃哈根达斯冰淇淋的小孩的平均英文水平要远高于不吃哈根达斯冰淇淋的小孩。家长们看到这个统计数字后就拼命地买哈根达斯给小孩吃,对吗?其实这是因为能经常买哈根达斯冰淇淋给小孩吃的家庭大多是在大城市的富裕家庭,他们的小孩自然会较早地接触到英语或者从小就去补习英语,多吃哈根达斯冰淇淋并不是英文好的原因。

各位可以举很多这类的例子。例如据大数据统计,住 18 楼的家庭比住 1 楼(或平房)的家庭平均寿命要高许多!所以我们要住 18 楼,对吗?

或者据大数据统计,黑头发的人比黄头发的人要爱吃辣椒!对吗?还是因为湖南、四川、湖北、重庆、贵州、墨西哥等地的人都刚好是黑头发呢?

或者据统计睡在炕头上的人比较喜欢吃没有包馅的粽子。有关系吗?

或者据统计常吃宽面的小孩比吃细面的小孩个头儿要高。所以要逼小孩常吃宽面吗?个头高矮和面的宽细有关系吗?

或者据统计常吃补品的老人得到更多来自孩子的照顾。你说呢?

最后举个明显荒谬的例子,或许据统计常吃高血压药和心脏病药的老人,他们的寿命比只吃进口维生素的老人明显较短(所以要多吃进口维生素而不要吃那些高血压药)。是不是很荒谬!

所以,从数据分析得到数据的关联性是正确的,但是解释这种关联性的因果关系那就要十分慎重了。

谈谈逻辑。学计算机科学的人一定要对逻辑很清楚,比一般人要敏锐。不要人云亦云,受舆论谬误摆布。最需要娴熟于心的就是什么是充分条件,什么是必要条件,什么是充分又必要条件,不可混淆。

首先记得:若 P 则 Q (if P then Q)=若非 Q 则非 P(if not Q then not P)。P 被称为 Q 的充分条件(Sufficient Condition),Q 被称为 P 的必要条件(Necessary Condition)。例如,$x>10$ 则 $x>0$,那么 $x>10$ 是 $x>0$ 的充分条件。但是 $x>0$ 并不代表 $x>10$,因为 $x>0$ 只是 $x>10$ 的必要条件。另外从"若 P 则 Q =若非 Q 则非 P"中,我们可以得到 $x\leqslant 0$ 则 $x\leqslant 10$。

再举一例,正常人有两个眼睛和一个鼻子,两个眼睛和一个鼻子是正常人的必要条件,但是不充分!狗也是两个眼睛、一个鼻子,老鼠也是两个眼睛、一个鼻子。以后各位会发觉,要得到充分条件常常会比较困难,必要条件比较容易得到。例如,证明一个人是正常人是很困难的(在计算机科学里证明 X 属于某种模型),因为我们很难得到完整的充分条件。很多情况下只能尽可能地得到一系列的必要条件,例如正常人有两个眼睛、一个鼻子、两个耳朵、一个嘴巴、一个心脏等。虽然它们仍然不是充分条件,但是只要有一项必要条件不符合,那就不是正常人。只能想办法说明他不是“非正常人”,而很难 100%证明他是正常人!

再谈逻辑。请先背下来:“若 P 则 Q”等价于“(not P)或 Q”。这是有点难懂的,举例来解释。小明的爸爸说:“小明你语文成绩超过 90 分的话,我就给你买玩具。”P 是“你语文成绩超过 90 分”,Q 是“我就给你买玩具”。现在验证小明爸爸的这句话有没有说谎。

第一种情况:小明的语文成绩超过 90 分(P=真,True),他爸爸买玩具(Q=真,True)⇒小明爸爸没有说谎。

第二种情况:小明的语文成绩超过 90 分(P=真,True),他爸爸没买玩具(Q=假,False)⇒小明爸爸说谎了。

第三种情况:小明的语文成绩没有超过 90 分(P=假,False),他爸爸买不买玩具都可以(Q=真或假,True or False)⇒小明爸爸没有说谎。

所以,从例子上可以看出只有一种情况使得“若 P 则 Q”是假的,那就是“P =真”并且“Q=假”的情况。也就是说“若 P 则 Q”的逻辑等于“(not P)或 Q”。

练习题 1.5.1:美国电商巨头亚马逊在页面上会针对每个消费者量身定做商品推荐,请讨论要如何实现量身定做,如何证明其量身定做成功与否。

练习题 1.5.2:请讨论大数据在医疗上有没有什么可能的应用。

练习题 1.5.3:请讨论大数据在公共卫生上有没有什么可能的应用。

练习题 1.5.4:请举一个存在逻辑谬误的例子。

练习题 1.5.5:$x=y$ 和 $x^2=y^2$,请解释谁是谁的充分和必要条件。

练习题 1.5.6:$x=y$ 和 $x^3=y^3$,请解释谁是谁的充分和必要条件。

练习题 1.5.7:请说明“若 P 则 Q”等价于“(not P)或 Q”。

1.6 计算机科学之美

1.6.1 无处不在的计算机

现今社会大量地使用计算机,已经找不到没有使用计算机的领域了。大家都知道,假如没有电,世界将一片黑暗。可是假如没有计算机,世界会怎样?交通运输瘫痪,制造业无法发展,农业遭受损失,通信中断,商业和金融活动无法进行。下面就举几个例子吧。

1. 交通运输中的计算机应用

随着科学技术的发展,计算机在交通运输中起着举足轻重的作用。从空运系统到陆运系统,计算机无处不在。

如图 1-13 所示,左图为航拍原图像,右图为经过去雾处理后的图像,可以看出,去雾后的图像能够恢复出清晰的地面场景,有助于高空视觉系统的分辨和识别,减少了雾对飞机降落的影响。

计算机在空运中的作用不仅仅在于图像处理。澳门机场和深圳机场曾发生过这样一件事,当一场台风来临时,由于澳门机场的计算机系统比较先进,算出飞机不必停飞,而深圳机场因为算不清楚,只好关闭机场,损失以亿计。

再看陆运系统。现在城市里的地铁,城市间铁路运输、动车、高铁,都是计算机全程和全局来控制。假如系统没有设计好,没有测试全,没有考虑各种可能的情况,惨剧就可能会发

图 1-13　航拍雾天图像复原

生。例如，2011 年 7 月 23 日在温州发生的重大动车追尾事故，造成 40 人死亡、200 多人受伤的后果，最后被认定为一起设计缺陷、把关不严、应急处置不力等因素造成的责任事故。我们是需要计算机，但更需要的是设计优良、无缺陷的计算机软硬件系统。

除了计算机设计的功能正确和安全可靠以外，计算机的性能也是十分重要的。气象预测涉及大规模的计算，需要高性能的计算机和软件。2001 年 12 月 7 日，一场没有预报的降雪使北京的交通大瘫痪，很多人只能步行几小时回家，不少人指责气象部门失职。事后，北京气象局的解释有两条：一是北京市区气象数据采集点太少；二是百亿次计算机速度太慢，需要计算数十小时，得出结果为时过晚。如果有更高性能的计算机，能预报北京市的这场降雪，就不会发生这些情况了。

再看道路上的红绿灯控制系统。离开了计算机，没有了交通信号控制系统，没有了道路监控系统，十字路口将会产生死锁，封锁交通，致使交通瘫痪，如图 1-14 所示。

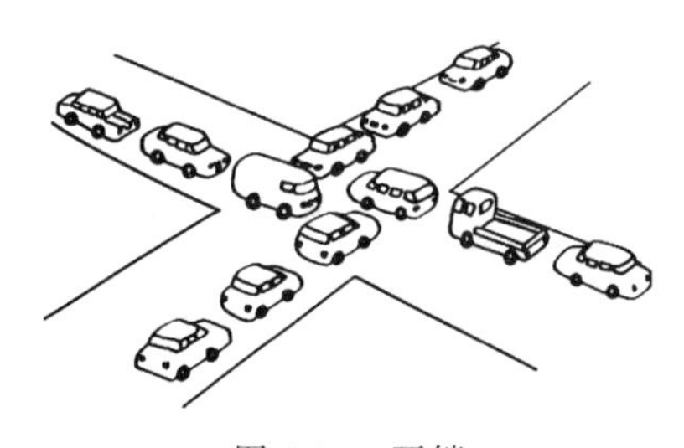

图 1-14　死锁

图 1-14 所示为交通发生死锁的现象，在计算机中也可能发生类似的死锁现象。我们在“操作系统(Operating System，OS)”课程中将学习什么是计算机中的死锁，死锁的必要条件，以及如何避免死锁。

2. 制造产业中的计算机应用

以日本和韩国的造船业为例，由于采用先进的计算机技术，这两个国家的造船工人人数从十几万下降到两万多，年造船排水量近千万吨。我国有 30 万造船工人，年造船 300 万吨排水量，效率相差数十倍。

建设高速公路用的铺沥青设备、西气东输以后需要的燃气轮机、地铁建设需要的大型挖掘机等许多关键性设备我国都不能制造，只能花巨额外汇进口，因为制造这些设备都需要性能先进的计算机的帮助。在当今时代，制造业仅仅靠拼人力是不行的，一定要靠计算机技术提高产业水平。

3. 农业生产中的计算机应用

计算机在美国农业领域内的应用最早可追溯至 20 世纪 50 年代初。迄今，计算机的应用给美国带来了高质量、高效率和高效益的农场管理、科研和生产；同时也实现了作物生产管理自动化、农田灌溉调控自动化、畜禽生产管理自动化、农机管理与产品加工自动化，以及农业科研与服务系统信息化。农业生产控制需要物联网技术,其中包含利用传感器和网络对信息的采集、分析和控制。

如果没有计算机,这所有的工作都将由人力来完成,不仅效率低下,而且会影响农作物的品质。同时,没有计算机预报的台风、冰雹、洪水,可能给农业带来灾难性的损失。

4. 日常生活中的计算机应用

如今,智能手机、平板设备等已涌入人们的日常生活,它们通通都是计算机。另一方面,没有计算机,就没有服务器、网络路由器,也就没有网络,这些个人设备的功能将大大削弱。如果不能上网,智能手机、平板设备将不再吸引人。

另外,随着嵌入式系统在汽车上的应用,一键启动、自动头灯、倒车影像等人性化功能被引入汽车领域。没有计算机,汽车将不再具有这些人性化功能,甚至会导致安全性的极大降低。

计算机的应用可谓无远弗届。现代生活的各行各业都离不开计算机。在生物工程中,新兴的生物信息工程、DNA 基因工程、蛋白质结构分析,需要计算机的支撑;在土木建筑、机械设计、电子开发设计中,计算机辅助设计(Computer Aided Design,CAD)利用计算机软硬件系统辅助人们对产品或工程进行设计,诸如 AutoCAD 等软件在工程制图中被广泛使用;在行政管理、经济分析中,诸如 SPSS(Statistical Product and Service Solutions)等统计学分析、数据挖掘软件被大量运用。

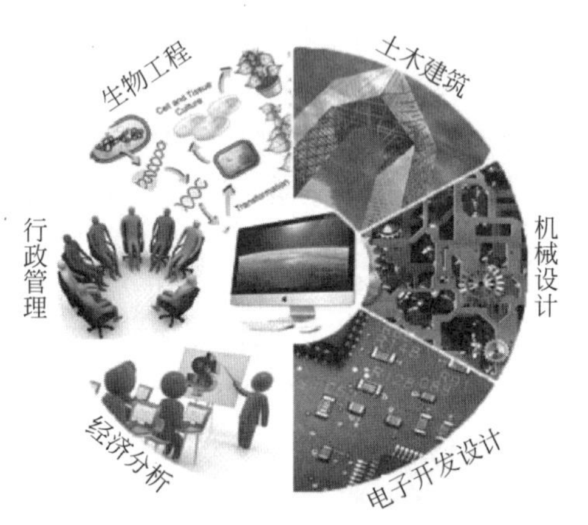

图 1-15　计算机是各行各业的重点核心

如图 1-15 所示,生产生活中的各行各业都离不开计算机。有趣的是,它们不仅离不开计算机,有时计算机甚至是这些学科的重点核心。

1.6.2　计算机学科本身包含的知识面之广

论一门学科是否美,应当不仅仅讨论其应用之广。而对于学生而言,一个学科所涵盖知识面的广度,更能体现该学科的美。换言之,一个覆盖面窄的学科,一旦对其失去兴趣,就很难再找回那份学习的热情。而一个覆盖面很广的学科,在学习过程中总能发现自己所感兴趣的点。恭喜你!选择了计算机科学专业,你会在今后的学习中体会到各种计算机技术带给你的新鲜感,你总能找到与你自己兴趣相符的那个点。

1. 哲学(基本理论)

对,你没有看错。计算机科学中涵盖了丰富的哲学,因此,喜欢哲学的学生不要因进入计算机而后悔,更应该感到庆幸。那计算机科学都包含哪些哲学问题呢?

什么是知识?什么是思考?如何让计算机思考?计算机能否思考?计算机能否取代人?什么是智能?哪一类问题计算机能解决?哪一类问题无论用多强大的计算机也不能解决?新型计算机理论的发展,例如量子计算机、DNA 计算机,它们的能力有所突破吗?我们在 20 世纪就开始研究这些问题,有许多沉积的问题和新的问题还在等待人类的探索。

2. 文学与艺术

文学艺术的精髓是什么？答案是非常强的创造性。而计算机科学正是将这种精神发挥得淋漓尽致。

软件设计需要创造。同样一个功能，有些实现方案总让人摸不着头脑，而有些实现却让人感到舒适、人性化。同样，有些程序代码让人读完一行就没有继续读下去的欲望，而有些程序却能让人有种不是自己写的、却胜似自己所写的感觉。

游戏的设计需要创造。从功能到角色设计，游戏的整体设计都需要创造。棋牌类游戏因为其很强的功能性，占据一壁江山。很多网游因其画面感吸引了不少玩家。

关于 UI(User Interface)，用户体验更需要创造性，甚至可以说好的用户体验更需要艺术与计算机的综合。下面来看两个例子。图 1-16 显示了两个不同的网站页面。

孰丑孰美？大家心中自有定论。

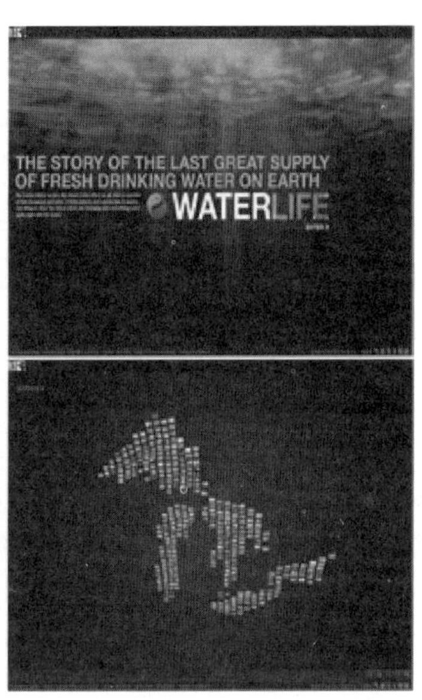

图 1-16　网站的丑与美

3. 商学与社会学

商学与社会学也十分受益于计算机的应用。电子商务已经运用到各个领域，大家对 B2C(Business-to-Consumer，商家对客户)商业模式也已经耳熟能详。淘宝商城、京东商城这些典型的成功例子不仅仅使得互联网公司从中受益，更方便了人们的日常生活。当你在淘宝浏览过一些产品后，你会意外地发现，怎么很多网站知道你浏览过什么？图 1-17 是网易上的一个例子，这是因为你在浏览网易新闻之前浏览了鞋子，浏览记录保存到了 cookie 中，广告联盟能智能地搜索到这些信息并在你浏览其他网站时显示出来。

商学与社会学不仅仅使用了计算机应用，其很多思想更是能够在计算机的课程中形成。比如对于管理，商业中需要管理各种各样的人、事、物，包括管理团队。而在计算机中，操作系统的管理与其如出一辙。在管理一个团队时，常常可能要用有限的人力去完成一个很艰难的项目。同样，在操作系统中也将对有限的资源进行管理，比如多核 CPU 等。

图 1-17　广告推广例子

所以,如果你未来打算从事商学、社会学,在计算机的世界,你同样能够学到这些学科的精髓,并能将其扩大化。

4. 数学

喜欢数学的同学,恭喜你,你所拥有的数学知识将能够帮助你在计算机的世界里学得“如鱼得水”。数学是很多学科的基础,在计算机学科中,良好的数学功底也会帮助你走上更高的层次。

密码学、图像学、编码解码、模式识别、优化算法等都包含了很多很多的数学,这里就不再一一详述,读完本书,你应该就会有些体会。

5. 工程学

什么是工程?工程的精神又是什么?答案是精益求精。工程不论大小,工艺必须精益求精,如同画一幅图,不许有一点败笔,否则带来的将会是灾难。举个例子来说,对于造桥,设计尤为关键,需要考虑以下因素。①建筑的受力因素。当建筑物的整个主体结构在承受能容许的外力后,要求能够保持稳定,没有不正常的变形和裂缝,能使人们安全使用。②自然界的影响。建筑是建造在大自然的环境中的,它必然受到日晒、雨淋、冰冻、地下水、热胀冷缩等影响。③各种人为因素的影响,如机械振动、化学腐蚀、装饰时拆改、火灾及可能发生的爆炸和冲击。如果不考虑这些因素,那么一座桥建成之时,便是灾难来临的倒计时开始之时。因此,对于工程学,必须要设计,设计,再设计。

同样,在计算机的世界里,人们也追寻精益求精。正如本章求平方根的例子,虽然第一个算法可以实现功能,但是需要对问题进行持续的优化,需要了解到问题的本质是什么、问题的复杂度是什么,这些又与物理、化学等学科是相通的。

本章总结

1. 计算机无处不在,它在我们生活中扮演很重要的角色。

2. 不仅笔记本计算机、手机是计算机,身边的很多日常用具的控制器都是计算机,大数据、云计算、物联网等也都属于计算机范畴!

3. 非计算机专业的人学如何使用计算机,计算机专业的本科生学如何设计计算机的软硬件、网络、系统和安全机制。

阿珍：作为刚刚入学的计算机专业本科生，小明，你知道自己未来4年要学什么了吗？

沙老师：小明，你要学体系结构、编程、数据结构、算法、操作系统、网络、软件工程、信息安全、数据库、并行计算等。并且，不仅仅要学怎么使用这些技术，更要学如何设计它们，进而创造新的知识。

习题1

习题1.1：以下产品哪些属于计算机相关产品，哪些不属于？

A. 交通控制系统　B. 农业自动化系统　C. 电动机　D. 空调控制

E. 自行车的齿轮　F. 汽车内的嵌入式系统　G. 手机

习题1.2：请举例说明，没有计算机给你生活带来的不便。

习题1.3：第一台电子数字计算机的名字是什么？什么时间在哪个国家诞生？

习题1.4：从1946年至今，计算机总共经历了几个时代？每个时代的特点是什么？

习题1.5：冯·诺依曼体系结构包括几大部分？分别是什么？

习题1.6：冯·诺依曼体系结构中的控制器的功能是什么？

习题1.7：冯·诺依曼体系结构有几大特点？分别是什么？

习题1.8：运算器可以做哪些运算？参与运算的操作数特点是什么？(进制)

习题1.9：计算机有哪些存储器？请举例说明。

习题1.10：输入输出设备的作用是什么？

习题1.11：什么是计算机程序？

习题1.12：x=x+1语句的意义是什么？

习题1.13：请给出一个Python程序段，用for循环求解1～100的和。

习题1.14：请给出一个Python程序段，用for循环和print语句输出1～100的奇数。

习题1.15：请问while语句“while(x<10)：”的意义是什么？

习题1.16：请问if语句“if (x<10 or x>=20)：”的意义是什么？

习题1.17：程序设计语言中，什么是变量？

习题1.18：Python语言中，如何创建变量？

习题1.19：Python语言中，函数的定义语句是什么？

习题1.20：写Python程序，输出“我喜欢计算机导论”，并通过print(chr(0x2605))语句用星星围起来。

习题1.21：写Python程序，用print("X")语句输出一个正方形，边长是10个X。

习题1.22：写Python程序，用print("X")语句输出一个三角形，第一行是一个X居中，第二行是3个X居中，第三行是5个X居中，以此类推，共输出10行。

习题1.23：请给出一个求3次方根的算法，并给出对应的Python程序。

习题1.24：写Python程序，有x、y、z三个数，将这三个数从小到大输出。

习题1.25：写Python程序，有w、x、y、z四个数，将这四个数从大到小输出。

习题1.26：请叙述你学习完本章后对计算机科学的理解。

第2章 神奇的0与1

乐曲是由音符构成的，衣服是由纤维构成的，生物是由细胞构成的，“计算”的基本操作是“加、减、乘、除”，而加、减、乘、除又是由什么构成的呢？这一章将为你解释计算机世界的加、减、乘、除是由“逻辑”构成的，而逻辑是由基本的0与1的开关构成的。简而言之，一切的计算都是由神奇的0与1构成的。0与1就像是构筑高楼大厦的砖块沙石，是最基本的材料。因此，我们当然要在学习计算机科学之初就探索0与1的深刻意义，进而了解它的广大用途。在这一章里，我们将介绍0与1的基本单元如何用于建立计算机的世界，揭示这些看似平凡的0与1在计算机中的神奇之处！

2.1 进位制的概念

当你看到一个数1100时，你确切地知道它有多大吗？大多数人的回答应该是肯定的。例如一部手机的价格是1100元，对你来说就是一个明确的数。但是读完这一章以后，你将发现1100这个数之所以明确，是因为你生活在一个惯于使用十进制的世界，因此你认为$1100=1\times10^3+1\times10^2+0\times10^1+0\times10^0$。而对于计算机而言，仅有1100这个数，而没有进位制的定义时，它的值是不明确的。以十六进制而言，这个手机价格等于十进制系统中的4352元，而以二进制而言，这个手机的价格就只有12元了。因此，在计算机的世界里，任何数都需要数和进位制的完整定义才能表示明确的量值。

十进制是大多数人习惯使用的进位制。大家小的时候都背过“九九乘法表”，九九乘法表就是十进制的乘法表。那么你是否想过，为什么它不是“七七乘法表”或“八八乘法表”呢？是不是因为一般人都有十个手指？所以我们自然而然地希望遇10则进位。假如我们都有八个手指，那么可能从小要背诵七七乘法表了。

例如，观察一个十进制的整数391，可发现该数具有两个性质：

(1) 每一位都介于0～9；

(2) 这个数可以分解成为$391_{10}=3\times10^2+9\times10^1+1\times10^0$。

我们通常用数的右下标表明它的进位制，例如391_{10}就表示一个十进制数391。有的书也用$(391)_{10}$表示同样的意义。**本书约定，如果一个数不加下标就默认它是十进制数。**

以此类推，八进制也有两个性质：

(1) 每一位都介于0～7；

(2) 这个数可以分解成为$391_{10}=607_8=6\times8^2+0\times8^1+7\times8^0$。

从该例可看出一个值可用十进制或八进制表示。通常使用的十进制，也就是逢10向高位进1，所以叫作十进制；而八进制则是逢8向高位进1，所以叫作八进制。表2-1显示了适用于八进制的“七七乘法表”,有兴趣的同学可以验证一下。

表 2-1　七七乘法表

*	1	2	3	4	5	6	7
1	1	2	3	4	5	6	7
2	2	4	6	10	12	14	16
3	3	6	11	14	17	22	25
4	4	10	14	20	24	30	34
5	5	12	17	24	31	36	43
6	6	14	22	30	36	44	52
7	7	16	25	34	43	52	61

其实不同的进位制在生活中很常见。例如时钟计时采用的是六十进制,60 秒是 1 分钟,60 分钟是 1 小时;历法和英制单位采用的是十二进制,例如 12 个月是 1 年,12 英寸(1 英寸约为 2.54 厘米)等于 1 英尺(1 英尺约为 0.4 米)。目前计算机采用的是二进制,即逢 2 进位。比如十进制中的 0、1、2、3、4,在二进制中对应的用 0、1、10、11、100 来表示。二进制的数由 0 或 1 组成。在计算机的世界里,二进制数的 1 位称为 1 比特(1b),连续的 8 比特称为 1 字节(1B)。至于计算机使用二进制的原因,我们将在后面章节解释。

另外,八进制、十进制和十六进制也是计算机世界中会用到的进位制。因为二进制只有两个可用的数,较大的数就需要用很多比特来表示。比如,十进制数 8($=2^3$)用二进制表示需要 3 比特,十进制数 4096($=2^{12}$)用二进制表示需要 12 比特。二进制数的长度随着数值的增大快速增长。对计算机的使用者来说可读性较差,也难以应用,所以计算机系统的输出通常采用八进制、十进制或十六进制数。表 2-2 列出了我们需要熟悉的四种进位制,即二进制、八进制、十进制和十六进制。其中,十六进制数有一点特殊。十六进制数的一位数表示 0~15 的数值,而人类世界的十进制数位只能表示 0~9,因此在十六进制中,用 A、B、C、D、E、F 分别代表十进制的 10、11、12、13、14、15。

表 2-2　几种进位记数制

进制	基数	进位原则	基 本 符 号
二进制(Bin)	2	逢 2 进 1	0,1
八进制(Oct)	8	逢 8 进 1	0,1,2,3,4,5,6,7
十进制(Dec)	10	逢 10 进 1	0,1,2,3,4,5,6,7,8,9
十六进制(Hex)	16	逢 16 进 1	0,1,2,3,4,5,6,7,8,9,A,B,C,D,E,F

阿珍:二进制、八进制、十进制和十六进制的英文分别是 Binary、Octonary、Decimal 和 Hexadecimal number systems。八的字根可用 Oct 表示,十的字根用 Dec 表示,但为什么 Oct 是十月、Dec 是十二月呢?

沙老师:这是个很有意思的问题。原来古罗马历法为十个月,没错,October 是拉丁语“第八”月的意思,December 是拉丁语“第十”月的意思。恺撒大帝改革历法后,前面增加了两个月。原来的 1 月变成 3 月,8 月和 10 月也以此类推,变为 10 月与 12 月。

总之,如果某一个进制采用 R 个基本符号,我们就称它为基 R 进制,R 称为“基数(Base)”。例如二进制的基数是 2,十进制的基数是 10。进制中每一位的单位值称为“位权(Weight)”。在整数部分,最低位的位权是 R^0,第 i 位的位权是 R^i;对于小数部分,小数点向右第 j 位的位权是 R^{-j}。

例如在十进制中,个位的位权是 10^0,百位的位权是 10^2,所以数 7 在个位时,它的值是 7,在百位时它的值就是 $700 = 7\times10^2$。在二进制中,最低位的位权是 $1=2^0$,所以数 1 在最低位的值是 $1 = 1\times2^0$。小数是同样的道理,小时候学十进制的时候,都学过十分位(也就是小数点后第一位)、百分位(小数点后第二位)的概念,十分位的位权是 $0.1=10^{-1}$,百分位的位权是 $0.01=10^{-2}$,所以,数 7 在十分位和百分位的值分别是 0.7 和 0.07。在二进制中,小数点后第 1 位的位权是 $2^{-1}=0.5$,小数点后第 2 位的位权是 $2^{-2}=0.25$,小数点后第 3 位的位权是 $2^{-3}=0.125$,以此类推,可以得到小数点后任何位数的位权。0.101_2 的十进制值$=0.5+0+0.125=0.625$。2.2 节会详细解释不同进制数的转换。至于八或十六进制的位权,也是如此计算出来的。例如,八进制的小数点左边第 1 位的位权是 8^0,左边第 2 位的位权是 8^1,而小数点右边第 1 位的位权是 8^{-1},小数点右边第 2 位的位权是 8^{-2}。

小结

这一节介绍了计算机中常用的进位制,有二进制(Binary,简记为 Bin)、八进制(Octal,简记为 Oct)、十进制(Decimal,简记为 Dec)和十六进制(Hexadecimal,简记为 Hex)。一个数值在不同的进位制中的表示形式可能不同。

对于进位制的表示形式,我们主要介绍了进位制的基数和位权的概念,它们对于 2.2 节所介绍的、数字在不同进位制之间的转换非常重要。

练习题 2.1.1:请写出九进制数的八八乘法表。

练习题 2.1.2:请比较两个数 11_2 和 11_8,哪个大?

练习题 2.1.3:请比较两个数 0.11_2 和 0.11_{10},哪个大?

练习题 2.1.4:八进制数的小数点左边第 2 位和小数点右边第 1 位的位权分别是多少?

练习题 2.1.5:十六进制数的小数点左边第 2 位和小数点右边第 2 位的位权分别是多少?

练习题 2.1.6:八进制数 1_8 的小数点左边第 2 位的值与十六进制数的 E_{16} 在小数点左边第 1 位上的值相比,哪个大?

练习题 2.1.7:八进制数 1_8 的小数点右边第 1 位的值与十六进制数 E_{16} 的小数点左边第 1 位的值相比,哪个大?

2.2 不同进制间的转换

> **小明**:是否任意一个整数都可用各种不同的进制来表示呢?
>
> **沙老师**:是的,任何整数都可用各种进制表示。最简单的证明方式就是任意 R 进制的数都可以转换成十进制的形式。

2.2.1 二进制数转换为十进制数

在计算机中最常用的就是二进制数与十进制数之间的转换，下面就以此为例，介绍常用的进制转换方法。

把一个二进制数转换为十进制数的时候，基本方法是用某位的数值(0 或者 1)乘以该位的位权。表 2-3 显示了部分二进制位权所对应的十进制数值。

表 2-3 二进制位权所对应的十进制数值

二进制位权	2^8	2^7	2^6	2^5	2^4	2^3	2^2	2^1	2^0
十进制值	256	128	64	32	16	8	4	2	1

现在我们在表 2-3 的顶部再加上一行 B，每一格代表二进制数 B 的一位，如表 2-4 所示。它的第一行表示一个二进制数 $B=110110101_2$。

表 2-4 二进制数 110110101_2 每一位的位权和值

B	1	1	0	1	1	0	1	0	1
二进制位权	2^8	2^7	2^6	2^5	2^4	2^3	2^2	2^1	2^0
十进制值	256	128	64	32	16	8	4	2	1

根据这个二进制数每一位的位权，转换成为十进制数就是：

$$\begin{aligned}110110101_2&=1\times2^8+1\times2^7+0\times2^6+1\times2^5+1\times2^4+0\times2^3+1\times2^2+0\times2^1+1\times2^0\\&=256+128+32+16+4+1=437\end{aligned}$$

然而计算机并不是用查表的方式来转换进制的，因为这样就需要保存每一种进位制的每一个位权。这样的表格理论上可以无限大，而在实际应用中，进制转换需要的位权数量取决于数的大小。想象一下这样的场景，计算机保存了一张庞大的表格，记录所有可能出现的最大数所需的位权。但是在大部分情况下，只需要其中的少数几个位权，因为常用的数都不是那么大。可见，用查表方式进行进制转换需要很大的信息存储空间，而且这些信息的利用效率很低，查这张表格也需要耗费不少的运行时间。这是在计算机的世界里不受欢迎的解决方法。因此，设计计算机的解决方案时，既需要考虑设计的可用性，也要考虑方案对于计算机执行效率和存储效率的影响。

实际上，计算机里的进制转换是通过一定的"算法"完成的。要了解这个算法，首先请回顾二进制数的组成：

$$\begin{aligned}110110101_2&=1\times2^8+1\times2^7+0\times2^6+1\times2^5+1\times2^4+0\times2^3+1\times2^2+0\times2^1+1\times2^0\\&=256+128+32+16+4+1\end{aligned}$$

我们用符号替代二进制数的每一位。例如第 i 位记为 a_i，那么 $n+1$ 位二进制数 A 就可以表示为 $A=a_na_{n-1}\cdots a_1a_0$。那么，二进制数 A 转换为十进制数的算法就是：

$$A=a_n\times2^n+a_{n-1}\times2^{n-1}+\cdots+a_1\times2^1+a_0\times2^0$$

现在，我们就可以很方便地用上面这个式子把二进制数转换为十进制数了。接下来，我们把这个进制转换算法推广到把 R 进制数转换为十进制数的算法。

R 进制中各位的位权是以 R 为底的幂。对于一个 R 进制数 $A=a_na_{n-1}\cdots a_i\cdots a_1a_0$，它

的一个数位 a_i 乘以该位的位权就得到该位的值,把每一位的值加起来就得到 R 进制数 A 在十进制中的值:

$$A=a_na_{n-1}\cdots a_i\cdots a_1a_0=a_n\times R^n+a_{n-1}\times R^{n-1}+\cdots+a_i\times R^i+\cdots+a_1\times R^1+a_0\times R^0$$

其中 n 和 i 为正整数,且 $0\leqslant i<n$,R^i 是第 i 位的权。正如前面所说,在 R 进制中的数使用 $0\sim(R-1)$个数符号来表示,因此,数 a_i 应满足 $0\leqslant a_i<R$。通过这个算法,计算机就能很容易地对各种进制进行转换。下面,我们来看一看如何用 Python 语言实现二进制数到十进制数的转换:

```
#<程序 2.1: 二-十进制转换>
b = input("Please enter a binary number:")
d = 0;
for i in range(0,len(b)):
    if b[i] == '1':
        weight = 2 * * (len(b) - i - 1)
        d = d + weight;
print(d)
```

这个程序首先通过 Python 语句 b=input("Please enter a binary number:")接收输入的二进制数,并用字符串的形式把这个数存储到变量 b 中。例如,输入一个二进制数 1010,那么 b 中存储的是字符串 b="1010"。这里,我们用单引号或双引号所界定的一串符号表示字符串。程序定义了一个变量 d,用来存放转换后的十进制数值,并把 d 的初始值设为 0。在 for 循环中,我们累加二进制数每一位数值和位权的乘积。函数 len(b)获得的是字符串 b 的长度,例如 len("1010")=4,这个由四个字符组成的字符串实质上是一个数组。因此,b[0]表示数组的第一个元素,b[len(b)-1]表示数组的最后一个元素。在我们的例子中,从数组的起始元素 b[0]到最后一个元素 b[3]的值分别是:b[0]= '1',b[1]='0',b[2]='1',b[3]= '0'。需要注意的是,数组元素 b[0]实际上存放的是二进制数的最高位。因此,b[0]位的位权为 $2^{\text{len(b)}-i-1}$。其他几位的位权是多少,你不妨试着自己算一算。在 for 循环中,位权的计算是用 Python 语句 weight = 2 ** (len(b)-i-1)实现的。这里用 2 ** n 的运算来获得 2 的 n 次幂的计算结果。

但是,在计算机中执行指数运算往往比单纯的加减乘除运算要复杂得多,因此也更加费时。为了更快地完成进制转换,我们对前面的 Python 程序进行了改进,改进后的程序如下:

```
#<程序 2.2: 改进后的二-十进制转换>
b = input("Please enter a binary number:")
d = 0; weight = 2 * * (len(b) - 1);
for i in range(0,len(b)):
    if b[i] == '1':
        d = d + weight;
    weight = weight//2;                      #'//'是整数除法
print(d)
```

改进后的程序首先算出了二进制数最高位的位权，即 weight=2 ** (len(b)-1)。在随后的 for 循环中，就不需要重复计算 2 的 i 次幂了，而是用整数除法，即 weight=weight//2，得到每一位的位权。

小数的进制转换算法与整数的转换算法基本相同。将基数为 R 的小数转换为十进制，只要把各个数位上的数与相应位权的乘积相累加，就可以得到对应的十进制数。所以，从 R 进制转换到十进制时，可以把小数点作为起点，从左右两边分别对整数部分和小数部分进行转换。作为练习题，请同学们用 Python 程序实现 R 进制小数到十进制数的转换。作为提示，你可以利用一个 Python 自带的字符函数 partition()来找出小数点前面的字符串和小数点后面的字符串。例如，输入一个二进制小数，并将其分解为整数部分字符串和小数部分字符串的实际操作结果为：

```
>>> bin = "1101.01"
>>> (x,t,y) = bin.partition('.') #结果是 x = '1101', t = '.', y = '01'
```

其他进制到十进制的转换方法与此类似。例如将八进制数 1023_8 转换为十进制数的例子如下：

$$(1023)_8 = 1\times8^3+0\times8^2+2\times8^1+3\times8^0 = 512_{10} + 16_{10} + 3_{10} = (531)_{10}$$

即八进制数 1023 的数值等于十进制数 531 的数值。下面介绍把十进制数转换为二进制数的方法。

2.2.2 十进制数转换为二进制数

从十进制到二进制的转换是 2.2.1 节所介绍算法的逆向运算。

例如，将十进制数 437 转换为二进制数，就是要把这个数分解为若干二进制位权的和，由此可知，十进制数 437 的大小一定处于两个二进制位权之间。因此，分解 437 时首先选择不大于 437 的最大的位权，即 $2^8=256$。于是，437 就分解为 256+181 两个数和，然后再选择不大于 181 的最大位权，即 $2^7=128$。于是 437 就分解为 256+128+53……以此类推，可得出 437=256+128+32+16+4+1。查看表 2-5 的二进制位权值，可得到 437 的二进制为 110110101_2。

表 2-5 十进制数所对应的二进制位权

十进制值	256	128	64	32	16	8	4	2	1
二进制位权	2^8	2^7	2^6	2^5	2^4	2^3	2^2	2^1	2^0
B	1	1	0	1	1	0	1	0	1

通过查表很容易把一个十进制数转换为二进制数，但是这种方法首先需要建立足够大的表格，占用大量的存储空间。此外，查表还要耗费大量时间，因此不适合计算机使用。

接下去我们讨论一种较为高效的方法，它不需要建立表格。它的基本思想是先求出转换后的二进制数的最低位，然后依次算出高位来。下面我们直接给出具体的算法。

输入一个十进制数 x，输出 x 对应的二进制数。其算法步骤如下：

(1) 将 x 除以 2；

(2) 记录所得的余数 r(必然是 0 或 1)；

(3) 用得到的商作为新的被除数 x;

(4) 重复步骤(1)到步骤(3),直到 x 为 0;

(5) 倒序输出每次除法得到的余数,所得的 0、1 字符串就是 x 的二进制数。

例如,将十进制数 19 转换为二进制数的步骤为:

(1) 19/2=9 余 1,代表二进制的最低位是 1,以此类推;

(2) 9/2=4 余 1;

(3) 4/2=2 余 0;

(4) 2/2=1 余 0;

(5) 1/2=0 余 1。

按逆序输出的结果是 $19_{10} = 10011_2$。上述将十进制数转换为二进制数的算法用 Python 代码实现如下:

```
#<程序 2.3: 整数的十-二进制转换>
x = int(input("Please enter a decimal number:"))
r = 0;
Rs = [];
while(x != 0):
    r = x % 2
    x = x//2
    Rs = [r] + Rs
for i in range(0,len(Rs)):
#从最高位到最低位依次输出; Rs[0]存的是最高位, Rs[len(Rs) - 1]存的是最低位
    print(Rs[i],end = '')
```

运行这个 Python 程序,你会看到:

```
>>> Please enter a decimal number:19
>>> 10011
```

这个程序用 while 循环实现算法的步骤(1)~(4),只要商不为 0,就继续循环。这段循环程序采用 r = x % 2 计算 x 被 2 除所得的余数(即所求二进制数的一位,只能是 0 或 1),用运算 x = x//2 获得 x 被 2 整除所得的商,用运算 Rs = [r]+Rs 获得一个列表结构(List) Rs,并把余数 r 加入列表的头部。在程序结束时,列表 Rs 中记录的就是所求的二进制数。

列表是计算机程序常用的一种数据结构,它是一组按顺序排列的元素的集合。和字符串一样,Python 的列表也通过索引(Index)引用其中的元素,从列表的最左端开始,依次是 L[0],L[1],L[2]……我们可以把列表想象成如图 2-1 所示的一串按顺序编号的盒子。图中的列表 L 有 8 个元素,它的第 1 个元素 L[0]是 2,元素 L[1]是 0,元素 L[2]是 1,等等。

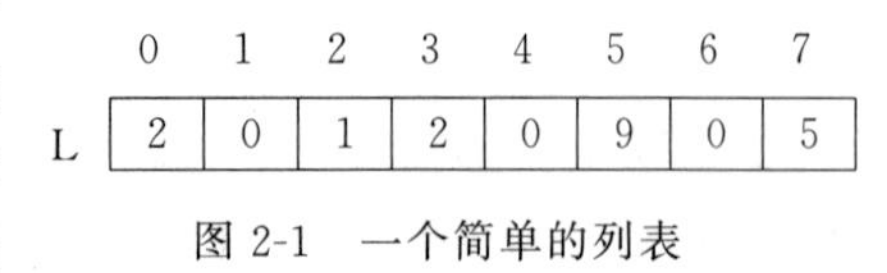

图 2-1 一个简单的列表

在前面十进制到二进制数的转换程序中,Rs=[r]+Rs 这个运算把[r]作为一个列表元素加入列表 Rs 的头部。例如,对于列表 Rs=[1,1,1],执行运算 Rs=[0]+Rs 后,Rs 的内容就变成了[0,1,1,1]。如果我们对列表运算稍加改变,成为 Rs=Rs+[0],那么执行该运算后的列表内容就变成了[1,1,1,0]。Python 语言的列表功能十分强大,对列表

的运用十分灵活。有关列表运算的细节会在后面详细介绍。

除了循环，还可以用“递归”方法(第 3 章和第 5 章会向大家解释这种方法，现在同学们有个感觉就行了，等到对递归有更深的了解后，再回来细研这些程序)。“递归”就是自己调用自己的方法。

```
#<程序 2.4: 整数的十-二进制转换-递归>
def convert(x):                        #把十进制数 x 转换为二进制数,并返回结果列表
    if x < 2: return([x])              #x = 0 或 1,所以返回 x
    r =  x % 2;                        #r 是 2 除 x 的余数
    return(convert(x//2) + [r])        # 结果 = [x//2 的二进制,r]

num =  int(input("Please enter a decimal number:"))
Rs =  convert(num)
for i in range(0, len(Rs)):
    print (Rs[i],end = '')
```

这个程序中定义了一个函数 convert(x)，它的输入是一个十进制整数 x，输出是用列表表示的 x 对应的二进制整数。在函数 convert(x)中，首先判断这个十进制数是否小于 2，因为小于 2(即 x 为 0 或 1)时，x 已经是一个二进制数，可以直接返回结果。否则就用 r=x%2 计算此时 x 除以 2 的余数，并计算 x 除以 2 的商，然后再次调用函数 convert(x)，对新的较小的 x 做同样的计算，并记录此次的余数。递归函数就是调用自己的函数，是计算机科学非常重要的概念。本书后面章节会一直重复使用递归函数的概念来设计程序。

递归方式的基本概念就是问题的结果由小问题的结果构建而成。不管输入给函数的数(参数)是什么，算法都一样。例如 convert(x)这个函数中，x 可以是 19，x 也可以是 9，而 19 的二进制数和 9 的二进制数是有关系的。我们的程序就是把这个关系建立起来，也就是 19 的二进制数等于 9 的二进制数后加上一个 1(19 除以 2 的余数)。递归的概念就是这么简单明了。

以 x=19 为例，看这个函数是怎么分解到小问题来构建出答案来。我们知道 19=9×2+1，也就是[19 的二进制数]=[9 的二进制数，19%2]。而[9 的二进制数]=[4 的二进制数，9%2]，[4 的二进制数]= [2 的二进制数，4%2]，[2 的二进制数]= [1 的二进制数，2%2]，[1 的二进制数]= [1]。到 $x<2$ 后，函数开始依序返回。[2 的二进制数]= [1,$\underline{0}$]，[4 的二进制数]= [1,0,$\underline{0}$]，[9 的二进制数]= [1,0,0,$\underline{1}$]，最后[19 的二进制数]= [1,0,0,1,$\underline{1}$]，得到最后的答案。

以上把十进制数转换为二进制数的方法同样适用于十进制到其他进制的转换。这种将十进制整数 x 转换为 R 进制整数的算法称为“除 R 取余法”，如下。

输入十进制数 x，输出 x 的 R 进制数。

(1) 将 x 除以 R；

(2) 记录所得余数 r(其中，$0 \leqslant r < R-1$)；

(3) 用得到的商作为新的被除数 x；

(4) 重复步骤(1)～(3)，直到 x 为 0；

(5) 倒序输出每次除法得到的余数，就是要求的 R 进制数。

把十进制小数转换为 R 进制小数的方法和整数的进制转换方法类似，称为“乘 R 取整

法”,其算法如下。

输入:十进制小数 x;输出:x 的 R 进制小数。

(1) R 乘以 x 的小数部分;

(2) 取乘积的整数部分作为转换后 R 进制数的小数点后第 1 位;

(3) 取乘积的小数部分作为新的 x;

(4) 重复步骤(1)~(3),直到乘积为 0,或已得到足够精度的小数为止;

(5) 输出所得到的 R 进制小数。

例如,把十进制小数 0.125 转换为二进制小数的步骤如下。

(1) $0.125\times2=0.25$,取整数部分 0 作为所求二进制数小数点后的第 1 位,得到 0.0_2;

(2) 用上一步乘积的小数部分乘以 2:$0.25\times2=0.5$,取整数部分 0 作为所求二进制数小数点后的第 2 位,得到 0.00_2;

(3) 用上一步乘积的小数部分乘以 2:$0.5\times2=1.0$,取整数部分 1 作为所求二进制数小数点后的第 3 位,得到 0.001_2;

(4) 上一步乘积的小数部分为 0,终止计算。

为了检验结果,我们把得到的二进制小数转换为十进制小数:$0.001_2=0\times2^{-1}+0\times2^{-2}+1\times2^{-3}=0.125$,说明结果正确。

再看一个例子,将十进制小数 0.2 转换为小数精度为 4 的二进制小数。

(1) $0.2\times2=0.4$,取整数部分 0 作为所求二进制小数的第 1 位,得到 0.0_2;

(2) 用上一步乘积的小数部分乘以 2:$0.4\times2=0.8$,取整数部分 0 作为所求二进制小数的第 2 位,得到 0.00_2;

(3) 用上一步乘积的小数部分乘以 2:$0.8\times2=1.6$,取整数部分 1 作为所求二进制小数的第 3 位,得到 0.001_2;

(4) 用上一步乘积的小数部分乘以 2:$0.6\times2=1.2$,取整数部分 1 作为所求二进制小数的第 4 位,得到 0.0011_2,此时精度达到 4,终止计算。

为了检验结果,把得到的二进制小数转换为十进制小数:$0.0011_2=0\times2^{-1}+0\times2^{-2}+1\times2^{-3}+1\times2^{-4}=0.125+0.0625=0.1875$。这个结果与 0.2 差了 0.0125,这是由精度要求造成的误差。

总之,通过“除 R 取余法”和“乘 R 取整法”我们就能完成任意十进制数到 R 进制数的转换。

2.2.3 二、八、十六进制的巧妙转换

在使用计算机的过程中,常用的还有二进制数与八进制、十六进制数之间的转换,我们在本节介绍这些巧妙的进制转换方法。

我们知道 $2^3=8$,$2^4=16$,这就是二进制数到八进制数以及二进制数到十六进制数转换的基础。按照位权的方式将上面的等式写完整就是:$2^3=8^1$,$2^4=16^1$。我们发现,一位八进制数可以表示为三位二进制数,一位十六进制数可以表示为四位二进制数。这就是所谓的“三位一并法”和“四位一并法”:

以三位为一个单元划分二进制数,每个单元可以独立地转换为一个八进制数位。以四位为一个单元划分二进制数,每个单元可以独立地转换为一个十六进制数位。

在转换时要注意二进制数的高位 0 位数不足时需要补足。例如：

$1100010_2=001\ 100\ 010_2=142_8$，注意最左边单元的位数不足，前端补了两个 0。

$1100010_2=01100010_2=62_{16}$，注意左边的单元补足了一个 0。

这种转换方法的逆向操作就是从八进制或十六进制数转换为二进制数的方法。即把八进制数的每一位，分别转换成三位二进制数。如果位数不足三位，则在前端加 0 补足，依次转换便可得到相应的二进制数。例如 $AB_{16}=1010\ 1011_2$，$253_8=010\ 101\ 011_2$。

这种并位法在二进制数和八进制、十六进制的转换中使用十分简便。

最后，我们把最常用的一些十进制数与二进制、八进制、十六进制数的对照表列在表 2-6 中。

表 2-6　多种进制数的对照表

十进制	0	1	2	3	4	5	6	7	8	9	10	11	12	13	14	15
十六进制	0	1	2	3	4	5	6	7	8	9	A	B	C	D	E	F
二进制	0000	0001	0010	0011	0100	0101	0110	0111	1000	1001	1010	1011	1100	1101	1110	1111
八进制	0	1	2	3	4	5	6	7	10	11	12	13	14	15	16	17

小结

这一节首先以十进制数与二进制数的转换为例，介绍了十进制与 R 进制间整数和小数的转换方法。

R 进制数转换为十进制数时，将各位数与它的位权乘积相累加，即一个二进制数 $a_n a_{n-1}\cdots a_1 a_0$ 在十进制中的值 $A=a_n\times R^n+a_{n-1}\times R^{n-1}+\cdots+a_1\times R^1+a_0\times R^0$。由此导出了十进制数和 R 进制数的整数部分和小数部分相互转换的算法。其中：

（1）十进制整数转换成 R 进制整数：可用十进制整数连续地除以 R，每次除法获得的余数即为相应 R 进制数中一位，最后按逆序输出结果。此方法称为"除 R 取余法"。

（2）十进制小数转换成 R 进制小数：可用十进制的小数连续地乘以 R，用得到的整数部分组成 R 进制的小数，最后按正序输出结果。此法称为"乘 R 取整法"。

对于二进制数与八进制数、十六进制数之间的转换，我们介绍了简便快速的"三位一并法"和"四位一并法"。

尽管我们只介绍了几种常用进制之间的转换，但是其他任何进制之间的转换都可以用这几种转换算法推出，希望大家活学活用、举一反三。

练习题 2.2.1：将十进制数 78 转换为二进制数。

练习题 2.2.2：将二进制数 101101_2 转换为十进制数。

练习题 2.2.3：将十进制数 358 转换为十六进制数和八进制数。

练习题 2.2.4：将二进制数 100110101001_2 转换为十进制数和十六进制数。

练习题 2.2.5：将十六进制数 $AA0C_{16}$ 分别转换为十进制、二进制和八进制数。

练习题 2.2.6：将八进制数 123_8 分别转换为二进制、十进制和十六进制数。

练习题 2.2.7：设任意一个十进制整数为 d，转换成二进制数为 b。根据进制的概念，下列叙述中正确的是（　　）。

A. 数 b 的位数≤数 d 的位数　　B. 数 b 的位数≥数 d 的位数

C. 数 b 的位数<数 d 的位数　　D. 数 b 的位数>数 d 的位数

练习题 2.2.8：老师出了一道题：$110100_2+100001_2=$?

甲的答案为 1010101,乙的答案为 125,丙的答案为 55,丁的答案为 85。老师说他们都做对了,那么他们分别是用什么进制回答的呢?

练习题 2.2.9：完成以下进制数转换：$10010101.0111_2=(\quad)_{10}$,$645.75_{10}=(\quad)_8$。

练习题 2.2.10：有一只小兔子每次都到一家杂货店里去买 n(n<1024)个胡萝卜。老板每次都要数 n 个胡萝卜给它,老板嫌太麻烦,于是想出了一种方法：他把胡萝卜分在 10 个袋子中,无论小兔子来买多少胡萝卜,他都可以整袋整袋地拿给小兔子。请问：老板要怎样把胡萝卜分配到各个袋子中呢?

练习题 2.2.11：一个 R 进制数 311,它与十六进制数 C9 相等,则该数是用什么进制表示的?它的十进制数值是多少?

练习题 2.2.12：已知 $512_R+563_R=1405_R$,请问这是什么进制下的加法运算?

练习题 2.2.13：请用并位法将十六进制数 AB615 转为二进制数和八进制数。

程序练习 2.2.1：请改写<程序 2.2:整数的二-十进制转换>,用 Python 程序实现任意 R 进制数到十进制的转换,且 $2\leqslant R<10$。

程序练习 2.2.2：请改写#<程序 2.3：整数的十-二进制转换>,用 Python 程序实现十进制数到 R 进制的转换,且 $2\leqslant R<10$。

程序练习 2.2.3：请用 Python 语言编写一个简单的把二进制小数转换为十进制小数的程序。要求输入一个二进制小数,例如输入“0.1011”,代表二进制小数 0.10112,输出相应的十进制小数。

程序练习 2.2.4：请编写一个 Python 程序,用“四位一并法”实现二进制整数到十六进制整数的转换。要求程序输入一个二进制整数,输出一个相应的十六进制整数。

程序练习 2.2.5：请编写一个 Python 程序,用“三位一并法”实现二进制小数到八进制小数的转换。要求程序输入一个二进制小数,输出一个相应的八进制整小数。例如,输入 0.71,输出 0.111001；输入 0.03,输出 0.000011。

2.3 计算中的二进制四则运算

中央处理器(Central Processing Unit,CPU)是在计算机中进行各种运算的硬件。假如你能拆开你的手机,找到 CPU,你会发现它是一个非常小的集成电路芯片,需要用高倍放大镜才能看到里面的电路结构,很可能是多个层次叠加的立体结构。芯片内部的电路通过金属线与外部连接并交换数据,这些金属线通常称为引脚(Pin),每根数据引脚一次只能传输值为 0 或 1 的 1 比特。每根引脚有一定的宽度,由于芯片的面积极为有限,所以引脚的数量受到限制。这种限制使得处理器一次能够和外界交换的数据量也受到限制。早期的计算机一次只能处理 4 或 8 比特的二进制数,现在的计算机一般一次能处理 32 或 64 比特的数据,也就是说,计算机能直接处理的最大的二进制整数是 2^{32} 或 2^{64}。

二进制的基本运算规则和十进制的运算规则相同。加法是最基本的运算。在计算机中，四则运算中的其他运算都可以从加法推导出来。例如，减法是对负数的加法，乘法是多次相同的加法等。

2.3.1　无符号整数与加法

CPU 一次只能够处理有限数位的二进制数，比如 32 位 CPU 一次最多处理 32 位数据。计算机通常把整数分为两类，一类是无符号整数（Unsigned Integer）；另一类是带符号整数（Signed Integer）。无符号整数表示的是非负整数，因此 n 位计算机能表示$[0,\ 2^n-1]$的所有整数；带符号整数可以表示正整数、负整数和 0，因此需要占用 1 比特来表示整数的正负符号，所能表示的正整数范围会变小。本节讨论无符号整数的运算，带符号数的运算将在 2.3.3 节讨论。

对于无符号整数，n 比特所能表示的最大数是 2^n-1。例如，用 8 比特表示的最大整数是 2^8-1。8 比特能够表示$[0,\ 255]$的所有二进制整数。例如，00000000_2 表示 0，00000001_2 表示 1，11111111_2 表示 255。

类似于十进制加法中"逢十进位"的法则，在二进制加法中，我们遵循"逢二进位"的法则，即两数对应的位相加与前一位的进位的和，大于 1 则产生进位，把小于或等于 1 的部分记为两数相加后该位的值。下面是一个二进制加法的例子：

$$
\begin{array}{rl}
 & 00001000_2(8_{10}) \\
+ & 00001000_2(8_{10}) \\
\hline
= & 00010000_2(16_{10})
\end{array}
$$

你可能已经注意到，两个整数相加的和的位数可以大于这两个数的位数。这种情况在数据位数有限的计算机里可以造成一种异常情况——"溢出（Overflow）"。例如，对于只能处理 8 位整数的计算机而言，137+136 的二进制加法的和就会造成溢出。如下面二进制加法所得到的正确结果是 100010001_2，相当于十进制的 273。假设这是个 8 位的 CPU，最多只能处理 8 位的二进制数，那么所得结果的最高位就会丢失，计算机会显示一个错误的最终结果 00010001_2，相当于十进制数 17。

$$
\begin{array}{rl}
 & 10001001_2(137_{10}) \\
+ & 10001000_2(136_{10}) \\
\hline
= & \boxed{1}\ 00010001_2(17_{10})
\end{array}
$$

从数学上看，137+136=17 的结果显然是错误的。而在计算机中产生这类错误的原因是两数相加的和超过了 CPU 所能处理的最大无符号整数 2^8-1，即 255。溢出发生时，CPU 会报错。

2.3.2　乘法与除法

二进制的乘法和除法比加减法复杂一些，但是它们的运算规则和十进制的运算规则相同。我们首先以 9×9 为例，看无符号整数乘法在二进制中的运算过程：

被乘数		$1001_2(9_{10})$	
乘数	×	$1001_2(9_{10})$	
		1001_2	
		0000_2	←移 1 位
		0000_2	←移 2 位
	+	1001_2	←移 3 位
积		$1010001_2(81_{10})$	

可见,二进制乘法也是由基本的二进制加法和移位操作完成。当乘数的某一位数值为 1 时,在最终结果中加上被乘数左移后的值;当乘数的某一位数值为 0 时,不改变最终结果。

当两个二进制数的位数之和大于或等于计算机所能处理的位数 n 时,乘法的结果很可能超过 n 位,也就是出现溢出。绝大部分计算机系统都有处理溢出的机制,这里我们不深入讨论。

接下来,我们看无符号二进制整数的除法。除法可以用减法和移位操作完成。例如,无符号整数除法 81÷9 在二进制中的运算过程如下:

	$1001_2(9_{10})$	商
除数 1001	$1010001_2(81_{10})$	被除数
	-1001_2	
	1_2	
补 1 位→	10_2	
补 2 位→	100_2	
补 3 位→	1001_2	
	-1001_2	
	$0000_2(0_{10})$	余数

从最高位开始,在被除数中取和除数同样多的位数,所得数值减去除数,直至所得的余数小于除数;这个余数和被除数中的剩余位数拼接成新的数,取其中和除数同样多的位数并减去除数……重复这个过程直到被除数的最后一位。

计算机所用的乘除法是以本节所讲的方法为基础,但是重新设计了适用于计算机的工作方式的更有效的算法,相关知识可在更高级别的课程中学习。

2.3.3 带符号整数的减法

减法其实可以看作负数的加法,所以减法的问题在于如何在计算机里表示负数。如果 CPU 可以处理最多 8 位二进制数,而我们用全部 8 位表示非负整数,则一共可以表示 256 个非负整数,这样就没有办法表示负数了。在带符号数的运算中,计算机需要把一半的数定义为负数。假设把[0,127]的数对应到非负整数 0~127,把[128,255]区域的数对应到负整数−1~−128,那么可以产生多种不同的对应方式。其中两种比较容易想到的对应方式如下。

(1) 把无符号十进制整数 128(即二进制数 10000000_2)定为−1,无符号整数 129(即二

进制数 10000001_2)定为-2,以此类推,无符号整数 255(即二进制数 11111111_2)为-128;

(2) 把无符号十进制整数 255(即二进制数 11111111_2)定为-1,无符号整数 254(即二进制数 11111110_2)定为-2,以此类推,无符号整数 128(即二进制数 10000000_2)为-128。

表 2-7 给出了这两种不同的对应关系。在计算机的世界里,这两种对应方式中的哪一种比较好呢? 我们先来测试第一种方式。执行$-1+1$的二进制加法,其结果为:

$$\begin{array}{rl} & 10000000_2(-1_{10}) \\ + & 00000001_2(1_{10}) \\ \hline = & 10000001_2(-2_{10}) \end{array}$$

我们发现,将上面的式子转换成十进制后,竟然出现了$-1+1=-2$的结果。显然,采取这种对应方式来表示负数会造成计算错误。

表 2-7　带符号整数的对应方式

十进制数	无符号整数	带符号整数对应方式(1)	带符号整数对应方式(2)
255	11111111	−128	−1
254	11111110	−127	−2
…	…	…	…
128	10000000	−1	−128
127	01111111	127	127
126	01111110	126	126
…	…	…	…
0	00000000	00000000	00000000

我们再测试第二种对应方式。同样执行$-1+1$的二进制加法,其结果为:

$$\begin{array}{rl} & 11111111_2(-1_{10}) \\ + & 00000001_2(1_{10}) \\ \hline = & \boxed{1}\,00000000_2(0_{10}) \end{array}$$

上面加法的最终结果产生溢出,最高位的进位自然丢失,如果将结果转换回十进制数即为 0,结果正确。我们还可以再验证$-1+2=1$的二进制加法,其结果为:

$$\begin{array}{rl} & 11111111_2(-1_{10}) \\ + & 00000010_2(2_{10}) \\ \hline = & \boxed{1}\,00000001_2(1_{10}) \end{array}$$

这个结果也是正确的,可见第二种对应方式在计算机中是可行的。事实上,计算机就是用这个方法表示负数。

你可能已经注意到,在第二种对应关系下,对于任意一个正整数 x,它的负数$-x$所对应的无符号十进制整数是 2^8-x。而在一个 n 位的 CPU 中,负数$-x$并不是通过计算 2^n-x 得到的。事实上计算机可以用更快的方法找到$-x$:只需要取 x 的反码(1's Complement),即原来是 0 的位变为 1,原来是 1 的位变为 0。在取反的结果上再加 1 就可以得到$-x$。例如,在 8 位的 CPU 中,7 的二进制数是 00000111_2。要获得-7的二进制数,我们首先取 7 的反码,得到 11111000_2,然后加 1,便得到 $-7=11111000_2+1=11111001_2$。

借助这种方式,带符号二进制数的减法就可以转换为对负数的加法。

从负数$-x$变为正数x也是同样的过程。因为$-x$的二进制数是2^n-x,经过按位取反则变成了$x-1$,再加 1 就成为x了。例如,由-7的带符号二进制负数计算获得正整数 7 的过程是:先按位取反,即把11111001_2变为00000110_2,再加 1,则得到$00000111_2=7$。

所以,无论x是正数还是负数,要将x变为$-x$,都是先将x对应的带符号二进制数按位取反(即得到反码),然后加 1。这种对应方式就是以后在计算机组成原理相关课程中会学到的补码(2's Complement)的方式。一个带符号整数的二进制数值被称为"真值"。例如,-7的二进制数值或真值,是11111001_2;-128的真值是10000000_2。

在用补码方式表示n位带符号整数时,最大数是$2^{n-1}-1$,最小数是-2^{n-1}。例如,在用补码方式表示 8 位带符号整数时,最大数是 127(对应二进制数01111111_2),最小数是-128(对应二进制数10000000_2)。由于在计算机中存在位数的限制,整数溢出的问题是不可避免的。在讨论 CPU 检测带符号数溢出的方法之前,让我们先看几个例子。

用 8 位补码表示 120+30 的带符号二进制加法:

$$
\begin{array}{rl}
 & 01111000_2(120_{10}) \\
+ & 00011110_2(30_{10}) \\
\hline
= & 10010110_2(-106_{10})
\end{array}
$$

120 加 30 的结果竟然是负数-106。这是因为$120+30=150>127$,超过了 8 位补码能够表示的最大值,导致溢出。

再试一试用 8 位补码表示$(-120)+(-30)$的带符号二进制加法:

$$
\begin{array}{rl}
 & 10001000_2(-120_{10}) \\
+ & 11100010_2(-30_{10}) \\
\hline
= & \boxed{1}\ 01101010_2(106_{10})
\end{array}
$$

由于最高位(第 8 位)的进位丢失,使得$(-120)+(-30)$的结果竟然成为正数 106。这也是因为$-120+(-30)=-150<-128$,超出了 8 位补码能够表示的最小值,因而导致溢出。

总结起来,在使用n位补码的计算机中,带符号数的加法会产生以下 3 种情况(在此我们用 8 位补码来说明):

(1) 两个正数x和y相加,很明显地,如果结果的最高位是 1,就代表溢出,这种溢出叫作"正溢出(Positive Overflow)",例如$120+30=01111000_2+00011110_2=10010110_2$,第八位为 1,说明出现正溢出。

(2) 一正一负相加,不会产生溢出。负数$-x(2^{n-1}\geqslant x>0)$加$y(2^{n-1}>y\geqslant 0)$,补码中$-x$对应的二进制数为2^n-x。所以$-x+y=2^n-x+y$,由此产生以下两种可能。

第一种:$x\geqslant y$,即$-x+y\leqslant 0$。因为$x\leqslant 2^{n-1}$,有$-x\geqslant -2^{n-1}$。又因为$y\geqslant 0$,所以有$-2^{n-1}\leqslant -x+y\leqslant 0$。对这个不等式的各项同时加上$2^n$,得到$2^{n-1}\leqslant 2^n-(x-y)\leqslant 2^n$。因为$n$位补码的负数范围是$2^{n-1}\sim 2^n-1$,所以补码$2^n-x+y$对应的数字一定是负数或零。其中,仅当$x=y$时,结果是$2^n$,即会产生一个进位,而这个进位溢出,使得结果正好为 0。所以,当$x\geqslant y$时,不会产生溢出。

例如,$x=128$,$y=127$,则$-x+y=-128+127=(10000000)_2+(01111111)_2=$

$(11111111)_2$。查看表2-7可知，补码$(11111111)_2$对应的数字正是−1。又例如$x=1,y=1$，则$-x+y=-1+1=(11111111)_2+(00000001)_2=(\mathbf{1}00000000)_2$，其中最高位(加粗显示)的1超出了8位CPU的表示范围，自动丢失。余下的结果是$(00000000)_2$，正是补码表示的0。

第二种：$x<y$，即$0<y-x<2^{n-1}$。转换为补码时，对这个不等式的各项同时加上2^n得到$2^n<2^n+y-x<2^{n-1}+2^n$。2^n超出n位CPU的表示范围，自动丢失。因此，抵消$2^n+(y-x)<2^{n-1}+2^n$中的2^n，得到$y-x<2^{n-1}$。补码中正数的表示范围是$1\sim2^{n-1}-1$，所以$y-x$一定是属于正整数的范围。例如，$-1+2=100000001_2$，忽略溢出的第9位，则获得正确结果00000001_2。

可见，这两种情况都不会产生溢出错误。带符号数的加法会产生的第3种情况如下。

(3) 两个负数相加：$2^n-x+2^n-y=2^{n+1}-(x+y)$。决定是否有溢出就看最高位(第$n$位)是否为0。为0则代表溢出，这种情况叫作"负溢出(Negative Overflow)"。

例如，$(-120)+(-30)=10001000_2+11100010_2=101101010_2$，第8位为0，说明出现负溢出。

计算机对于各种溢出情况都有相应的处理办法，详情会在以后的课程中讨论，本书不再做深入讨论。

2.3.4 浮点数

在计算机中，整数以外的其他数(带小数的数)被称为浮点数(Floating Number)，浮点运算的规则与整数运算相同。计算机使用类似于科学记数的方法表示浮点数。例如，可以把二进制数101.1表示为$1.011_2\times2^2$。

进行浮点数运算时，有时会遇到精度丢失的问题，即结果与预期有偏差。为什么会出现这种现象？真正的原因要从计算机存储浮点数的原理说起。计算机是以二进制的方式存储数字的。在前面的学习中，我们学会了如何将十进制小数转换为二进制。但是在使用中我们会发现，有些十进制的小数无法用二进制小数准确表示。如十进制小数0.6，如果不限制转换为二进制小数后的位数，小数点后的位数将会是无穷的，所以只能通过不断增加二进制小数的长度来提高精度。工业界为了有统一的标准，就制定了IEEE二进制浮点数算术标准(IEEE 754)。在此标准下，一个浮点数最多用64位来存放，所以会产生精度的损失。

根据IEEE 754的规定，每个二进制浮点数都由以下几部分组成：符号位s、指数e和尾数m。浮点数a表示为$\pm m\times2^e$，其中，如果a为正数，符号位$s=0$，否则s的值为1。尾数m是形如$1.d_1\cdots d_i\cdots$的数(每一位d_i是0或1)，我们不需要存储m中最前面的1(小数点前一定是1)和小数点，所以尾数m部分只存储小数点后的那些d_i值，而精度则是取决于能存储多少位d_i值。注意，指数e可以为正也可以为负，IEEE 754不用补码方式，而是用其特殊方式来表示正负指数值。以$1.011_2\times2^2$为例，这是个正数，所以符号位s是0，尾数m存储011部分，指数e则是2。

现代计算机中通常用32位或64位存储浮点数，分别叫作单精度和双精度浮点数。IEEE 754的单精度浮点数共32位，其中23位表示尾数，8位表示指数，1位表示符号位。这里要特别说明，IEEE 754规定，指数部分的正负是通过中间数的偏移来表示的。单精度浮点数的指数部分由8位组成，那么它的中间数的真值是127(01111111)，也就是说真值127代表指数0，真值126 (01111110)代表指数−1，真值128 (10000000) 代表指数1，真值

129 (10000001) 代表指数 2,以此类推。例如,二进制浮点数 1.011×2^{2} 以单精度形式在计算机中的存储如图 2-2 所示。

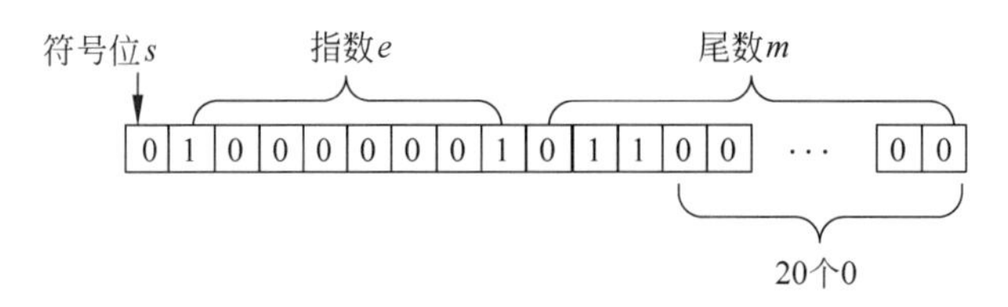

图 2-2 二进制浮点数 1.011×2^{010} 在计算机中的存储

注意,二进制浮点数中整数部分的 1 是默认不存储的,而只存储尾数的小数部分。如果小数部分不足 23 位,则在不足的位补 0。因为 101.1 是正数,所以符号位是 0,101.1 的指数部分是 2,表示为 01111111+2,即 10000001。最后的尾数部分填入小数部分 011,不足 23 位的位置补 0 即可。如果指数是负数,例如二进制浮点数 1.011×2^{-2},同样是单精度浮点数时,它的指数部分就可以表示为 01111111-2,即 01111101。

IEEE 754 同样也为双精度浮点数制定了标准。双精度浮点数共 64 位,与单精度浮点数一样,由符号位、指数和尾数三部分组成。不同的是它的尾数部分由 52 位组成,指数 e 变成了 11 位,相应地中间数也变为 01111111111。本书介绍了浮点数的基本表示法,IEEE 754 对有些特殊数的表示法则不进行介绍。浮点数的运算也有其特别之处,这部分内容将在计算机系统的相关课程中讨论,本书不做深入讲解。显然,浮点运算比整数运算更复杂。一般性能较好的计算机都有专门的浮点运算单元,浮点运算通常是对计算机性能的一大考验。世界上的超级计算机都是按照浮点运算的性能排名的。

为什么 IEEE 754 的指数部分不采用补码,而用中间数的偏移来表示正负?这是为了方便比较两个指数的大小并计算它们之间的差距。以两个浮点数做加法运算或比较大小为例,首先要比较指数的大小,更正指数值,使得两个小数点对齐,用 IEEE 754 的指数存储法,两个指数间的差距可以简单地用真值计算出来。例如,两个浮点数的指数分别为 3 和−1,那么 IEEE 754 会分别存储真值 127+3=130 和 127−1=126。由真值就可以辨别 130 大于 126,并且之间的差距是 130−126=4。这使得浮点运算的硬件比较容易实现。

小结

这一节介绍了计算机中的数的表示方法和运算规则,介绍了只能表示非负整数的无符号整数,以及可以表示正整数、零和负整数的带符号数,并介绍了带符号整数的补码编码方法。对于 n 位计算机,无符号整数能表示的最大值是 $2^{n}-1$,最小值是 0;而带符号整数的补码所能表示的最大值是 $2^{n-1}-1$,最小值是 -2^{n-1}。

二进制数的运算法则和十进制数的运算法则相同。加法是基本运算,减法可以用负数的加法完成,乘法是用多个加法的累积,而除法可以用减法来实现。所以我们说,四则运算都可以用加法完成,一切都是加法。也就是说,在计算机中,我们只需要一种实现加法的硬件就能完成所有的四则运算。

在无符号整数的加法中,只可能产生一种溢出,可以通过结果 s 与加数 x 的关系判断是否溢出。在带符号整数的加法中,可能出现正溢出和负溢出两种情况,正溢出是指两个正整数相加的和成为负数,负溢出是指两个负整数相加的和成为正数。

计算机通常把小数作为浮点数进行处理，把一个浮点数分为符号位、指数、尾数3个部分存放，存放尾数时自动忽略整数部分的1，尾数的最后几位或者补0或者舍弃。浮点数的处理是对计算机性能的一大考验。

练习题 2.3.1：假设下面的二进制数是无符号整数，求运算结果：

(1) $11110101_2 + 00101101_2 = ?$

(2) $1011_2 \times 1101_2 = ?$

(3) $11110001011010_2 \div 1010_2 = ?$

练习题 2.3.2：把练习题2.3.1中各题的数转换为十进制数，再进行计算，对比计算结果与二进制计算结果是否相同。

练习题 2.3.3：在8位带符号整数中，十进制负数−16的补码是多少？

练习题 2.3.4：在8位带符号整数中，十进制负数−124的补码是多少？

练习题 2.3.5：在处理8位二进制数的CPU中，用二进制加法计算127−3的结果是什么？

练习题 2.3.6：在处理8位二进制数的CPU中，用二进制加法计算(−4)−4的结果是什么？

练习题 2.3.7：无符号二进制整数乘法 $10001101_2 \times 1011_2$ 中，有几次移位操作？有几次加法操作？

练习题 2.3.8：补码 10101011_2 对应的真值是多少？转换为十进制数是多少？

练习题 2.3.9：在处理8位二进制数的CPU中，如何存放浮点数 110.1_2？

练习题 2.3.10：在处理8位二进制数的CPU中，十进制数−3.75转换为二进制数后应当如何存放？

练习题 2.3.11：一个二进制数 11000011_2 以浮点数格式存放于一个在处理8位二进制数的CPU中，请问对应的十进制数是多少？

练习题 2.3.12：当二进制数 10101111_2 是无符号整数时，对应的十进制数是多少？作为补码时，对应的真值是多少？作为浮点数时，对应的十进制数是多少？

程序练习 2.3.1：请用Python程序实现十进制整数到二进制补码的转换。程序要求输入一个−128～127的十进制整数x，输出一个8位的二进制整数。例如输入x=−1，输出11111111；输入x=10，输出00001010。

程序练习 2.3.2：请用Python程序实现两个8位无符号二进制整数的加法。要求程序输出两个值，第一个值代表运算结果是否溢出，其值是True或False，True代表结果正确，False代表溢出，第二个值是8位二进制数加法的结果。例如，输入 $x=11000011_2$，$y=01001100_2$，输出False，00001111_2；再如，输入 $x=01001011_2$，$y=00101100_2$，输出True，01110111。

程序练习 2.3.3：请编写一个Python程序，对于输入的任意一个−128～127的十进制整数，输出它的8位二进制补码。

程序练习 2.3.4：请编写一个Python程序，对于输入的任意一个8位二进制数，输出它对应补码的真值。

程序练习 2.3.5：请编写一个Python程序，把二进制实数转换为二进制浮点数的存放格式。输入是一个二进制浮点数，输出是一个8位二进制浮点数，无法表达的尾数部分可以直接舍弃。例如输入 01011011.11_2,输出是 01100110_2。

小明:我们以前在中学时,看见一个十进制的整数就可知它是否是 2 或 3 的倍数,那看见一个二进制数要怎么判断呢?

阿珍:这还不简单,一个二进制数最后一位为 0,肯定就为 2 的倍数。证明也容易,用前面所学的展开多项式就可以得证。

沙老师:没错。那 3 的倍数呢?你们想想怎么验证呢?

小明:我想想……(经过 3 分钟)哦!比较奇数位加起来的值与偶数位加起来的值,如果差是 0 或 3 的倍数,则该数为 3 的倍数。例如,10101 是 3 的倍数:

$$
\begin{aligned}
10101\%3 &= (1\times2^4+0\times2^3+1\times2^2+0\times2^1+1\times2^0)\%3\\
&=1\times2^4\%3+0\times2^3\%3+1\times2^2\%3+0\times2^1\%3+1\times2^0\%3\\
&=(1+1+1)\%3=0
\end{aligned}
$$

证明:$A=a_n\times2^n+a_{n-1}\times2^{n-1}\cdots+a_1\times2^1+a_0\times2^0$

那么 $A\%3=[(-1)^n\times a_n+\cdots+(-a_3)+a_2+(-a_1)+a_0]\%3$

沙老师:你们自己想想怎么判断 5 的倍数吧(提示:两位合起来变为四进制)。

2.4 一切都是逻辑

前面已经提到过,一切运算都可以转换为加法。然而,加法又是如何在计算机的电子电路里实现的呢?要知道,在计算机中并没有真正做加法运算的电路,因为电子元件不能“计算”。

常见的电子元件,例如电阻、电容、电感和晶体管等,往往只能决定电路的导通或者断开。所以计算机里面的电子元件就像是一道道闸门,门的开与关(或者说是 0 与 1)决定了电路的导通或断开。我们在前面章节中已经看到过用 0 与 1 完成的基本运算。归根结底,这些基本运算是由 0 与 1 的逻辑运算衍生而来的,这也就是计算机的电子电路能够实现二进制计算的原因。

2.4.1 什么是逻辑运算

沙老师:计算机中的一切计算包含加减乘除,归根结底都是逻辑运算。

逻辑(Logic)运算是对逻辑变量(0 与 1,或者真与假)和逻辑运算符号的组合序列所做的逻辑推理。逻辑运算的变量只有两个,它们代表两种对立的逻辑状态,例如真与假、是与否、有与无,因此可以用 0 与 1 表示。可见,逻辑运算中的 0 和 1 不等同于“1 个苹果”中的 1 或“0 个苹果”中的 0。在数学上,我们可以用 0.5 个苹果表示 0 与 1 之间的数值,而逻辑运算中的 0 与 1 是完全对立的两面,没有任何中间值。而逻辑运算的结果也只能是 0 或 1,代表逻辑推理上的假或真。

逻辑运算的基本运算是与(AND)、或(OR)、非(NOT)。在逻辑运算中,我们通常用“与”代表逻辑运算的乘法,用符号“∧”表示;用“或”代表逻辑运算的加法,用符号“∨”表示；逻辑运算“非”代表逻辑上的否定，比较特别的是，它只能对一个变量操作。一个逻辑变量 A 的“非”或“反”用在逻辑变量上面加一短横表示，例如变量 A 的非是 $\overline{A}$（读作“A bar”）。“非”操作（也叫作“取反”操作）在逻辑运算式中的符号是“¬”。为了运算方便，我们常常把逻辑变量和逻辑运算的结果列在一张表里，这张表称为真值表（Truth Table）。下面的表 2-8 显示了三种基本逻辑运算的真值表。

表 2-8　与或非的真值表

A	B	$\overline{A}$	AND	OR
0	0	1	0	0
0	1	1	0	1
1	0	0	0	1
1	1	0	1	1

在表 2-8 中，A 和 B 是两个逻辑变量。$\overline{A}$ 是变量 A 的“非”。如果变量 $A=1$，对 A 取反的结果就是 $\overline{A}=0$；如果变量 $A=0$，对 A 取反的结果就是 $\overline{A}=1$。

表 2-8 在 AND 下列出了变量 A 和 B 的“与”运算的结果。在逻辑上，它等同于“A 且 B”。所以，只有当变量 A 为真并且变量 B 为真时，“A 与 B”的运算结果才为真。当逻辑“与”运算中的任何一个变量为假时，结果都为假。用 1 表示真、用 0 表示假时的所有“与”运算结果已经列在表 2-8 的 AND 一列中。

表 2-8 在 OR 下列出了变量 A 和 B 的“或”运算的结果。在逻辑上，它等同于“A 或者 B”。所以，只要变量 A 和变量 B 中的任何一个为真，结果即为真。只有当变量 A 和变量 B 都为假时，“A 或 B”的运算结果才为假。

在逻辑运算中，“非”运算的优先级最高，“与”“或”运算的优先级相同。例如计算逻辑式 $\neg A \vee B$ 时，首先计算 $\neg A$，然后再进行“或”运算，相当于计算 $(\neg A) \vee B$。而不是先算 $A \vee B$，再做非运算。逻辑式 $(\neg A) \vee B$ 和逻辑式 $\neg(A \vee B)$ 具有不同的含义。如果用自然语言表述，我们把前一个式子读作“非 A 和 B 的或”，把后一个式子读作“A 或 B 的非”。

有了基本逻辑运算的真值表和运算规则，就可以正确地完成逻辑运算。

2.4.2　电路实现逻辑（课时不足时，可不讲本节）

你们大概已经猜想到，只有“导通”和“断开”两种状态的电子元件刚好可以用来代表逻辑运算里的 0 与 1 两个不同的值。这几十年来，我们的计算机正是用各种电子电路实现了 0 与 1 的逻辑运算！

图 2-3　晶体管发明者

图 2-3 是晶体管发明者 John Bardeen、William Shockley 和 Walter Brattain 在著名的贝尔实验室（Bell Labs），他们因为 1947 年发明晶体管获得了 1956 年的诺贝尔物理学奖。图 2-4 所展示的就是他们 1947 年发明的人类史上第一个晶体管的复制品。

图 2-4　史上第一个晶体管(1947年)

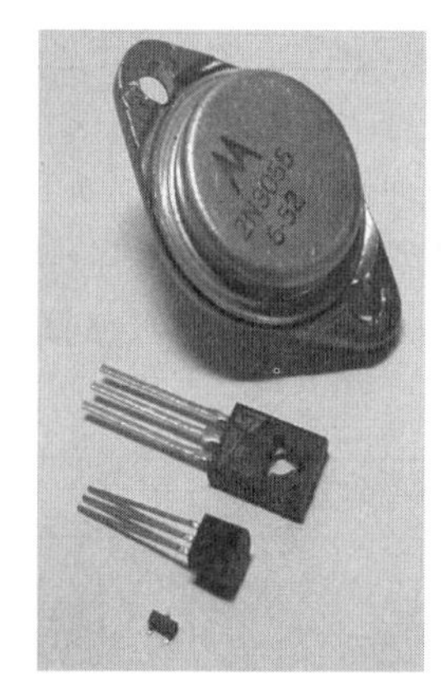

图 2-5　几种不同封装和大小的晶体管

晶体管是以半导体材料为基础的元件,例如各种半导体材料制成的二极管、三极管、场效应管和可控硅等。图2-5展示的是几个不同大小和不同封装的晶体管,这些封装好的元件内部有许多半导体材料制成的晶体管。如今,普通个人计算机使用的CPU里已经有上亿个晶体管。

神奇的晶体管实现的是极为简单的功能,却是现今所有计算机硬件的基本元器件。下面我们就一起看看晶体管是如何完成逻辑运算和数值运算的吧!

1. 晶体管

晶体管这一类电子元件必须要在外加电源下才能工作,所以每个晶体管都可以在不改变自身内部结构的情况下,根据外部电源的变化而展现出不同的状态。这意味着我们可以通过控制晶体管的电源来控制它们开或关的状态。

图2-6展示了一个常用的NMOS三极管的电路示意图。可以看到,它之所以叫作三极管,就是因为有D、S和G三个引脚。

其中,D端代表高电压,通常都是5V;S端接地,也就是0V;G端代表输入信号。晶体管就像一个开关:当G输入高电压的时候,代表输入逻辑$G=1$,晶体管导通;当G输入低电压的时候,代表输入逻辑$G=0$,晶体管断开。下面,我们一起了解计算机如何用这一个个的开关实现基本的逻辑运算。

2. 非门

我们把图2-7的电路叫作“非门”。输入电压经过“非门”后,输出的结果正好与输入相反。

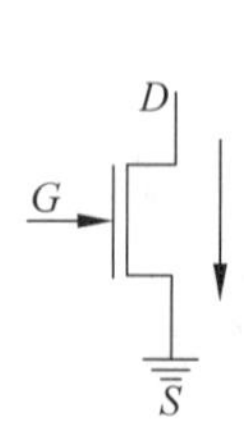

图 2-6　NMOS三极管电路示意图

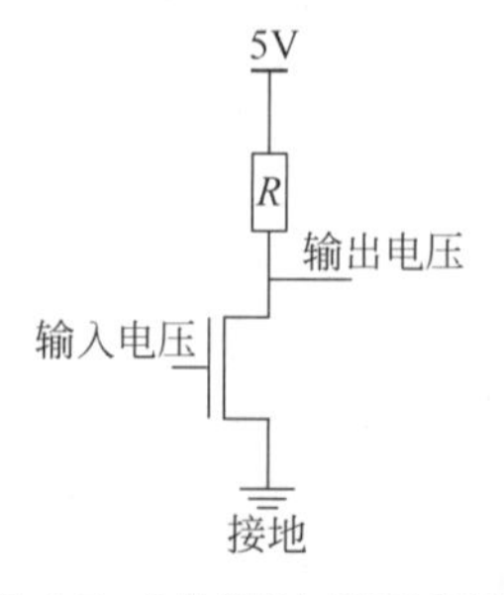

图 2-7　“非门”电路示意图

比如输入电压 1，图 2-7 中的晶体管导通，输出电压的线路就接地了，只好输出 0；而输入电压 0，图 2-7 中的晶体管断开，输出电压的线路就变成了高电压，只好输出 1。非门的电路表示符号是图 2-8 中带小圆圈的三角形。

3. 与门

把两个晶体管的输入电压 A 和 B 串联起来可以实现"与门"，如图 2-8 所示。只有输入电压 A 和 B 同时为 1 时，这条电路才是导通的状态，最后经过非门得到的输出结果是 1。

4. 或门

把两个晶体管的输入电压 A 和 B 并联起来可以实现"或门"，如图 2-9 所示。只有当输入电压 A 和 B 同时为 0 时，这条电路才会成为断开的状态，最后经过非门得到的输出电压是 0；在 A 或 B 中的任意一个电极输入电压 1，这条路都会导通，最终经过非门的输出结果也就会变成 1。

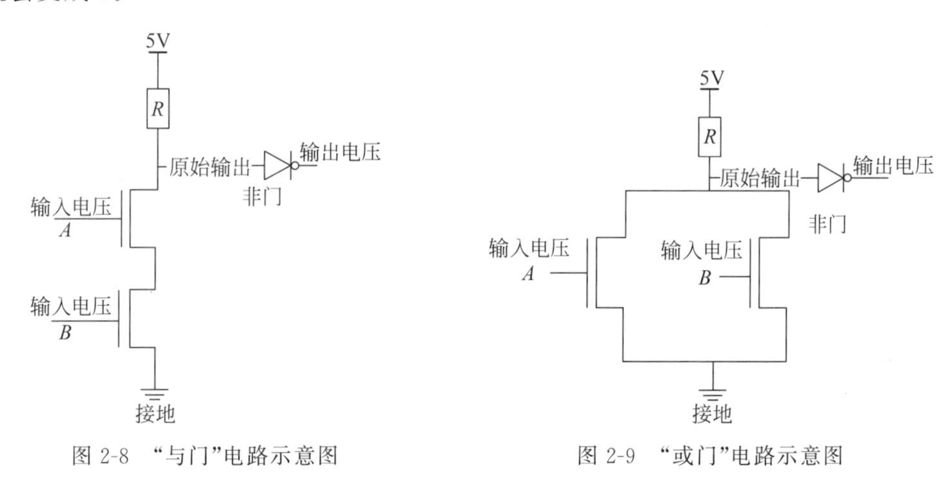

图 2-8 "与门"电路示意图　　图 2-9 "或门"电路示意图

就是这样简单，简单的 0 和 1 正好神奇地对应到了逻辑电路，也正好对应到了简单的物理电路。有了表示逻辑的电路，就可以用电路完成二进制的四则运算。

2.4.3 用逻辑做加法

在前面章节中我们已经学过，二进制数的加法在计算机里是由每一比特的加法组成的。而每一位的加法都需要 3 个输入，并产生两个输出。3 个输入分别是两个相加位和一个由相邻低位产生的进位；两个输出分别是一个相加得到的二进制数位和一个进位。

1. 半加器(Half Adder)

为了简便起见，我们先看最低位二进制数的加法，也就是只有两个输入和两个输出，不考虑进位的加法。在计算机里实现这种加法的硬件叫作半加器。

如图 2-10 所示，半加器的输入是两个 1 位的二进制数 A 和 B，它们的值是 0 或 1；经过加法器的运算之后，给出两个 1 位的输出，一个是加法所产生的低位，称为"和"(Sum)；另一个是加法所产生的进位(Carry)。由于有两个输入，每个输入都只有两种可能的取值，因

此这个简单的加法只可能出现 $2^2=4$ 种情况,列举如下:

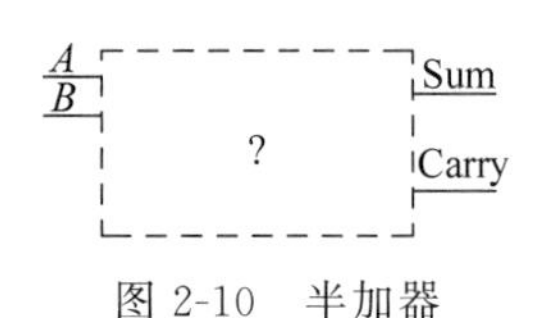

图 2-10　半加器

(1) $A=0,B=0$,Sum= 0,Carry= 0,即和为 0 且没有进位;

(2) $A=0,B=1$,Sum= 1,Carry= 0,即和为 1 且没有进位;

(3) $A=1,B=0$,Sum= 1,Carry= 0,即和为 1 且没有进位;

(4) $A=1,B=1$,Sum= 0,Carry= 1,即和为 0 且进位为 1。

表 2-9 显示了半加器的真值表。根据真值表的输出可知,半加器的计算结果是 $\text{Carry}\times 2^1+\text{Sum}\times 2^0$。然而,这种查表的方法对于计算机并不高效。而且,保存计算所需的真值表可能占用大量存储空间。所以,计算机实际上是通过逻辑运算得到相应的结果。

表 2-9　半加器的真值表

A	B	Sum	Carry
0	0	0	0
0	1	1	0
1	0	1	0
1	1	0	1

进一步观察表 2-9,我们发现,只有当输入 A 和 B 同时为 1 时,Carry 的值才可能为 1,这样的逻辑关系可以用 Carry= $A\wedge B$ 表示。再仔细观察真值表里的 Sum,我们发现,Sum 为 1 的情况在真值表里出现了两次:①A 为 1 且 B 为 0 时,Sum 为 1,这个逻辑关系可以表示为 $A\wedge\neg B=1$;②A 为 0 且 B 为 1 时,Sum 为 1,这个逻辑关系可以表示为 $\neg A\wedge B=1$。这两种情况中只要有一种情况成立,Sum 即为 1。因此,我们通过逻辑或运算综合这两种情况,得到 Sum= $(A\wedge\neg B)\vee(\neg A\wedge B)$。总而言之,通过真值表所获得的 1 位二进制加法的逻辑运算表达式是:Carry= $A\wedge B$,Sum= $(A\wedge\neg B)\vee(\neg A\wedge B)$。

为了方便起见,我们常在写逻辑算式时省略逻辑与的符号,并且用"+"和 bar 分别代替逻辑或和相应变量的非运算。例如,前述半加器的逻辑式可以改写为 Carry=AB,Sum=$A\bar{B}+\bar{A}B$。我们可以根据这种逻辑运算的符号画出图 2-11 所示的电路设计图。

图 2-11 的左侧是两个输入变量 A 和 B,右侧是两个输出,即该位的和 Sum 以及向高位的进位 Carry。图 2-11 中的 NOT 代表非门,用来完成逻辑非运算"¬";AND 代表与门,用来完成逻辑与运算"∧";OR 代表或门,用来完成逻辑或运算"∨",这样就实现了半加器的电路。

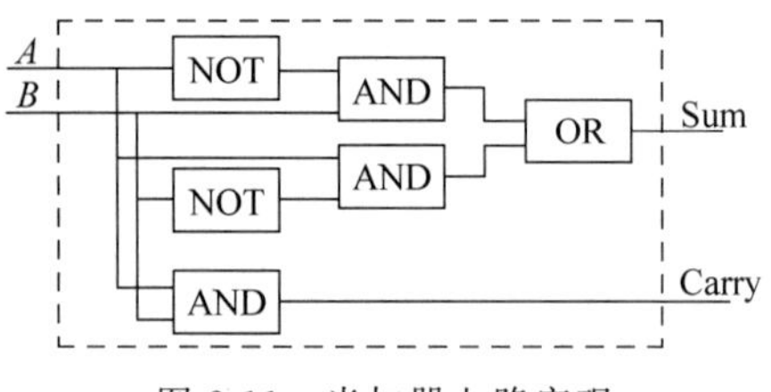

图 2-11　半加器电路实现

但是在多位的加法中,只要不是最低位做加法,都需要从下一位获得进位。半加器无法做到这一点,实现这个功能需要新的加法器,即全加器(Full Adder),接下来我们就介绍 1 位全加器的设计。

2. 全加器

实现多位加法需要全加器,只要在半加器的基础上做一个小改进,就可以得到全加器。

图 2-11 中的半加器的没有进位输入，而全加器需要输入低位的进位。图 2-12 所显示的就是全加器。它有 3 个输入，其中，A 和 B 是两个加数，C_i 是从下一位获得的进位。全加器的两个输出仍然是给上一位的进位 C_o，以及两数相加的和在该位的值 Sum。

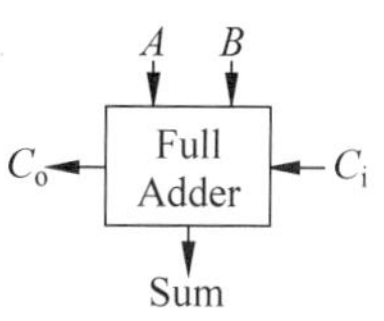

图 2-12　全加器

表 2-10 显示了全加器的真值表。可以看到，只要 A、B、C_i 中有任意两个输入的值是 1，不管余下的一个输入值是多少，C_o 一定会是 1。表示三个输入中任意两个输入的值为 1 的逻辑表达式有：$AB=1$、$AC_i=1$，以及 $BC_i=1$。其中任意一个表达式成立，进位 C_o 就为 1。因此，我们用逻辑或把这三种情况综合起来，得到 $C_o=AB+AC_i+BC_i$。

表 2-10　全加器的真值表

A	B	C_i	Sum	C_o
0	0	0	0	0
0	0	1	1	0
0	1	0	1	0
0	1	1	0	1
1	0	0	1	0
1	0	1	0	1
1	1	0	0	1
1	1	1	1	1

同样地，从表 2-10 的真值表中可以看到，有 4 种情况会使得 Sum 的取值为 1。例如 $A=0$，$B=0$，$C_i=1$ 时，即 $\overline{AB}C_i=1$ 时，Sum 为 1。我们将 4 种情况综合起来就得到 Sum 的逻辑表达式：$\text{Sum}=ABC_i+A\overline{B}\overline{C_i}+\overline{A}B\overline{C_i}+\overline{A}\overline{B}C_i$。

有了 Carry 和 Sum 的逻辑表达式，就可以很容易地用 Python 实现全加器的程序。

```
#<程序 2.5：全加器>
def FA(a,b,c):                                # Full Adder
    Carry = (a and b) or (b and c) or (a and c)
    Sum = (a and b and c) or (a and (not b) and (not c)) \
          or ((not a) and b and (not c)) or ((not a) and (not b) and c)
    return Carry, Sum
```

可以看到，**#<程序 2.5：全加器>**直接使用 Python 中的逻辑运算符表达了全加器的逻辑算式。程序的三个输入分别是加数 a、被加数 b 和进位 c；两个输出分别是 Sum 和向左邻位的进位 Carry。

程序中的 and 是逻辑与的运算符，or 是逻辑或的运算符，not 是逻辑非的运算符。当 Sum 的逻辑算式很长时，可以用反斜杠“\”表示一个长语句在下一行的继续，这是 Python 语言为了便于大家使用而提供的一个语句连接符号。

3. 涟波进位加法器和乘法器

有了计算 1 位加法的加法器，就可以设计计算多位加法的真正有用的加法器了。首先，让我们回想一下普通人怎么做加法运算。一般我们是从最低位到最高位按位依次相加，并把每一位所产生的进位输入相邻高位计算。在计算机中也可以用相同的方法，就是把多个 1 位全加器串联起来，组成一个多位的加法器。在串联方式中，每个全加器计算一位加法，只需要简单地将一个全加器输出的进位连接到与其左邻的全加器的输入进位。这种加法器称为涟波进位加法器(Ripple-Carry Adder)，“涟波”用来描述进位信号像波浪一样依次向前传递的情形，这也意味着如果要计算第 i 位的值，必须先计算出第 0 到 $i-1$ 位的所有加法。

图 2-13 显示了一个 4 位的涟波进位加法器。其中，最右端的全加器执行最低位的加法，它的进位输入 C_0 通常置为 0。当然，我们也可以直接用一个半加器执行最低位的加法。

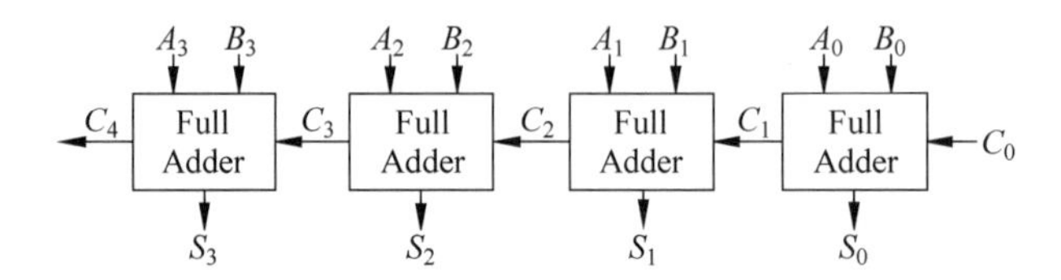

图 2-13　一个 4 位涟波进位加法器

下面我们就用 Python 程序实现图 2-13 中的涟波进位加法器。这个加法器的每一位加法是由全加器函数 FA(x[i],y[i],Carry) 完成的。

```
#<程序 2.6: 完整的加法器 Ripple - Carry Adder >
def add(x,y): # x, y are lists of True or False
              # return carry and a list of x + y
    while len(x) < len(y): x = [False] + x          #前面补 0
    while len(y) < len(x): y = [False] + y          #前面补 0
    L = [ ];Carry = False
    for i in range(len(x) - 1, - 1, - 1):           #从最后一位一位位往前加
        Carry,Sum = FA(x[ i],y[ i],Carry)
        L = [Sum] + L
    return (Carry, L)
```

程序有两个输入 x 和 y，分别代表被加数和加数；有两个输出，分别是进位 Carry 和存放加法结果的列表 L。下面是一个例子：

```
>>> print(add([True,True],[True,True,True]))        #11 + 111 = ?
输出: (True, [False, True, False])                  #也就是 1010
```

函数内部首先是两个 while 循环，判断被加数和加数的位数是否相同，如果不同，就在位数较少的数前面补 0(即 x=[False]+x 和 y =[False]+y)，直到两个数的位数相同。例如 x=[True, False]，y=[True, False, True, True]，就会在“while len(x) < len(y): x =[False]+x”中执行两次循环来补 0，直到 x=[False, False, True, False]。

获得位数相同的 x 和 y 后，也就是 len(x)=len(y)后，程序初始化了一个空列表 L，用来记录全加器 FA 计算的每一位的结果，并且把进位 Carry 初始化为 False。

然后，程序的 for 循环从二进制数的最低位开始，对输入的每一位依次做加法，在每次循环中调用全加器函数 FA(x[i],y[i],Carry)计算每一位的 Sum 与 Carry，并将每一位的 Sum 存放到列表 L 的尾端。最后，程序返回存放了二进制加法结果的列表 L，以及在最高位获得的进位。

注意，这个用 Python 实现的加法器是没有位数限制的，这是因为它利用了 Python 语言所定义的列表的性质。如果换成用硬件电路设计的加法器，就会受到各种硬件资源的制约了。

在前文中，我们讲过乘法可以用加法完成，现在已经有了全加器和完整的加法器代码，就可以编写一个无符号整数的乘法器(Multiplier)了。

```
#<程序 2.7: 乘法器>
def multiplier(x,y):                    # 求 x * y
    S = [];
    for i in range(len(y) - 1, - 1, - 1):
        if y[i] == True:                # y[i]是 1,要将 x 加进到 S
            C, S = add(S,x)
            if C == True: S = [C] + S
        x = x + [False]                 # 每一次 x 都要向左移一位,后面补 0
    return(S)
```

这个乘法器有两个输入，即被乘数 x 和乘数 y。输出是存放在列表 S 中的乘积结果。例如：

```
x = [True,True]
y = [True,False,True]
print(multiplier(x,y))
>>>                                     # 输出是
[True, True, True, True]
```

程序 for 循环所产生的乘法过程的部分和存放在列表 S 中。在 for 循环中，语句“i in range(len(y)−1,−1,−1)”表示列表索引 i 从 len(y)−1 开始，每一次循环需把列表索引更新为 i−1，直到 i = 0，执行最后一次循环，直至 i=−1 并退出循环。在每一次循环中，程序首先判断 y 的当前位是否为 True，即“if y[i] == True”，如果判断成立，就在当前结果 S 上加被乘数 x，即“C,S=add(S,x)”。如果 S 和 x 的加法产生最高位的进位，即 C=True，进位 C 就作为最终结果的最高位加入列表 S，即“if C==True: S=[C]+S”。

每完成一位乘法，加法器就需要把被乘数 x 向左移 1 位。这个程序把左移被加数 x 的方法在 x 的后面增加一个元素 False，即“x=x+[False]”。函数在最后返回列表 S 中的乘积，可以看到，正如前文所说，乘法就是用加法和移位操作完成的。

通常我们在写好逻辑算式后，都会对其进行优化，即在不改变逻辑运算值的前提下，尽量简化逻辑运算。例如，原本计算 $C_o=AB+AC_i+BC_i$ 需要 3 次与运算和两次或运算，改写为 $C_o=A(B+C_i)+BC_i$ 之后，计算 C_o 的过程只需两次与运算和两次或运算。从表面上看,这种优化似乎微不足道,但是对于硬件而言,这个优化为所有加法器的进位电路节约了一个与门。

又如,$L=AB+\bar{A}B+BC$,可以优化为 $L=B+BC$,再进一步优化为 $L=B$。这样就把 L 从 3 次与运算、两次或运算简化无需与运算,而且输入也减少了。同学们以后在"数字电路"课程中会学到这种优化技术,这种优化会为计算机的设计实现带来很大的好处。

2.4.4 加法与控制语句

在本章,我们已经在 Python 程序里用到了加法、减法、乘法、除法,以及 3 种条件控制语句,即 if、for 和 while。基本的四则运算和逻辑运算直接对应了基本的电路,很容易理解。而控制语句会对程序的执行路径做出改变。例如,for 循环的条件控制了循环是否继续。很多讲解计算机语言的教科书都会对控制语句的语法和语义做详细的解释。而在这一小节里,我们将带领你从一个新的角度去理解控制语句的内涵。

其实,对于计算机而言,所有的控制语句对控制条件的判断都可以转变成加法,即变成加法器上最基本的操作。下面我们以 if 语句为例来看一看这种转换:

```
if bin[i] == str(1):
   weight = 2 * * (len(bin) - i - 1)
   dec = dec + weight;
```

上述 if 语句的判断条件是 bin[i] 是否和 str(1)相等。对于一个受过简单数学训练的人来说,很多数值的大小判断几乎是依靠直觉,我们很少去思考"3< 4"这个判断所依据的算法是什么。要让计算机做出同样的判断,我们需要设计算法。

我们可以让前面程序里的 if 语句判断条件变成是计算机可以执行的减法运算:bin[i]-str(1)。如果结果为 0,则 if 语句的判断条件成立,因此可以接着执行后续语句;否则,判断条件不成立,程序将直接跳转到 print(dec)语句执行打印。在这个程序段中,计算机运用减法完成了 if 语句的条件判断,进而实现对程序执行路径的控制。

同样,#<程序 2.7:乘法器>中 for 循环的判断条件对计算机而言也是一连串的减法运算。这个 for 循环在执行过程中,每一次都要判断当前的列表索引 i 的值是否小于 len(y)的值,这就意味着一次减法,如果其判断结果是负数,则循环可以继续。这种判断条件的算法对于其他控制语句也是一样的。

在 2.3 节中我们已经介绍过,加法是实现所有其他运算(即减法、乘法和除法)的基本运算)。这就意味着计算机可以用加法电路实现所有的运算。从程序语言的角度来讲,就是可以用加法执行所有的运算操作,而最基本的加法又是通过逻辑运算实现的。比较复杂一点的乘法和除法运算也是由一系列加法运算完成的,只是一般都需要经过逻辑电路的优化设计来减少硬件开销,提高运算速度。

小结

在这一节里,我们体会到计算机世界里的 0 与 1 不仅仅组成了二进制数,而且和逻辑中的"真"与"假"建立了对应关系。这种对应关系让计算机有能力通过逻辑运算实现最基本的加法运算，进而实现所有的数值运算，以及控制语句的判断条件。所以，构成计算机的电子电路所能做的计算其实都是逻辑运算。

感谢 0 与 1，把其他所有进制的数转换为计算机中的电子电路所能表达和运算的二进制数。也感谢 0 与 1，打通了数值计算和逻辑运算之间的界限，使我们看到二者相通的本质。

所以，在计算机中，一切都是逻辑，一切都归功于神奇的 0 与 1!

练习题 2.4.1：计算机里如何表示 0 和 1?

练习题 2.4.2：基本的逻辑运算是哪三种？它们各自对应怎样的真值表？你能画出它们的电路符号吗？

练习题 2.4.3：具有 2 个输入的逻辑算式可以产生 4 种输出，那么，具有 3 个输入的逻辑算式可以产生几种输出？具有 n 个输入的逻辑算式呢？

练习题 2.4.4：设 $A=0, B=1, C=1$，如下逻辑运算的结果 S 分别是什么？

(1) $S=A \vee B \vee C$

(2) $S=A \wedge \neg B \vee C$

(3) $S=\neg(A \wedge B) \wedge \neg C$

练习题 2.4.5：在 2.4.3 节介绍全加器 Sum 的逻辑时，提到了使 Sum=1 的一种情况 $\overline{AB}C_i$，请写出 $\overline{AB}C_i$ 的真值表，验证它是否只在 $A=0, B=0, C=1$ 的时候才等于 1。

练习题 2.4.6：给你一个二进制数 1001，如何用逻辑运算把它变成 0110 和 1111?

练习题 2.4.7：计算机中的"计算"是数值的计算吗？这些计算是用什么方法实现的？

练习题 2.4.8：计算机怎样实现加法(提示：从逻辑算式和组合电路两方面回答)？

练习题 2.4.9：2.4.3 节的第(4)部分中，介绍了将 $L=AB+\bar{A}B+BC$ 优化为 $L=B+BC$ 和 $L=B$ 的例子，请你给出 L 的三个逻辑算式的真值表，并验证优化的正确性。提示：如果对于输入 A、B、C 的所有组合，3 个算式输出 L 的值都相同，就说明优化正确。

程序练习 2.4.1：请写一个 Python 程序，输出逻辑算式 $ABC_i+A\bar{B}\bar{C}+\bar{A}B\bar{C}+\bar{A}\bar{B}C$ 的结果。输入是 3 个 0 或 1 的整数，分别代表逻辑变量 A、B、C 的值，输出是 1 个二进制整数。

程序练习 2.4.2：请将#<程序 2.5：全加器>改写为半加器。即输入是 a 和 b 两个变量，输出是 sum 和 carry。

程序练习 2.4.3：改写#<程序 2.6：完整的加法器 Ripple-Carry Adder>，使得输入和输出完全是 0 或 1，而不是 True 或 False。

程序练习 2.4.4：优化#<程序 2.5：全加器>，在保证正确性的前提下，减少逻辑运算符的数量。

2.5 计算机中的存储

计算机里可以保存数据，但是计算机并不能像书一样直接记录文字。计算机的做法很有趣，它用二进制数的组合来表达所有需要保存的信息，这些二进制数的组合按照一定的规则存放就构成了计算机里的数据。

二进制数的数值 0 或 1 的存储方式随着物理介质的特性不同而不同，基本是利用物理材料的电信号、磁信号之类的状态来代表 0 或 1，记录这些状态的载体就称为存储介质。就像纸张用于存放墨水所写的字一样，计算机使用存储介质来存放电、磁之类的信号。存储介质、辅助数据存储和数据读写的电路与设备等组合在一起，构成了存储设备，例如我们常用的内存、磁盘和 U 盘等。

2.5.1 数据的存储形式

从计算机用户的角度看，存储介质的规则指明了数据的存储形式，是用户在使用计算机的过程中必须理解的基本知识。存储介质的性质虽然是存储的根本，但是对用户通常是透明的，也就是说用户并不了解、也不需要了解存储介质存放和表达数据的具体方式。在这一节里，我们将认识到计算机世界的数据存储为用户呈现了一种抽象的、逻辑的表现形式，使得用户不需要知道存储介质烦琐的物理性质和转换方式，因而便于用户使用。在此首先介绍计算机里的数据的存储方式。

在计算机内部，各种信息都以二进制编码的形式存储。在二进制编码中，指定不同数量的 0 或 1 形成的不同的组合表示不同的含义。比如$(00000111)_2$，它可以表示一个二进制整数，对应十进制整数 7。假如我们约定这个$(00000111)_2$ 的组合表示一个汉字或者一个符号，那么它就具有了其他的含义。

接下来，我们就要介绍如何在计算机内部用二进制编码表示几种生活中典型的字符。

1. 二进制编码的基本组织方式

我们已经知道各种信息在计算机内部都是以二进制编码的形式存储，而编码往往用到一大串 0 或 1，因此计算机必须要按照一定的规则对这些信息进行分割和识别才能获得有用的信息。这就需要知道数的组织方式，了解它们的基本单位，以及它们占用存储空间的方式。

假设我们将存储空间看成一个盒子，在盒子里面划分出许多小格子。一个 1 或一个 0 占用一个格子，称作 1 位(bit，缩写为 b)，每个连续的 8 位叫作 1 字节(Byte，缩写为 B)。CPU 读取数据的最小单元是字节。

下面我们以数值 1698 为例看看计算机如何存储数字。首先转换为二进制，有 $1698_{10}=11010100010_2$，因此可用图 2-14 的方式表示 1698_{10}(占用 2 字节，即 16 位)：

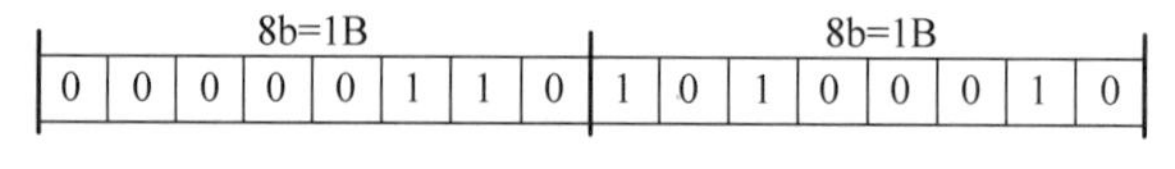

图 2-14　1698 在计算机中的存储

由于 CPU 无法从内存中直接读取单个位，所以 CPU 从内存读 1698 这个数时，至少要读 2 字节。

计算机通常把单位信息分成以下三种：位(或称为比特，bit)、字节(Byte)和字(Word)。

字节：1 字节由 8 位二进制数组成(1Byte＝8bit)。字节是信息存储中常用的基本单位。计算机的存储器(包括内存与外存)通常也是以多少字节来表示它的容量。常用的单位有：KB(KiloByte)，1KB＝2^{10}B＝1024B；MB(MegaByte，简称“兆”)，1MB＝1024KB；GB(GigaByte)，1GB＝1024MB；TB(TeraByte)，1TB＝1024GB。1PB(PetaByte)＝1024TB，1EB(ExaByte)＝1024PB。总结如下，K代表2^{10}，M代表2^{20}，G代表2^{30}，T代表2^{40}，P代表2^{50}，E代表2^{60}。例如，4G＝4×K×M＝2^{32}，而2^{64}这个数是比较大的，2^{64}＝16E。

然而，K、M、G等符号在不同场合会有不统一的定义。另外有一套基于十进制的定义法，其中K＝10^3，M＝10^6，G＝10^9，T＝10^{12}，P＝10^{15}，E＝10^{18}。通常在谈容量和计算机性能时用的是基于二进制的一套定义方法，而谈速度的时候用的是基于十进制的一套定义。例如，现在的超级计算机的运算速度可以达到数Peta flops，其中flops代表FLoating point Operations Per Second(浮点运算/秒)，也就是每秒可以达到10^{15}次方的浮点运算。又例如在宽带网络中，常说的4M上行速率、下行速率的单位都是bps，即比特/每秒(b/s)，传输速率是4×10^6b/s。

小明：我买的4GB的内存测出来容量就是4GB(2^{32} B)，可是我买的硬盘明明写的是500GB，为什么测出来只有465GB?

沙老师：有些商人卖牛肉缺斤短两，硬盘厂商好像也搞这一套，它们将G以对它们有利的方式来定义，也就是它们竟然用十进制，而计算机系统中的容量是用二进制定义的。所以硬盘厂商写的500GB实际上在计算机中只有500×10^9B≈465.66×2^{30}B，所以你的硬盘实际容量只有465.66GB。

字：字是字节的组合，CPU可以用“字”为单位来读写数据。大部分CPU的字长是32位(4字节)或64位(8字节)。CPU每次可以读写一个字，也就是不需要逐字节地传输数据。目前大部分手机配备的是32位的CPU，而计算机配备的是64位的CPU。这里的“64位”是指每次CPU可以同时读写8字节，所以比32位的CPU更加高效。

有了二进制编码组织的基本知识，我们就可以来探讨数、字符的编码方式了。

2. 字符(Character)

字符有多种编码方式。ASCII码是其中应用最为广泛、最为有名的一种字符编码，即“美国信息交换标准码”(American Standard Code for Information Interchange，ASCII)。它包括了10个数、大小写英文字母和专用字符共95种可打印字符和33个控制字符。ASCII码使用1字节中的7位二进制数来表示一个字符，最多可以表示2^7＝128个字符。

表2-11所示是部分ASCII表，表中字符一栏表示我们要用到的符号，十进制和十六进制两栏分别代表这个符号对应的值。例如，大写字母A在计算机中的存储首先是转化为它的ASCII码65，再把65转化为二进制数1000001，对应的十六进制数是41；小写字母a在计算机中存储首先是转化为97，再转化为二进制数。其他未列出的符号、字母可以查询国际ASCII转化标准。

表 2-11 部分 ASCII 码表

ASCII 码		字符	ASCII 码		字符	ASCII 码		字符
十进制	十六进制		十进制	十六进制		十进制	十六进制	
032	20	空格	064	40	@	096	60	`
033	21	!	065	41	A	097	61	a
034	22	"	066	42	B	098	62	b
035	23	#	067	43	C	099	63	c
036	24	$	068	44	D	100	64	d
037	25	%	069	45	E	101	65	e
038	26	&	070	46	F	102	66	f
039	27	'	071	47	G	103	67	g
040	28	(	072	48	H	104	68	h
041	29	)	073	49	I	105	69	i
042	2A	*	074	4A	J	106	6A	j
043	2B	+	075	4B	K	107	6B	k
044	2C	,	076	4C	L	108	6C	l
045	2D	—	077	4D	M	109	6D	m
046	2E	.	078	4E	N	110	6E	n
047	2F	/	079	4F	O	111	6F	o
048	30	0	080	50	P	112	70	p
049	31	1	081	51	Q	113	71	q
050	32	2	082	52	R	114	72	r
051	33	3	083	53	S	115	73	s
052	34	4	084	54	T	116	74	t
053	35	5	085	55	U	117	75	u
054	36	6	086	56	V	118	76	v
055	37	7	087	57	W	119	77	w
056	38	8	088	58	X	120	78	x
057	39	9	089	59	Y	121	79	y
058	3A	:	090	5A	Z	122	7A	z
059	3B	;	091	5B	[	123	7B	{
060	3C	<	092	5C	\	124	7C	|
061	3D	=	093	5D	]	125	7D	}
062	3E	>	094	5E	^	126	7E	~
063	3F	?	095	5F	_	127	7F	~DEL

请注意字符形态的数 0~9 在 ASCII 中对应的十进制数值是 048~057,也就是说,字符“9”在计算机中所存的值是十进制数的 057,而不是 9。

在 Python 语言中,有两个函数 ord()和 chr()分别在字符和对应的 ASCII 码数值之间进行转换。例如:

```
>>> print (ord('9'))
57
>>> print (chr(65))
A
```

直接利用函数 ord('9')输出字符"9"在 ASCII 码表中对应的数值 57,再利用 chr(65)输出数值 65 对应的字符"A"。

3. 汉字及其他字符的编码

汉字与数值、字符的表示一样,也采用二进制的数字化信息编码,它们以内码的形式存在于计算机中。

例如简体汉字的编码标准 GBK 字符集,即国家标准扩展字符集,就指明了计算机中如何表示汉字。目前的 GBK 中用 2 字节代表一个汉字,所以 GBK 字符集最多表示 $2^{16}=65\,536$ 个汉字,目前表示了 21 886 个汉字。例如在 GBK 字符集中,"沙老师"三个字就分别对应 0xC9B3、0xC0CF、0xCAA6 三个十六进制数(前置的"0x"代表十六进制)。

由于汉字数量大,GBK 有些不够用了。目前最新的标准汉字字符集是 GB 18030,全称为国家标准 GB 18030—2005《信息技术中文编码字符集》,是中华人民共和国现时最新的内码字集。GB 18030—2005 支持多种字节的汉字编码,例如单字节、双字节和四字节编码,共收录汉字 70 244 个。

想一想,全世界许多语言都用到了不同的符号,例如韩语、日语、德语、俄语等都需要有自己语言的字符集。为了保证每个符号在计算机内部都是唯一的,并解决其他传统字符编码方案的局限性,计算机科学家提出了在国际上普遍适用的统一字符编码 Unicode。Unicode 只有一个字符集,中、日、韩三种文字占用了 Unicode 中 0x3000 到 0x9FFF 的部分。Unicode 目前普遍采用的是 UCS-2,它用 2 字节来编码一个字符。比如汉字"经"的编码是 0x7ECF,注意字符编码一般用十六进制来表示,0x7ECF 转换成十进制就是 32463。UCS-2 用 2 字节来编码字符,2 字节就是 16 位二进制数,2 的 16 次方等于 65 536,所以 UCS-2 最多能编码 65 536 个字符。编码从 0 到 127 的字符与 ASCII 编码的字符一样,比如字母"a"的 Unicode 编码是 0x0061,十进制是 97,而"a"的 ASCII 编码是 0x61,十进制也是 97。对于汉字的编码,事实上 Unicode 的支持并不好,这是因为简体和繁体汉字的数量在 7 万以上,而 UCS-2 最多能表示 65 536 个,所以 Unicode 只能排除一些几乎不用的汉字,好在常用的简体汉字也不过七千多个。为了能表示所有汉字,Unicode 还有 UCS-4 规范,也就是用 4 字节来编码字符。Unicode 对字符的编码是确定的,但是它对于不同的计算机系统平台有不同的实现方式,也就是通常所说的 Unicode 转换格式(Unicode Transformation Format,UTF),例如 UTF-8、UTF-16 LE 等。

此外,在计算机内部,汉字编码和字符编码是共存的,对不同的信息有不同的处理方式,那我们应该如何区分它们呢?方法之一就是 ASCII 码所用字节最高位置为 0,而对于双字节的国标码,将每字节的最高位都置成 1,然后由软件(或硬件)根据字节最高位来判断。

至此,我们已经知道计算机里用二进制编码的形式存储各种信息,仅仅用 0 和 1 就可以表示世间所有的数、数学符号、汉字、英文、拉丁文和其他各种语言文字,不可谓不神奇!

然而,这一节讲的都是逻辑上的概念,都是形式上的组织方式,与真实计算机里存放数据的寄存器、缓存、内存和磁盘等看上去毫无关联!所以接下来就要讲解计算机如何用物理设备表达与存储 0 与 1 的相关内容。

2.5.2 存储设备

存放 0 和 1 组成的二进制信息的物理载体称为存储介质,存储介质加上配套电路等组件就组成了存储设备。

1. 存储设备

存储设备有很多种,现在计算机里常用的存储设备以下几类。

寄存器(Register):处于 CPU 内部,和算术逻辑单元(Arithmetic Logic Unit, ALU)直接相连。向寄存器读写数据的速度(访问速度)是数百皮秒(1 皮秒$=10^{-12}$ 秒),非常接近 ALU 的计算速度。因为很昂贵,所以寄存器的容量极小,通常只有数百字节大小。普通运算时需要将数据先放到 CPU 中的寄存器里,然后 ALU 对寄存器的值做计算,再存回寄存器里。

高速缓存(Cache,音同 Cash):通常由静态随机存储器(Static Random Access Memory,SRAM)制成,速度比寄存器慢,容量比寄存器大,比寄存器要便宜些。实际计算机里的 Cache 可以分为 1 到 3 级,通常 1 级 Cache 的访问速度是 1～2ns,容量是 64KB。其后两级的速度在 5～20ns,容量在 KB 或 MB 级。

内存(Main memory):又叫主存,通常由动态随机访问存储器(Dynamic Random Access Memory, DRAM)制成,它比 SRAM 要便宜许多。程序执行时的信息,包括程序指令和很多用到的数据都存放在内存中。内存的速度为 50～100ns,现在常用的内存容量都是数百兆字节到数吉字节,有的高端计算机或者其他特殊用途(例如大型数据库)的内存甚至会用到数十吉字节到数太字节容量的 DRAM。

外存(Storage):外存一般指比内存速度更慢、容量更大的存储器,而且外存的一个显著特征是数据断电后不丢失,而当前以上三种存储在断电后都会丢失数据。外存通常就是我们所说的硬盘。现在常用的外存有磁盘(Magnetic Disk)和固态硬盘(也叫 SSD),比 DRAM 要便宜许多。外存的访问速度可能是微秒级(比如 Flash memory)或毫秒级(磁盘),容量一般都是 GB 或 TB 级别。

事实上寄存器、Cache、内存和磁盘反映了目前计算机系统最基础的存储层次,即速度越快,价格越高,容量越小,离 CPU 越近;速度越慢,价格越低,容量越大,离 CPU 越远。这种存储层次的思想对计算机过去、现在以及未来的发展都有着极深的影响和极重要的意义。尤其是缓存的概念,不管对并行系统还是分布系统,缓存都是极为重要的概念,它使得系统的整体性能得以提高。例如,有两个单位 A 和 B(A 可想成是 CPU,B 可想成是存储单元或另一台计算机等),A 和 B 之间有段距离,而 A 要对存储在 B 中的数据块 X 做 1000 次计算。从 A 到 B 读取数据要花费 1s,而在 A 里面每次做计算仅花费 1μs(相对秒级,微秒可以忽略不计)。现在有以下两种方案。

方案一:每次计算前,A 都从 B 中读数据,做 1000 次就要花费超过 1000s。

方案二:先把数据块 X 读取到 A 中“缓存”起来,然后 A 在它的缓存内做快速计算,算完后 A 将结果从缓存再存回 B。这样总共不过花费近似 2s 罢了。

方案二比方案一要快非常多。这就是现在计算系统所用的概念——充分利用靠近 CPU 的存储层次进行“缓存”。以后在“计算机系统结构”这门课程中,会有更深入的学习,本书不深入探讨。

显存(**Video memory**):全称是显示存储器,如同计算机的内存专用于存储系统运行时的数据,显存专用于存储要显示的图像数据。显存的材料一般和内存一样,都是DRAM,大小也比较相近,低端的只有数百兆字节,中高端的配置都在GB级别。

之所以使用专用的硬件来存储这些图像数据,是因为它们数量巨大,更新速度极快,如果用内存来存放这些数据,可能会大幅降低系统性能。

在显示器上显示出的画面由一个个很小的点构成,例如当画面的分辨率是1024×768时,就代表有1024×768个点。这些点称为像素点(Pixel)。每个像素点都用4~64位的数据来控制它的亮度和色彩,各种色彩不过就是红、绿、蓝(RGB)三原色依照不同比率组合而成。一般而言,每一个原色(或叫基色)的比率用1字节来表示,3字节就可以组合出2^{24}种不同的颜色。这些点在一个瞬间构成一幅图形画面,这幅画面叫作帧(Frame),画面的连续变换就形成了人眼看到的动画或视频。为了保持画面流畅,需要输出和处理的多幅帧的像素数据非常多,更新也非常频繁。所以好的计算机往往都配置专用的显存来保存这些图像数据,达到缓冲效果。图像数据按需交由显示图像用的芯片和中央处理器进行处理和调配,最后把运算结果转化为图形输出到显示器上。

每秒显示的帧数(Frame Per Second,FPS)也叫作帧率(Frame Rate),它和画面的流畅度密切相关。由于人类眼睛的特殊生理结构,如果所看画面的帧率高于24,就会认为所看到的是连贯的动画,这个现象称为视觉暂留。这也是以前胶片电影的基本原理。较高的帧率可以得到更流畅、更逼真的画面。一般来说,帧率达到30fps就可以有流畅的画面,而60fps就更为逼真和流畅。但是,高帧率对显卡的性能有更高的要求。例如,画面的分辨率(Resolution)是1024×758,每一个点的色彩由3字节表示,每秒要播放30帧,显卡的运算能力就必须达到每秒运算1024×768×3×30=70 778 880B的能力。

以上介绍的存储设备除磁盘外,往往都离不开一个最基本的电子器件,那就是晶体管,因为寄存器、SRAM和DRAM都使用晶体管来表达0和1。

2. 用晶体管制成DRAM和SRAM

DRAM和SRAM都是用许多晶体管组成的存储结构。DRAM的存储单元要相对简单一些。

如图2-15所示,一个DRAM的存储单元仅仅是由一个晶体管加上一个电容组合而成,表示1比特。电容里存储的电荷数量用来表示这一比特是0或1。

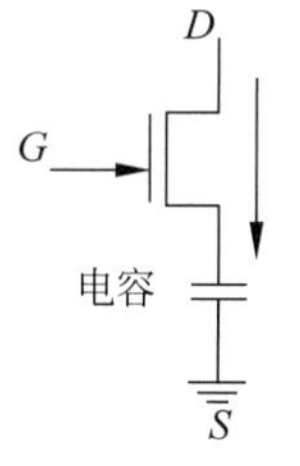

图2-15 DRAM的一个存储单元

由于电容不稳定,会一直慢慢漏电,漏电到一定程度就无法保存这个存储单元的信息。所以设计师们只好规定每隔一定时间就刷新一次DRAM,也就是给电容充电,让它变得靠谱起来,所以它叫动态存储单元。

当然,DRAM不仅仅只有这么简单的结构,它还需要很多辅助电路来完成存储功能,比如向存储单元写数据的写数据线和读出数据的读数据线。

高速缓存使用的是一种更为复杂、快速的存储结构,也就是静态存储单元——SRAM。SRAM不需要周期性刷新,它用多达6个晶体管组成了一个循环的结构。

同样是存储1比特,SRAM用6个晶体管实现了更快、更靠谱的性能,不需要定时刷新就能保证数据不丢失。然而 SRAM 的缺点也很明显,那就是同样存储量的 SRAM 需要 6 倍于 DRAM 的晶体管,而且硬件的面积也增大了很多。同学们想一想,现在 4GB 的内存条(DRAM)一般需要 250 元,如果换成 SRAM 做内存,面积和价格都要乘以 6,你能接受吗?

晶体管需要通电才能表达 0 或 1,一旦掉电就会丢失保存的信息。所以,在使用计算机时,如果突然断电,刚才正在用的数据就会丢失,如果没有及时保存到外存上的话,这些数据就全部没有了。比如写了一半的文章,画了一半的图,断电重启后就都没了。所以各位同学在用计算机做事时,一定要养成定时保存的好习惯。

3. 掉电也能用的存储介质

我们需要存储介质来长期保存我们的文档、照片、视频、程序等。这些介质里,最常用的就是磁盘和闪存。

磁盘的原理和磁带一样,都是用一层薄薄的磁性材料来存储信息,每一比特的不同磁场方向就分别代表了 0 或 1,调节磁头上的电流方向就可以改变磁场的方向,从而改变存储的信息。磁盘用磁性材料组成了密度更大的磁片,把很多磁片叠在一起就做成了磁盘,这样就可以用更小的体积存储更多的数据。这种磁性材料的造价低,所以硬盘相对于内存要便宜得多。2016 年 1TB 的硬盘只要 450 元左右。

除了磁盘,常用的还有闪存(Flash Memory)。我们常用的闪存就是 U 盘,还有计算机有时会配置的固态硬盘(SSD)。闪存使用的是一种改进的晶体管,它使用的材料可以保存很多电荷,而且电荷泄漏的速度很慢,可以看成是一种断电也能用的存储介质。

闪存用的也是晶体管制成的芯片,而且为了控制闪存数据的正确读写,需要复杂的控制器和辅助电路,所以同等大小的闪存要比磁盘昂贵许多。

除此之外,在研究界还出现了许多种新的掉电也不丢失信息的存储介质,它们叫作非易失性存储介质。比如相变存储(Phase Change Memory)、忆阻器(Memristor)、铁电存储(FeRAM)、磁阻内存(MRAM)和磁畴壁存储器(Domain Wall Memory)等,它们都是用物理材料的不同特性表示逻辑的 0 和 1。例如,如果存储单元的材料是晶体,状态就是 1,反之就是 0。

这些存储介质受自身物理材料特性的影响,具有很多优秀的性质,比如读的速度和 DRAM 接近,密度大,抗震动,非易失,闲时功耗低等。但是,它们的写速度较慢,可擦写次数也很有限。现在工业界和一些高校科研机构正在大力研究如何在软硬件方面改进,使得它们能在实际中使用。

小结

本节介绍了计算机里的信息存储方式。计算机里是用二进制编码,用比特、字节、字组织存储单元,向用户提供存储介质的一种抽象的、便于理解和使用的认知,屏蔽掉存储介质复杂、烦琐的物理性质和实现方式。计算机用晶体管和磁性材料等存储介质的不同物理特性代表 0 或 1。通过把这些物理性质表现的 0 和 1 组织成一个个单元,再把这些单元按照一定的方式和规则加以解释,就可以表达整数、浮点数、字符和汉字等人可以识别和处理的信息。

这一节还介绍了计算机中常见的几种存储设备:寄存器、高速缓存 SRAM、内存 DRAM、外存和显存。存储介质一直在进步,它们是能对计算机带来大变革和性能进步的重要研究对象。

练习题 2.5.1：1B 是 8b，请问 1KB 是多少 b？

练习题 2.5.2：请问 5GB 是多少 KB？

练习题 2.5.3：假如需要存储以二进制为单位的 500GB 的数据，需要购买硬盘厂商所说的多少容量的硬盘？

练习题 2.5.4：大数据中常常用十进制数量级衡量数据的大小，1KB 约为 10^3 数量级，请问：1TB 的数量级是多少？1EB 呢？

练习题 2.5.5：在 Python 中，汉字是用 Unicode 编码。例如 ord(“沙”)是 27801，十六进制等于 0x6C99。请将汉字“沙老师”三个字的 Unicode 的十六进制码列出。

练习题 2.5.6：请将你任课老师的汉字姓名的 Unicode 的十六进制码列出。

练习题 2.5.7：在 ASCII 码中，$(01101111)_2$ 表示哪个字符？$(77)_8$ 表示哪个字符？

练习题 2.5.8：ASCII 码表示的字符“0”和字符“1”相加等于多少？这个数值对应于哪个字符？

练习题 2.5.9：请问哪些存储介质掉电会丢失数据？

程序练习：请写 Python 程序，输入两个字符 x 和 y，输出是两个字符相加得到的十进制数，以及结果对应的 ASCII 字符。

2.6 谈 0 与 1 的美

0 与 1，两个我们最早掌握的、最为普通的数，有什么神奇之处？美在哪里？简单来说，它美在无穷的大用，美在用逻辑阐释数学，美在用数表达整个世界。接下来，我们一起来赏析 0 与 1 的美！

2.6.1 简单开关的无限大用

计算机的世界里，无处不见二进制的开关，无处不见 0 与 1 的身影。它们是每一颗处理器里的一道道脉冲信号，它们是每一条内存里的晶体管，记录了一个又一个平凡而重要的比特信息；它们是每一块硬盘里的一股股磁力，安心地保存了我们的信息。

它们就像空气一样，蔓延在整个信息领域。平凡如现今几乎人手一部的手机，珍贵如超强配置的航空航天器导航装置，小到汽车内的一小块嵌入式设备，大到数百万核的超级计算机，无一不依赖于小小的二进制开关，无一不构建于简简单单的 0 与 1 之上。

0 与 1 的二进制开关有无限的大用，它们用自己的身躯构筑了整个信息领域大厦的根基！

2.6.2 二进制逻辑的神奇妙用

0 与 1 不仅以晶体管这种二进制开关的物理形态存在，它们还以逻辑的形态存在于计算机的每一道电流中。

1. 所有的运算都可以用逻辑实现

我们已经知道如何用 0 与 1 实现半加器的加法，其中用到了 1 个“或门”、2 个“非门”和 3 个“与门”。这就意味着用逻辑可以实现加法。

从数学的意义上讲,逻辑运算也可以做到加法的运算规则,例如我们小学学习的加法的运算律,在逻辑运算中也成立:

(1) 交换律(Commutative Laws):$A+B=B+A$;$A \cdot B=B \cdot A$;

(2) 分配律(Distributive Laws):$A \cdot (B+C)=(A \cdot B)+(A \cdot C)$;$A+(B \cdot C)=(A+B) \cdot (A+C)$;

(3) 结合律(Associative Laws):$A+(B+C)=(A+B)+C$;$A \cdot (B \cdot C)=(A \cdot B) \cdot C$。

此外,在计算机中可以利用加法、补码等编码表示的负数实现减法,用加法器的堆叠实现乘法,借助减法实现除法,所以所有的运算都可以用逻辑实现,计算机的每一次计算都用到了逻辑。

2. 存储也可以借用逻辑实现

无论是何种存储介质,只要它能表现两种不同的状态,从逻辑上表达两个含义,就能赋予它 0 与 1 的值,就能用来存储信息。每一次存储或者读取数据,都用到了 0 与 1 的逻辑。

例如传统的内存 DRAM 中用电容里的电荷数量表达 0 与 1,磁盘中用磁场的方向表达 0 与 1,PCM 通过不同状态下的电阻值表达 0 或 1。

此外,由于有各种各样的物理介质,实现逻辑的方式也有很多种。针对不同物理介质的特性,我们可以在同样的逻辑下得到不同的存储性质,并针对这些性质做各种改进和优化。

例如 DRAM 掉电丢失数据,相变存储器掉电不丢失数据。相变存储器写操作所需的时间和能耗都高于读操作,如何针对相变存储器的这些特性提高它的性能,或者降低使用相变存储器的能耗,都是很有意义的研究。

2.6.3 “亢龙有悔”和“否极泰来”

我们从正负数的章节中,知道正数和负数的表示方法。想象我们从全部是 0 的字节,逐个加 1,到了 01111111 时,再加 1 就变成了 10000000,也就是负数的−128。从正数的“顶峰”,一下子就落入了负数的“深渊”。从这种变化,你是否能领悟到一点人生的道理?

在中国哲学思想里,探究宇宙万法的生成,基本思想是太极生两仪(阴阳),两仪生四象,四象生八卦,八卦再生六十四卦,然后繁衍变化,生生不息。讲这些变化交替的经典就是有名的《易经》。《易经》里面讲述六十四卦和每一卦、每一爻的象征意义。每一卦有六个位(《易经》里叫作“爻”),每一爻可以是阴或阳,所以六个爻就可以表示 $2^6=64$ 种不同的卦。《易经》的第一卦是全部都是阳的“乾卦”。《易经》对乾卦和它的每一个爻的解释对中国文化有巨大的影响。六个爻中的每一爻都有不同的含义。《易经》从最下面的爻,逐个往上解释。乾卦里每一个爻都是阳爻(就好像是 1),乾卦中一个个阳爻的堆叠,就如同是我们前面讲的逐步加 1 的动作。

“阳”代表刚强、光亮、显明在外的气质。然而,《易经》认为当人或事全部都是“阳爻”的时候,反而会盛极必衰,值得忧虑了!这对我们中国文化有很大的影响。我们做人处事,不要过分,要谦虚、温润,要留有余地,就像是早上 9-11 点钟的太阳,是向上的,是光亮而比较柔和的。

看看《易经》怎么讲乾卦的六个阳爻。

最下面的第一个爻——“潜龙勿用”

白话：龙潜伏着，不能发挥作用。

第二个爻——“见龙在田，利见大人”

白话：龙出现在地上，适宜面见大人。

第三个爻——“君子终日乾乾，夕惕若，厉，无咎”

白话：君子整天勤奋努力，晚上警惕戒惧。虽有危险，但不会有灾难。

第四个爻——“或跃在渊，无咎”

白话：龙或跃或潜于渊，不会有灾难。

第五个爻——“飞龙在天，利见大人”

白话：龙翱翔在天空，适宜会见大人。

最上面的爻——“亢龙有悔”

白话：龙飞到极高处，则有后悔。

是不是很有意思呢？到了最上的阳爻，是“亢龙有悔”了。

接下来讲“否极泰来”。回头看看我们的正负数顺序，从00000000一直加1，回到了负数10000000，再往上一直加1，到了11111111后，再忍耐一下，再次加1，去掉了进位（代表虚妄的烦恼），就回到了0以及正数的范围了。我们的人生也是一样，不顺利的时候要忍耐，要坚持住，继续求进步。只要坚持和进步，总有柳暗花明的一天。所谓“否极泰来”就是这个道理。在易经里面的“否卦”是个很不好的卦，但是接下来的“泰卦”就通泰了。各位，人生不如意事十之八九，要对自己有信心，只要努力，只要坚持，“否极”总会“泰来”。等到“泰来”后，也不要猖狂，多虚心，多学习，多关怀，才能久安。

2.6.4 “若见诸相非相，即见如来”

世间所有的数、语言文字、千奇百怪的符号在计算机中都可以用二进制编码表示，我们输入的符号在计算机看来都不过是一串数。其实这有很深的含义。

“我爱你”“我恨你”都不过是一串0与1构成的数罢了，无论是“我爱你”，还是“我恨你”，计算机都一视同仁。在它的眼中，所有符号都是数，差别无二，而人看到了“我爱你”或者“我恨你”，就生起了不一样的念头。这念头来自我们的经验，来自我们的分别心，来自我们的妄想。有了妄想、执着，烦恼就应运而生了。

做个试验。有一个人，他原来名叫“王小二”，随后改名为“林志颖”，后来又改名为“李白”，是不是大家马上就浮想联翩了呢？其实他还是他。

再做个试验。假如有一个人，在你走路时，故意在你身后以较低沉的声音叫你的名字，你会不会大吃一惊呢？而叫别人的名字，你不会吃惊，为什么？

我们可以多向计算机学习，不要起分别心，不过就是一串数字或一串声波罢了。如同《金刚经》所说：“若见诸相非相，即见如来。”大家细细体会这个无言可说的智慧吧。

我们尽力做事，不要执着结果，只有不执着结果，才会尽力做事。“他”或“她”或“它”从来就不是你的，哪有什么失去呢？唯有不“患得患失”，才会积极地面对人生。还是《金刚经》讲得好：“一切有为法，如梦幻泡影，如露亦如电，应作如是观。”

习题 2

习题 2.1：请改写 2.2.1 节中的#<程序 2.2：改进后的二-十进制转换> Python 程序，用递归的方法完成进制转换。

习题 2.2：编写 Python 程序，完成十-二进制的小数转换。输入是一个十进制的小数，例如输入“123”，代表小数 0.123，输出是一个二进制的小数。假设精确度最高是 8 位。

习题 2.3：在#<程序 2.4：整数的十-二进制转换-递归>中，为什么 return 的值是 dec_to_bin(x)+[remainder]，而不是[remainder]+ dec_to_bin(x)？

习题 2.4：请写 Python 程序，完成 b-十进制的实数转换。b 是任意小于或等于 10 并且大于或等于 2 的数。输入是一个带小数点的 b 进制数，输出是一个十进制的实数。

习题 2.5：请写 Python 程序，完成十-b 进制的实数转换。b 是任意小于或等于 10 并且大于或等于 2 的数。输入是一个带小数点的十进制数，输出是一个 b 进制的实数。

习题 2.6：请写 Python 程序，实现实数的“三位一并法”与“四位一并法”。输入一个八进制小数。输出有两个，首先用“三位一并法”将输入的八进制数转换成二进制实数，并且输出。然后用“四位一并法”将得到的二进制实数转换为十六进制数，并且输出。例如输入八进制实数 16.71，首先输出 001110.111001，然后输出 E.E4；又如输入 2.04，首先输出 010.000100，然后输出十六进制的 2.1。

习题 2.7：请写 Python 程序，输入 x、y 是十进制的正数或负数，介于 $-64 \sim 63$，输出是 $z=x+y$。首先转换 x、y 成为 8 位的二进制数，进行加法运算 $x+y$，然后留下 8 位元转为十进制数 z。例如 $x=-2$，$y=3$，首先 x 变成 11111110，y 变成 00000011，$x+y=$ 100000001，保留 8 位。输出+1。

习题 2.8：假设现在有两个 8 位浮点数 x 和 y，它们的加法如何实现？提示：首先要对齐它们的小数点。

习题 2.9：请写 Python 程序，输入是任意一个二进制数 x，输出是 x 作为补码时对应的真值的十进制数。假设计算机表达的位数就是 x 的位数。

习题 2.10：写一个 Python 程序，输入十进制无符号整数 x 和位数 y。如果在 y 位能表示的范围内，输出是二进制 $-x$ 的补码；如果超过表示范围，请输出 False。例如 $x=10$，$y=4$，输出 False；又例如 $x=8$，$y=4$，输出 1000。

习题 2.11：请写 Python 程序，把十进制实数转换为二进制浮点数的存储格式。输入是一个十进制浮点数，输出是一个 8 位二进制浮点数，无法表达的尾数部分可以直接舍弃。例如输入 $(91.75)_2$，输出是 $(01110110)_2$，即为二进制数 $(01011000)_2$。

习题 2.12：正常情况下，三种逻辑运算的优先级是“非＞或＝与”，设 $A=1, B=0, C=0$，请计算 $S_1=A \vee \neg B \wedge C$ 和 $S_2=A \vee (\neg B) \wedge C$ 的值。

假设三种逻辑运算的优先级是“与＞非＞或”，S_1 和 S_2 的值分别是多少？

习题 2.13：有一个硬件单元，它有 3 个输入 A、B 和 C，有两个输出 D 和 E，它的真值表如下：

A	B	C	D	E
0	0	0	0	0
0	0	1	1	1
0	1	0	1	1
0	1	1	0	1
1	0	0	1	0
1	0	1	0	0
1	1	0	0	0
1	1	1	1	1

请根据这个真值表写出它的内部逻辑算式，$D=$？ $E=$？

习题 2.14：优化下列逻辑算式：

(1) $L=BC+ABC+\bar{A}BC$；

(2) $L=AE+\bar{A}C+C\bar{E}$；

(3) $L=AB+\bar{A}\bar{E}+B\bar{E}$。

习题 2.15：请写 Python 程序，输出逻辑算式 $ABC+A\bar{B}\bar{C}+\bar{A}B\bar{C}+\bar{A}\bar{B}C$ 的真值表。可以不用输入，输出是 8 行二进制整数，每一行是 4 个二进制数，前三个分别是 A、B、C 的取值，最后一个是对应的运算结果。

习题 2.16：*请写 Python 程序，输出逻辑算式的真值表。输入是一个有 n 个逻辑变量的逻辑算式，输出是 2^n 行二进制整数，每一行是 $n+1$ 个二进制整数，前 n 个分别是 n 个逻辑变量的取值，最后一个是对应的运算结果。

习题 2.17：为什么这个程序的结果是错误的？例如计算 11+1111，下面的程序算出来的是 11110，而正确的结果应该是 10010。

```
#<程序：全加器>
def FA(a,b,c): # Full Adder
    carry = (a and b) or (b and c) or (a and c)
    sum = (a and b and c) or (a and (not b) and (not c)) \
        or ((not a) and b and (not c)) or ((not a) and (not b) and c)
    return carry, sum
def add_2(x,y,c = False): # x, y are lists of True or False, c is True or False
    # return carry and a list of x + y
    if len(x) == 0: return c,y
    if len(y) == 0: return c,x
    x1 = x[0:len(x) - 1]; y1 = y[0:len(y) - 1]
    c1, s1 = FA(x[len(x) - 1],y[len(y) - 1],c)
    carry, S_list = add_2(x1,y1,c1)
    return(carry, S_list + [s1])
```

习题 2.18：*你认为涟波进位加法器的优缺点分别是什么？你有什么好办法克服它的缺点吗？

习题 2.19：一天老师出了一道求解未知数的题目：$2x^2-16x+30=0$。阿呆上课不认真听讲，解不出来，于是他想到找他新认识的外星人朋友帮忙，外星人朋友很快就做出来了

(这个外星人有 8 根手指头,所以他们采用的是八进制)。但是第二天阿呆却被老师骂了,你们知道阿呆的答案是多少吗?

习题 2.20:计算机里如何表示汉字、字母?请列出 3 类常见的编码。

习题 2.21:设 $X=11010011$,如何提取出它的第 1、3、5、7 位的值(提取的结果应是 01010001)?

习题 2.22:计算机为什么要采用二进制?一定要使用二进制吗?请给出理由。

第3章 程序是如何执行的

本章讲授程序是如何在计算机里执行的，极为重要。一个计算系统至少包含了 CPU 和主存（Main Memory，或称为内存）。CPU 是做运算的，主存是储存程序和变量（Variables）的。本章首先详细解释一行行的程序被 CPU 读后，如何控制 CPU 的运算和指示 CPU 去读写在主存中的变量；然后解释函数调用是如何执行的，其中涉及一些重要概念，那就是返回地址、局部变量、全局变量和栈的管理；接着介绍几种最常用的程序语言 C、C++、Java 和它们特性的比较；最后在讲述对计算机程序的领悟时，我们用非常有趣的"猜数字"例子讲述什么是人工智能（其实智能是程序计算出来的）。本章的这些知识对程序编写、编译器、操作系统、信息安全中蠕虫病毒的理解至关重要。

本书作者提供一个精心研发的汇编语言模拟器供教学使用，叫作 SEAL。学生可利用此工具来设计和执行汇编语言程序，与本章内容密切配合，更充分地理解本章内容。此工具可以从前言中列出的清华大学出版社官方网站下载。

3.1 引例

程序员编写的程序（如 Python、C、C++ 等）并不是计算机硬件可以直接识别的形式，计算机只能识别二进制的机器语言。本节就来探索一条程序语句在计算机中的执行过程。

程序的执行会牵扯到 CPU 和主存。如图 3-1 所示，计算机中有两个核心部件，分别是 CPU 和主存。CPU 是做运算的，主存存储程序和相关的变量，每一条程序语句和每一个变量在内存中都有相应的内存地址。

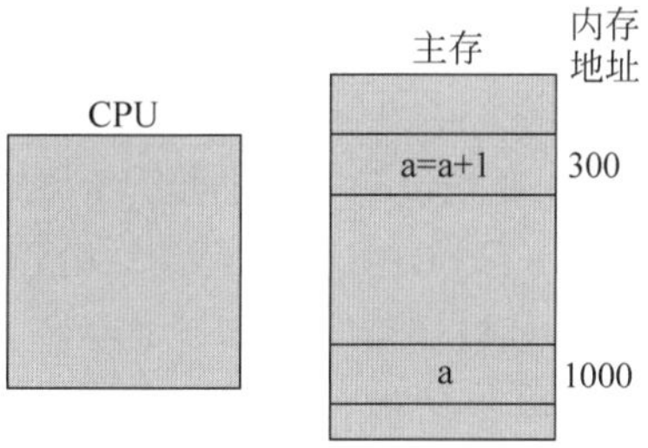

CPU
主存
内存地址
a=a+1
300
a
1000

图 3-1 计算机执行 a=a+1 语句

现在以下面一个简单的程序为例。在这个程序中只有一条语句 a=a+1。大家看到这种带有"="等号的语句时，要将"="号左边和右边分开来分析。a=a+1 这句的意思是：将等号右边的 a+1 计算出，然后将值赋给等号左边的变量 a。等号右边的 a 是指变量 a 所存的值，而等号左边的 a 是指变量的位置。

接下来分析它是如何执行的。

第一，CPU 先要读程序，从地址 300 处读取指令到 CPU 中，经过 CPU 的分析，CPU 知道接下来将要做的动作(也就是接下来的第二步);第二,CPU 会从地址 1000 处读变量 a 的值;第三,CPU 把这个值加 1;第四,CPU 将加 1 后的结果存回到地址 1000 处的 a。

3.2 a=a+1 的执行过程

其实,a=a+1 不是只有一个指令,它包含了数个基本指令。在本节,通过循序渐进的讲解,大家就会更清楚 a=a+1 的执行过程。

3.2.1 分解 a=a+1 的执行步骤

a=a+1 的执行可以分为三步。首先是 CPU 从主存中读取 a,接着 CPU 对 a 执行加 1 操作,最后 CPU 将运算后的结果存回主存。

如图 3-2 所示,主存中就会存储三条指令,依次是"读取 a 到 R""R 加 1""将 R 存回 a"。CPU 中有通用寄存器(Register)R 来存储变量 a。

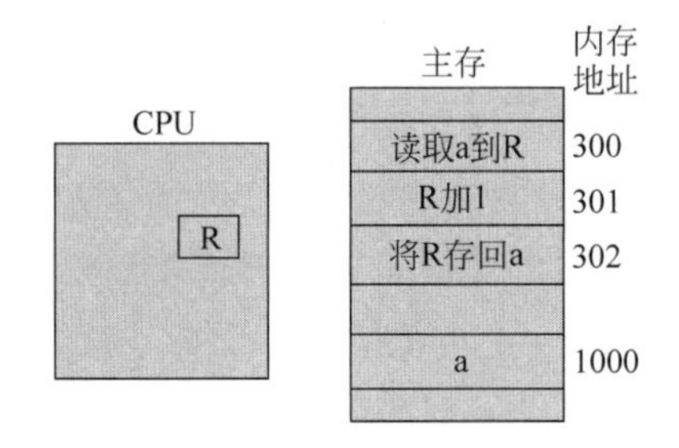

图 3-2 分解 a=a+1 执行步骤

CPU 读取变量 a 后,先存到寄存器 R 中。寄存器是 CPU 内的存储单元,是有限存储容量的高速存储部件。每一种类的 CPU 的寄存器的个数和使用会有少许的不同,但是每一个 CPU 都会有通用寄存器来给程序使用,编号 R1~R32 代表有 32 个通用寄存器。我们在运算 a=a+1 时,首先要把变量 a 读取到某一个寄存器 R,然后 CPU 再对寄存器 R 中的值进行运算。运算完成之后,CPU 才会将值存回主存。现在很多 CPU 不能直接对内存做运算,必须要先读到寄存器里,然后在寄存器上做运算,运算完后,再把结果存回内存里。

第一步,CPU 从地址 300 处读取第一条语句,CPU 执行"读取 a 到 R"语句,就会从地址 1000 处读取变量 a 的值到寄存器 R 中;

第二步,CPU 从地址 301 处读取第二条语句,执行"R 加 1"语句,CPU 会对 R 执行加 1 的操作;

第三步,CPU 再从地址 302 处读取第三条语句,执行"将 R 存回 a"语句,就把寄存器 R 中变量 a 的值存回主存中地址 1000 处。

3.2.2 CPU 中的核心部件

执行 a=a+1 时,讲到 CPU 需要从主存中相应地址处读取语句。这一节会解释以下问题:CPU 如何知道语句的地址?从主存中读取的语句存放在哪里?CPU 是怎样完成加法运算的?

如图 3-3 所示，CPU 中有寄存器 R、PC、IR、ALU 这些部件。现在我们来细看 CPU 中的这几个核心部件。

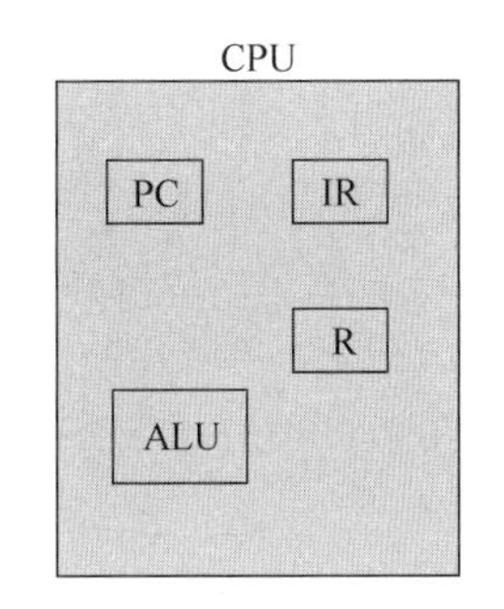

图 3-3　CPU 的核心部件

语句地址的存储——程序计数器(Program Counter，PC)

程序计数器 PC 是一个"特殊"寄存器部件。在计算机执行程序时，PC 始终指向主存中的某条指令语句(即该条语句在主存的地址)。CPU 就是读取 PC 所指向的那条指令来执行。

在顺序执行程序语句时，PC 通过顺序加 1(对 32 位 CPU，一个指令要占用 4 字节，所以其实是加 4；对 64 位 CPU，是加 8)自动指向下一条将要执行的程序语句。对于一些控制结构语句，如 if、for、while 等控制结构，程序的执行将会分叉，这时 PC 的值就不只是顺序加 1 来指向下一条程序语句。在 3.3 节会讲到更多细节。

CPU 中存储程序语句——指令寄存器(Instruction Register，IR)

指令寄存器 IR 也是个特殊寄存器，它被用来存放从主存中读取的程序指令。CPU 从主存中读取程序指令到 IR 之后，由特定的部件来解读这条程序指令，并执行相应的操作。

执行运算——算术逻辑单元(Arithmetic Logic Unit，ALU)

ALU 是处理器中进行真实运算的部件。执行程序指令时，CPU 把寄存器中的值输入 ALU 中，ALU 做完运算后把结果存回寄存器。

介绍了 CPU 中的核心部件后，我们就知道了 CPU 的主要作用。

3.2.3　汇编指令的概念

为了便于理解程序执行的精髓，本章设计了几条 CPU 常用的"汇编指令"，来表达 CPU 的操作。实际的 CPU 中有各自的汇编指令集，功能强大而复杂。

在 a＝a＋1 之前再加入另一条程序语句 a＝10，也就是先给变量 a 赋值，然后让 a 加 1。即

```
a = 10
a = a + 1
```

现在计算机顺序执行"a＝10，a＝a＋1"语句，CPU 需要做以下几个操作，即"R 赋值""将 R 存回 a""读取 a 到 R""R 加 1"和"将 R 存回 a"。分别用下面几条指令来表示每个操作。

1. "读取 a 到 R"操作——load 指令

程序语句中的"读取 a 到 R"，表示 CPU 将变量 a 读取到寄存器 R 中。设计指令 load 表示"读取 a 到 R"操作，那么 load 指令中需要有两个"操作数"，一个操作数是变量 a 的地址，另一个操作数是存储的寄存器。

格式：load R1，(address)

> **小明**："操作数"是什么意思？
>
> **阿珍**：汇编指令由"操作码"和"操作数"组成。操作码是指令执行的基本动作。在 load R1，(address)指令中，load 是操作码，其后的寄存器 R1 和(address)都是操作数。操作码的英文叫作 operator，操作数的英文叫作 operand。

注：address 是内存地址，(address)表示这个地址内存储的值。

【例 3-1】 load R1，(1000)

该指令表示，将主存地址 1000 处的变量值读取到寄存器 R1 中。如图 3-4 中箭头所示是 load 指令执行的操作。(address)也可以用一个寄存器值加上一个偏移量(十六进制的常数)来表示，例如 load R1，04h(R2)。假设 R2 的值是 996，那就是将主存地址 996＋4＝1000 处的值读取到寄存器 R1 中。

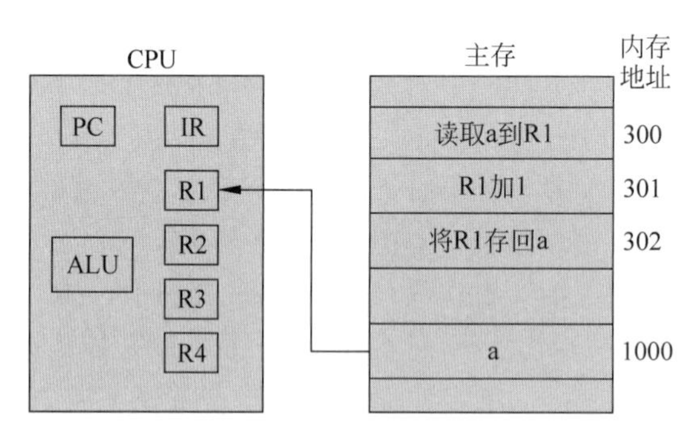

图 3-4　load 指令

2. “R 赋值”操作——mov 指令

程序语句中的“R 赋值”，表示给寄存器 R 赋一个值。设计指令 mov 来完成“R 赋值”操作，那么 mov 指令中需要有两个操作数，一个操作数是赋给的值；另一个操作数是寄存器。

格式 1：mov R1，constant

注：mov 指令有两个操作数，前一个是寄存器，后一个是十六进制的常数。

【例 3-2】 mov R1，0Ah

该指令执行的操作，是将一个常数值 0Ah(十进制的 10)赋给寄存器 R1。

我们希望，mov 指令还可以把一个寄存器中的值赋给另一个寄存器，那么 mov 指令的两个操作数都是寄存器。

格式 2：mov R2，R1

注：mov 指令有两个寄存器操作数。

该指令执行的操作，是将后一个寄存器 R1 中的值赋给寄存器 R2 中。

3. “R 加 1”操作——add 指令

程序语句中的“R 加 1”，表示将寄存器 R 的值加 1。设计指令 add 来完成“R 加 1”操作，那么 add 指令中需要有三个操作数，一个操作数是与变量 R 相加的值，一个操作数是存储变量 R 的寄存器，还有一个操作数是存储运算结果的寄存器。

格式 1：add R2，R1，constant

注：add 指令有三个操作数，一个是常数，还有两个是寄存器，这两个寄存器中后一个是进行运算的寄存器，前一个是存储运算结果的寄存器。该指令表示 R2＝R1＋constant。

【例 3-3】 add R1，R1，01h

该指令表示将寄存器 R1 中的数值加 1，并将结果存回寄存器 R1。如果寄存器 R1 中的值最初是 06h，执行该指令后，寄存器 R1 中的值就为 07h。

我们希望，add 指令还可以把两个寄存器中的值相加，赋给另一个寄存器中的变量，那么 add 指令的三个操作数都是寄存器。

格式 2：add R1，R1，R2

注：add 指令有三个寄存器操作数。

该指令执行的操作，是将后两个寄存器 R1、R2 中的值相加，结果赋给寄存器 R1，也就是 R1=R1+R2。

4. 减法指令 sub

同 add 指令的格式一样。"sub R2，R1，constant"代表了 R2 = R1 − constant，"sub R3，R1，R2"代表了 R3=R1−R2。

5. 左移位指令 shiftl

"shiftl R3，R1，05h"代表寄存器 R1 的二进制数左移 5 位，移出的那 5 位填 0，再将最终值存入 R3。05h 也可以用一个寄存器表示，例如，"shiftl R3，R1，R2"代表 R1 的二进制值向左移(R2)位数，存入 R3。左移指令就相当于将 R1 做乘法。R1 左移一位，R1 值就相当于乘 2，R1 左移 2 位，R1 值就相当于乘 4。

6. 右移位指令 shiftr

向右移位，移完后的那些最高位填 0。

7. "将 R 存回 a"操作——store 指令

程序语句中的"存回"，表示 CPU 将寄存器 R 中的值存回主存中。设计指令 store 表示"存回 R"操作，那么 store 指令中需要有两个操作数，一个操作数是寄存器 R；另一个操作数是要存回的地址 a。

格式：store (address)，R1

注：address 是内存地址，(address) 表示要存回的地址，R1 是寄存器。也就是 (address)=R1。

【例 3-4】 store (500)，R1

该指令表示将寄存器 R1 中的值存回主存地址 500 处。(address)也可以用一个寄存器值加上一个偏移量(十六进制的常数)来表示，例如 store 04h(R2)，R1。假设 R2 的值是 496，那就是将 R1 的值存回主存地址 496+4=500 处。

小明：程序执行时，为什么 CPU 先把变量读取到寄存器中，再转移到 ALU 中进行运算，而不是直接把变量读取到 ALU 中进行运算呢？

沙老师：因为 CPU 和主存之间的数据读写速度远远比 CPU 与寄存器之间的速度慢。CPU 寄存器的读写只要 1 个单位时间，而对主存的读写可能要高达 50 个单位时间。如果每次 ALU 运算的输入都要从主存读取，那就要花很长的时间了。用寄存器保存了程序执行时的中间运算结果，执行多次快速 ALU 运算后，再将结果存回内存中，这样会比每次运算都从内存来输入输出要快得多。

3.2.4 a=a+1 的完整执行过程

为了让计算机执行"a=10，a=a+1"程序语句，用几条汇编指令来指示 CPU 的操作。先把"a=10，a=a+1"这两条程序语句用相应的汇编指令来表示，汇编指令的执行步骤如下。

(1) 程序开始执行时，变量 a 存储在主存地址 1000 处。a=10，a=a+1 程序语句有五条汇编指令，从地址 301 处开始顺序存储每条指令。程序开始执行时，PC 指向汇编程序的首地址 301 处。

(2) 如图 3-5 所示,CPU 从地址 301 处开始执行,PC 值为 301,CPU 从地址 301 处读取 mov 指令到 IR,解读并执行 mov 指令,给寄存器 R1 中的变量 a 赋初值 10,然后 PC 加 1,指向下一条汇编指令。

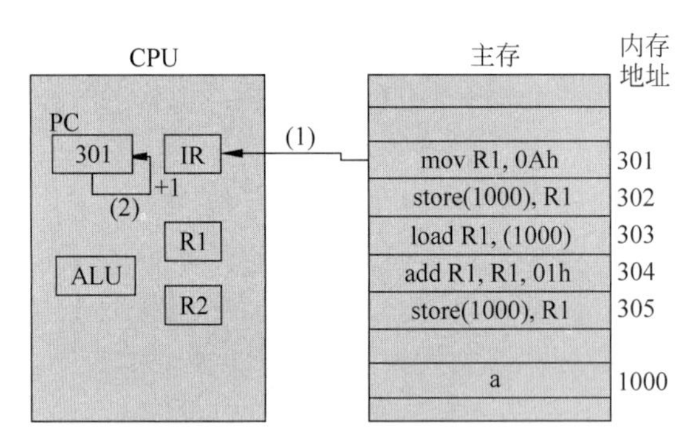

图 3-5　mov 指令的执行

(注:图中的 CPU 和主存是实际的计算机部件的简单示意图。计算机的 CPU 中通常有 32 个寄存器,为简单起见,此处只画出 R1、R2 这两个寄存器)

(3) 如图 3-6 所示,PC 值为 302,CPU 从地址 302 处读取 store 指令到 IR,解读并执行 store 指令,将寄存器 R1 中变量 a 的值存回主存地址 1000 处,然后 PC 加 1,指向下一条汇编指令。

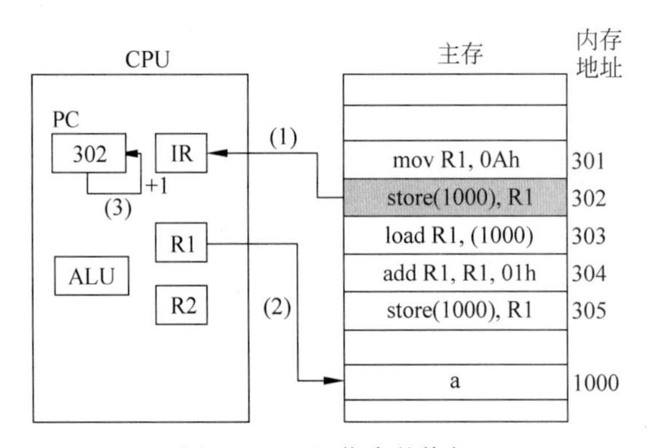

图 3-6　store 指令的执行

(4) 执行 load 指令,如图 3-4 所示,之后 PC 指向 add 指令。如图 3-7 所示,PC 值为 304,CPU 从地址 304 处读取 add 指令到 IR,解读并执行 add 指令,将寄存器 R1 中变量 a 的值加 1,并将结果再存回寄存器 R1,然后 PC 加 1,指向下一条汇编指令。

小明:好像第三个语句的 store 和第四个语句的 load 是可以去掉的,是吗?

沙老师:没错。从高阶语言转换为低阶的汇编语言,这个过程是由一个程序叫作编译器来完成的。编译器会做进一步的优化,将这两个语句去掉。

(5) 执行 store 指令,同图 3-6,该指令把寄存器 R1 中变量 a 加 1 后的值存回主存地址 1000 处。

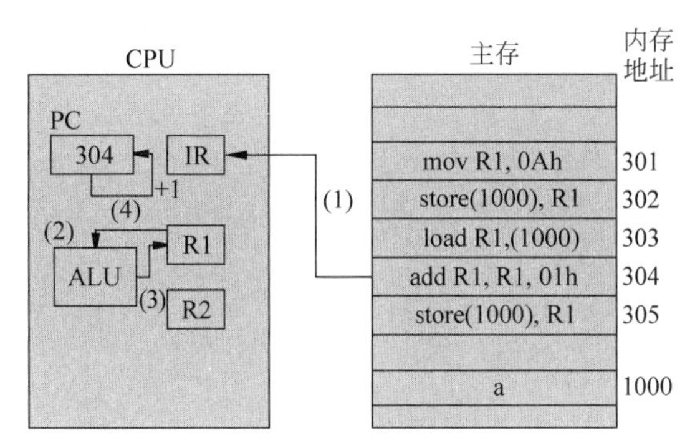

图 3-7　执行 add 指令

小结

本节探索了“a＝10，a＝a＋1”这种简单赋值语句在计算机中是如何执行的。首先，我们描述出计算机执行这些程序时，CPU 需要做哪些操作。但计算机并不理解我们的描述，所以 CPU 设计者就设计了相应的“汇编指令”来指示 CPU 的操作。简单起见，我们并没有使用真实的某一种计算机体系下的汇编指令集，而是设计了可以表达相似功能的指令来为大家讲述基本概念。通过使用汇编指令，告诉 CPU 要进行的工作，从而正确地执行程序。

练习题 3.2.1：CPU 执行程序语句 a＝20 时，基本的操作是什么？

练习题 3.2.2：指令“load R2，(1200)”执行的操作是什么？

练习题 3.2.3：用 shiftl 指令将 R1 值乘以 10h(十进制的 16)，存入 R3。

练习题 3.2.4：用 shiftl 和 add 指令将 R1 值乘以 0ch(十进制的 12)，存入 R3。add 指令用的越少越好。

练习题 3.2.5：假设变量 x 在主存地址 600 处，变量 y 在主存地址 604 处。请写出“x＝x－y”的汇编程序。

练习题 3.2.6：对于向右移指令 shiftr，我们是将移完后的那些位元填 0，但是普通 CPU 还有一个向右移的指令，它是填上原来的最高位值，也就是原来的最高位是 1，右移后所有的新位元就填 1，原来的最高位是 0，右移后就填 0。这个指令叫“算数右移”，请问这个指令的作用是什么？

提示：*可能和负数的表示有关。*

练习题 3.2.7：假设变量 x 存储在主存地址 600 处，执行完下列汇编指令后，地址 600 处存储的数据是多少？

```
load  R1, (600)
mov  R1, 09h
store  (600), R1
```

3.3　控制结构的执行

要解决一个问题，一定会用到控制语句，会用到一些分支判断的程序语句，如 if-else 语句、for 循环、while 循环等。那么这些语句的执行逻辑是怎样的呢？本节我们来探索控制结构的执行过程，首先学习 if-else 选择语句在计算机中是怎样执行的。

3.3.1 if-else 选择语句

不同的程序语言定义了不同的 if-else 选择、for 循环等控制结构的表达形式。但是 if-else、for 语句的执行逻辑是不变的。

如图 3-8 所示是 if-else 选择语句的简化形式。

if-else 的执行逻辑是：先判断 if 后面的表达式，如果表达式成立，则执行语句块 A，否则就执行语句块 B。在图 3-8 中，如果 x 小于 y，则执行语句块 A，否则执行语句块 B。if-else 选择语句，只选择其中一个语句块来执行，之后执行 if-else 结构后面的语句块。

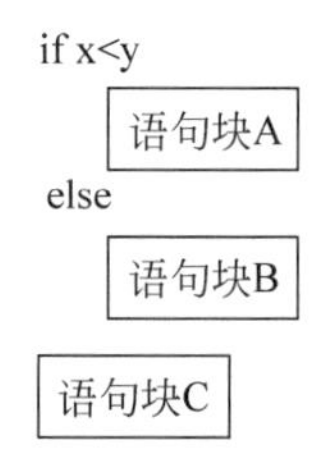

图 3-8　if-else 选择语句的简化表达

那么，我们怎么把 if-else 的执行逻辑告诉计算机呢？

首先，我们需要比较 x 和 y 的大小，由一条语句"比较 x 是否小于 y"来告诉 CPU 应该进行判断操作。

接下来，CPU 应该保存这个比较结果，根据比较结果，产生以下两种执行的情况。其一，选择顺序执行语句块 A，执行完 A 的所有语句后直接跳转到语句块 C；其二，不执行语句块 A，而是选择跳转到语句块 B，执行完 B 的所有语句后，顺序执行语句块 C。

> **小明**："直接跳转到语句块 C"和"选择跳转到语句块 B"，这两个"跳转"操作有什么区别？
>
> **阿珍**："直接跳转到语句块 C"表示必须跳转到语句块 C；"选择跳转到语句块 B"表示 CPU 先做判断工作，根据这个判断的结果，来选择是否要跳转到语句块 B。

3.3.2 分支跳转指令

我们用自己的语言描述了 CPU 在执行 if-else 选择语句时的操作。现在需要新增几条汇编指令，来指示 CPU 执行的操作。本节将介绍"比较 x 是否小于 y""选择跳转到语句块 B"操作如何用相应的汇编指令来表示。

1. "比较 x 是否小于 y"——slt 指令

我们设计指令 slt 来告诉 CPU 进行比较操作，slt 需要三个操作数，后两个操作数依次是存储变量 x 和变量 y 的寄存器，另一个寄存器用来保存比较结果。

格式 1：slt R4，R1，R2

该指令执行的操作，即比较寄存器 R1 中的数值是否小于 R2 中的数值，如果小于，则将寄存器 R4 置 1，否则置 0。

我们还希望 slt 能够比较寄存器中的变量和一个数值的大小。那么 slt 的后两个操作数分别是保存变量的寄存器、常数值，而另一个寄存器用来保存比较结果。

格式 2：slt R4，R1，constant

该指令执行的操作，即比较寄存器 R1 和常数值 constant，如果 R1 中的数值小于 constant，则寄存器 R4 置 1，否则置 0。

【例 3-5】 slt R4, R1, 0Ah

该指令表示,比较 R1 寄存器中的数值是否小于 0Ah(即十进制的 10),如果小于,则 R4 寄存器置 1,否则置 0。

2."判断小于或等于"——sle 指令

sle 和 slt 的格式完全一样。例如"sle R4, R1, constant",即比较寄存器 R1 和常数值 constant,如果 R1 中的数值小于或等于 constant,则寄存器 R4 置 1,否则置 0。

3."选择跳转到语句块"操作——beqz 指令

CPU 已经将比较的结果保存到寄存器,接下来,CPU 根据寄存器中的值(0 或 1)来判断执行哪一个语句块。指令 beqz 来查看寄存器中的值是否为 0。如果为 0,CPU 将不再按顺序执行下一条语句,而是跳转到另一个语句块。对于将要跳转到的语句块,我们可以用一个"标签(Label)"来标记。beqz 需要两个操作数,前一个操作数是存储比较结果的寄存器,另一个寄存器是一个标签。

这里 beqz 代表了 branch if equals zero 的意思。

格式:beqz R4, label

注:"标签"术语第一次在本书中提及,汇编程序中有些指令块用标签 label1、label2 等标记,执行时就可以根据条件跳转,或者直接跳转到这些指令块处执行。beqz 指令是根据条件来跳转的指令。它有两个操作数,一个是保存比较结果寄存器;另一个是标签。

【例 3-6】 beqz R4, label2

该指令表示,如果寄存器 R4 中的数值为零,则跳转到标签 label2 标记的指令块处。

4."直接跳转到语句块"操作——goto 指令

格式:goto label

注:beqz 指令是根据条件来选择是否跳转,goto 指令是告诉 CPU 进行直接跳转的指令。它只有一个操作数,即"标签"label。

执行操作:跳转到标签 label 标记的指令处。

【例 3-7】 goto label3

表示跳转到标签 label3 标记的指令处执行。

3.3.3 if-else 选择语句的执行

现在,我们把 if-else 选择语句翻译为汇编指令。在前个小节的 if-else 结构中,我们用到两个变量 x 和 y 在 if x<y 中。假定已经把 x 和 y 分别读取到寄存器 R1 和 R2 中。用汇编指令表示 CPU 在执行 if-else 选择语句时的操作,如图 3-9 所示。

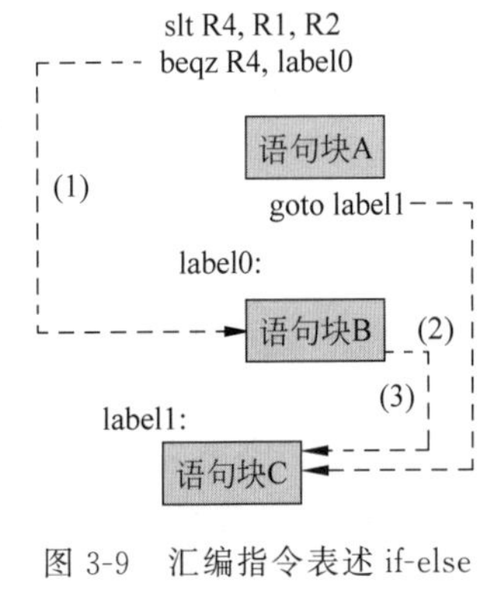

图 3-9 汇编指令表述 if-else 的执行

slt 指令比较 x 和 y 的大小,如果 x 小于 y,则寄存器 R4 置 1,否则置 0;

beqz 指令判断 R4 的值,根据 R4 是否为 0,有两种执行情况。

其一,R4 为 1,即 x 小于 y,则顺序执行语句块 A,也就是程序中 if 之后的语句。执行完语句块 A 的所有语句后,会执行 goto 指令,直接跳转到语句块 C,如图 3-9 中虚线(2)所示。

其二,R4 为 0,即 x 不小于 y,则跳转到语句块 B 执行,也就是程序中 else 之后的语句,如图 3-9 中虚线(1)所示。执行完语句块 B 中的所有语句后,顺序执行语句块 C,如图 3-9 中虚线(3)所示。

现在我们来细看 if-else 选择语句的执行过程。

(1) 我们假定,if-else 选择语句翻译后的汇编指令从地址 304 处开始存储在主存,所使用到的变量 x 和 y 已经从主存地址 1000、1001 处分别读取到寄存器 R1 和 R2 中。

(2) 如图 3-10 所示,执行 slt 指令,CPU 先将 slt 指令读取到指令寄存器 IR,进行解读。之后 CPU 将寄存器 R1 和寄存器 R2 中的数值转移到 ALU 中。对于比较运算,ALU 通过对两个数值做减法来判断。最终将比较的结果存回到寄存器 R4 中。PC 加 1,指向下一条指令 beqz。

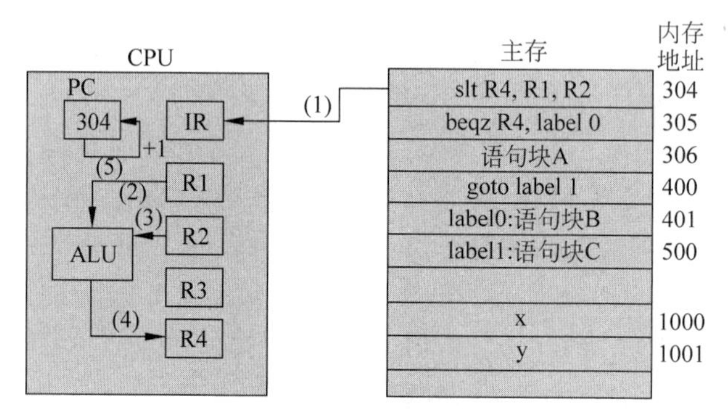

图 3-10 执行 slt 指令

(3) 如图 3-11 所示,执行 beqz 指令,CPU 先将 beqz 指令读取到指令寄存器 IR,进行解读,之后 CPU 判断寄存器 R4 的值。

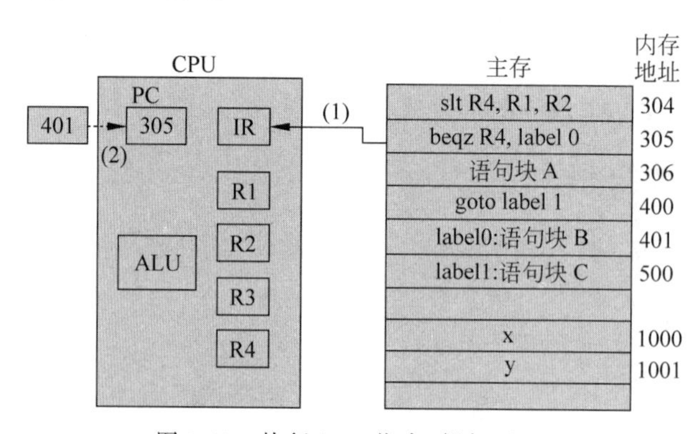

图 3-11 执行 beqz 指令,假如 x≥y

(4) 变量 x 和 y 有两种大小关系,若 x 不小于 y(x≥y),CPU 将按照下面的步骤(5)和步骤(6)执行。否则,按照步骤(7)~(9)执行。

(5) 当 x≥y 时 R4 中值为 0,则跳转到 label 0 处执行。如图 3-11 中虚线(2)所示,PC 值变为 401,指向 label 0 处,即语句块 B 的第一条语句。

(6) 执行完语句块 B 中的所有语句后，结束 if-else 选择语句。此后 PC 值为 500，顺序执行语句块 C。

(7) 当 $x<y$ 时，R4 是 1，执行 beqz 指令，不跳转到 label0 处执行，而是顺序执行语句块 A 的第一条语句。这时 PC 的值为 306，指向语句块 A 的第一条语句。

(8) 执行至语句块 A 的最后一条语句时，PC 值为 400，指向 goto 指令。

(9) 如图 3-12 所示，CPU 执行 goto 指令，跳转到 label1。如图 3-12 中虚线(2)所示，PC 值变为 500，直接执行语句块 C，结束 if-else 选择语句。

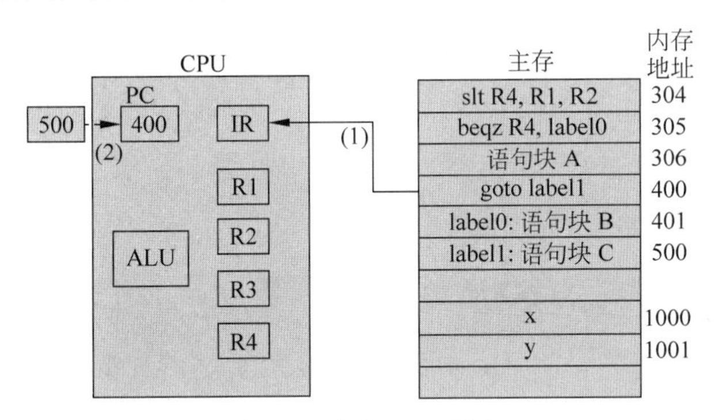

图 3-12　执行 goto 指令

3.3.4　while 循环语句的执行

if-else 选择语句能够使我们选择执行某一个语句块，接下来，我们需要考虑如何重复执行语句。我们希望计算机能够重复执行某一个语句块。

在程序设计语言中，通常有两种循环控制结构，即 while 循环和 for 循环。我们先来了解一下 while 循环的执行逻辑。

基本 while 语句

if-else 选择语句根据表达式的真与假来选择其中一个语句块执行。我们需要计算机循环执行某一个语句块，而循环都需要有一个终止条件，那么，我们也可以根据表达式的真与假，来决定是否终止。如果表达式的值为假，我们就终止执行，否则继续重复执行。

图 3-13 是一个 while 循环的例子。我们通过这个例子来了解 while 循环的执行过程，如下：

(1) 比较变量 x 和 y 的大小，如果 x 小于 y，则执行语句块 A，否则执行语句块 B。

(2) 重复判断变量 x 是否小于 y，如果小于，则重复执行语句块 A。直到变量 x 不再小于 y，此时不执行语句块 A，而是结束 while 循环，执行语句块 B。

while x<y
　　语句块A
语句块B

图 3-13　while 循环结构的例子

汇编指令描述 while 语句的执行

下面我们来看一下，用汇编指令如何表述 while 循环的执行逻辑。

如图 3-14 所示，假定变量 x 和 y 已经分别读取到寄存器 R1 和 R2 中。我们将计算机执行 while 循环语句时 CPU 需要做的操作翻译为汇编指令，如图 3-14 所示。

此后，CPU 将执行图 3-14 所示的汇编指令。步骤如下。

(1) CPU 执行 slt 指令,比较寄存器中的变量 x 和 y 的大小,并将比较结果保存到寄存器 R4 中。如果 x 小于 y,则 R4 置 1,否则置 0。

(2) CPU 执行 beqz 指令,如果 R4 中值为 0(就是 R1 不小于 R2),就跳转到步骤(5)。否则,R4=1(即 R1 小于 R2),则不跳转,顺序执行步骤(3)。

(3) CPU 顺序执行下一条语句,也就是语句块 A 中的第一条语句,并顺序执行完语句块 A 中的所有语句。

(4) CPU 执行 goto 指令,执行后的结果是跳转到 slt 指令,如图虚线(1)所示。即跳转到步骤(1)。

(5) 结束 while 循环结构。跳转到 label0 处,执行语句块 B,如图虚线(2)所示。

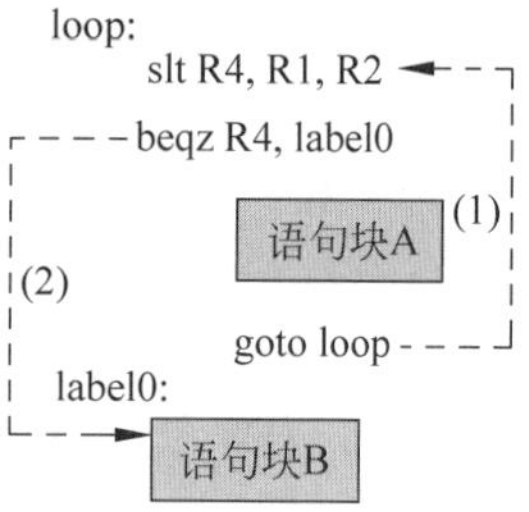

```
loop:
    slt R4, R1, R2
    beqz R4, label0
        语句块A        (1)
(2)
    goto loop
label0:
    语句块B
```

图 3-14 用汇编指令表述 while 循环的执行

(注:完整的汇编指令还应该包括,将变量 x 和 y 分别读取到寄存器 R1、R2 中并赋值的操作,之后变量 x 和 y 就分别有了初值)

3.3.5 for 循环语句的执行

编写程序时,for 循环很常用。通常,for 循环是用来告诉计算机要重复执行语句块达到多少次,但是一些程序语言,如 Python 中的 for 循环有时也不需要在程序中表示需要执行的次数。

1. 基本 for 循环结构

不同的程序语言中,定义了不同的 for 循环语句形式,但 for 循环的执行逻辑却是大同小异。如图 3-15 所示为 for 循环语句的基本形式。通常,for 循环语句会有一个变量 i 来控制循环次数,每执行一次语句块,变量 i 的值会做相应的变化。假定需要循环执行 10 次,变量 i 取初值 0,执行语句块 A。之后变量 i 取值 1,执行语句块 A。接下来变量 i 取值 2,重复执行语句块 A,直到变量 i 的值不再小于 10,就不再重复执行语句块 A,而是终止 for 循环,即执行语句块 B。

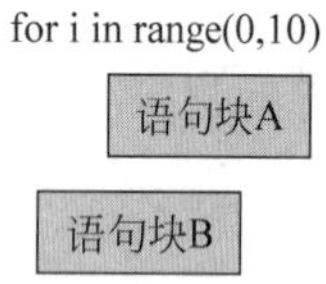

```
for i in range(0,10)
    语句块A
语句块B
```

图 3-15 基本 for 循环结构

(注:语句“for i in range(0,10)”表示 $0 \leqslant i < 10$,i 取值 0,1,2,…,9)

现在,我们来细看 for 循环结构的执行逻辑。

(1) 我们有一个变量 i 来记录循环次数,先决定一个寄存器来代表 i。

(2) 给变量 i 赋一个初值。

(3) 比较变量 i 是否小于设定的常数,如果小于,则执行步骤(4),否则跳转到步骤(5)。

(4) 执行语句块 A。然后变量 i 加 1,之后直接跳转到步骤(3)。

(5) 结束 for 循环。执行语句块 B。

沙老师:虽然 while 循环可以取代 for 循环,但是 for 循环比较明白易懂,所以“遍历”就用 for 循环,能用 for 循环就用 for 循环,尤其是 Python 更要多用 for 循环。另外,while 循环的条件语句可繁可简。当 while 循环的条件语句太复杂时,请把这个条件语句用函数来表示,会比较清楚。

2. for 循环执行过程

下面,我们也用汇编指令的形式表达出 CPU 执行 for 循环语句时应该做的动作,如图 3-16 所示。

(1) CPU 执行 slt 指令,比较寄存器 R1 中的变量 i 和 10 的大小,并将比较结果保存到寄存器 R4。如果 i 小于 10,则 R4 置 1,否则置 0。

(2) CPU 执行 beqz 指令,如果寄存器 R4 中值为 1,则顺序执行步骤(3),否则跳转到 label0,如图 3-16 虚线(2)所示。

(3) CPU 执行语句块 A 的第一条指令。之后,CPU 顺序执行完语句块 A 的所有语句。

(4) CPU 执行 add 指令,给寄存器 R1 中的变量 i 加 1。

(5) CPU 执行 goto 指令,执行后的结果是跳转到 slt 指令,如图虚线(1)所示,即跳转到步骤(1)。

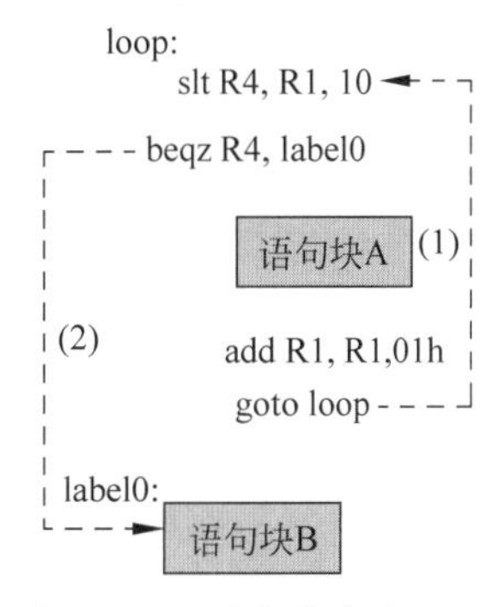

图 3-16　汇编指令表述 for 循环的执行

其实,for 循环的执行过程和 while 循环很相似。在图 3-14 中,while 循环的语句块 A 中通常也有一条语句来更改循环变量 x 的值,否则变量 x 一直保持初值,就一直小于 10,那么就会一直执行语句块 A,这就是常说的“死循环”。

沙老师:其实在汇编语言里跳转指令中的 label 并不是绝对地址。例如“goto X”,在真实的指令集里这些 X 是相对于现在指令地址的正负偏移量。**CPU 要算出目标地址就是 PC=PC+偏移量 X**。各位把我下面这句话记下来,这非常重要:CPU 执行两种计算:第一,地址的计算;第二,程序中变量的计算。地址的计算隐藏在程序执行后面,是 CPU 一直在做的计算,你们不可不知道啊!

在 Python 中,for 循环和 while 循环里面可以出现 break 语句,只要碰到 break 语句,就马上跳出循环。后面还可以跟着 else 语句,假如跳出循环的原因是因为碰到了 break 而跳出,循环后的 else 就不会执行;假如是正常离开循环,else 后面的程序块就会执行。详情请参阅第 4 章的 Python 介绍。

小结

本节逐步探索了 if-else 选择语句、while 循环语句、for 循环语句在计算机中的执行过程。我们还是先描述出计算机执行这些程序时 CPU 需要执行的操作,然后用相应的汇编指令来表示这些操作。在本小节,我们又添加了 slt、goto label、beqz R label 这些指令来表示 CPU 执行的操作。执行程序时,CPU 总是一条一条地取指令,解读,最后执行相应的操作。程序的执行,就是 CPU 不断取指令、执行指令的过程。

3.4　关于 Python 的函数调用

我们已经学习了基本语句 a=a+1 和控制结构语句(if-else 选择语句、while 循环语句、for 循环语句)的执行过程,下一步我们就要探索函数调用在计算机中的执行过程了。在此之前,我们需要了解什么是函数,什么是函数调用,函数调用中的一些变量的作用范围等。本小节,我们将初步了解到 Python 中函数调用的相关内容。

3.4.1 函数的基本概念

回顾一下高中数学中的函数。在数学中,假设要实现 $z+xy^2$ 这个计算。对于乘法计算,定义一个函数 $f(x, y)=xy^2$,它有两个参数 x 和 y。计算 xy^2 后得到一个值,作为函数的返回值,赋给 $f(x,y)$。这样就可以用 $z+f(x, y)$来表示上面的运算,对于 $f(x, y)$ 运算,将会调用到已经定义的函数 $f(x, y)=xy^2$。

可以看到,数学中的函数有参数,有返回值,需要先定义,后调用。另外,还可以多处调用。也就是说,一旦定义了函数 $f(x, y)=xy^2$,我们在后面用到式子 xy^2 时,都可以用 $f(x, y)$代替,即所说的“多次调用”。

程序语言中的函数和数学中的函数的基本概念是相似的。程序语言中的函数也有参数和返回值,以及定义与调用。我们稍后将会看到,程序中的函数,就是将一些程序语句结合在一起的部件,通过多次调用,函数可以不止一次地在程序中运行。那么程序中使用函数会有什么好处呢?

第一,将大问题分成许多小问题。函数可以将程序分成多个子程序段,程序员可以独立编写各个子程序,实现了程序开发流程的分解。每个函数实现特定的功能,我们可以针对这个函数来撰写程序。

第二,便于检测错误。一个函数写好之后,我们会验证其实现的正确性。程序是由多个函数组成的。我们确定了每一个函数是正确后,总程序出错的可能性就会降低。另外函数的代码量小,也便于检测错误。

小明:有没有什么程序是不用函数的?

沙老师:有意义的程序都会用函数。我想一个程序的结果总要输出吧!不管是输出到屏幕或硬盘的文件系统,都要调用 I/O 输出函数,例如 print 函数。操作系统提供了这类函数供程序来调用。操作系统的功能之一就是提供一大堆的系统函数来“服务”程序。为了安全,程序不能直接使用 I/O 硬件,一定要请求操作系统的服务,让操作系统来使用 I/O 硬件。我们在操作系统的章节会做解释的。

第三,实现“封装”和“重用”。封装的意思是隐蔽细节。例如函数 GCD(x, y)是返回 x 和 y 的最大公约数。“封装”的特点体现在,对于各个求两数的最大公约数 GCD 的操作,都只需要传递两个参数 x 和 y 给函数 GCD,函数 GCD 会返回相应的结果,而不必关注 GCD 操作的具体实现。“重用”的特点体现在,各个程序都可以直接调用已经写好的 GCD 函数来实现最大公约数的计算,而不用重复编写代码。一个写好的函数,可以被多次调用,这种“重用”提高了程序的开发效率。

第四,便于维护。每一个函数都必须要有清楚的界面和注释,包含了功能、输入的参数、返回值的解释等。让人知道怎样调用这个函数。只要函数的界面不变,被调用函数的细节改变是不会影响全局的。

小明：函数真的这么有用啊？

沙老师：函数是非常有用的。一个好的编程的诀窍是：先从上而下，再从下而上。从上而下(Top-Down)决定了架构，要编写哪些函数和每一个函数的功能。再从下而上(Bottom-Up)，编写和检错每一个函数。这样程序就编成了。一个程序的美丑基本上就看你的程序是怎么分工、怎么定义和怎么使用函数了。

3.4.2 Python 函数入门

对于计算 $z+xy^2$，数学中用函数表达如下：

(1) 函数定义：$f(x, y)=xy^2$。

(2) 参数为 x 和 y。

(3) 返回值是 xy^2 的结果。

(4) 调用方式为 $z+f(a, b)$，a 和 b 是分别传递给函数 f 的具体数值。

Python 函数表达如下。

(1) 函数定义

```
def f(x, y):
    return x * y * y
```

Python 函数的定义由关键字 def 开始，后面跟上函数名和括号，括号里面是函数的参数，接着是冒号，最后就是函数体的内容。Python 函数定义的语法形式如下：

```
def 函数名(参数 1,参数 2, …):
    函数体
```

(2) 在上面定义的函数 f 中，参数也有两个，即 x 和 y，这些参数是函数 f 的“局部变量”，也就是它们的生命范围只限制在这个函数中(“局部变量”“全局变量”的相关概念，我们在后面会进行更详细的讲解)。调用函数 f 时，会传递实际的值赋给函数 f 的参数。每一个函数中都可以有 0 个、1 个或更多个参数，相邻参数之间用逗号隔开。形式如下：

```
参数 1,参数 2,参数 3, …
```

(3) 函数 f 中有一个关键字 return，其后跟的值就是本函数将返回的值，即“返回值”。假设函数 f0 调用函数 f，return 语句是将被调用的函数 f 的计算结果返回给调用 f 的函数 f0 中的变量。return 关键字后面可以是一个数值，也可以为一个表达式，在执行 return 语句后函数结束。一个函数可能有多条 return 语句，执行到第一条 return 语句时将结束函数。形式如下：

```
return 返回值或者表达式
```

如果进行调用的函数 f0 不需要被调函数 f 返回结果，那么被调函数就不需要 return 语句，即没有返回值。当然，Python 中的被调函数还可以返回多个值。

(4) 调用方式为“c=f(a, b)”。其中，a 和 b 是传递给函数 f 的值。比如，在函数 f0 中有这样一条语句“c=f(3, 2)”，3 和 2 就是函数 f0 传递给函数 f 的两个参数，即在 f 函数中的局部变量 x 和 y 的值分别被设为 3 和 2。之后执行函数 f,计算 3×2×2 的结果并返回,返回的值赋给函数 f0 的变量 c。进行函数调用时,函数 f0 称为“主调函数”,而函数 f 称为“被调函数”。调用语句形式如下:

```
主调函数中的变量 = 被调函数名(参数 1,实数 2, … )
```

```
#<程序: 计算 4 + 3 * 2² >
def f(x, y):
    return x * y * y
#主函数部分
c = 4 + f(3, 2)
print (c)
```

在计算 $4+3\times2^2$ 时,使用 Python 函数的示例#<程序:计算 $4+3*2^2$ >。运行示例程序,将会输出结果 16。

3.4.3 局部变量与全局变量

在函数中出现的变量,可以分为局部变量和全局变量。先记下这条规则:在函数中假如没有 global 语句,所有在等号左边出现的变量以及参数都是“局部变量(Local variables)”,它只能被这个函数访问,而不能被其他函数访问。在有些程序中,还有“嵌套函数”,嵌套函数是指在函数中再定义函数,但本书不使用这个功能,所以本书不谈“嵌套函数”。在本书中的变量就是两层,一层在函数内,一层在函数外,在函数之外被赋值的变量是“全局变量(Global variables)”。我们把局部变量搞清楚后,那些在函数中出现的变量,不是局部变量,就是全局变量。需要注意的是,在 Python 中,非函数和类里写的变量都是全局变量。

先来看这样一个例子#<程序:打印局部变量 a 和全局变量 a>。

```
#<程序: 打印局部变量 a 和全局变量 a>
a = 10                          #函数外
def func():
    a = 20                      #函数内,局部变量的赋值,不会改变全局变量
    print(a)                    #函数内
func()
print(a)                        #函数外的 a
```

这里,func()函数里面和外面的变量名是一样的,都为 a,但输出结果却是不同的。a=10 语句中的变量 a 是函数外被赋值的变量,它为这个文件的全局变量,而 func()函数中 a=20 语句中的变量 a,是在 func()函数中被赋值的(在等号左边),就是局部变量。外部的变量 a 和 func()函数内部的变量 a 是不同的变量,只是拥有相同的变量名而已。所以,前面的例子将会输出 20 和 10。

判断函数内部的变量 a 是否为局部变量的方法:①不出现在 global 语句里面;②出现在函数参数中,或者出现在函数语句的等号左边。

在前面这个例子中,如果在函数中使用 global 语句来声明变量 a,那么这个变量 a 就是

全局变量 a，如#<程序：关键字 global 引用全局变量>所示。

```
#<程序：关键字 global 引用全局变量>
a = 10
def func():
    global a                    #宣告这个是全局变量
    a = 20
    print(a)
func()
print(a)
```

global 语句包含了关键字 global，后面跟着一个或多个用逗号分开的变量名。

在这个例子中，global 语句后跟着变量 a，表明该函数内使用的变量 a 是全局的。所以，func()函数中的 a=20 语句会修改全局变量 a 的值，程序会输出 20 和 20。

然而，在不使用 global 语句声明某变量是全局时，如果这个变量出现在函数语句的等号左边，那么它就是局部变量。请看例子#<程序：a，b，c 是否为局部变量？>。

```
#<程序：a, b, c 是否为局部变量?>
b,c = 2,4
def g_func():
    a = b * c                   #a 是局部变量
    d = a                       #d 是局部变量，其他都是全局变量
    print(a,d)
g_func()
print(b,c)
>>>                             #输出结果
8 8
2 4
```

这里的函数 g_func()中，变量 a 和 d 是局部变量，因为它们没有被声明为 global 且出现在等号左边。变量 b 和 c 是全局变量，尽管它们没有被声明为 global，但是它们不是函数的参数，且只是出现函数中语句的等号右边。

练习题 3.4.1：运行下面这个程序，将会输出什么？在 g-func()函数中哪些是局部变量？

```
b, c = 2, 4
def g_func(d):
    global a
    a = d * c
g_func(b)
print(a)
```

练习题 3.4.2：运行下面这个程序，将会输出什么？

```
a = 10
def func():
    x = a
```

```
    print(x)
func()
print(a)
```


练习题 3.4.3：变量 a,b 是否为局部变量？再分析这个程序会输出什么？

```
a = 10
def func(b):
    c = a + b
    print(c)
func(1)
```

接下来,为加深理解,我们给出一个更复杂的 Python 程序#<程序：四则运算例子>。

```
#<程序：四则运算例子>
def do_div(a, b):
    c = a/b                       #a, b, c 都是 do_div()函数中的局部变量
    print (c)
    return c
def do_mul(a, b):
    global c
    c = a * b                     #a, b 是 do_mul()函数的局部变量,c 是全局变量
    print (c)
    return c
def do_sub(a, b):
    c = a - b                     #a, b, c 都是 do_sub()函数中的局部变量
    c = do_mul(c, c)
    c = do_div(c, 2)
    print (c)
    return c
def do_add(a, b):                 #参数 a 和 b 是 do_add()函数中的局部变量
    global c
    c = a + b                     #全局变量 c,修改了 c 的值
    c = do_sub(c, 1)              #再次修改了全局变量 c 的值
    print (c)
#所有函数外先执行:
a = 3                             #全局变量 a
b = 2                             #全局变量 b
c = 1                             #全局变量 c
do_add(a, b)                      #全局变量 a 和 b 作为参数传递给 do_add()函数
print (c)                         #全局变量 c
```

输出的结果是 16, 8, 8, 8, 8。我们来分析一下这个程序的执行过程。

(1) 调用 do_add()函数,将全局变量 a 和 b 传递给 do_add()函数。

(2) do_add()函数中,声明了全局变量 c。全局变量 c 的值改为 5。调用了 do_sub()函数,将全局变量 c 和数字 1 传递给 do_sub()函数,并将 do_sub()函数的结果返回给全局变量 c,即再次修改了 c 的值。

(3) do_sub()函数将参数 a 和 b 做减法,并将减法结果赋值给局部变量 c,此时局部变

量 c 的值为 4。注意，此时全局变量 c 的值仍为 5。调用 do_mul()函数，将局部变量 c 的值（为 4）传递给 do_mul()函数。

（4）do_mul()函数声明了全局变量 c，并将参数 a 和 b 相乘的结果赋值全局变量 c，全局变量 c 的值变为 16。打印出本程序的第一个结果，即 16。然后将结果返回给 do_sub()函数的局部变量 c。也就是说，do_sub()函数里的局部变量 c 的值不再是 4，而是 16。

（5）调用 do_div()函数，并将局部变量 c 的值（为 16）和数字 2 传递给 do_div()函数。do_div()函数将参数 a 和 b 相除的结果赋值给局部变量 c，局部变量 c 的值为 8。注意，此时全局变量 c 的值仍为 16。打印出本程序的第二个结果，即局部变量 c 的值 8。然后将局部变量 c 的值 8 返回给 do_sub()函数的局部变量 c。

（6）调用 do_div()函数的过程结束，程序返回到 do_sub()函数，打印出本程序的第三个结果，即 do_sub()函数的局部变量 c 的值 8。

（7）调用 do_sub()函数的过程结束，并将 do_sub()函数的局部变量 c 的值 8 返回到 do_add()函数中，赋给全局变量 c。打印出本程序的第四个结果，即全局变量 c 的值 8。

（8）调用 do_add()函数的过程结束，程序返回，打印出本程序的第五个结果，即全局变量 c 的值 8。

所以，程序最终输出的结果依次为 16，8，8，8，8。

> **沙老师**："global a"语句的目的是让全局变量 a 出现在函数里被赋值改变！这是不美的编程方法。函数应该像是一个黑盒子，它只有参数的输入和 return 的输出，细节过程是被隐蔽的。这个黑盒子不应该偷偷地改变了外部的全局变量。大家尽量不要用 global 语句，好吗？

上面这个程序是函数调用中稍微复杂的情形，并且用了 global 语句来声明全局变量。如果把 global 语句放在不同的函数中，输出结果会发生什么变化呢？

练习题 3.4.4：修改前面的程序，去掉 do_add()函数中的"global c"语句，分析程序将会输出什么？

练习题 3.4.5：执行下面的程序会出现什么错误？

```
#<程序：参数 a 能成为 global>
    a = 10
    def func(a):
        global a
        a = 20
        print (a)
    func(a)
    print (a)
```

练习题 3.4.6：结合下面的程序，思考一下，如果 func()函数中的某个等号左边和右边出现一个同样的变量名，如同下一个程序，为什么会出现错误？

```
local variable 'a' referenced before assignment.
```

```
#<程序: 打印变量 a>
a = 10
def func():
    a = a + 10
    print(a)
func()
print(a)
```

提示：Python 语句中，首先决定出现在等号左边的 a 为局部变量，然后运算右边的 a+10，而这时 a 是没有值的。

关于局部变量和全局变量的更多细节，本小节就不过多讲解。如果大家遇到了这些问题，可以进行进一步的探索。如果有同学对 Python 中内置的_builtin_模块或者嵌套函数的使用感兴趣，也可以查阅资料，进行深入的学习。

小结

在本小节，我们先简单介绍了程序中的函数是什么，Python 函数的基本特点，以及函数的定义、调用、参数传递等。我们重点讲解了 Python 函数中的局部变量，当一个变量不出现在 global 语句里面，且出现在函数参数中，或者出现在函数语句的等号左边时，才能够被称为本函数的局部变量。其实，我们很少用到 global 语句，因为这样会在某一个函数中修改全局变量，对其他函数来说是隐藏的，可能会引起程序出错。局部变量、全局变量的概念对我们编写程序起着极其重要的作用。

3.5 函数调用过程的分析

在 3.4 节，我们了解了 Python 函数调用的相关内容，下面我们继续探索函数调用在计算机中的执行过程。在分析函数调用过程之前，我们先讲一下“栈(Stack)”的基础知识。

栈是一种非常重要的数据结构，它按照先进后出的原则存储数据，即先进入的数据被压入栈底，最后的数据在栈顶，需要取数据的时候从栈顶开始弹出数据。所以它的特色是“先进后出”或“后进先出”。

栈的特别之处在于，我们只能从一端放数据和取数据，就像一个桶一样，只能从桶口放东西和取东西。图 3-17(a)表示在栈中没有数据，此时栈底和栈顶指向同一个位置；将数据 1 放入栈中，执行压入(push)操作，如图 3-17(b)所示，1 被放入栈中，栈顶向上移；将数据 5 放入栈中，执行压入(push)操作，如图 3-17(c)所示，5 被放入栈中，栈顶向上移。

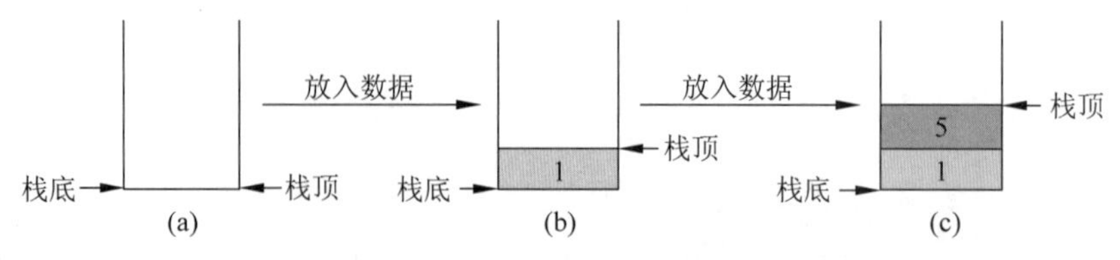

图 3-17 一个栈连续放入数据的过程

图 3-17 所示为连续放入数据的过程，下面我们来看从栈中取数据的过程。如图 3-18 所示为初始状态，有 3 个数据存在栈中；执行一次取数据(pop)操作，则在最顶上的数据 8 被弹出，得到数据 8，此时栈中的情况如图 3-18(b)所示；继续执行一次取数据(pop)操作，在最顶上的数据 5 被弹出，得到数据 5，此时栈中的情况如图 3-18(c)所示。总之，栈的基本操作就是 push 和 pop。

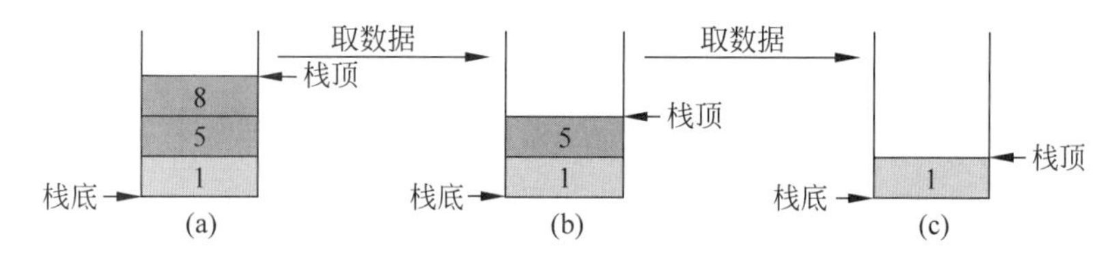

图 3-18　一个栈连续取数据的过程

由于栈的这种特殊的结构，在我们计算机科学中有着非常广泛的应用。例如给定一个单词 stack，想要把这个单词中的字母翻转，应用栈是很容易实现的，只需要将 s，t，a，c，k 这 5 个字母依次存入栈中，然后再取出就可以得到 k，c，a，t，s 了。

沙老师：用编程来解决问题时，我们常用的一些数据结构包含了数组(Array)、栈(Stack)、队列(Queue)、树(Tree)、图(Graph)等。Stack 是后进先出，Queue 是先进先出。有趣的是计算机里 Stack 用得多，而在人类社会里 Queue 用得多。想想我们在排队时，假如用 Stack 的方式，最后进的人最先得到服务，会怎么样？

小明：那也不错，大家都礼让别人，“抢着”做最后一个。

3.5.1　返回地址的存储

通过前面的学习，我们知道当执行一条指令时，总是根据 PC 中存放的指令地址，将指令由内存取到指令寄存器 IR 中。程序在执行时按顺序依次执行每一条语句，即执行完一条语句后，继续执行该语句的下一条语句。因此，PC 每次都通过加 1 来指向下一条将要执行的程序语句。

但也有一些例外，遇到这些例外情况时，不按顺序依次执行程序中的语句。这些例外如下。

(1) 调用函数；

(2) 函数调用后的返回；

(3) 控制结构，比如 if、for、while 等。

在本小节中，我们主要讲解函数调用及函数调用后的返回。

首先要明白一个基本概念：主调函数和被调函数。主调函数是指调用其他函数的函数；被调函数是指被其他函数调用的函数。一个函数很可能既调用别的函数，又被另外的函数调用。如图 3-19 所示的函数调用中，fun0 函数调用 fun1 函数，fun0 函数就是主调函数，fun1 函数就是被调函数。fun1 函数又调用 fun2 函数，此时 fun1 函数就是主调函数，fun2 函数就是被调函数。

发生函数调用时，程序会跳转到被调函数的第一条语句，然后按顺序依次执行被调函数中的语句。函数调用后返回时，程序会返回到主调函数中调用函数的语句的后一条语句继续执行。换句话说也就是“从哪里离开，就回到哪里”。

例如，图 3-19 中的函数调用执行顺序如下。

(1) fun0 函数从函数的第一条语句开始执行，然后调用 fun1 函数，程序跳转到 fun1 函数的第一条语句，顺序执行 fun1 函数中的语句；

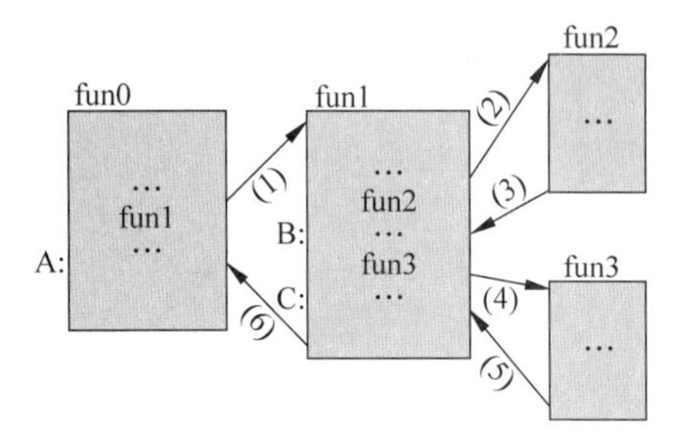

图 3-19　函数调用

(2) fun1 函数调用 fun2 函数，程序跳转到 fun2 函数的第一条语句，然后按顺序执行 fun2 函数；

(3) fun2 函数执行完后，返回到 fun1 函数，继续执行 fun1 函数中“调用 fun2 函数语句”的下一条语句。在图中我们将 B 标示在该条语句旁边，表示该条语句的地址为 B。返回后按顺序执行 fun1 函数后面的语句；

(4) fun1 函数调用 fun3 函数，程序跳转到 fun3 函数的第一条语句，然后按顺序执行完 fun3 函数；

(5) fun3 函数执行完后，返回到 fun1 函数，继续执行 fun1 函数中“调用 fun3 函数语句”的下一条语句。在图中我们将 C 标示在该条语句旁边，表示该条语句的地址为 C。返回后按顺序执行 fun1 函数后面的语句；

(6) fun1 函数执行完后，返回到 fun0 函数，继续执行 fun0 函数中“调用 fun1 函数语句”的下一条语句。在图中我们将 A 标示在该条语句旁边，表示该条语句的地址为 A。返回后按顺序执行 fun0 函数后面的语句。执行步骤与图 3-19 中(1)～(6)一一对应。

我们在看具体的函数时，很容易看出发生函数调用时会跳转到哪一条语句，也很容易看出函数返回时会返回到哪一条语句。但是，这是因为我们是作为一个“局外人”来看，我们可以纵观整个程序。而 CPU 执行程序时，并不知道整个程序的执行步骤是怎样的，完全是“走一步，看一步”。前面我们提到过，CPU 都是根据 PC 中存放的指令地址找到要执行的语句。函数返回时，是“从哪里离开，就回到哪里”。但是当函数要从被调函数中返回时，PC 怎么知道调用时是从哪里离开的呢？

答案就是——将函数的“返回地址”保存起来。

因为在发生函数调用时的 PC 值是知道的。在主调函数中的函数调用的下一条语句的地址即为当前 PC 值加 1，也就是函数返回时需要的“返回地址”。我们只需将该返回地址保存起来，在被调函数执行完成、要返回主调函数中时，将返回地址送到 PC。这样，程序就可以往下继续执行了。

我们要合理地管理返回地址。观察函数调用及返回过程可发现，函数调用的特点是：越早被调用的函数，越晚返回。比如 fun1 函数比 fun2 函数先被调用，fun1 函数比 fun2 函数后返回；fun1 函数比 fun3 函数先被调用，fun1 函数比 fun3 函数后返回。这一特点刚好满足“后进先出”的要求，因此我们采用“栈”来保存返回地址。栈的基本操作就是压入和弹出。“压入 a”就是存放 a 在栈顶上；“弹出”就是将栈顶的值取出来，而后栈中就少了一个数据了。

图 3-20 给出了保存返回地址的过程。在图 3-19 中，调用过程(1)发生时，需要压入保存返回地址 A，栈的状态如图 3-20 中(a)所示；调用过程(2)发生时，需要压入保存返回地址

B,栈的状态如图 3-20 中(b)所示；返回过程(3)发生时,需要弹出返回地址 B,栈的状态如图 3-20 中(c)所示；调用过程(4)发生时,需要压入保存返回地址 C,栈的状态如图 3-20 中(d)所示；返回过程(5)发生时,需要弹出返回地址 C,栈的状态如图 3-20 中(e)所示；返回过程(6)发生时,需要弹出返回地址 A,此时栈被清空,图中未画出具体情况。所以函数调用时系统用栈来管理。

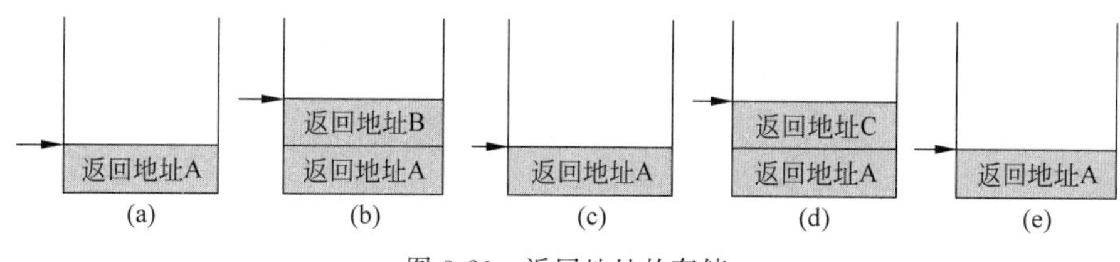

图 3-20 返回地址的存储

3.5.2 函数调用时栈的管理

事实上,函数的局部变量也是和返回地址绑定在一起用栈来管理。在本小节中,我们先为大家讲解局部变量的存储情况。

局部变量

我们用图 3-21 中的函数调用的例子来讨论变量的存储情况。

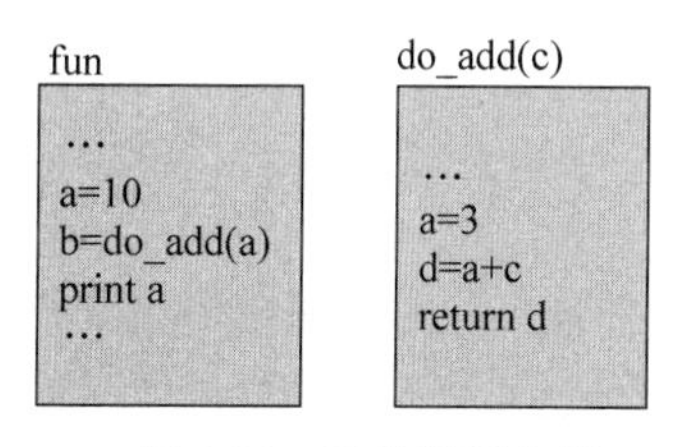

图 3-21 函数调用实例

在图 3-21 的函数中,fun 函数要调用 do_add()函数。fun 函数里有变量 a,a 的值为 10；在 do_add()函数里也有变量 a,a 的值为 3。虽然这两个函数中的变量 a 有相同的名字,但显然两个函数中 a 的值是不同的。fun 函数里的变量 a 和 do_add()函数里的变量 a 是两个不同的变量,即这两个变量需要存放在不同的地方。

do_add()函数中的局部变量 a 只有在函数内才有意义；局部变量的存储一定是和函数的开始与结束息息相关的。局部变量与返回地址一样,也是存在栈里,当函数开始执行时,这个函数的局部变量在栈里被设立(压入),当函数结束时,这个函数的局部变量和返回地址都会被弹出。

参数传递

在图 3-21 的例子中,调用函数时有参数的传递。fun 函数调用 do_add()函数时,需将 fun 函数里变量 a 的值传递给 do_add()函数里的变量 c。那么 fun 函数是怎样把变量 a 的值传递给变量 c 的呢？事实上,在调用有参数传递的函数时,变量 c 也是 do_add()函数里的局部变量,该局部变量由 fun 函数里的变量 a 来初始化。比如 fun 函数里变量 a 的值为 10,当调用 do_add()函数时,局部变量 c 就复制变量 a 的值 10。因此,在 do_add()函数里局部变量 c 的初始值就为 10。

返回值

在 do_add()函数中,最后有一条返回语句“return d”。表明在执行完 do_add()函数后,需要将局部变量 d 的值传递给主调函数 fun 函数的变量 b。与参数传递同理,在传递返回值时,也是将局部变量 d 的值赋值给主调函数中的变量 b。我们讲过,局部变量只在函数内有意义,离开函数后该局部变量就失效。比如 do_add()函数里的局部变量 d,执行 do_add()函数时 d 是有意义的。但执行完 do_add()函数后,返回到 fun 函数中,do_add()函数里的局部变量 d 就失效了。因此在弹出 d 时需要用一个寄存器将返回值 d 保存起来,所以在外面的调用函数可以来读取这个值。

局部变量是在函数执行的时候才会存在。当函数结束后,这些局部变量就不存在了。如前所述,局部变量的调用和栈的操作模式"后进先出"的形式是相同的。这就是为什么返回地址是压入栈里,同样地,局部变量也会压到相对应的栈里面。当函数执行时,这个函数的每一个局部变量就会在栈里有一个空间。在栈中存放此函数的局部变量和返回地址的这一块区域叫作此函数的**栈帧(Frame)**。当此函数结束时,这一块栈帧就会被弹出。

接下来通过图 3-21 的例子来说明函数调用时这些信息的存储情况。图 3-22 展示了该例执行过程中栈的变化情况。

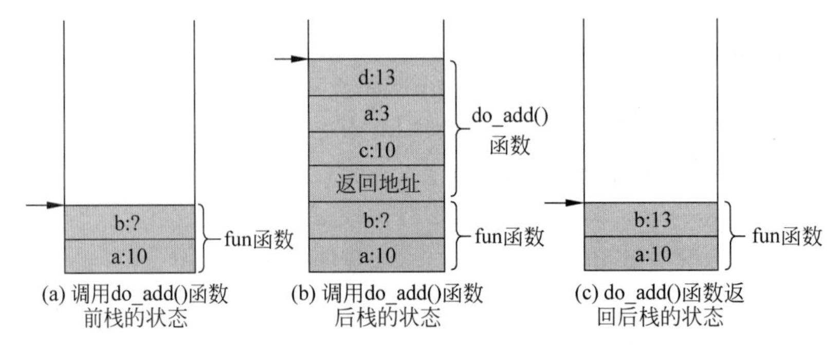

图 3-22 函数调用时栈的状态变化

在该例中,从函数 fun 开始执行(在函数 fun 之前,可能还有其他函数调用 fun,栈中也还存有其他数据,这里不详细讨论)。

(1) 调用 do_add()函数前执行的操作(该执行步骤中的(1)~(3)分别与图 3-22(a)、图 3-22(b)、图 3-22(c)中栈的状态一一对应)。

① fun 的局部变量 a 压入栈中,其值为 10;

② 局部变量 b 压入栈,由于 b 的值还未知,因此先为 b 预留出空间。

(2) 调用 do_add()函数时执行的操作。

① 返回地址压入栈中;

② 局部变量 c 的值 10 压入栈中。此处注意,c 是 do_add()函数中的局部变量,c 的值是通过复制 fun 函数中的局部变量 a 的值得到的;

③ 压入 do_add()函数中的局部变量 a,其值为 3;

④ 执行 a+c,其中 a=3,c=10,相加后得 d 的值为 13。

(3) do_add()函数返回时执行的操作。

① do_add()函数执行完后,依次弹出 do_add()函数的局部变量,由于需要将 d 的值返回,因此在弹出 d 时需要用一个寄存器将返回值 d 保存起来;

② 然后弹出返回地址,将返回地址传到 PC;

③ 返回到 fun 函数,fun 中的局部变量 b 的值即为 do_add()函数中的返回值 d,此时将寄存器中的值赋值给 b。

在将数据压入和弹出栈时，都需要用到栈顶的地址，因此需要将栈顶地址记录下来。在函数调用时，用一个寄存器将栈顶地址保存起来，称为栈顶指针 SP。另外还有一个帧指针 FP，用来指向栈中函数信息的底端。这样，栈就被分成了一段一段的空间，这样的一段空间我们就称为栈帧。

每个栈帧对应一次函数调用，在栈帧中存放了前面介绍的函数调用中的返回地址、局部变量值等。每次发生函数调用时，都会有一个栈帧被压入栈的最顶端；调用返回后，相应的栈帧便被弹出。当前正在执行的函数的栈帧总是处于栈的最顶端。

以图 3-19 中函数 fun1 依次调用 fun2 和 fun3 为例，图 3-23 中(a)～(d)为调用过程中栈空间的信息情况。首先在栈中将 fun1 函数的信息都存储起来，SP 与 FP 分别指向存储 fun1 信息的栈空间的顶端和底端，如图 3-23(a)所示；然后 fun1 函数调用 fun2 函数，在栈中将 fun2 函数的信息都存储起来，存储位置位于 fun1 函数的信息的顶部，SP 与 FP 分别指向存储 fun2 信息的栈空间的顶端和底端，如图 3-23(b)所示；fun2 函数执行完后，要返回到 fun1 函数中，fun2 函数的信息被弹出，SP 与 FP 分别指向存储 fun1 信息的栈空间的顶端和底端，如图 3-23(c)所示；fun1 函数又调用 fun3 函数，在栈中将 fun3 函数的信息都存储起来，存储位置位于 fun1 函数的信息的顶部，SP 与 FP 分别指向存储 fun3 信息的栈空间的顶端和底端，如图 3-23(d)所示；fun3 函数和 fun1 函数执行完后，也会分别返回，相应的信息会从栈中弹出，栈的状态未在图中画出。

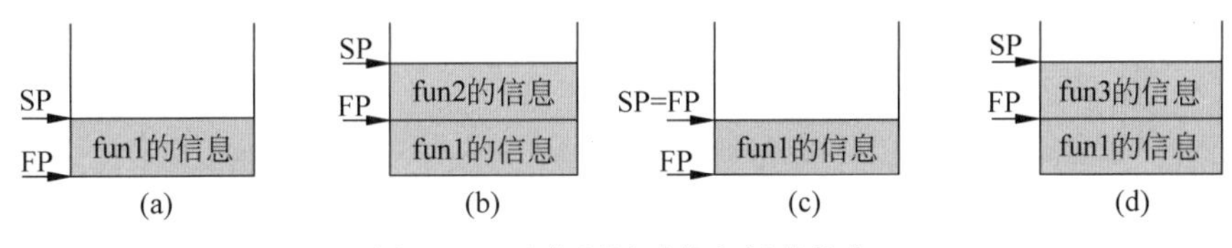

图 3-23　函数调用时栈空间的信息

由于函数调用时，要不断地将一些数据压入栈中，SP 的位置是不断变化的，而 FP 的位置相对于局部变量的位置是确定的，因此函数的局部变量的地址一般通过帧指针 FP 来计算，而非栈顶指针 SP。

综合前面所讲到的知识，可以总结出：一个函数调用过程就是将数据(包括参数和返回值)和控制信息(返回地址等)从一个函数传递到另一个函数。在执行被调函数的过程中，还要为被调函数的局部变量分配空间，在函数返回时释放这些空间。这些工作都是由栈来完成的，所传参数的地址可以简单地从 FP 算出来。图 3-24 展示了栈帧的通用结构。

为了使大家对函数调用时信息的存储了解得更加清晰，下面通过图 3-25 中递归函数的例子，将前面所讲的需要存储的信息综合在一起，来研究函数调用时对栈的管理。

在该例中，从函数 pre()开始执行(该执行步骤中的(1)～(5)分别与图 3-26 的(a)～(e)中栈的状态一一对应)。

(1) pre()函数调用 fac(1)函数前执行的操作。

① pre()的局部变量 m 压入栈中，其值为 1；

② 局部变量 f 压入栈，由于 f 的值还未知，因此先为 f 预留出空间。

(2) pre()函数调用 fac(1)函数时执行的操作。

① 返回地址压入栈中；

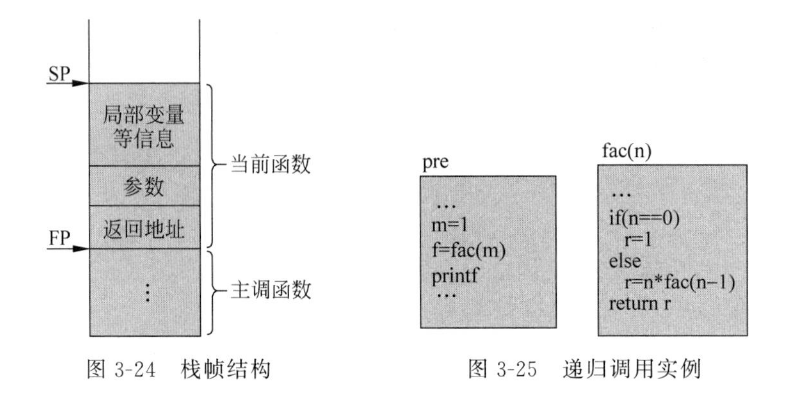

图 3-24 栈帧结构　　图 3-25 递归调用实例

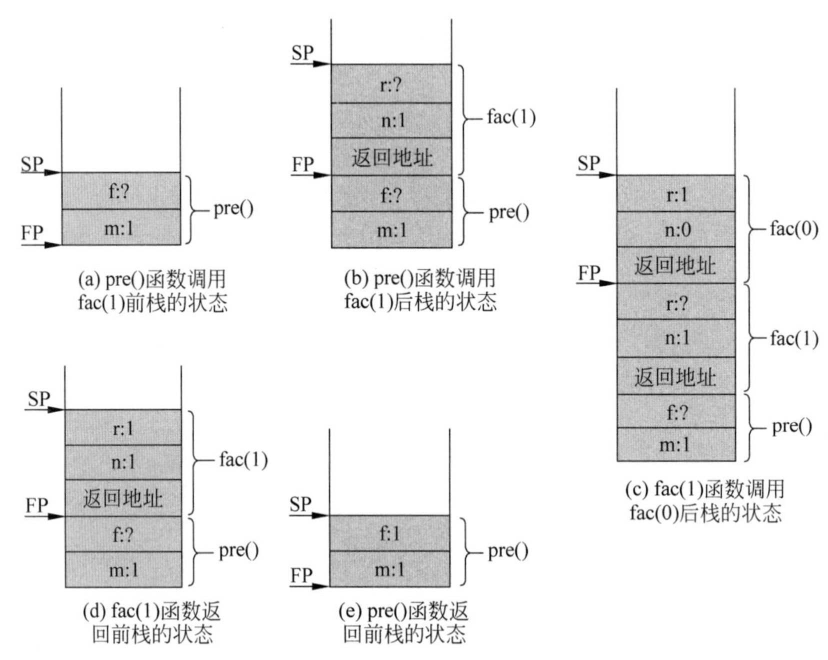

图 3-26 递归函数调用的栈示意图

② fac(1)的局部变量 n 压入栈中,其值为 1;

③ 局部变量 r 压入栈,由于 r 的值还未知,因此先为 r 预留出空间。

(3) fac(1)函数调用 fac(0)时执行的操作。

① 返回地址压入栈中;

② fac(0)的局部变量 n 压入栈中,其值为 0;

③ 此时递归达到了终止条件(n==0),结束递归,局部变量 r 压入栈,r 值为 1。

(4) fac(0)函数返回时执行的操作。

① fac(0)函数执行完后,依次弹出 fac(0)的局部变量。在弹出 r 时用一个寄存器将返回值 r 保存起来;

② 弹出返回地址,将返回地址传到 PC;

③ SP=FP,令 SP 指回 fac(1)栈帧的顶部,令 FP 指回 fac(1)栈帧的底部;

④ 继续执行 fac(1)函数,fac(1)中的局部变量 r 的值即为 fac(0)函数中的返回值乘

以 n。

(5) fac(1)函数返回时执行的操作。

① fac(1)函数执行完后,依次弹出 fac(1)的局部变量。在弹出 r 时用一个寄存器将返回值 r 保存起来;

② 弹出返回地址,将返回地址传到 PC;

③ SP=FP,令 SP 指回 pre()栈帧的顶部,令 FP 指回 pre()栈帧的底部;

④ 继续执行函数 pre(),pre()中的局部变量 f 的值即为 fac(1)函数中的返回值 r,此时将寄存器中的值赋值给 f。

各类微处理器对函数调用的处理方式会有所差异,同一体系结构中对不同语言的函数调用的处理方式也会有少许的差异。但通过栈存储局部变量和返回地址等信息,这一点是共同的。我们不需要对函数调用中的每一个执行的细节都了解清楚,大家只要对这个过程有一个初步的认识,知道每一次函数调用对应一个栈帧,栈帧中包含了返回地址、局部变量值等信息。还有一点需要注意,在本书中所用的 Python 语言属于解释性语言,Python 中发生函数调用时所建立的栈不是编译时建立的(像 C 语言等是在编译时就建好了栈),是在有需要的时候再建立的。

我们用一个因数分解的 Python 程序,来讲解 Python 程序运行时栈的建立过程。这个例子是用递归的方式来调用函数。

```
#<程序: 因数分解> Print all the prime factors (>=2) of x. By Edwin Sha
import math                    #为了要调用平方根函数,此函数在 math 包里
def factors(x):                #找到 x 的因数
    y = int(math.sqrt(x))
    for i in range(2,y+1):     #检查从 2 到 x 的平方根是否为 x 的因数
        if (x % i == 0):       #发现 i 是 x 的因数
            print("Factor:",i);
            factors(x//i)      #递归调用自己,参数变小是 x//i
            break              #跳出 for 循环
    else:                      #假如正常离开循环,没有碰到 break,就执行 else 内的 print,
                               #x 是质数
        print("Prime Factor:",x)
    print("局部变量: 参数 x: %d, 变量 y: %d" % (x,y))
    return

#函数外,先执行的部分
factors(18)     #找出 18 的所有因数
```

运行该因数分解的 Python 程序后,会输出什么呢?我们先要先讨论这个 Python 程序的执行顺序以及栈的建立过程。

第 1 步,该程序从非函数定义的第一条语句开始执行,即语句 factors(18)开始执行。首先建立一个 main 函数的栈帧,栈帧中保存的信息为 main 函数中的信息。如图 3-27(a)所示。

第 2 步,第一次调用函数 factors(x)。先保存函数的返回地址。压入局部变量 x,值为 18;压入局部变量 y,值为 4(语句 y=int(math.sqrt(x))表示:y 的值等于 x 的值开平方

根后取下整。事实上,调用 math.sqrt(x)函数时也要建栈帧,大家知道即可,这里我们不详细讲解);压入局部变量 i,值为 2。此时程序执行到 if 语句,if 语句中的表达式值为真,因此会执行 print 语句,由于局部变量 i 值为 2,输出"Factor: 2"。栈的状态如图 3-27(b)所示。

第 3 步,第二次调用函数 factors(x)。先保存函数的返回地址。压入局部变量 x,值为 9;压入局部变量 y,值为 3;压入局部变量 i,值为 2。由于 if 语句中的表达式值为假,i 值会加 1,变为 3。此时 if 语句中的表达式值为真,因此会执行 print 语句,由于局部变量 i 值为 3,输出"Factor: 3"。栈的状态如图 3-27(c)所示。

第 4 步,第三次调用函数 factors(x)。先保存函数的返回地址。压入局部变量 x,值为 3;压入局部变量 y,值为 1。由于 i 值不能满足大于或等于 2 并且小于 2,所以不执行 for 循环,跳转执行 else 中的 print 语句,由于局部变量 i 值为 3,所以输出"Prime Factor: 3"。之后顺序执行下一条 print 语句,由于局部变量 x 值为 3,y 值为 1,所以输出"局部变量: 参数 x: 3,变量 y: 1"。栈的状态如图 3-27(d)所示。

第 5 步,程序顺序执行到 return 语句,弹出顶端的栈帧,返回到第二次调用函数 factors(x)后的状态。程序返回到语句 factors(x//i),顺序执行 break 语句,退出 for 循环。是由 break 跳出的所以不会执行 else 中的 print 语句,由于局部变量 x 值为 9,y 值为 3,所以输出"局部变量: 参数 x: 9,变量 y: 3"。栈的状态如图 3-27(e)所示。

第 6 步,程序顺序执行到 return 语句,弹出顶端的栈帧,返回到第一次调用函数 factors(x)后的状态。程序返回到语句 factors(x//i),顺序执行 break 语句,退出 for 循环。是由 break 跳出的所以不会执行 else 中的 print 语句,由于局部变量 x 值为 18,y 值为 4,所以输出"局部变量: 参数 x: 18,变量 y: 4"。栈的状态如图 3-27(f)所示。

第 7 步,程序顺序执行到 return 语句,弹出顶端的栈帧,返回到第一次调用函数 factors(x)前的状态。栈的状态如图 3-27(g)所示。程序返回到语句 factors(18)。执行完 main 函数后,弹出顶端的栈帧,此时栈为空(图中未画出)。

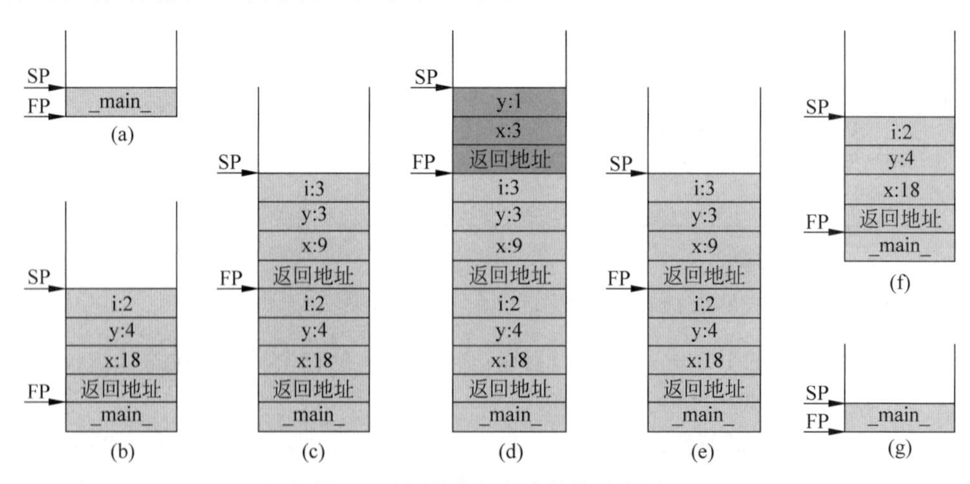

图 3-27 因数分解程序的栈示意图

在上述步骤中,第 1 步至第 4 步为函数的调用过程,第 5 步至第 7 步为函数的返回过程。

程序运行的结果：

```
Factor: 2
Factor: 3
Prime Factor: 3
局部变量: 参数 x:3,变量 y:1
局部变量: 参数 x:9,变量 y:3
局部变量: 参数 x:18,变量 y:4
```

经过之前的分析，我们知道程序运行的顺序，知道每一步输出的结果，也了解函数调用时建立栈帧的过程。程序运行的结果与我们的分析一致。

3.5.3 SEAL 中函数调用栈帧的建立

本书配套了一个笔者开发的汇编语言模拟器，称为 SEAL（Simple Educational Assembly Language）。通过 SEAL，读者可以撰写并执行本章所描述的汇编语言程序，并便于侦错除虫。从前言中介绍的出版社网站可以免费下载此工具，请读者根据所附的使用手册及范例程序进行学习。SEAL 实现了 24 条“高级”汇编语言指令，同时模拟了容量为 10000 的内存及 18 个寄存器，其中包含 16 个 64 位通用寄存器 R0～R15（可存储的数据大小为 $-2^{63} \sim 2^{63}-1$，支持十进制整型数和十六进制数）、1 个 PC 寄存器和 1 个 SP 堆栈指针寄存器。

3.5.2 节只简单描述了函数调用时栈的管理，还有一些细节需要读者进一步了解，尤其是在函数结束后 FP 如何返回主调函数的栈帧部位。本节将详细介绍 SEAL 中编写的函数调用是如何建立栈帧的。建立栈帧的过程叫作函数的连接（linkage）。SEAL 所使用的 linkage 规则与 x86 基本一致（x86 是工业界非常通用的 CPU 类型），读者可以由本节的学习了解到函数调用时关于栈帧建立的所有细节，这对奠定读者的计算机基础有莫大的助益。

接下来通过一个使用函数调用对两个数求和的示例来描述栈帧的建立过程。首先，给出使用函数调用对两个数求和的 Python 程序 #<Python 代码：函数调用两个数求和>。

```
#<Python 代码:函数调用两个数求和>
def add(a,b):
    c = a + b
    return c
if __name__ == "__main__":
    x = 5
    y = 6
    print(add(x,y))
```

在本例中，假设调用函数称为主函数，被调用函数称为子函数。在以上代码中，主函数调用 add 子函数对两个数求和。那么在主函数调用 add()子函数时，CPU 执行了哪些指令？函数的栈帧是如何一步步地建立起来的？下面先给出以上 Python 程序 #<Python 代码：函数调用两个数求和>所对应的汇编程序 #<汇编代码：函数调用两个数求和>。

```
#<汇编代码:函数调用两个数求和>
mov R15,10000          #R15 表示 fp,fp = 10000
mov sp,R15             #sp = fp
sub sp,sp,2            #sp 从 10000 开始向下开辟 2 个空间给局部变量 x 和 y,sp = sp-2
mov R2,5               #x = 5
mov R3,6               #y = 6
store -1(R15),R3       #x
store -2(R15),R2       #y

push R3                #传参数 b
push R2                #传参数 a
call Ladd              #调用函数 add(a,b), 返回值存储在 R1 中
goto Lprint

#add 函数有两个参数 a 和 b,将和放到 R1 中返回
Ladd:                  #add(a,b)
push R15               #将旧的 fp 值压入栈内
mov R15,sp             #新的 fp = sp
sub sp,sp,1            #留一个空间,用于存储局部变量 c
push R2                #R2 将在函数中被更改,故先存入栈内,在 return 之前会 pop 出来该值
push R3                #R3 将在函数中被更改,故先存入栈内,在 return 之前会 pop 出来该值
load R2,2(R15)         #R2 = a
load R3,3(R15)         #R3 = b
add R1,R2,R3
store -1(R15),R1       #存储 c

Lreturn:
pop R3                 #pop 出初始 R3 中的值
pop R2                 #pop 出初始 R2 中的值
mov sp,R15             #sp = fp
pop R15                #重置 fp 为旧的 fp
ret

Lprint:
_pr R1
```

在函数调用中,需要用到栈操作指令 push、pop 及函数调用指令 call、调用返回指令 ret。在子函数开始执行前,需要在栈的顶部建立一个栈帧,SP 指针指向栈帧的顶部,FP 指针指向栈帧的底部(SP 和 FP 是两个寄存器)。一个栈帧中保存了主函数所传的参数值、函数内的所有局部变量、函数返回的 PC 值(也就是主函数调用子函数后的下一条指令的位置),以及主函数的 FP 值。总而言之,一个函数在执行前必须要将该函数的 FP 与 SP 建立起来,这个过程也就是本节一开始提到的函数的连接(linkage)。

在 SEAL 中假设将 R15 作为 FP,而 SP 是一个专用的寄存器。当然,也可以将其他寄存器作为 FP,只要在编译函数时有一个统一的规则即可。SP 的值可以用汇编指令 add 和 sub 来更改,也可以用 push 或 pop 指令进行加 1 或减 1 运算。当执行 push R 时,该指令将 SP 减 1,然后将寄存器 R 的值存入 SP 所指的地址;当执行 pop R 时,该指令会将 SP 所指

地址的值 load 进寄存器 R,然后将 SP 加 1。假设主函数已经有一个栈帧,栈底是 FP,栈顶是 SP,如图 3-28(a)所示。在主函数中有两个局部变量 x 和 y,x 的地址是−2(R15),y 的地址是−1(R15),读者可以参阅主程序中关于 x=5 和 y=6 的汇编代码。

接下去主函数将调用子函数 add(x,y),下面详细描述函数调用时建立新栈帧的过程。

1. 参数的传递

将参数以反向的顺序 push 入栈中,所以先 push y 的值,再 push x 的值,如图 3-28(b)所示。

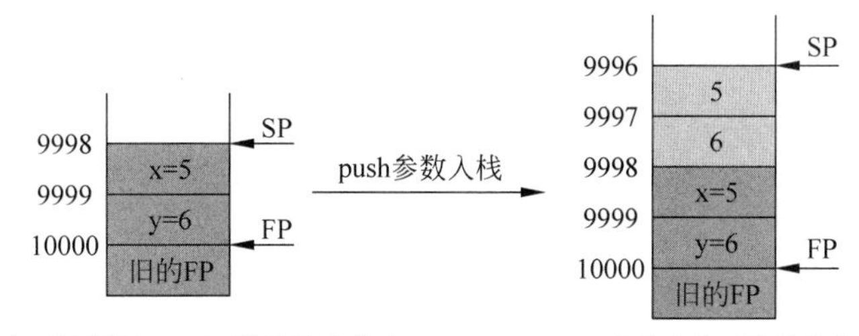

图 3-28　执行 call 指令前栈的状态

2. 执行 call 指令

call 指令会做两件事:第一,将 PC 值 push 入栈,如图 3-29(a)所示,这个 PC 值指向 call Ladd 的下一条指令,也就是子函数执行完后返回的地址;第二,执行 goto Ladd(即把 PC 值设成 Ladd 的地址)。

3. 函数起始的三条指令

这三条指令是所有函数开始时都会有的三条类似的指令:①"push R15",将主函数的 FP 值存入栈中;②"mov R15, sp",将新的 FP 指向 SP 的位置,即令 FP 指向此时栈的顶端,如图 3-29(b)所示;③"sub sp,sp,1",将 SP 再上移,留出局部变量的空间,这里的 add 函数只有一个局部变量,所以只需要留一个位置,如果有 n 个局部变量,SP 就要减 n。执行这三条指令之后,栈的状态如图 3-29(c)所示。

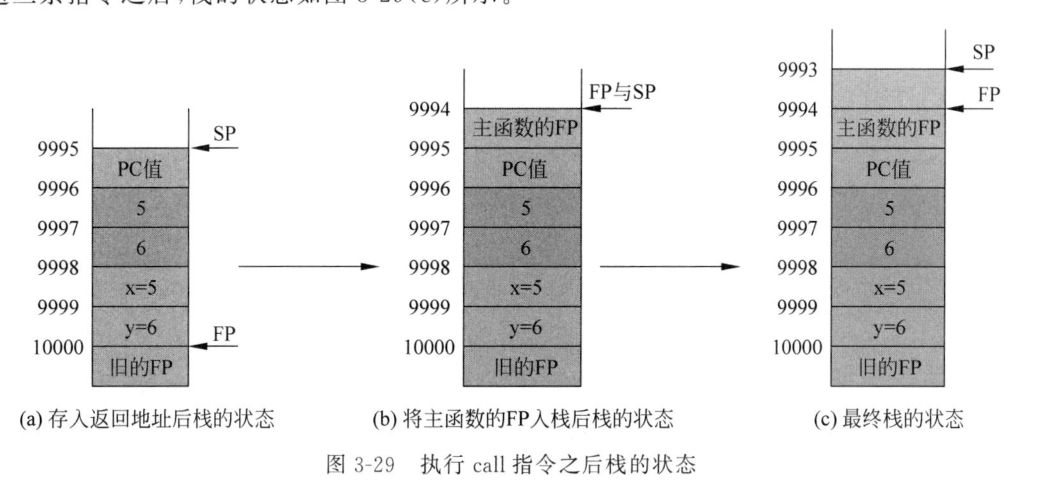

图 3-29　执行 call 指令之后栈的状态

4. add 函数中的计算

一个函数的栈帧建立之后,FP 会固定,SP 会随着函数中的 push、pop 指令而更改,所以通常是用 FP 作为基准位置来得到参数或函数内的局部变量的地址。在 add 函数中参数 a 的地址是 2(R15),参数 b 的地址是 3(R15),局部变量 c 的地址是 −1(R15),请参阅汇编代码中的相关 load、store 语句。函数的结果用 R1 传回主函数。

5. 函数结束的三条指令

这三条指令会将栈帧返回主函数的栈帧状态：①“mov sp,R15”,将 SP 下拉到 FP 所指的位置；②“pop R15”,返回主函数的 FP 值；③ret,相当于“pop pc”,也就是返回到主函数调用子函数的下一条指令。函数返回时栈的状态如图 3-30 所示。

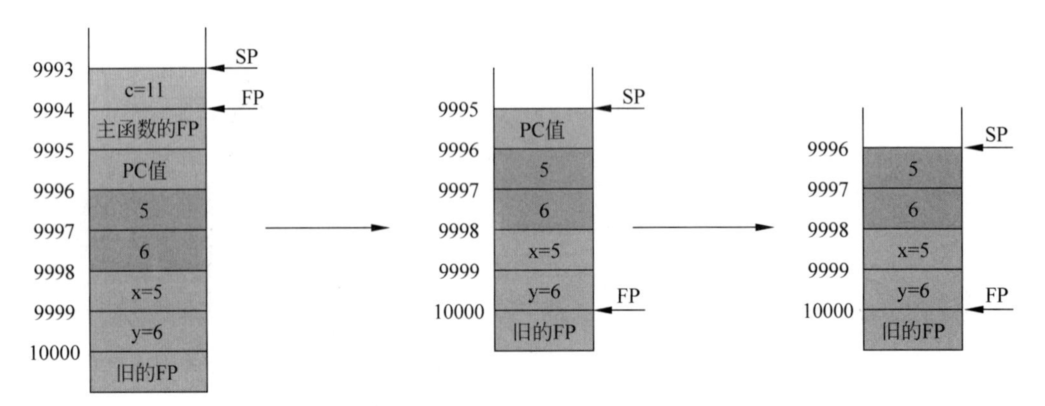

图 3-30　函数返回时栈的状态

经　验　谈

(1) 主函数将参数值压入栈后,这些参数的位置就会被子函数作为变量来使用,如本例中子函数的参数 a 和 b,其地址分别是 2(R15)和 3(R15)。所以,参数变量是属于子函数的局部变量。

(2)主函数是将参数的“值”传递给子函数,这种方式叫作“call by value”(值传递),是一种较为通用的参数传递方式,C 语言就采用这种方式。当然,这个值也可以用来传递参数的地址,只不过子函数要进行相应的更改,就如同在 C 语言中传递一个指针,那么子函数中就是对指针做运算,这里不再额外说明。

(3) 函数的返回值一般用寄存器 R1 返回,假如有多个返回值,可以用多个寄存器返回,但是要事先约定好。

(4) 除了返回的寄存器 R1 之外,其他的寄存器应该在函数调用后保持与函数调用之前相同的值,所以在函数计算开始前,需要将函数中会被更改的寄存器值 push 到栈中保存,在 return 前再逐一 pop 回来。例如,函数 add 更改了寄存器 R2 和 R3,所以在更改之前先将 R2、R3 的值 push 入栈，在 return 前再 pop 返回原来的 R2、R3 的值，参见上述汇编代码。

(5) 返回主函数后，参数仍然留在栈中，主函数可以将参数 pop 出栈，但是需要付出消耗 pop 指令的代价，所以主函数常常“坐视不管”，让其留在栈中。但是对于递归函数，每次调用返回后必须将传递的参数 pop 出栈，否则后续的出栈操作可能会错位。

至此，函数调用时函数栈帧的建立过程介绍完毕。可以看到 #<汇编代码：函数调用两个数求和>中的最后一条指令“_pr R1”，这是为了将结果输出到控制台，在 SEAL 中添加并实现的一个打印指令，可以将希望输出的值打印出来。

介绍了使用函数调用对两数求和时函数栈帧的建立过程之后，相信大家对函数调用已经有了一个全面的了解。接下来使用一个更复杂的示例介绍函数栈帧的建立过程，继续介绍前一个示例中未涉及的一些细节并详细说明该示例中每条指令的执行过程。

先给出函数调用求三个数中最小值的 Python 程序 #< Python 代码：三个数求最小值>和汇编程序 #<汇编代码：三个数求最小值>。

```
#< Python 代码:三个数求最小值>
def get_min(x,y):
    if x<=y:
        return x
    else:
        return y
if __name__ == "__main__":
    a = 7
    b = 18
    c = 9
    print(get_min(get_min(a,b),c))
#<汇编代码:三个数求最小值>
mov R15,300          #R15 表示 fp,将基地址设置为 300
mov sp,R15           #sp = fp
sub sp,sp,3          #sp 从 300 开始向下开辟 3 个空间给局部变量 a、b、c,sp = sp-3

mov R2,7             #a = 7
mov R3,18            #b = 18
mov R4,9             #c = 9
store -1(R15),R4
store -2(R15),R3
store -3(R15),R2

push R3              #传参数 b
push R2              #传参数 a

call Lget_min        #调用函数 get_min(a,b), 返回值存储在 R1 中

push R4              #传参数 c
push R1              #传 a 和 b 中的较小值
```

```
call Lget_min           # 再次调用 get_min(R1,c), 返回值存储在 R1 中
goto Lprint

# get_min 函数有两个参数 a 和 b,将最小值放到 R1 中返回
Lget_min:               # get_min(a,b)
push R15                # 将旧的 fp 值存入栈内
mov R15,sp              # 新的 fp 等于 sp
# sub sp,sp,0           # 由于此函数没有局部变量,所以可以去掉
push R2                 # R2 将在函数中被更改,所以先存入栈内,在 return 之前会 pop 出来
push R3                 # R3 将在函数中被更改,所以先存入栈内,在 return 之前会 pop 出来
push R4                 # R4 将在函数中被更改,所以先存入栈内,在 return 之前会 pop 出来
load R2, 2(R15)         # R2 存放 x 的值
load R3, 3(R15)         # R3 存放 y 的值
sle R4, R2, R3          # R4 = (R2 <= R3)
beqz R4, L100           # if (R4 == 0) goto L100
mov R1,R2               # R1 = R2,结果存储在 R1 中
goto Lreturn

L100:
mov R1,R3               # R1 = R3,结果存在 R1 中

Lreturn:
pop R4                  # 返回初始 R4 中的值
pop R3
pop R2
mov sp,R15              # sp = R15
pop R15                 # 重设 R15 的值为原有的 R15
ret                     # pop pc

Lprint:
_pr R1                  # 打印最后的结果
```

在本例中,主调函数要调用子函数 get_min()找出三个数中的最小值,需要比较两次才可以求得,因此子函数要被调用两次。

同样,要先设置主函数的 FP、SP 且初始时 SP 与 FP 指向同一地址,本例中将初始的 FP 和 SP 设置为 300。同时还需要为主函数的局部变量开辟足够的空间,本例中主函数有 3 个局部变量,所以需要开辟 3 个空间,使用 sub 指令对 SP 进行减 3 操作,于是 SP 指向开辟空间后的栈顶。将三个局部变量使用 store 指令按照从高到低的地址依次进行存储,此时栈的状态如图 3-31(a)所示。

接着第一次调用 get_min()子函数,子函数被调用前需要将前两个数作为参数传递给子函数,使用两条 push 指令进行参数的传递。这里所传参数为 a 和 b,所以将 a 和 b 分别入栈,此时栈的状态如图 3-31(b)所示。

传完参数之后执行指令“call Lget_min”,开始对 get_min()函数进行调用。

执行 call 指令之后,依然需要进行两步操作,第一步是将返回地址 PC 值压入栈中,第

二步是跳转到子函数开始执行，此时栈的状态如图 3-32(a)所示。在子函数开始时，依然需要进行三步操作：①将主函数栈帧的 FP 存储起来；②将 SP 的值赋给 FP，作为子函数栈帧的 FP；③假设子函数的局部变量需要 n 个空间，则将 SP 上移 n 个位置。

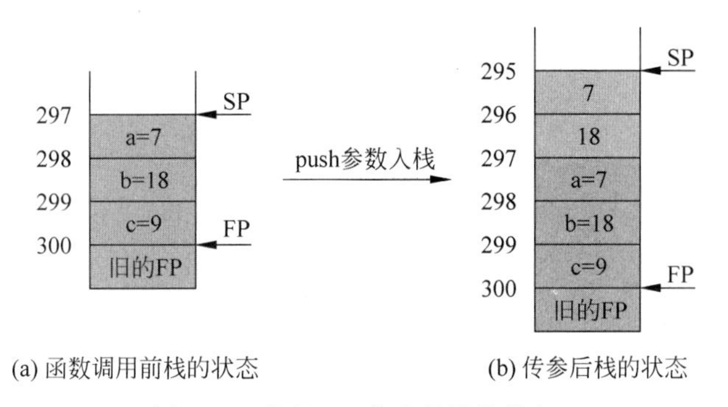

图 3-31　执行 call 指令前栈的状态

先将主函数的 FP 压入栈中，此时栈的状态如图 3-32(b)所示；再将 SP 的值赋给 FP，即将 FP 上移到 SP 所指的位置，此时栈的状态如图 3-32(c)所示；在本例中子函数没有局部变量，所以 SP 不需要上移进行空间预留，因此栈的状态保持不变。

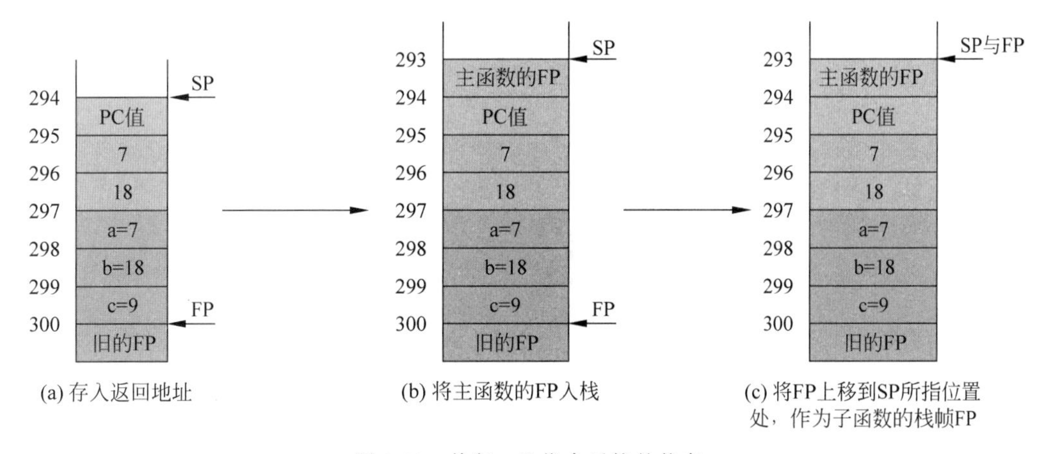

图 3-32　执行 call 指令后栈的状态

紧接着执行三条 push 指令，分别将 R2、R3、R4 压入栈中，以确保数据的干净与安全，此时栈的状态如图 3-33 所示。参数 x 的地址是 2(R15)，参数 y 的地址是 3(R15)，比较后较小的值由 R1 返回。

接下来将要返回时需要执行三条指令。指令“mov sp, R15”把 FP 值赋给 SP，即令 SP 下移，如图 3-34(a)所示；指令“pop R15”返回主函数的 FP 值，如图 3-34(b)所示；指令 ret 相当于“pop pc”，也就是返回到主函数调用子函数的下一条指令，在本例中是第二次调用子函数时进行传参的指令，如图 3-34(c)所示。

这里假设主函数不将原来的两个参数 a 和 b 弹出，这样并不会影响程序的正确性。接下来将两个新的参数 c 和 R1 依次压入栈中，如图 3-35 所示，然后再执行“call Lget_min”，栈帧的建立方式如前所述，这里不再赘述。最后得到的最小值由 R1 返回。

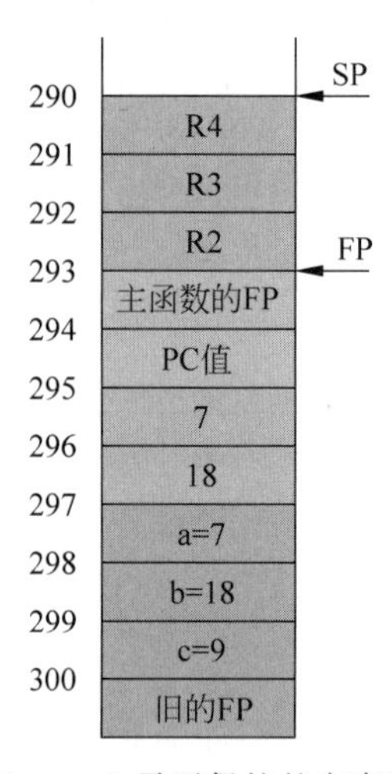

图 3-33　push 需要保护的寄存器的值

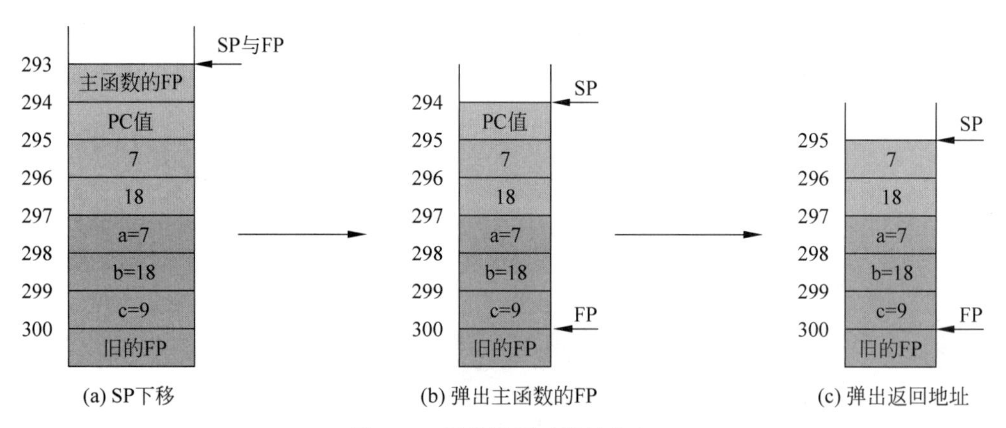

图 3-34　函数返回时栈的状态

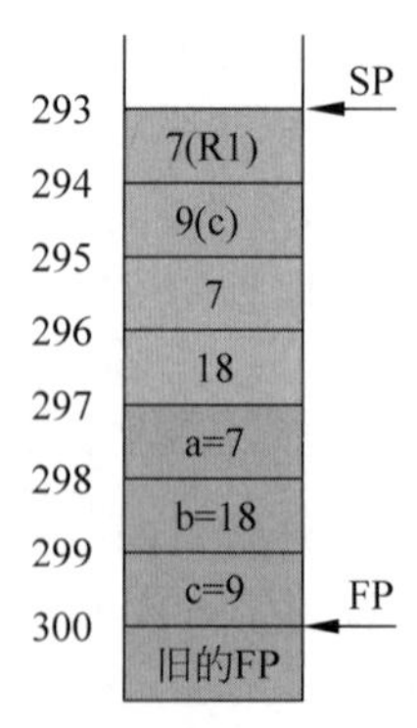

图 3-35　第二次函数调用传参后栈的状态

经　验　谈

由本例可知，只要遵循函数连接的标准规则，一个函数可以被多次调用而依旧能正确地执行。同学们也可以尝试如何依次建立和返回递归函数的栈帧。但是需要注意，在程序执行前，栈中要保留足够的空间，使得每个函数在调用时能够有足够的空间来建立它的栈帧，尤其对于递归函数而言，栈空间的大小更为重要。

练习题 3.5.1：将<程序：因数分解>中的 break 改为 return，factors(18)会输出什么结果？用 Python 运行试试看。

练习题 3.5.2：将<程序：因数分解>中的 if 块改写成如下程序，factors(18)的输出结果是什么？用 Python 运行试试看。

```
if (x % i == 0):
    print("Factor:",i)
    x = x//i
    factors(x)
    break
```

练习题 3.5.3：请阅读 SEAL 模拟器的使用文档，练习其中的范例。

练习题 3.5.4：请描述建立函数栈帧时一开始的三个指令的功能分别是什么。

练习题 3.5.5：假设 main 函数调用子函数 f，子函数 f 结束后需要返回 main 函数，请问 SP 和 FP 如何变化才能实现返回主调用函数的栈帧？

练习题 3.5.6：请参照 SEAL 的函数调用、栈帧建立方式，完成如下计算：输入三个数值，返回中间大小的值。请实现函数 median(a,b,c)，其中 a、b、c 是整数，返回的值存储在 R1 中。

练习题 3.5.7：按照 SEAL 的栈帧建立方式，函数内部的局部变量的地址是如何获得的？例如，函数 f 中有 a、b、c 三个局部变量，变量定义的顺序为 a、b、c(即存储 a 的地址最小)，请问 a 的地址在 SEAL 中是多少(用 FP 来描述)？

练习题 3.5.8：有递归函数 $f(n)=f(n-1)+n$，$f(0)=0$。假设每次调用函数 f 时，会产生 k 字节的栈帧，现在主函数调用 f(100)，请问在此计算过程中共产生多少字节的栈帧？

小结

本小节讨论计算机在执行函数调用时需要存储的信息(返回地址、局部变量)，以及如何用栈管理这些信息。通过解决这些问题，我们进一步清楚了执行函数调用的过程。

3.6　几种通用的编程语言

语言是工具，是用来沟通的工具。沟通的内容重要，工具也是重要，否则无法准确地沟通内容。所谓“工欲善其事，必先利其器”。据了解现在人类社会有 5000 多种语言，和计算机相关的语言也非常多,有些是历久弥新,有些是老态龙钟,有些是渐渐消失,有些是异军突起,不一而足。计算机相关的语言可以分成通用型的语言和专用型的语言。专用型的语言是为了某种特殊用途而使用的语言。例如,在设计硬件时,现在工业界都会使用 VHDL 或 Verilog 这类语言,计算机专业学生将来上"数字逻辑电路"课程时会用到,也就是设计逻辑电路就如同编写程序般简单。在设计数据库时,最通用的是 SQL 语言。在设计网页时,HTML、JavaScript、PHP、ASP 等语言常会使用。在设计并行程序给多核系统执行时,MPI、openMP 等语言(或语言库)常被使用。而通用型的语言也是非常多,如 C、C++、Java、Python、Ruby、Smalltalk、Objective-C、C#、Basic、Perl、Delphi、Ada、Lisp、ML、Fortran、COBOL 等。

我们先来看一下 TIOBE 2020 年 4 月发布的编程语言排行榜(如表 3-1 所示)。

表 3-1　TIOBE 编程语言排行榜

Apr 2020	Apr 2019	Change	Programming Language	Ratings/%
1	1		Java	16.73
2	2		C	16.72
3	4	︿	Python	9.31
4	3	﹀	C++	6.78
5	6	︿	C#	4.74
6	5	﹀	Visual Basic	4.72
7	7		JavaScript	2.38
8	9	︿	PHP	2.37
9	8	﹀	SQL	2.17
10	16	︽	R	1.54
11	19	︽	Swift	1.52
12	18	︽	Go	1.36
13	13		Ruby	1.25
14	10	︾	Assembly language	1.16
15	22	︽	PL/SQL	1.05
16	14	﹀	Perl	0.97

TIOBE 排行榜能显示当下最热门、使用最多的编程语言。在本节中,我们将简单介绍 C、C++、Java 这几种编程语言。

> **小明**:沙老师,我想谈谈英文这个语言。我是中国人,堂堂正正的中国人,我为什么要学英文?
>
> **沙老师**:你是中国人和你学不学英文有关系吗?大部分的现代知识都是用英文撰写的,我们学了英文这个工具,才能第一手地接触到这些知识。更现实的原因是这个世界越来越小了,你要与世界交流就必须要学好英文。我语重心长地说,你把中文和英文学好,你这一生前途光明。不要等你吃亏后,你才想到沙老师说的话。

每一种语言都有相应的编译器,只有在相应的编译器环境下,程序员才能编写相应的程序并运行。

程序是为了实现某一种功能。在本书中,我们介绍的程序功能都是最基本的测试效果,并不是这个编程语言的应用。实现输出“Hello,world!”的功能只是我们学习这门编程语言的基础,这类功能与真正的应用开发相差很远。同学们如果想深入某一种语言,还需要自己不断参与实际的应用开发,才能更好地理解这门语言的精髓。

1. C语言

C语言于1972年由美国贝尔实验室的D. M. Ritchie开发成功。C语言最初只是作为编写UNIX操作系统的一种工具,只在贝尔实验室内部使用。经过后来的不断改进,功能更丰富,应用也更广泛。到20世纪80年代,C语言已经风靡全世界,大多数系统软件和许多应用软件都是用C语言编写的。

提到语言,必须要讲的一个概念就是结构化编程语言或叫作面向过程语言(Procedure Oriented Programming)和面向对象的编程语言(Object Oriented Programming)的区别。C语言就是典型的结构化编程语言,二者的区别需要我们认真学习了不同的语言之后,加以比较才能真正领会。通俗地讲,面向过程的编程侧重设计一步步的“过程”来解决一个事件;而面向对象的编程侧重描述一个对象,且描述这个对象的代码可以被多次使用。

例如,我们要计算一个砖头的体积。在面向过程的C语言里面,我们就需要输入长、宽、高这三个数据,相乘之后输出来结果。这个计算乘积的函数与砖头的关联并不明显。在面向对象的编程中,我们可以定义一个变量形态叫作砖头“类”,这个砖头除了有长宽高这些数据外,还有计算体积(volumn())、表面积(surface())等的函数(这些函数叫作“方法”——Method),这些函数是属于这个类的。在程序里可以方便地宣告任何变量为砖头类(例如变量x),这个变量x叫作一个对象(Object)。这个变量x不仅代表了数据,同时也包含了所有和砖头相关的方法。我们要计算x的体积,就用x. volumn()来计算。这只是面向过程和面向对象编程中较小的一个差别,即封装的特征,还有面向对象编程中继承和多态这两个特征,也需要我们真正使用这种语言之后才能理解清楚。

最早的面向对象程序设计语言就是C++语言。C++是由AT&T公司贝尔实验室的Bjarne Stroustrup博士及其同事于20世纪80年代初在C语言的基础上开发成功的。C++保留了C语言原有的所有优点,增加了面向对象的机制。

当然,面向过程和面向对象并不是相互对立的,而是相互补充的。C++也可以用来进行面向过程的编程。例如在面向对象编程中,对象的方法需要使用面向过程的思想来编写。

【例 3-8】 最小的C程序,只执行一个标准输出。

```
#<程序:C中的输出>
#include < stdio.h >
void main(){
    printf(" % s","hello world.");
}
```

stdio. h头文件包含了C标准输入输出库函数相关的定义和声明,所有需要输入或输出的C程序都需要使用这个头文件。main是主函数,即程序的入口点,大括号“{…}”表示

main 的函数体。printf 是标准输出函数,其参数分别表示输出格式和输出语句。“%s”表示将输出一个字符串,而“hello world.”是将要输出的字符串。

接下来我们看 C 语言如何实现这个简单 Python 程序:

```
#<程序: Python 数组连起来>
mx = [1,2,3]
my = [8,9]
print(mx + my)          #输出是[1,2,3,8,9]
```

以下是 C 语言的实现。读者有个感觉就好,我们不加解释。

```
#include <stdio.h>
#include <malloc.h>
void main(){
    int mx[3] = {1,2,3};
    int my[2] = {8,9};
    int i,j;
    int * x = (int *)malloc(sizeof(int) * (3 + 2));     //动态产生一个新数组 x,长度是 5
    for(i = 0;i < 3;i++){                               //i 从 0 到 2
        x[i] = mx[i];
    }
    for(j = 0;j < 2;j++){                               //i 从 0 到 1
        x[i + j] = my[j];
    }
    for(i = 0;i < 5;i++){                               //i 从 0 到 4
        printf(" %d ",x[i]);
    }
    printf("\n");
}
```

2. C++

C++是目前使用最广泛的面向对象程序设计语言。实际上,C++同时支持面向过程的程序设计和面向对象的程序设计。如前所述,C 到 C++的演进是由 Bjarne Stroustrup 博士完成的。他在 C 语言的基础上增加了类的概念,包括类的访问属性、构造方法等。

小明:沙老师,我还是想问问怎么学好英文。我真的很用功,我甚至背英文字典。你说我用不用功?

沙老师:傻孩子!字典是用来查的,不是用来背的。看小说学英文是对的。背字典学英文?恰好背道而驰。我曾经写了一篇文章叫作《学好英文的秘诀》,在网上或许可以找到。这个秘诀就是“不要学”,通俗地讲就是不要用“逻辑”“思维”来学语言,要浑然天成,要自然。唯一的方法就是多读、多讲、多写。你们学编程语言也是如此,要多写!

C++提供两种定义类型的构造,即类和结构体。结构体的概念与 C 语言中的相似。C++与 C 语言的关系很密切,熟悉 C 语言的人也可以很快掌握 C++。

【例 3-9】 最小的 C++程序，只执行一个标准输出。

```
#<程序：C++中的输出>
#include <iostream>
int main(){
    std::cout <<"hello world.\n";
}
```

这个函数实现输出“hello world.”到屏幕上。

程序的 iostream 提供了输入输出流设施，任何需要有输入或输出的 C++程序都需要包含这个头文件。程序入口点则是 int main()，main 就是函数名，大括号“{…}”表示 main 的函数体。后花括号“}”就是程序结束处。std 是“名空间”，cout 是标准输出设备的名称，“<<”是操作命令，表示将其后的字符串输出到屏幕上。“std::cout”表示是开发环境提供的标准库中的 cout，而不是程序员自己定义的 cout。

以下是将两个数组连起来的 C++程序。读者有个感觉就好，我们不加解释。

```
#include <iostream>
#include <vector>                //vector 是 C++已经有的类模板,比较好用,有点像 Python 的 list
using namespace std;

int main(){
    int mx[3] = {1,2,3};
    int my[2] = {8,9};
    vector<int> x(mx,mx + 3);                              //将 mx 复制到 x 里面
    for(int i = 0;i < 2;i++){
        x.push_back(my[i]);                                //将 my 依序压入 x 的末尾
    }
    for(vector<int>::iterator it = x.begin();it!= x.end();it++){      //将 x 从开始依次输出
        cout << * it <<" ";
    }
    cout << endl;
    return 0;
}
```

3. Java 语言

Java 起源于 20 世纪 90 年代初。在 Sun 公司的 Green 项目中，项目小组成员使用 C++开发系统时遇到了很多问题，另辟蹊径，开发了这个小型的计算机语言。相对于 C++，这款语言提供了更好的简单性和可靠性。最初它被命名为 Oak，即橡树。1995 年，这款语言正式更名为 Java。

Java 是印度尼西亚爪哇岛的英文名称，因盛产咖啡而闻名。Java 语言的标志就是一杯正冒着热气的咖啡，而且 Java 语言中的许多类库名称也与咖啡有关，如 JavaBeans（咖啡豆）、NetBeans（网络豆）、ObjectBeans（对象豆）等。

对于 Java，我们需要知道它有 3 个开发平台，即 JavaSE（Java2 Platform Standard Edition，Java 平台标准版）、JavaEE（Java2 Platform Enterprise Edition，Java 平台企业版）、JavaME（Java2 Platform Micro Edition，Java 平台微型版）。开发平台，可以简单地理解为开发应用软件时使用到的一系列的工具（所说的工具涉及接口、库等概念，暂时不做详细介

绍)。这三种应用平台针对不同的开发需求,如 JavaME 主要是为在移动设备和嵌入式设备(如手机、电视机顶盒和打印机)上运行的应用程序提供一个健壮、灵活的环境。

关于开发环境 Eclipse、Myeclipse,以及 Java Web 应用的 Web 服务器——Tomcat 等,在此也不做详细介绍。但是我们要知道,Java 语言既可以编写应用程序(即在自己的计算机上独立运行,像 C 语言一样),也可以编写小程序(Applet),存储在服务器上并由浏览器运行,即 Web 开发。

不同于 C++语言,Java 是纯面向对象的,程序都是由类组成的。

【例 3-10】 最小的 Java 程序,只执行一个标准输出。

```
#<程序: Java 中的输出>
public class doOut{
    Public static void main(String[ ] args){
        System.out.println("hello world.");
    }
}
```

System. out. println 是标准输出函数,且输出语句后换行。输出语句中不限制输出格式,Java 对于所有的输出都作为一个字符串来原样输出。

接下来是 Java 实现数组连起来的程序。读者有个感觉就好,我们不加解释。

```
import java.util.Vector;
public class MergeClass{
  public static void main(String[ ] args){
      int mx[ ] = {1,2,3} ;
      int my[ ] = {8,9};
      int len_y = my.length;
      Vector x = new Vector();                    //x 是个 Vector 对象(object)
      for(int i = 0;i < mx.length;i++){
          x.add(mx[i]);                           // 加入(append)mx 的值到 x
      }
      for(int i = 0;i < my.length;i++){
          x.add(my[i]);                           // 加入(append)my 的值到 x
      }
      for(int index = 0;index < x.size();index++){
         System.out.print(x.elementAt(index) + " ");
      }
      System.out.print("\n");
  }
}
```

小结

本小节,我们介绍了 C、C++、Java 语言的起源、特点等。程序语言的学习过程是相通的,学习了一门语言之后,再学习其他语言就变得非常容易。每一门语言都有其独到之处。同学们在今后的实际演练中,会更加深刻地意识到,其实并不存在所谓的“最好的程序语言”。

3.7 对计算机程序的领悟

程序的英文是 Program，程序语言是 Programming Language，而算法的英文是 Algorithms。语言、程序和算法是三位一体的。语言是工具，算法是解题的想法，而程序是用某种语言来实现算法的技术。本章主要是谈程序和计算机语言。计算机有了计算机语言以后，才有了程序，才有了多彩多姿的生命，就像是人类有了语言和文字后才有了蓬勃的文明发展。人类的语言文字在描述如何解决问题时，是不清楚的，是有缺陷的。程序是人类文明中第一次有方法能清楚地描述解决问题的步骤，这是个伟大的进步。

在第 5 章我们会有一个有趣的例子讲如何解决走迷宫的问题。一个复杂的迷宫，可以想象是由 $n\times n$ 的方格所组成，有些方格是面墙，有些方格是通路，如何让你朋友从起点走到终点？你和你朋友都不知道迷宫内的组合情形，你的朋友只有走进去后，依照当时的情形来决定如何走下去。请问你要如何向你的朋友来描述他应该依循的解决方案，使得他能遵循你的方案来走过任何复杂的迷宫？大家当作一个练习题试试看，是不是用人类语言很难去描述你们心中的解法？但是计算机语言就清楚了，例如第 5 章用 Python 语言来解迷宫问题，短短的一段程序就能清楚无误地描述应该遵循的方法，你的朋友只要遵循 Python 程序描述的方法，他就能走过任何复杂的迷宫。

程序和计算机语言具备了清晰的语义、严谨的逻辑、巧妙的结构，这是本节所要谈的领悟。另外，我们谈谈智能和程序的关系。人工智能的英文为 artificial intelligence，也就是人所造的智能。大家不要把智能看得太神秘了。有一个电视节目叫作“最强大脑”，展示出人类似乎匪夷所思的智能来，例如念给你 100 个任意数字，你先按从头到尾的顺序念出来，再从尾到头地念出来，我不相信你能做得到，太难了！又如给你两面墙，第一面墙是 1000 个魔术方块所拼构而成的，第二面墙是第一面墙的翻版，除了有一个魔术方块是不一样的，其他的方块都完全一样，请你在 10 分钟内找到这个不一样的魔术方块。你行吗？（你认为计算机要用多久找到这个不同的方块，1 秒内吧！）再举一个例子，在国际象棋和围棋的比赛中，计算机的表现已经超过人类最顶尖的棋手了。这些智能不神秘，都是程序所表现出来的智能。人工智能就是程序所计算出来的罢了。本节用一个例子来展现“智能”不过就是程序计算出来的罢了！

3.7.1 清晰的语义

首先，计算机语言必须要非常清晰明了。我们在生活中互相交流、传达信息，需要借助语言，但是生活中的语言往往表达得不够准确。比如当有人问路时，我们可能会说：“超市再往前走一段路，一会儿就到了。”这里的“一段”和“一会儿”所传达出的信息就不够明确，可能是 1 分钟的路程，也可能是 5 分钟的路程。英文中也存在语言描述模糊的现象。英文的 slim 表示“瘦”，fat 表示“胖”。按照我们的思维习惯，会认为 slim chance 是“机会小”的意思，而 fat chance 是“机会大”的意思。但事实上，slim chance 和 fat chance 意思完全相同，都表示“机会小”。同样地，我们与计算机通信，也需要有计算机语言。但是，计算机可不像我们人脑一样灵活。为了能够清楚地将我们的意思传达给它，同时从它那里得到正确的反馈信息，计算机语言不能是模棱两可的，更不能具有歧义，必须清晰准确。因此，在计算机语言中,我们的思想是用清楚的、无二义性的方式来描述的。这种清晰明了的语言形式,使得计算机语言有一种不同于其他语言的明了之美。有些人会问,清楚明了有什么美的?在男女朋友交往时,如果一方说话也像计算机语言一样明确清晰,也许很多时候另外一方就不会这么苦恼了。

3.7.2 严谨的逻辑

除了语义清晰,计算机语言具有严谨但不乏灵活的逻辑之美。众所周知,数学的逻辑非常严谨。计算机语言的逻辑亦是如此,用计算机语言来解决问题时,我们的解题思路是非常清晰的,并且可以用完全逻辑性的形式语言来描述。因此,在解决某些问题时,计算机语言有很大的优势。比如将一串数字 2、8、4、12、5 按递增的方式进行排序,通用的数学模型只是讲"what"——什么是递增序列,而没有讲"how"——如何转变一个非递增序列为递增序列。与数学逻辑相比,计算机语言可以清楚地描述"how"。因为它有循环语句,有条件控制流程等。语言形式严谨,兼具结构组合灵活,这样的语言怎能不美!

3.7.3 巧妙的结构

说完了计算机程序在语言风格和逻辑上的美,现在我们来看看它在结构上的美。计算机程序在结构上有一个非常有趣的特点,那就是采用了函数的调用,这使得计算机程序具有一种精巧的美。如第 2 章所言,简单的开关构建了复杂的计算机硬件系统。同理,一个复杂的软件也是由许多简单的函数一层一层调用而形成的,层次结构非常清晰。比如网络系统以及 Linux、Windows 等操作系统皆是如此。

一个大系统中,一个程序可能有上百万行代码、上万个函数调用,是上千人合作数年完成的。如果仅仅因为一个人改一个函数中的一行代码,难道就要牵一发而动全身,所有的函数都需要更改吗?

遇到这种问题时,函数调用的巧妙就发挥得淋漓尽致了。

计算机程序中,函数的实现千变万化。函数调用中,即使函数的实现改变了,只要函数的调用方式不变,调用它的程序就无须做任何改变。如图 3-36 所示,factors()函数调用 sqrt(n)函数。在 sqrt(n)函数中,即使其中的程序改变了,只要 sqrt()还是正确的和对 sqrt(n)的调用方式不变,我们完全可以按照原来的方式继续调用,factors()函数无须做任何改变。

这种函数调用的结构,使得程序的主函数精巧、明了,使得程序的修改更加容易,程序的结构变得具有一种排列紧凑、疏密得当的美感。

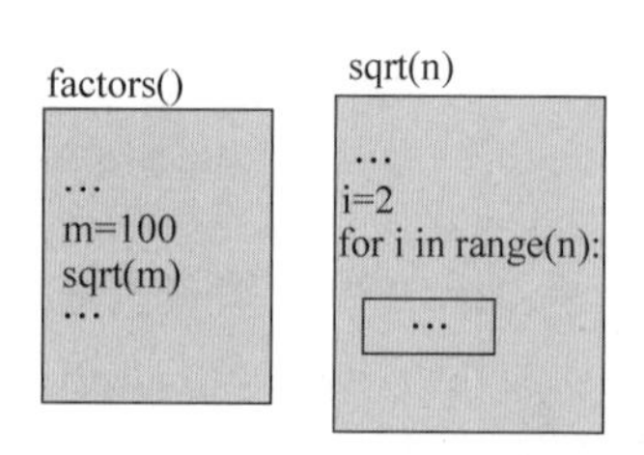

图 3-36　函数调用示例

一段程序其实也可以折射出人生的许多道理和启示。如果将程序比作人生,那么里面的每一个语句都是我们人生路上不可或缺的经历。那些看似简单的指令在 CPU 中有条不紊地一步一步执行,最后能够让计算机完成很多复杂的工作。由此可以看到,我们在做事的时候,不可以因为它简单而忽视它,应该脚踏实地地做好每一件事,一件一件的小事做好了,才能完成最终的目标。做人也是同样的道理,一步一个脚印,脚踏实地地走下去,才会守得云开见月明。

3.7.4 智能是程序计算出来的

计算机被广泛应用于日常生活，我们可以用计算机搜索想要知道的信息，可以用计算机求解数学问题。那么计算机是怎么做到这些的呢？难道计算机也是有智能的，也可以像人一样思考吗？在没有学过计算机科学的人看来，计算机真是太可怕了，它能做很多人都做不来的事，将来会不会有一天就像很多美国科幻电影里演的，人类被计算机所取代？

下面我们通过一个简单的游戏来看看计算机的智能是什么样的。

这个游戏叫猜数字，由两个人都各自选定一个秘密的三位数(也可以是四位数或更多位数)，然后相互猜对方的数字。用几个A来表示对方猜的三位数中有几个数是完全正确的，用几个B来表示有几个数正确但是位置不对。对于重复的数字不可以重复计算，看谁先猜到对方的数字。

比如：我选了一个秘密数字732。

对方猜：057。

我回答：0 A 1 B (1B是因为7在我的数字里，但是它的位置不对)。

对方猜：582。

我回答：1 A 0 B (A是因为2是完全正确的)。

对方猜：563。

我回答：0 A 1 B。

对方猜：672。

我回答：1 A 1 B。

对方猜：732。

我回答：3 A 0 B(答对了)。

游戏的规则如上面所述，有兴趣的同学可以做一下这个游戏，看看谁能先猜出来，能用几步猜出来。

可能有人会觉得这完全是靠运气嘛！其实不完全是靠运气，这里面可是有技巧的，仔细想想你是怎么猜的呢？

一个简单的方法如下。

首先随便猜数字，直到出现不是“0A0B”的时候，后面的数字就不完全是随便猜的了。比如猜“057”之后，对方回答“0A1B”，那么下面猜测的数字要和“057”是“0A1B”的关系，因为正确答案一定就在这些数字里。

“582”与“057”是“0A1B”的关系，猜测“582”之后，对方回答“1A0B”，下面猜测的数字要与“057”是“0A1B”的关系，而与“582”是“1A0B”的关系。

“563”与“057”是“0A1B”的关系，而与“582”是“1A0B”的关系。猜测“563”之后，对方回答“0A1B”。下面要猜的数字要与“057”和“563”是“0A1B”的关系，而与“582”是“1A0B”关系。

可以猜“672”，对方回答“1A1B”。然后找到与“057”和“563”是“0A1B”的关系，和“582”是“1A0B”关系，和“672”是“1A1B”的数字。进而找到“732”，得到3A0B。

上述方法就是一个能够解决猜数字问题的计算思维。那么怎么将它应用于计算机呢？根据上述计算思维，计算机对猜数字问题的“思维”如图3-37所示。

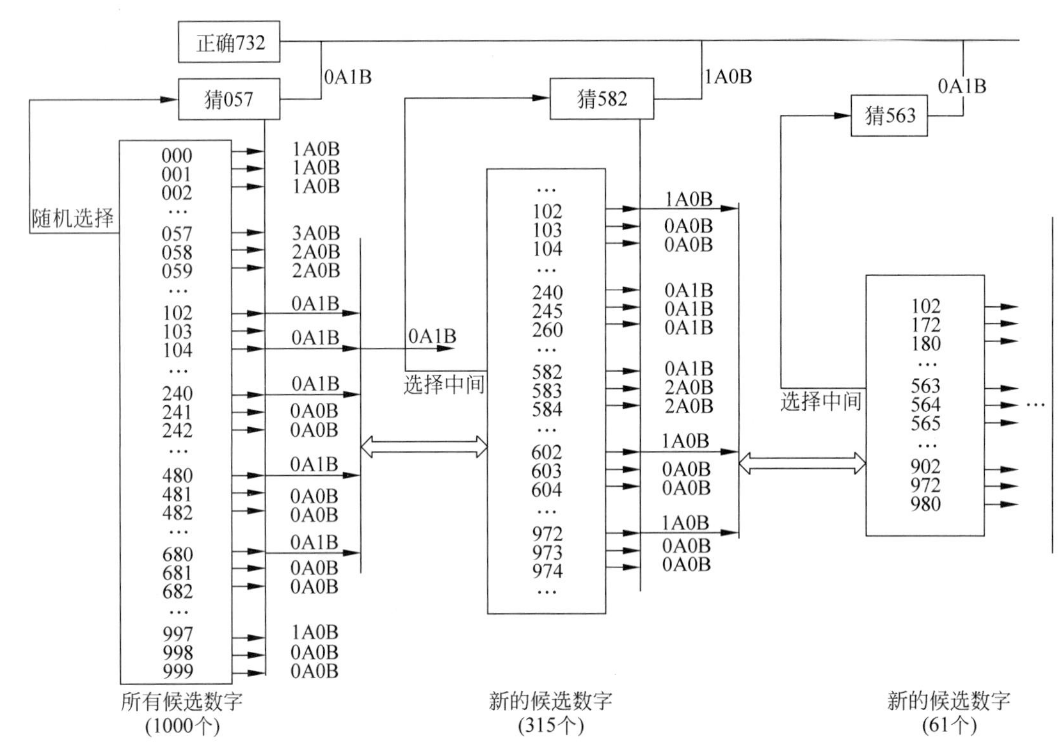

图 3-37　计算机解决猜数字问题的“思维”图

首先,计算机会将所有可能的三位数(000～999)全部列举出来。在这 1000 个三位数中,随机选择“057”进行猜测。

根据“057”给出的结果“0A1B”,对列举出来的 000～999 进行筛选。符合与“057”形成“0A1B”关系的数字被筛选出来,共有 315 个候选数字。从这些候选数字中,选择排在中间的数字“582”进行猜测。

根据“582”给出的结果“1A0B”,对上次的 315 个候选数字进行筛选。符合与“582”形成“1A0B”关系的数字被筛选出来,共有 61 个候选数字。继续从这些候选数字中,选择排在中间的数字“563”进行猜测。

根据“563”给出的结果“0A1B”,对上次的 61 个候选数字进行筛选。符合与“563”形成“1A0B”关系的数字被筛选出来。依次类推,直至猜到正确数字“732”为止。

应用上述的计算思维,计算机利用它强大的计算能力,能够在非常短的时间内得到正确的结果。

当然,另一方面,我们也应该谨记,我们是创造程序的人,千万不要变成 CPU,变成机器人——只是根据指示做事。要多思考,有创新意识,做一个有思想的人。别忘了,计算机程序是我们所写出来的。

其实,智能还是神秘难测的,或许应该叫作智慧吧。深层的智慧有哲学层面的意义。我们前面所讲的智能是计算机程序能展现出的“人工智能”。那么是否还有人工智能外的智慧呢?也就是计算机无法展现出来的智慧呢?科学家可以证明计算机不能解决所有的问题(或计算机不能证明出所有的定理),有些问题是计算机解决不了的,例如 Halting Problem

（停机问题）。这个问题是输入一个程序，假如这个程序被断定总是能停止就输出 yes，假如被断定有可能永不停止就输出 no。科学家证明世界上没有任何程序能 100%解决这个问题。其实这个证明很短，通过构筑自相矛盾的递归来证明，几句话罢了（第 10 章会给出完整的证明过程），然而在哲学层面上的意义是很深的。

在哲学层面的“智慧”是不一样的，例如佛教中的智慧被称为“般若”，和俗称的“智慧”有所区别。佛教中认为真正的般若智慧是离开文字、离开语言、离开分别、离开思维，甚至离开智慧，无可言说后的“所得”，然而所得也不可所得，一旦“有所得”后就不是般若了，所以也是“无所得”。所谓“色即是空，空即是色，色不异空，空不异色，无智亦无得，以无所得故”。大家看看就是，有个基本认识就好，知道程序所显现的人工智能和哲学层面上的智慧是有差异的。

练习题 3.7.1：拿牌游戏。假设面前有三堆扑克牌，其中每堆各有 10 张牌。两个人交替从某一堆中拿牌，谁拿到最后一张牌谁就输，请找出所有必赢的拿牌方式。

练习题 3.7.2：用 Python 实现猜数字游戏。在这个作业里不考虑有重复数字的 3 位数（例如 335）。

小结

本节我们对计算机是否具有智能给出了解答。其实，计算机的智能是计算出来的。我们以猜数字的游戏为例，向大家展示了计算机的“思路”。这种“思路”其实是计算机程序的编写者赋予的。计算机应用人类赋予的计算思维和其强大的计算能力，可以又快又准确地解决很多问题。

习题 3

习题 3.1：假设寄存器 R1 中存储的数值为 10，执行完下面两条指令后，寄存器 R2 中存储的值是什么？

```
mov R2, R1
add R2, R2, 10
```

习题 3.2：假设寄存器 R1 中存储的数值为 20，执行完下面两条指令后，主存地址 800 处存储的值是什么？

```
add R2, R1, 30
store (800), R2
```

习题 3.3：假设寄存器 R1、R2 中的值分别为 10 和 15，执行完下面这段汇编指令后，寄存器 R2 中存储的值是什么？

```
slt R1, R2, R1
beqz R1,label0
mov R2, R1
label0:
    add R2, R1, 10
```

习题 3.4：假设变量 a、b、c 分别读取到寄存器 R1、R2、R3 中，请写出下面这段程序对应的汇编指令。

```
if a < b
    c = a + b
else
    c = b
```

习题 3.5：在习题 3.4 中，修改程序的第一条语句为“if a<=b”，请写出修改后的程序对应的汇编指令。

习题 3.6：假设变量 a、b、c 分别读取到寄存器 R1、R2、R3 中，请写出下面这段程序对应的汇编指令。

```
if a < b
    c = a + b
else
    c = b
while c < 10
    c = c + 10
```

习题 3.7：有如下汇编代码：

```
mov R1,02h
____________            将寄存器 R1 中的值左移 1 位后存入寄存器 R2 中
____________            将寄存器 R2 中的值左移 2 位后存入寄存器 R3 中
add R4,R3,R2
```

(1) 根据旁边的注释，写出对应的汇编指令。

(2) 这 4 条指令执行结束后，各寄存器中的值为多少？

(3) 说明这段汇编代码完成的功能。

习题 3.8：假设变量 a、b 分别被读取到寄存器 R1、R2 中，请写出下面这段汇编指令完成了什么功能。

```
loop:
    slt R4,R1,0Ah
    beqz R4,label0
    add R1,R1,R2
    goto loop
label0:
    add R2,R2,01h
```

习题 3.9：假设寄存器 R1、R2 中的值分别为 20 和 30，执行完下面这段汇编指令后，主存中地址 1000 处存储的值是什么？

```
loop:
    slt R4,R2, R1
    beqz R4,label0
    add R1, R1, 15
    goto loop
label0:
    store (1000), R1
```

习题 3.10：假设变量 i、a、b 分别读取到寄存器 R1、R2、R3 中，分析下面这段汇编指令。

```
loop:
      slt R4,R1, 0Ah
      beqz R4,label0
      add R2, R2, R3
      sub R3, R3, 01h
      add R1, R1, 01h
      goto loop
label0:
```

(1) 说明这段汇编指令执行的功能。

(2) 假设变量 a 和 b 的值分别为 10 和 20，这段汇编指令执行完成后，寄存器 R2、R3 中的内容分别是多少？

习题 3.11：假设变量 a、b 分别存储在主存地址 1000、1008 处，现在要执行 a 右移 b 位的操作，并把结果存回地址 1024 处，写出相应的汇编指令。

习题 3.12：请写出下面程序中的局部变量、全局变量，并写出程序的运行结果。

```
a = 10
b = 30
def  func():
     global  a
     a = b
     print(a)
func()
print(a)
```

习题 3.13：在习题 3.12 的程序中，func()函数中去掉“global a”语句，程序的运行结果会有什么变化吗？

习题 3.14：请写出下面程序的运行结果。

```
a = 10
b = 30
def  func():
     global a
     a = a + b
     return a
b = func()
print(a,b)
```

习题 3.15：将习题 3.14 的程序稍做修改，请写出下面程序的运行结果。

```
a = 10
b = 30
def  func(a,b):
     a = a + b
     return a
b = func(a,b)
print(a,b)
```

习题 3.16：请写出下面程序输出的结果。

```
def  func(b):
     a = b + 10
     print(b)
     b = 15
     print(a,b)
func(20)
```

习题 3.17：结合栈的特点，讲一讲在进行函数调用时，为什么要用栈来保存调用函数的信息？

习题 3.18：请写出下面递归函数的输出结果。

```
def  func(a):
     if a == 1:
         return 1
     return a * func(a - 1)
b = func(5)
print(b)
```

习题 3.19：给定如下 Python 程序：

```
def  do_sub(y):
     z = 4
     z = y - z
     return z
x = do_sub(13)
```

(1) 画出调用 do_sub()函数后的栈帧示意图。

(2) 画出返回后的栈帧示意图。

习题 3.20：给定如下 Python 程序：

```
x = 3
y = 4
def  func():
     global  x
     x = y
     z = x * y
func()
```

画出调用 func()函数后的栈帧示意图。

习题 3.21：给定如下两个 Python 程序：

(1)
```
y = 5
def  func(z):
     global  x
     x = z - y
     print (x)
func(11)
```

(2)
```
def  func(z):
     y = 5
```

```
        x = z - y
        print (x)
    func(11)
```

（1）以上两个程序分别会输出什么？

（2）两个程序的栈帧中存储的数据相同吗？为什么？

第 4 章 学习 Python 语言

前面章节已经接触到一些 Python 程序,但并没有专门介绍 Python 语言。本章会引导大家学习 Python 中一些基础的语法,可以作为同学们编写 Python 程序时的参考。4.1 节将对比 Python 与 C/C++,来展示 Python 的简洁性;4.2 节将介绍 Python 的常用内置数据结构;4.3 节将介绍 Python 的赋值语句;4.4 节将分别介绍 if、while、for 三种结构控制语句;Python 的函数调用的具体过程将在 4.5 节介绍;除了内置的数据结构,Python 还支持自定义数据结构,这部分内容将在 4.6 节介绍。在学习 Python 语言的同时,本章也会介绍基本数据库方面的知识,这些知识主要从两方面教授:①Python 的字典就是个类似数据库关系的结构,利用唯一的"键"来获取字典内相关的信息记录;②4.7 节将介绍如何利用 Python 面向对象编程方式,来实现学生和课程数据库的功能。

同学们要将本书所有的例子都试一试,也可以自己改一改,这样一定能成为 Python 语言的专家。笔者在适当的位置会写上"经验谈",这些是笔者在使用 Python 语言时的一些经验体会,让学生在 Python 编程时能减少错误的一些金玉良言。

4.1 简洁的 Python

Python 对该问题的实现明显比 C 语言简单很多。首先来分析一下这两段代码的不同之处:

```
#<程序: c/c++数组各元素加 1 >
#include < stdio.h >
void main(){
    int arr[5] = {0,1,2,3,4};
    int i,tmp;
for(i = 0;i < 5;i++){
tmp = arr[i] + 1;
printf(" %d ",tmp);}
}
```

```
#<程序: Python 数组各元素加 1 >
arr  =  [0,1,2,3,4]
for e in arr:
    tmp = e + 1
        print (e)              #缩减太多了
```

(1) C 语言中，执行的代码必须要放置于函数中，而整个程序的入口地址是 main 函数；Python 并没有这样的强制规定。

(2) C 语言中所要使用的每一个变量都需要事先定义，并显示说明其类型，比如 i、tmp；而 Python 中只需要在使用时，用赋值号"＝"就可以了。

(3) C 语言在声明数组时，必须定义数组大小，例子中定义了一个大小为 5 的数组 arr；而 Python 没有这样的要求，直接定义数组元素即可。

(4) C 语言在遍历数组时，需要知道数组的大小以及计算索引值(Index)；而 Python 的 for 循环可以直接遍历列表中的每一个值，这种方式将能大大提高编程效率。

(5) C 语言中，每条语句必须以"；"分号结束；而 Python 没有这样的强行规定，如果一行要写多个语句，才必须用分号隔开，例如"tmp＝e＋1；print e"。

(6) 对于 C 语言，每一个语句块(函数、for 循环等)都需要用{}大括号；而 Python 并不需要。C 语言对每条语句的缩进没有硬性要求；而对于 Python 而言，同一个层次的语句必须要有相同的缩进。例如上述例子，C 语言是可以正常执行的，而 Python 则会报错。Python 强制要求有良好的缩进，其实也是对初学者养成良好的习惯的一种鞭策。

总结 Python 语言的几个突出的优点如下。

软件质量高：Python 高度重视程序的可读性、一致性。而且，Python 支持面向对象程序设计(Object-Oriented Programming，OOP)，使得代码的可重用性、可维护性更高。

提高开发效率：Python 语法简单，使用方便。开发时需要录入的代码量也相对小很多，因此在调试、维护时也更容易。

程序可移植性强：大多数的 Python 程序在不同平台上运行时，都不需要做任何改变。

标准库的支持：Python 提供了强大的标准库支持，支持一系列复杂的编程任务。在网站开发、数值计算等各个方面都内置了强大的标准库。

4.2 Python 内置数据结构

4.2.1 Python 基本数据类型

沙老师：CPU 只认识 0 与 1，程序怎么区分存放在内存中的 0 与 1 是什么呢？例如，地址 1000H 的内容为$(01100001)_2$，Python 如何知道这个单元存放的是字符"a"还是"97"呢？

数据类型！是数据类型决定了这个单元的内容是一个 ASCII 码的字符"a"，或者是一个整数"97"。用高中所学的集合来定义数据类型，它是一个集合以及定义在这个集合上的一组操作。例如，定义一个整数类型 I 如下：I 类型的数据集合为：Set＝{－32767，－32768，…，－1，0，1，2，…，32767，32768}，操作包括"＋、－、*、/、%"。回到沙老师的问题，如果指定地址为 1000H 的内存单元所存储的内容为 I 类型的数据，那么该内存单元存放的就是数值“97”。

通过前面章节出现过的 Python 例子,不难发现,最常用的数据类型主要包括:数值类型、布尔类型以及字符串类型。通常,每一门高级语言都会提供这些常见的数据类型,即内置数据类型。Python 提供了数值型、布尔型以及字符串等常用数据类型。本小节将分别讲述这三个内置数据类型。

1. 数值类型

通常,数值类型又可以分为整数、浮点数以及复数。本小节主要介绍常用的整数类型和浮点数类型,将分别从其数值集合和操作集合两个方面进行介绍。

(1) 整数类型(Integer)。

如 1、2、−3、100、9999 均为整数。在 Python 3.0 之后的版本中,整数类型的数值集合包括了所有的整数,并不会对整数的范围进行约束。这一点是非常有用的,在常见的编程语言中,单单是整数类型就可以分为 short、int、long,在这些语言中,整数所能支持的最大范围通常为−2 147 483 648～2 147 483 647。

Python 为这些数据类型提供的操作,包括从小学所学的数字操作符+、−、*、/、(),以及取余运算符“%”,例如 10%3 结果为 1。需要注意的是,除法“/”所得到的结果不是整数类型,而是浮点类型,比如 9/3,得到的是 3.0,要想得到整型 3,需要使用“//”运算符。另外,Python 还提供了幂运算(Power),使用“ ** ”运算符,比如需要计算 5^2 时,只需要输入 5 ** 2 即可。

(2) 浮点型(Float)。

如 5.0、1.6、200.985 等有小数部分的数值为浮点型。其操作符与整数类型类似,唯一需要注意的是“//”运算符在浮点数运算中所得到的结果仍是浮点数类型,不过与“/”不同的是它将舍去小数部分。

(3) 生成随机数(Random)。

在 Python 中,要产生随机数,首先要在文件首加上引入 random 模块的语句,即 import random。本小节分别介绍如何使用 Python 产生随机浮点数与随机整数。

```
#<程序: 产生 10 - 20 的随机浮点数>
import random
f = random.uniform(10,20)
print(f)
```

```
#<程序: 产生 10 - 20 的随机整数>
import random
i = random.randint(10,20)
print(i)
```

上边程序使用了 random. uniform(a,b)函数,该函数将生成一个介于 a、b 之间的浮点数。而下边程序为生成随机整数的函数: random. randint(a,b),该函数将产生一个介于[a,b](包含 a 和 b)的随机整数。

2. 布尔型(Bool)

在生活中经常对某个疑问做出"Yes"和"No"或"是"和"不是"的回答,在数学中,对判断会做出"对"和"错"的回答。为了在计算机语言中规范这种表达,如结果是肯定的用"True"表示,如结果是否定的用"False"来表示。例如:

```
#<程序: 布尔类型例子>
b = 100 < 101
print (b)
```

这里,b 是布尔类型变量,b=100<101 为布尔表达式,运行此段程序,将输出 True。布尔型变量只有两种可能值: True 或 False。Python 提供一整套布尔比较和逻辑运算,<、>、<=、>=、==、!=分别为小于、大于、小于或等于、大于或等于、等于、不等于 6 种比较运算符,以及 not、and、or 等逻辑运算符。

3. 字符串类型(String)

字符串是字符的序列,在 Python 中有多种方式表示字符串,本节仅介绍最常用的两种: 单引号与双引号。回顾本书中第 1 章 Hello world 的例子,在打印 Hello world 时,使用了 print("Hello world!")。这里采用了双引号来表示字符串类型,单引号'Hello world!'也可以表示字符串类型。

如果输入的字符串用双引号表示,而字符串中有单引号,Python 就会打印出双引号中的所有字符串。如下:

```
>>> "book's price"
"book's price"
```

可能有同学会问: 如果输入的字符串用单引号表示,而字符串中也有单引号,会出现什么情况呢?

```
>>> 'book's price'
SyntaxError: invalid syntax
```

Python 会报错: 无效的语法。这种写法在 Python 中是不合理的,因为 Python 无法判断 book 后面的单引号是字符串的结尾,还是字符串中的符号。这时需要用反斜线"\"将字符串中的单引号进行转义。如下:

```
>>> 'book\'s price'
"book's price"
```

同理,如果输入的字符串用双引号表示,而字符串中也有双引号,Python 也会报错。这时就需要用转义字符"\"将字符串中的双引号进行转义。

经 验 谈

使用“//”做整数除法：两个整数相除要得到整数，使用“//”而不是“/”。

【例 4-1】 求 1000 除以 5 得到结果的数值位数。

```
res = 1000/5; print(len(str(res)))
```

注解：1000/5=200，结果却输出了 5，这是因为 res 是浮点数 200.0。

练习题 4.2.1：输入"he says:\"go\""，结果会输出什么？

练习题 4.2.2：输入'he says:"go"'，结果会输出什么？

练习题 4.2.3：在本书前言有一个例子，显示出一个语言的实现细节会导致结果与数学是不一致的，请解释为什么。

```
>>> x1 = 123456789
>>> x2 = 2097657821235948841
>>>  y = 19
>>>  z1 = x1 * y
>>>  z2 = x2 * y
>>> int(z1/y)                                       # int(x)代表是取 x 为整数的值
123456789                                           # 正确,等于 x1
>>>  int(z2/y)
097657821235948800 # 竟然不等于 x2,请问要如何写使得 z2/y == x2
```

4.2.2 列表

本小节将介绍 Python 中另一个十分常用的序列——列表(List)。字符串的声明是在“”或者‘’内的，对于列表，它的声明形式为：L=[ ]。执行这条语句时，将产生一个空列表。列表中的元素以“,”相间隔，例如，语句 L=[1,3,5]定义了一个含有三个元素的列表，元素之间用“,”相间隔。

来回顾一下第 2 章所讨论过的数组，数组(Array)是由有限个元素组成的有序集合，用序号进行索引。事实上，列表就类似数组这个数据结构，它为每个元素分配了一个序号。在 Python 中，将这种有顺序编号的结构称为“序列”，序列主要包括列表、元组、字符串等，本小节将介绍通用的序列操作以及列表，元组可以看成是不可以修改的列表，字符串的操作将在 4.2.3 小节进行介绍。

需要注意的是，不同于数组，列表中的元素类型可以是不一样的，也就是说，列表中的元素可以是整数型、浮点型、字符串，还可以是列表。例如，L=[1,1.3,'2',"China",['I','am','another','list']]。这将给编程者带来许多便利，即可将不同元素类型融合到一个列表中。同时，需要提醒读者的是，在对列表元素进行操作时，一定要注意元素类型，例如上述的 L，L[0]+L[2]操作将产生错误，因为整数型不能与字符串相加，而 str(L[0])+L[2]与 L[0]+int(L[2])都是正确的，不过第一个表达式得到的结果为 12，而第二个得到的结果为 3。

在对列表有了初步了解后，本小节将从以下三个方面对列表进行介绍。

1. 序列的通用操作与函数

表 4-1 给出了通用的序列操作。

表 4-1 通用序列操作

序号	操作符	说明
1	seq[index]	获得下标为 index 的元素
2	seq[index1:index2(:stride)]	获得下标从 index1 到 index2 的元素集合,步长为 stride
3	seq1 + seq2	连接序列 seq1 和 seq2
4	seq * expr	序列重复 expr 次
5	obj in seq	判断 obj 元素是否包含在 seq 中

(1) 索引。

序列中的所有元素都是有索引号的(注意:索引号是从 0 开始递增的)。这些元素可以通过索引号分别访问。如<程序:序列索引>所示,L 是列表类型的变量,而程序中只打印出该列表的第一个元素。这时,就可以使用下标操作符"[index]"来获取,index 称为下标。

```
#<程序:序列索引>
L = [1,1.3,"2","China",["I","am","another","list"]]
print(L[0])
```

该程序将输出整数 1。Python 的下标操作符有一个很强大的功能,即索引值为负数时,它表示从序列最后一个元素开始计数,例如,L[-1]可以获得 L 的最后一个元素。

需要注意的是,如果下标值超出了序列的范围,Python 解释器将会报错,提示下标超出范围。比如,L 的合法范围是[-5, 4]。

(2) 分片。

Python 对序列提供了强大的分片操作,运算符仍然为下标运算符,而分片内容通过冒号相隔的两个索引来实现。例如,L[index1:index2]:index1 是分片结果的第 1 个元素的索引号,而 index2 的值减去 1 是分片结果的最后一个元素在序列中的索引号。如果只希望获得 L 中的三个元素:"2","China",和["I","am","another","list"],L[2:5]即可实现。如果 index2≤index1,那么分片结果将为空串。

如果将 index2 置空,分片结果将包括索引为 index1 及之后的所有元素。所以,要打印出 L 中的"2","China",["I","am","another","list"],还可以使用 L[2:]实现。index1 也可以置空,表示从序列开头 0 到 index2 的分片结果。而当 index1 与 index2 都置空时,将复制整个序列,例如 L[:](注意:这是很有用的复制一个列表的方式)。

分片操作的形式还可以是 L[index1:index2:stride],第三个数 stride 是步长,在没有指定的情况下,默认为 1。如果步长大于 1,那么就会跳过某些元素,例如,要得到 L 的奇数位的元素时,L[::2]即可实现。需要注意的是,步长不能为 0,但可以为负数,表示从右向左提取元素。例如,L[-1: -1-len(L): -1]会产生最后一个元素开始往前到第一个元素的序列,len(L)函数返回序列 L 的长度。注意,分片操作是产生新的序列,不会改变原来的序列。

(3) 加法。

两个整数类型相加是整数值做加法,而对于两个序列,加法则表示连接操作,需要注意的是,进行操作的两个序列必须是相同类型(字符串、列表、元组等)才可以进行连接。比如,L1 为[1,1.3],L2 为["2","China",["I","am","another","list"]],连接两个序列并输出,程序如下:

```
#<程序: 序列加法>
L1 = [1,1.3]
L2 = ["2","China",["I","am","another","list"]]
L = L1 + L2
print(L)
```

(4) 乘法。

序列的乘法表示将原来的序列重复多次。例如 L=[0]*100 会产生一个含有 100 个 0 的列表。这个操作对初始化一个有足够长度的列表是有用的。

(5) 检查某个元素是否属于序列。

要判断某个元素是否在序列中,可以使用 in 运算符,其返回值为一个布尔值,如果为 True,表示元素属于序列。例如要判断 China 是否属于 L,可以使用"China" in L 实现。

要实现相反的操作,即判断某个元素是否不在序列中,可以使用 not in 运算符。

序列除了拥有如上所列的通用操作之外,Python 还为序列提供了一些实用函数,以实现一些常用功能,比如求一个序列包含的元素数量,序列中的最大值、最小值,以及求和等操作。常用函数如表 4-2 所示。

表 4-2 通用序列函数

序号	函数	说明
1	len(seq)	返回序列 seq 的元素个数
2	min(seq)	返回序列中的"最小值"
3	max(seq)	返回序列中的"最大值"
4	sum(seq[index1:index2])	序列求和(注:字符串类型不适用)

2. 列表的专有方法

除了实现序列的通用操作及函数外,列表还提供了额外的很多方法(Method),这里所说的方法事实上与函数是一个概念,不过,它是专属于列表的,其他的序列类型是无法使用这些方法的。

这些专用方法的调用方式也与表 4-2 所示的通用序列函数调用方式不同。如果要统计列表 L 的长度,使用表 4-2 中的 len 函数,其调用语句为 len(L),这个函数调用意味着要将 L 作为参数传递给 len 函数。但是,如果是要使用列表的专用方法时,方法的调用形式是 L.method(parameter),其中 parameter 不包含 L,在调用这些专用方法时,并不会显式地传递 L。另外需要注意的是,这里使用了"."操作符,该操作符意味着要调用的方法是列表 L 的方法。举个例子,列表有一个 append(e)方法,该方法的作用是将 e 插入列表 L 的末尾,下面程序段实现了将"Hello world!"插入 L。

```
#<程序：字符串专用方法调用>
L=[1,1.3,"2","China",["I","am","another","list"]]
L.append("Hello world!")
print(L)
```

如果对一个非列表类型的变量，如元组、字符串，调用 append 方法，Python 将会报错，因为这些序列并没有定义属于列表的专用方法，当然，这些序列也有自己专用的方法。表 4-3 给出了列表的常用方法，操作的初始列表为 s=[1,2]，参数中的[]符号表示该参数可以传递也可以不传递，如 L. pop()，若不传递参数，s 将最后一个元素弹出，否则 L. pop(i)将弹出 L 中第 i 号位置的元素。

表 4-3　列表常用方法

	函　数	作用/返回	参　数	结果
1	s. append(x)	将一个数据添加到列表 s 的末尾	'3'	[1,2,'3']
2	s. clear()	删除列表 s 的所有元素	无	[]
3	s. copy()	返回与 s 内容一样的列表	无	[1,2]/[1,2]
4	s. extend(t)	将列表 t 添加到列表 s 的末尾	['3','4']	[1,2,'3','4']
5	s. insert(i, x)	将数据 x 插入 s 的第 i 号位置	0,'3'	['3',1,2]
6	s. pop(i)	将列表 s 第 i 个元素弹出并返回其值	1 或无	[1]/2
7	s. remove(x)	删除列表 s 中第一个值为 x 的元素	1	[2]
8	s. reverse()	反转 s 中的所有元素	无	[2,1]

经　验　谈

经验谈 A　尽量少用 list 的 extend 方法。因为使用 extend 方法所得到的结果与 s+=t 是一样的。但是 s=s+t 和 s+=t 还是有些不一样的。我们在赋值的那一节会详细解释。基本上 s+=t 是直接在 s 上面加上 t。而 s+t 是产生一个崭新的列表，和原来的 s 存储是分开的。

经验谈 B　慎用列表自身提供的方法。这些方法（或叫函数）除了 s. copy 外，都会改变原列表 s 的内容，所以一定要慎重地使用。

经验谈 C　利用列表的“+”操作来产生新的列表。也就是要尽量不改变原来列表的内容。例如，请问 s. append(x)和 s+[x]的差别在哪里？看起来好像一样，其实差别是很大的，s. append(x)是把 x 加入 s 列表的最后，会改变 s 列表的内容，而 s+[x]是产生一个新列表，不会改变原来 s 列表的内容。以后章节会仔细讨论函数的参数是列表时的情形，各位记得尽量用新列表来做参数传递，这样就能保证不管函数内的操作是什么，都不会改变原来列表内容了。经验谈大家要牢记在心，就能减少很多 Python 的编程错误了。

练习题 4.2.4：前面讲到栈(Stack)的操作，栈是一种先进后出的数据结构，有 push()和 pop()的操作。假如栈是个列表，那么如何简单地实现 push 和 pop 操作？

练习题 4.2.5：L.reverse()和 L[-1:-1-len(L):-1]的差别在哪里？

练习题 4.2.6：假如要除去 L 中所有是 x 的元素，要怎么办？

练习题 4.2.7：如何用 L.insert(i,x)实现 L.append(x)？

3. 列表的遍历

遍历，即要依次对列表中的所有元素进行访问(操作)，对列表这种线性数据结构最自然的遍历方式就是循环。在前面章节提到过，Python 提供 while 以及 for 两种循环语句，本小节将首先简单回顾这两个循环语句的使用。然后，分别使用这两种循环语句对列表进行遍历。

(1) while 循环。

while 循环的一般格式如下：首行会对一个 bool 变量< test1 >进行检测，下面是要重复的语句块<语句块 1 >，在执行完<语句块 1 >后重新回到 while 首行，检查< test1 >的值。最后有一个可选的 else 部分，如果在循环体中没有遇到 break 语句，就会执行 else 部分，即<语句块 2 >。

```
while < test1 >:
    <语句块 1 >
else:
    <语句块 2 >
```

(2) for 循环。

for 循环的一般格式如下：首行会定义一个赋值目标< target >，in 后面跟着要遍历的对象< object >，下面是想要重复的语句块。同 while 循环一样，for 循环也有一个 else 子句，如果在 for 循环的结构体中没有遇到 break 语句，那么就会执行 else 子句。

```
for < target > in < object >:
    <语句块 1 >
else:
    <语句块 2 >
```

执行 for 循环时，对象< object >中的每一个元素都会赋值给目标< target >，然后为每个元素执行一遍循环体。赋值目标< object >可以是一个新的变量名，它的作用范围就是所在的 for 循环结构。

(3) 遍历列表。

思考如下问题：对列表 L=[1,3,5,7,9,11]进行遍历，要求每次输出所遍历到的元素值加 1。下面分别使用 while 循环与 for 循环对这个问题进行实现。

```
#<程序：while 循环对列表进行遍历>
L = [1,3,5,7,9,11]
mlen = len(L)
i = 0
while(i < mlen):
    print(L[i] + 1)
    i += 1
```

```
#<程序：for 循环对列表进行遍历>
L = [1,3,5,7,9,11]
for e in L:
    e += 1
    print(e)
```

从上面两个例子可以看出，对列表进行遍历，for 循环比 while 循环更容易。

也可以利用前面讲的分片技巧来完成遍历部分元素。例如 L=[1,2,3,4]，"for e in L[-1:-5:-1]"语句会从最后一个元素开始反向遍历所有元素。

另外用 range()函数也可以产生遍历的索引，例如 range(0,len(L))就产生了从 0 开始到(len(L)-1)的全部索引。而 range(len(L)-1,-1,-1)就产生了从 len(L)-1 开始到 0 的索引。也可以用 list(range(0,x))来产生一个从 0 到 x-1 的列表[0,1,2,…,x-1]。range()函数应用很广，在后面讲述 for 循环结构时我们会详细讲述 range()函数。

4.2.3 再谈字符串

细心的同学会发现，4.2.1 节只介绍了字符串的表达方式，并没有给出字符串的操作。数值类型有+、-、*、/等操作，布尔型有 not、and、or 等逻辑运算符，同样，字符串也有其运算符，功能甚至远远超过其他两种数据类型。事实上，在 4.2.2 节中提到，字符串同列表一样，也是一个序列。

同列表一样，字符串也实现了序列的通用操作与函数。但是需要注意的是，字符串内容不可改变(immutable 变量)。字符串对某一个索引所在位置进行赋值是不允许的，例如，s="Hello world?"，想要将"?"改为"!"，如果使用 s[11]='!'，这是不允许的。另外，在列表中，一个列表变量调用自己的专用方法，将反映到列表本身，但在字符串中，调用其专用方法，其自身的内容是不变的。

1. 字符串专用方法

除了实现序列的通用操作及函数外，字符串类型还提供了额外的很多实用方法(Method)，表 4-4 给出了字符串常用的 10 个方法并给出了相应的范例。例子中，str="HELLO"，参数中的[ ]表示调用方法时，该参数可以传递也可以省略。比如 str.count('O')与 str.count('O',2)，以及 str.count('O',2,4)的语法都是正确的，但是第一个调用表示统计整个字符串中的"O"，第二个调用表示统计从 2 号索引开始到结束出现"O"的次数，而第三个调用表示统计 str 中索引为 2、3 位置"O"出现的次数。

表 4-4 字符串常用方法

	函　　数	作用/返回	参数	print 结果
1	str.capitalize()	首字母大写、其他小写的字符串	无	"Hello"
2	str.count(sub[, start[, end]])	统计 sub 字符串出现的次数	'O'	1
3	str.isalnum()	判断是否是字母或数字	无	True
4	str.isalpha()	判断是否是字母	无	True
5	str.isdigit()	判断是否是数字	无	False

续表

	函　数	作用/返回	参数	print 结果
6	str. strip([chars])	开头、结尾不包含 chars 中的字符	'HEO'	'll'
7	str. split([sep], [maxsplit])	以 sep 为分隔符分割字符串	'll'	['HE','O']
8	str. upper()	返回字符均为大写的 str	无	"HELLO"
9	str. find(sub[, start[, end]])	查找 sub 第一次出现的位置	'll'	2
10	str. replace(old, new[, count])	在 str 中,用 new 替换 old	'l','L'	"HELLO"

再次提醒注意,上述 str 的专用方法并不改变 str 字符串的内容。如果希望 str 变为返回的字符串,可以用 str=str. method(…)语句将返回的字符串赋值给 str。

经　验　谈

经验谈 A　字符串使用场景。

字符串的操作主要是用在输入和输出上,因为 Python 的输入函数 input()是返回字符串,程序一般是把输入的字符串转化为其他可改变的数据结构来操作,例如列表。下面会讨论这个转换。

经验谈 B　多动手,少依靠所提供方法。

在初学 Python 时应该尽量自己写程序来完成一些字符串的简单操作,当作练习,而不要调用这些函数。

```
def isdigit(s):
    for i in s:
        if i<= '9' and i >= '0': continue
        else: return(False)
    return(True)

s = "12451234"
print(isdigit(s))
```

2. 字符串类型与数值型相互转化

在编程过程中,常遇到的一个问题是字符串类型与数值类型之间进行转换。

首先讨论如何将数值类型转化为字符串类型,函数 str()可以实现这个功能,例如执行语句"s=str(123.45)"后,s 的值为 123.45。

将字符串类型转化为数值类型就有些复杂了。我们知道,数值类型可以分为整数类型和浮点数类型。将字符串类型转换成相应的数值类型则需要调用相应的转换函数。例如,int()函数可以将字符串转化为整数,float()函数可以将字符串转化为浮点数。比如 str="123",那么 int(str)的返回值为 123;如果 str="123.45",那么 float(str)的返回值为 123.45。

3. 字符串如何转化为列表

字符串转化为列表也是十分常用的一个操作,本小节将讲解如何将字符串转化为列表。

如果希望将字符串的每一个字符作为一个元素保存在一个列表中，可以使用 list()函数，比如 str="123, 45"，list(str)的返回值为['1','2','3',',','','4','5']。注意逗号“,”和空格“”都当作一个字符。

如果希望将字符串分开，那么可以使用字符串专用方法 split。例如，str="123, 45"，要将其以“,”分割，使用 L=str. split(",")便可实现，其返回值是一个列表["123","45"]。需要注意的是，得到的列表中每个元素都是字符串类型，空格仍然在字符串“45”里面。如果要得到整数类型的，还需要将字符串转化为数值，例如，使用语句 L=[int(e) for e in L]可将 L=["123","45"]转化为单纯的整数列表 L=[123,45]。

经 验 谈

将输入字符串转化为列表：假设输入一串整数如“1,2, 3,4”，要将这个字符串转化为整数列表以便操作，可以使用如下两种方式。

```
#第一种方式
S = input("1. Enter 1,2, , , :")#Enter: 1,2,3,4
L = S.split(sep = ',')      #['1','2','3','4']
X = []
for a in L:
    X.append(int(a))
print("Use split:", X)

#第二种方式
S = input("2. Enter 1,2, , , :")#Enter: 1,2,3,4
L = S.split(sep = ',')      #['1','2','3','4']
L = [int(e) for e in L]
print("Use split and embedded for:", L)
```

练习题 4.2.8：输入一个字符串，内容是带小数的实数，例如“123.45”，输出是两个整数变量 x 和 y，x 是整数部分 123，y 是小数部分 45。可以用 split 函数来完成。

练习题 4.2.9：写 Python 程序 find(s,x)来完成 s. find()函数的基本功能。计算 x 字符串在 s 字符串中出现的开始位置。x 没有在 s 中出现的话，返回−1。

练习题 4.2.10：在 find()的基础上，写 Python 程序来完成 replace(s,old,new)函数的功能，将所有在 s 中出现的 old 字符串替换成 new 字符串。

练习题 4.2.11：在 find()的基础上，写 Python 程序来完成 count(s,x)函数的基本功能，计算所有在 s 中出现的 x 字符串的个数。注意，计算 x 出现的个数时每一个字符不能重复计算。例如，s="222222",count(s,"222")是 2，而不是 4。

4.2.4 字典——类似数据库的结构

字符串、列表、元组都是序列，而 Python 的基本数据结构除了序列外，还包括映射。简单来说,序列中存放的每个数据都是单独的一个元素,数据和数据之间没有直接的联系。比如 s="Hello world!"这个例子中,字符串 s 是一个序列,它包含了 12 个单独的数据元素:'H','e','l'……但是,如果要存储映射关系,单个序列是做不到的。

而映射(Mapping)这个数据结构就是用来完成此任务的,回忆一下高中所学的函数概念。

定义 设 X、Y 是两个非空集合,如果存在一个法则 f,使得对 X 中每个元素 x,按法则 f,在 Y 中有唯一确定的元素 y 与之对应,则称 f 为 X 到 Y 的映射,记作:$f: X \rightarrow Y$。集合 X 为 f 的定义域(Domain),集合 Y 为 f 的值域(Range),要注意的是对映射 f,每个 $x \in X$,有唯一确定的 $y=f(x)$ 与之对应。也就是说,映射可以是一对一映射,也可以是多对一映射。

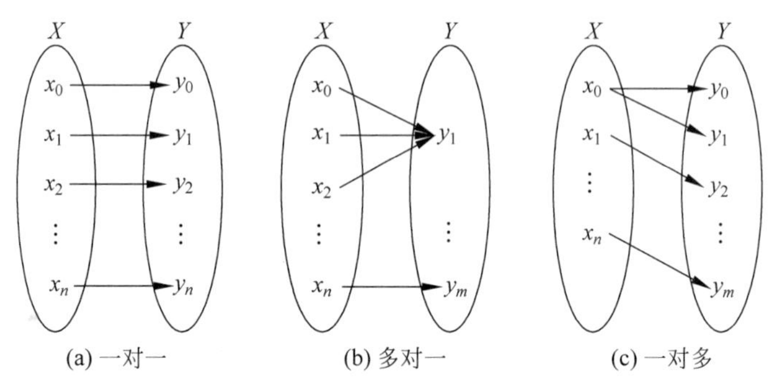

图 4-1 X、Y 集合的对应关系

根据映射的定义,图 4-1(a)、图 4-1(b)均为映射,而图 4-1(c)不是映射。在 Python 中,映射数据类型也满足这个定义。

字典(Dictionary)是 Python 中唯一的映射类型。字典的形式为{ }。同列表一样,Python 中既可以创建空字典,也可以直接创建带有元素的字典。字典中的每一个元素都是一个键值对(key: value),而键(key)在字典中只会出现一次,也就是大家知道函数是不可以有一对多的映射关系。键是集合 X 中的一个元素,而 value 指的是集合 Y 中的一个元素,而 f(key)=value。比如要存放 Hello 中每个字符出现的频次数,mdict = {'H':1, 'e':1, 'l':2, 'o':1},这个例子中 X={'H', 'e', 'l', 'o'},Y={1,2},而 mdict('H')=1,mdict('l')=2,…

> **小明**:字典只能是一对一或多对一的映射,如果我的 mdict 是如下形式:mdict = {'H':1, 'e':1, 'l':2, 'o':1, 'H':2},会不会出错呢?
>
> **阿珍**:不会的,当后出现的键值对的 key 已经出现过,那么将会覆盖原来键值对中该键所对应的值。

Python 中提供字典这个映射类型,使得 Python 对数据的组织、使用更加灵活。Python 字典是符合数据库数据表格的概念,它能够表示基于关系模型的数据库,即关系数据库,而现在主流的数据库 Oracle、DB2、SQL Server、Sybase、MySQL 等都是关系数据库。为了理解 Python 的字典类型如何表示关系模型,下面将介绍关系数据库中的基本概念。

关系模型中最基本的概念是关系(Relation)。表 4-5 给出的"字符频次表"就是一个关系。关系中的每一行(Row)称为一个记录;每一列(Column)称为一个属性。在每一个关系结构中,我们必须要有"键"作为寻找记录的依据。所以必须有某一个属性或者属性组的值在这个关系表中是唯一的,这个属性或属性组称为该关系的键。例如,(H,1,0.2)为一个元组,该关系一共有三个属性:字符、频次、频率;用字符属性可以对应某一个特定记录。

表 4-5　字符出现频次表

字符	频次	频率
H	1	0.2
e	1	0.2
l	2	0.4
o	1	0.2

字典中的键值对对应于关系中的记录;键对应于关系中的键;值可以对应于关系中的属性。我们用 $f(x)=y$ 来表示关系,在 Python 字典中是可以很灵活地定义 x 和 y 的结构。x 可以是 Python 的元组类型(不可以修改的列表),y 可以是列表或字典类型。这就相当于当关系中的键 x 由多个属性组成时,在 Python 中可以用元组的方式来表示 x。当对于属性 y 有多个值时,Python 中也可以用列表或字典的形式来表示 y。

表 4-5 中的关系可使用 Python 中的字典进行存放,如:mdict = {'H':[1,0.2], 'e':[1,0.2], 'l':[2,0.4], 'o':[1,0.2]},这时,mdict['H'][1]即为字母 H 出现的频率。对于该关系,Python 还有另一种表达形式,即 $f(x)=y$ 中的 y 还可以是字典类型,如:mdict2={'H':{'count':1,'freq':0.2},'e':{'count':1,'freq':0.2},'l':{'count':2,'freq':0.4},'o':{'count':1,'freq':0.2}},这时,mdict2['H']['freq']表示字母 H 出现的频率。第一种方式,要获取一个记录的某个属性,需要知道该属性在记录中的索引顺序;而第二种方式,要获取一个记录的某个属性,需要给出属性名。

与序列一样,映射也有内置操作符与内置函数,最常用的内置操作符仍然是下标操作符[],例如 mdict['H']将返回键'H'所对应的 value,即 1。操作符[]也可以作为字典赋值使用。例如,mdict['H']=1,假如 mdict 里面没有 H 这个键,就会将'H':1 加入 mdict 里面,假如有 H 这个键,其值就被更改为 1 了。另外,in 与 not in 在字典中仍然适用,例如"'o' in mdict"将返回 True,而"'z' in mdict"将返回 False。最常用的函数是 len(dict),它将返回字典中键值对的个数,例如,len(mdict)将返回 4。

除了映射的内置操作与函数外,字典类型也提供了的很多专用方法,表 4-6 列出了字典常用的 9 个方法,以 mdict = {'H':1,'e':2}为例。

表 4-6　字典常用的方法

	函　数	作用/返回	参数	结　果
1	mdict.clear()	清空 mdict 的键值对	无	{}
2	mdict.copy()	得到字典 mdict 的一个备份	无	{'H':1,'e':2}
3	mdict.items()	得到一个 list 的全部键值对	无	[('H',1),('e',2)]
4	mdict.keys()	得到一个 list 的全部键	无	['H','e']
5	mdict.update([b])	以 b 字典更新 a 字典	{'H':3}	{'H':3,'e':2}
6	mdict.values()	得到一个 list 的全部值	无	[1,2]
7	mdict.get(k[, x])	若 mdict[k]存在则返回,否则返回 x	'o',0	0
8	mdict.setdefault(k[, x])	若 mdict[k]不存在,则添加 k:x	'x':3	{'H':1,'e':2,'x':3}
9	mdict.pop(k[, x])	若 mdict[k]存在,则删除	H	{'e':2}

【例 4-2】 统计给定字符串 mstr="Hello world, I am using Python to program, it is very easy to implement."中各个字符出现的次数。

要完成这项任务,要对字符串的每一个字符进行遍历,将该字符作为键插入字典,或更新其出现次数。在 4.2.3 节中,介绍了如何将字符串转化为列表,这里将使用这些技巧。实现如下:

```
#<程序: 统计字符串中各字符出现次数>
mstr = "Hello world, I am using Python to program, it is very easy to implement."
mlist = list(mstr)
mdict = {}
for e in mlist:
    if mdict.get(e, - 1) == - 1:        #还没出现过
        mdict[e] = 1
    else:                               #出现过
        mdict[e] += 1
for key,value in mdict.items():
    print (key,value)
```

经　验　谈

经验谈 A 统一列表元素类型。

(1) 列表中的元素进行运算时要注意元素类型。

【例 4-3】 要求写一个函数,输入为一个列表 L,求 L 中所有元素的和。

```
def getSum(L):
    msum = L[0]
    for e in L[1:]:
        msum = msum + e
    return msum
```

注解:L 中元素类型不一样会带来不同结果,考虑以下三个列表:

L1=[1,2,3,4,5],L2= ['1','2','3','4','5'],L3=[1,2, '3','4',5]

则 getSum (L1)=15,getSum(L2)= '12345',而 getSum(L3)程序运行时出错。如果将 msum = L[0]改为 msum=int(L[0]),循环中的 e 改为 int(e),则答案统一为 15。

(2) 字典中 key 的类型不同也会带来不同的结果。如下:

```
M = {1:'A','2':'B'}
print(M.get(2))
```

该段程序会输出 None,而不是期待的 B。

经验谈 B 列表、字典与字符串,mutable 变量与 immutable 变量:当变量调用专有方法时,注意变量本身是否改变。

【例 4-4】 L=[1,2,3,4,5]是从小到大排好序的列表,要求输出从大到小的列表,再输出最小值。

```
L = [1,2,3,4,5]; L2 = L
L2.reverse()                    # 调用 reverse 时,L 和 L2 的内容都改变了,L2 = L = [5,4,3,2,1]
print(L2)
print(L[0])                     # 所以当前的 L[0]并不是最小值 1
```

建议:在需要得到一个新的序列时,推荐使用切片或者 list 得到原列表的备份。这个例子中,正确的方法是 L2=L[:]。

【例 4-5】 S='abcd',要得到 S 的第一个元素的大写形式。

```
s = "abcd"; s.upper(); print(s[0])
```

注解:输出的仍然为'a',因为字符串调用方法时不会改变自身内容。正确的使用方法为:

```
s = "abcd"; tmps = s.upper(); print(tmps [0])
```

Python 中常用 mutable 与 immutable 类型的分类。mutable 类型有:列表、字典、自定义类。immutable 类型有:整数、浮点数、字符串。

练习题 4.2.12:将一篇文章存储于一个字符串中,统计每个单词出现的次数。

提示:在 4.2.4 节的例子中,统计字符出现的次数需要将字符串的每一个字符存入一个 list 中,本题中,需要将每一个单词存入 list,并去掉标点符号。

练习题 4.2.13:请给出如下两段程序的输出结果。

```
#程序 1
d_info1 = {'XiaoMing':[ 'stu','606866'],'AZhen':[ 'TA','609980']}
print(d_info1['XiaoMing'])
print(d_info1['XiaoMing'][1])
#程序 2
d_info2 = {'XiaoMing':{ 'role': 'stu','phone':'606866'},
'AZhen':{ 'role': 'TA','phone':'609980'}}
print(d_info2['XiaoMing'])
print(d_info2['XiaoMing']['phone'])
```

提示:字典中也可以嵌套字典或列表。字典的嵌套和列表的嵌套有相似之处,列表通过索引来获取子列表中元素,而字典通过键来获取。

练习题 4.2.14:输入以下语句,Python 会输出什么?

```
#程序 1
di = {'fruit':['apple','banana']}
di['fruit'].append('orange')
print(di)
#程序 2
D = {'name':'Python','price':40}
D['price'] = 70
print(D)
del D['price']
```

```
print(D)
#程序 3
D = {'name':'Python','price':40}
print(D.pop('price'))
print(D)
#程序 4
D = {'name':'Python','price':40}
D1 = {'author':'Dr.Li'}
D.update(D1)
print(D)
```

提示：与列表相同，字典也是可变的。除了在字典中添加元素外，还可以修改、删除字典中某个键对应的值。字典的 update 方法并不是更新某一个键对应的值，而是合并两个字典。

练习题 4.2.15：请用 Python 字典表示如下关系。

学　生　表

学号	姓名(name)	入学年份(year)
1	Aaron	2012
2	Abraham	2014
3	Andy	2013
4	Benson	2014

4.3　Python 赋值语句

赋值语句是程序语言中最基本的语句，通常用于给变量赋值。Python 中创建一个变量，不需要声明其类型。如在 C/C++等语言中，定义一个整数 i，并为其赋值 10。语句如下：

```
int i;
i = 10;
```

而在 Python 中，只需要一条语句 i=10 即可。本节将介绍 Python 中常见的几种赋值语句。

4.3.1　基本赋值语句

基本形式的赋值语句就是"变量 x=值"。例如，给变量 x 和 y 分别赋值为 1 和 2，将相加后的结果赋给变量 k，并打印出 k 的值：

```
#<程序：基本赋值语句>
x = 1; y = 2
k = x + y
print(k)
```

运行结果：

```
3
```

4.3.2 序列赋值

Python 中支持序列赋值，可以把赋值运算符“＝”右侧的一系列值，依次赋给左侧的变量。“＝”的右侧可以是任意类型的序列，如元组(对象的集合)、列表、字符串，甚至序列的分片。“＝”左侧还支持嵌套的序列。如下：

```
#<程序：序列赋值语句>
a,b = 4,5
print(a,b)
a,b = (6,7)
print(a,b)
a,b = "AB"
print(a,b)
((a,b),c) = ('AB','CD')                    #嵌套序列赋值
print(a,b,c)
```

运行结果：

```
4 5
6 7
A B
A B CD
```

经 验 谈

交换两个变量的值：Python 可以简单使用序列赋值语句就能实现对两个变量值的交换。比如，变量 a=10，b=5，要对变量 a 与 b 的值进行交换，实现如下：

```
a,b = b,a
```

而其他语言，例如 C、C++、Java 等语言，必须要利用一个额外变量 t。实现如下：

```
t = a; a = b; b = t
```

4.3.3 扩展序列赋值

在之前的序列赋值中，赋值运算符左侧的变量个数和右侧值的个数总是相等的。如果不相等，Python 就报错。Python 中使用带有星号的名称，如 *j，实现了扩展序列赋值。

```
#<程序：扩展序列赋值语句>
i, *j = range(3)
print(i,j)
```

运行结果：

```
0, [1,2]
```

正如所看到的,不带星号的变量会先匹配相应的内容,而带星号的变量会自动匹配所有剩下的内容。

4.3.4 多目标赋值

多目标赋值语句可以把变量值一次性赋给多个变量。如下:

```
#<程序: 多目标赋值语句 1>
i = j = k = 3
print(i,j,k)
i = i + 2 # 改变 i 的值,并不会影响到 j, k
print(i,j,k)
```

运行结果:

```
3 3 3
5 3 3
```

这里,变量 i 加 2,并不会使得 j 和 k 加 2,这是因为 i、j 为 immutable 对象。但如果赋值运算符"="的右侧是 mutable 对象(如列表、字典等),变量 i 通过调用自身的专用方法而进行改变会影响变量 j 的内容,程序如下:

```
#<程序: 多目标赋值语句 2>
i = j = []          #[]表示空的列表,定义 i 和 j 都是空列表,i 和 j 指向同一个空的列表地址
i.append(30)        #向列表 i 中添加一个元素 30,列表 j 也受到影响
print(i,j)
i = [];j = []
i.append(30)
print(i,j)
```

运行结果:

```
[30] [30]
[30] []
```

4.3.5 增强赋值语句

增强赋值语句是从 C 语言借鉴而来,实质上是基本赋值语句的简写。通常来说,增强赋值语句的运行会更快一些。将变量 x 加 y 赋给变量 x,基本赋值语句为:

```
x = x + y
```

增强赋值语句则为:

```
x += y
```

相应地,还有+=, *=, -=等等。

```
#<程序: 增强赋值语句 1>
i = 2
i *= 3                          #等价于 i = i * 3
print(i)
```

运行结果：6

对其中一个 mutable 对象的修改，会影响到其他变量。而使用增强赋值语句，也会引起这类问题。

```
#<程序: 增强赋值语句 2>
L = [1,2]; L1 = L; L += [4,5]
print(L,L1)
```

运行结果：[1, 2, 4, 5] [1, 2, 4, 5]

如果不使用增强赋值语句的表达，而使用基本赋值语句，对 L 的改变将不会影响其他变量，如下：

```
#<程序: 增强赋值语句 3>
L = [1,2]; L1 = L; L = L + [4,5]
print(L,L1)
```

运行结果：[1, 2, 4, 5] [1, 2]

可以看到，可变对象使用增强赋值形式时，变量将在原处进行修改，所有引用它的对象也都会受到影响。

> **经　验　谈**
>
> 对列表使用赋值语句注意事项：对列表而言，尽量少用 L1=L 这种复制方式。这种方式没有实现真正的复制，这只不过是将 L 的内容再加上一个名字 L1，也就是 L1 和 L 都指向相同的存储内容。建议用 L1=L[:]这种方式来复制。那么 L+=[4,5]和 L=L+[4,5]都不会影响到 L1 了。

4.4 Python 控制结构

在第 1 章、第 3 章都介绍过计算机语言中的控制结构，有 if 选择、while 循环和 for 循环。这三种控制结构是程序中重要的组成部分。在本节中，将分别介绍 Python 语言中的这三种控制结构。

4.4.1 if 语句

Python 的 if 语句流程如下：首先进行条件测试，与其同层次可以有一个或多个可选的

elif 语句,最后可以有 else 块。一般形式如下:

```
if(test1):
    <语句块 1>
elif(test2):
    <语句块 2>
elif(test3):
    <语句块 3>
⋮
else:
    <语句块 n>
```

if 语句执行时,首先检测 test1 的值为真或是假,若为真,则执行语句块 1;否则看 test2 的值为真或是假,若为真,则执行语句块 2;否则看 test3 的值为真或是假,依次进行判断……若前面这些测试都为假,则执行语句块 n。if 语句总是选择第一个测试为真的语句块执行,若都不为真,最后执行 else 的语句块。

Python 以缩进来区别语句块,上述例子中的 if、elif 和 else 能够组成一个有特定逻辑的控制结构,有相同的缩进。每一个语句块中的语句也要遵循这一原则。

例如,在统计成绩时,需要将一个百分制的成绩转化为 Excellent、Very Good、Good、Pass、Fail 5 个等级,该程序的实现如下:

```
#<程序: if 语句实现百分制转等级制>
def if_test(score):
    if(score>=90):
        print('Excellent')
    elif(score>=80):
        print('Very Good')
    elif(score>=70):
        print('Good')
    elif(score>=60):
        print('Pass')
    else:
        print('Fail')
if_test(88)
```

输出结果:Very Good

这个程序运行如下:首先测试 score>=90 是否为真,若为真,则输入 Excellent,结束 if 语句;否则,测试 score>=80……如果最终进入了 else 的语句块,那么表明 score<60,输出 Fail 并退出。也就是说,if 语句将 0~100 划分成了 5 个分数区间:[90,100],[80,90),[70,80),[60,70),以及[0,60)。

如果一个成绩大于或等于 95 分,在输出 Excellent 后还要输出一个"*",这时,就需要使用嵌套 if 语句,实现如下:

```
#<程序: if 语句举例——扩展>
def if_test(score):
    if(score>=90):
```

```
            print('Excellent',end = '')
            if(score >= 95):
                print('*')
            else:
                print('')
    elif…
if_test(98)
```

输出结果：Excellent *

if 语句块中嵌套了一个 if 结构，区分每条语句属于哪一个 if 结构很重要。图 4-2 给出了这段代码的块结构。

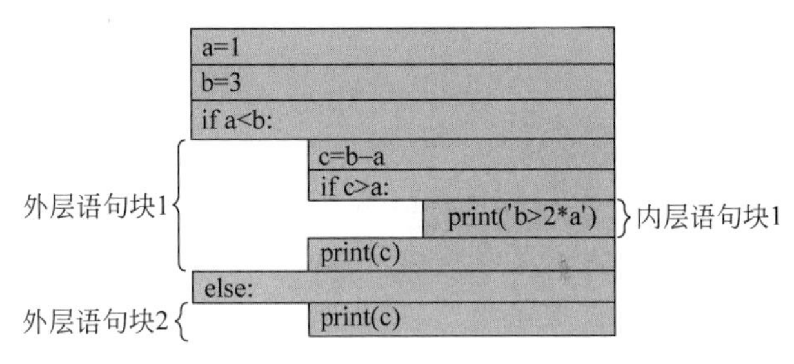

图 4-2　if 语句的块结构

上面这段代码有三个模块。第一个 if 结构由 if 语句及 else 语句构成，将程序分为两个语句块，外层语句块 1 和外层语句块 2，第二个 if 结构嵌套在第一个 if 结构的 if 语句内，构成一个内层语句块 1。

Python 语言通过缩进反映代码的逻辑性。缩进可以由任意的空格和制表符组成，同一个语句块的缩进必须保持一致。一般来说，缩进的距离为 4 个空格或者一个制表符。但是要注意，在同一段代码中，混合使用制表符和空格并不是一个好习惯，因为不同的编辑器对制表符和空格混用的处理方式并不同，为了避免出错，最好采用同一种形式的缩进。

4.4.2　while 循环语句

Python 中有两个主要的循环结构：while 循环和 for 循环。当一部分操作需要重复执行时，则采用循环结构。while 循环是 Python 语言中最通用的循环结构。While 结构会重复测试布尔表达式，如果测试条件一直满足，那么就会重复执行循环结构里面的语句（循环体）。

1. 通用格式

Python 的 while 循环结构顶部，有一个布尔表达式，下面是循环体，有缩进。之后有一个可选的 else 部分，如果在循环体中没有遇到 break 语句，就会执行 else 部分。形式如下：

```
while <test1>:
    <语句块 1>
else:
    <语句块 2>
```

Python 先判断 test1 表达式的值为真或者假,如果为真,则执行语句块 1。执行完语句块 1 后,会再次判断 test1 表达式的值为真或者假,再决定是否执行语句块 1,直到 test1 的值为假,退出循环体,进入 else 语句块。一个最简单的 while 循环的例子如下:

```
#<程序: while 循环例子 1 >
i = 1
while True:
    print(i,'printing')
    i = i + 1
```

输出结果:

```
1 printing
2 printing
…
```

程序会一直运行,一直打印"i printing"语句。Python 中的关键字 True 和 1 都表示布尔真值,也就是永远为真,所以会一直重复执行 print 语句,而这种情况被称为"死循环"。计算机会被这个死循环永远占用而导致死机吗?不会的,在介绍操作系统时会有详细的说明。

通常情况下,while 循环的循环体中会有语句来修改布尔表达式中的变量。比如,需要从大到小输出 2 * x,其中 x 是大于 0 且小于或等于 10 的整数,下面程序将完成该功能:

```
#<程序: while 循环实现从大到小输出 2 * x,0 < x <= 10 >
x = 10
while x > 0:
    print(2 * x,end = ' ')
    x = x - 1
```

输出结果:

```
20 18 16 14 12 10 8 6 4 2
```

执行步骤如下:

(1) x=10,先判断 x>0 为 True,执行 print,打印出 20;

(2) 执行 x 减 1 操作,得 x=9;

(3) 重复执行步骤(1)、(2),直到 x 的值为 0,此时布尔表达式值为 False,退出循环(注:布尔表达式处若为数值类型,当值为 0 时表示 False,一切非 0 值表示 True)。

本小节给出了 while 循环的一般控制流程,即检测语句< test1 >的布尔值,若为真,执行<语句块 1 >,再检测语句< test1 >,直到语句< test1 >的布尔值为假。但是,在循环的过程中,时常需要改变循环的控制流程,比如在检测到某个条件时,该次循环不需要进行,又或者在检测到某个条件时,需要退出循环。这时就需要引入两个新的语句来完成这两项功能,它们分别是 continue 与 break。需要注意的是,这两个语句通常是某条件满足后执行,所以常常放置于 if 语句中。下面将会分别介绍 continue 与 break。

2. continue 语句

continue 语句在循环结构中执行时，将会立即结束本次循环，重新开始下一轮循环，也就是说，跳过循环体中在 continue 语句之后的所有语句，继续下一轮循环。

回到 4.4.1 节的例子：需要从大到小输出 2 * x，其中 x 是大于 0 且小于或等于 10 的整数。但是，现在有限制条件，x 不能为 3 的倍数，这样，就可以当检测到 x 为 3 的倍数时，跳过输出语句，进入下一轮循环。下面程序将完成该功能：

```
#<程序：while 循环实现从大到小输出 2 * x,x 不是 3 的倍数>
x = 10
while x > 0:
    if x % 3  ==  0:
        x = x - 1
        continue
    print(2 * x,end = '')
    x = x - 1
```

输出结果：20 16 14 10 8 4 2

结果显示，当 x 为 3 的倍数时，如 3、6、9，其 2 倍的结果 6、12、18 均不出现。需要注意的是，if 语句的第一条语句 x=x−1，因为在执行 continue 后，之后的语句都不能执行，所以最后一行的 x=x−1 不会执行，如果该 if 语句中没有改变 x 的语句，那么 x 的值将不会改变。也就是说，第一次出现 x%3==0 时，x=9，此时不改变 x 的值，那么下一次循环 x 的值仍然为 9，如此下去，x 的值永远将为 9，该 while 循环成为一个死循环。

3. break 语句

break 语句在循环结构中执行时，它会导致立即跳出循环结构，转而执行 while 结构后面的语句。也就是说，虽然 while < test1 >：中，< test1 >的值并不是 False，但是，循环仍然可以结束。

回到前面的例子：需要从大到小输出 2 * x，其中 x 是大于 0 且小于或等于 10 的整数。但是，现在的限制条件变为，当 x 第一次为 6 的倍数时，不打印 2 * x 并退出循环。这时，就需要当检测到 x 为 6 的倍数时，执行 break 语句。下面程序将完成该功能：

```
#<程序：while 循环实现从大到小输出 2 * x,x 第一次为 6 的倍数时退出循环>
x = 10
while x > 0:
    if x % 6  ==  0:
        break
    print(2 * x,end = '')
    x = x - 1
```

输出结果：20 18 16 14

结果显示，当 x 第一次为 6 的倍数时，也就是 x=6 时，退出循环，之后 x 小于或等于 6 的结果都不会输出。这里的 if 语句中不需要有 x=x−1，因为执行到 break 语句时已经退出循环了，不需要再对< test1 >进行检测了。

break 语句还可以让一个死循环"起死回生"。还记得 while 循环的第一个例子,不停地打印"i printing",这个时候,如果只希望打印两次,可以用 break 来实现。

```
#<程序: while 循环例子 1 改进>
i = 1
while True:
    print(i,'printing')
    if i == 2:
        break
    i = i + 1
```

输出结果:

```
1 printing
2 printing
```

4. else 子句

while 结构中还有一个可选部分 else,在 while 循环体执行结束后,会执行 else 的语句块(不管 while 里面是否执行)。但是当 break 语句和 else 子句结合时,假如是因为 break 离开 while,则 else 部分就不会被执行。所以 else 一定要和 while 里的 break 相结合来考虑,才有意义。

下面是一个判断正整数 b 是否为质数的例子:

```
#<程序: 判断 b 是否为质数>
b = 7
a = b//2
while a > 1:
    if b % a == 0:
        print('b is not prime')
        break
    a = a - 1
else:                    #没有执行 break,则执行 else
    print('b is prime')
```

判断 b 是否为质数,就看小于 b//2 的所有数中,有没有能整除 b 的。

在这个例子中,如果有一个数满足 b 除以 a 等于 0,也就是说 b 有因子,b 就不是质数。那么,接下来会执行 if 结构中的 print 和 break 语句。执行 break 语句之后,会跳过 else 子句。如果小于 b//2 的所有数中,没有一个可以整除 b,b 就是质数,那么就不会执行 if 结构中的语句块,而是执行 else 子句的 print 语句。

本小节详细讲述了第一个循环语句 while,以及循环语句相关的三个语句:continue、break、else。这三种语句同样适用于 4.4.3 节所讲的 for 循环。

4.4.3 for 循环语句

Python 中的 for 循环通常用来遍历有序的序列对象(如字符串、列表)内的元素。while

循环和 for 循环可以相互转换,Python 的 for 循环更常用于遍历一个特定的序列。

for 循环的一般格式如下:首行会定义一个赋值目标变量< target >,in 后面跟着要遍历的对象< object >,下面是需要重复执行的<语句块 1 >。同 while 循环,for 循环也有一个 else 子句,如果在 for 循环的结构体中遇到 break 语句,那么就会执行 else 的语句块 2。for 循环也有 continue 语句,碰到 continue 语句,就忽略接下来的语句,而直接回到 for 循环的开头。

```
for < target > in < object >:
    <语句块 1 >
else:
    <语句块 2 >
```

执行 for 循环时,对象< object >中的每一个元素会依次赋值给目标< target >,然后为每个元素执行一遍<语句块 1 >。赋值目标变量< target >可以是一个新的变量名,如果变量 target 是之前出现过的变量名,该变量则会被覆盖,例如如下程序:

```
#<程序: for 的目标< target >变量>
i = 1
m = [1,2,3,4,5]
def func():
    x = 200
    for x in m:
        print(x);
    print(x);
func ()
```

该程序中,虽然 x 的初值为 200,但是在 for 循环中,x 被覆盖,在最后的 print 语句执行时,打印出的值是 5。这一点需要引起注意,尤其是在 for 语句中嵌套 for 语句时,如果使用相同的变量名,是很容易出错的,而这种错误是不容易发现的。

1. for 循环对序列的遍历

在序列的遍历时分别介绍过用 for 与 while 实现,但在实际使用中通常使用 for 循环。需要注意的是,如果要更改遍历的序列,最好方式是对序列先进行复制,分片是最好的选择。

```
#<程序: while 循环改变列表 1 >
words = ['cat','window', 'defenestrate']
for w in words:
    if len(w)> 6:
        words.append(w)
print(words)
```

```
#<程序: while 循环改变列表 2 >
words = ['cat','window', 'defenestrate']
for w in words[:]:
    if len(w)> 6:
```

```
        words.append(w)
print(words)
```


比较上、下两段程序，除了 for 循环的< object >变量 words 有细小差别外，其他完全一样。但是运行结果却完全不同！上面的程序会陷入死循环，因为在循环体内对 words 列表进行 append 操作时，每增加一个元素，将会再次对该元素进行遍历，而下面程序因为使用了分片 words[:]，所以 w 遍历完'cat'、'window'、'defenestrate'三个元素后将退出循环。

2. range 函数在 for 循环中的应用

Python 的 range 函数通常用来产生整数列表，所以 range 函数的外层通常有一个 list 函数，将产生的整数构成一个列表，range 函数可以根据不同的约束条件，产生需要的整数列表。

当 range 函数中只有一个参数时，会产生从 0 开始、每次加 1 的整数列表。例如 list(range(10))，将产生一个列表：[0, 1, 2, 3, 4, 5, 6, 7, 8, 9]。

range 函数中有两个参数时，第一个为下边界，第二个为上边界，会产生两边界之间且"步长"(相邻两整数之间，后一整数与前一整数的差值)为 1 的整数列表。如 list(range(3,10)) 将产生一个列表：[3, 4, 5, 6, 7, 8, 9]。

range 函数中有三个参数时，第一个视为下边界，第二个是上边界，第三个视为步长。例如，list(range(−10,−100,−30))将产生一个列表：[−10,−40,−70]。

【例 4-6】 现需要打印一个列表的所有元素及它们的索引号。这个程序可以结合 range 函数和 len 函数实现。

```
#<程序: 使用 range 遍历列表>
L = ['Python','is','strong']
for i in range(len(L)):
    print(i,L[i],end = ' ')
```

输出结果：0 Python 1 is 2 strong

经　验　谈

经验谈 A 灵活使用 range。回忆 4.2 节经验谈中的例 4-4：L=[1,2,3,4,5]是从小到大排好序的序列，要求输出从大到小的序列，再输出最小值。当时采用将 *L* 复制到另一个列表 L2、对 L2 使用 reverse 函数实现。现在，有了 range，就可以借助 range 产生一组从尾到头的索引号。

```
L = [1,2,3,4,5];
print([L[i] for i in range(len(L)-1,-1,-1)])
print(L[0])
```

解析：range 函数不仅可以产生 0、1、2…递增的数，在需要时，还可以产生递减数列。在应用时，需要灵活使用 range。

经验谈 B 使用统一的缩进。Python 语言通过缩进反映代码的逻辑性。缩进可以由任意的空格和制表符组成,同一个语句块的缩进必须保持一致。一般来说,采用 4 个空格或者一个制表符进行缩进。混合使用制表符和空格并不是一个好习惯,尽管看起来缩进量是一致的。

4.5 Python 函数调用

在第 3 章介绍了 Python 函数调用的相关内容,以及局部变量、全局变量的概念。本节将对 Python 函数调用中"参数的传递"进行深入了解。

Python 进行函数调用时,参数的传递都是通过赋值的方式。Python 中的数据结构有两种类型:可变类型与不可变类型。可变类型有列表、字典等,而不可变类型有数字、字符串等。对参数的修改将会影响到可变类型的数据结构,而不会影响到不可变类型的数据结构。

先来看一个例子:

```
#<程序: 列表的 append 方法>
def func(L1):
    L1.append(1)
L = [2]
func(L)
print(L)
```

运行该程序,输出如下:

```
[2, 1]
```

这里,在调用 func 函数时传入列表 L,函数对参数 L1 的修改会直接影响到 L 的内容。在前面学习 Python 函数调用时,明确了参数都是局部变量。那么,函数 func 中对参数 L1 做的更改,为什么会影响到函数外面的 L?

下面将深入探索 func 函数调用时参数传递的原理。图 4-3 表明了 func 函数调用前后 L 与 L1 之间的映射关系。

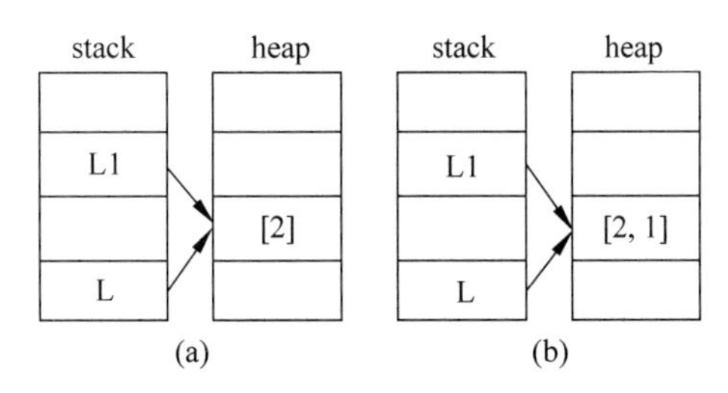

图 4-3　函数调用前后 L1 与 L 的关系

函数中的参数虽然都是局部变量,但列表作参数时,传递的是指针,所指向的内容是全局变量区域,称作 heap。函数调用时,func 中的列表 L1 和 L 都指向同一块内存区域,所以对 L1 的修改会影响到 L,尽管 L1 是所谓的局部变量。

列表的 append、pop、remove 等方法,以及给 L[i]赋值、对 L[i]使用增强赋值等,都会修改列表 L 所指向的内容,进而对全局产生影响。

相反,列表做一般的合并,或者使用列表的分片(即 L[i:j]这种形式)都不会对全局的列表 L 产生影响。因为合并和分片操作产生一个新的列表,会复制原来的列表到一块新的内存区域。所以原来的列表不会改变!

先看一个对列表做合并操作的例子:

```
#<程序: 加法(+)合并列表>
def func(L1):
    x = L1 + [1]
    print(x,L1)
L = [2]
func(L)
print (L)
```

运行该程序,输出如下:

```
([2, 1], [2])
[2]
```

在这个例子中,列表 L 传递给 func 函数的是参数 L1,func 函数在参数 L1 后面添加了数字 1,并赋给变量 x。函数调用返回后,列表 L 未发生变化。图 4-4 表明了 func 函数调用前后 L 与 L1 之间的映射关系。

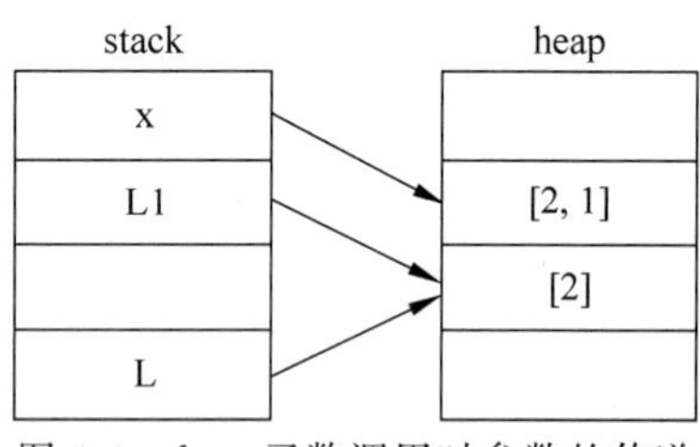

图 4-4 func 函数调用时参数的传递

对 L1 做合并操作时,相当于复制了一个 L1 到新的内存空间,做合并之后,局部变量 x 指向新的内存空间。所以,在这个例子中,全局变量 L 并未发生改变。

列表的分片也不会对全局的列表 L 产生影响。下面来看一个列表分片的例子。

```
#<程序: 列表分片的例子>
def func(L1):
    x = L1[1:3]
    print(x,L1)
L = [2,'a',3,'b',4]
func(L)
print(L)
```

输出结果如下:

```
(['a', 3], [2, 'a', 3, 'b', 4])
[2, 'a', 3, 'b', 4]
```

对 L1 做分片操作时,也会分配新的内存空间,局部变量 x 指向新的内存空间。所以,在分片的例子中，全局变量 L 也没有发生改变。下面将给出一个关于在函数调用时，列表作参数的复杂的例子，并分析其过程。

1. L=X 语句，L 和 X 指向堆(Heap)的同一处

```
#<程序：L = X>
def F0():
      X = [9,9]              #X是局部变量，这个指针在局部栈上，但是[9,9]在外面的堆中
      L.append(8)            #L是全局变量
X = [1,2,3]
L = X
F0()
print("X = ",X,"L = ",L)
```

结果：X= [1, 2, 3, 8] L= [1, 2, 3, 8]

上述程序执行到 F0()函数调用前，列表 X 和 L 在内存中的存储如图 4-5(a)所示。L=X 语句使得 L 和 X 指向堆的同一处。在栈中的 X 和 L 都只是一个指针，它们的具体内容存储在堆中。执行语句 F0()之后，列表 X 和 L 在内存中的存储如图 4-5(b)所示。由于 L 和 X 指向堆的同一处，F0 中 L.append(8)语句修改了 L，也会修改全局的 X。

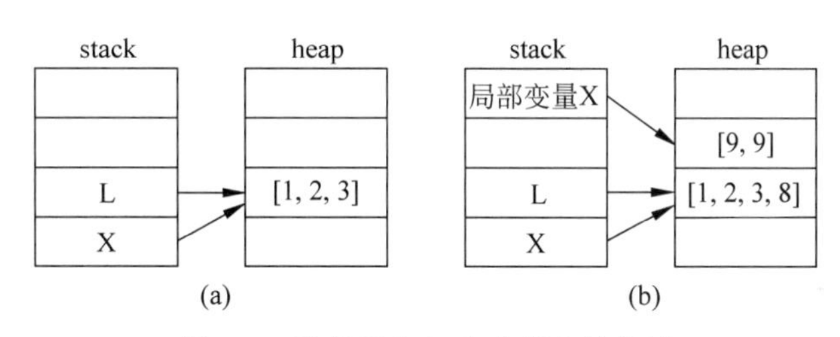

图 4-5　列表 X 和 L 在内存中的存储

经　验　谈

注意区分全局变量与局部变量：程序进入函数后，Python 先检查函数所有的语句，区分哪些是局部变量，出现在等号左边被赋值的变量都为局部变量。另外用了分片都会产生新的备份，例如[:]。对列表而言，对局部变量进行复制后，才能与全局变量实质性地分开。

2. L=X[:]使得 L 与 X 指向堆的不同处

```
#<程序：L = X[:]>
def F0():
      X = [9,9]              #X 这个指针在局部栈上，但是[9,9]在外面的堆中
      L.append(8)            #L是全局变量
X = [1,2,3]; L = X[:]        #L是X的全新备份
F0()                         #改变L不会改变X
print("X = ",X,"L = ",L)
```

结果：X= [1, 2, 3]L= [1, 2, 3, 8]

上述程序执行到 F0()函数调用时，列表 X 和 L 在内存中的存储如图 4-6(a)所示。L=X[:]是重新分配了一块内存空间，并复制 X 的内容到这块新的内存空间，所以 L 和 X 指向堆的不同地方。执行语句 F0()之后，列表 X 和 L 在内存中的存储如图 4-6(b)所示。L 和 X 指向堆的不同处，F0 中 L.append(8)语句修改了 L，但不会修改 X，后来压入的列表 X 是局部变量。

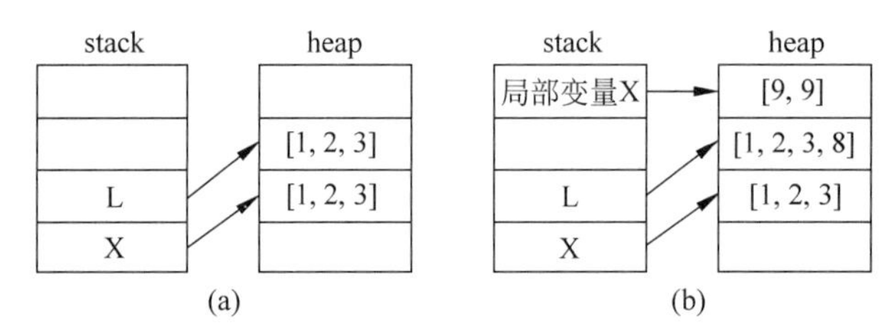

图 4-6　列表 X 和 L 在内存中的存储

3. return(L)返回 L 的指针

```
#<程序：返回(return)列表>
def F1():
    L = [3,2,1]          #L是局部变量，而[3,2,1]内容是在栈的外面的堆中
    return(L)            #传回指针指向[3,2,1]，这个[3,2,1]内容不会随 F1 结束而消失
L = F1()
print("L = ",L)
```

结果：L= [3, 2, 1]

如图 4-7 所示，该段程序调用函数 F1，F1 中定义了一个局部变量 L 并返回。返回的是局部变量 L 的指针，此时，全局变量 L 与返回的局部变量 L 指向同一处。

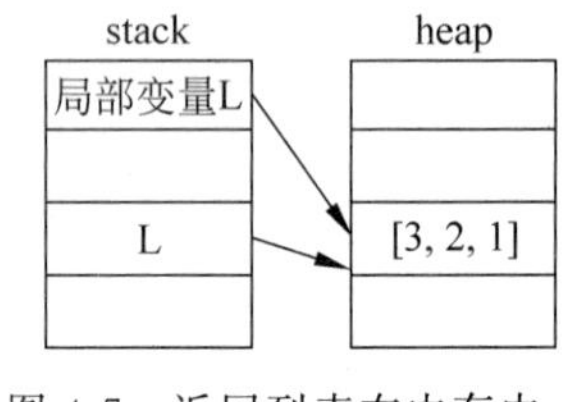

图 4-7　返回列表在内存中的存储

前面讲完基本概念后，我们将要讲如何编写优美而健康的程序。强烈建议同学，在函数里要尽量少用全局变量，要用参数来传递信息。参数是列表时要特别注意！因为参数是列表时，所传递的只是个指针，虽然这个指针是局部变量，但是内容是存在全局的地址上，所以这个列表是个“假”局部变量，本质还是全局的。假如这个函数设计的本意不是要将参数列表内容改变时，最好在函数一开始时就产生个全新的备份。例如，def F(L)：L1=L[:]。这样在 L1 上操作，就不会影响到 L 的内容了。

4. L 作函数参数传递

```
#<程序：L作函数参数传递>
def F2(L):                   #参数 L 是个指针，是存在栈上的局部变量
    L = [2,1]                #L 指向一个全新的内容，和原来的参数 L 完全分开了
    return(L)
def F3(L):                   #参数 L 是个指针，是存在栈上的局部变量
    L.append(1)              #L 指向的是原来的全局内容，会改变全局 L
```

```
    L[0] = 0
L = [3, 2, 1]
L = F2(L);print("L = ",L)
F3(L);print("L = ",L)
```

结果：

```
L = [2, 1]
L = [0, 1, 1]
```

如图4-8所示，当调用函数F2时，传入全局变量L。F2的L=[2,1]将L指向的内容修改为[2,1]。

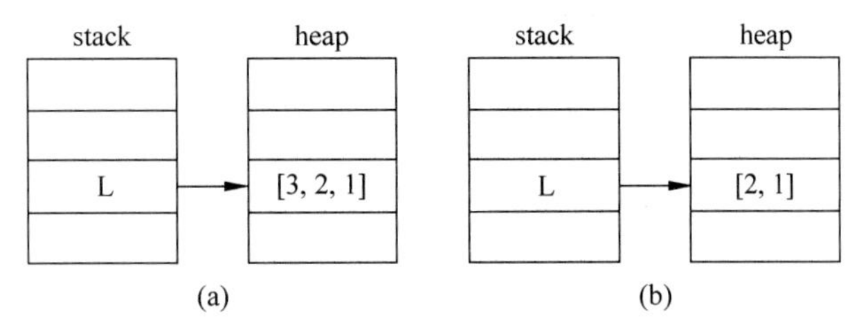

图4-8 调用函数F2时的参数传递

如图4-9所示，执行语句F3，传入全局变量L。F3的L.append(1)与L[0]=0将L指向的内容修改为[0,1,1]。

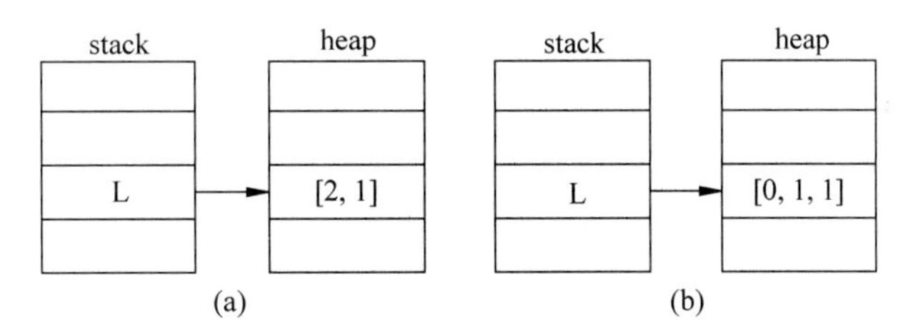

图4-9 调用函数F3时的参数传递

经 验 谈

经验谈A 尽量避免在函数中使用全局变量。函数要使用外部的变量有两种方式：使用全局变量或使用参数传递。一定要尽量用参数传递，全局变量的不确定性太大，一不小心就出错。

【例4-7】 写函数SumSwitch，返回x+y。

```
x = 1;y = 2                x = 1;y = 2
def SumSwitch():           def SumSwitch(x,y)
    z = x + y; x = 0       z = x + y
    return z               return z
```

解析：左侧代码是错误的。如果在函数里不管在任何地方有对 x 的赋值，Python 会把 x 定性为局部变量，在执行 z=x+y 时，局部变量 x 还没有赋值，所以会报错。

【例 4-8】 我们设计函数时，要把函数当作是一个黑匣子，在黑匣子里面不应该对外部的全局变量有所改变，这样使用这个黑匣子的人，会不知所措。假若在使用 print 函数打印 x 时，print()偷偷地把全局变量 x 设置为 0，后果将不堪设想。

经验谈 B 好的编程习惯：若在函数中需要使用外部变量，使用参数传递实现。

对传递列表参数的好习惯：当列表是参数时，这个列表参数的目的有以下两种。

(1) 第一种是我们要改动这个列表，例如，实现 reverse(L)、remove(L,x)等列表操作函数。在这种情况下，我们直接对 L 进行操作。但是这种情况比较少见，比较好的方式是我们传回一个全新的结果备份，不改变原来的列表，在外部来赋值改变原来的 L。以 reverse(L)为例，外部赋值语句是 L=reverse(L)。就是 reverse(L)不改变原来的 L，而是传回一个全新的相反顺序的列表，然后再赋值给外部变量 L。

(2) 第二种是函数只是需要这个列表的信息内容，我们编写函数时要尽量以这种情况为主。为了要保护原来列表的内容，建议函数一开始就建立一个全新备份，利用 L[:]方式，然后函数的操作都是在这个备份上进行。例如“def F(L): L1=L[:];”，接下去都在 L1 列表上操作。

经验谈 C 对函数调用中的 mutable 变量进行复制：在函数调用中，需要特别关注 mutable 变量。一不小心，函数执行后，传递的内容就被改变了。

【例 4-9】 写一个递归函数，输入为一个全为数字的列表，对列表求和。

```
def recursiveSum(L):
    if(len(L) == 0):
        return 0
    cur = L.pop();
    return cur + recursiveSum(L)
L = [1,2,3,4,5]
msum = recursiveSum(L)
print (L)
```

解析：这里 msum 的值为 15，但会发现 L 居然为空了。这是因为在递归求和函数中使用了 L.pop()。如果不改变 L 的内容，则在函数参数调用时，应使用备份。这里提供两种方式：在调用函数时使用备份，即 recursiveSum(L[:])；或在函数起始位置进行复制，即在 def recursiveSum(L):下一行加上 L1=L[:]，在函数后面要使用该列表时用 L1 即可。

建议：在参数传递时，尽量使用 mutable 变量的备份，即 L[:]等。

练习题 4.5.1：递归函数的例子：动手实验下面的例子，思考输出的结果。第一个 recursive 函数是好的编程方式。第二个 recursive_1 函数是不鼓励的编程方式。

```
<程序: list 为参数的递归函数>
def recursive(L):
```

```
    if L == []: return
    L = L[0:len(L) - 1]              # L指向新产生的一个 list,和原来的 List 完全脱钩了
    print("L = ",L)
    recursive(L)
    print("L:",L)
    return
```

```
X = [1,2,3]
recursive(X)
print("outside recursive, X = ",X)
>>># 输出如下:
L = [1, 2]
L = [1]
L = []
L: []
L: [1]
L: [1, 2]
Outside recursive, X = [1, 2, 3]
```

```
def recursive_1(L):
    if L == []: return
    L.pop()                          # 在 L 指向的 List 上直接改变
    print("L = ",L)
    recursive_1(L)
    print("L:",L)
    return
```

```
X = [1,2,3]
recursive_1(X)
print("outside  recursive_1, X = ",X)
>>># 输出如下:
L = [1, 2]
L = [1]
L = []
L: []
L: []
L: []
outside recursive_1, X = []
```

练习题 4.5.2：下面的程序会输出什么？

```
def recursive_2(L):
    if L == []: return
    print("L = ",L)
    recursive_2(L[0:len(L) - 1])
    print("L:",L)
    return
```

```
X = [1,2,3]
recursive_2(X)
print("outside recursive_2, X = ",X)
```


练习题 4.5.3：函数一开始时加上 L1=L[:]，改写前面的 recursiveSum(L)函数，使得外部列表 L 不会因为调用这个函数而改变。

练习题 4.5.4：解释为什么下面的 recursiveSum(L)是正确的又不会改变外部列表 L。

```
def recursiveSum(L):
    if(len(L) == 0):
        return 0
    return L[0] + recursiveSum(L[1:])
```

练习题 4.5.5：分析下面的程序：

```
L = [1,2,3]
def F4(L):
    L = L + [4]
```

调用 F4(L)后，全局的 L 变成什么？为什么？

提示：L+[4]会产生一个全新的备份，所以 L 就指向了一个全新的备份。

练习题 4.5.6：分析下面的程序：

```
L = [1,2,3]
def F5(L):
    L += [4]
```

调用 F5(L)后，全局的 L 变成什么？为什么？

提示：L+=[4]这种操作是直接对原来的内容进行改变的。

练习题 4.5.7：分析下面的程序：

```
x = 10
def F6():
    y = x
    x = 0
    print(x)
F6()
```

为什么会出错？

提示：Python 在执行函数前，先看过一遍所有的语句，将那些出现在=左边的变量定位成局部变量(+=这类符号除外)。所以 y=x 就会出错，因为局部变量 x 还没有赋值。

4.6 Python 自定义数据结构

在 4.2 节介绍了 Python 中的内置数据结构，有数字、字符串和列表等。这些数据结构及它们相应的方法都是 Python 内置类型，供开发者使用的。而开发者在开发自己的程序时，也可以定义自己想使用的类型，这个类型可以是多个内置类型复合而成，也可以由内置类型和自定义类型复合而成。

4.6.1 面向过程与面向对象

在了解几种流行的程序语言时，介绍过面向过程是一种以事件为中心的编程思想，而面向对象是一种以事物为中心的编程思想。

以面向过程(Procedure-Oriented)的思想来编程，就是把解决问题的步骤写出来，程序一步一步执行就能解决问题。而以面向对象(Object-Oriented)的思想来编程，会把问题相关的数据提取出来，将具有相同属性的物体抽象为"类"，并给"类"设计相应的方法。程序执行时，通常就是创建这个类的一个对象，调用这个类的方法，就可以解决问题。

1. 面向过程与面向对象的比较

例如一个班级有20个学生，每个学生有自己的名字、学号。如果使用面向过程语言，首先需要创建一个列表类型变量name=[]存放20个名字，使用另一个列表型变量number=[]存放每个人所对应的学号。开学后，每个学生进行选课，所选课程各不相同，这时又需要创建一个列表course=[]，其中的每一个元素又是一个列表，记录对应学生所选课程。对应于course，还需要一个grade列表来存放每门课的成绩，以及一个GPA列表来存放每个学生的绩点。现有一名学生转专业进入了该班，那么，对刚刚所建立的所有列表，都需要依次插入该转入学生的信息，现在已经初显面向过程编程的问题了：扩展性很差。当学期结束时，如果按照GPA的高低公布学生成绩，那么在对GPA列表进行排序的同时，name、number、course、grade等列表均要同GPA排序同步进行，十分麻烦。

相反，使用面向对象语言，可以将每一个学生定义为一个对象，每一个对象有诸多属性，例如姓名、学号、所选课、每门课成绩、GPA等。而一个有20个元素、每个元素是一个学生对象的列表就可以表示一个班级，如果有新生加入，只需要将新生对象append到班级列表就可以实现，最后成绩的排序只需要对对象进行排序就可以实现。相比面向过程语言，这种面向对象编程有更好的扩展性，思维方式更加自然。

2. 面向对象特点

上述例子已经体现了面向对象的一个重要特点，即封装(Package)，把多个属性与多个方法(即列表、字符串章节所提的专用方法)封装成一个类。

除了封装，面向对象还有继承(Inheritance)与多态(Polymorphism)等特性，在本书中不再详述这部分内容。正是这些特性，使面向对象拥有了重用的特点。

重用，就是指开发人员所编写的代码可以重复使用，当今一个小的项目就可以达到成千上万行的代码量，如果每一个项目都是从0行开始写代码，一方面短时间要开发如此大代码量的项目，质量难以保证，另外该项目的生产周期必定远远大于需求，效率极低。

面向过程也能进行重用，不过只能对函数进行简单的重复使用。如果要求对该函数的实现加以扩充，唯一能做的就是先拷贝再粘贴，最后对粘贴的代码进行改写。然而，对于面向对象语言，对一个类，不仅可以对父类进行继承，而且还能对其进行覆盖与扩充。

4.6.2 面向对象基本概念——类与对象

类(Class)与对象(Object)的关系正如图4-10模具与各式各样蛋糕的关系是一样的。一个模具做好后，就可以做很多个这种形状的蛋糕了，同样，一个类定义好后，就可以生成很多这种类的对象了。使用类生成对象的过程,叫作实例化(Instantiate)。一个类可以包含多个已定义类型的变量,这些变量称为成员变量(也称属性),同时,还可以包含多个由该类实例化对象所使用的函数,这些函数称为成员函数(也称方法,Method)。

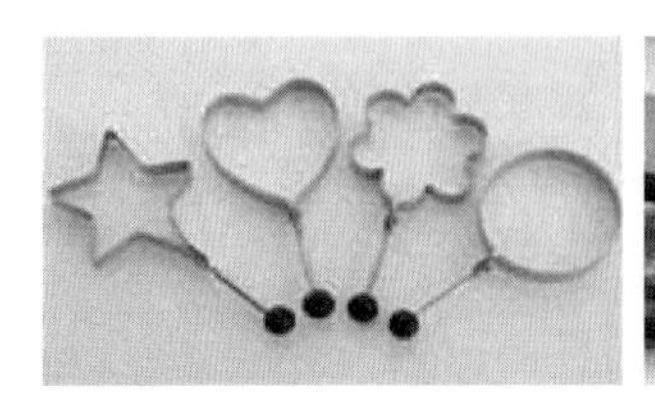

图 4-10 各式各样的蛋糕与对应模具

```
#<程序: 自定义学生 student 类,并将该类实例化>
class student:                                  #学生类型: 包含成员变量和成员函数
    def __init__ (self,mname,mnumber):          #当新对象(object)产生时所自动执行的函数
        self.name = mname                       #名字(self 代表这个对象)
        self.number = mnumber                   #ID 号码
        self.Course_Grade = {}                  #字典,存课程及其分数
        self.GPA = 0                            #平均分数
    def getInfo(self):
        print(self.name,self.number)
XiaoMing = student("XiaoMing","1")              #每一个学生是一个 object,参数传给__init()__
A_Zhen = student("A_Zhen","2")
XiaoMing.getInfo()
A_Zhen.getInfo()
```

上述程序定义了 student 类,该类包括四个成员变量: name、number、Course_Grade、GPA; 两个成员函数: __init__和 getInfo。并实例化了 XiaoMing 与 A_Zhen 两个对象。

__init__方法是 Python 类中的一种特殊方法,方法名的开始和结束都是双下画线,该方法称为构造函数,当创建类的对象时,它被自动调用。在该方法中可以声明类所拥有的成员变量,并可为其赋初始值。该方法有一个特点,不能有返回值,因为它是用来构造对象的,调用后实例化了一个该类的对象。

getInfo 方法是自定义的一个方法,用来打印学生的姓名和学号。

XiaoMing 与 A_Zhen 是 student 类的两个对象。XiaoMing. getInfo()与 A_Zhen. getInfo()将分别调用各自的 getInfo 方法。

小明: Xiaoming 和 A_Zhen 都是 student 对象,在调用 getInfo 方法的时候,怎么区分我和阿珍学姐的信息呢?

阿珍: 观察一下,一个类的每一个方法参数中是不是都有一个 self?

需要注意的是,对于一个类的所有方法,包括构造函数,其参数中都有一个 self,这个 self 就是用来区分是哪个对象调用了该类的此方法的。例如,XiaoMing. getInfo()会将 XiaoMing 这个对象隐式地传递给 getInfo 这个方法,所以,getInfo 方法就知道了原来是 XiaoMing 在调用,将打印出"XiaoMing1",而不会与对象 A_Zhen 发生冲突。

4.7 基于 Python 面向对象编程实现数据库功能

【实例 4-1】 模拟一个班级学生一学期所完成的主要工作：选课、参加考核、得到 GPA。

分析：在此数据库的应用上，学生是一类数据，课程也是一类数据，彼此之间有关系，每一个学生包含了他所选修的课程号信息，如表 4-7 所示，而每一个课程也有选修学生的学号信息，如表 4-8 所示。利用这些关系信息，我们可以做许多数据库应用中数据处理和分析的工作。

表 4-7 学生关系

学号	姓名	已选学分	所选课程	课程分数	GPA
1	Aaron	12	[2,4,5]	{2:76,4:50,5:85}	1.5
2	Abraham	10	[1,3,5]	{1:89,3:97,5:80}	3.3
			…		

表 4-8 课程关系

课程号	课 程 名	学分	选课学生学号	考试时间
1	Introducation to Computer Science	4	[2,…]	1
2	Advanced Mathematics	5	[1,…]	2
3	Python	3	[2,…]	3
4	College English	4	[1,…]	4
5	Linear Algebra	3	[1,2,…]	5

沙老师：在数据库、面向对象编程中，关系的建立是一门学问，一个良好的关系将有益于对数据的使用，以及降低编程的难度。在数据库的建设中，我们要特别注意数据类组的分隔，改变一类数据的信息，尽量不要改变其他类的数据。例如，假如学生类的关系有考试时间的信息，一旦某课程的考试时间变动，所有的相关学生记录都要变动，这样的数据库设计是不好的。

关系的建立十分重要。例如，有学生与课程两类数据，如果学生关系中增加一个考试时间属性，那么这样的两类数据就出现了问题。假设每个学生都选修了 Python 课程，该课程需要修改考试时间，那么需要遍历所有学生，修改每个学生的考试时间信息。一个不良好的关系会为数据的维护带来极大的困扰。

普通数据库应用中常会用一种数据库专用的语言，叫作 SQL，来建立关系数据库的各类表格数据，并且利用 SQL 程序来处理数据。将来读者学习数据库课程时会学到 SQL 语言。其实使用 Python 语言也可以方便地建立数据库，在此用 Python 面向对象和字典的方式来方便地建立数据库。

4.7.1 Python 面向对象方式实现数据库的学生类

学生基本属性如 4.6 节中程序所示，但是学生类需要加入选课方法 selectCourse()、参加考试方法 TakeExam()，以及统计 GPA 方法 calculateGPA()。在计算 GPA 时，需要计算对应分数的绩点，如 90 分以上记为 4，80 分以上、90 分以下记为 3，该类中加入分数绩点转变函数 Grade2GPA。扩展后的 student 类如下：

```
#<程序：扩展后的 student 类>
class student:
    def __init__ (self,mname,studentID):
        self.name = mname; self.StuID = studentID;self.Course_Grade = {};
        self.Course_ID = [ ]; self.GPA = 0;self.Credit = 0
    def selectCourse(self,CourseName,CourseID):
        self.Course_Grade[CourseID] = 0;              #CourseID:0 加入字典
        self.Course_ID.append(CourseID)               #CourseID 加入列表
        self.Credit = self.Credit + CourseDict[CourseID].Credit      #总学分数更新
    def getInfo(self):
        print("Name:",self.name);
        print("StudentID",self.StuID);
        print("Course:")
        for courseID,grade in self.Course_Grade.items():
            print(CourseDict[courseID].courseName,grade)
        print("GPA",self.GPA); print("Credit",self.Credit); print("")
    def TakeExam(self, CourseID):
        self.Course_Grade[CourseID] = random.randint(50,100)
        self.calculateGPA()
```

其中，selectCourse 方法需要传入所选课程名，以及该课程学分，然后对该生相应信息进行修改。TakeExam 方法模拟一个学生参加了课程号为 CourseID 的课程考试，得到一个 50～100 的分数。getInfo 方法将会打印出该学生的信息。除此之外，学生类还需要如下两个方法来计算该生参加完考试后的 GPA。

```
def Grade2GPA(self,grade):
        if(grade >= 90):
            return 4
        elif(grade >= 80):
            return 3
        elif(grade >= 70):
            return 2
        elif(grade >= 60):
            return 1
        else:
            return 0
def calculateGPA(self):
        g = 0;
        #遍历每一门所修的课程
```

```
        for courseID,grade in self.Course_Grade.items():
            g = g + self.Grade2GPA(grade) * CourseDict[courseID].Credit
        self.GPA = round(g/self.Credit,2)
```

calculateGPA 实现了计算学生 GPA。Grade2GPA 方法实现了将百分制转换为相应 G 点。

4.7.2 Python 面向对象方式实现数据库的课程类

除了学生类，需要再创建一个课程类 Course，该类的作用是提供各门课程信息，如课程名、学分、选课学生学号，以及考试时间。每一个学生选择一门课后，需要将其学号加入该课程中，所以该类包括一个选课方法。Course 的实现如下：

```
#<程序：课程类>
class Course:
    def __init__ (self,cid,mname,CourseCredit,FinalDate):
        self.courseID = cid
        self.courseName = mname
        self.studentID = []
        self.Credit = CourseCredit
        self.ExamDate = FinalDate
    def SelectThisCourse(self,stuID):          #记录谁选修了这门课,在 studentID 列表里
        self.studentID.append(stuID)
```

4.7.3 Python 创建数据库的学生与课程类组

在建立学生类与课程类后，需要创建如表 4-7 与表 4-8 所示的学生类组与课程类组。根据前面分析，学生类组的关键字为学号，而课程类组的关键字为课程号。在 Python 中，使用两个字典实现这两个类组，字典的关键字分别为学号与课程号。建立课程信息函数如下：

```
#<程序：建立课程信息>
def setupCourse (CourseDict):          #建立 CourseList: list of Course objects
    CourseDict[1] = Course(1,"Introducation to Computer Science",4,1)
    CourseDict[2] = Course(2,"Advanced Mathematics",5,2)
    CourseDict[3] = Course(3,"Python",3,3)
    CourseDict[4] = Course(4,"College English",4,4)
    CourseDict[5] = Course(5,"Linear Algebra",3,5)
```

程序中，模拟 20 个学生，并按姓名英文首字母编学号，建立班级信息函数如下：

```
#<程序：建立班级信息>
def setupClass (StudentDict):                  #输入一个空列表
    NameList = ["Aaron","Abraham","Andy","Benson","Bill","Brent","Chris","Daniel",
    "Edward","Evan","Francis","Howard","James","Kenneth","Norma","Ophelia","Pearl",
    "Phoenix","Prima","XiaoMing"]
```

```
    stuid = 1
    for name in NameList:
        StudentDict [stuid] = student(name,stuid)       # student 对象的字典
        stuid = stuid + 1
```

4.7.4 Python 实例功能模拟

接下来,将模拟每个学生选课,程序中,假设每个学生至少选择三门课程,实现如下:

```
#<程序: 模拟选课>
def SelectCourse (StudentList, CourseList):
    for stu in StudentList:
        CourseNum = random.randint(3,len(CourseList))       # 选修 CourseNum 门课
        # 随机选,返回列表
        CourseIndex = random.sample(range(len(CourseList)), CourseNum)
        for index in CourseIndex:
            stu.selectCourse(CourseList[index].courseName,CourseList[index].Credit)
            CourseList[index].SelectThisCourse(stu.StuID)
```

然后,实现模拟考试函数,该函数需要模拟考试时间,选择该课程的学生进行考试。程序实现如下:

```
#<程序: 模拟考试>
def ExamSimulation (StudentList, CourseList):
    for day in range(1,6): # Simulate the date
        for cour in CourseList:
            if(cour.ExamDate == day): #  Hold the exam of course on that day
                for stuID in cour.studentID:
                    for stu in StudentList:
                        if(stu.StuID  ==  stuID): # student stuID selected this course
                            stu.TakeExam(cour.courseID)
```

程序最后,对以上函数进行调用,并查看每个学生参加完考试后的信息。程序如下:

```
#<程序: 学生数据库主程序>
import random
CourseDict = {}
StudentDict = {}
setupCourse(CourseDict)
setupClass(StudentDict)
SelectCourse(list(StudentDict.values()),list(CourseDict.values()))
ExamSimulation(list(StudentDict.values()),list(CourseDict.values()))
for sid,stu in StudentDict.items():
    stu.getInfo()
```

小明：阿珍学姐，要查看我的成绩该怎么输出啊？

阿珍：只需要在 for 循环里加上 if(stu.name=="XiaoMing")。让我们看看小明的成绩吧。

```
Name: XiaoMingStudent ID 20
Course:Linear Algebra 97
Advanced Mathematics 100
Introducation to Computer Science 84
GPA 3.67
```

小明第一学期考得很好啊，恭喜你啊，小明！

程序练习 4.7.1：请在 Python 中实现上述程序。

程序练习 4.7.2：每一个班级在考完试后，每个学生的 GPA 已经确定。请写一段程序，将该班级学生按照 GPA 从高到低进行排序，按排序后的顺序打印出学生信息。

4.8 有趣的小乌龟——Python 之绘图

正如本书第 1 章开篇所述，程序是一个黑匣子，当输入数据经过这个黑匣子后，会产生一个输出。前面小节所有的输出都是字符串形式。如果给定一个输入，能够输出一个与之相关的图形，这会比输出字符串更直观、更有趣。有了前面的基础知识，本章将带领大家探索 Python 编程中一个有趣的部分：绘图！

Python 提供给开发者一个绘图的标准库 turtle(小乌龟)。先来看两个例子，图 4-11 为小乌龟所画出的迷宫与同心圆环。要画出这样的图形，使用其他语言还是很复杂的，但是使用 Python 提供的 turtle，实现就变得简单了。

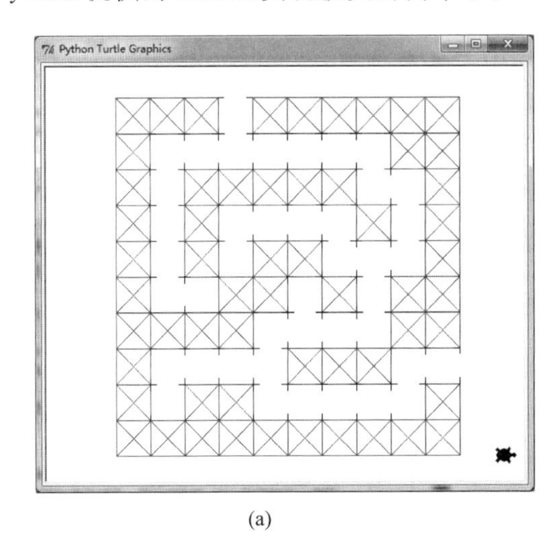

(a)

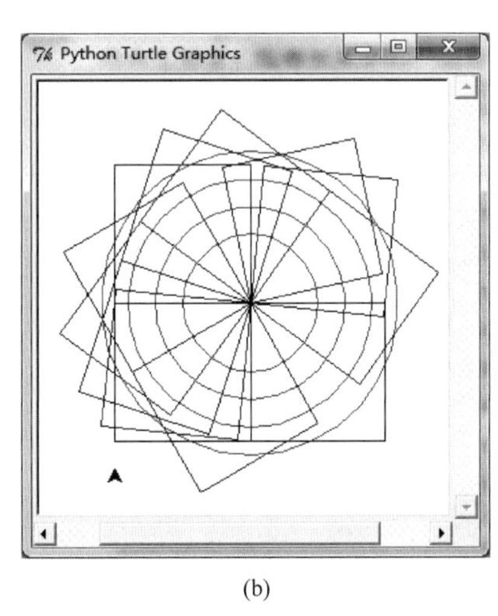

(b)

图 4-11 小乌龟画出图案

4.8.1 初识小乌龟

为什么叫 turtle? 图 4-11 所绘制的图形,都是由小乌龟一笔一画画出来的,细心的同学已经发现,图 4-11 中除了绘出的图形外,还有一个小乌龟(或箭头)。

小乌龟有三个属性:位置、方向、画笔(颜色、宽度等)。

(1) **位置属性**:整个画板其实就对应一个中学所学的"平面直角坐标系",画板的正中心为坐标系的原点(0,0)即 x=0,y=0。在 turtle 里,使用 reset(),小乌龟回到原点坐标。

(2) **方向属性**:小乌龟可以旋转 360°,使用的函数为 left(angle)、right(angle),分别为向左、向右转 angle 度。

(3) **画笔属性**:通过改变画笔的属性,小乌龟可以画出不同颜色、不同粗细的图案。这些函数包括:pencolor(args),可以改变画笔的颜色,args 可以是 'red'、'blue' 等字符串;width(w),可以改变画笔的粗细,w 为一个正数;up(),即提起画笔,暂时不画图像;对应的 down()为放下画笔,开始绘图。

小乌龟要能画出图形,还需要它"动起来",下面就来了解一下关于小乌龟的运动命令:

(1) **forward(len)函数**:控制小乌龟向前移动。在移动前,需要设置小乌龟的位置、方向、画笔三个属性。然后根据参数 len,小乌龟向前移动 len 长度。

(2) **backward(len)函数**:与 forward 函数相反,控制小乌龟向后移动 len 长度。

(3) **goto(x,y)函数**:小乌龟从当前位置径直移动到(x,y)处,这个时候当前方向不起作用,移动后方向也不改变。如果想要移动小乌龟到(x,y)处,但不要绘制图形,可以使用如下语句"up(); goto(x,y); down()"。

(4) **speed(v)函数**:控制小乌龟移动的速度,v 的取值为 0 到 10 的整数,也可以使用 'slow'、'fast'来控制。

4.8.2 小乌龟绘制基础图形

有了 4.8.1 节的基础知识,本小节将使用 turtle 来绘制一些简单的图形。与取随机数一样,要使用 Python 提供的绘图工具,需要引入 Python 的 turtle 标准库,格式为"from turtle import *"。为了便于观察画出的图形,我们在程序末尾使用语句"s = Screen(); s.exitonclick()",这样,需要鼠标单击窗口后绘图窗口才会关闭。

【实例 4-2】 从上至下依次绘制三条长度为 100 的水平平行线,要求平行线之间的距离为 50,从上至下线条依次变粗,颜色分别为红、绿、黄。

实现代码如下:

```
#<程序: 绘出三条不同的平行线>
from turtle import *
def jumpto(x,y):                            #移动小乌龟,不绘图
        up(); goto(x,y); down()
reset()                                     #置小乌龟到原点处
colorlist = ['red','green','yellow']
for i in range(3):
        jumpto(-50,50-i*50);width(5*(i+1));
```

```
        color(colorlist[i])       #设置小乌龟属性
        forward(100)              #绘图
s = Screen(); s.exitonclick()
```

该段程序中,定义了一个 jumpto 函数,实现移动小乌龟到(x,y),主要绘图步骤在 for 循环中,每一次设置好小乌龟的起始属性,然后令其向前走 100 即可。运行结果如图 4-12 所示。

【实例 4-3】 绘制一个边长为 50 的正方形。

实现代码如下:

```
#<程序: 绘出边长为 50 的正方形>
from turtle import *
def jumpto(x,y):
    up(); goto(x,y); down()
reset()
jumpto(-25,-25)
k=4
for i in range(k):
    forward(50)
    left(360/k)
s = Screen(); s.exitonclick()
```

绘制正方形的思路为:每次绘制一条长度为 50 的线,然后将小乌龟向左转 90°,总共绘制 4 次就可以了。结果如图 4-13 所示。

图 4-12　实例 4-2 运行结果

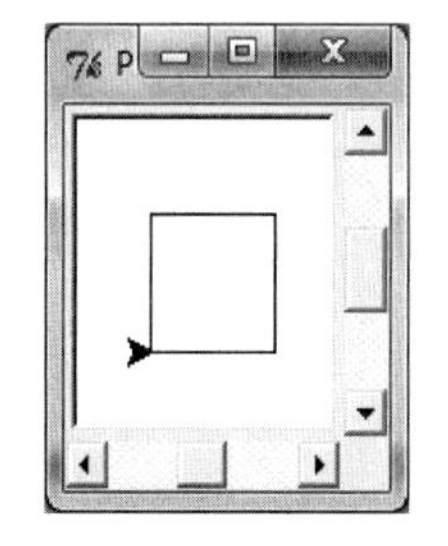

图 4-13　实例 4-3 运行结果

根据实例 4-3,可以绘出各种各样的正多边形了,例如要绘制正三角形,只需将 k 改为 3 就可以了。

【实例 4-4】 绘制一个半径为 r 的圆。

对于实例 4-4,将给出两种不同的解决方法。

(**解法 1**)根据实例 4-3,当 k 的值逐渐增大时,每次转动的角度为 $360/k$ 逐渐变小,当 k

值足够大时，它近似一个圆。现在需要确定当半径为 r 时小乌龟每次前进的长度 S。如图 4-14 所示，设圆心为点 O，点 A 为小乌龟的起点，它第一次前进到点 B，然后向左转 $360/k$ 度，接着走向点 C；点 D 为线段 AB 的中点，线段 AB 的长度为 S。小乌龟每次在转点处向左转 $360/k$ 度，设 $\angle ABO=\angle OBC=x$，则有 $2x+360/k=180$，得到 $x=90\times(1-2/k)$，在 $\triangle DOB$ 中，$\tan(x)=|OD|/|DB|=r/(S/2)$，可以得到 $S=2r/\tan(x)=2r/\tan(90\times(1-2/k))$。

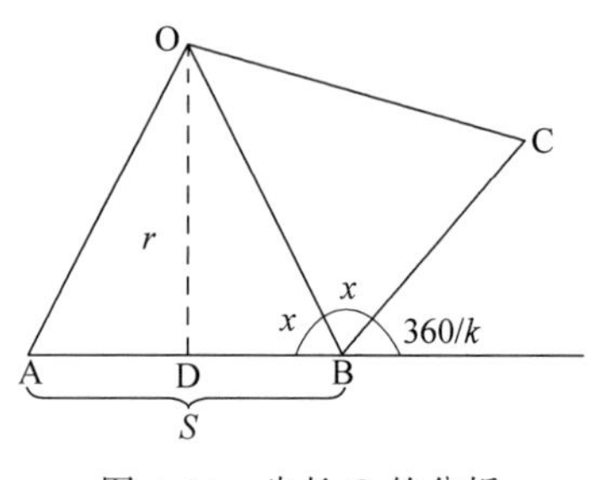

图 4-14　步长 S 的分析

这样，根据给定 r，可以得到每次的步长 S。设定 $k=20$，$r=50$。使用正多边形模拟圆的程序如下：

```
#<程序：绘出半径为 50 的圆>
from turtle import *
import math
def jumpto(x,y):
    up(); goto(x,y); down()
def getStep(r,k):
    rad = math.radians(90 * (1 - 2/k))
    return ((2 * r)/math.tan(rad))
def drawCircle(x,y,r,k):
    S = getStep(r,k)
    speed(10); jumpto(x,y)
    for i in range(k):
        forward(S)
        left(360/k)
reset()
drawCircle(0,0,50,20)
s = Screen(); s.exitonclick()
```

(**解法 2**)turtle 提供了内置的画圆函数 circle(r)，其中 r 为圆的半径。实现如下：

```
#<程序：绘出半径为 50 的圆>
from turtle import *
circle(50)
s = Screen(); s.exitonclick()
```

解法 1 中，当 r=50 时，k 设置为 20；解法 2 中，设置半径为 50。结果如图 4-15 所示。

从图 4-15 中可以看出，对于解法 1，当 k 设置为 20 时，已经非常接近用 turtle 内置的 circle 函数得到的圆了。

4.8.3　小乌龟绘制迷宫

通过 4.8.2 节的学习，相信大家已经掌握了如何绘制三角形、正方形、圆形等基础图形，本小节回到本节开头的例子,实现迷宫的绘制。

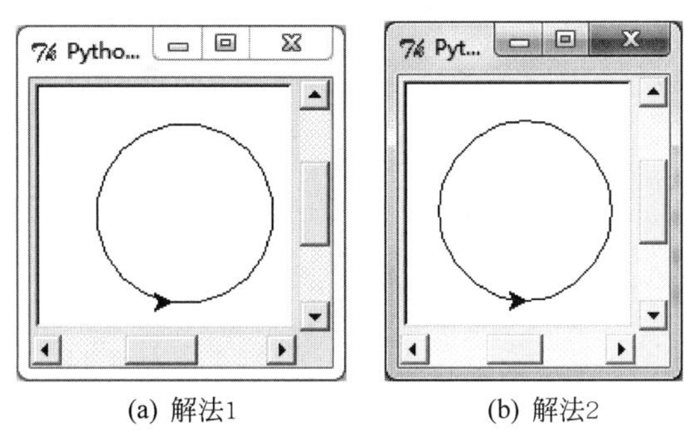

(a) 解法1　　(b) 解法2

图 4-15　实例 4-4 运行结果

迷宫如图 4-16 所示。对于该迷宫,其输入如图 4-17 所示。

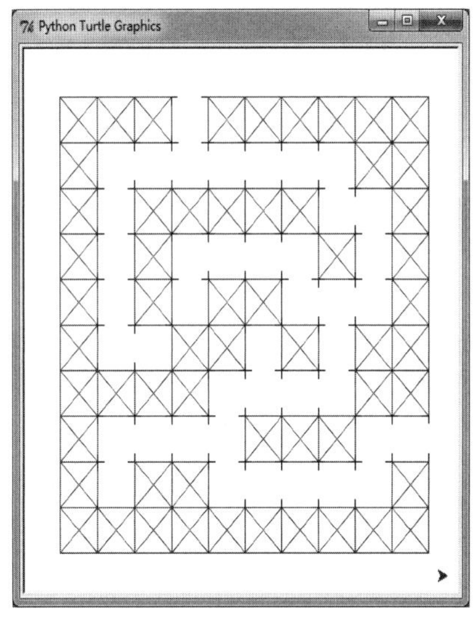

图 4-16　迷宫图

```
#<程序: 迷宫输入>
m = [[1,1,1,0,1,1,1,1,1,1],
    [1,0,0,0,0,0,0,0,1,1],
    [1,0,1,1,1,1,1,0,0,1],
    [1,0,1,0,0,0,0,1,0,1],
    [1,0,1,0,1,1,0,0,0,1],
    [1,0,0,1,1,0,1,0,1,1],
    [1,1,1,1,0,0,0,0,1,1],
    [1,0,0,0,0,1,1,1,0,0],
    [1,0,1,1,0,0,0,0,0,1],
    [1,1,1,1,1,1,1,1,1,1]]
```

图 4-17　迷宫输入

观察迷宫输入与结果,不难发现,当输入的某位为 1 时,迷宫中对应位置为墙,当输入为 0 时,迷宫中对应位置为通道。因此,要绘制该迷宫,两个最基本的元素为绘制墙与绘制通道。实现如下:

```
#<程序: 迷宫中的墙与通道绘制>
from turtle import *
def jumpto(x,y):
    up(); goto(x,y); down()
def Access(x,y):
    jumpto(x,y)
    for i in range(4):
        forward(size/6); up(); forward(size/6 * 4); down();
        forward(size/6); right(90)
def Wall(x,y,size):
```

```
    color("red"); jumpto(x,y);
    for i in range(4):
        forward(size)
        right(90)
    goto(x + size, y - size); jumpto(x, y - size); goto(x + size, y)
```

对于上述两个函数 Access 与 Wall，分别给出起始位置(x,y)与方块的大小，就可以绘出相应的墙与通道了。

最后，需要在主函数中对输入的数组进行遍历，计算出各自的起始位置，便能够绘出我们想要的迷宫了。为了使迷宫绘制在画板的中心，计算最左上角的起点坐标为：(startX, startY) = (−len(m)/2 * size, len(m)/2 * size)。其中，m 为输入数组，len(m)为迷宫的一行中墙与通道的个数总和，size 为每个墙或通道的边长。当遍历到 m 的第(i,j)个元素时，其坐标为(startX+j * size, startY−i * size)。根据如上分析，得到的主函数如下：

```
#<程序: 小乌龟画迷宫>
reset(); speed('fast')
size = 40; startX =  - len(m)/2 * size; startY  =  len(m)/2 * size
for i in range(0,len(m)):
    for j in range(0,len(m[i])):
        if m[i][j] == 0:
            Access(startX + j * size, startY - i * size)
        else:
            Wall(startX + j * size, startY - i * size, size)
s  =  Screen(); s.exitonclick()
```

运行程序，便能看到小乌龟在努力地为我们绘制迷宫了。

程序练习 4.8.1：请使用 turtle 绘制如下图所示的五角星。五角星每条边长度为 100。

提示：*求出每次转角处转动的度数。*

程序练习 4.8.2：请编写程序实现图 4-11(b)的绘制。要求红色的同心圆的半径大小为 50,70,90,110；第一个蓝色的正方形从圆心开始，每次旋转 6°再绘制同等边长的正方形，如 0,6,12,…,84，即 range(0,90,6)；正方形边长为 100。

程序练习 4.8.3：各位试试<程序：多个圆形的美丽聚合>这个例子，可以看到一个美丽的图。请问 IN_TIMES 的作用是什么？TIMES 的作用是什么？把它们改成别的值会如何？假如将 forward(200/TIMES)注释掉(不执行它)，请问结果会变成什么样子？

```
#<程序：多个圆形的美丽聚合>
from turtle import *
reset()
speed('fast')
IN_TIMES = 40
TIMES = 20
for i in range(TIMES):
    right(360/TIMES)
    forward(200/TIMES)                    #这一步是做什么用的
    for j in range(IN_TIMES):
        right(360/IN_TIMES)
        forward (400/IN_TIMES)
write(" Click me to exit", font = ("Courier", 12, "bold"))
s = Screen()
s.exitonclick()
```

习题 4

习题 4.1：在第 2 章二进制转换十进制的小节中，#<程序：改进后的二-十进制转换>用整数除法计算每一位的位权，即程序语句 weight=weight//2，并从输入的二进制整数的高位向低位进行转换。现在请改写这个程序，用乘法计算各个位的位权，从输入的二进制整数的低位向高位进行转换。

习题 4.2：请改写第 2 章中#<程序：整数的十-二进制转换> Python 程序，完成十进制到二进制的包含小数的转换。输入是一个带小数点的十进制数，输出是一个带小数点的二进制数，假设精确度是 8 位。

习题 4.3：有若干堆牌，牌数在列表 L 中表示。一个人可以从某一堆牌中拿走任意张牌，甚至可以将那堆牌全部拿走。请列出这个人一次拿走后的所有可能牌数的组合。每一次的输出要从最少的堆到最多的堆排序。

例如原来有两堆牌 L=[2,3]，输出：[1,3],[0,3],[2,2],[1,2],[0,2]。

(1) 试验 findP([2,3])。下面的代码错在哪里？可能有多处错误。

(2) 请写出正确的代码。

```
#<程序：列出拿一次后的可能组合，请查错误>
def findP(L):
    for i in range(0,len(L)):          #对每一堆牌进行操作
        a = L[i]; X = L;
        if (a == 0): continue          #这一堆的所有可能都试过了，要移到下一堆
        while(a > 0):                  #可能拿 a 张牌
            a = a - 1; X[i] = a;
        X.sort()                       #X 内容被更改为排好序的列表
        print(X)
```

习题 4.4：完成 merge(L1,L2)函数：输入参数是两个从小到大排好序的整数列表 L1 和 L2，返回合成后的从小到大排好序的大列表 X。

例如 merge([1,4,5],[2,7])会返回[1,2,4,5,7],merge([],[2,3,4])会返回[2,3,4]。

要求:(1) 程序中比较两列表元素大小的次数不能超过 len(L1)+len(L2)。

(2) 只能用列表的 append()和 len()函数。

习题 4.5:完成 merge(L1,L2)函数:输入参数是两个从小到大排好序的整数列表 L1 和 L2,返回合成后的从小到大排好序的大列表。

例如 merge([1,4,5],[2,7])会返回[1,2,4,5,7],merge([],[2,3,4])会返回[2,3,4]。

要求:

(1) 程序中比较两列表元素大小的次数不能超过 len(L1)+len(L2)。

(2) 只能用列表 append()和 len()函数。

(3) 一定要用递归方式来完成,也就是 merge()里面调用 merge()。

习题 4.6:**贪婪的送礼者**。对于 N 个要互送礼物的朋友,确定每个人送出的钱比收到的多多少。在这一个问题中,每个人都准备了一些钱来送礼物,而这些钱将会被平均分给那些将收到他的礼物的人。然而,在任何一群朋友中,有些人将送出较多的礼物(可能是因为有较多的朋友),有些人有准备了较多的钱。给出 N 个朋友,给出每个人将花在送礼上的钱和将收到他的礼物的人的列表,请确定每个人收到的比送出的钱多的数目。例如,输入为

```
['Aaron','Benson','Howard','Ophelia']
[['Aaron',300,3,'Benson','Howard','Ophelia'], ['Benson',150,2,'Aaron','Ophelia'], ['Howard',100,
1,'Benson'],['Ophelia',200,2,'Aaron','Howard']]
```

第一行为 N 个朋友的名字,第二行的每一个元素为列表,它的每一个元素的第一个元素为赠送者的名字,第二个元素为礼物总价,第三个元素为赠送人数,后面为接受礼物的人的名字。

该例子输出为:

```
Aaron -125.0  Ophelia -25.0  Howard 100.0  Benson 50.0
```

习题 4.7:**黑色星期五**。13 号又是一个星期五。13 号在星期五的可能比在其他日子少吗?为了回答这个问题,写一个程序,要求计算每个月的 13 号分别为周一到周日的次数。给出 N 年的一个周期,要求计算 1900 年 1 月 1 日至 $1900+N-1$ 年 12 月 31 日中 13 号落在周一到周日的次数,N 为正整数且不大于 400。

提示:①1900 年 1 月 1 日是星期一;②4 月、6 月、9 月和 11 月有 30 天。其他月份除了 2 月都有 31 天,闰年 2 月有 29 天,平年 2 月有 28 天;③年份可以被 4 整除的为闰年(1992=4×498,所以 1992 年是闰年,但是 1990 年不是闰年);④以上规则不适合于世纪年。可以被 400 整除的世纪年为闰年,否则为平年。所以,1700 年、1800 年、1900 年和 2100 年是平年,而 2000 年是闰年。

例如,输入为一个数字 $N(=20)$,输出为 7 个整数,分别表示 13 号是周一到周日的次数:34 33 35 35 34 36 33。

习题 4.8:**挤牛奶**。三个农民每天清晨 5 点起床,然后去牛棚给 3 头牛挤奶。第一个农民在第 300 秒(从 5 点开始计时)开始给他的牛挤奶,一直到第 1000 秒。第二个农民在第 700 秒开始,在第 1200 秒结束。第三个农民在第 1500 秒开始,第 2100 秒结束。期间至少有一个农民在挤奶的最长连续时间为 900 秒(从第 300 秒到第 1200 秒),而无人挤奶的最长

连续时间(从挤奶开始一直到挤奶结束)为 300 秒(从第 1200 秒到第 1500 秒)。要求编写一个程序,读入一个由 N 个农民($1\leqslant N\leqslant 5000$)挤 N 头牛的工作时间列表,计算以下两点(均以秒为单位):最长的至少有一人在挤奶的时间段;最长的无人挤奶的时间段(从有人挤奶开始算起)。

例如,输入为:[[300,1000],[700,1200],[1500,2100]],该输入的每一个元素为一个农民的挤奶时间段。输出为:900 300。

习题 4.9:回文平方数。回文数是指从左向右念和从右向左念都一样的数,如 12321 就是一个典型的回文数。给定一个进制 K($2\leqslant K\leqslant 10$,由十进制表示),输出所有的大于或等于 1、小于或等于 300(十进制)且其平方用 K 进制表示时是回文数的数。

例如,输入为:2。输出为:

```
1 1 1
3 9 1001
```

输出中,第一列为原始数的十进制表示,第二列为该数的平方(十进制),第三列为平方的 K 进制表示。

习题 4.10:双重回文数。如果一个数从左往右读和从右往左读都是一样,那么这个数就叫作“回文数”。例如,12321 就是一个回文数,而 77778 就不是。当然,回文数的首和尾都应是非零的,因此 0220 就不是回文数。事实上,有一些数(如 21),在十进制时不是回文数,但在其他进制(如二进制时为 10101)时就是回文数。编写一个程序,从文件读入两个十进制数 N($1\leqslant N\leqslant 15$)和 S($0<S<10000$),然后找出前 N 个满足大于 S 且在两种或两种以上进制(二进制至十进制)中是回文数的十进制数,输出到文件中。

例如,输入为:10100。输出为:104 105 107 109 111 114 119 121 127 129。

第5章 计算思维的核心——算法

由于各类专业都需要利用计算机来解决问题，对于广大非计算机专业的、没有受过较严格计算机科学教育的人们而言，“计算思维(Computational Thinking)”成为他们必须要掌握的知识，也就是如何用计算机来解决问题。而对于计算机科学专业的人来说，几十年来，计算机科学很少强调所谓的“计算思维”这个名词，因为“计算思维”是理所当然的，老早就根深蒂固在计算机科学的血脉里，从一开始这门学科就是研究用计算机解决问题的方法。如何用计算机解决问题就是计算思维的范畴。发展多年来，我们将此称为算法(Algorithms)。计算机专业的人不需要去刻意区分这两个名词。本章当讲到较大的概念时会不免俗套地用“计算思维”这个名词。当谈到具体的实现方法时，本章就用“算法”以代之。

算法是计算机科学之美的体现之一。算法不是用背诵的，而是要理解的。我们要把算法理解透彻，成为我们的习惯思维，或许这就是所谓的计算思维。对算法的深刻理解到计算思维的养成，可以帮助我们在日常生活、行政管理、时间规划、经营理财等各类问题的解决上得到莫大的助益。注意，算法是超乎于程序语言之外的，设计好算法后，用哪个程序语言来编程(例如 Python、C、C++、Java)是个直接而相对简单的事了。

本章会向大家介绍如何用计算机解决问题的思维方式，5.1 节通过简单的例子向大家介绍什么是计算思维，并给出计算思维的定义；5.2 节介绍递归，它是计算机科学解决问题的基本思路与技巧；5.3 节、5.4 节和 5.5 节会分别为大家介绍分治法、贪心算法和动态规划，这些是非常重要的解题方法；5.6 节以老鼠走迷宫为例，向大家展示怎样利用计算思维求解问题；5.7 节通过总结本章所学的内容谈谈计算思维的美。

虽然多年的经验告诉我，动态规划技术是计算机算法里最重要的技术，但是它比较复杂，需要多点时间去熟练它。假如学时数不够，动态规划部分可以先行跳过，等以后有足够的时间再回来学习这部分。本章提供了足够的材料和 Python 例子，由老师自行计划和掌握要教的部分。

> **沙老师**：算法就好像是内功心法，计算思维就好像是修炼好心法后的内功。举手投足，起心动念，皆是算法，而不自知。

5.1 计算思维是什么

大家可能对“计算思维”这个词很陌生。其实你已经接触过计算思维了，只是自己还蒙在鼓里。本书的第 1 章给出的三种计算平方根的方法都是计算思维，让我们再重新回顾一下。

在第1章中，使用了三种不同的计算思维求 y 的平方根。

第一种考虑到可以根据已知平方根的数来确定 y 的平方根的范围，然后在这个范围内寻找答案。例如，如果 $y=10$，根据3的平方是9，而4的平方是16，所以 y 的平方根 g 一定满足：$3<g<4$。那么首先可以让 $g=3$，然后重复给 g 加一个很小的数 h，直到 g^2 足够接近于 y，从而求得 y 的平方根 g。

第二种采用更快的二分法逼近的方法来求解。使 $f(g)=g^2-y$，此时满足 $f(g)=0$ 的那个 g 就是答案。首先确定 y 的平方根 g 最小为 $\min=0$，最大为 $\max=y$，使 $g=(\min+\max)/2$，然后通过判断 $f(g)>0$ 还是 $f(g)<0$，从而去掉一半的可能范围，缩小 g 的取值范围，一步步逼近解。这种逼近方法是有效的，每一次 g 的取值范围会缩小一半，缩小的速度相当快。这种方法叫作“二分法”。

第三种也是一步步逼近解，只是逼近方式更加高效。使 $f(g)=g^2-y$，此时满足 $f(g)=0$ 的那个 g 就是答案。通过每次求 $f(g)$ 切线的斜率，从而一步步逼近解。

借助计算机强大的计算能力，上述三种计算思维都能解决平方根问题，只是效率不同。大家再也不用死记硬背2的平方根是1.414，3的平方根是1.732了。只要用上述的计算思维就能求解任何数的平方根。

小明：计算思维就是要像计算机那样思考吗？

沙老师：你有点傻。计算思维就像我们平时所说的数学思维、抽象思维一样，只是一种用来解决问题的方法和途径，并不是要人像计算机那样思考。

平方根的例子是做数学运算，计算机更多地是做逻辑决策。现在用一个比较简单的找假币问题为例。假设你有 $n(n\geqslant 2)$ 枚硬币，知道其中有一枚假币，而这枚假币的重量比真币要轻，怎样才能找出这枚假币呢？

自己先想想，你可以想出多少种方法呢？

提示：既然知道假币的重量较轻，那么只要比较一下重量就知道哪枚是假币了，根据比较的策略，我们可以分为下面三种方式。

第一种方式：就是一个个比较硬币，直到找到假币为止。假设 $n=10$，需要在10枚硬币中找出假币。首先，比较硬币1和2，这样会出现两种情况：

(1) 如果两枚硬币重量不一样，那么重量较轻的就是假币了；

(2) 如果两枚硬币重量一样，就从两枚中随便找出一枚与下面的硬币比较。

像上面所述依次比较硬币3,4,5,…直到找出假币。在最差的情况下，要比较9次才能找出假币，比较过程如图5-1所示。而要在 n 枚硬币中找出假币，就要比较 $n-1$ 次。

但是观察上面的比较过程，好像有很多不必要的比较。比如既然知道假币的重量较轻，并且只有一枚假币，那么如果两枚硬币重量一样，这两枚硬币就一定都是真币了，在接下来的比较中也就不用比较这两枚硬币了。因此，可以去掉这些不必要的比较，这样就能得到第二种方式。

第二种方式：将 n 枚硬币中每两枚硬币分为一组，依次比较每组中的两枚硬币，直到找到假币为止，最差情况下只须比较 $n/2$ 次。假设 $n=10$，将10枚硬币两两分组，可以分成五

组。首先比较第一组中的硬币 1 和 2,会出现两种情况:

(1) 如果两枚硬币重量不一样,那么重量较轻的就是假币了;

(2) 如果两枚硬币重量一样,就继续比较下一组的两枚硬币。

像上述过程依次比较,直到找到假币为止,最坏情况下要比较 5 次,分组情况如图 5-2 所示,依次对 5 组进行比较,最多比较 5 次就能找出假币了。而要在 n 枚硬币中找出假币,最差情况下要比较 $n/2$ 次。

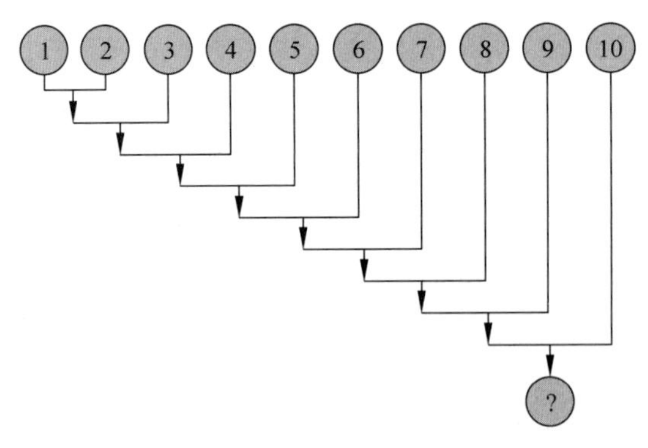

图 5-1　简单比较法

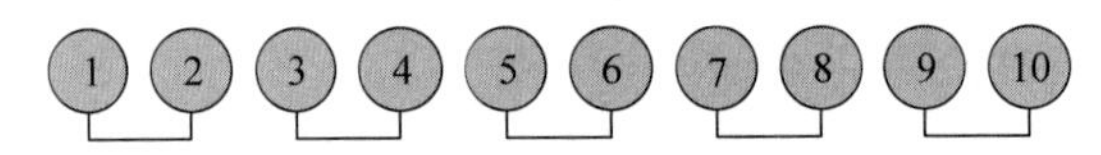

图 5-2　分 $n/2$ 组比较法

但是比较 $n/2$ 次才能找出假币并不是最快的方式。既然所有真币的重量都一样,可以将硬币分成个数相同的两份,有假币的一份会轻一些。而较重的那堆硬币一定都是真币,也就不用做比较了。按照这种方法可以设计出更快的方式,只需要比较 $\log_2 n$(取 $\log_2 n$ 的整数部分)次就能找出假币,即下面所述的方法。

第三种方式:二分法。

(1) 如果 n 是偶数,将 n 枚硬币平均分成两份,比较这两份硬币的重量,假币在重量较轻的那份中,继续对重量较轻的那份硬币使用二分法,直到找出假币;

(2) 如果 n 是奇数,随意取出一枚硬币,然后将剩下的 $n-1$ 枚硬币平均分成两份,比较这两份硬币的重量。如果两份硬币重量相等,那么取出的那枚硬币就是假币;如果两份硬币重量不相等,那么假币在重量较轻的那份中。继续对重量较轻的那份硬币使用二分法,直到找出假币。

假设 $n=10$,将 10 枚硬币{1,2,3,4,5,6,7,8,9,10}平均分成两份:{1,2,3,4,5}和{6,7,8,9,10}。比较这两份的重量,假设第一份较轻,那么假币一定就在硬币 1,2,3,4,5 中,而硬币 6,7,8,9,10 一定都是真币。继续用二分法在{1,2,3,4,5}这 5 枚硬币中找假币。因为 5 是奇数,首先随意取出一枚硬币,假设取出第 5 枚硬币。然后将剩下的 4 枚硬币平均分成两份:{1,2}和{3,4}。比较两份的重量,如果两份硬币重量相等,那么第 5 枚硬币就是假币;如果两份硬币重量不相等,假设第一份较轻,那么假币一定就在硬币 1 和 2 中,而硬币 3,4,5 一定都是真币,此时只要再比较硬币 1 和 2 就能找出假币了。

使用二分法在 10 枚硬币中找出假币最多要比较 3 次,过程如图 5-3 所示。

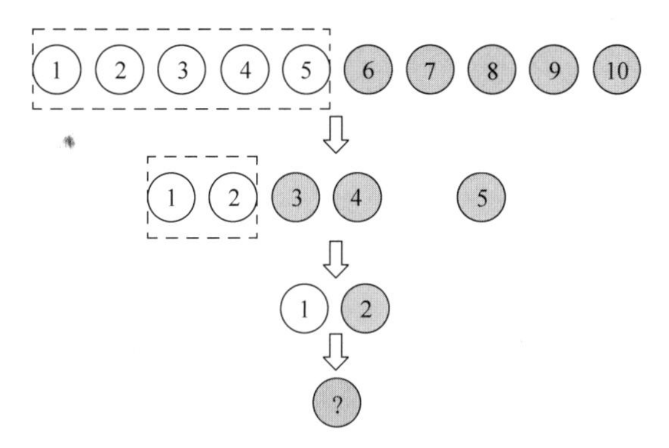

图 5-3　二分法

观察二分法，先将 n 枚硬币平均分成两份做比较，然后将 $n/2$ 枚硬币平均分成两份做比较，继续将 $n/4$ 枚硬币平均分成两份做比较……直到将两枚硬币平均分成两份做比较。在整个过程中，比较的次数就是划分的次数，而做划分的次数其实就是 $\log_2 n$（以 2 为底 n 的对数）。

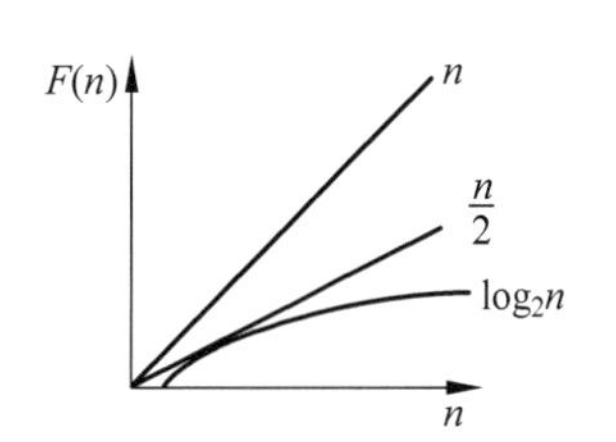

图 5-4　三种方式比较次数的增长情况

上面三种找假币的方式都能找出假币，但是有的速度快，有的速度慢。在例子中，$n=10$ 时可能并不明显，但是当 n 非常大的时候，速度的快慢就相差很大了。比如当 $n=10^6$ 时，第一种方式要比较 10^6-1 次；第二种方式要比较 $10^6/2$ 次；而第三种方式只要比较 20 次就可以了（想想为什么？注意 $\log_2 10$ 差不多等于 3.32）。由图 5-4 可以看出，三种方式的比较次数 $F(n)$ 随着 n 的增长而变化的情况。第三种方式的比较次数 $\log_2 n$ 增长速度明显比前两种慢很多，因此第三种方式是最好的找假币的方法。

上面三种找假币的方式也是三种不同的计算思维。已知假币较轻的情况下，利用第三种方式在 n 枚硬币中找出假币只需要比较 $\log_2 n$ 次。

```
#<程序：找假币的第一种方法> by Edwin Sha
def findcoin_1(L):
    if len(L) <= 1:
        print("Error: coins are too few"); quit()
    i = 0
    while i < len(L):
        if L[i] < L[i+1]: return (i)
        elif L[i] > L[i+1]: return (i+1)
        i = i+1
    print("All coins are the same")
    return(len(L))    # should not reach this point
```

练习题 5.1.1：请用 Python 实现找假币问题的第二种方式。这个程序需要实现的功能有：要求用户输入硬币个数 n；在 2 到 5 中随机选取真币的重量，假币的重量是真币的重量减 1；再从 0 到 $n-1$ 中随机产生一个数，作为假币的位置；产生一个列表 L，依序包含每一个钱币的重量,例如 L=[3,3,3,3,3,2,3,3,3,3]; 利用算法,找出假币所在的位置(第 1 枚硬币的位置是 0)。文中已列出实现找假币问题第一种方法的 Python 程序。

```
#主要程序
import random
n = int(input("Enter the number of coins >= 2: "))
w_normal = random.randint(2,5)
index_faked = random.randint(0,n-1) # 0<= index <= n-1
L = []
for i in range(0,n):
    L.append(w_normal)
L[index_faked] = w_normal - 1
print(L)
print("The index of faked coin:",findcoin_1(L))
```

练习题 5.1.2: 用 Python 实现第三种方式,即二分法算法。请不要用递归函数,可以利用 Python 原有的 sum()函数,将一堆钱币的重量加起来。

练习题 5.1.3: 用 Python 递归函数的方式实现二分法算法。可以利用 Python 原有的 sum()函数,将一堆钱币的重量加起来。解释<程序: 二分法找假钱币>,并且分析: 这个程序的参数 a 是做什么用的? return(-1)代表有哪些情况发生?

```
<程序: 二分法找假钱币>
def findcoin(a,L):
    x = len(L)
    print(a,L)
    if x == 1: return(a)
    if x % 2 == 1: x = x - 1;y = 1
    else: y = 0
    if (sum(L[:x//2])< sum(L[x//2:x])):
        return(findcoin(a, L[:x//2]))
    elif (sum(L[:x//2])> sum(L[x//2:x])):
        return(findcoin(a + x//2,L[x//2:x]))
    else:
        if y == 0: return( - 1)
        else:
            if(L[x]< L[0]):return(a + x)
            else: return( - 1)
```

练习题 5.1.4: 上面我们用了二分法解决找假币问题,那么能不能用三分法(将硬币分成三份来进行比较)呢? 能不能用 $k(3\leqslant k\leqslant n)$分法呢? 请分析 k 分法的优劣。

练习题 5.1.5: 如果在 $n(n\geqslant 4)$枚硬币中有两枚较轻的假币,要怎么找出假币?

练习题 5.1.6: 如果只知道假币的重量和真币不同,怎么才能在 n 枚硬币中找出这枚假币呢?

练习题 5.1.7: 根据练习题 5.1.6 的算法,写出 Python 程序。

小结

本节我们向大家介绍了计算思维的一些内容。计算思维是运用计算机科学的基础概念进行问题求解、系统设计，以及人类行为理解等涵盖计算机科学之广度的一系列思维活动。其实简单来说，计算思维就是用计算机科学解决问题的思维。它是每个人都应该具备的基本技能，而不仅仅属于计算机科学家。对于学计算机科学的人来说，培养计算思维是至关重要的。

5.2 递归的基本概念

用递归(Recurrence)的方法来解决问题是计算机科学里面最美的部分之一，基本概念就是一个问题的解决方案是由其小问题的解决方案构成的。本节讲授其基本概念，接下来的各种算法技巧，如动态规划、分治法、贪心算法都是基于递归概念的方法，所以对递归概念的熟练运用是计算机科学学习的重中之重。

递归函数是自己调用自己的函数，在本质上形成一个循环。稍不小心"循环"就会变成烦恼的缘由。不管是自己循环自己，还是在一个共同工作的团队里，"我等它完成，它也在等我完成"这类的死锁循环，我们不可不慎啊。

先讲一个在语言上的递归循环。

A 对 B 说："我给你讲个故事吧。"

B："好啊。"

A："从前有座山，山里有座庙，庙里有个老和尚，正在给小和尚讲故事呢！故事是什么呢？'从前有座山，山里有座庙，庙里有个老和尚，正在给小和尚讲故事呢！故事是什么呢？'从前有座山，山里有座庙，庙里有个老和尚，正在给小和尚讲故事呢！故事是什么呢？……(没完没了的重复)''"

上面这个恶作剧其实就是一种语言上的递归。还有一些语言上的递归，比如"我下句话是对的"和"我上句话是错的"这两句话就是在相互调用，谁也不知道"我"说的话是对的还是错的。再比如"我在说谎"这句话在自己调用自己，如果我说谎，那么"我在说谎"这句话就是一句谎话，也就是说我没有说谎；如果我没有说谎，那么"我在说谎"这句话就是一句真话，也就是我说谎，谁也不知道我说没说谎。所以"我在说谎"这句话在逻辑上是没有对错的。

除了语言上的递归外，还有很多形式的递归，请看图 5-5 和图 5-6 所示的两幅画。《画手》和《瀑布》是错觉图形大师埃舍尔(Maurits Cornelis Escher)的两幅著名作品，这两幅画是一种图形上的递归。

不过，计算机科学中所要学的递归与上面的递归有点儿不同。我们需要用递归思想来解决问题，可不能永远循环。

小明：假如我对小丽说："我爱你，我在说谎。"我到底有没有说谎啊？真是搞迷糊了，头痛。

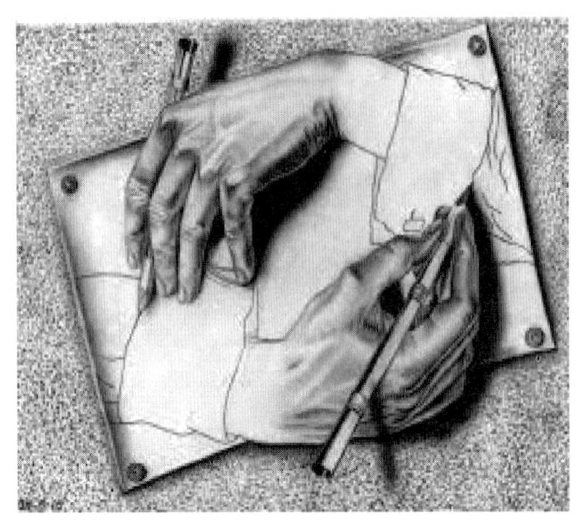

图 5-5 《画手》

图 5-6 《瀑布》

1. 加法问题

问题描述：有 n 个数 $a_1,a_2,\cdots,a_n$，求这 n 个数的和 $F(n)$。

如果 $a_1=1,a_2=2,\cdots,a_n=n$，则 $F(n)=1+2+3+\cdots+n$。这个问题大家在中学就知道，$F(n)$的封闭型解(Closed Form Solution)是 $n(n+1)/2$，不需要编写递归程序就能得到 $F(n)$。但是如果 $a_1=1^k,a_2=2^k,\cdots,a_n=n^k(k>3)$，可能就很少有人知道准确的封闭型解了，我们只能编程计算 $F(n)$了。这个时候用递归的方式是最简单的方式，不需要用任何 for 循环、while 循环的格式。

递归函数：$F(1)=a_1$；$F(n)=F(n-1)+a_n$。

用 Python 编程是很简单的：第一步写上终止条件，然后调用递归函数。

```
#<程序：递归加法>
def F(a):
    if len(a) == 1: return(a[0])      #终止条件非常重要
    return(F(a[1:]) + a[0])
a = [1,4,9,16]
print(F(a))
```

练习题 5.2.1：前面的 Python 函数的递归调用形式其实是第一个数 a[0]加上剩下的 n−1 个数的和。请改写这个程序，使得程序的递归成为前 n−1 个数的和加上最后一个数 a[n−1]。

为了让大家进一步的了解递归的思想，我们再来看一个用递归求解的例子。

2. 平面划分问题

问题描述：求 $f(n)=n$ 条直线最多可以划分的平面个数。

应用计算思维的解题习惯，首先要将大问题划分成小问题。求 n 条直线最多可以划分多少个平面的问题是一个很复杂的大问题。首先可以知道，1 条直线最多可以划分两个平面，两条直线最多可以划分 4 个平面，3 条直线最多可以划分 7 个平面。

如图 5-7(a)所示，1 条直线最多划分出两个平面，即 $f(1)=2$；求两条直线最多划分的

平面数 $f(2)=4$，可以在 1 条直线划分的情况下，加上第 2 条直线，使其与第 1 条直线相交，如图 5-7(b)所示。这样可以在 1 条直线划分的情况下多划分出两个平面，也就是 $f(2)=f(1)+2$；求 3 条直线最多划分的平面数 $f(3)$时，可以在两条直线划分的情况下，加上第 3 条直线，使其分别与前 2 条直线相交于不同点，如图 5-7(c)所示。这样可以在两条直线划分的情况下多划分出 3 个平面，也就是 $f(3)=f(2)+3$。

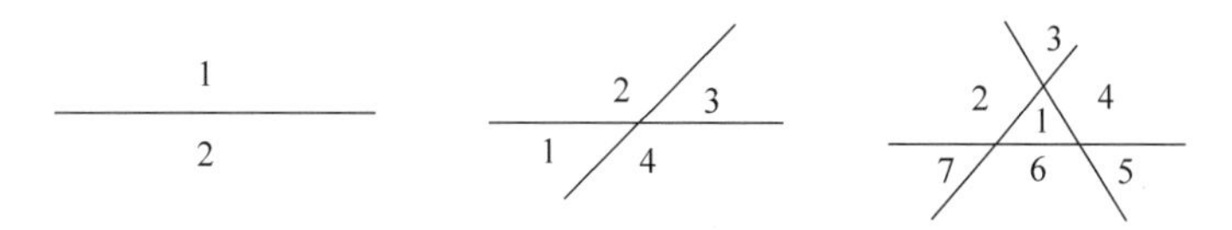

(a) 1条直线划分的平面　(b) 2条直线划分的平面　(c) 3条直线划分的平面

图 5-7　当 $n=1,2,3$ 时，最多划分的平面个数

那么 n 条直线最多划分的平面数 $f(n)$能否用 $f(n-1)$构筑而成呢？

根据上面用 $f(1)$构筑 $f(2)$和用 $f(2)$构筑 $f(3)$的情况，同样地，求 n 条直线最多划分的平面数 $f(n)$时，可以在 $n-1$ 条直线划分的情况下，加上第 n 条直线，使其分别与前 $n-1$ 条直线相交于不同点，每有一个交点就多一个平面，最后一个交点之外还会增加一个平面。这样可以在 $n-1$ 条直线划分的情况下多划分出 n 个平面，也就是 $f(n)=f(n-1)+n$。如此，就可以得到递归式(5-1)：

$$f(n)=\begin{cases}2, & n=1\\ f(n-1)+n, & n>1\end{cases} \tag{5-1}$$

有了递归式，这问题基本就解决了，可以编程来算出任何 $f(n)$的值。假如要在数学上求出封闭型解(Closed Form Solution)也不难。根据递归式(5-1)，可以知道 n 条直线最多划分的平面数 $f(n)=f(n-1)+n=\cdots=2+2+3+\cdots+(n-1)+n=n(n+1)/2+1$。大家可以用 $n=1,2,3$ 来做验证。

练习题 5.2.2：请用 Python 编写一个解决平面划分问题的递归程序。输入 n，输出 $f(n)$。

递归是计算机科学解决问题的基本思路与技巧，简单来说，就是通过不断地调用自己来解决问题的一种思路。下面通过最经典的汉诺塔问题向大家介绍递归。

3. 汉诺塔(Hanoi Tower)问题

汉诺塔(又称河内塔)问题是源于印度一个古老传说的益智玩具。大梵天创造世界的时候做了三根金刚石柱子，在一根柱子上从下往上按照大小顺序摞着 64 片黄金圆盘。大梵天命令婆罗门把圆盘按大小顺序重新摆放在另一根柱子上，并且规定，在小圆盘上不能放大圆盘，在三根柱子之间一次只能移动一个圆盘。当所有的黄金圆盘都从大梵天穿好的那根柱子上移到另外一根上时，世界就将在一声霹雳中毁灭。那么移动 64 片黄金圆盘到底需要移动多少次呢？我们后面会分析给大家看，需要移动约 10^{19} 次。但是我们学计算机科学的人，只需要短短的几行代码就能解决了。所以我们只要将这几行代码交给大梵天就完成任务了，我们是怎么做到的呢？

我们先不考虑移动 64 片圆盘的次数，这个问题太大太复杂，想想都会让人头晕。让我们先从比较少的圆盘数开始，这样有助于发现这个问题的规律。设 n 表示圆盘的片数，有 A、B、C 三个柱子，原来那个圆盘在 A 柱子上，要全部移动到 C 柱子上，用 B 柱子做中间柱子。当 $n=1$ 时很简单,只要移动一次就好了,即移动次数 $f(1)=1$。当 $n=2$ 时也不难知道,移动次数 $f(2)=3$。

接着我们思考要移动 n 个圆盘要怎么做？我们有计算思维的人解决这个问题是很简单的。大问题的解答要由小问题的解答来构建,$f(n)$的求解可以由 $f(n-1)$的解答来完成。我们可以先移动 A 柱上的 $n-1$ 个圆盘到中间 B 柱子上,A 柱子只留下最大的那个圆盘,然后移动这个最大的圆盘到 C 柱子上,这时 A 柱子就空了,可以作为中间柱子,所以问题就又变成了移动 $n-1$ 个圆盘从 B 柱子到 C 柱子。也就是做一次 $f(n-1)$,移动 $n-1$ 个圆盘,加上移动一个圆盘,再加上一次 $f(n-1)$,移动 $n-1$ 个圆盘。所以 $f(n)=2f(n-1)+1$;$f(1)=1$。

下面我们仔细研究 $n=3$ 时的移动次数,如图 5-8 所示。有 A、B 和 C 三个柱子,开始时 3 片黄金圆盘(编号为 1,2 和 3)按上小下大的顺序放在柱子 A 上,如图 5-8(a)所示。第一步,将圆盘 1 从 A 移到 C,如图 5-8(b)所示;第二步,将圆盘 2 从 A 移到 B,如图 5-8(c)所示;第三步,将圆盘 1 从 C 移到 B,放在圆盘 2 上,如图 5-8(d)所示;第四步,将圆盘 3 从 A 移到 C,如图 5-8(e)所示;第五步,将圆盘 1 从 B 移到 A,如图 5-8(f)所示;第六步,将圆盘 2 从 B 移到 C,放在圆盘 3 上,如图 5-8(g)所示;第七步,将圆盘 1 从 A 移到 C,放在圆盘 2 上,至此圆盘就全部移完了,如图 5-8(h)所示。经过上述 7 步,可以完成 3 片黄金圆盘的移动,即 $f(3)=7$。

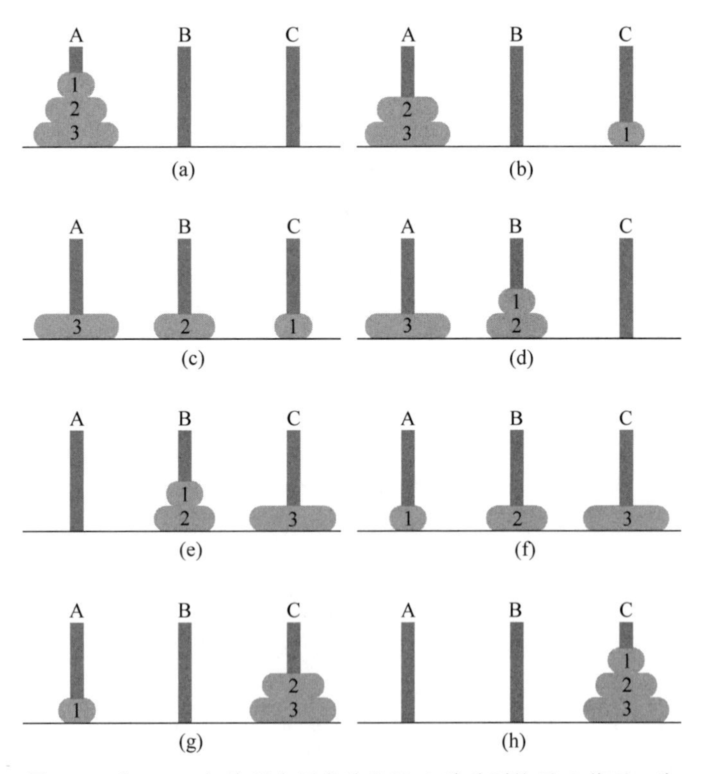

图 5-8 当 $n=3$ 时,将所有圆盘从柱子 A 移动到柱子 C 共要 7 步

总结上面对 3 片圆盘的移动过程。如图 5-8 的(a)～(d)所示,是将上面两片圆盘移到 B,其实就是移动两片圆盘的过程,移动次数是 $f(2)$;而图 5-8 的(d)～(e)是将第 3 片圆盘从

A 移到 C,移动 1 次；图 5-8 的(e)～(h)是将上面两片圆盘移到 C,这也是移动两片圆盘的过程,移动次数是$f(2)$。综上所述,3 片圆盘的移动次数 $f(3)=f(2)+1+f(2)=2f(2)+1$。这样,3 片圆盘的移动次数 $f(3)$可以用两片圆盘的移动次数 $f(2)$来表示。而且,我们也可以知道 $f(2)=2f(1)+1=3$,即两片圆盘的移动次数 $f(2)$可以用 1 片圆盘的移动次数 $f(1)$来表示。

那么 $n(n>3)$片圆盘的移动次数 $f(n)$是不是也可以用 $n-1$ 片圆盘的移动次数 $f(n-1)$来表示呢?

如果想将 $n(n>3)$片圆盘从 A 移到 C,那么必须先将 $n-1$ 片圆盘按上小下大的顺序从 A 移到 B,然后将第 n 片圆盘从 A 移到 C,最后将 $n-1$ 片圆盘从 B 移到 C。因此,$f(n)=2f(n-1)+1$,即 $n(n>3)$片圆盘的移动次数 $f(n)$可以用 $n-1$ 片圆盘的移动次数 $f(n-1)$来表示。这样一来,就将求 $f(n)$的问题变为了求 $f(n-1)$的问题。由此我们可以得到汉诺塔问题的递归式:

$$f(n)=\begin{cases}1, & n=1\\ 2f(n-1)+1, & n>1\end{cases} \tag{5-2}$$

根据递归式(5-2),得到 $f(n)=2f(n-1)+1=2\times(2f(n-2)+1)+1=4f(n-2)+2+1=4\times(2f(n-3)+1)+2+1=8f(n-3)+4+2+1=\cdots=2^n-1$。因此,要将 64 片黄金圆盘从一根柱子移到另一根柱子上,并且始终保持上小下大的顺序,需要移动 $2^{64}-1$(约为 10^{19})次。也许移动 $2^{64}-1$ 次的概念不太直观,那么我们来算一算需要的时间好了。假如移动一次需要一秒,移动完 64 片圆盘需要多久的时间呢?答案是:5845 亿年以上!而地球存在至今不过 45 亿年,宇宙至今也不过 138 亿年左右,即便真的等待 5845 亿年,且不说太阳系和银河系,至少地球上的一切生命,连同梵塔、庙宇等,都早已经灰飞烟灭。

在有了递归式之后,就可以用递归程序得到盘子的移动步骤。我们给出用递归方法解决汉诺塔问题的 Python 代码,大家可以在自己的计算机上试一下。

```
#<程序:汉诺塔_递归>
count = 1
def main():
    n_str = input('请输入盘子个数:')
    n = int(n_str)
    Hanoi(n,'A','C','B')
def Hanoi(n, A, C, B):
    global count
    if n < 1:
        print('False')
    elif n == 1:
        print ("%d:\t%s -> %s" % (count, A, C))
        count += 1
    elif n > 1:
        Hanoi (n - 1, A, B, C)
        Hanoi (1, A, C, B)
        Hanoi (n - 1, B, C, A)
if(__name__ == "__main__"):
    main()
```

如果我们想求将 3 片黄金圆盘从柱子 A 移到柱子 C 的步骤,可以得到下面的结果:

```
>>>
请输入盘子个数: 3
1:A -> C
2:A -> B
3:C -> B
4:A -> C
5:B -> A
6:B -> C
7:A -> C
```

上面的步骤和图 5-8 完全一样。看,就是这么简单。有了递归,计算机科学可以用很简单的几行代码解决汉诺塔问题。那么递归为什么能用很少的代码解决很复杂的问题呢?这就要从递归的定义和本质说起了。

练习题 5.2.3:请用递归求解斐波那契(Fibonacci)数列问题。Fibonacci 为 1200 年代的欧洲数学家,在他的著作中曾经提到:若有一只兔子每个月生一只小兔子,一个月后小兔子也开始生产。起初只有一只兔子,一个月后就有两只兔子,两个月后有三只兔子,三个月后有五只兔子……这就是 Fibonacci 数列,又称黄金分割数列,指的是这样一个数列:1、1、2、3、5、8、13、21、34、55、89、…。问 n 个月后会有多少只兔子?

练习题 5.2.4:请用 Python 编写一个递归程序,求解两个正整数 x 和 y 的最大公约数。

一般来说,递归是一个过程或函数在它的定义或说明中又直接或间接调用它自己的一种方法,例如在解决汉诺塔问题时,函数 Hanoi 调用了它本身。

递归本质是把一个复杂的大问题层层转化为一个与原问题相似的小问题,利用小问题的解来构筑大问题的解。学习用递归解决问题的关键就是找到问题的递归式,有了递归式就可以知道大问题与小问题之间的关系,从而解决问题。例如在解决汉诺塔问题时,通过分析可以将求解 n 个圆盘的移动次数 $f(n)$ 转化成求解 $n-1$ 个圆盘的移动次数 $f(n-1)$,求解 $n-1$ 个圆盘的移动次数 $f(n-1)$ 转化成求解 $n-2$ 个圆盘的移动次数 $f(n-2)$……直到转化为求解 1 个圆盘的移动次数 $f(1)$,从而可以得到如公式(5-2)所示的递归式。

递归只需少量的程序就可描述出解题过程所需要的多次重复计算,大大地减少了程序的代码量。它的能力在于用有限的语句来定义无限集合。正是如此,递归才能用很少的代码解决很复杂的问题。然而在使用递归解决问题时要特别注意,**一定要有一个明确的递归结束条件**,否则就会陷入无限循环中。例如在解决汉诺塔问题时,递归结束条件就是 $n=1$。只要判断 $n=1$,就停止调用 Hanoi,开始返回。

小明:无限循环就像我们学过的无限循环小数一样吗?

阿珍:差不多,不过影响可不一样了。可以有无限循环小数,但是不能有无限循环的程序。想一下,如果你在解题的时候用了无限循环的程序,那就永远也得不到答案啦,切记!

在本节的开始,我们卖了个关子,让大家找出语言上的递归和图形上的递归与我们计算机科学中递归的不同。到这里你找到答案了吗？其实就是上面提到的，在计算机科学中使用递归解决问题时，一定会有一个明确的递归结束条件。而语言上的那个递归是没有结束条件的，它可以讲到海枯石烂地老天荒。

接下来是个练习，大家要习惯用递归来解决问题。习惯递归的思想后，可以在很短的时间里写出正确的程序。写递归程序的诀窍就是：①怎么分，怎么合；②怎么终止。

Python 练习：编写 merge(L1,L2)函数：输入参数是两个从小到大排好序的整数列表 L1 和 L2，返回合成后的从小到大排好序的大列表。例如 merge([1,4,5],[2,7])会返回[1,2,4,5,7]，merge([],[2,3,4])会返回[2,3,4]。要求：

(1) 一定要用递归方式；

(2) 只能用列表的 append()和 len()函数。

首先是"怎么分，怎么合"。L1[0]是 L1 列表中最小的，L2[0]是 L2 列表中最小的。比较这两个数，小的数从列表中拿出来，将这个少一个数的列表和另一个列表作为递归调用的参数；得到返回的已经排好序的列表后，将前面拿出来的那个较小的数放在这个返回的列表的最前面；然后再返回这个排好序的列表。

接着是"决定终止条件"，终止条件就是其中一个列表是空的。如果判断其中一个列表是空的，就返回另一个列表。

```
#<程序: merge 函数> by Edwin Sha
def merge(L1,L2):
    if len(L1) == 0:
        return(L2)
    if len(L2) == 0:
        return(L1)
    if L1[0] < L2[0]:
        return([L1[0]] + merge(L1[1:len(L1)],L2))
    else:
        return([L2[0]] + merge(L1,L2[1:len(L2)]))

X = merge([1,4,9],[10])
print(X)
```

小结

递归是计算思维最重要的一种基本思想，是大家在中学没有学习过的。递归是一个过程或函数在它的定义或说明中又直接或间接调用自己的一种思想。它的本质是把一个复杂的大问题层层转化为一个与原问题相似的小问题，利用小问题的解来构筑大问题的解。利用递归思想求解问题时，只需少量的程序就可描述出解题过程所需要的多次重复计算，从而大大地减少程序的代码量。它的能力在于用有限的语句来定义无限集合。正因如此，递归能用很少的代码解决很复杂的问题。学习用递归解决问题的关键就是找到问题的递归式，也就是用小问题的解构造大问题解的关系式。通过递归式可以知道大问题解与小问题解之间的关系，从而解决问题。

5.3 分治法

其实在 5.1 节的找假币的例子中,我们就用到了分治法(Divide-and-Conquer Algorithm)。第三种方式的二分法就是分治法。分治法是我们计算机科学解决问题的一种基本方法,从字面上来理解就是“分而治之”。它的基本思想是把一个复杂的问题分成两个或更多的相同或相似的互相独立的子问题,再把子问题分成更小的子问题,直到最后的子问题可以简单地直接求解,然后将这些子问题的解合并,从而构造出原问题的解。而用分治法求解问题的时候,通常会用到递归的思想来求解子问题。

在具体的介绍分治法之前,先来看一个求最小值的例子。我们会分别用一般的循环比较法、递归比较法和分治比较法求解最小值问题。

求最小值:假设有 n 个数,分别为 $a_1,a_2,a_3,\cdots,a_n$,求 n 个数中的最小值。

想要找到最小值,就需要将 n 个数作比较,但是怎么比较就是关键了。因为不同的比较策略,找出最小值所花费的时间也不同。首先我们来看一个最常用、也是最容易想到的方法。

1. 循环(Loop)比较法

在 n 个数中找出最小值,可以从第一个数 a_1 开始依次做比较。首先比较 a_1 和 a_2,将较小的一个与 a_3 做比较;然后再将较小的一个与 a_4 做比较……直到与 a_n 做比较,找到所有 n 个数中最小的值。

我们可以用循环程序实现上面的策略,用 Python 表示如下。用循环的方法求得最小值共要比较 $n-1$ 次。

```
#<程序:最小值_循环>
def M(a):
    m = a[0]
    for i in range(1,len(a)):
        if a[i]< m:
        m = a[i]
    return m
a = [4,1,3,5]
print(M(a))
```

2. 递归(Recurrence)比较法

除了用循环程序实现上面的策略之外,我们学习计算机科学的人更喜欢用递归的方式实现,因为它简单。这个方法的主要思想是:要求 n 个数中的最小值 $M(n)$,就需要知道 $n-1$ 个数中的最小值 $M(n-1)$,然后比较 a_n 和 $M(n-1)$,较小的就是 $M(n)$;要求 $n-1$ 个数中的最小值 $M(n-1)$,就需要知道 $n-2$ 个数中的最小值 $M(n-2)$,然后比较 a_{n-1} 和 $M(n-2)$,较小的就是 $M(n-1)$……要求两个数中的最小值 $M(2)$,就需要知道 1 个数中的最小值 $M(1)$,然后比较 a_2 和 $M(1)$,较小的就是 $M(2)$,而 1 个数中的最小值 $M(1)$ 就是它本身 a_1。有了 $M(1)$ 就可以得到 $M(2)$,有了 $M(2)$ 就可以得到 $M(3)$,……,有了 $M(n-1)$

就可以得到 $M(n)$，从而得到 n 个数中的最小值。用公式可以表示为：

$$M(n)=\begin{cases}a_1, & n=1\\ \min(a_n,M(n-1)), & n>1\end{cases} \tag{5-3}$$

这种递归比较的方法可以用函数调用来实现。请注意终止条件一定要在函数里面首先设定。在此当数组 a 的长度为 1，返回 a[0]。用 Python 实现如下：

```
#<程序：最小值_递归> a是个数组
def M(a):
    print(a)
    if len(a) == 1: return a[0]
    return (min(a[len(a) - 1], M(a[0:len(a) - 1])))

L = [4,1,3,5]
print(M(L))
```

递归比较和循环比较一样共要比较 $n-1$ 次。

3. 分治(Divide-and-Conquer)比较法

其实我们在做比较的时候，不一定要按照 $a_1,a_2,a_3,\cdots,a_n$ 的顺序来比较，而是可以从任何一个数开始，所得到的结果都是一样的。那么我们可以将这 n 个数分组做比较吗？让 $M(i,j)$ 表示 $a_i,\cdots,a_j$ 这 $j-i+1$ 个数的最小值，其中 $0\leqslant i\leqslant j\leqslant n-1$。比如将 $a_1,a_2,a_3,\cdots,a_n$ 分成两组：$a_1,\cdots,a_{n/2}$ 和 $a_{n/2-1},\cdots,a_n$，先分别找出它们各自的最小值 $M(1,n/2)$ 和 $M(n/2-1,n)$，然后比较 $M(1,n/2)$ 和 $M(n/2-1,n)$，从而得到 n 个数的最小值 $M(1,n)$。这里的除法都是整数除法。显然这种方法也能找到最小值，我们称这种方法为分治比较法。

分治比较法的基本思想是：要求 $M(1,n)$，可以先求得 $M(1,n/2)$ 和 $M(n/2+1,n)$，$M(1,n/2)$ 和 $M(n/2+1,n)$ 中较小的就是 $M(1,n)$；而要求 $M(1,n/2)$，可以先求得 $M(1,n/4)$ 和 $M(n/4+1,n/2)$，其中较小的就是 $M(1,n/2)$……直到要求 $M(1,1),M(2,2),\cdots,M(n,n)$。而根据 $M(i,j)$ 的定义可知：$M(1,1)=a_1,M(2,2)=a_2,\cdots,M(n,n)=a_n$。既然知道了 $M(1,1),M(2,2),\cdots,M(n,n)$，通过比较也就可以得到 $M(1,2),M(3,4),\cdots,M(n-1,n),\cdots$ 通过比较 $M(1,n/2)$ 和 $M(n/2+1,n)$，从而得到 $M(1,n)$。按照上述基本思想，可以求得 n 个数中的最小值 $M(1,n)$，用公式可以表示为：

$$M(1,n)=\min(M(1,n/2),M(n/2+1,n)) \tag{5-4}$$

这种分治比较也可以用函数调用来实现。递归函数编程的诀窍如下。

(1) 决定终止条件。以此为例，就是数组只有一个值时，要返回此值。你也可以再加上额外的终止条件使得程序能稍微快点，例如，当数组 a 的长度为 2 时，返回较小的那个值。

```
if  len(a) == 1: return(a[0]);
elif  len(a) == 2: return(min(a[0], a[1]))
```

其实检查数组 a 的长度是否为 2 是没有必要的。

(2) 设定调用的递归函数的参数，也就是大问题要如何分成小问题。(Divide 部分)

(3) 所调用的函数完成后，也就是子问题解决后，如何构建大问题的解答(Conquer 部分)，然后返回此解答。

用 Python 实现如下：

```
#<程序：最小值_分治>
def M(a):
    print(a)     #可以列出程序执行的顺序
    if len(a) == 1: return a[0]
    return (min(M(a[0:len(a)//2]),M(a[len(a)//2:len(L)])))
L = [4,1,3,5]
print(M(L))
```

用这种方法，同样需要比较 $n-1$ 次。但是这种方法可能在多核的情况下要比前两种方法的效率高，大家可以思考下是为什么呢？其实秘诀就在分治比较法的基本思想中。在求 $M(1,n/2)$ 和 $M(n/2+1,n)$ 时所要进行的比较是互不影响的，因此这些比较可以同时进行，进而推广到求 $M(1,2),\cdots,M(n-1,n)$ 时，比较都是可以同时进行的。目前我们所用的计算机都是多核的体系结构，完全可以并行地执行比较操作，这样一来就可以大大地节约时间，因此第三种方法的效率会高于前两种方法。

练习题 5.3.1：上面的分治法的思路是否可以求 $a_0,a_1,a_2,\cdots,a_{n-1}$ 的总和、乘积或者最大数？那减法行吗？运算要符合什么样的运算律才能用分治法？

练习题 5.3.2：请用 Python 分别用递归和分治法求 n 个数 $a_0,a_1,a_2,\cdots,a_{n-1}$ 中的最大值。

通过上面求最小值的例子，相信大家已经对分治法有了一些了解，下面我们会以求最小值和最大值问题为例，详细地为大家讲解分治法。

最小值和最大值(Minimum and Maximum)问题

求最小值和最大值是比较常见的问题，如果是单独地求最小值或者最大值，可以用上面方法。以统计成绩为例，往往需要得到最小值和最大值以确定成绩的分布区间。这时就需要设计某种方法找到 n 个数中的最小值和最大值。

如果用前面的方法分别找最小值和最大值。找最小值要比较 $n-1$ 次，找最大值也要比较 $n-1$ 次，要找到最小值和最大值共需要比较 $2n-2$ 次。但是还可以设计更好的方法，它最多只需要比较 $1.5n-2$ 次就可以同时找到最小值和最大值。这种方法就是用分治法实现的。

问题描述：求 n 个数 $a_1,a_2,a_3,\cdots,a_n$ 中的最小值和最大值。

我们先假设 $n=4$，看看在 a_1,a_2,a_3,a_4 中找最小值和最大值是什么情况。

如果用 5.3 节中的方法分别找最小值和最大值，可以先找最小值，然后再找最大值。首先，将 4 个数分成两份，即 a_1,a_2 和 a_3,a_4；然后，分别比较 a_1 和 a_2，a_3 和 a_4，找到各自的最小值 $M(1,2)$ 和 $M(3,4)$；最后，比较 $M(1,2)$ 和 $M(3,4)$ 找到 4 个数中的最小值 $M(1,4)$。同理找到最大值。

用上述方法，找最小值要比较 3 次，找最大值要比较 3 次，共需比较 6 次。观察上述过程，在找最小值和最大值时存在很多重复的比较。例如，求最小值时要比较 a_1 和 a_2，求最大值时还要比较一次 a_1 和 a_2。如果用上面的方式，每个数都要分别与最小值和最大值做比较，而实际上并不需要这样。

让 Min(i,j)表示 a_i,…,a_j 这 $j-i+1$ 个数的最小值,Max(i,j)表示 a_i,…,a_j 这 $j-i+1$ 个数的最大值,其中 $1\leqslant i\leqslant j\leqslant n$。

同时求最小值和最大值:

在 4 个数中同时找最小值和最大值。首先,将 4 个数分成 2 份,即 a_1,a_2 和 a_3,a_4;然后,比较 a_1 和 a_2,得到最小值 Min(1,2)和最大值 Max(1,2);同理比较 a_3 和 a_4,得到最小值 Min(3,4)和最大值 Max(3,4);最后,分别比较两个最小值和两个最大值:即 Min(1,2)和 Min(3,4)比,Max(1,2)和 Max(3,4)比,从而找个 4 个数中的最小值 Min(1,4)和最大值 Max(1,4)。用上述方法,只需比较 4 次就可以同时找到最小值和最大值。

用分治法同时求 n 个数 a_1,a_2,a_3,…,a_n 中的最小值 Min(1,n)和最大值 Max(1,n)的基本思想是:

(1) 要求 Min(1,n)和 Max(1,n),可以先求得 Min(1,$n/2$)和 Min($n/2+1$,n)以及 Max(1,$n/2$)和 Max($n/2+1$,n),Min(1,$n/2$)和 Min($n/2+1$,n)中较小的就是 Min(1,n),Max(1,$n/2$)和 Max($n/2+1$,n)中较大的就是 Max(1,n)……直到要求 Min(1,1)和 Max(1,1),…,Min(n,n)和 Max(n,n)。

(2) 根据 Min(i,j)和 Max(i,j)的定义可知:Min(1,1)=Max(1,1)=a_1,…,Min(n,n)=Max(n,n)=a_n。

(3) 知道了 Min(1,1)和 Max(1,1),…,Min(n,n)和 Max(n,n),通过分别比较 Min(1,1)和 Min(2,2),Max(1,1)和 Max(2,2)可以得到 Min(1,2)和 Max(1,2),……,直至得到 Min($n-1$,n)和 Max($n-1$,n);同理通过分别比较 Min(1,2)和 Min(3,4)、Max(1,2)和 Max(3,4),可以得到 Min(1,4)和 Max(1,4),……,直至得到 Min($n-3$,n)和 Max($n-3$,n),最终得到 Min(1,n)和 Max(1,n)。

用分治法同时求最小值和最大值所需要的比较次数为 $3n/2-2$。比较次数如图 5-9 所示。从下往上,求第 0 层的最小值和最大值,需要的比较次数为 0;求第 1 层中每组的最小值和最大值要比较 1 次,而要求 $n/2$ 组的最小值和最大值要比较 $n/2$ 次;求第 2 层中每组最小值和最大值要比较 2 次,而要求 $n/4$ 组的最小值和最大值要比较 $2\times n/4=n/2$ 次;求第 3 层中每组最小值和最大值要比较 2 次,而要求 $n/8$ 组的最小值和最大值要比较 $2\times n/8=$

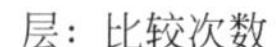

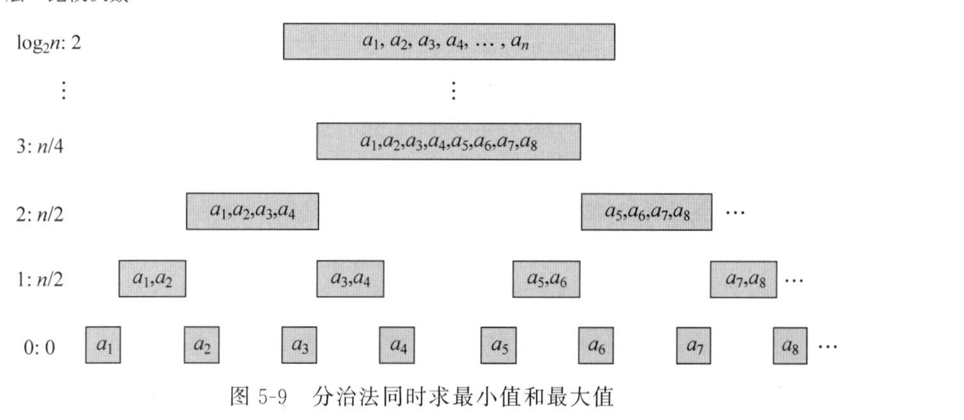

图 5-9　分治法同时求最小值和最大值

$n/4$ 次……求第 $\log_2 n$ 层中每组最小值和最大值要比较两次,而第 $\log_2 n$ 层只有 1 组,因此需要比较两次。所有层的比较次数之和为:$2+4+\cdots+n/4+n/2+n/2=3n/2-2$ 次。

实现同时求最小值和最大值的方法可以 Python 实现,代码如下:

```
#<程序: 最小值和最大值_分治>
A = [3,8,9,4,10,5,1,17]
def Smin_max(a):
    if len(a) == 1:
        return(a[0],a[0])
    elif len(a) == 2:
        return(min(a),max(a))
    m = len(a)//2
    lmin, lmax = Smin_max(a[:m])
    rmin, rmax = Smin_max(a[m:])
    return min(lmin,rmin),max(lmax,rmax)

print("Minimum and Maximum: % d, % d" % (Smin_max(A)))
```

运行可以得到:

```
>>>
Minimum and Maximum:1,17
```

在计算机科学中,分治法是非常重要的算法。分治法字面上的解释是“分而治之”,就是把一个复杂的问题分成两个或更多的相同或相似的互相独立的子问题,再把子问题分成更小的子问题,直到最后子问题可以简单地直接求解,原问题的解是子问题解的合并。以分治法求最小值和最大值为例,其基本思想如下。

分:将 n 个数分成两部分,每部分包含 $n/2$ 个数;

治:如果 $n/2=1$,那么可以直接得到最小值和最大值;如果 $n/2=2$,可以直接比较两个数从而得到最小值和最大值;否则,用分治法求 $n/2$ 个数的最小值和最大值;

合并:分别比较两部分的最小值和最大值,从而找到 n 个数的最小值和最大值。

上述分治法求最小值和最大值包括三个步骤:分→治→合并。在“治”中可以看到递归的身影,即如果 $n/2>2$,那么就递归的调用它本身来求最小值和最大值。我们再回过头去看用 Python 的代码。与上述的基本思想相应的,在判断 $n/2$ 不为 1 或 2 之后,调用 Smin_max(array[:m])和 Smin_max(array[m:])。

其实在我们用分治法解题时,往往会用到递归的思想。分治法产生的子问题往往是原问题的较小模式,反复应用分治法,可以使子问题与原问题的类型保持一致,而其规模却不断缩小,最终使子问题缩小到很容易直接求出其解,这就为使用递归提供了方便。在分治法中用递归的思想求解问题是计算机科学解决问题时常用的一种手段,由此也产生了很多高效的算法。

对于求 n 个数的最小值和最大值问题,可能有人认为可以先将这 n 个数排好序,这样最小值和最大值不就一目了然了吗!这种做法是舍近求远,排序的复杂度要比找最大值和最小值复杂得多。我们不需要排序就可以找到最大和最小值了。尤其是分治法常会给出在多核上可以并行的算法。

用分治法求 n 个数最小值和最大值的时候，将 n 个数分成两部分，然后分别对这两部分求最小值和最大值，即 Min(1,n/2)和 Max(1,n/2)，Min(n/2+1,n)和 Max(n/2+1,n)。而这两个过程是可以并行运算的，因为它们彼此没有依赖关系。同理，求 Min(1,2)和 Max(1,2)的过程，求 Min(3,4)和 Max(3,4)的过程……求 Min(n−1,n)和 Max(n−1,n)的过程都可以相互并行执行。目前计算机已经能够集成越来越多的核，设计并行执行的程序能够有效利用资源，提高对资源的利用率。因此，用分治法求解问题也变得越来越重要。

小明：理解递归函数执行的细节，好像很复杂。我们用递归方式写程序，也是这么复杂吗？

沙老师：递归函数美的地方就是它写起来简单，它将复杂的执行细节都隐藏在执行过程的背后，就是函数调用时栈上的管理。我们设计程序的人不需要在细节上去一步步追踪。我们写递归程序时就是要从上往下，Top-Down 的方式，加上一个终止条件。实在是行云流水，漂亮极了。例如我们写如下的排序程序，几分钟就写出来了。

程序练习 5.3.1：在 5.2 节中，我们展示了 merge(L1,L2)函数。现在利用函数来写一个排序程序。这个算法叫作归并排序(Merge Sort)。给一个列表 L，写 Python 程序 msort(L)，返回一个排好序的列表。这个算法是分治法的典型例子。将 L 分成两半 L1 和 L2，然后调用 msort(L1)、msort(L2)，得出两个排好序的列表 X1 和 X2，最后返回 merge(X1,X2)，是排好序的列表。

```
#<程序：归并排序 Merge Sort>
def msort(L):
    k = len(L)
    if k == 0: return(L)
    if k == 1: return(L)
    X1 = L[0:k//2]; X2 = L[k//2:k] #X1,X2 是局部变量
    print("X1 = ",X1," X2 = ",X2) #看看输出是什么,可以知道递归是如何执行的
    X1 = msort(X1); X2 = msort(X2)
    return(merge(X1,X2))
```

程序练习 5.3.2：在第 2 章中，我们曾经给出了一个用 Python 实现的二进制全加器，结合本节所学的分治法，请研究以下的 Python 程序，分治法实现二进制全加器。

其中代码“c2,s2=add_divide(x[0:len(x)//2],y[0:len(y)//2],c1)”中的 c1，使得这个函数调用一定要在前半部的 add_divide()完成后才能执行，所以不能够并行来执行这两个 add_divide()，要如何改动代码才能并行执行呢？在此假设有足够多的核来做运算。所以可以同时运行 c1=1 和 c1=0 的两种情形，然后再来选择。

```
#<程序: 全加器>
def  FA(a,b,c): # Full adder
     carry = (a and b) or (b and c) or (a and c)
     sum = (a and b and c) or (a and (not b) and (not c)) \
          or ((not a) and b and (not c)) or ((not a) and (not b) and c)
     return carry, sum

#<程序: 二进制加法-二分法算法> by Edwin Sha
def add_divide(x,y,c = False):
          # x, y are lists of True or False, c is True or False
                    # return carry and a list of x + y
     while len(x) < len(y): x = [False] + x
     while len(y) < len(x): y = [False] + y
     if len(x) == 1:
          ctemp, stemp = FA(x[0],y[0],c)
          return (ctemp, [stemp])
     if len(x) == 0: return c, []
     c1,s1 = add_divide(x[len(x)//2:len(x)],y[len(y)//2:len(y)],c)
     c2,s2 = add_divide(x[0:len(x)//2],y[0:len(y)//2],c1) #依赖关系!
     return(c2,s2 + s1)
```

小结

分治法是计算机科学中非常重要的算法,字面上的解释是“分而治之”,就是把一个复杂的问题分成两个或更多的相同或相似的互相独立的子问题,再把子问题分成更小的子问题,直到最后子问题可以简单地直接求解,原问题的解是子问题解的合并。在用分治法求解问题时一般分为三个步骤:分→治→合并。在“治”中往往会用到递归的思想。用分治法求解问题的优势是可以并行地解决相互独立的子问题。目前计算机已经能够集成越来越多的核,设计并行执行的程序能够更有效地利用资源,提高对资源的利用率。因此,用分治法求解问题也变得越来越重要。

5.4 贪心算法

贪心算法(Greedy Algorithm),又称为贪婪算法,应该算是我们最熟悉、最常用的方法。贪心算法是用来求解最优化问题的一种方法。一般来说,求解最优化问题的过程就是做一系列决定从而实现最优值的过程。最优解就是实现最优值的这些决定。贪心算法考虑局部最优,每次都做当前看起来最优的决定,得到的解不一定是全局最优解。举例而言,例如我们从 A 处到 B 处,要经过许多道路,有不同的路径方案可以选择,想求出最快的路径,假如用贪心算法,选了局部最优的路,但是可能下一条路会很拥堵,这样用贪心算法就无法保证所走的路是最快的路径了。虽然贪心算法不一定能得到最优解,但是有些问题能够用贪心算法求得最优解,例如下面的找零钱问题。

找零钱问题

问题描述：假设有 4 种硬币，它们的面值分别为 2 角 5 分、1 角、5 分和 1 分。现在要找给某顾客 6 角 3 分钱。问怎样找零钱才能使给顾客的硬币个数最少？

一般来说，我们会拿出两个 2 角 5 分的硬币、1 个 1 角的硬币和 3 个 1 分的硬币交给顾客，共找给顾客 6 枚硬币。

这种找零钱的基本思想是：每次都选择面值不超过需要找给顾客的钱的最大面值的硬币。以上面找零钱问题来说：选出一个面值不超过 6 角 3 分的最大面值硬币 2 角 5 分找给顾客，然后还要找 3 角 8 分；选出一个面值不超过 3 角 8 分的最大面值硬币 2 角 5 分找给顾客，然后还要找 1 角 3 分；选出一个面值不超过 1 角 3 分的最大面值硬币 1 角找给顾客，然后还要找 3 分；选出一个面值不超过 3 分的最大面值硬币 1 分找给顾客，然后还要找 2 分；选出一个面值不超过 2 分的最大面值硬币 1 分找给顾客，然后还要找 1 分；最后选出一个面值不超过 1 分的最大面值硬币 1 分找给顾客。这种找硬币的方法实际上就是贪心算法。

用 Python 实现找零钱问题的贪心算法，代码如下：

```
#<程序：找零钱_贪心>
v = [25,10,5,1]
n = [0,0,0,0]
def change():
    T_str = input('要找给顾客的零钱,单位：分：')
    T = int(T_str)
    greedy(T)
    for i in range(len(v)):print('要找给顾客',v[i],'分的硬币：',n[i])
    s = 0
    for i in n:s = s + i
    print('找给顾客的硬币数最少为：',s)

def greedy(T):
    if T == 0:return
    elif T >= v[0]:
        T = T - v[0]; n[0] = n[0] + 1
        greedy(T)
    elif v[0]> T >= v[1]:
        T = T - v[1]; n[1] = n[1] + 1
        greedy(T)
    elif v[1]> T >= v[2]:
        T = T - v[2]; n[2] = n[2] + 1
        greedy(T)
    else:
        T = T - v[3]; n[3] = n[3] + 1
        greedy(T)

if(__name__ == "__main__"):
    change()
```

例如需要找给顾客 63 分(6 角 3 分),可以得到如下结果:

```
>>>
要找给顾客的零钱,单位: 分: 63
要找给顾客 25 分的硬币: 2
要找给顾客 10 分的硬币: 1
要找给顾客 5 分的硬币: 0
要找给顾客 1 分的硬币: 3
找给顾客的硬币数最少为: 6
```

找给顾客两个 2 角 5 分的硬币、1 个 1 角的硬币和 3 个 1 分的硬币,共 6 枚硬币。通过找出所有是 6 角 3 分的硬币组合可以知道,上面贪心算法得到的解是最优解。

对于一些问题,贪心算法能够得到最优解。但是大多数情况下,贪心算法不能得到最优解。例如,我们将上述找零钱问题的硬币面值改为 2 角 5 分、2 角、5 分和 1 分。如果要找给顾客 4 角,利用上述贪心算法会找给顾客 1 枚 2 角 5 分、3 枚 5 分,共 4 枚硬币。可是如果找给顾客两枚 2 角,只要两枚硬币就可以了。

贪心算法虽然不能保证得到最优解,但是它是一种高效的方法。在某些情况下,即使贪心算法不能得到整体最优解,但其最终结果也不会太差,甚至非常近似于最优解。在计算机科学中,有时候可能找不到问题的最佳解决方法,这时可以尝试用贪心算法来求解。虽然可能不是最优解,但也是很有意义的。

我们再来看一个有趣的问题——最大公约数问题。这个问题的求解思路也是用了贪心算法。

最大公约数问题(Greatest Common Divisor,GCD)

问题描述:请写一个程序,求两个正整数 x 和 y 的最大公约数。

最大公约数是指两个或多个整数共有约数中最大的一个。首先,我们要介绍一下最大公约数的一个重要性质:如果 a 是 x 和 y 的最大公约数并且 $x>y$,那么 a 也是 $x-y$ 和 y 的最大公约数。

例如,15 和 10 的最大公约数是 5。15－10＝5,而 5 和 10 的最大公约数也是 5。

练习题 5.4.1:请证明 $GCD(x,y)=GCD(x,x-y)$,当 $x>y$。

证明:假设 $GCD(x,y)=k$,那么 $x=ak$, $y=bk$。$x-y=(a-b)k$,所以 $GCD(ak,(a-b)k)=k$。

有了上述性质,利用贪心的思想就可以写出求两个正整数最大公约数的程序了。用贪心的思想解 GCD 的基本思想:用较大值尽可能多地减去较小值,使最后的差是小于较小值的非负整数。应用上述思想,可以得到下述解 GCD 的步骤:

(1) 如果 $x>y$,计算 $x-y$;

(2) 如果 $x-y>y$,令 $x=x-y$,转步骤(1);

(3) 如果 $0<x-y<y$,令 $x=x-y$,交换 x 和 y 的值,转步骤(1);

(4) 如果 $x=y$,y 就是所要求的最大公约数。

其实步骤(1)和(2)的循环计算就是算出 x 除以 y 的余数,也就是 $x\%y$。

练习题 5.4.2:请证明 $GCD(x,y)=GCD(x,x\%y)$,当 $x>y$。

用 Python 实现上述贪心算法求解 GCD 的方法,代码如下:

```
#<程序: GCD_贪心>
def main():
    x_str = input('请输入正整数 x 的值: ')
    x = int(x_str)
    y_str = input('请输入正整数 y 的值: ')
    y = int(y_str)
    print(x,'和',y,'的最大公约数是: ', GCD(x,y))

def GCD(x,y):
    if x > y: a = x;b = y
    else:    a = y;b = x
    if a % b  == 0: return(b)
    return(GCD(a % b,b))

if(__name__ == "__main__"):
    main()
```

当输入 x=625,y=75 时,会得到如下结果:

```
>>>
请输入正整数 x 的值: 625
请输入正整数 y 的值: 75
625 和 75 的最大公约数是: 25
```

小明:我们中学学过怎么求最大公约数,是用因数分解的方式。用取余数的方式求最大公约数有什么好处呢?

沙老师:当 x 和 y 都非常大的时候,用中学学过的方法求最大公约数会变得非常复杂,要花很长很长的时间。而用取余数的方式会简单得多,相关的讨论会在 7.5.1 节给出。在练习题 5.4.3 中,你可以证明每一次 $x\%y$ 的结果都小于 $x/2$,即每一次运算都会使 x 的值减小一半以上,所以此算法收敛的速度非常快。即使 x 和 y 是 100 位的整数,也可以很快地求出它们的最大公约数。

练习题 5.4.3:假设 $x>y$,请证明 $x\%y<x/2$(提示:分别在 $y>x/2$ 和 $y\leqslant x/2$ 两种情况下进行验证)。

小结

贪心算法,又称为贪婪算法,也是用来求解最优化问题的一种方法。一般来说,求解最优化问题的过程就是做一系列决定从而实现最优值的过程。最优解就是实现最优值的这些决定。动态规划考虑全局最优,得到的解一定是最优解。贪心算法是一种在每一步选择中都采取当前状态下最好或最优(即最有利)的选择,从而希望导致结果是最好或最优的算法。贪心算法考虑局部最优,每次都做当前看起来最优的决定,得到的解不一定是全局最优解。但是在有最优子结构的问题中,贪心算法能够得到最优解。最优子结构的局部最优解能决定全局最优解。简单地说,问题能够分解成子问题来解决,子问题的最优解能递推到最终问题的最优解。虽然对于很多问题贪心算法不一定能得到最优解,但是它的效率高,所求得的答案比较接近最优结果。因此,贪心算法可以用作辅助算法或者直接解决一些对结果的精确度要求不高的问题。

5.5 动态规划

在 5.3 节用分治法求解问题时,待解问题要能够被分成相互独立的子问题。也就是说,这些子问题的解是相互没有关系的,例如最小值和最大值的问题,求解 Min(1,n/2)和 Max(1,n/2)与求解 Min(n/2+1,n)和 Max(n/2+1,n)互不影响。

在这一节会学习一种新的解题方法——动态规划(Dynamic Programming)。动态规划与分治法类似,其基本思想也是将待求解问题分解成若干个子问题,先求解子问题,然后从这些子问题的解得到原问题的解。与分治法不同的是,适合于用动态规划求解的问题,经分解得到子问题往往不是互相独立的,即子问题之间具有重叠的部分。在这种情况下,如果用分治法求解就会重复地求解这些重叠的部分。而动态规划只会对这些重叠的部分求解一次并用表格保存这些解,如此一来就可以避免大量的重复计算。为了清楚的说明问题,请看下面的例子。

最长递增子序列问题

问题描述:已知有 n 个数的序列 L,求它的最长递增子序列的长度。假设序列 L 的一个递增子序列为[a_1,a_2,…,a_k],这些数必须满足 $a_1<\cdots<a_i<\cdots<a_j<\cdots<a_k$ ($1\leqslant i<j\leqslant k$),而最长递增子序列就是所有递增子序列中长度最大的那个。例如序列 L=[5,2,4,7,6,3,8,9]的最长递增子序列是[2,4,7,8,9],其长度是 5。

根据计算思维求解问题的基本思路:首先将原问题分解成小问题,再用小问题的解构筑原问题的解。因此,我们需要考虑的是"怎么分,怎么合"的问题。最长递增子序列问题的"怎么分"就是考虑怎么将 n 个数的最长递增子序列问题划分成 $n-1$ 个数的最长递增子序列问题;"怎么合"就是考虑怎么用 $n-1$ 个数的最长递增子序列问题的解构筑 n 个数的最长递增子序列问题的解。

我们可以尝试不同的分法,然后验证这种分法是否能够正确地构筑出原问题的解。

第一种方法(这是错误的方法):

最直观地,以待求解的问题进行分解,定义 Asc(i)是 i 个数的序列[a_1,a_2,…,a_i]的最长递增子序列的长度。

例如对于序列 L=[5,2,4,7,6,3,8,9],Asc(1)是序列[a_1]的最长递增子序列的长度,而 Asc(1)=1。

用 $x(i)$表示这个最长递增子序列中最大值的索引。例如[a_1]的最长递增子序列就是它自己,因此 $x(1)=1$,也就是 a_1 是这个最长递增序列的最大值。假设已知 Asc($n-1$),考虑能否用 Asc($n-1$)构造出 Asc(n)。

验证:

如果 $a_n>a_{x(n-1)}$,可以将 a_n 放入 $n-1$ 个数的最长递增子序列的最后,这样就可以形成一个递增序列,而这个递增序列就是 n 个数的最长递增子序列,因此 Asc(n)=Asc($n-1$)+1;

如果 $a_n=a_{x(n-1)}$,那么情况就比较复杂了。例如,如果序列 L=[1,3,5,5],已知[1,3,

5]的最长递增子序列是[1,3,5],其长度 Asc(3)=3,最大值的索引 $x(3)=3$,此时 $a_4=a_3$,L 的最长递增子序列就是[1,3,5],即 Asc(4)=Asc(3);如果序列 L=[1,3,5,2,3,5],已知[1,3,5,2,3]的最长递增子序列是[1,3,5]或[1,2,3],假如我们记录的是[1,3,5],其长度 Asc(5)=3,最大值的索引 $x(5)=3$,此时 $a_6=a_3$,但是 L 的最长递增子序列是[1,2,3,5],并不是由[1,3,5,2,3]的最长递增子序列构筑而成的。

因此,第一种方法不能正确构筑出原问题的解,我们需要重新考虑划分方式。

受第一种方法的启示,最长递增子序列中的最大值是非常重要的信息。而序列 L=$[a_1,a_2,\cdots,a_n]$的最长递增子序列可能以 $a_i(1\leqslant i\leqslant N)$为最大值。

第二种方法:

用以 a_i 为最大值的最长递增子序列这个启示,我们定义 Asc(i)是以 $a_i(1\leqslant i\leqslant n)$为最大值的最长递增序列的长度。

例如对于序列 L=[5,2,4,7,6,3,8,9],Asc(1)就是以 a_1 为最大值的最长递增序列的长度,这个序列是[5],因此 Asc(1)=1;Asc(2)就是以 a_2 为最大值的最长递增序列的长度,这个序列是[2],因此 Asc(2)=1;Asc(3)就是以 a_3 为最大值的最长递增序列的长度,这个序列是[2,4],因此 Asc(3)=2;Asc(4)就是以 a_4 为最大值的最长递增序列的长度,这个序列是[2,4,7],因此 Asc(4)=3;Asc(5)就是以 a_5 为最大值的最长递增序列的长度,这个序列是[2,4,6],因此 Asc(5)=3。接下来要怎么求出 Asc(6)呢?已知 $a_6=3$,首先我们记录序列 L 中所有比 3 小的值的索引,并存储在集合 X。这里 $X=\{2\}$,即 a_2 比 3 小。对于集合 X 里的所有 x,Asc(6)等于最大的 Asc(x)加 1。所以 Asc(6)=Asc(2)+1=2。同理,Asc(7)=4,Asc(8)=5。

根据上面的"分"的方式,求最长递增子序列的问题可以转化为求最大的 Asc(i)的问题,即:

$$\text{最长子序列的长度}=\text{Max}(\text{Asc}(i))(1\leqslant i\leqslant n) \tag{5-5}$$

假设已知 Asc($k-1$),…,Asc(1),考虑是否能用 Asc($k-1$),…,Asc(1)构造 Asc(k)。

验证:

假设已知 Asc(i),如果 $a_k>a_i(1\leqslant i\leqslant k-1)$,那么将 a_k 加到以 a_i 为最大值的最长递增序列的后面,就可以构造一个递增序列,而这个递增序列的长度就是 Asc(i)+1。所以对所有的 $a_i<a_k(1\leqslant i\leqslant k-1)$,找出 max(Asc($i$)),然后加 1 就是了。例如对于序列 L=[5,2,4,7,6,3,8,9],已知 Asc(2)=1,且以 a_2 为最大值的最长递增序列是[2]。由于 $a_3>a_2$,可以将 4 放入序列[2]的最后,形成递增序列[2,4],这个序列的长度是 Asc(2)+1=2。注意,可能有多于一个 i 赋予了相同的 max(Asc(i)),我们取任意一个都可以。在我们的程序里,我们记录的是最小的 index i 赋予 max(Asc(i))。

注意,Python 程序的序列下标索引是从 0 开始的,即对于序列$[a_0,a_1,\cdots,a_n]$的递归式。下标以 0 开始是我们计算机科学中默认的,前面的下标以 1 开始是为了简化说明。以 0 开始或者以 1 开始对上面的性质是没有影响的。

用数学式表达即:

$$\text{Asc}(k)=\begin{cases}1, & k=0\text{ 时}\\ \max(\text{Asc}(i))+1, & \forall i\ (1\leqslant i\leqslant k-1)\text{ 且 }a_k>a_i\end{cases} \tag{5-6}$$

根据公式(5-6),用 Asc($k-1$),…,Asc(0)构造 Asc(k),计算完所有的 Asc(k)后,取最大值就是最长递增子序列的长度了。

在解决最长递增子序列问题的时候,我们可以用前面已经解决的 Asc(0),Asc(1),…,Asc($n-1$)构造后面的 Asc(n)的解。因此,可以将 Asc(0),Asc(1),…,Asc($n-1$)用一个表格保存起来,这样在解决后面问题的时候就不用重复计算了,从而提高解题的速度。根据公式(5-6),已知 Asc(0),Asc(1),…,Asc($n-1$),最多比较 n 次就能得到 Asc(n)。所以求解所有的 Asc(0),Asc(1),…,Asc(n),最多只要比较 $n(n+1)/2$ 次。因此,用这种方法解决最长递增子序列问题是很有效率的。

同时,为了得到这个最长递增子序列,我们用 Tra(i)($0\leqslant i\leqslant n$)记录 Asc(i)的生成过程。例如对于序列 L=[5,2,4,7,6,3,8,9],Asc(2)是通过 Asc(1)+1 得到的,因此 Tra(2)=1。

应用上述方法,求解序列 L=[5,2,4,7,6,3,8,9]的最长递增子序列。根据公式(5-6),可以得到如表 5-1 所示的 Asc 和 Tra。

表 5-1　Asc 和 Tra

i	0	1	2	3	4	5	6	7
a_i	5	2	4	7	6	3	8	9
Asc(i)	1	1	2	3	3	2	4	5
Tra(i)	−1	−1	1	2	2	1	3	6

如表 5-1 所示,Asc(7)是 Asc 中的最大值,因此序列 L 的最长递增子序列的长度为 Asc(7)=5。

但是到这里还没有结束,我们还要回溯 Asc 的生成过程,得到这个最长递增子序列。如表 5-1 所示的 Tra 就是用来记录 Asc 生成过程的列表。

由 Asc(7)=5,根据 Asc 的定义可知,这个最长递增子序列的最后一个元素是 a_7;根据 Tra(7)=6 可知,Asc(7)是由 Asc(6)+1 得到的,因此 a_7 前面的元素是 a_6;根据 Tra(6)=3 可知,Asc(6)是由 Asc(3)+1 得到的,因此 a_6 前面的元素是 a_3;根据 Tra(3)=2 可知,Asc(3)是由 Asc(2)+1 得到的,因此 a_3 前面的元素是 a_2;根据 Tra(2)=1 可知,Asc(2)是由 Asc(1)+1 得到的,因此 a_2 前面的元素是 a_1;Tra(1)=−1 代表 a_1 是这个递增子序列的第一个元素。因此这个最长递增子序列为:[a_1,a_2,a_3,a_6,a_7],即[2, 4, 7, 8, 9]。

实现最长递增子序列问题的 Python 程序如下:

```
#<程序:最长递增子序列_动态规划>
def LIS(L): #LIS (L): Longest Increasing Sub - list of List L
    Asc = [1] * len(L);Tra = [ - 1] * len(L) #设定起始值
        #Asc[i] 存放从 L[0]到 L[i]以 L[i]为最大值的最长递增子序列的长度,
        #       这个最长数列肯定以 L[i]结尾
        #Tra[i] 存放此最长数列的前一个索引,以便最后连起整个递增序列
    for i in range(1,len(L)):
        X = []
        for j in range(0,i):
            if L[i] > L[j]: X.append(j) #所有比 L[i]小 L[j]的索引存放在 X
        for k in X:   #Asc[i] =  max Asc[k] + 1, for each k in X
```

```
            if Asc[i] < Asc[k] + 1: Asc[i] = Asc[k] + 1; Tra[i] = k
    print("Asc:",Asc)
    print("Tra:",Tra)
    max = 0      # 找到 Asc 中的最大值
    for i in range(1,len(Asc)):
        if Asc[i]> Asc[max]: max = i
    print("最长递增子序列的长度是",Asc[max])

    #将最长递增数列存到 X
    X = [L[max]]; i = max;
    while (Tra[i] >= 0):
        X = [L[Tra[i]]] + X
        i = Tra[i]
    print("最长递增子序列 = ",X)

L = [5,2,4,7,6,3,8,9]
LIS(L)
```

运行上述程序,可以得到如下结果:

```
>>>
Asc: [1, 1, 2, 3, 3, 2, 4, 5]
Tra: [-1, -1, 1, 2, 2, 1, 3, 6]
最长递增子序列的长度是 5
最长递增子序列 = [2, 4, 7, 8, 9]
```

解决最长递增子序列问题的基本思路:首先,通过对原问题的分析将最长递增子序列问题转化成为求 Asc(i)($0\leqslant i\leqslant n$)的小问题;其次,找出小问题之间的关系并建立如公式(5-6)所示的递归式;然后,根据公式(5-6)和已知条件,计算 Asc(i)并保存,同时保存 Asc(i)的生成过程 Tra(i);最后,比较所有的 Asc(i),找出最大值,并通过 Tra(i)找出最长递增子序列。

上述解决最长递增子序列问题的方法叫作动态规划。动态规划是求解最优化问题的一种方法。例如最长递增子序列问题中,我们可以找到很多的递增子序列,每一个递增子序列都对应一个长度,最长递增子序列问题是要找到长度最大的那个递增子序列。动态规划的方法是找到递归关系,全局解是用局部解来完成的。然后在计算一个个局部解后,用表格来存放,这样就不会重复计算这些局部解了。

在此总结一下:计算 Asc(k)的时候,要用到 Asc(i)($0\leqslant i\leqslant k$),这就是递归的关系!我们可以把 Asc(k)当作一个函数来直接编程:def Asc(k)。这样编写的程序是正确的,但是执行起来非常慢,因为在计算 Asc(2)时需要计算 Asc(1),而在计算 Asc(3)时,又要重复计算 Asc(2)和 Asc(1)函数,重复计算的次数是很惊人的。动态规划是用“表格”从小到大来记录已经算过的 Asc(i),这样就不会重复计算已经算过的 Asc(i)了。大家可以试试运行以下直接用递归方式编程的 Python 程序,是不是很慢?

```
#<程序：直接用递归函数计算 Asc(k)>
def Asc(k):
    if k == 0: return(1)
    X = []
    for i in range(0,k):
        if L[k] > L[i]: X.append(Asc(i))     #记录所有比 L[k]小的 Asc()
    if len(X) > 0: return (max(X) + 1)
    else: return(1)

def LIS_R(L):
    X = []
    for k in range(0, len(L)):
        X.append(Asc(k))
    print(X)
    print(max(X))

L = [5,2,4,7,6,3,8,9]
LIS_R(L)
L = list(range(1,31)) #L = [1,2,3,4, … ,29,30]
LIS_R(L)
```

当序列已经是递增序列时，对这个程序而言是最坏的情况，也就是它在计算 Asc(n)时要计算 Asc($n-1$)，Asc($n-2$)，…，Asc(1)，Asc(0)。假设 $T(n)$是计算 Asc(n)调用所有 Asc(i)函数的次数，则 $T(n)=T(n-1)+T(n-2)+\cdots+T(1)+T(0)$且 $T(0)=1$，你们知道这个 $T(n)$的增长速度有多快吗？你可以用数学来证明 $T(n)=2^{n-1}$。这就是为什么我们前面的递归程序运行非常慢，当 $n=30$ 的时候，执行时要调用 Asc 函数 2^{29} 次，所以用时如此之长啊。

使用动态规划求解问题，是用递归函数来定义问题，但是编程时不直接用递归函数，而是用表格从小到大地记录递归函数的结果。

一般可以分为以下几个步骤。

(1) 定义递归函数(其实是用表格实现)。

(2) 递归函数要如何算出来(如何用前面的表格单元来计算表格第 i 个单元)?

(3) 用第(2)步中计算过程的信息构造最优解。

(4) 整个问题最优解的值如何从表格求出。

以最长递增子序列问题为例：

(1) 定义递归的结构 Asc(i)，即 Asc(i)是以第 i 个数 a_i($1\leqslant i\leqslant n$)为最大值的最长递增子序列的长度。

(2) 计算 Asc(k)，即 Asc(k)=max(Asc(i))+1，$\forall a_k>a_i$($0\leqslant i\leqslant n-1$)。

(3) 按照 Asc(0)，Asc(1)，…，Asc(n)这种自底向上的方式计算 Asc。根据 Asc 的生成过程信息 Tra 构造最优解。

(4) 求出所有的 Asc(i)后，整个问题的答案是 max(Asc(i)，$0\leqslant i\leqslant n-1$)。

练习题 5.5.1：证明：当 $T(n)=T(n-1)+T(n-2)+\cdots+T(1)+T(0)$且 $T(0)=1$ 时，$T(n)=2^{n-1}$。

练习题 5.5.2：在我们的例子中，[2, 4, 7, 8, 9]和[2, 4, 6, 8, 9]都是最优解，如何修

改我们的程序，使得输出结果是[2, 4, 6, 8, 9]?

练习题 5.5.3：(讨论题)可不可能利用第一种方法，加以改进，设计出正确的算法？

通过上面的例子，你是否对动态规划求解问题有了一些了解呢？我们再给出一个能够用动态规划求解的例子。

三角数塔问题

问题描述：图 5-10 是一个由数字组成的三角形，请找出一条从上到下的路径，使这条路径上的数值之和最大。

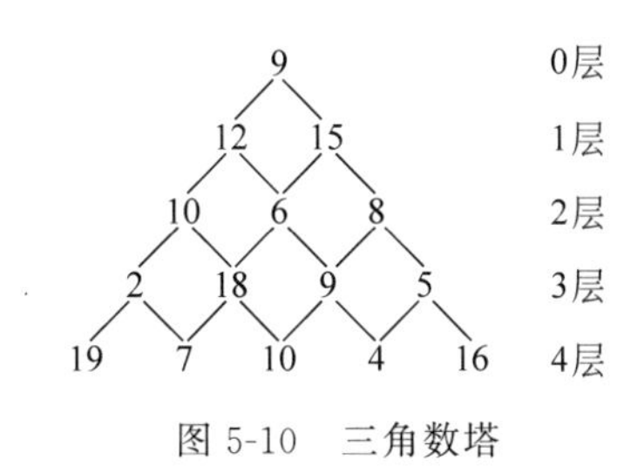

图 5-10　三角数塔

首先定义递归结构，将问题转化成较小问题，也就是考虑"怎么分，怎么合"的问题。

如果在找该路径时，从上到下走到了第 3 层第 0 个数(也就是 2)，那么接下来必然选择走 19。如果从上到下走到了第 3 层第 1 个数(也就是 18)，那么接下来必然选择走 10。如果从上到下走到了第 3 层第 2 个数(也就是 9)，那么接下来必然选择走 10。同理，如果从上到下走到了第 3 层第 3 个数(也就是 5)，那么接下来必然选择走 16。根据这个思路可以更新第 3 层的数，即把 2 更新成 21(2+19)，把 18 更新成 28(18+10)，把 9 更新成 19(9+10)，把 5 更新成 21(5+16)。更新后的三角数塔如图 5-11 所示。

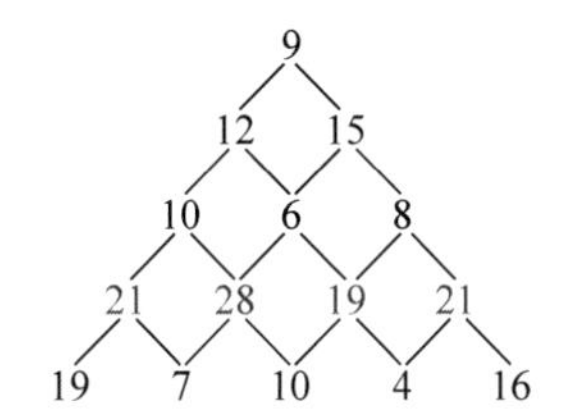

图 5-11　更新第 3 层后的数塔

根据上面的思路，可以相继将第 2 层、第 1 层和第 0 层更新，如图 5-12 所示。

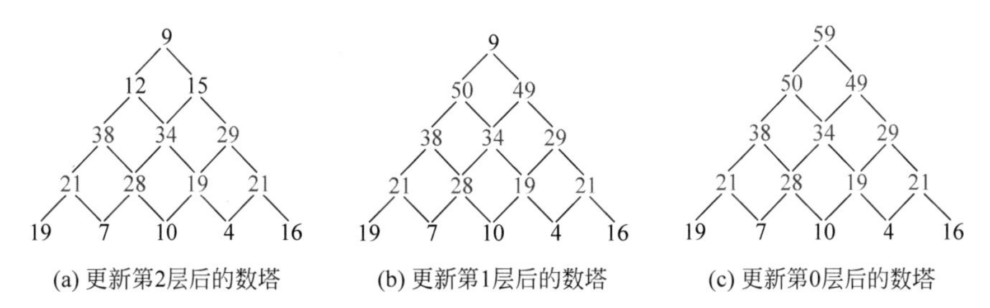

图 5-12　相继更新第 2 层、第 1 层和第 0 层后的数塔

定义 $a(i,j)$ 为从第 i 层第 j 个数到最底层的所有路径中最大的数值之和。

在本例中，第 4 层是最底层。用 5×5 二维数组 T 存储数塔的初始值，根据上面的思路,$a(3,0)$等于$a(4,0)$和$a(4,1)$中较大的数值加上 T[3,0]; $a(3,1)$等于$a(4,1)$和$a(4,2)$中较大的数值加上 T[3,1]; $a(3,2)$等于$a(4,2)$和$a(4,3)$中较大的数值加上 T[3,2]; $a(3,3)$等于$a(4,3)$和$a(4,4)$中较大的数值加上 T[3,3]。由此,可以得到如下递归式:

$$a(i,j)=\begin{cases}\mathrm{T}[i,j], & i=4\text{ 时}\\ \max(a(i+1,j),a(i+1,j+1))+\mathrm{T}[i,j], & \forall i(0\leqslant i<4)\text{ 且 }j\leqslant i\end{cases}\tag{5-7}$$

假设数塔有 n 层,那么最底层就是第 $n-1$ 层,即 $i=n-1$ 时,$a(i,j)=\mathrm{T}[i,j]$。有了如公式(5-7)的递归式,就知道如何计算 $a(i,j)$了,也就解决了如何计算递归函数的问题。根据自底向上的方式,先计算最底层的 $a(n-1,0)$,$a(n-1,1)\cdots a(n-1,n-1)$,然后计算 $a(n-2,0)$,$a(n-2,1)\cdots a(n-2,n-2)$,…直到计算最顶层的 $a(0,0)$。根据公式(5-7)可以生成本例的动态规划表,如表 5-2 所示,其中 $a(0,0)$就是最大的数值之和 59。

表 5-2 三角数塔的动态规划表

j	i				
	0	1	2	3	4
4	19	7	10	4	16
3	21	28	19	21	0
2	38	34	29	0	0
1	50	49	0	0	0
0	59	0	0	0	0

接下来用回溯的方法找出最大数值之和的路径。首先从 $a(0,0)=59$ 开始,$a(0,0)-\mathrm{T}[0,0]=59-9=50$,即 $a(0,0)$是通过 T[0,0]加上 $a(1,0)$得到的;回溯到 $a(1,0)=50$,$a(1,0)-\mathrm{T}[1,0]=50-12=38$,即 $a(1,0)$是通过 T[1,0]加上 $a(2,0)$得到的;回溯到 $a(2,0)=38$,$a(2,0)-T(2,0)=38-10=28$,即 $a(2,0)$是通过 T[2,0]加上 $a(3,1)$得到的;回溯到 $a(3,1)=28$,$a(3,1)-\mathrm{T}[3,1]=28-18=10$,即 $a(3,1)$是通过 T[3,1]加上 $a(4,2)$得到的。从而得到路径为:(0,0),(1,0),(2,0),(3,1),(4,2)。回溯的路线如表 5-2 中的箭头所示。

上述过程就是用动态规划求解三角数塔问题的步骤。用 Python 实现三角数塔问题的动态规划算法,代码如下:

```
#<程序:三角数塔问题_动态规划>
def TriNumPagoda():
    N = int(input('请输入数塔的层数:'))
    P = [[]for i in range(N)]
    for i in range(N):
        L = []
        S = input('请输入' + str(i + 1) + '个数:')
        L = S.split(sep = ',')
        for a in L:
            P[i].append(int(a))
        if len(L)> i + 1:
```

```
            print('输入数值的个数不正确!')
            return
    D = [[]for i in range(N)]                 #初始化动态规划表 D
    for i in range(N):
        for j in range(i + 1):
            D[i].append(P[i][j])
    for i in range(N - 2, - 1, - 1):          #生成动态规划表
        for j in range(i + 1):
            if D[i + 1][j] + P[i][j]> = D[i + 1][j + 1] + P[i][j]:
                D[i][j] = D[i + 1][j] + P[i][j]
            else:
                D[i][j] = D[i + 1][j + 1] + P[i][j]
    print('最大数值之和为:',D[0][0])
    path = []                                 #记录路径
    path.append('(0,0)')
    m = 0
    Max = D[0][0]
    for i in range(1,N):                      #回溯动态规划表,找到路径
        if (Max - P[i - 1][m]) == D[i][m]:
            Max = D[i][m]
        else:
            Max = D[i][m + 1]
            m = m + 1
        path.append('(' + str(i) + ',' + str(m) + ')')
    print('路径为:',path)
if(__name__ == "__main__"):
    TriNumPagoda()
```

运行上面的程序,可以得到如下结果:

```
>>>
请输入数塔的层数:5
请输入 1 个数:9
请输入 2 个数:12,15
请输入 3 个数:10,6,8
请输入 4 个数:2,18,9,5
请输入 5 个数:19,7,10,4,16
最大数值之和为: 59
路径为:['(0,0)', '(1,0)', '(2,0)', '(3,1)', '(4,2)']
```

接下来我们再给一个例子,这个例子的递归关系是二维的,也就是需要构建二维的表格,这是著名的背包问题(Knapsack Problem)。我们思考要如何用动态规划的方法来解这个问题。首先是问题的定义。

背包问题

背包问题是在 1978 年由 Merkel 和 Hellman 提出的一种组合优化问题。我们以小偷

偷东西为例：一个小偷撬开了一个保险箱，保险箱中有 5 种物品，每种物品的重量不同、价值也不同，物品的重量与价值如表 5-3 所示，小偷的背包只能负重 8kg，要怎样才能使偷走的物品总价值最大？

表 5-3　物品的重量和价值

物品	编号 i	重量 $w(i)$/kg	价值 $v(i)$/万元
A	1	4	45
B	2	5	57
C	3	2	22
D	4	1	11
E	5	6	67

如果你是小偷，你会偷走哪些物品，从而使总价值最大？

有一种最简单的方法，就是找出所有能够放入背包使得总重量不超过 $W=8$kg 的物品组合。这样的组合可以找到{A}、{B}、{C}、{D}、{E}、{A,C}、{A,D}、{B,C}、{B,D}、{C,E}、{D,E}、{A,C,D}和{B,C,D}，其中能得到最大总价的是最后一种组合，它的总价 $V=90$ 万元。上述方式虽然可以找到最大总价的物品组合，可是如果有 n 个物品，就会有 2^n-1 种组合，要在 2^n-1 种组合中找到价值最大的组合，显然是非常耗时的。

根据计算思维的解题思路，我们需要考虑的是“怎么分，怎么合”的问题。也就是设计递归关系，看这个问题是否可以转换成比较小的问题。最直观的是，n 个物品的背包问题能否转换成 $n-1$ 个物品的背包问题，我们首先将 n 个物品用索引从 1 到 n 来指定。

定义 $a(i,j)$为：考虑前 i $(1\leqslant i\leqslant n)$个物品，能够装入容量为 j 的背包的物品组合所形成的最大价值。

假设已经知道前 $n-1$ 个物品的最优解 $a(n-1,j)$，要求 n 个物品的最优解 $a(n,j)$，会出现以下几种情况。

(1) 当背包的容量 j 大于或等于第 n 个物品的重量 $w(n)$，即 $j-w(n)\geqslant 0$。我们可以考虑放进第 n 个物品，在这种情况下，背包的总价值为 $a(n-1,j-w(n))+v(n)$。

(2) 当背包的容量 j 大于或等于第 n 个物品的重量 $w(n)$，我们可以考虑不放进第 n 个物品到背包。在这种情况下，背包的总价值为 $a(n-1,j)$。

(3) 背包的容量 j 小于第 n 个物品的重量 $w(n)$，第 n 个物品不能放入背包。在这种情况下，背包的总价值为 $a(n-1,j)$。

当 $j\geqslant w(n)(1\leqslant i\leqslant n)$，背包的最大价值应该为 $a(n-1,j-w(n))+v(n)$和 $a(n-1,j)$中较大的值。当 $j<w(n)$，背包的最大价值应该为 $a(n-1,j)$。

通过上述分析，可以得到背包问题的递归式如下：

$$a(i,j)=\begin{cases}0, & i=0 \text{ 或 } j=0\\ a(i-1,j), & j<w(i)\\ \max(a(i-1,j),a(i-1,j-w(i))+v(i)), & j\geqslant w(i)\end{cases} \tag{5-8}$$

假设有 n 个物品，背包可承受 m 千克的重量，那么整个问题的最佳解就是 $a(n,m)$的值了。

有了如公式(5-8)的递归式之后，就可以用递归的方法解决背包问题了。用递归求解背包问题的 Python 代码如下：

```
#<程序：背包问题_递归>
w = [0,4,5,2,1,6]            #w[i]是物品的重量
v = [0,45,57,22,11,67]       #v[i]是物品的价值
n = len(w) - 1
j = 8                        #背包的容量
x = [False for raw in range(n + 1)]#x[i]为 True,表示物品被放入背包
def knap_r(n,j):
    if (n == 0)or(j == 0):
        x[n] = False
        return 0
    elif (j >= w[n])and(knap_r(n - 1,j - w[n]) + v[n]> knap_r(n - 1,j)):
        x[n] = True
        return knap_r(n - 1,j - w[n]) + v[n]
    else:
        x[n] = False
        returnknap_r(n - 1,j)
print("最大价值为：",knap_r(n,j))
print("物品的装入情况为：",x[1:])
```

但是用递归来解决这个问题是很耗时的,为什么呢？在用递归实现的代码中,knap_r(n,j)函数中有 3 次调用自身。在前两次函数调用中,要计算 knap_r(n－1,j－w[n])＋v[n]和 knap_r(n－1,j),而在第 3 次调用时还要重新计算 knap_r(n－1,j－w[n])＋p[n]或者 knap_r(n－1,j)。显然这里存在很多重复计算。

为了避免这些重复计算,下面我们用动态规划来解决背包问题。根据动态规划的基本思想,有了递归式,接下来就是建立动态规划表了。根据公式(5-8)可以生成本例的动态规划表,如表 5-4 所示,其中 $a(5,8)$就是所能得到的最大价值 90。

表 5-4 装物品的动态规划表

i	j								
	0	1	2	3	4	5	6	7	8
0	0	0	0	0	0	0	0	0	0
1	0	0	0	0	45	45	45	45	45
2	0	0	0	0	45	57	57	57	57
3	0	0	22	22	45	57	67	79	79
4	0	11	22	33	45	57	68	79	90
5	0	11	22	33	45	57	68	79	90

接下来我们用回溯的方法找出背包里装入的物品。首先从最大价 $a(5,8)=90$ 开始,在判断物品 E 时,由于 $8 \geqslant w(5)$,而 $a(4,8)$较大,则 E 没有放入背包；回溯到 $a(4,8)=90$,在判断物品 D 时,由于 $8 \geqslant w(4)$,而 $a(3,7)+11$ 较大,则 D 被放入背包；回溯到 $a(3,7)=79$,在判断物品 C 时,由于 $7 \geqslant w(3)$,而 $a(2,5)+22$ 较大,则 C 被放入背包；回溯到 $a(2,5)=57$,在判断物品 B 时,由于 $5=w(2)$,而 $a(1,0)+57$ 较大,则 B 被放入背包；回溯到 $a(1,0)=0$,则物品 A 没有放入背包。从而得到被放入背包的物品是：B,C 和 D。回溯的路线如

表 5-4 中的箭头所示。

用 Python 实现背包问题的动态规划算法,代码如下:

```
#<程序:背包问题_动态规划>
w = [0,4,5,2,1,6]                #w[i]是物品的重量
v = [0,45,57,22,11,67]           #v[i]是物品的价值
n = len(w) - 1
m = 8                            #背包的容量
x = [False for raw in range(n + 1)]#x[i]为 True,表示物品被放入背包
#a[i][j]是 i 个物品中能够装入容量为 j 的背包的物品所能形成的最大价值
a = [[0 for col in range(m + 1)] for raw in range(n + 1)]
def knap_DP(n,m):
    #创建动态规划表
    for i in range(1,n + 1):
        for j in range(1,m + 1):
            a[i][j] = a[i - 1][j]
            if (j >= w[i]) and(a[i - 1][j - w[i]] + v[i]> a[i - 1][j]):
                a[i][j] = a[i - 1][j - w[i]] + v[i]
    #回溯 a[i][j]的生成过程,找到装入背包的物品
    j = m
    for i in range(n,0, - 1):
        if a[i][j]> a[i - 1][j]:
            x[i] = True
            j = j - w[i]
    Mv = a[n][m]
    return Mv
print("最大价值为: ",knap_DP(n,m))
print("物品的装入情况为: ",x[1:])
```

运行程序,可以得到:

```
>>>
最大价值为: 90
物品的装入情况为: [False, True, True, True, False]
```

比较上面两个程序,其实它们之间的不同就在于是否建立动态规划表。用动态规划实现的代码中,首先建立了动态规划表,这样对于已经计算过的 a(i,j)就不需要进行重复计算了,从而减少程序的运行时间。其实动态规划算法是一种以空间换取时间的算法,它将可能会重复用到的数据保存起来,后面一旦要使用这些数据,只要去表中查找即可。

动态规划通常用于求解具有某种最优性质的问题。它也是将待求解问题分解成若干个子问题,先求解子问题,然后从这些子问题的解得到原问题的解。动态规划分解得到的子问题并不是相互独立的,因此在求解子问题时,可以利用已经求解的子问题的解来构造待求解的子问题的解。如此一来,通过将已经求解的子问题的解保存起来,在求解后面的子问题时就能省掉很多重复计算。

练习题 5.5.4: 在 5.4 节我们用贪心算法求解找零钱问题,这个问题也可以用动态规划求解。请写出用动态规划求解找零钱问题的基本思想。

动态规划求解找零钱问题的基本思想：已知有 4 种硬币，我们以它们的面值从小到大排序，如表 5-5 所示。求找给顾客 63 分的最少硬币个数。

根据动态规划求解问题的基本思想，我们首先将原问题划分成小问题。原问题是在 4 种面值的硬币中，找给顾客 63 分钱的最少硬币数。根据原问题，我们定义小问题 $a(i,j)$：$a(i,j)$表示在 i 种面值的硬币中找给顾客 j 分钱的最少硬币数。

表 5-5　硬币种类和面值

硬币种类 i	面值 $v(i)$/分
1	1
2	5
3	10
4	25

程序练习题 5.5.1：请编写用动态规划求解找零钱问题的 Python 程序。

小结

动态规划是求解最优化问题的一种方法。通常这种问题有很多解，每个解都对应一个值，最优化问题是希望找到一个对应最优值(最大值或最小值)的解。动态规划与分治法类似，其基本思想也是将待求解问题分解成若干个子问题，先求解子问题，然后从这些子问题的解得到原问题的解。与分治法不同的是，适合于用动态规划求解的问题，经分解得到子问题往往不是互相独立的，即子问题之间具有重叠的部分。在这种情况下，如果用分治法求解就会重复地求解这些重叠的部分，而动态规划只会对这些重叠的部分求解一次并用表格保存这些解，如此一来就可以避免大量的重复计算。动态规划最特别的地方是自底向上地求解子问题并将这些子问题的解保存起来。这种用空间换取时间的方式大大提高了求解问题的效率。动态规划求解问题一般可以分为 4 个步骤：

(1) 定义最优解的结构。

(2) 递归地定义最优解的值。

(3) 以自底向上的方式计算最优解的值。

(4) 用第(3)步中计算过程的信息构造最优解。

5.6　以老鼠走迷宫为例

通过前面对计算思维的基本思想和解题思路的学习，大家是不是已经跃跃欲试了？本节就以老鼠走迷宫为例向大家介绍，在遇到具体问题时，我们学计算机科学的人是怎么思考并解决问题的。

老鼠走迷宫问题

问题描述：一只老鼠在一个 $n \times n$ 迷宫的入口处，它想要吃迷宫出口处放着奶酪，问这只老鼠能否吃到奶酪？如果可以吃到，请给出一条从入口到奶酪的路径。

> **沙老师**：这个老鼠走迷宫问题是我在读大一时的程序作业题，那个时候对递归没有学习，只好用栈来实现，现在你们学了递归，这个程序就可以用递归来实现了。

思考：解决问题之前，我们首先要做的就是仔细研究问题，找出问题的已知条件和要得到的是什么，和解数学问题、物理问题一样要先弄懂问题。那么，老鼠走迷宫问题的已知条件有什么呢?

(1) 用数学模型重新定义问题。

已知条件包括: $n\times n$ 迷宫,迷宫的入口,迷宫的出口。图 5-13 是一个 10×10 的迷宫,绿色部分是墙,白色部分是可以走的路,10×10 表示这个迷宫的长和宽分别是 10。如图 5-13 所示,迷宫的入口在上面,迷宫的出口在右面。

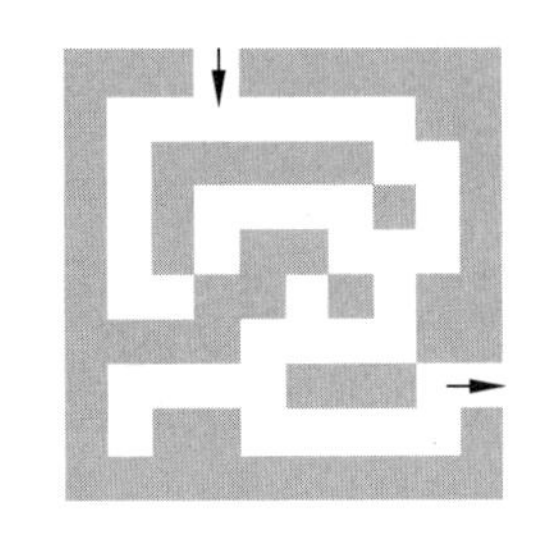

图 5-13 一个 10×10 的迷宫

问题:问老鼠能否吃到奶酪就是问能否找到一条从迷宫入口到出口的路径。如果不能找到,那么老鼠就吃不到奶酪;如果能够找到,那么就给出这条路径。

分析了已知条件和问题之后,有时还不能直接对问题进行求解。一般来说,很多问题都是用语言描述的,而计算机科学求解问题的方式是计算。因为语言上的描述是不能进行计算的,所以需要将这些问题用数学的形式重新描述。也就是说,要用数学模型重新定义问题。用数学模型重新定义问题是计算机科学求解问题时至关重要的环节。它的成功与否直接决定着能否解决问题。

观察如图 5-13 所示 10×10 的迷宫。这个迷宫其实是由 10×10=100 个格子组成的,其中绿色格子代表墙,白色格子代表路,如图 5-14(a)所示。"绿色格子代表墙,白色格子代表路"是用语言形式描述的,需要转换成数学的形式。用 1 和 0 分别定义绿色格子和白色格子,可以得到如图 5-14(b)的迷宫。

1	1	1	0	1	1	1	1	1	1
1	0	0	0	0	0	0	0	1	1
1	0	1	1	1	1	1	0	0	1
1	0	1	0	0	0	0	1	0	1
1	0	1	0	1	1	0	0	0	1
1	0	0	1	1	0	1	0	1	1
1	1	1	1	0	0	0	0	1	1
1	0	0	0	0	1	1	1	0	0
1	0	1	1	0	0	0	0	0	1
1	1	1	1	1	1	1	1	1	1

(a) 将10×10的迷宫划分成100个格子 (b) 用1和0定义绿色格子和白色格子

图 5-14 用数学形式重新定义 10×10 的迷宫

观察图 5-14,这个迷宫是不是看起来很像一个二维数组?将上面 10×10 的迷宫定义为二维数组,即

```
m[10][10] = [1,1,1,0,1,1,1,1,1,1,
             1,0,0,0,0,0,0,0,1,1,
             1,0,1,1,1,1,1,0,0,1,
             1,0,1,0,0,0,0,1,0,1,
             1,0,1,0,1,1,0,0,0,1,
             1,0,0,1,1,0,1,0,1,1,
             1,1,1,1,0,0,0,0,1,1,
             1,0,0,0,0,1,1,1,0,0,
             1,0,1,1,0,0,0,0,0,1,
             1,1,1,1,1,1,1,1,1,1]
```

有了对迷宫的数学定义，就可以很简单地定义迷宫的入口和出口了。如图 5-13 所示的迷宫，入口是 m[0][3]，出口是 m[7][9]。

老鼠走迷宫问题就是要找一条从入口到出口的路径，如果存在就返回这条路径；如果不存在，就返回不存在这种路径。观察图 5-14(b)，能够走的路是用 0 标示的白色格子，因此如果存在，这种路径一定由 0 标示的白色格子组成。也就是说，要在二维数组 m 中找一条从 m[0][3]到 m[7][9]的全部为 0 的路径。到目前为止，我们已经对老鼠走迷宫问题进行了数学形式的定义。

(2) 将原问题分解成小问题。

按照计算机科学解决问题的基本思路，我们也将老鼠走迷宫问题分解成小问题。

走迷宫时，只知道下一步可以走的路。在每一个白格子上，老鼠可以选择向上、下、左、右这 4 个相邻的格子走。但是只有当相邻的格子是白色的时候才能走。如图 5-15 所示，如果老鼠在中间的白色格子，它可以选择向上、下、左、右这 4 个相邻的格子走。但是因为右边和下边相邻的格子是墙，所以它只能向上或者向左走。

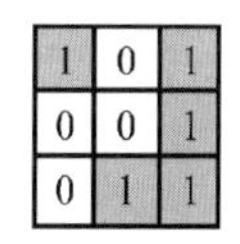

图 5-15　判断每个格子的行走方向

在每一个格子上的行走情况可以用数组的形式表示为：假设老鼠在 m[i][j](0<i<9,0<j<9)，与 m[i][j]上、下、左、右相邻的元素分别是 m[i－1][j]、m[i＋1][j]、m[i][j－1]、m[i][j＋1]。只有这些相邻元素中至少一个为 0 时，老鼠才能走过去。

因此，可以通过决定下一步走的方向，将当前位置到出口的路径问题转化成 m[i][j]到出口的路径问题，其中 m[i][j]是当前位置的相邻位置，并且 m[i][j]＝0。这样就能将原问题分解成小问题。

(3) 求解小问题，用小问题的解构造大问题的解。

走迷宫的时候，如果走到了死胡同就返回到前面，去尝试没有走过的路。最终会出现两种结果：第一种，找到出口；第二种，走了所有能走的路都走不到出口。

转化路径问题的时候，如果尝试了所有相邻位置 m[i][j]，都不能得到入口到出口的路径问题，就相当于走到了死胡同。此时，就要返回到最近的、没有走过的位置，继续转化路径问题。最后会出现两种结果：第一种，最终能将原问题转化成入口到出口的路径问题，从而得到一条从入口到出口的路径；第二种，找遍所有转化方式都不能得到入口到出口的路径问题，从而可以知道没有从入口到出口的路径。

求解问题：假设老鼠在如图 5-13 所示的 10×10 迷宫的入口处，它想要吃迷宫出口处放的奶酪，问这只老鼠能否吃到奶酪？如果可以吃到，请给出一条从入口到奶酪的路径。根据前面思考中的解题思路，用 Python 实现老鼠走迷宫问题的代码如下：

```
#<程序:老鼠走迷宫_递归>
m = [[1,1,1,0,1,1,1,1,1,1],
    [1,0,0,0,0,0,0,0,1,1],
    [1,0,1,1,1,1,1,0,0,1],
    [1,0,1,0,0,0,0,1,0,1],
    [1,0,1,0,1,1,0,0,0,1],
    [1,0,0,1,1,0,1,0,1,1],
```

```
    [1,1,1,1,0,0,0,0,1,1],
    [1,0,0,0,0,1,1,1,0,0],
    [1,0,1,1,0,0,0,0,0,1],
    [1,1,1,1,1,1,1,1,1,1]]
sta1 = 0;sta2 = 3;fsh1 = 7;fsh2 = 9;success = 0
def legal(x,y):
    if 0 <= x < len(m) and 0 <= y < len(m[0]) and m[x][y] == 0: return True
    else: return False
def visit(i,j):
    m[i][j] = 2
    global success
    if(i == fsh1)and(j == fsh2): success = 1
    if(success!= 1)and legal(i - 1,j): visit(i - 1,j)
    if(success!= 1)and legal(i + 1,j): visit(i + 1,j)
    if(success!= 1)and legal(i,j - 1): visit(i,j - 1)
    if(success!= 1)and legal(i,j + 1): visit(i,j + 1)
    if success!= 1: m[i][j] = 3
    return success
def LabyrinthRat():
    print('显示迷宫:')
    for i in range(len(m)): print(m[i])
    print('入口:m[ %d][ %d]:出口:m[ %d][ %d]' % (sta1,sta2,fsh1,fsh2))
    if (visit(sta1,sta2)) == 0:print('没有找到出口')
    else:
        print('显示路径:')
    for i in range(10):print(m[i])
LabyrinthRat()
```

运行程序,可以得到下面的结果:

```
>>>
显示迷宫:
[1, 1, 1, 0, 1, 1, 1, 1, 1, 1]
[1, 0, 0, 0, 0, 0, 0, 0, 1, 1]
[1, 0, 1, 1, 1, 1, 1, 0, 0, 1]
[1, 0, 1, 0, 0, 0, 0, 1, 0, 1]
[1, 0, 1, 0, 1, 1, 0, 0, 0, 1]
[1, 0, 0, 1, 1, 0, 1, 0, 1, 1]
[1, 1, 1, 1, 0, 0, 0, 0, 1, 1]
[1, 0, 0, 0, 0, 1, 1, 1, 0, 0]
[1, 0, 1, 1, 0, 0, 0, 0, 0, 1]
[1, 1, 1, 1, 1, 1, 1, 1, 1, 1]
入口: m[ 0 ][ 3 ]: 出口: m[ 7 ][ 9 ]
显示路径:
[1, 1, 1, 2, 1, 1, 1, 1, 1, 1]
[1, 3, 3, 2, 2, 2, 2, 2, 1, 1]
[1, 3, 1, 1, 1, 1, 1, 2, 2, 1]
[1, 3, 1, 0, 0, 0, 0, 1, 2, 1]
```

```
[1, 3, 1, 0, 1, 1, 0, 2, 2, 1]
[1, 3, 3, 1, 1, 3, 1, 2, 1, 1]
[1, 1, 1, 1, 2, 2, 2, 2, 1, 1]
[1, 0, 0, 0, 2, 1, 1, 1, 2, 2]
[1, 0, 1, 1, 2, 2, 2, 2, 2, 1]
[1, 1, 1, 1, 1, 1, 1, 1, 1, 1]
```

结果中的路径用 2 标示，走过的失败的路用 3 标示，将结果所得的二维数组转化成迷宫可以得到图 5-16，其中黄色（浅色）标示了从入口到出口的路径，红色（深色）标示了走过的失败的路径。

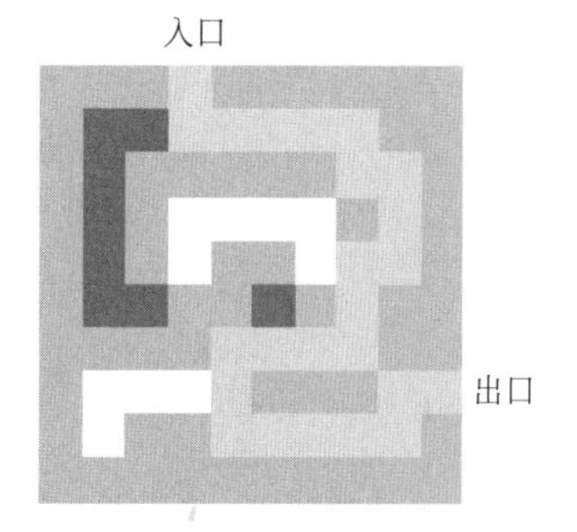

图 5-16　从入口到出口的路径图

练习题 5.6.1：将 m 改为

```
m = [[1,1,1,0,1,1,1,1,1,1], [1,0,0,0,1,0,1,0,1,1],
     [1,0,1,0,0,0,0,0,0,1], [1,0,1,0,1,0,0,1,0,1],
     [1,0,1,0,1,1,0,0,0,1], [1,0,0,0,1,0,1,0,1,1],
     [1,1,1,1,0,0,0,0,1,1], [1,0,0,0,0,1,1,1,0,0],
     [1,0,1,1,0,0,0,0,0,1], [1,1,1,1,1,1,1,1,1,1]]
```

输出的结果为何？将起点和终点互换后，结果又是如何？

练习题 5.6.2：在第 4 章我们提供了小乌龟画迷宫的程序，而本章展示了小老鼠走迷宫的程序，请利用小乌龟画迷宫的方式，画出小老鼠从起点到终点的路线。请在方格中画小圆圈来代表路径走过的方格。

练习题 5.6.3：上述解决老鼠走迷宫问题的程序使用了递归。请编写不用递归解决老鼠走迷宫问题的 Python 程序（提示：借助栈来实现）。

小结

通过前面对计算思维的基本思想和解题思路的学习，我们以老鼠走迷宫为例向大家介绍遇到具体问题时应该怎样思考并解决问题。首先，需要仔细分析问题并给出问题的数学描述；然后，尝试将原问题分解成小问题，并找出原问题和小问题或小问题和小问题之间的关系；最后，选取适当的方法求解问题。我们利用递归的思想求解老鼠走迷宫问题，并用 Python 实现了这种解法。

5.7　谈计算思维的美

本章我们向大家介绍了计算思维，也就是算法的一些内容。计算思维是运用计算机科学的基础概念进行问题求解、系统设计，以及人类行为理解等涵盖计算机科学之广度的一系列思维活动。简单来说，计算思维就是用计算机科学解决问题的思维。它是每个人都应该具备的基本技能，而不仅仅属于计算机科学家。对于学计算机科学的人来说，培养计算思维是至关重要的，而计算思维最重要的思想就是递归。

递归是计算思维最重要的一种基本思想，是大家在中学没有学习过的。递归是一个过程或函数在它的定义或说明中直接或间接调用自己的一种思想。它的本质是把一个复杂的大问题层层转化为一个与原问题相似的小问题，利用小问题的解来构筑大问题的解。利用递归思想求解问题时，只需少量的程序就可描述出解题过程所需要的多次重复计算，从而大大地减少程序的代码量。它的能力在于用有限的语句来定义无限集合。正因如此，递归能用很少的代码解决很复杂的问题。学习用递归解决问题的关键就是找到问题的递归式，也就是用小问题的解构造大问题解的关系式。通过递归式可以知道大问题解与小问题解之间的关系，从而解决问题。

在介绍了递归这种基本思想之后，我们还介绍了分治法、动态规划和贪心算法这三种解决问题的基本方法。这三种方法在解题过程中都直接或间接地使用了递归这种基本思想。

分治法是计算机科学中非常重要的算法，字面上的解释是"分而治之"，就是把一个复杂的问题分成两个或更多的相同或相似的互相独立的子问题，再把子问题分成更小的子问题，直到最后子问题可以简单地直接求解，原问题的解是子问题解的合并。在用分治法求解问题时一般分为三个步骤：分→治→合并。在"治"中往往会用到递归的思想。用分治法求解问题的优势是可以并行地解决相互独立的子问题。目前计算机已经能够集成越来越多的核，设计并行执行的程序能够有效利用资源，提高对资源的利用率。因此，用分治法求解问题也变得越来越重要。

动态规划是求解最优化问题的一种方法。通常这种问题有很多解，每个解都对应一个值，最优化问题是希望找到一个对应最优值(最大值或最小值)的解。动态规划与分治法类似，其基本思想也是将待求解问题分解成若干个子问题，先求解子问题，然后从这些子问题的解得到原问题的解。与分治法不同的是，适合于用动态规划求解的问题，经分解得到的子问题往往不是互相独立的，即子问题之间具有重叠的部分。在这种情况下，如果用分治法求解就会重复地求解这些重叠的部分，而动态规划只会对这些重叠的部分求解一次并用表格保存这些解，如此一来就可以避免大量的重复计算。动态规划最特别的地方是自底向上地求解子问题，并将这些子问题的解保存起来。这种用空间换取时间的方式大大提高了求解问题的效率。

贪心算法，又称为贪婪算法，也是用来求解最优化问题的一种方法。一般来说，求解最优化问题的过程就是做一系列决定从而实现最优值的过程，最优解就是实现最优值的这些决定。动态规划考虑全局最优，目标是得到全局最优解。贪心算法是一种在每一步选择中都简单地采取当前状态下最好(即最有利)的选择。贪心算法考虑局部最优，每次都做当前看起来最优的决定，得到的解不一定是全局最优解。但是在有最优子结构的问题中，贪心算法能够得到最优解。最优子结构就是局部最优解能决定全局最优解，简单地说，问题能够分解成子问题来解决，子问题的最优解能递推到最终问题的最优解。虽然对于很多问题贪心算法不一定能得到最优解，但是它的效率高，所求得的答案比较接近最优结果。因此，贪心算法可以用作辅助算法或者直接解决一些要求结果不特别精确的问题。

通过前面对计算思维的基本思想和解题思路的学习，我们以老鼠走迷宫为例向大家介绍遇到具体问题时应该怎样思考并解决问题。首先，需要仔细分析问题并给出问题的数学描述；其次，尝试将原问题分解成小问题，并找出原问题和小问题或小问题和小问题之间的关系；最后，选取适当的方法求解问题。我们利用递归的思想求解老鼠走迷宫问题，并用Python实现了这种解法。

我们在第3章最后用猜数字为例，说明计算机的智能是计算出来的，向大家展示了计算机的"思路"。这种"思路"其实是计算机程序的编写者赋予的。计算机应用人类赋予的计算思维和其强大的计算能力，可以又快又准确地解决很多问题。

通过以上的学习，相信大家对计算思维已经有了一定的了解。那么现在，让我们来谈谈计算思维的美。

5.7.1 递归思想的美

学计算机科学的人在解决任何问题的时候，都喜欢先将一个很大很复杂的问题分解成小问题，然后对小问题进行求解，得到小问题的解后，用小问题的解来构筑大问题的解。这就是前面学习的递归，它是计算思维中非常美的一种思想，是以前没有学习和训练过的。

1. 递归思想美在能够用简单的描述解决复杂的问题

递归能够用简单的描述解决复杂问题的关键在于找到问题与较小规模问题间的递归关系，具体的表现形式是递归式。例如在求解汉诺塔问题时，最重要的是找到了 n 片圆盘和 $n-1$ 片圆盘移动次数的递归式：

$$f(n)=\begin{cases}1, & n=1\\ 2f(n-1)+1, & n>1\end{cases} \tag{5-9}$$

这种递归关系非常强大，它能描述所有相似问题间的关系。例如公式(5-9)描述了 $f(n)$ 与 $f(n-1)$、$f(n-1)$ 与 $f(n-2)$、…、$f(2)$ 与 $f(1)$ 之间的关系。只要实现一次递归关系就能解决所有满足这种关系的问题。因此，递归能够用简单的描述解决复杂问题。

2. 递归思想美在利用直接或间接地调用自己来减小问题规模

在日常生活中就存在直接或间接调用自己的这种方式，对此要特别小心。递归很容易产生逻辑上的悖论，无法说其真，也无法说其假。比如“我说谎”这句话直接调用自己，而“我下句话是对的”和“我上句话是错的”这两句话在间接调用自己。又如理发师悖论，某个村落，理发师挂出一块招牌：“我只给村里所有那些不给自己理发的人理发。”有人问他：“你给不给自己理发？”理发师无言以对。各位想想为什么？因为他假如给自己理发，那么他就不应该属于那些不给自己理发的集合，而假如他不给自己理发，他是属于那个不给自己理发的集合，但是照他的招牌，他又必须给自己理发，所以自相矛盾。

除此之外，前面介绍过的《画手》和《瀑布》两幅画也是直接或间接调用自己的形式。有兴趣的同学可以去看一下 *Godel, Escher, Bach: An Eternal Golden Braid*（中文版：(美)侯世达. 哥德尔、艾舍尔、巴赫——集异璧之大成. 严勇，等译. 北京：商务印书馆，1997）这本书。哥德尔是著名的数学家，他证明了任何形式系统都包含了一个命题，它是无法证明真或假的，也就是哥德尔不完全性定理。艾舍尔是个画家，他喜欢画那些递归的图，例如前面的《画手》。而巴赫是伟大的音乐家，他的卡农(Canon)乐曲表现出递归的结构。数学、绘画、音乐因为递归而关联。这是一本杰出的科学普及著作，获得了普利策奖，以精心设计的巧妙笔法深入浅出地介绍了数理逻辑、可计算理论、人工智能、哲学等学科领域中的许多艰深理论。

而计算机科学中的递归是要解决问题的，可不能产生悖论。通过直接或间接地调用自己来减小问题规模，每次调用自己时参数的大小会减小，最后减小到 0 或可能的最小数，所以不会产生无限循环。例如用递归求解 n 片圆盘的汉诺塔问题时，函数 Hanoi 通过直接调用自己将求解 Hanoi(n, A, C, B)转化为求解 Hanoi($n-1$, A, B, C)、Hanoi(1, A, C, B)和

Hanoi($n-1$, B, C, A)的问题,从而将求解 n 片圆盘的汉诺塔问题减小为求解 $n-1$ 片圆盘的汉诺塔问题。递归会到 Hanoi(1,X,Y,Z)时停止而返回,其中,X、Y、Z 可为 A、B、C。

5.7.2 计算思维求解问题的基本方式的美

计算思维求解问题的方式与数学上求解问题的方式不同,以 5.2 节中的平面划分问题为例。通过对问题的分析,我们找到了递归式:

$$f(n)=\begin{cases}2, & n=1 \\ f(n-1)+n, & n>1\end{cases} \tag{5-10}$$

在计算机科学中,只要有了上面的递归式,就可以编写程序解这个问题了。但是从数学上来说,有递归式还不够,需要通过推导得到一种称为闭合式(Close Form)的式子。由 $f(n)=f(n-1)+n$,同理可知 $f(n-1)=f(n-2)+n-1, f(n-2)=f(n-3)+n-2\cdots$,将 $f(n-1)$、$f(n-2)\cdots$依次代入前面的等式,得到:$f(n)=f(n-1)+n=f(n-2)+n-1+n=f(n-3)+n-2+n-1+n=\cdots=2+2+3+\cdots+n-1+n$。通过对 $f(n)=2+2+3+\cdots+n-1+n$ 进行整理,可以得到如下闭合式:

$$f(n)=\frac{n(n+1)}{2}+1 \tag{5-11}$$

有了上面的闭合式,才可以从数学上求解平面划分问题了。从数学上求解问题需要推导出闭合式,但是在很多情况下,是很难推导出这种闭合式的。大家学微积分时,是不是很苦恼去推导积分的闭合式?比如下式:

$$\int_a^b \frac{\sqrt{x}\sin x}{e^x}\ln x\,dx \tag{5-12}$$

如此一来,就不能在数学上求解了。但是计算机科学可以用趋近的方式找出数值来解这个问题。根据定积分的定义,其实就是求这个函数的图像在区间$[a,b]$的面积。例如求下式:

$$\int_a^b f(x)\,dx \tag{5-13}$$

根据定积分的定义,可以把直角坐标系上的函数图像用平行于 y 轴的直线分割成无数个矩形,如图 5-17 所示,然后把区间$[a,b]$上的矩形的面积累加起来,就得到了这个问题的解。

虽然这种方式需要很大的计算量,但是强大的计算能力正是计算机的优势。类似于上面这种数学上解不出的问题,可以在计算机科学中求解。当然,如果能够推导出闭合式,利用闭合式求解是再好不过的了。有了这种闭合式,一方面可以通过简单的计算得到结果;另一方面有助于推导出很多重要的理论。但是前提是要能推导出闭合式来。

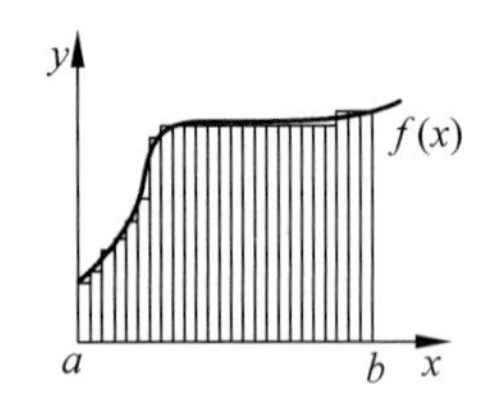

图 5-17 计算机对定积分求解

计算机科学虽然能求解平面划分这种数学问题,但更多的是做逻辑决策。利用计算思维中的基本解题方法,如分治法、动态规划和贪心算法等,求解如汉诺塔问题、最小值和最大值问题、背包问题、老鼠走迷宫问题等逻辑决策问题。

5.7.3 问题复杂度的研究之美

计算机科学不仅研究怎么解问题，更重要的是研究问题本身的复杂度。对问题复杂度的研究，一方面是想知道问题本身是不是能够求解，如果问题本身就是无解的，那么不管花费多少的人力、物力和财力都是求不出结果的；另一方面可以知道，如果问题能够求解，要求解这个问题需要花费多少代价。知道了求解问题的代价，我们就可以决定要不要解这个问题了。复杂度分析不仅可以分析问题本身的复杂度，还可以作为衡量一个解决方案好坏的工具。通过对同一个问题的不同解决方案进行复杂度分析，就可以知道哪种解决方案比较好。

下面给大家几个问题，请大家猜一下哪个问题最难。

(1) 找假币的问题：已知 n 枚硬币中有一枚是假币，并且知道这枚假币的重量要比真币轻，请找出这枚假币。

(2) 排序问题：对 n 个数进行非递减排序。

(3) 因数分解问题：A 和 B 是两个 200 位的质数，而 $C=A\times B$，已知 C，求 A 和 B。

(4) 停机问题(Halting Problem)：给一段程序代码，判断这段程序是否会停止。

前三个问题，计算机是可以解的，只不过因为问题的复杂度不同，求解问题的速度也不同。

第一个找假币的问题，我们在 5.1 节中已经给出了三种解决方式，其中最快的复杂度是 $\lg n$。

第二个排序问题，可以通过分治法解决，其时间复杂度是 $n\lg n$。比第一个问题的复杂度要高，也就代表排序问题比找假币问题要难一些。

第三个因数分解问题也是能够用计算机求解，只是速度很慢。我们知道，已知 A 和 B，要求 C 是很容易的，即使 A 和 B 都是 200 位的数，计算机也可以在瞬间(1 秒内)完成。但是已知 C，求 A 和 B，虽然能够用计算机求解，但到目前为止至少要花几个世纪的计算机时间才能解出来，而是否存在快速的求解方式还是个 21 世纪未知的科学问题。也正是因为很难找到解，信息安全才可以用这个方式在 RSA 加密算法中对密码进行保护。

举例来说：

```
>>>
C = 5671718977151996154575259598345242132889534465233210382634823681780832583458436313 8
0424449087280089617643567833490599233573928362318478052151664090732771626110066369590 9
0027121726087590253923460338718770480387784432000874672145318917025232569220266048597 2
5293774736136396052694267495359802944833045338296482548621054933490414863106287622938 9
540982138928219232758509437895859436913431032340751630962449872465 49
```

这个 C 是两个 200 位左右的质数相乘而得到的。你能写个程序去算出是哪两个质数相乘而得到的吗？

产生 200 位的质数是不难的。首先可用 Python 写个简单又迅速的程序来检查 n 是否为质数(需要学习一种有趣的算法——随机算法)，然后随机产生 200 位的数，用前面的程序去检查是否为质数，尝试几次后就可以找到 200 位的质数。所以找到 200 位的质数不是难事，但是给一个两个质数的乘积，要你去分解，这就非常难了！这个“难”不是你写程序难，而是要在短时间得到解答难。看看下面的程序，这个程序很简单，可以找到所有 x 的因数。但是这个程序会花很久的时间也找不到前面 C 的因数，因为 C 的因数值太大了。读者可以试试看。

```
#<程序:Find all the factors of x and put them in list L>
import math
def factors(x,L):
    y = int(math.sqrt(x))          #x 的平方根
    for i in range(2,y+1):         #一个个找
        if (x % i == 0):           #找到一个因数 i
            print(i)
            L.append(i)
            factors(x//i,L)        #递归找因数
            break                  #跳出 for 循环
    else: #找不到因数,x 是质数
        L.append(int(x))
        print(int(x))
```

前面的 C 是下面两个 200 位左右的质数相乘而得的:

A = 25955873305610796270399132756589243636705310864984605396274236420487096659713870289
18768664238621751027551621673246386392774936796078839001128518099837918049768238662502
940994938760662998392403961548241939
B = 21851389511621476464931020167297460701268598699989220759515741893917550762575408551
9711952160154699142566772890230907517586835336498342551228970351165554406638169578099
0300986719692315067002619836133615991

其实有很多问题属于第三类问题,现在人类还没有找到任何一个较快速的解决方法,它们被称为 NP 完全的问题,比如旅行商问题(Travelling Salesman Problem,TSP)和布尔可满足性问题(Boolean Satisfiabilty problem,SAT)。

(1) 旅行商问题。

问题描述:有一位旅行商人要拜访 $n(n>100)$ 个城市,求一条路径使得旅行商人每个城市只拜访一次,并且最终回到出发的城市。

要拜访 n 个城市共存在 $n!$ 条路径,要在这么多条路径中选择一条路径,因此 TSP 的时间复杂度是 $n!$。$n!$ 到底有多大呢,大家不妨想象一下 100! 有多大。在数学上,有一个斯特林公式(Stirling's Approximation)是用来取 $n!$ 的近似值的,即:

$$n! = \sqrt{2\pi n}\left(\frac{n}{e}\right)^n \tag{5-14}$$

光看右边的 n^n 就知道 $n!$ 是非常大的数了。

(2) 布尔可满足性问题。

问题描述:对于一个有 n 个变量的布尔方程式,是否存在一种输入使得输出是 True?

有 n 个要确定真假的变量,那么就要在 2^n 种输入中寻找解,因此 SAT 的复杂度是 2^n。在 n 很大的情况下,2^n 就是一个很大的数。比如 $n=10^9$,那么就要在 2^{10^9} 种输入中寻找解。

再回过头来看第四个问题。第四个停机问题是计算机解不出的问题,是不能保证有解的。不管你写什么样的程序,用几千万核的计算机都不能保证有解。实际上,与程序相关的问题(比如判断某行代码是否会执行等)都是计算机解不出的问题。在哲学层面来说,有些问题确实是计算机解不出来的,比如在介绍递归时说的语言上的递归"我下一句是错的"和"我上一句是对的"。

复杂度分析是计算机科学中最美的理论，它的出现和发展主要是因为第三类问题。很多在工业界的实际问题，如芯片设计、物流调度、管理优化等数千种问题，都需要快速解决方法，不希望花几个世纪来找到最优解，但是大家很多年来都找不出能快速解决的算法。大家就产生了疑问，这些问题到底是不是存在快速算法呢？还是我们人类的智商不够，找不到快速解法呢？至今，这个问题仍然是21世纪最大的科学谜团。假如有人找到了数千个NP完全问题中任意一个问题的快速解法，这个人将会改变文明，国际金融将要崩溃，因为这意味着信息安全所依赖的复杂问题能快速地被破解。人类还是有点自负，经过了几十年的研究至今仍然未找到快速解法，所以大部分人就认为这些NP完全问题是不存在快速解法的，但是至今还没有人能证明NP完全问题确实不存在快速解法！

计算机科学除了研究解决问题的算法外，也研究问题本身的复杂度。它可解吗？还是不可解？假如可以解，那么解决它最快要花多少时间？这就是问题的复杂度了。

习题5

习题5.1：请写出求 $n!$ 的递归表达式。

习题5.2：请写出用递归求 13^n 的Python程序，其中 n 作为输入。

习题5.3：已知数列 $\{a_n\}$ 的前几项为：

$$1,\quad \frac{1}{1+1},\quad \frac{1}{1+\frac{1}{1+1}},\quad \frac{1}{1+\frac{1}{1+\frac{1}{1+1}}},\quad \cdots$$

已知 $a_0=1$，请写出 a_n 的递归表达式。

习题5.4：根据 a_n 的递归表达式，请编程求 a_n 的精确分数解。输入为 n，输出为 a_n 的精确分数解。例如输入3，则输出3/5。

习题5.5：阿明写了 n 封信和 n 个信封，需要将信装入正确的信封才能邮寄出去。求所有的信都装错信封共有多少种情况？设 n 封信都装错信封有 $D(n)$ 种情况，请写出 $D(n)$ 的递归表达式。

习题5.6：请写出求解上面装错信封问题的递归程序。

习题5.7：写出Python程序，一定要利用递归函数，尽量不用for循环、while循环。输入整数 B 代表进制数，再输入两个 B 进制的数，用列表 x、y 表示，输出 $x+y$ 的 B 进制数，也可以用列表来表示。例如，$B=16$，输入[10,9,9]和[9,9]，它们加起来后的十六进制是[11,3,2]；假如 $B=11$，$x+y$ 就等于[1,0,8,7]。

习题5.8：如同前一个Python程序完成加法，请用递归函数来完成两个 B 进制数的乘法。输出乘积后的结果，以列表方式输出就可以了。例如 $B=10$，$x=[2,0,1]$，$y=[1,0]$，$x*y=[2,0,1,0]$，可以利用前面完成的加法函数。

习题5.9：利用递归求一个整数的各位数字。例如输入：2351554，则应输出：2 3 5 1 5 5 4。

习题5.10：利用递归程序生成 n 个数的全部可能的排列，例如 $n=3$ 时，应该输出：

```
123 132 231 232 321 312
Total = 6
```

习题 5.11：编写递归程序实现将一个较大的整数分解为若干个素数因子的乘积，并打印分解的结果。例如输入 24，则应输出：24＝2×2×2×3。

习题 5.12：拿牌游戏。假设面前有三堆扑克牌，其中每堆各有 10 张牌。两个人交替从某一堆中拿牌，谁拿到最后一张牌谁就输，请找出所有必赢的拿牌方式。

习题 5.13：用 Python 实现第 3 章最后所示的猜数字游戏。在这个作业里不考虑有重复数字的 3 位数，例如 335 等。两个人都各自选定一个秘密的三位数，然后相互猜对方的数字。用“几个 A”来表示对方猜得三位数中有几个数是完全正确的。用“几个 B”来表示有几个数正确但是位置不对，看是计算机还是你先猜到对方的数字。

习题 5.14：有 n 级台阶，一次可跨 1 级、2 级或 3 级，这样走完 n 级台阶的方法有很多种。例如 $n=4$ 时，可得：$4=1+1+1+1=1+1+2=1+2+1=2+1+1=1+3=3+1=2+2$，共 7 种走法。请编写递归程序，求解 n 级台阶共有多少种走法，其中输入为台阶数 n，输出为走法的总数。

习题 5.15：假设有 n 个数 $a_0, a_1, a_2, \cdots, a_{n-1}$，请写出用分治法求 n 个数和的基本思想。

习题 5.16：请用递归思想实现快速排序(Quick Sort)算法。Quick Sort 是使用了分治法的一种排序方法，假设要对列表 L 进行非递减的排序，它的主要思想是：

(1) 在 L 中随机选择一个数 k，将 L 中所有小于或等于 k 的数都放到 k 的左边，将所有大于 k 的数都放到 k 的右边；

(2) 分别用 Quick Sort 算法对 k 的左边和右边进行非递减的排序。

请用 Python 实现 Quick Sort 算法，其中输入是整数列表 L，输出是一个非递减的有序列表 L′。

习题 5.17：请用 Python 实现 Partition(L, k)函数，其中 L 是一个整数列表，k 是列表 L 的一个下标。Partition 函数返回两个列表：L0 和 L1，其中 L0 中的所有数都小于或等于 L[k]，L1 中的所有数都大于 L[k]，L[k]不在 L0 和 L1 中，也就是说 len(L0)＋len(L1)＝len(L)－1。

习题 5.18：合唱队形问题。N 位同学站成一排，音乐老师要请其中的($N-K$)位同学出列，使剩下的 K 位同学排成合唱队形。合唱队形是指这样的一种队形：设 K 位同学从左到右依次编号为 $1,2,\cdots,K$，他们的身高分别为 $T_1, T_2, \cdots, T_K$，则他们的身高满足 $T_1 < T_2 < \cdots < T_{i-1} < T_i > T_{i+1} > \cdots > T_K$，其中 $1 \leqslant i \leqslant K$。已知所有 N 位同学的身高，计算最少需要几位同学出列，可以使剩下的同学排成合唱队形(提示：用动态规划找最长上升子序列和最长下降子序列)？

习题 5.19：有如下图所示的数塔，在每一个结点都可以选择向左下或者右下走。请找出一条从顶部到底层的数值之和最大的路径。请用 Python 实现解决上述问题的方法。(提示：用动态规划求解)

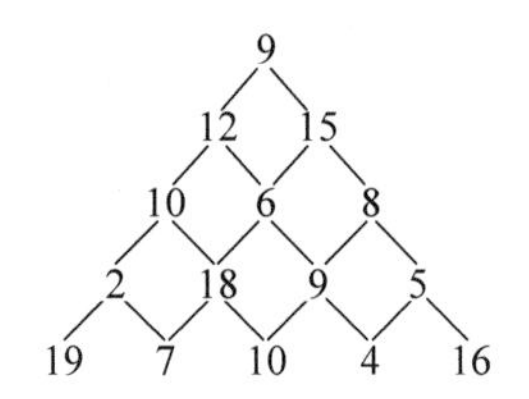

习题 5.20：在第 4 章我们提供了小乌龟画迷宫的程序，而本章展示了小老鼠走迷宫的程序，请利用小乌龟画迷宫的方式，画出小老鼠从起点到终点的路线来。请在方格中画小圆圈来代表路径走过的方格。

习题 5.21：连接成最大整数问题。设有 n 个正整数，将它们连接成一排，组成一个最大的多位整数。例如，$n=3$ 时，3 个整数分别为 13，312 和 343，连成的最大整数为：34331213。又如，$n=4$ 时，4 个整数 7，13，4 和 246 连接成的最大整数为 7424613（提示：用贪心算法求解。策略：先把整数化成字符串，然后比较 $a+b$ 和 $b+a$，如果 $a+b>b+a$，就把 a 排在 b 的前面，反之则把 a 排在 b 的后面）。

习题 5.22：有 n 堆纸牌，分别编号为 $1,2,\cdots,n$。每堆有若干张纸牌，但纸牌总数是 n 的倍数。可以在任意一堆取若干张牌，然后将这些牌移动到其他堆上，移动纸牌的规则为：

（1）在编号为 1 的堆上取的纸牌只能移动到编号为 2 的堆上；

（2）在编号为 n 的堆上取的纸牌只能移动到编号为 1 的堆上；

（3）在其他堆上取的纸牌，可以移动到相邻的左边或者右边的堆上。

求使每堆纸牌一样多的最少移动次数。

例如 $n=4$ 时，4 堆的纸牌数分别为：9，8，17，6。使每堆纸牌一样多的最少移动次数为 3 次，即按照下面的方式移动：

（1）从编号为 3 的堆上取 4 张牌放到编号为 4 的堆上，此时 4 堆的纸牌数分别为：9，8，13，10；

（2）从编号为 3 的堆上取 3 张牌放到编号为 2 的堆上，此时 4 堆的纸牌数分别为：9，11，10，10；

（3）从编号为 2 的堆上取 1 张牌放到编号为 1 的堆上，此时 4 堆的纸牌数分别为：10，10，10，10。

请用 Python 实现解决上述问题的方法。输入：n 堆纸牌（$1\leqslant n\leqslant 100$）；每堆的纸牌数 a[0]，a[1]，…，a[$n-1$]（$1\leqslant$ a[i] $\leqslant 10\,000$）。输出：最少的移动次数（提示：用贪心算法，按照从左到右的顺序移动纸牌）。

习题 5.23：有一条由 N 颗珠子组成的项链（$3\leqslant N\leqslant 200$），珠子有两种颜色：白色和黑色，这些珠子随意串起。假如要在一点截断项链，将它展开成一条直线，从一端收集同色的珠子，再从另一端收集同色的珠子（颜色可能与前面收集的不同）。确定应该在哪里截断项链从而能够收集到最大数目的珠子。假设有一条由 29 颗珠子串成的项链，如下图所示，其中第 1 颗和第 2 颗珠子做了标记。

用 b 代表黑色珠子，w 代表白色珠子，上图的项链可以用字符串表示为：bwbwwwbbbwwwwwbwwbbwbbbbwwwwb。上图所示的项链最大可以收集到 8 颗珠子，截断的地方是：第 9 和第 10 颗珠子间或者第 24 和第 25 颗珠子间。请用 Python 实现解决上述问题的方法。输入：珠子总数和用字符串表示的项链；输出：最大可以收集到的珠子

数和截断的地方。

习题 5.24：由于乳制品产业利润很低，所以降低原材料(牛奶)价格就变得十分重要。帮助 Marry 乳业找到最优的牛奶采购方案。Marry 乳业从一些奶农手中采购牛奶，并且每一位奶农为乳制品加工企业提供的价格是不同的。此外，每头奶牛每天只能挤出固定数量的奶，每位奶农每天能提供的牛奶数量是一定的。每天 Marry 乳业可以从奶农手中采购到小于或者等于奶农最大产量的整数数量的牛奶。给出 Marry 乳业每天对牛奶的需求量，还有每位奶农提供的牛奶单价和产量。计算采购足够数量的牛奶所需的最小花费。

注：每天所有奶农的总产量大于 Marry 乳业的需求量。请用 Python 编写程序解决上述问题。输入：需要的牛奶总量 $N(1 \leqslant N \leqslant 2\,000\,000)$，奶农数量 $M(1 \leqslant M \leqslant 5000)$，以及每位奶农提过牛奶的单价 $P_i(1 \leqslant P_i \leqslant 1000)$和产量 $A_i(1 \leqslant A_i \leqslant 2\,000\,000)$；输出：采购到所需牛奶的最小花费。

第6章 操作系统简介

本书第1章讲到计算机系统被划分为硬件、软件以及操作系统(Operating Systems)共三个层次。推陈出新的硬件是给千变万化的软件来使用的,操作系统是硬件和软件的中间桥梁,在计算机系统中对下层的硬件进行管理,并对上层应用软件提供接口支持。操作系统"体贴地"掩盖了硬件的细节,对所有的应用软件而言,它们只看操作系统,它们的程序只要确定在某个操作系统上能正确执行就好。以手机为例,应用软件只需要确定是在安卓操作系统的哪个版本上能正确执行就好,而不需要计较这是三星、联想还是华为制造的手机。

为什么软件不是直接使用硬件,而要经过操作系统这个层级?各位研读完这章后,就会清楚地了解,在此我先总结一下原因。

(1) 为了便利。硬件细节是很复杂的,直接使用硬件需要了解所有的细节,对软件开发者而言,这些工作太复杂琐碎。操作系统提供了高阶函数和接口,使软件能方便地使用。

(2) 为了兼容。应用软件希望设计出一套软件能给多个硬件平台来使用,而不是对每一种硬件平台都要有相对应的应用软件版本,或者每有一种新硬件被开发出来,应用软件都要重新设计。操作系统掩盖了不同硬件的细节,提供了对软件的统一接口。所以只要操作系统的接口不变,即使硬件设计改变了,应用软件也可以保持不变。

(3) 每一个软件都是本位主义的,都要使用CPU、内存、网络等资源。因为资源是有限的,我们不能让一个软件独享所有的资源,而操作系统会以管理者的身份来有效地管理这些资源,使其能被共享。

(4) 为了安全。你不希望在网络上下载一个程序,这个程序执行时有意或无意地把整个硬盘的内容擦写掉,或者你不希望在服务器(或云数据中心)上的其他用户能看到你的文件。这些种种都需要操作系统进行安全保护。

> **沙老师**:让我苦口婆心地说几句吧。你们要记得,你对操作系统的深刻理解和活用是你能"远"超一般编程者的法宝。很多高科技企业就是缺这类人才。建议你们在大学时代不要只用Windows,把Linux用虚拟机装起来,然后用它,将系统程序转起来,将来有机会读读Linux内核,你会一辈子受益。

要了解计算机系统,就需要掌握计算机系统中重要的层次——操作系统。操作系统是计算机科学里重要的课程之一(其他是体系结构和算法),本章将从以下五个方面对计算机操作系统进行详细讲述:操作系统的基础知识简介,操作系统对硬件资源的管理,操作系统对应用软件提供服务,操作系统对多程序执行环境的管理,以及操作系统的文件系统对文件的管理。

操作系统是运行在计算机上的,对计算机提供各种各样服务和进行管理。那么,在操作系统开始发挥其职能之前,我们首先来关注一个简单而又有趣的问题:计算机是如何启动的?这里所说的计算机也包括了手机等移动设备。

小明:计算机启动不是很简单吗?对于台式机、笔记本,按一下电源按钮,对于手机、平板电脑,长按开机键不就可以了吗?

阿珍:虽然这个过程看上去很简单,当按下开关按钮后,也许屏幕没有任何信息,其实有很多的动作已经在进行了。这是重要的知识,我们先了解一下整个启动过程吧!

6.1 计算机的启动

不论是台式机、笔记本的 Windows 系统或者 Linux 系统,还是手机的 Android 系统或者 iOS 系统,所有设备在开机启动过程中都会经过三个共同的阶段:启动自检阶段、初始化启动阶段、启动加载阶段。

计算机系统的启动自检阶段、初始化启动阶段和启动加载阶段主要是由 BIOS(Basic Input Output System)来完成的。BIOS 是一组程序,它包括基本输入输出程序、系统设置信息、开机后自检程序和系统自启动程序。这些程序都被固化到计算机主板的 ROM 芯片上。用户可以自行对 BIOS 进行配置。根据不同品牌的台式机或者笔记本电脑,在开机时按下 Esc 键、F2 键或者 Delete 键便可进入配置界面,根据需求进行配置。

6.1.1 启动自检阶段

按一下电源按钮,计算机就进入启动自检阶段。此时,计算机刚接通电源,将读取 BIOS 程序,并对硬件进行检测,这些程序存放在 ROM 中,不需要加电也可以保存。这个检测过程也叫作加电自检(Power On Self Test,POST)。加电自检的功能是检查计算机整体状态是否良好。通常完整的 POST 自检过程包括对 CPU、ROM、主板、串并口、显卡及键盘进行测试。一旦在自检中发现问题,系统将给出提示信息或鸣笛警告。

启动自检过程中,计算机屏幕会打印出自检信息。

6.1.2 初始化启动阶段

启动自检阶段结束之后,若自检结果无异常,接下来计算机就进入初始化启动阶段。根据 BIOS 设定的启动顺序,找到优先启动的设备,比如本地磁盘、CD Driver、USB 设备等,然后准备从这些设备启动系统。初始化启动阶段还包括设置寄存器、对一些外部设备进行初始化和检测等。

初始化启动过程中,计算机屏幕处于黑屏状态。

6.1.3 启动加载阶段

初始化阶段完成之后,接下来将读取准备启动的设备所需的相关数据。由于系统大多存放在硬盘中,所以 BIOS 会指定启动的设备来读取硬盘中的操作系统核心文件。但是,由于不同的操作系统具有不同的文件系统格式(如 FAT32、NTFS、EXT4 等),因此需要一个启动管理程序来处理核心文件的加载,这个启动管理程序就被称为 Boot Loader。Boot Loader 的作用主要有两方面:首先,提供菜单让用户选择不同的启动项目,通过不同的启动项目开启计算机的不同系统;其次,加载核心(Kernel)文件,直接指向可启动的程序区段来启动操作系统。

启动加载过程中,计算机屏幕仍处于黑屏状态。

如图 6-1 所示,标记问号的设备需要 BIOS 在启动自检阶段依次检测,而图中的标记 1、2、3 表示当前系统在初始化启动阶段各个设备的启动顺序。计算机启动的整个过程完成之后,接下来操作系统开始装载进内存,BIOS 开始将权力移交给操作系统,也就是说,接下来计算机的所有操作将由操作系统来完成。

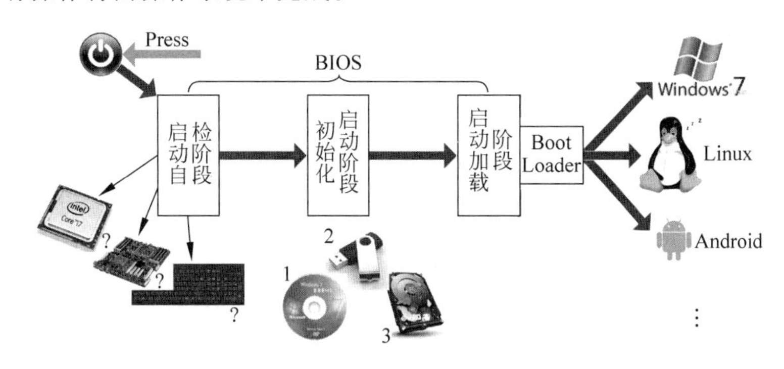

图 6-1 开机启动流程

6.1.4 内核装载阶段

在内核装载阶段,操作系统利用内核程序测试并驱动各个外围设备,包括存储装置、CPU、网卡、声卡等。在这个阶段,有的操作系统会对硬件进行重新检测。也就是说,在操作系统开始使用内核程序测试和驱动外围设备时,操作系统的核心才接管了 BIOS 的工作。

Windows 在内核装载阶段需要加载各个设备的驱动程序。操作系统需要知道当前所有的外围设备,才能加载对应的驱动程序。这些信息记录在注册表中,如操作系统在注册表的 HKEY_LOCAL_MACHINE\SYSTEM\CurrentControlSet 目录位置读取当前计算机所安装的驱动程序,然后再依次加载这些驱动程序。

知识贴——注册表

Windows 注册表是帮助 Windows 控制硬件、软件、用户环境和 Windows 界面的一套数据文件。注册表包含在 Windows 目录下命名为 system. dat 和 user. dat 的两个文件里。文件中也包含了文件自身的备份文件 system. da0 和 user. da0。通过 Windows 目录下的 regedit. exe 程序可以存取注册表数据库。用户要查看或修改注册表,只需要单击计算机开始按钮,运行 regedit. exe 程序即可。

如果说 Windows 图形界面是井,应用程序的运行是水,那么注册表就是用来取水的桶,没有注册表这个“桶”,大多数程序就只能看不能用。需要注意的是,用户对注册表简单地改动都能导致计算机出现一些严重的后果。比如,单击某个程序却不能正常运行,或者计算机中的各种程序运行速度奇慢无比等。

注册表是 Windows 操作系统中的一个核心数据库,存放着各种系统正常运行需要的参数,直接控制着 Windows 的启动、硬件驱动程序的装载以及一些 Windows 应用程序的运行,在整个系统中起着核心作用。

事实上不同系统上的注册表的结构基本相同。如同计算机中文件夹的结构一样,注册表也具有根目录和子目录。根目录表示主要的功能,子目录将这些主要功能再细化,最后一级则是键值。键值就相当于最后子目录中的各个运行程序。每个键值就是一个功能,而用户只需要知道某项功能所在的主目录、子目录,最后能够在其中找到对应的键值就可以了。了解这些有关注册表的信息之后,用户就能自行探索注册表的奥秘了。

注册表由主键、子键和值项构成。注册表的主键(相当于主目录)主要包括: HKEY_LOCAL_MACHINE、HKEY_USERS、HKEY_CURRENT_USER、HKEY_CLASSES_ROOT、HKEY_CURRENT_CONFIG 和 HKEY_DYN_DATA 六大主键,这六大主键在所有的 Windows 操作系统中都是相同且固定不变的。

当前计算机所安装的所有设备驱动程序的信息在注册表的如下位置: HKEY_LOCAL_MACHINE\SYSTEM\CurrentControlSet。

在内核装载过程中,计算机屏幕显示操作系统的图标以及进度条等欢迎的信息,表示系统成功启动。

6.1.5 登录阶段

在登录阶段,计算机主要完成以下两项任务: 一是启动机器上安装的所有需要自动启动的 Windows 服务,二是显示登录界面。

知识贴——Windows 服务

Windows 服务是一种在系统后台运行、无需用户界面的应用程序类型,提供系统中的核心操作和功能,如 Web 服务、事件日志、文件服务、打印、加密和错误报告等。与用户运行的程序相比,服务程序在运行时候不会出现程序窗口或对话框,只有在任务管理器中才能观察到它们的运行情况。

进入 Windows 后,用户可以对本机的服务进行管理。单击“开始”按钮,在搜索框中输入 services. msc,按回车后便能启动服务管理单元,如图 6-2(a)所示。

一个服务管理单元包含该项服务的名称、描述、状态、启动类型等信息。如果状态为“已启动”,说明该项服务目前处于运行状态,否则为停止状态。服务的启动类型分为: 自动、自动(延时启动)、手动、禁用。“自动”是指计算机在开机启动时同时加载该服务项,以便支持其他需要在此服务基础上运行的程序。也就是说,这些启动类型设置为“自动”的服务，在登录阶段会启动。如果服务的启动类型为“自动(延时启动)”的方式，那么该项服务会在系统启动一段时间后再启动。“自动(延迟启动)”的方式可以缓解一些低配置计算机因为加载服务项过多导致的计算机启动缓慢或启动后响应慢的问题，是 Windows 7 系统中一项非常人性化的设计。服务启动类型为“手动”的情况下，该服务在登录阶段不自动启动。而服务的启动类型为“禁用”指用户需要手动修改该属性后才能启动该服务。例如用户需要设置 DHCP Client 的启动状态，只需要选中该服务，右击，选择“属性”，打开该服务的属性页，如图 6-2(b)所示。系统管理者(用户)可以修改服务的启动类型，也可以手动停止该服务。

(a)

(b)

图 6-2　Windows 服务

在登录过程中，屏幕显示登录界面。

在用户登录前，设置为自动的服务(后台程序)将自动运行。而需要在启动时运行的应用程序将紧接着用户登录开启。在 Windows 服务知识帖中已经介绍了如何设置服务开机自动启动，如果需要一个应用程序在开机时自动启动，又该如何设置呢？

知识贴——开机启动的 Windows 应用程序

在有关注册表的知识贴中已经介绍过,注册表是帮助 Windows 控制硬件、软件、用户环境和 Windows 界面的一套数据文件,开机启动的程序信息显然是可以记录在注册表中的。开机应用程序启动设置在注册表中有两个位置,如下:

HKEY_LOCAL_MACHINE\SOFTWARE\Microsoft\Windows\CurrentVersion\Run

HKEY_CURRENT_USER\Software\Microsoft\Windows\CurrentVersion\Run

如图 6-3 所示,在该目录下,每个键值对就代表开机时要启动的一个应用程序,键为应用名,值为该应用的执行文件所在位置。

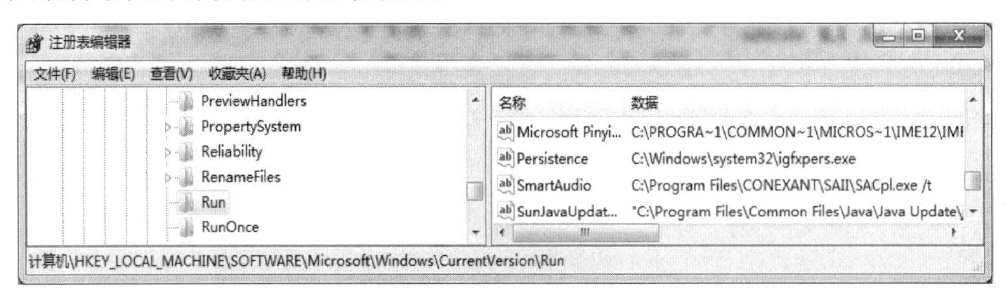

图 6-3 注册表编辑器

除了注册表,Windows 还创建了两个名为“启动”的文件夹,分别位于:C:\user\< username>\AppData\Roaming\Microsoft\Windows\Start Menu\Programs\Startup 与 C:\ProgramData\Microsoft\Windows\Start Menu\Programs\Startup 中。如果希望一个应用程序在系统启动时自动启动,只需要将程序的执行文件的快捷方式放置于上述两个文件夹即可。

对于在系统启动时候同时启动的多个应用程序来说,系统需要方便快捷地管理自动启动程序的运行。在“开始”菜单的“搜索”中,输入 msconfig.exe 可以打开系统配置工具,如图 6-4 所示。在“启动”选项卡中,可以方便地更改启动信息。

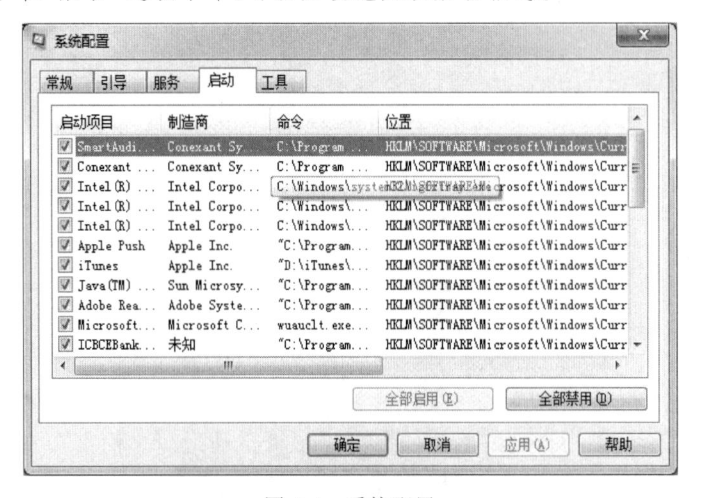

图 6-4 系统配置

以上所介绍的均为操作系统的启动相关的过程。操作系统成功启动之后，接下来在计算机上所进行的所有工作将交给用户来完成。但是，在用户操作计算机的过程中，操作系统仍然是计算机正常运行不可或缺的部分。

练习题 6.1.1：假设计算机中有多个操作系统，如何指定它从 Windows 7 启动？

提示：bcdedit. exe 命令。

练习题 6.1.2：打开安装 Windows 系统的个人计算机中的注册表编辑器，查看路径 HKEY_ CURRENT_USER\Software\Microsoft\Windows\CurrentVersion\Run 下的键值对，并将不希望自动启动的程序对应的键值对删除。

练习题 6.1.3：BIOS 的程序存放在 ROM 中，请思考 Android 手机中的 ROM 与 BIOS 的 ROM 有何区别？计算机刷 BIOS 与 Android 手机刷机、刷 ROM 有何区别？

提示：Android 手机的 ROM 是整个操作系统和一些常用的程序。

6.2 认识操作系统

学习操作系统，首先要知道的是：什么是操作系统？正如本书前面小节所述，操作系统是管理计算机资源的，是软件与硬件的中间接口。但是，从其行为来看，操作系统却是世界上最"懒"的管理者，因为它无时无刻不在"睡觉"。如图 6-1 中那只代表着 Linux 操作系统的企鹅，它时刻都处于昏昏欲睡的状态。

对于一个懒惰、沉睡的管理者，它是如何来管理如此复杂的硬件设备以及一系列操作的呢？又是如何向上层应用程序提供服务呢？答案是中断，只有发生中断的时候，操作系统才会被唤醒并开始处理中断事务。为了理解操作系统的运行过程，我们先了解下面的重要概念。

(1) 操作系统的常态是"睡觉"，它不会主动做任何事的。它是被"中断"后才起来做服务的，做完后又睡觉了。

(2) "叫醒"操作系统的方式叫作"中断"。中断的来源有三种，有从硬件来的要求中断，有从软件来的要求中断，也有运行中碰到异常时来的要求中断。

(3) 操作系统不是神，它的执行也需要 CPU。它不过是一个复杂的软件罢了(Linux 是个百万行的程序)。操作系统被"叫醒"后也需要 CPU 才能执行。

每当需要操作系统处理事务时，"沉睡"中的操作系统将会被"唤醒"，完成相应事务的处理。"唤醒"操作系统的行为叫作"中断(Interrupt)"，你可以想象为"中断"操作系统的睡眠。比如用户在键盘按下 A 键时，键盘会发出中断信号去"叫醒"操作系统，告诉它："嘿，键盘的 A 按键已经按下去了，你处理一下吧。"这时，操作系统"醒来"处理这个事件。又如用户程序在执行的过程中，需要读写文件，程序会产生一个中断请求，"叫醒"操作系统去处理读写文件事务。另外，如果程序在运行中出现了除以 0 等非正常事件，"沉睡"中的操作系统也会被"唤醒"，并处理相应的异常事件。

上述三个例子分别对应操作系统中三种中断类型。如图 6-5 所示，三种中断类型分别为：硬件中断，软件中断以及异常。

硬件中断(Hardware Interrupt)，顾名思义是由硬件发出的中断，包括 I/O 设备发出的数据交换请求、时钟中断等。

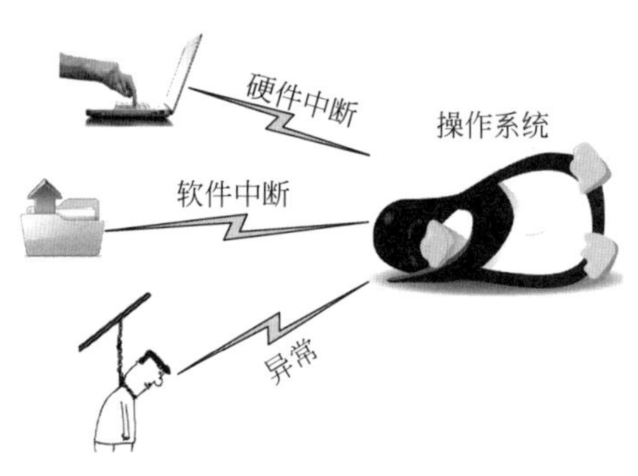

图 6-5 三种中断"叫醒"操作系统

软件中断(Software Interrupt),是指由应用程序触发的中断,就是正在执行的软件需要操作系统提供服务。例如,软件要输出,执行 print(),需要操作系统来服务,print()里就包含了一个对操作系统的软件中断。软件中断主要包括各种系统调用(System Calls),比如文件的读写操作、网络操作、存储要求等。软件中断主要是要求操作系统为应用程序提供不同的服务。

异常(Exception),这类中断是指系统运行过程中出现了一些非正常事务,需要操作系统进行处理。比如在程序中出现除以"0"的语句,又如用户程序读写一个地址,而这地址被保护起来,是不能被用户程序读写的,这也会发生异常中断。但是,异常并不全是错误,比如某一段程序还没从硬盘调入内存中却又需要运行时,CPU 也会产生异常中断,然后,操作系统会将没有载入内存的部分载入内存。

6.3 操作系统对硬件资源的管理——硬件中断与异常

操作系统要管理的硬件资源主要包括:各种各样的 I/O 设备、计算资源和存储资源。键盘、显示器、U 盘等这些常用的设备均为 I/O 设备,操作系统需要统一对这些硬件进行管理。计算资源主要指 CPU(Central Processing Unit,中央处理单元);存储资源通常包括内存和外存,内存是 CPU 直接通过系统总线来访问的,而外存是通过标准的 I/O 来管理的。CPU 和内存都是计算机内部很多程序所共享的资源。

操作系统有条不紊地对这三种中断进行处理,以管理系统资源。本节将首先介绍操作系统对 I/O 设备的管理,然后分别介绍 CPU 与内存这两类共享资源。

6.3.1 操作系统对 I/O 设备的管理——硬件中断

除了计算资源和内存资源外,操作系统对其他资源都通过 I/O 来管理。如键盘、鼠标等输入设备,显示器、打印机等输出设备,以及磁盘、闪存(U 盘)等外存设备。

随着计算机相关领域的发展,I/O 设备的种类繁多。诸如显卡、磁盘、网卡、U 盘、智能手机等,都是外接 I/O 设备,并且持续不断地有新的 I/O 设备出现。面对层出不穷的 I/O 设备,操作系统如何识别它们呢?事实上,操作系统定义了一个框架来容纳各种各样的 I/O 设备。除了一些专用操作系统以外,现代通用操作系统(如 Windows、Linux 等)都会提供一个 I/O 模型,允许设备厂商按照此模型编写设备驱动程序(Device Driver),并加载到操作系统中。I/O 模型通常具有广泛的适用性，能够支持各种类型的设备，包括对硬件设备的控制能力，以及对数据传输的支持。简单来说，I/O 模型对计算机下层硬件设备提供了控制的能力，同时对上层应用程序访问硬件提供了一个标准接口。

CPU 通常使用轮询和硬件中断两种方式检测设备的工作状态。

CPU 通过不停地查询设备的状态寄存器来获知其工作状态，这种方式称为轮询。如图 6-6 所示，CPU 向设备 1 发出询问，如果设备 1 有 I/O 请求，则将 I/O 请求信息反馈给 CPU，否则询问设备 2。这种轮询的方式在实现中存在三个弊端：①检测中断速度慢。每次需要依次询问各个设备，以获知发出中断的设备。②可能存在设备处于"饥饿"状态，某一设备有中断请求却一直得不到 CPU 的响应。例如，在图 6-6 中，用户正在编辑文档，设备 1 一直处于忙碌状态，CPU 依照轮询的策略，每次都优先满足设备 1 的请求，那么打印机的中断就得不到响应。③系统处理中断事务不灵活。如图 6-6 中，各个设备的优先级是固定的，设备 1 的优先级大于设备 2，就是说设备 1 与设备 2 同时产生中断时，设备 2 不会被响应。因此这种中断检测方式不适应现代操作系统。

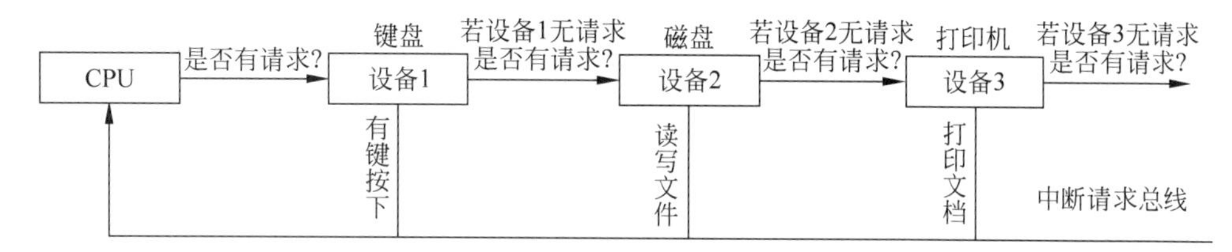

图 6-6　轮询响应流程

相比于轮询方式，另外一个更有效的做法是使用硬件中断类型码来分辨是哪个硬件发起中断。当某一个设备状态发生变化时，该设备能主动地通知 CPU 并反映其当前的状态，从而操作系统可以采取相应的措施。在硬件中断发生时，每一个设备都有一个中断类型码(Interrupt Vector)，如图 6-7 所示，作为设备的标示符，使操作系统能区分来自不同的设备的中断请求，以提供不同的服务。从中断类型码连接到要操作系统要执行的服务程序就要利用一个重要的表格：中断向量表(Interrupt Vector Table)。中断类型码是中断向量表的索引，所以 n 种中断类型码就代表在中断向量表有 n 个行。每一行存储指向相关服务程序的起始位置，这个服务程序叫作中断服务程序(Interrupt Service Routine)，每一个中断类型码都有一个自己的中断服务程序。当 CPU 收到了中断类型码，例如当前收到的中断类型码是 9，就会自动到中断向量表第 9 行找到它的中断服务程序的起始位置，然后跳到此程序去执行。

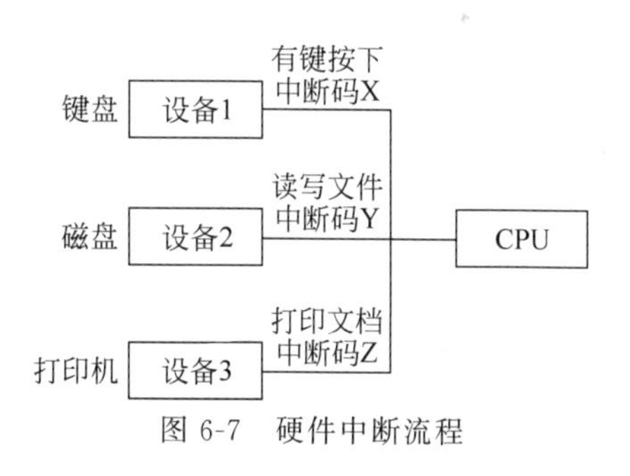

图 6-7　硬件中断流程

以键盘输入产生的中断为例，当用户在键盘按下一个键时，会产生一个键盘扫描码，此扫描码被送入主板上的相关接口芯片的寄存器中。当输入到达后，键盘将会发出中断类型码为 9 的中断信息。CPU 检测到中断信息后，"唤醒"操作系统，并查找中断向量表的 9 号向量，进而转到中断服务程序入口(函数调用)，执行中断服务程序。这个过程如图 6-8 所示。中断向量表和相关的中断服务程序是极其重要的,需要特别保护起来,一般用户是不可以改变它们的,这些都是放在操作系统的内核(Kernel)中保护起来。

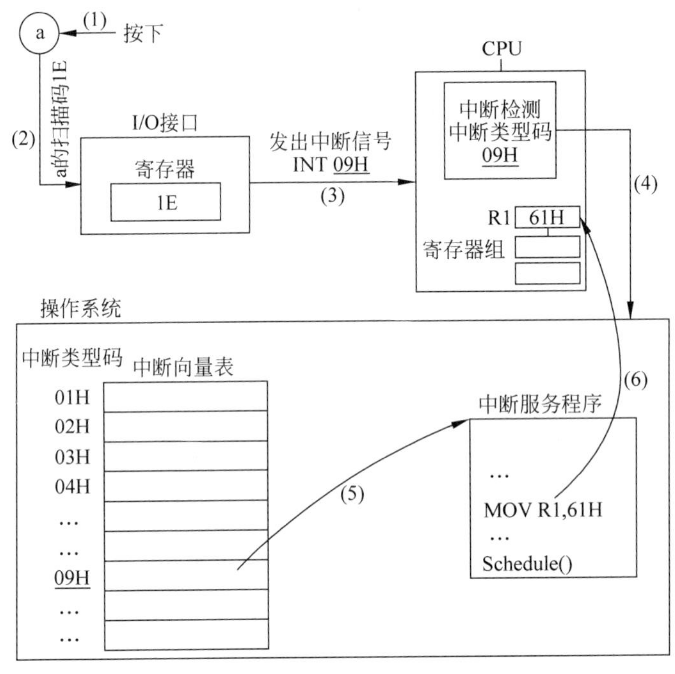

图 6-8 中断响应流程

练习题 6.3.1:假若中断向量表或中断服务程序没有被保护好,请举例解释病毒可以如何利用这个弱点。

6.3.2 操作系统对 CPU 的管理——硬件中断

计算机的多核时代已经到来。为了满足系统的性能要求,提高任务处理的效率,现在主流的计算机通常都配置有一个或多个 CPU,每个 CPU 中又有多个核(Core)。然而核的数量远远小于需要执行的程序的数量。一个计算机系统一般有几十个程序(或叫任务,Task)在等待执行,大家都抢着要 CPU。所以,操作系统需要合理地安排和调度任务,使得计算资源得以充分利用。在此我们假设系统只有一个 CPU 核。

沙老师:来看一个简单的问题吧。一个单核 CPU 的计算机在运行如下的 Python 程序时,计算机会“死”掉吗?

```
#<程序: 死循环程序>
while(1):  pass;
```

小明:只有一个计算资源?那这个程序不会结束,唯一的 CPU 被它所霸占,所以应该不能再响应别的程序了。

沙老师:事实上,操作系统能有效地处理这种情况,计算机并不会死机。

在现代操作系统中，任务的数量远超过 Core 的数量，为了使多个任务可以较公平地在系统中运行，避免出现死循环导致整个系统崩溃的情况，就需要一种有效的机制唤醒操作系统，然后让操作系统在不同的任务间进行切换。注意操作系统的运行是需要 CPU 的，而 CPU 正在被进程的程序给占据着，操作系统怎样能抢到 CPU 呢？

这就需要 CPU 之外的硬件来发中断给 CPU。计算机通过 Timer（硬件）发中断给 CPU，从而让其从当前运行的进程中释放出来。操作系统为每一个任务分配一个定长的时间片，在此时间内，CPU 由获得该时间片的任务所占据。然而每当当前时间片被用完时，Timer 硬件便会自动发出中断给 CPU，经过 6.3.1 节所讲述的硬件中断过程，CPU 会跳到 Timer 的中断服务程序去执行，在此中断服务程序里会调用操作系统的一个核心程序，叫作调度器（Scheduler）。调度器根据当前的任务执行情况，将 CPU 合理地分配给任务来使用。

当前可能有多个任务在要求 CPU 的执行，我们称这些任务为就绪（Ready to Run）任务。操作系统维护了一个就绪任务队列（Ready to Run Queue），存放这些就绪的任务。这个队列中的所有任务都在等待 CPU 资源。选择哪一个任务去使用 CPU 是调度器的工作。如图 6-9 所示，在 Timer 发出中断后，现在执行的任务就会放到就绪队列中，调度器会从就绪队列中选择一个任务来使用 CPU。

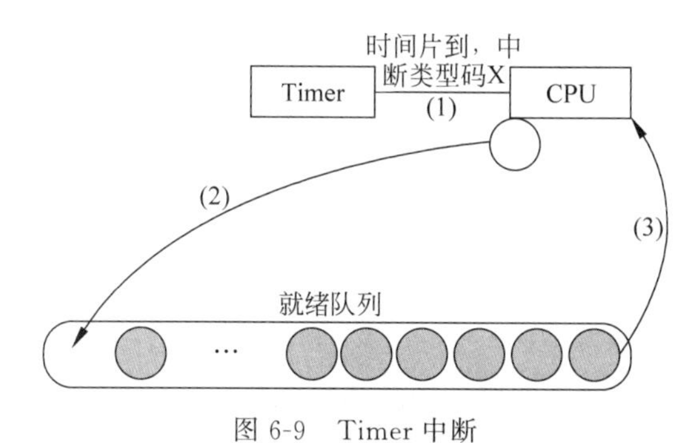

图 6-9　Timer 中断

> **沙老师**：操作系统是世界上最“懒惰”的东西。“他”的正常状态是“睡觉”，不会自动地起来工作，都是被别人“叫醒”的（称为中断），但是“他”也蛮可怜的，每隔一小段时间就会被 Timer 闹钟叫醒，醒来后做调度，做完后又“睡觉”了。

> **沙老师**：调度时，有任务被调出 CPU，有任务要移回给 CPU 执行，带来一个亟须解决的问题。这个问题的解决基础造就了重要的“进程”概念的发展。

沙老师所指的问题是：每一个任务执行过程中，一旦时间片消耗完，该任务有可能会被调度器切换出 CPU，但是当该任务被再次执行时，要如何恢复运行呢？问题就出现了：①程序从哪里开始执行？②假设程序能恢复从切换出时的语句开始执行，之前运行的结果怎么恢复？如果解决不了这两个问题，造成的后果是：程序一旦换出 CPU，再次被换回 CPU 中准备执行时，就不能恢复换出时的状态，这样系统根本无法继续执行任务。

为了解决这些问题，操作系统为每一个执行中的程序（任务）创建了一个“进程

(Process)",用以保存每个任务执行时的所有环境信息。记得我们第 3 章讲过程序是怎么执行的,进程中保存了程序计数器(PC),所有的寄存器,程序运行时所涉及的变量、堆、栈等。进程保存程序被切换出 CPU 时所执行到的步骤以及运行过程中产生的数据变量和当时的堆栈等一切信息。每当进程切换出 CPU 时,这些信息随着进程一起保存到了内存,等到该进程重新调入 CPU 时,能够根据保存的信息恢复到换出时的运行环境,程序得以继续执行。这个一出一进(叫作"交换",swap)是比较花工夫的,我们希望减少它的次数,所以调度的好坏就关乎整个系统的性能了。关于进程的相关知识和操作,将在本书 6.5 节中进行详细介绍。

在本章中"任务"和"进程"是没有分别的。读者以后学习操作系统课程后,会知道任务也包含了"线程(Thread)"。

练习题 6.3.2:假如 Timer 不是硬件,而是一个软件程序,能否实现保护 CPU 不被一个任务给独占?

练习题 6.3.3:假如你设计 Timer 这个硬件,请描述 Timer 这个硬件所含的基本元件和其功能。假如以 Python 程序来模拟 Timer,要如何做?

练习题 6.3.4:讨论进程应该包含哪些信息,使得进程交换出去、再进来时可以无碍地恢复执行。为什么 Stack 要保存?这个 Stack 是指什么?提示:第 3 章讲函数调用时构建的环境。

6.3.3 操作系统对内存的管理——"异常"中断

程序执行过程中产生的错误,例如除以 0、读写不应该读写的区域等,会产生"异常"中断(Exception),然而更常发生异常中断的情况不是因为程序的错误,而是有情况需要操作系统来管理内存。

任务执行的时候需要内存,内存和 CPU 一样都是珍贵的资源。操作系统管理内存,使得多个任务能共享内存资源。在一个任务结束执行时,操作系统会将所分配的内存资源进行回收,为其他任务所使用。由于内存资源有限,操作系统还需要对任务存储在内存中的数据进行换入换出的管理,以应对内存不足的情形。换入的数据从硬盘加载进内存,而换出的数据将存到硬盘。变量被换出后,就不在内存中了。将来假如这个程序需要使用已被换出的变量,CPU 在读取数据时,发觉这个变量不在内存,就会产生"异常"。此时,操作系统就要被"唤醒"来处理这个异常中断。操作系统会把此变量所在的一块数据(叫作"页",page)从硬盘载入内存中。

试想在执行某任务的某条语句时,一个变量还没有加载进内存,这时对该变量的访问会产生一个异常,抛出"异常"中断(这类异常叫作"页错误",Page fault)后,操作系统就被"唤醒",跳到页错误处理程序(Page Fault Handler),将该变量所在的部分(一般是一页数据,4K 字组)加载进内存。因为这个页错误处理程序牵扯到硬盘的 I/O 操作,整个过程是花时间的。另外,假如内存已经没有空间来存放这一页,操作系统将采用不同的页替换算法(Page Replacement Algorithms)来决定将内存中的哪个页换出以腾出空间。最常用的页替换算法是 LRU(Least Recently Used)算法。简单来说,LRU 算法就是将内存中最长时间未使用的那一页换出去。

练习题 6.3.5:当页错误处理程序要存入一页数据到内存时,发觉内存已经满了,请讨论要如何决定是哪一页置换出内存？标准是什么？

练习题 6.3.6：当正在执行的程序发生 Page Fault 时，这个程序会不会被非正常地结束？还是程序毫无所知？

练习题 6.3.7：讨论页替换算法，什么是好结果？什么是坏结果？LRU(Least Recently Used)算法是将内存中最长时间不用的那一页换出去。在什么前提下，这个算法会产生好结果？还有 LFU(Least Frequently Used)算法，就是换出读写次数最少的页。LRU 和 LFU 一样吗？

提示：假如内存中有 n 个页，相连的二次内存读写可能会有什么结果呢？假如对这 n 个页的读写是完全平均分布的，LRU 还会产生好结果吗？

6.4 操作系统对应用程序提供较安全可靠的服务——软件中断

各位将来开公司设计出任何的新硬件，这些新硬件如果要连接到计算机或手机，你的公司都必须提供驱动程序(Device Driver)，这些驱动程序都要通过安全检测，假如有病毒是要负法律责任的。用户在使用新硬件前都必须先安装驱动程序，这些驱动程序就变成了操作系统的部分之一。所有的程序要使用这个硬件时，都必须要经过操作系统来实现，这样可以保证硬件不被有意或无意地破坏，也可以经由操作系统来保证特权(Privilege)的维护，例如这个用户只有权力做读操作，而不能做写操作等。我们绝对要禁止用户程序跳过操作系统直接使用硬件！但是要如何禁止呢？

沙老师：对黑客(Hacker)而言，我们说“禁止”用户跳过操作系统直接使用硬件。这种道德劝说(甚至法律惩罚)是没有用的，他们更是“来劲”，所以我们必须要在根本上去“防止”这种事发生，那就要硬件 CPU 来支持了，每一瞬间，CPU 都在检查。请看 6.4.1 节，这是软硬件协同合作的好例子！软硬件一起合作才行。

6.4.1 内核态与用户态

一个用户程序可以直接读写某个硬件吗？例如，小明和助教阿珍在一台计算机上分别有各自的用户账号，阿珍将期末考试试卷存放在自己的文件夹下，并且不允许其他用户访问，听起来好像很安全。然而如果小明能直接读写硬盘，知道试卷文件在硬盘的物理位置，小明写了一段汇编语言程序，如图 6-10 所示，跳过操作系统，直接去读取硬盘所存的二进制数据，操作系统所保证的安全性就荡然无存了。

所以我们绝对不允许用户程序直接访问硬件设备。但是如前所述，用户小明的程序直接读写硬盘数据，这要怎么防范呢？操作系统是软件，在这个问题上软件是没有办法防护的，必须要 CPU 提供硬件的支持。

基本思想是：CPU 将指令集分为需要特权的指令(Privileged)和一般的指令(Non-Previleged)。而所有的 I/O 指令都是属于需要特权的指令，一般用户不能执行这类 Privileged 指令，必须是系统内核才能执行这类 Privileged 指令。所以小明是没有办法直接读写硬盘的。

然而 CPU 是怎么知道现在执行的程序是操作系统内核还是普通用户进程呢？在程序运行时,CPU 会显示出现在的运行状态：内核态(User Mode)还是用户态(Kernel Mode)。CPU 有个特殊的寄存器叫作状态寄存器(Status Register),其中显示当前的 CPU 处于内核态还是用户态。假如 CPU 处于用户态,那么任何的 Privileged 指令 CPU 都不可以执行,一旦执行,CPU 就发生异常错误。如图 6-11 所示,当用户程序直接执行 Privileged 指令时,CPU 会检测当前状态是否为内核态,假如当前状态为用户态,CPU 就不会执行该指令,发生异常错误。这些检测过程不是由软件完成,是 CPU 硬件执行每一条指令时自动检测的。

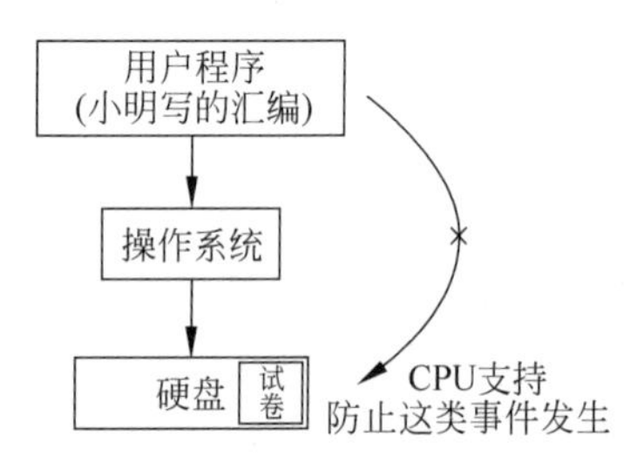

图 6-10　由硬件支持防止小明窃取试卷

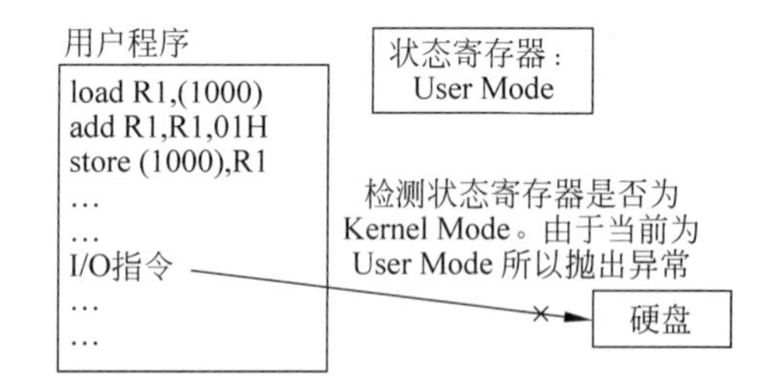

图 6-11　由硬件支持防止用户程序直接访问硬盘

至于 CPU 如何从用户态转成内核态,这是现代操作系统的一个重要的技术。那就是你必须要使用“中断”方式,只有这个方式 CPU 才会进入内核态。不管是哪种中断,CPU 就会自动进入内核态模式。软件中断最要注意安全问题,所以在此我们特别讨论软件中断。一个用户程序当要得到操作系统的服务时,它执行软件中断,最底层就是执行一个特殊的、叫作 int 的指令来实现的(每一种 CPU 有类似的指令,只是名字不一样,Intel x86 指令集叫作 int 指令,ARM 指令集叫作 swi 指令,在一些操作系统教科书中叫作 trap 指令),用户程序通过执行该指令来获取操作系统提供的服务。**重点是在执行这条指令时,CPU 会自动地将状态置为内核态**。操作系统会保存一个中断向量表,每一行存储着中断服务程序的起始位置。int 指令有一个参数＃n,即 int ＃n。当 CPU 执行到 int ＃n 指令时,会自动将模式转为内核态,读取中断向量表的第＃n 个记录,跳到相对应的中断服务程序去执行。至于要操作系统执行哪一个具体服务,一般是用暂存器来传递的。

现在以 Linux 的软件中断为例。首先将想要执行的系统调用编号放入暂存器 EAX 中,例如 read 的编号是 3,write 的编号是 4, open 的编号是 5,close 的编号是 6 等。然后执行软件中断 int 80h(80h 是十六进制)指令就行了。MS DOS、Windows 等系统也是用相似的方式,只是 int ＃n 中的＃n 用不同的编号,例如 MS DOS 用 int 21h 为软件中断,大家将来写底层驱动程序时,或许需要知道这些细节,一般的软件设计者不需要知道这些细节,操作系统都有较方便的接口来给软件调用。很多高阶语言例如 Python、Java 等再包装操作系统的接口,提供多种更高阶、更方便的函数接口供软件设计者来使用。

使用 int 指令后,用户程序就可以获得操作系统提供的服务了,状态也自动变成内核态,从而可以执行那些需要特权的指令。注意此时的程序是操作系统。

而结束中断服务程序后,调度器选择一个用户进程执行时,CPU 会将状态转变为用户态。注意此时的程序是用户的程序。用这种方式就是为了保证没有用户能“跳过”操作系统直接使用 I/O。

Intel x86 的中断向量表包含软件、硬件中断，如表 6-1 所示。

表 6-1　Intel x86 的中断向量表

INT(Hex)	IRQ	Common
00-01	Exception Handlers	00：Division by Zero；01：Single Step(debug)
02	Non-Maskable IRQ	Non-Maskable IRQ (Parity Errors)
03-07	Exception Handlers	03：Breakpoint(用于 debug)；04：Overflow；05：Bound(越界)；06：非法指令；07：处理器扩展无效
08	Hardware IRQ0	System Timer
09	Hardware IRQ1	键盘
0A	Hardware IRQ2	彩色/图形
0B	Hardware IRQ3	Serial Comms. COM2/COM4
0C	Hardware IRQ4	Serial Comms. COM1/COM3
0D	Hardware IRQ5	Reserved/Sound Card
0E	Hardware IRQ6	Floppy Disk Controller
0F	Hardware IRQ7	Parallel Comms.
10-6F	Software Interrupts	—
70	Hardware IRQ8	Real Time Clock
71	Hardware IRQ9	Redirected IRQ2
72	Hardware IRQ10	Reserved
73	Hardware IRQ11	Reserved
74	Hardware IRQ12	PS/2 Mouse
75	Hardware IRQ13	Math's Co-Processor
76	Hardware IRQ14	Hard Disk Drive
77	Hardware IRQ15	Reserved
78-FF	Software Interrupts	—

用户程序使用操作系统所提供的服务如图 6-12 所示。

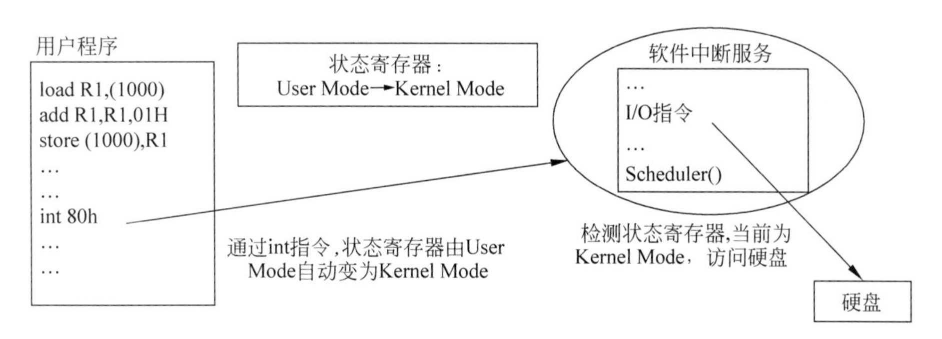

图 6-12　用户程序访问硬盘流程

所以，小明想要跳过操作系统直接读取硬盘存储的二进制数据是不可行的。

综上所述，经过内核态和用户态方式的保护后，如图 6-13 所示，操作系统是运行于内核态的，除了操作系统以外的任何软件都是运行于用户态，也就是说，应用软件是处于用户态的。但是，应用软件有时也会使用硬件设备，这时就需要“叫醒”操作系统来为应用软件做事了,而叫醒操作系统的方式就是前面讲到的第二种中断——软件中断。

为了获得操作系统所提供的服务,用户程序需要进行系统调用(System Call)。在系统调用时就一定会使用到 int 指令,这样从 int 指令执行中系统将自动进入内核态,然后执行中断服务程序。当服务结束时,控制将经由调度器程序转交给用户程序,返回用户模式。

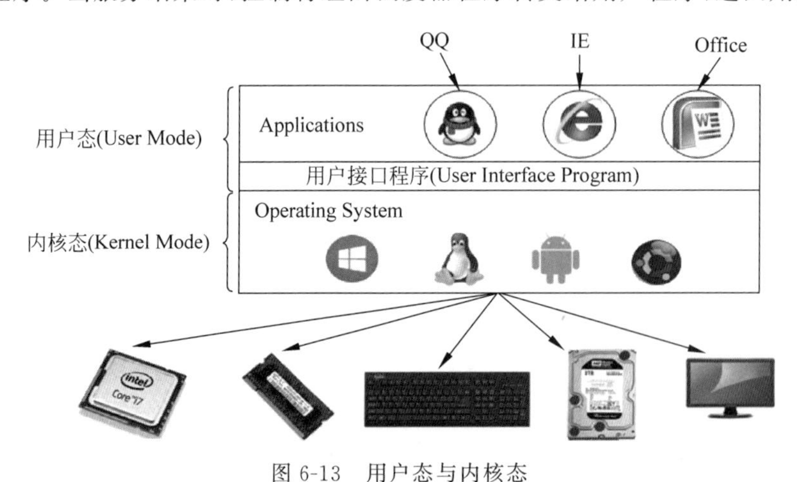

图 6-13 用户态与内核态

6.4.2 系统调用——软件中断

操作系统中设置了一组用于实现系统功能的子程序,称为系统调用(System Call)函数。系统调用函数和普通函数调用非常相似,只是系统调用函数的操作一定是运行于内核态,而普通的函数调用由函数库或用户自己提供,运行于用户态。

当程序需要使用操作系统的服务来完成某项功能时,就需要使用系统调用函数。CPU 运行到系统调用函数时,将会执行 int ＃n 指令,CPU 会产生软件中断,“唤醒”操作系统,接下来再运行操作系统提供的服务。注意,int ＃n 指令的目的是“唤醒”操作系统来提供服务,“转成内核态”是“隐藏”在 int 指令里自动做的事。所以,用户的程序只能在调用系统调用函数时,CPU 才会转成内核态,以正确地执行操作系统里的内核程序。系统调用结束后,将返回用户模式,CPU 寄存器的状态位改为 User Mode,继续执行用户程序,也就是说用户自己的程序是不可能在内核态执行的。

练习题 6.4.1:请讨论能不能有一个 switch_to_kernel_mode 指令,目的是将状态变成内核态。有了这样的指令,会有什么问题?

练习题 6.4.2:请讨论为什么利用这种内核态和用户态的保护方式,普通用户程序不能利用 int 进入内核态后再胡作非为。

提示:int 的目的不是为了进入内核态。

6.4.3 常用系统调用

讲到系统调用,不得不提的就是文件操作的系统调用。文件是操作系统中的一个核心组成部分,关于文件的详细内容,将在本书 6.6 节进行讲解。本小节首先介绍关于文件的一些常用操作的系统调用,包括文件的打开、创建、读、写等系统调用。

事实上,对于 Linux 而言,诸如输出设备显示器、输入设备键盘、磁盘文件、打印机,甚至网络，都被看作是文件，这样做的好处就是统一了硬件与普通文件的管理与操作。使用如表 6-2 所示的系统调用函数就能对这些“文件”进行操作。

表 6-2 系统调用之文件操作

系统调用	功　　能	所在库文件	参数	返　回　值
open	打开文件	fcntl. h	路径名、打开模式（只读、读写等）	一个文件描述符（类似于进程 PID）
close	关闭文件	unistd. h	文件描述符	成功返回 0，出错返回 −1
read	读文件，存入缓存所指地址	unistd. h	文件描述符、缓存地址、读入大小	实际读到的字节数，出错返回 −1
write	写文件，将缓存内容写入文件	unistd. h	文件描述符、缓存地址、读入大小	实际写入文件的字节数，出错返回 −1
mkdir	创建目录	sys/stat. h sys/types. h	创建目录路径、权限	成功返回 0，出错返回 −1
rmdir	删除目录	同上	所删除目录路径	成功返回 0，出错返回 −1
rename	文件改名	stdio. h	旧名、新名	成功返回 0，出错返回 −1

6.4.4 系统调用实例：read 系统调用

为了更清晰地理解系统调用的过程，我们来观察 read() 系统调用的执行过程。假设现在程序需要获得由标准输入设备（键盘）所按下的一个键。为了理解整个执行过程，我们首先了解一些基础知识。

（1）在 Linux 系统中，每一个文件都有一个文件描述符（fd，File Descriptor），我们将在 6.5 节讲述文件的时候具体讲述这部分内容。键盘、显示器等设备也被看作是一个特殊的文件。对于键盘这类标准输入，其 fd 值为 0，标准输出的 fd 值是 1。

（2）系统调用 read 的功能，是从打开的设备或文件中读取数据。

（3）read 函数的定义为：read(int fd, void * buf, size_t count)。该函数表示将从文件描述符为 fd 的“文件”中，取出 count 大小的内容，存放到 buf 的空间中去。

因此，要从键盘获取按下一个按键的值，我们需要进行系统调用 read(0,ch,1)。假设 Process A 现在开始执行 read(0,ch,1)系统调用，过程如下。

（1）首先调用 read 系统调用函数，即图 6-14 中（A）步骤。

（2）进入 read 的用户接口程序后，将参数传递到相关寄存器中（包括 read 系统调用号），使用 int(trap)指令进入内核态，即图 6-14 中（B）步骤。

（3）在内核态，根据寄存器内容找到 read 系统调用服务例程，执行硬盘 I/O 的操作。这时，Process A 需要让出 CPU 资源，进入 I/O 等待队列（阻塞态，将在 6.5.2 节进行讲解）。

（4）当 I/O 完成后，键盘发出硬件中断，将 Process A 换入就绪队列（Ready to Run Queue），中断服务程序调用 scheduler 函数，将选择一个 Ready to Run 进程调入 CPU 执行。

（5）Process A 重新调入 CPU，继续执行 read 系统调用服务例程，结束后，返回到用户空间的用户接口程序，即图 6-14（C）步骤。

（6）最后，返回用户程序继续执行，即图 6-14（D）步骤。

下面回答两个问题：软件开发者如何统一地使用硬件资源？操作系统如何为硬件系统

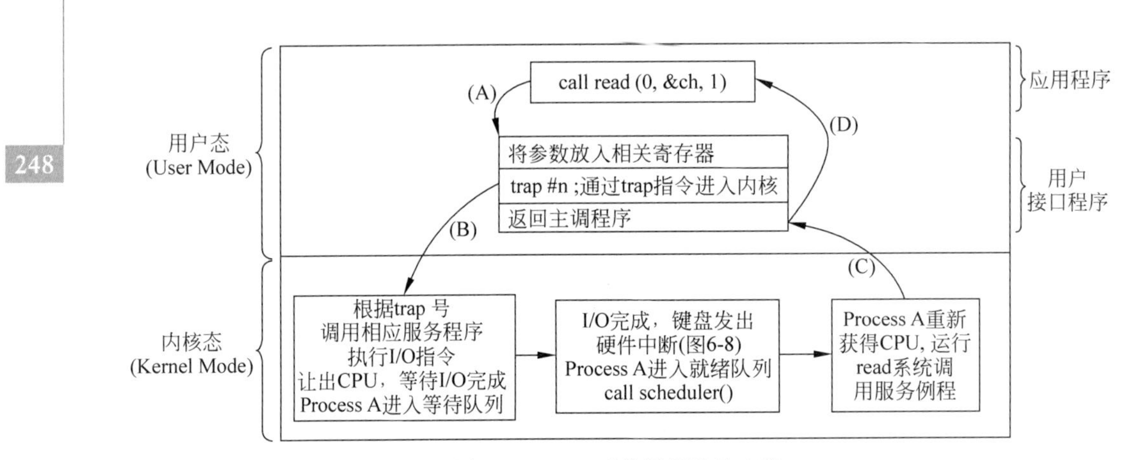

图 6-14　read 系统调用读取字符

提供安全保证?

(1) 为了统一地使用硬件资源,软件开发者通过操作系统提供的用户接口程序,进入内核模式使用操作系统提供的服务来使用资源。也就是说,不论是 QQ 程序,还是 Office 程序,要读取一个文件的内容时,都可以 read 系统调用。这种统一接口的实现方式有利于开发者进行快速开发。只要开发者熟悉了操作系统所提供的系统调用,便可进行不同的上层软件的开发。

(2) 对于硬件系统安全保证,则是因为控制硬件的底层程序均由操作系统提供,用户有理由相信操作系统不会做毁坏自己的事。所以,系统一旦进入内核态,就处于安全的状态。而上层应用软件运行自身代码段(非系统调用函数)时,不能切换到内核态,所以,程序无法通过自身代码段攻击下层硬件。

6.5　操作系统对多运行环境的管理

在本章前面介绍了操作系统对 CPU 资源进行管理时,如果有多道任务在同一个 Core 上执行时,将由 Timer 发出中断,换出正在执行的任务,换入其他可以执行的任务。进程从 CPU 中被换出时,不能简简单单地剥夺 CPU 资源,要同时保存进程的运行状态信息,以便进程再次被换入 CPU 时能恢复到换出时的状态继续执行。

比如,进程被换出时的执行位置需要保存。程序执行的位置信息保存在 PC 寄存器中,程序计数器(PC)的内容是下一条运行指令的地址。所以,为了恢复执行,系统需要在进程换出时保存程序计数器 PC 的值。当进程再次换入时,将已保存的值重新传入 PC 便能定位到换出时的位置。另外,在进程换出时,由已经执行完成的程序部分所产生的所有相关数据也需要保存起来,以便进程被再次换入执行时能够顺利地继续执行。

任务在 CPU 中被换入、换出的这个过程可以看作是进程的状态转换过程。每个进程在每一时刻都处于某一个特定的状态。当系统对进程进行切换时,实际上是对该进程的状态进行改变。另外,在系统进行任务的换入、换出操作时,需要确定哪些任务需要换入 CPU 中执行,而哪些任务需要继续等待,这个过程就是进程调度。本节将介绍进程调度的“三状态模型”,并以短作业优先调度为例,介绍进程调度。

6.5.1 进程

进程(Process)是一个程序的一次执行,包含了其执行时所有的环境信息。

程序源代码只是按照各种程序语言的语法规则所编写的,而一个程序要在计算机上“跑”起来,首先需要将源代码转化为可执行程序,其次还需要操作系统为其提供一个运行环境,而这个运行环境就是进程。

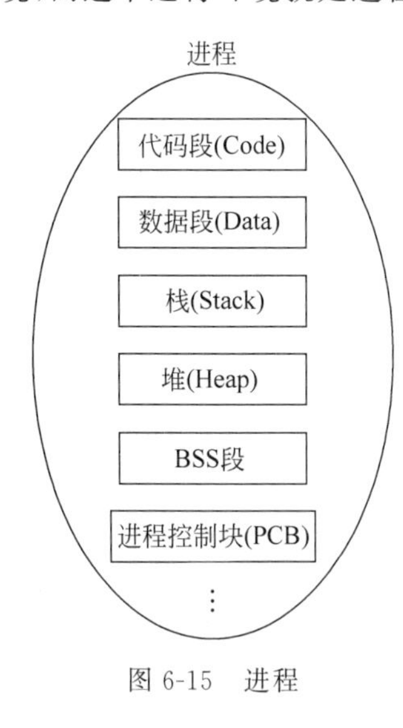

图 6-15 进程

操作系统是如何管理每个进程的?如图 6-15 所示,一个进程包含了代码段、数据段、栈、堆、BSS 段以及进程控制块等部分。

(1) 代码段(Code Segment/Text Segment)通常是指用来存放程序执行代码的一块内存区域。

(2) 数据段(Data Segment)通常是指用来存放程序中已经初始化的全局变量的一块内存区域。

(3) 栈(Stack)是用户存放程序临时创建的局部变量的区域。除此以外,在函数被调用时,其参数也会被压入发起调用的进程栈中,并且等到函数调用结束后,函数的返回值也会被存放回栈中。由于栈这种数据结构具有先进后出的特点,所以栈能够特别方便地用于保存/恢复调用现场。

(4) 堆(Heap)是用于存放进程运行中动态分配的内存段,它的大小并不固定,可根据进程运行的需要动态扩张或缩减。例如所有的类对象(Objects)都存放在这个区域。

(5) BSS 段(Block Started by Symbol)通常是指用来存放程序中未初始化的全局变量的一块内存区域。

(6) 操作系统为了统一管理进程,专门设置了一个数据结构,即进程控制块(Process Control Block,PCB),用来记录进程的特征信息,描述进程运动变化的过程。PCB 是操作系统感知进程存在的唯一标识,进程与 PCB 是一一对应的。

(7) 另外,还有页表(Page Table)、已开启文件表(Open File Table)等表格。

6.5.2 进程状态

在多道程序系统中,进程在一个 CPU 上交替运行,进程状态也会随之不断发生变化。本节介绍最基础的“三状态模型”。“三状态模型”中,三种基本状态分别为运行态(Running)、就绪态(Ready to Run)和阻塞态(Blocking),三种状态的转换关系如图 6-16 所示。

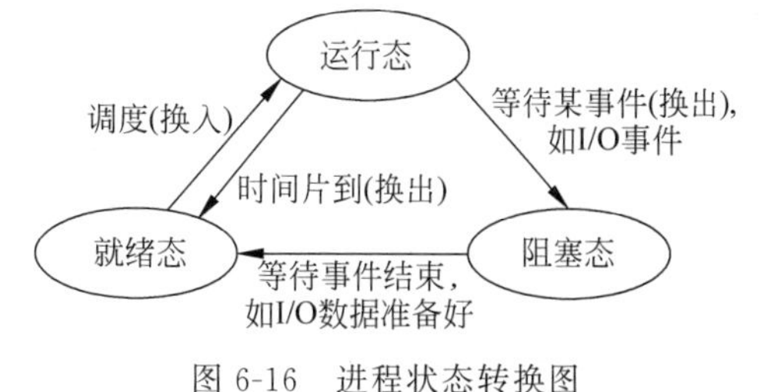

图 6-16 进程状态转换图

(1) 运行态:当一个进程在 CPU 上运行时,则称该进程处于运行状态。每个时刻,处于运行态的进程数目不能超过系统中 CPU 的数目。对于单 CPU 系统,每个时刻只能有一个进程处于运行状态。如果在某一时刻系统中没有可执行的进程(例如所有进程都在阻塞状态),CPU 通常会自动执行系统的空闲进程。

(2) 就绪态:当一个进程获得了除 CPU 以外的一切所需资源,一旦得到 CPU 即可运行,则称此进程处于就绪状态。

(3) 阻塞态:也称为等待或睡眠状态。一个进程正在等待某一事件发生(例如请求 I/O 而等待 I/O 完成等)而暂时停止运行,在这个时刻,即使把 CPU 分配给该进程,它也无法运行,故称该进程处于阻塞状态。

简单起见,本小节仅考虑操作系统对一个 Core 的管理。在某一时刻,处于就绪态的进程常常不止一个,所以,操作系统需要维护一个就绪队列,存放所有处于就绪态的进程。在单核的系统里仅有一个进程处于运行态,其他已准备好可执行的进程则位于就绪队列。当正在运行的进程时间片消耗完后,这个进程被换出 CPU,进入就绪队列,或者该进程需要等待某事件(例如 I/O),这个进程也被换出 CPU,进入阻塞态的等待队列。这样,可以使其他处于就绪队列的进程共享地使用 CPU 资源。这时,操作系统的调度器会从就绪队列中选择一个进程进入 CPU 执行,并将此进程置于运行态。处于阻塞态的进程将在其所等事件完成后,重新被调入就绪队列,等待调度器的选择以继续执行。

6.5.3 进程调度

在系统的运行中,有一个专用于进程调度(Scheduling)程序,它按照调度策略,动态地把 CPU 分配给处于就绪队列中的进程,并将该进程从就绪态转换到运行态。

不同的进程调度策略会给系统带来不同的影响。要衡量调度策略的好坏,需要引入一些评价指标。对一个进程来说,一个重要的指标是进程的执行所需时间,这个时间用“周转时间”来描述。周转时间(Turnaround Time)是指从进程首次进入就绪队列到进程执行完成的时间间隔,它刻画了用户等待输出结果需要的时间。对于一个进程而言,周转时间越小越好。对于多个进程,衡量的指标为“平均周转时间”。平均周转时间即为所有进程的周转时间之和除以进程数,系统的平均周转时间越小越好。评价系统好坏的另一个重要指标为“吞吐量(Throughput)”,是指系统在单位时间内完成任务的数量。例如,对于一个系统而言,每小时完成 50 个任务的调度算法优于每小时完成 40 个任务的调度算法。

本小节将介绍两种进程调度策略:先来先服务调度与短任务优先调度。

1. 先来先服务(First Come First Serve,FCFS)

先来先服务调度算法是按照进程进入就绪队列的先后次序来选择。先进入系统的进程优先进入 CPU 执行。

这种算法容易实现,但效率可能不高。优缺点有:先来先服务的进程调度算法有利于长作业进程,而不利于短作业。因为如果一个长作业先进入就绪队列,那么就会使就绪队列中的短作业等待较长的时间。这样,短作业的周转时间相对变长,平均周转时间也相应变长。

例如,程序 A 需要执行 100 分钟,它先到达就绪队列,程序 B 只需要执行 1 分钟,但是后到达就绪队列。根据先到先服务的算法,程序 A 先执行,程序 B 后执行,那么程序 B 要等待 100 分后才能执行,所以 B 的周转时间为 101 分钟,而程序 A 的周转时间为 100 分钟,平均周转时间为 100.5 分钟。如果先执行程序 B,那么 B 的周转时间为 1 分钟,A 的周转时间为 101 分钟,平均周转时间为 51 分钟。FCFS 算法不利于短作业而有利于长作业,并且

FCFS 会使得平均周转时间变长。

2. 短作业优先(Shortest Job First,SJF)

短作业优先调度是对预计执行时间短的作业优先分配处理资源,它克服了 FCFS 的缺点,并且易于实现。优先调用短作业的策略将降低作业的平均等待时间,有利于提高系统吞吐量。比如说,对一个需要同时处理大量短作业和长作业的系统,如果调度算法总是运行短作业,不运行长作业,系统将获得极好的吞吐量(每个小时完成作业的数量)。

但是,短作业优先调度存在三个缺点:一是系统需要预先知道作业的执行时间,然而,执行时间有时是难以预测的;二是该调度算法忽略了作业的等待时间,尤其是长作业的等待时间。短作业优先调度算法对于长作业来讲,是不公平的,这些长作业可能长时间得不到执行,它们的周转时间十分长,出现饥饿现象(指的是进程一直得不到系统资源);三是短作业优先调度策略未考虑作业的紧迫程度。

考虑以下例子,表 6-3 给出了一批任务,包括每个任务到达系统的时间、执行时间等信息。

表 6-3　任务调度例子

进程 PID	到达时间	执行时间
2	0	20
3	0	15
4	4	10
5	5	5

该系统时间片为 5 个时间单位。在第 0 时刻,进程 2、3 到达系统,使用短作业优先调度策略,进程 3 优先调度;在时刻 5 时,进程 4、5 都已到达,现在的最短任务是进程 5,所以进程 5 开始执行;第 10 时刻,进程 5 执行完成,现在就绪队列中,4 号进程的执行时间最短,所以调入 4 号进程;第 20 时刻,4 号进程执行完成,让出 CPU,重新调入 3 号进程;最后,调入 2 号进程执行。

如果使用先来先服务调度,那么系统将依次执行任务 2,3,4,5。根据以上两个调度策略,以及之前介绍的周转时间的计算,可以得到表 6-4 的任务执行信息。

使用短作业优先调度的系统,执行完这 4 个任务的平均周转时间为 25.25,而使用先来先服务调度策略的系统平均周转时间为 35.25。从表中还可以观察到,短作业优先调度对长作业不利,如任务 2,使用 SJF 策略的周转时间相比于 FCFS 策略的周转时间更长,但是 SJF 策略得到的系统平均周转时间相比于 FCFS 得到明显的提高。

表 6-4　短作业优先与先来先服务调度

任务 PID	短作业优先调度			先来先服务调度		
	开始执行时间	结束时间	周转时间	开始执行时间	结束时间	周转时间
2	30	50	50	0	20	20
3	0	30	30	20	35	35
4	10	20	16	35	45	41
5	5	10	5	45	50	45

练习题 6.5.1：分别采用 FCFS 调度策略与 SJF 调度策略分析下表作业调度顺序，假设系统时间片为 5 个时间单位。

进程 PID	到达时间	执行时间
2	2	10
3	0	20
4	4	18
5	6	3

练习题 6.5.2：根据练习题 6.5.1 的分析，分别计算两种调度策略下系统的平均周转时间。

6.6 文件系统

现代计算机系统中，需要用到大量的程序和数据。通过前面的学习知道，内存的速度虽然远远大于外存，但其容量有限，且不能长期保存程序和数据信息。因此，系统将这些程序和数据组织成文件，存储在外存设备(硬盘、光盘、U 盘等)中。例如，在本书之前章节中编写的 Python 代码都会存储到一个文件中。平时生活中听的音乐、拍的照片，也都会以二进制信息存储于一个文件之中。

对于存储在外存设备的文件，使用时需要先调入内存。如果由用户直接管理这些文件，不仅要求用户熟悉外存特性，了解各个需要使用的文件属性，还要知道这些文件在外存中存储的位置。显然，这些繁杂的工作不能交付给用户完成。于是，对文件的管理顺理成章地交付给了操作系统。操作系统中有一个文件系统，专门负责管理外存上的文件。这不仅方便了用户对文件的操作，同时保证了系统中文件的安全性。

本小节将介绍文件的基本概念、文件系统最常用的目录树结构，以及 Python 中如何对文件进行简单读写操作等内容。

6.6.1 文件基本概念

1. 文件的命名

各个操作系统的文件命名规则有所不同，文件名的格式和长度因系统而异。常见的文件名由两部分构成，格式为：文件名.扩展名。文件名与扩展名都是由字母或数字组成的字符串，通常文件的文件名可以由用户自定义，而文件的扩展名则是代表不同的文件类型。例如在 Windows 下，可执行文件为“文件名.exe”，Python 文件多以“.py”结尾，常见的音视频文件如“文件名.mp3”“文件名.mp4”“文件名.avi”等。

小明：每一个文件都有一个文件名标识，那一个系统中能不能有多个文件使用同一个名字呢？比如我和阿珍学姐都有一个名为“课表.txt”的文件。

阿珍：这个问题将在 6.6.2 节中进行解答。

2. 文件的类型

在前面两个小节中已经介绍，Linux 中将显示器、打印机等外设也看作是一个文件，而系统根据文件所具有的不同类型，能够区分普通文件、外设文件以及各个不同种类的外设。具体来讲，Linux 中支持如下几种文件类型。

(1) 普通文件：指存储于外存设备上通常意义上的文件，包括用户建立的源程序(Python、C、C++)文件、数据(照片、音视频等)文件、库(提供系统调用)文件、可执行程序文件等。

(2) 目录文件：统一管理普通文件等(类似 Windows 文件夹)。一个目录文件可以包含多个普通文件，也可以包含目录文件，它为文件系统形成了一个逻辑上的结构。这部分内容将在 6.6.2 节中进行介绍。

(3) 块设备文件：用于管理磁盘、光盘等块设备，并提供相应的 I/O 操作。

(4) 字符设备文件：用于管理打印机等字符设备，并提供相应 I/O 操作。

除了以上类型的文件之外，Linux 文件类型还包括套接字文件(用于网络通信)、命名管道文件(用于进程间通信)。

6.6.2 目录树结构

回顾 6.6.1 节的问题，如何实现多个文件具有相同的文件名，目录树结构解决了这个问题。在文件系统目录树中，最顶层的节点为根目录，从根目录向下，每一个有分支的节点是一个子目录，而树叶节点(没有分支)就是一个文件。例如，如图 6-17 所示，"/"所示节点为根节点，该节点为一个目录文件，其下有 dev、bin、usr 三个目录文件，usr 目录下，又有助教阿珍的目录 Zhen、小明的目录 Ming 以及本教材文件。这样，即便阿珍和小明有同名的文件，但两个文件所在路径是不同的，就可以区分这两个文件了。

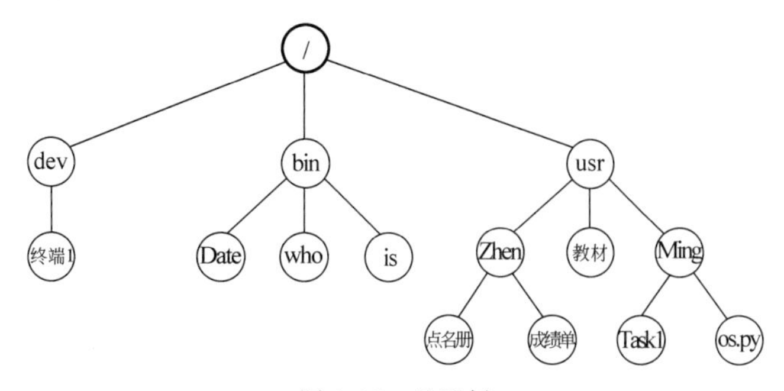

图 6-17 目录树

目录查找是文件系统的一项很重要的工作，每当需要使用系统调用 open 打开文件时，必须要求给出路径名及文件名。例如，要打开小明写的名为 os. py 的 Python 文件，需要使用"fd = open("/usr/Ming/os. py")"打开，有了文件描述符 fd 后，就可以对该文件进行一系列操作了。

路径通常可以分为两类：绝对路径与相对路径。绝对路径是指从根向下直到具体文件的完整路径，如上述例子/usr/Ming/os. py 就是一个绝对路径。但是，随着文件系统层次的增加，使用绝对路径变得十分烦琐。更糟的情况是，在某文件系统下写的程序要到另一个文件系统下去运行，如果使用绝对路径，要求两个文件系统有相同的目录树结构，这是不灵活的。为了解决这一系列的问题,在程序中除了使用绝对路径外,还可以使用相对路径。相对路径就是指目标文件的位置与当前所在目录的路径关系。相对路径中包含两个符号“.”和“..”,其中“.”表示当前目录,而“..”表示父节点目录。例如,在/usr/Ming/os.py 中,“./”表示/usr/Ming 目录,而“../”表示/usr 目录。

一般我们读写一个文件的顺序是:①open 这个文件,参数包含了路径;②用一个循环来读/写(read/write)文件里的数据。为什么要先执行 open,而不是在每次读写操作的时候去寻找路径呢?open 的目的是什么?

仔细研究 open 函数,就会发觉 open 是个很花时间的操作,尤其是当路径要经过多重目录的时候。每一层目录都要执行硬盘 I/O 操作,寻找下一个子目录,一层层地找下去,open 包含了这么多 I/O 操作是花时间的。我们希望花时间的操作在循环之前只执行一次,而不要在每次循环中都执行一次,所以我们在循环前执行 open 操作是有利的。而 open 操作的目的是:①最终获得此文件数据在硬盘中的位置;②在路径遍历过程中,检查用户是否有权限来执行对此文件的操作;③当有多个进程要读写相同的文件时,有时需要利用 open 在读写前锁住文件,以取得文件的一致性。所以 open 具有多样性的功能。

Python 语言给编程者提供了一系列方便的文件读写操作函数,而这些文件操作函数的具体实现中,会调用 6.5.1 节所介绍的系统调用(软件中断)来要求操作系统提供服务,也就是执行 int 指令。这些调用操作系统的细节较为复杂,一般用户是不需要知道细节的,用户只要享受 Python 所提供的文件读写函数就好了。所以,当小明要在 os.py 中打开 Task1 文件,只要了解 Python 为编程者提供了哪些文件操作函数就好了。6.6.3 节将对此进行介绍。

练习题 6.6.1:对于图 6-17 的目录树,假设当前路径为 Ming,请给出访问 bin 目录下的 who 程序的路径。

练习题 6.6.2:对于图 6-17 的目录树,假设当前路径为 Ming,请判断下列路径是否正确:① ./../../Zhen;② ../../../Zhen。

6.6.3 Python 中的文件操作

学习了本书第 4 章 Python 编程基础后,下面内容应该十分容易掌握。在此,简单回顾一下如何学习 Python:分清要操作的对象是什么,该对象提供了哪些方法,以及系统提供了哪些内置函数。本小节将介绍 Python 中对文件的操作。

Python 提供了文件对象,并内置了 open 函数来获取一个文件对象。open 函数的使用如:file_object = open(path,mode)。其中,file_object 是调用 open 函数后得到的文件对象;path 是一个字符串,代表要打开文件的路径;而 mode 是打开文件的模式,常用的模式如表 6-5 所示。

表 6-5 打开文件时的常用模式

文件模式	解 释
r	以只读模式打开:只允许对文件进行读操作,不允许写操作(默认方式)
w	以写模式打开:文件不为空时清空文件,文件不存在时新建文件
a	追加模式:文件存在则在写入时将内容添加到末尾
r+	以读写模式打开:打开的文件既可读又可写

回到 6.6.3 节的例子，小明在 os.py 中要打开 Task1 文件进行读写，需要使用 r+模式，实现如下：f = open('./Task1','r+')。简单一个语句便实现了打开文件的操作，之后对该文件的操作只需对新得到的文件对象 f 使用文件对象提供的方法即可。

假设文件对象 f 已经以 r+模式创建，且./Task1.txt 文件的内容如下(请自已用"记事本"软件输入内容到 Task1.txt 文件中)：

```
1 this is a test file
2 Python can easily read files
3 10 5 19 20 37
```

表 6-6 给出了文件对象提供的常用方法，同第 4 章，参数中的[]符号表示括号中的值可以传递也可以不传递。

表 6-6　文件打开模式

	方　　法	作用/返回	参数
1	f. close()	关闭文件：用 open()打开文件后使用 close()关闭	无
2	f. read([count])	读出文件：读出 count 字节。如果没有参数，读取整个文件	[count]
3	f. readline()	读出一行信息，保存于 list：每读完一行，移至下一行开头	无
4	f. readlines()	读出所有行，保存在字符串列表中	无
5	f. truncate([size])	截取文件，使文件的大小为 size	[size]
6	f. write(string)	把 string 字符串写入文件	字符串
7	f. writelines(list)	把 list 中的字符串写入文件，是连续写入文件，没有换行	字符串 list

读写操作是文件操作中最主要的操作，下面将主要讲解表 6-6 中的 f. readline()、f. readlines()和 f. writelines(list)方法。

【实例 6-1】 读取文件内容。

当小明打开文件 Task1.txt 后，想要读取该文件的内容，并打印出来。那么，os.py 的实现如下：

```
#<程序：读取文件 os.py>
f = open("./Task1.txt",'r'); fls = f.readlines()
for line in fls:
    line = line.strip(); print (line)
f.close()
```

使用 readlines 方法后，返回一个 list，该 list 的每一个元素为文件的一行信息。需要注意的是，文件的每行信息包括了最后的换行符"\n"，在进行字符串处理时，通常需要使用 strip 方法将头尾的空白和换行符号等去掉。

【实例 6-2】 将信息写入文件。

实例 6-1 将文件 Task1 的内容全部读入 fls 列表中。本实例要将文件首字符为"3"的行中每一个数字加起来，不包括 3，即"10 5 19 20 37"；然后，将结果写入文件末尾。

分析：首先要获取首字符 3，为此，可以用 split()函数将每一行字符串按空格分解为每个元素不包含空格的 list。然后判断 list[0]是不是字符 3。然后需要计算该 list 从 1 号元素开始的所有元素的和。最后,需要将结果写回文件,所以,文件的打开方式应为“r+”。该程序的具体实现如下:

```
#<程序: 读取文件 os.py,计算并写回>
f = open("./Task1.txt",'r+'); fls = f.readlines()
for line in fls:
    line = line.strip(); lstr = line.split()
    if lstr[0] == '3':
        res = 0
        for e in lstr[1:]:
            res += int(e)
f.write('\n4 '+ str(res)); f.close()
```

注:需要注意的是,用 readlines 读取文件以及用 split 分割字符串后,每一个元素均为字符串。所以,要进行加法计算,首先需要将字符串转化为 int 类型。而在写入文件的时候,需要将 int 类型的 res 转为字符串类型。

练习题 6.6.3:使 Task1.txt 的第四行为空格行加一个回车。执行本小节的程序,哪一个程序会出错?要如何改正程序?

经 验 谈

open()与 close()成对出现:在使用文件操作时,首先需要使用 open()打开文件,每次对文件操作完成后,不要遗忘 close()操作,将打开并操作完成的文件关闭。养成这个习惯可以避免程序出现很多奇怪的 bug。

事实上,每个进程能同时打开文件的数量是有限的,每次系统打开文件后会占用一个文件描述符,而关闭文件时会释放这个文件描述符,以便系统打开其他文件。

6.6.4 学生实例的扩展

回顾本书第 4 章中 Python 面向对象编程实例,该例中实现了学生类与课程类,以及模拟考试等内容。但是每一学期的信息不能只在 Python 运行一次就结束,因此需要将学期结束后的学生信息保存到文件,以方便管理。对于统计后的成绩,需要为班主任提供查询学生成绩信息的接口,也要为学生提供个人成绩查询的接口。本小节将实现一些常用的功能,例如班主任要查看 GPA 小于 3.0 的同学,或者选课不足 13 学分的学生等操作。

首先,以下程序将学生考试结果存储到命名为“班级 1”的文件 class1.txt 中:根据文件操作相关方法,先将需要存入文件的内容存放至一个 list(SaveToFile 变量)中,然后使用 open 打开文件,设置为 w 模式,即文件打开后可以进行写操作,接着,通过 SaveToFile,将内容写入打开的文件中,最后关闭所打开的文件。

```
#<程序: 存储考试结果到 class1.txt 文件>
SaveToFile = ["ID"," ","Name"," ","Credit"," ","GPA","\n"]
for stu in StudentDict.values():
```

```
        SaveToFile.append(str(stu.StuID))
        SaveToFile.append(" ")
        SaveToFile.append(str(stu.name))
        SaveToFile.append(" ")
        SaveToFile.append(str(stu.Credit))
        SaveToFile.append(" ")
        SaveToFile.append(str(stu.GPA))
        SaveToFile.append("\n")
    f = open("class1.txt","w")
    f.writelines(SaveToFile)
    f.close()
```

请注意程序中 StudentDict.values()返回的是 class 'dict_values'，即 dict_values 对象。该对象支持遍历(Iterable)但不支持索引(Indexable)。也就是说，可以使用 for 循环进行遍历，但是不能使用下标操作(索引)。在第 4 章中，因为函数中需要对其进行下标操作，所以在调用函数时需要使用 list()将其转化成 list 对象。而在这里，只做遍历操作，可以直接使用“for stu in StudentDict.values():”，当然“for stu in list(StudentDict.values()):”也是正确的。大家不妨试试看。

其次，为了方便信息查询，提供给班主任查询班级信息的函数 select()。实现如下：该段程序需要四个参数，第一个参数是文件路径，后三个参数表示了一个条件，例如 col:"GPA"，op:">"，val:"3.0"，表示需要查询该班级中 GPA>3.0 的所有同学。该程序中，使用了 eval(expression)函数，expression 为一个字符串，存放了一个语句，如“5.0>3.0”，而 eval 将执行该条语句，返回 True。对于以姓名为条件的查询，该函数仅提供“==”操作。此时需要注意的是，传入的 expression 语句中，需要在姓名字符串的前后使用引号。

```
#<程序：查询文件 class1.txt 中满足某条件的学生信息>
def select(path,col,op,val):
    f = open(path,"r")
    colNum = 0
    if col == "ID":colNum = 0
    elif col == "Name":colNum = 1
    elif col == "Credit":colNum = 2
    elif col == "GPA":colNum = 3
    f.readline()
    Info = f.readlines()
    res = []
    for e in Info:
        e = e.strip()
        eList = e.split()
        if colNum != 1:
            exp = eList[colNum] + op + val
        else:
```

```
            exp = "'" + eList[colNum] + "'" + op + "'" + val + "'"
        if eval(exp):
            res.append(e)
    f.close()
    return res
```

最后,需要提供一个函数对全班学生的所有成绩进行排序,根据提供的不同参数进行不同排序,例如对学生按 GPA 从小到大排序或从大到小排序。实现程序如下:

```
#<程序: 对文件 class1.txt 中的学生进行排序>
def sort(path,col,direct):
    #direct 表示排序方向,">"为从大到小排序,"<"相反
    colNum = 0
    if col == "Credit":colNum = 2
    elif col == "GPA":colNum = 3
    if rev = False
    if direct == ">":ifrev = True
    f = open(path,"r")
    f.readline()
    Info = f.readlines()
    res = []
    for e in Info:
        eList = e.split()
        res.append(eList)
    res = sorted(res, key = lambda res: res[colNum],reverse = ifrev)
            #第三个参数为排序方向
    f.close()
    return res
```

以下程序演示了如何使用上述函数:

```
#<程序: 使用查询,排序例子>
for e in select("class1.txt","Credit",">=","15"):
    print (e)
#结果:
6 Brent 16 3.19
8 Daniel 16 1.56
9 Edward 19 1.63
…
```

练习题 6.6.4:研究及执行<程序:对文件 class1.txt 中的学生进行排序>,这个程序是如何实现排序的?"key=lambda res: res[colNum]"代表了排序的 key 是用列表[colNum]元素的值来排序。lambda 函数是一种匿名函数,也就是个没有名字的函数。在等号前面的是参数,等号后面的是返回值。试试看。

```
>>> L = [('b',2),('a',1),('c',3),('d',4)]
>>> print (sorted(L, key = lambda x:x[1]))
```

输出结果：

```
[('a', 1), ('b', 2), ('c', 3), ('d', 4)]
```

习题 6

习题 6.1：在安装 Windows 系统的个人计算机中，希望开机运行的程序设置为开机自动启动。要如何设置？

习题 6.2：简述计算机系统的层次结构，并说明操作系统的角色。

习题 6.3：中断分为哪几类？请分别举例说明，并简述每一类中断的特点。

习题 6.4：请分别简述硬件中断的响应流程与系统调用的执行过程。

习题 6.5：为什么说操作系统是由中断驱动的？

习题 6.6：为什么要把机器指令分成特权指令和非特权指令？

习题 6.7：什么是进程？计算机操作系统中为什么引入进程？

习题 6.8：进程由哪些部分组成？请分别解释各组成部分的作用。

习题 6.9：进程最基本的状态有哪些？哪些事件可能引起不同状态之间的转换？

习题 6.10：解释：①作业周转时间；②作业带权周转时间；③吞吐率。

习题 6.11：采用时间片轮转调度，每个进程第一次进入 CPU 前，在就绪队列中出现一次，如果一个进程在就绪队列中出现两次以上，什么原因会出现这种情况？

习题 6.12：若有一组作业 J1，…，Jn，其执行时间依次为 S1，…，Sn。如果这些作业同时到达系统，并在一台单 CPU 处理器上按单道方式执行。试找出一种作业调度算法，使得平均作业周转时间最短。

习题 6.13：就绪队列中等待运行的同时有三个进程 P1，P2，P3，已知它们各自的运行时间为 a、b、c，且满足 $a<b<c$，试证明采用短作业优先算法调度能获得最小平均作业周转时间。

习题 6.14：假定执行下表中所列进程，进程号即为到达顺序，依次在时刻 0 按次序 1、2、3、4、5 进入单处理器系统。

注：不考虑时间片。

(1) 分别用先来先服务调度与短作业优先算法算出各作业的执行先后次序。

(2) 分别计算两种情况下作业的平均周转时间和平均带权周转时间。

进程号	执行时间	进程号	执行时间
1	10	4	1
2	1	5	5
3	2		

习题 6.15：有 5 个待运行的进程，预计运行时间分别是：9、6、3、5 和 x，采用哪种运行次序使得平均响应时间最短？

习题 6.16：目录树结构中分为哪两种路径？讨论各自的优缺点。

习题 6.17：一个操作系统采用树形结构的文件系统，但限制了树的深度，如树的深度只能有 3 层，这个限制对用户有何影响？这种文件系统如何设计？

习题 6.18：使用文件系统时，通常要显式地进行 open、close 操作。

(1) 这样做的目的是什么?

(2) 能否取消显式的 open、close 操作? 为什么?

习题 6.19:从键盘接收十行输入(使用 input),然后将输入保存到文件中。

提示:由于 input()不会保留用户输入的换行符,调用 write()方法时必须加上换行符。

习题 6.20:回忆第 4 章练习题 4.2.11,假设一篇英文文章存储在文件 paper.txt 中,请统计每个单词在文章中出现的次数。

习题 6.21:请分割文件 paper.txt,假设该文件共有 n 行(n 未知)数据,请将前 $n/2$ 行数据写入 paper1.txt,后 $n/2$ 行数据写入 paper2.txt。

提示:首先需要确定 paper.txt 文件的总行数,然后可以考虑使用切片,以及 writelines 方法实现写入。

第7章 并行计算

7.1 并行计算简介

如今,手机、个人计算机、服务器和超级计算机等计算系统广泛采用了多核。多核的普及是计算系统性能提升的趋势。在多核之前,让计算变快的方式是提升处理单元的主频,即提升每秒执行基本运算的次数。在2004年,人们发现主频很难突破4GHz。因为随着主频的提高,处理单元的功耗也随之增大。假设主频提升1倍,那么功耗将增大8倍。功耗的增大会导致处理单元因过热而损坏。这就促使了计算机科学家们寻找新的方式来提升计算系统的性能。随着集成电路技术的发展,晶体管的体积在缩小,从而促成了在主频不上调的基础上,通过放置多个核来提升处理器的计算性能。这也是多核如此普及的原因,现在连手机都是8核了。对于编程而言,传统的串行编程方式已经不适应多核的系统,必须要学习适应于多核的编程方式,即并行编程。学习并行编程的基础是理解什么是并行计算。

并行计算的基本思想是将被求解的问题分解成若干部分,每部分由一个独立的计算资源处理。本节首先通过简单的例子介绍如何通过并行计算加速程序的执行,然后介绍并行计算的基本架构。在并行计算中,各个计算资源间的通信是一个难点,也是并行计算实现的重点。本小节通过并行提取银行存款的例子,讲述计算资源间通信的重要性。

除了加速程序执行外,并行计算还有另一个重要用途:对现实生活中的复杂问题进行模拟。很多实际问题很难用数学模型得到精确解,那么,要快速分析问题的可能性,或者进行预测,利用计算机进行模拟就变得十分重要。这种利用模拟进行预测和分析的方式广泛地运用在计算机科学中。例如,Google公司研发出的AlphaGo之所以能够战胜人类顶尖的围棋棋手,就是利用模拟的思想对各种可能性进行分析后,下出其认为胜率最高的一步。本章将介绍两个模拟的例子:生产者决策与电梯运行模拟。

本章将为大家讲授什么是并行计算以及如何编写并行程序。7.1节中,我们首先探索为何需要并行计算,并行计算有两个最主要的特点,即能够加快程序的运行以及能够对现实中很多复杂情况进行模拟。在7.1节中,我们还介绍了并行计算的体系架构,讨论了并行计算的实现难点,即不同计算资源间的通信。从7.2节开始,我们开始逐渐入门多进程编程在Python中的实现。我们从最简单的例子开始介绍,深入浅出,然后利用多进程编程的方法实现对一个大数的因数分解过程的加速处理。在7.3节中,我们详细介绍了如何解决并行计算的难点,即多个进程间的通信,主要介绍最为常用的共享内存的方式。7.4节详细介绍四个例子的并行计算编程实现。最后,我们对如何利用多核实现并行计算进行了思考。

7.1.1 并行计算能加速程序执行

计算机具有高效的计算能力,能够求解各种复杂的问题。然而,当问题规模十分庞大时,有时候并不能够在合理的时间内获得问题的结果。本书第 5 章所介绍的高效算法能够大大缩短求解问题的时间。本章将介绍另一种加速程序执行的方法——并行计算。

考虑一个非常简单的问题:在 N 个密码中找到唯一的正确密码。

要寻找正确密码,最简单的方式就是依次试各个密码是否为正确密码。假设密码的长度为 11,密码的每一位是 0 到 9 中的一个数字。那么,密码的个数为 10^{11}(即 $N=10^{11}$)。

利用函数 Test(X),可以判断 X 是否为正确密码,若该函数返回 True,表示 X 是正确密码,否则是错误密码。假设 Test 函数每次的执行时间是 1 毫秒(10^{-3} 秒),要尝试所有密码需要花费的时间为 $10^{11}\times10^{-3}$ 秒$=10^{8}$ 秒≈27 700 小时≈1150 天≈3.15 年。也就是说,要破解一个简单的 11 位数字密码,需要 3 年的时间。

如果我们有 1000 台计算机,把 N 个密码分成 $N/1000$ 段,每台计算机执行其中的 1 段,那么,密码破解的速度将会大大加快,理论上只需要 10^{8} 秒/1000$=10^{5}$ 秒≈27.7 小时。也就是说,我们只需要花费大约一天的时间,就可以破解该密码。这种利用多个计算资源共同完成一个任务的过程称为并行计算。

在许多问题中,并行计算并不像上述例子那么简单。在上述例子中,每个计算资源可以完全并行地处理每一段数据。然而在很多实际问题中,当一个计算资源处理完一批数据后,得到的结果需要与其他计算资源进行共享,之后才能进行下一步的计算,例如下面的例子。

小明:假如有无数个计算资源,找出 N 个数中的最小值理论上的最短时间是什么概念呢?

沙老师:假设每一次比较需要一个单位时间,那么不考虑通信开销,最短的执行时间是 $\log_2 N$。你可以想象一棵有 N 个叶子节点的二叉树,它的高度需要 $\log_2 N$。每一个叶子节点代表一个数,两两并行比较,比较后的较小值成为一个新的节点,新的节点间再两两比较,如此形成一棵二叉树。

考虑如何利用 1000 个计算资源查找 N 个数中的最小值。

我们也可以利用查找密码的方式,将 N 个数平均分成 1000 段,每一个计算资源处理其中的一段。需要注意的是,当每一个计算资源得到当前段的最小值后,此时共有 1000 个最小值。显然,我们还需要对这 1000 个最小值进行比较。对于这 1000 个值找最小值,我们要如何利用并行计算呢?假设我们有 P 个计算资源,并行计算的设计并不是简单地把输入分成 P 等份,它还需要整体的考量。让我们回顾 5.3 节分治法中找最小数的程序。函数 M(a)寻找数组 a 中的最小值。在 M(a)中,将分别查找数组 a 前半段的最小值 M(a[0:len(a)//2])与数组 a 后半段的最小值 M(a[len(a)//2:len(a)]),然后再求得其中较小的值,即为 a 中最小的值。当我们拥有多个计算资源时,求解 M(a[0:len(a)//2])与 M(a[len(a)//2:len(a)])可以分别在不同的计算资源上并行进行。当得到 M(a[0:len(a)//2])与 M(a[len(a)//2:len(a)])的结果后,还需要进行一次比较才能得到数组 a 中的最小值。将分治法与并行计算结合使用,执行速度可以大大提高。

```
#<程序:最小值_分治>
def M(a):
    if len(a) == 1: return a[0]
    return ( min(M(a[0:len(a)//2]),M(a[len(a)//2:len(a)])))
L = [4,1,3,5]
print(M(L))
```

接下来,我们来看并行计算在天气预测中起到的重要作用。

预测某一地区两天后的天气情况,需要收集当前某一时刻该地区上空一定高度内的气象数据,如温度、气压、风向、风速等。基本思想是将该地区的上空分割成很多小立方体,每一个小立方体的新的气象数据是根据其旧的气象数据和周边小立方体的气象数据计算出来的。假设预测间隔为0.5小时,要想预测两天后的天气,对每一个小立方体共需要进行$2\times24\times2=96$次计算。气象数据的计算是非常复杂且耗时的过程。假设该地区的面积为$6000\times6000\text{km}^2$,需要收集该地区上空30km内的气象数据,那么天气预测所涉及的空间大小为$30\times6000\times6000\text{km}^3$。将该空间划分成$0.1\times0.1\times0.1\text{km}^3$的小立方体,共可划分大约$10^{12}$个这样的小立方体。已知每个小立方体下一个预测间隔的天气可以根据周围小立方体当前的气象数据计算获得,假设这项计算任务需要执行1000条指令。那么,要计算该地区两天后的天气情况,总共需要执行$10^{12}\times1000\times96\approx10^{17}$条指令。假设一台计算机每秒能执行$10^9$条指令,那么需要的计算时间为$10^{17}$条/($10^9$条·秒$^{-1}$)$=10^8$秒,$10^8$秒换算成小时约为27 700小时,换算成天约为1150天!这已经不是天气预测了,而是天气报告。

当面对像天气预测这种需要大规模计算的问题时,单个计算资源是远远不够的,如果使用多个计算资源同时进行计算,可以大大缩短计算时间。例如,如果我们使用2000台每秒执行10^9条指令的计算机进行并行计算,理论上可以在14小时内获得结果,这样就可以实现天气预测了。

小明:为什么是理论上呢?难道实际上不能在14小时内获得结果吗?

沙老师:因为使用多台计算机合作解决一个问题时,计算机间要进行数据共享(或数据传输),所以并不是有2000台计算机,运行时间就能减少到1/2000。事实上,是会小于1/2000的。计算资源间的数据共享和传输是并行计算中非常重要的部分,我们会在后面的小节中详细讲解。

要实现并行计算,在硬件层面上需要多个计算资源。这里所谓的计算资源,可以是多台独立的计算机,也可以是一台计算机内所拥有的多个CPU核。针对第一种情况,Apache公司开发的Hadoop基础架构就是为了协调各台计算机的执行与计算机之间的数据共享等问题,同学们将在以后的课程中学习到相关知识。本书所讨论的并行计算是针对第二种情况,即当一台计算机拥有多个CPU核时,我们要如何利用这些CPU核来加快计算速度。

在第6章已经学习过,进程是操作系统调度的基本单位,每一个任务都是一个进程。当系统中有多个CPU核时,多个进程可以被分别放到多个CPU核执行。当我们把一个大问题分解成为P个相互不影响的子问题(任务)时,对应的P个进程就可以利用多个CPU核并行执行。而对于核与核之间的通信(数据交换),我们称为进程间的通信。

7.1.2 并行计算的基本概念

在现实中,实施并行计算的基本架构有两类,分别如图 7-1(a)和图 7-1(b)所示。

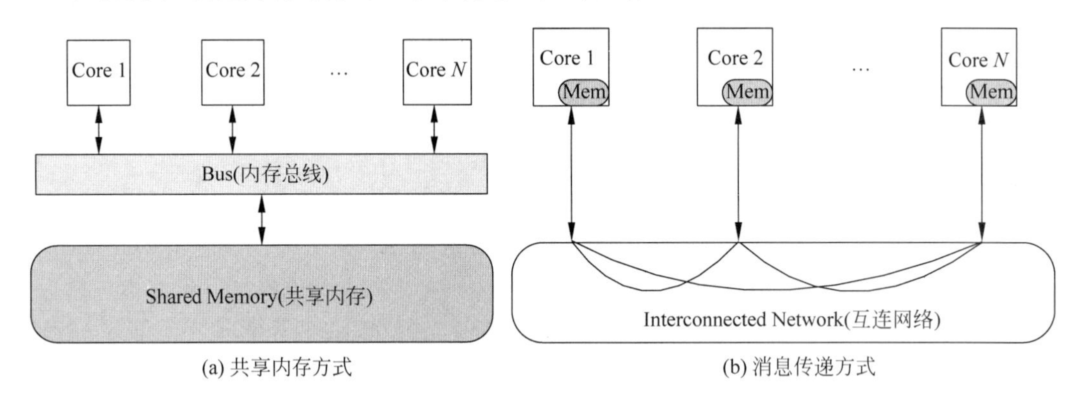

图 7-1　并行计算基本架构

图 7-1(a)为共享内存方式的并行计算,即所有核(Core)通过内存总线与一块共享的内存相连接。图 7-1(b)为通过消息传递的方式进行数据传输,即每个核拥有自己私有的内存,当进行数据通信时,核与核之间的数据通过互连的网络进行。

对于内存共享方式的并行计算,当 Core 1 要传递数据 D 给 Core *N* 时,它首先在共享内存中申请一个变量 S,然后 Core 1 执行 S=D。当 Core 1 执行了赋值语句后,Core *N* 可以读取 S 的值,如 print(S)等。这样就完成了数据的通信。上述执行过程如图 7-2 所示。

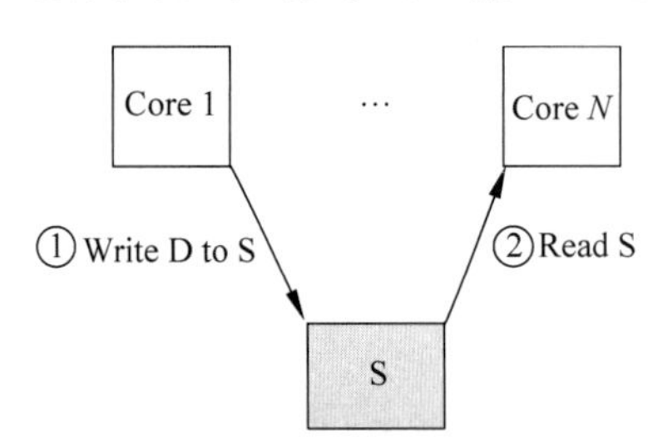

图 7-2　共享内存方式的数据传递

利用共享内存的方式进行数据传递,需要注意的是 Core 1 写变量 S 与 Core *N* 读取变量 S 的顺序必须有严格的保证。若 Core *N* 读取 S 在 Core 1 写变量 S 前,就会出现错误。我们将在 7.1.3 节介绍,如果此处设计不当,将带来巨大的损失。在并行计算中,我们称上述的 S 变量为临界区(critical section)。在各种程序设计语言中,都有相应的结构能够保证数据写入与读取的顺序。

当使用图 7-1(b)的架构进行数据通信时,核与核之间将采用消息传递的方式进行通信。当 Core 1 要将数据 D 传给 Core *N* 时,Core 1 调用 snd(Core *N*, D)函数传递数据,而 Core *N* 调用 rcv(Core 1,D,L)接收 Core 1 传递的数据 D,并保存到自己内存中的变量 L 中。

消息传递方式的优点在于其扩展性很好,也就是说系统中可以有很多核使用互连网络来连接。而对于共享内存的方式,一般系统中最多有 64 个核。但是,共享内存的方式实现简单,并且速度快。在并行计算中,共享内存的方式较为常用。为了讲述并行计算的基本概念，本章的以下内容将采用共享内存架构。对于消息传递架构，将在今后的并行计算课程中有详细介绍。

接下来，我们讨论并行计算能够带来的性能提升。假设一个程序在一个核上的执行时间为 T，现在用一台有 P 个核的计算机来执行该段程序，运行时间最多可以降到 T/P。即将程序分为 P 段，各个核计算其中的一段。现实中，运行时间并不能达到 T/P，原因有如下几点：①程序并不一定能刚好平均地分成 P 段；②并行计算后的结果通常要在多个核间进行传递，不管使用上述哪一种结构，消息传递往往也是很耗时的。基于上述两点原因，对于在 1 个核上需要运行 T 时间的程序，在 P 个核上进行并行计算，总运行时间将会大于 T/P。

7.1.3 并行计算的难点——进程间通信

需要注意的是，在这种并行程序中，通信（communication）是实现多个独立运行单元协作的基础。然而，通信的过程是十分复杂并且危险的。如果通信的顺序设计不当，会造成很大的危害。下面我们来设计一个并行程序，从 ATM 取钱。

假设在银行有一个账户，两张银联卡共享这个账户，里面有 100 元。假设取钱需要三个步骤：检查账户余额，取出现金，扣除金额。某天，两个持卡人要同时使用银行卡，假设一人在商店消费了 100 元，另一人在 ATM 前准备取出 100 元。我们下面分别写出刷卡消费及 ATM 取钱的代码。

```
#<程序:刷卡消费>
def PayByCard(card):
    B1 = GetBalance(card)
    if B1 >= 100:
        Pay(card, B1,100)
        print ("success")
    else:
        print ("Balance not enough")
```

```
#<程序:ATM 取钱>
def WithdrawMoney(card):
    B2 = GetBalance(card)
    if B2 >= 100:
        Pay(card, B2,100)
        print ("success")
    else:
        print ("Balance not enough")
```

刷卡消费和 ATM 取钱的两段程序如上所示，GetBalance(card)函数会返回银行卡 card 的余额，而 Pay(card，balance，100)函数会将 balance－100 写入银行卡 card 的余额中。

两段程序并行执行的示意如图 7-3 所示。

因为查询操作和付款操作可以并发执行，因此可能会出现如下几种情况。

情形 1：PayByCard 函数的 B1 ＝ GetBalance(card)与 Pay(card，B1，100)首先执行。

这时,card 的余额变为 0,当 WithdrawMoney 程序想取出钱时,系统会提示余额不足。在这种情形下,银行卡的余额管理是正确的。然而,两段程序执行的顺序并不总是这样的。

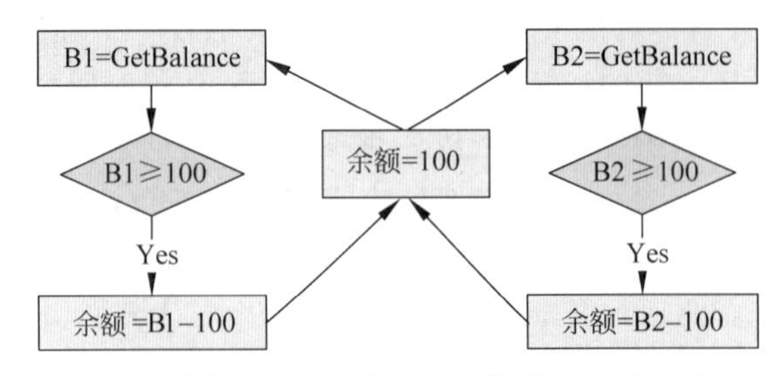

图 7-3　两个进程并行执行银行卡余额查询操作与付款操作的示意图

情形 2:B1=GetBalance(card)首先执行,其次执行 WithdrawMoney 函数中的 B2=GetBalance(card)。这时 B1 与 B2 所存储的值都为 100。所以 B1>=100 与 B2>=100 都为 True。也就是说,在商店消费的持卡人花掉了 100 元,而从 ATM 取钱的持卡人也成功取出 100 元。那么,在这种情况下,银行就会有很大的损失。至于要如何保证账户余额的值一定是正确的,在本章内会详细说明。

7.1.4　并行计算能模拟现实中的复杂情况

并行程序不仅仅能够加快运算速度,也能够使得我们的编程思路变得更清晰,特别适用于对现实情况的模拟与分析,例如电梯运行的模拟。通常,每栋大楼都有几部电梯同时在运行。如果有人在楼层 K 按了电梯,那么如何决定哪一部电梯来搭载呢?这个问题就是电梯的调度问题,也是电梯运行中最重要的问题,直接关系到电梯的运行效率。假设:①每部电梯都能够到达每一楼层;②每部电梯初始时都停留在某一楼层。有一个最简单的调度规则,即离目标楼层最近的电梯来搭载乘客。暂且不论这个策略的好坏,如果根据该策略进行电梯调度,那么该如何实现呢?

最传统的方式是以串行的方式实现。此时需要有一个全局的管理者,它知道所有电梯目前的位置信息,然后依次遍历各部电梯与按键楼层的距离、方向等信息,最后决定由哪部电梯去搭载乘客。使用串行的方式进行电梯模拟的实现是很不自然的,大家可以尝试写出一个串行实现电梯运行的模拟程序。

事实上,每部电梯运行时都是一个独立的个体,当有人在楼层 K 按电梯时,电梯间相互告知自己所在的楼层位置,然后每部电梯再单独判断自己是否是离楼层 K 最近的电梯,离楼层 K 最近的电梯最后移动到楼层 K。这样的模拟程序如下所示:

```
#<程序:并行模拟——电梯 1>
Floor1 = 1
def PressSchedule(K):
    Snd(E2, Floor1)
    Rec(E2, Floor2)
    if abs(Floor1 - K)<= abs(Floor2 - K):
        Floor1 = K
```

```
#<程序:并行模拟——电梯2>
Floor2 = 4
def PressSchedule(K):
    Snd(E1, Floor2)
    Rec(E1, Floor1)
    if abs(Floor2 - K)< abs(Floor1 - K):
        Floor2 = K
```

可以看到,将每部电梯模拟成一个单独运算的程序能够更加清楚地描述电梯的行为:每部电梯首先接收其他电梯所在的楼层信息,如果其距离楼层K最近,则移动至楼层K。两个程序段基本上是一样的,这也为我们扩展到多部电梯提供了便利。完整的电梯运行模拟程序将在本章最后给出。

练习题7.1.1:请讨论上述电梯调度策略(即让最近楼层的电梯来服务)的缺点。

练习题7.1.2:假设一幢办公大楼有20层,共有4部电梯。请为其设计出一个实用的电梯调度策略。

7.2 多进程编程

在6.5节我们已经介绍过进程的概念,它包含执行程序时所有的运行环境信息,如代码、数据、页表、已开启文件表等。当系统中只有一个CPU核时,每一时刻最多只有一个进程处于运行态,而其他进程则在就绪队列中排队,等待被CPU调度。在本节,我们所考虑的系统包含多个CPU核。在多核系统中,多个进程可以并行执行、合作完成一个任务。在合作的过程中,必不可少的就是数据的交换,即进程间的通信。

本节将首先介绍多进程编程在Python中的实现。然后,我们将使用多进程编程解决求一个大数的两个质因数的问题。

7.2.1 多进程编程在Python中的实现

小明:要创建多个进程,分别写多个Python程序,然后让它们同时执行不就可以了吗?

阿珍:小明所说的做法确实能够在系统中创建多个进程,并且这些进程也能够并行地被多个CPU核执行。但是,这样的实现并不能很好地做到让多个进程合作完成同一个任务。所以,在多进程编程时,我们通常会在一个Python程序中创建多个进程。同学们学会写多进程的程序,代表你们的软件"功力"又向上提升了一大步。

一个正确的多进程程序可以在单核上执行,也可以在任何数目的多核上执行!Python提供了多进程包multiprocessing。要实现多进程编程,在Python程序中首先要引入多进程包,即import multiprocessing。multiprocessing模块包括很多类。其中,我们需要用到的有:Process类,用来创建子进程;Value与Array类,用于创建共享内存变量与数组;Event与Semaphore类,用于维护进程间的执行顺序。在接下来的章节中,我们将一一介绍各个类的用途。

为了程序简洁起见，我们直接引入模块中的类，即 multiprocessing 模块中的 Process 类。这样，在实例化 Process 对象时，我们就可以直接使用 Process()，而不用写成 multiprocessing.Process()。需要注意的是，Process 将成为关键字，即程序中不允许再定义 Process 变量。

下面的程序段是本书中第一个基于 Python 实现的多进程程序。

```
#<程序:初窥多进程编程>
from multiprocessing import Process    #从 multiprocessing 模块引入 Process 类
import os
def function ():
        print ("I'm the child process, my pid is:",os.getpid())
if __name__ == "__main__":
        print ("I'm the original process, my pid is:",os.getpid())
        p = Process(target = function)
        p.start()
        print ("I'm the original process, my pid is:",os.getpid())
        print ("I'm the original process, I create a child process, its pid is:", p.pid)
```

输出结果为：

```
I'm the original process, my pid is: 125
I'm the original process, my pid is: 125
I'm the original process, I create a child process, its pid is: 821
I'm the child process, my pid is: 821
```

该程序使用了两个模块：multiprocessing 与 os。multiprocessing 模块用来实现多进程，在这个例子中，我们只用到了 multiprocessing 的 Process 类。而 os 模块用来获取运行进程的进程号，即 os.getpid()。我们定义了一个名为 function 的函数，当一个进程运行这个函数时，将输出这个进程的 pid。

在主函数中，我们使用 Process 创建并初始化了一个进程对象 p，这个新的进程在调用 start()方法时才会完全地创建和开始执行。Process()的参数 target=function 表示对象 p 关联到了 function 函数。当进程对象 p 调用 start()方法时，将创建一个进程来运行与 p 关联的函数，在此例中即是 function 函数。此时，系统中就有了两个进程，“分道扬镳”般地同时进行。一个是原来执行 main 函数的进程，将会继续执行 p.start()后面的代码；另一个是新创建的、执行 function 函数的进程。我们称第一个进程为“主进程”，第二个进程为“子进程”。主进程在执行 p.start()时，子进程的 pid 将会存储在进程对象 p 的 pid 成员变量里，即 p.pid，这样主进程就可以知道子进程的 pid 了。

在**<程序：初窥多进程编程>**中，模块 os 的函数 os.getpid()会返回调用这个函数的进程的进程号 pid。如果在主函数中调用，则返回主函数的 pid，如果在子函数中被调用，则返回子函数的 pid。在运行该程序时，主函数的 pid 为 125，创建的子函数的 pid 为 821(注意，程序运行时的 pid 会根据系统当时的运行情况而定，并不是一个固定值)。

<程序：初窥多进程编程>的具体运行流程如图 7-4 所示。图中，左边的箭头代表主进程，右边的箭头代表子进程(与 function 函数绑定)。每一个方框代表一条 Python 语句。所

有语句执行的顺序与箭头方向一致。如该图所示，当 main 函数执行 p.start()语句时，main 函数余下语句的执行与 function 函数的执行就“分道扬镳”了。

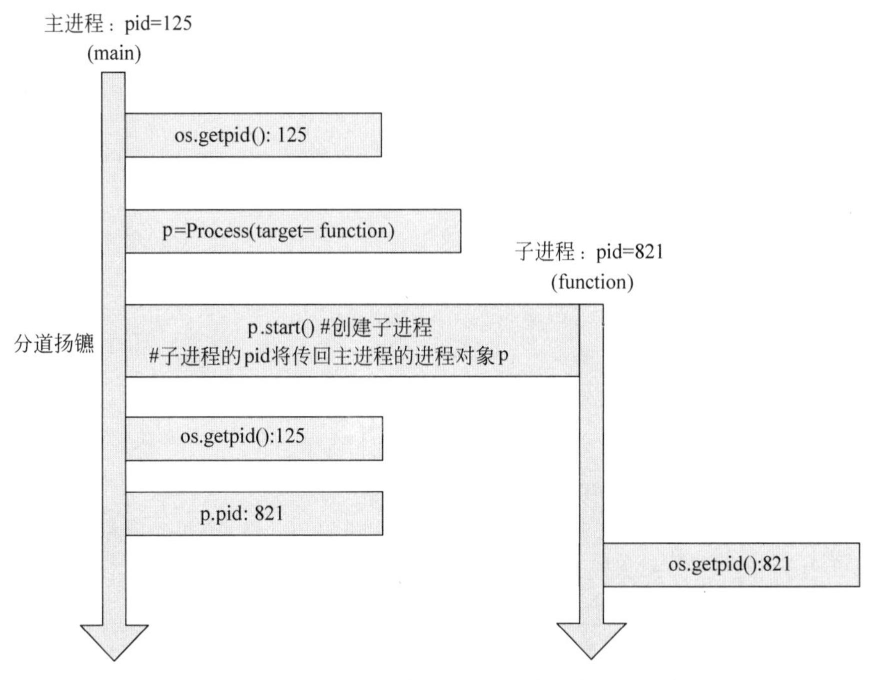

图 7-4 <程序：初窥多进程编程>创建进程的具体流程

根据上述分析，输出结果第 1 行和第 2 行的 pid 都是 125，是因为这两次都是主进程调用 print(os.getpid())得到的。输出结果的第 3 行是存储在进程对象 p 的 pid 成员变量，也就是子进程的 pid，为 821。第 4 行结果是子进程在 Process 函数中调用 os.getpid()得到的，结果为 821。

小明：如果在 main 函数中调用 function 函数，会得到什么结果呢？

阿珍：在这个例子中，如果在 main 函数中调用 function 函数，os.getpid()返回的进程号与主函数一样，是 125。只有当 Process 对象调用了 start()方法后，才将创建一个新的子进程。

```
#<程序:多进程参数传递>
from multiprocessing import Process
import time
def function(msg):
        time.sleep(0.01)   #让进程睡眠,让出 CPU
        print (msg)
if __name__ == "__main__":
        p1 = Process(target = function, args = ("Sub - process 1!",))
        p2 = Process(target = function, args = ("Sub - process 2!",))
```

```
p3 = Process(target = function, args = ("Sub - process 3!",))
p4 = Process(target = function, args = ("Sub - process 4!",))
p1.start()
p2.start()
p3.start()
p4.start()
```

输出结果为：

```
Sub - process 1!
Sub - process 3!
Sub - process 2!
Sub - process 4!
```

之前的程序使用 Process 创建了一个关联到 function 函数的对象，上面的程序段在创建函数对象的同时，将调用函数时需要传入的参数存入对象中，如 args=("Sub-process 1!",)。这样，在子进程执行 function 函数时，将输出传入的字符串。

从输出的结果中可以看到，程序中虽然是 p1、p2、p3、p4 依次调用 start()方法，但是打印出来的信息的先后顺序并不是唯一的。这是因为子进程在执行 Process 的时候首先调用了 time.sleep 函数，该函数将让出 CPU，使得进程回到就绪队列。这样，CPU 进行下一次调度的顺序就不是由用户程序所决定。因此，输出信息的顺序与 start()方法调用的顺序并不一定是一致的。

注意：多进程程序在 Python 自带的 IDLE 编辑器中得不到上述的结果。IDLE 只会输出主进程通过 print 输出的内容。因此，在编写 Python 多进程程序后，建议同学们使用 Windows 的控制台运行所编写的程序。具体操作步骤如下：

(1) 使用组合键 Windows+R 打开运行窗口；

(2) 输入 cmd，打开 Windows 控制台；

(3) 输入 Python 的安装位置+空格+程序所在位置。例如，我们的 Python 是安装在 C:\Python 下，多进程程序的路径为 C:\Multiprocess.py，则输入的命令为：C:\Python\python.exe C:\Multiprocess.py。这样，Python 就可以正确地运行多进程程序。

本小节介绍了多进程在 Python 中的实现。包括如何创建进程对象 Process，如何将一个进程对象与一个函数进行绑定，以及如何在创建子进程的过程中向绑定的函数传入参数。我们将在之后的章节中利用这些基础知识，编写多进程程序，以使用多个 CPU 资源，减少程序的运行总时间。

练习题 7.2.1：请根据图 7-4 画出如下程序段的执行顺序，并分析程序的运行结果。

```
import os
def function ():
    print ("I'm in function, my pid is:",os.getpid())
if __name__ == "__main__":
    print ("I'm the original process, my pid is:",os.getpid())
    # p = Process(target = function)
    # p.start()
    function()
```

```
print ("I'm the original process, my pid is:",os.getpid())
print ("I'm the original process, I create a child process, its pid is:", p.pid)
```

练习题 7.2.2：在<程序：初窥多进程编程>中，请解释 p. pid 在何时被赋值，并讨论 p. pid 与 os. getpid()的差别。

练习题 7.2.3：将<程序：多进程参数传递>改为输入 N，产生 N 个子进程。请完成下面程序段。要求：主程序必须在执行完 N 个 Process()后，才能调用 start()函数。

```
from multiprocessing import Process
import time
def function(msg):
    time.sleep(0.01)   #让进程睡眠,让出 CPU
    print (msg)
if __name__ == "__main__":
    N = 16
    process_list = []
    for i in range(N):
        p = Process(target = function, args = ("Sub-process 1!",))
        ________
    for p in process_list:
        p.start()
```

7.2.2 牛刀小试——使用多进程加快求解问题的速度

本小节将第一次使用 Python 多进程编程解决实际问题——求解一个数的两个质数因子。在解决寻找质数因子问题的过程中，我们将详细探讨单进程程序与多进程程序的设计思路。请同学们体会两种设计思路的差异，并且熟练掌握多进程程序的设计思路。本小节所讲述的多进程设计思路是所有并行编程的基础。

问题：设 p、q 为两个未知的大质数，已知 p 与 q 的乘积为 N，给定 N，设计程序求质数 p 与 q。例如，已知 $N=684568031001583853$，求质数 p 与 q，使得 $p\times q=N$。

单进程程序设计思路：因为 N 为两个质数的乘积，我们只需要从 2 到 $\sqrt{N}$ 中找到一个数 k，使得 $N \bmod k$ 的结果为 0(即 N 除以 k 余 0)。

```
#<程序:单进程实现寻找质数因子问题>
import math
def FindK(N,begin,end):
    for k in range(begin,end):
        if N%k==0:
            print (N,"=",k,"*",N/k)
            break
if __name__ == "__main__":
    N=684568031001583853
    print (FindK(N,2,int(math.sqrt(N))+1))
```

输出结果为：

```
684568031001583853= 755050033 * 906652541
```

在上述例子中,FindK 函数用来寻找在 start 到 end 区间内是否存在质数 k 可以被 N 整除。在找到 k 后,程序将打印 k 与 N/k,然后退出函数。我们在实验机器上运行该程序,总运行时间为 64.873s。

多进程程序设计思路:根据前面的设计思路,我们需要从 2 到 $\sqrt{N}$ 中找到质数 k,使得 N 除以 k 余 0。假如我们的实验平台有 16 个 CPU 核,那么可以将 2 到 $\sqrt{N}$ 的区间划分成 16 段,每一段分配给一个进程来搜索满足条件的 k 值。

```
#<程序:多进程实现寻找质数因子问题>
from multiprocessing import Process
import math
def FindK(N, begin,end):
    for k in range(begin,end):
        if N % k == 0:          #k 为满足要求的一个质数
            print (N," = ",k," * ",N/k)
            break
if __name__ == "__main__":
    N = 684568031001583853
    num_process = 16            #创建子进程总数
    process_list = []
    for i in range(num_process):
        if i == 0:              #第一个进程,设置起始查找的数为 2
            begin = 2
        else:                   #其余进程,起始查找的数为上一个进程的最后一个数加 1
            begin = int(math.sqrt(N)/num_process * i) + 1
        end = int(math.sqrt(N)/num_process * (i + 1) + 1)
        p = Process(target = FindK, args = (N,begin,end))
        process_list.append(p)
    for p in process_list:
        p.start()
```

输出结果为:

```
684568031001583853 = 755050033 * 906652541
```

在上述例子的 main 函数中,程序首先将创建进程的数量保存在 num_process 变量中(该例创建 16 个子进程),然后将 2 到$\sqrt{N}$的区间划分为 16 段,每一段的起始值与终止值分别存放在 start 与 end 变量中。最后,程序为每一段创建一个进程对象 p,并调用 start()方法创建子进程。这样,该程序将创建 16 个进程,同时在每一段寻找可以被 N 整除的质数 k。

在我们的实验平台上运行该段程序,总运行时间为 9.109s。

思考:上述多进程的实现将区间分为多个段,每个子进程处理一个段。创建的多个进程是独立运行的,也就是说,即便某一个子进程已经找到了满足条件的 k 值,但是其他进程仍然需要遍历完分配给它的区间段,然后整个程序才能结束。事实上,因为 N 为两个质数的乘积,那么在 2 到 $\sqrt{N}$ 的范围内,只有一个满足条件的质数 k。所以,当有一个进程找到了满足条件的 k 值,其余进程就可以立刻停止寻找。

为了实现上述目的，子进程间必须进行通信，找到 k 值的子进程需要通知其他进程，收到通知的进程应立刻结束。7.3 节将介绍进程间如何进行通信。

练习题 7.2.4：请回答上述 Python 程序是否能运行在只有一个 CPU 的计算机上？如果能够运行，请问<程序：多进程实现寻找质数因子问题>的运行时间是否会小于<程序：单进程实现寻找质数因子问题>的运行时间？

练习题 7.2.5：本节的实验平台有 16 个核，请分析：如果 Python 实现中创建 32 个或更多个子进程，能否进一步缩短运行时间？

练习题 7.2.6：若 N 为 p、q、r 三个未知大质数的乘积，当 N 为已知，请思考如何利用本节的程序求解该问题。具体题目请参见习题 7.5。

7.3 进程通信

进程通信是指在运行的进程间传输数据，以达到多个进程能够协同完成同一个任务的目的。进程通信不仅在并行计算中需要精心设计，在操作系统中也是一门大学问。本小节主要介绍如何在不同进程之间传递数据。如 7.1.2 节所述，本书使用共享内存的并行架构进行学习，所以，本小节主要介绍进程通信中的最高效且最常用的通信方法——共享内存。

7.3.1 共享内存的基本概念

共享内存是指在主存中开辟一个共享的存储区域，需要通信的进程将自己的一段地址空间映射到所开辟的共享存储区域。如图 7-5 所示，进程 1 与进程 2 共享物理内存的一段区域，我们称该区域所对应的变量为共享内存变量，此例中的共享内存变量名为 num。在此例中，发送进程(进程 2)希望将数据 12 传送给接收进程(进程 1)。那么，进程 2 首先执行语句 num=12，将 12 写入共享内存变量 num。接下来，进程 1 调用 print(num)，读取从进程 2 接收到的数据。这样就实现了数据在不同进程间的传递。

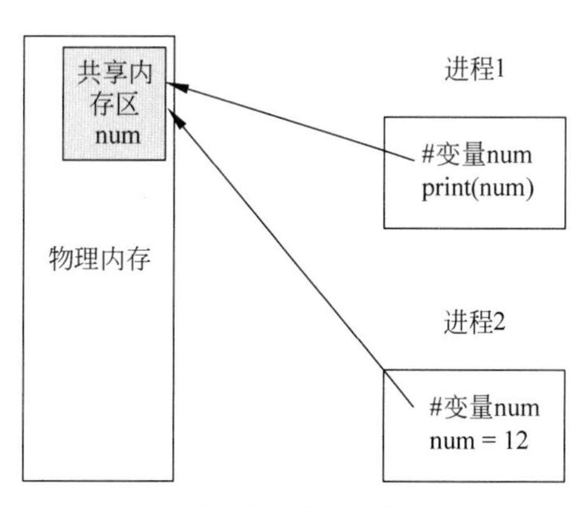

图 7-5 共享内存

需要注意的是，当多个进程同时读写共享内存区域时，共享内存方式并没有提供一个机制保证读写的顺序。在图 7-5 的例子中，我们并不能保证进程 2 会先执行 num=12，进程 1 再执行 print(num)。这也就是造成 7.1.3 节中所述的银行损失的原因。

为了多进程程序的正确运行，通常需要保证不同进程读写共享内存区域的顺序。

Python 提供了多种实现方法,在此后的章节中,我们将介绍通过 Event 类实现读写顺序的保护。

7.3.2 共享内存的 Python 实现

根据共享内存的基本概念,在程序实现中最为重要的就是如何创建一个共享内存变量。multiprocessing 模块提供了两种类型的共享内存变量: Value、Array。multiprocessing 模块利用 Value 创建一个共享内存变量,用于存放指定类型的数据,而 Array 创建的共享内存变量是一个数组,它将存储 N 个指定类型的数据(N 为数组的大小,需要在创建时指定)。

```
#<程序:共享内存的实现>
import from multiprocessing import Process, Value, Array
if __name__ == "__main__":
    num = Value('d', 0.0)
    arr = Array('i', range(10))
```

上面的程序段分别创建了一个 Value 对象与一个 Array 对象。在创建对象 num 时,Value('d', 0.0)表示所创建的对象为浮点数类型(double: 'd'),其初始值为 0.0。而 arr 对象为一个整数类型(int: 'i')的数组,其初始状态为一个 0 至 9 的数组。在 Python 中常见的数据类型有: 'b',1 字节的整数; 'i',2 字节的整数; 'l',4 字节的整数; 'f',4 字节的浮点数;以及'd',8 字节的浮点数。

要使用共享内存传输数据,需要将开辟的内存区域共享到各个进程。在主进程实例化 Value 或 Array 时,实现了开辟物理内存区域以及连接主进程的地址空间到实例化的对象。而子进程与开辟的物理内存区域的连接将通过参数传递进行。在修改共享内存的数据时,对于 Value 对象,直接修改其 value 成员,而对于 Array 对象,直接使用下标操作符修改数组的某一个数据。如下面的程序段所示:

```
#<程序:共享内存——子进程的使用>
from multiprocessing import Process, Value, Array
def f(n, a):
    n.value = 3.1415927
    for i in range(len(a)):
        a[i] =-a[i]
if __name__ == "__main__":
    num = Value('d', 0.0)
    arr = Array('i', range(10))
    p = Process(target = f, args = (num, arr))
    p.start()
    p.join()  #等待子进程 p 的结束

    print (num.value)
    print (arr[:])
```

输出结果为：

```
3.1415927
[0, -1, -2, -3, -4, -5, -6, -7, -8, -9]
```

上面的程序中，p.join()表示主进程等待子进程 p 运行的结束。我们将在此后的章节具体讲述 join 方法。

现在，我们来重新实现 7.2.2 节中的例子。当有一个子进程找到了满足条件的质数 k 后，它立即通知其他子进程。而其他子进程发现质数 k 已经找到时，则立刻退出程序。

为了实现上述功能，我们创建一个 Value 对象(flag)，其初值为 0，当有进程找到满足条件的质数 k 后，将 flag.value 改为 1，而在每次进行搜索前，每个子进程都首先判断 flag.value 是否为 1，若为 1，则直接退出子进程。根据以上设计，7.2.2 节中的例子的 Python 程序实现如下：

```
#<程序：多进程实现寻找质数因子问题——利用共享内存通信>
from multiprocessing import Process, Value
import math
def FindK(N, flag, begin, end):
    for k in range(begin,end):
        if flag.value == 1:
            break
        if N % k == 0:
            print (N," = ",k," * ",N/k)
            flag.value = 1
            break
if __name__ == "__main__":
    N = 684568031001583853
    num_process = 16
    flag = Value('i', 0)
    process_list = []
    for i in range(0,num_process):
        if i == 0:
            begin = 2
        else:
            begin = int(math.sqrt(N)/num_process * i) + 1
        end = int(math.sqrt(N)/num_process * (i + 1) + 1)
        p = Process(target = FindK, args = (N,flag,begin,end))
        process_list.append(p)
    for p in process_list:
        p.start()
```

7.4 多进程编程实例

7.1 节至 7.3 节已经介绍了多进程编程的基本概念，以及 Python 多进程编程的基础知识。本节将利用这些基本知识，使用多进程编程解决两个基本的数学问题：方差的计算与矩阵向量乘积，并且使用多进程编程模拟实现两个现实中的复杂问题：生产消费过程模拟与电梯运行模拟。

本节还将继续讨论多进程编程的一些基础问题，如 join 方法的用途与实现、Event 对象的用途与实现等。

在学习本节的过程中，我们将给出实现多进程编程的两个基本框架。第一个框架中，所有子进程都将执行相同的操作，主进程将等待所有子进程的结束，然后对子进程的运行结果进行处理。该框架可以用于解决一些基础数学问题，例如 7.4.1 节求解方差、7.4.2 节求解矩阵与向量乘积。

第二个框架中，子进程将执行不同的操作，不同子进程间将使用 Event 对象来保证运行顺序。该框架可以用来模拟现实中的复杂问题，如 7.4.3 节对生产消费过程的模拟、7.4.4 节对电梯运行的模拟。

7.4.1 方差计算的多进程实现

在多进程编程的实现中，通常有两个具体的问题。第一个问题是：主进程需要在所有子进程执行结束后，对子进程的结果进行一些处理。要解决这个问题，Python 提供了 join()方法，本小节将具体讨论 join()方法的用途与实现。第二个问题是：操作系统能够容许的进程数是有限的，当创建的进程超过这个限制时，系统就会崩溃。因此，在实现多进程时，通常需要指定所创建子进程的个数。本节将介绍如何编写指定子进程个数的多进程程序。为了展示如何解决上述两个问题，本节将利用多进程编程实现方差的计算。

在概率论中方差用来度量随机变量和其数学期望(即均值)之间的偏离程度。在许多实际问题中，求得方差有着重要意义。例如在投资决策中，未来收益可能值的方差越大，说明风险越大。

给定一组等概率出现的数据 $x_1,x_2,x_3,\cdots,x_n$，其均值为 y，则这组数据的方差为 $[(x_1-y)^2+(x_2-y)^2+\cdots+(x_n-y)^2]/n$。

问题：给一组等概率出现的数据 $x_1,x_2,x_3,\cdots,x_n$，求这组数据的方差。

(1) 多进程求解方差的分析。

要求一组数据的方差，首先需要求得这组数据的均值。然后，求得每一个数据与均值的差。最后，对每一个差值进行平方运算后求和。

使用多进程求方差，我们为数据的每个元素创建一个进程，该进程关联到 calculation 函数。该函数只求得对应元素与均值的差的平方，然后将所得的结果加到共享变量 sum 中，当所有子进程运行结束后，主进程将 sum 的值除以 n 得到方差。

(2) 多进程求解方差的 Python 实现。

```
#<程序:方差求解的多进程实现>
from multiprocessing import Process, Value, Array, Event
N = 10                                          #给定数据的个数
Numbers = [14,32,52,62,53,13,65,32,75,42]       #给定的数据集
def calculation(ID, xi, y, sum):
    sum.value += (xi - y) * * 2           #数据 xi 与均值 y 的差的平方,结果加到共享变量 sum
if __name__ == "__main__":
    y = float(sum(Numbers)/N)                   #求得给定数据集的均值
    sum = Value('f', 0)                         #申请共享变量 sum,用来存放平方和
    subprocess = []                             #存放子进程对象
```

```
    for i in range(N):
        subprocess.append(Process(target = calculation,args = (i,Numbers[i],y, Sum)))
    for p in subprocess:
        p.start()              #启动子进程
    for p in subprocess:
        p.join()               #等待子进程结束
    print (sum/N)              #求得方差
```

输出结果为：

```
402.4
```

在主函数中，float(sum(Numbers)/N)求得给定数据的均值并存储于变量 y 中。sum 为一个浮点数类型的共享内存变量。subprocess 存放所有需要创建的子进程对象。每一个子进程与 calculation 函数关联，该函数有 4 个输入变量，分别为 k、xi、y 以及 sum，k 为子进程对应数据的序号，xi 为该子进程对应的数据，y 为该组数据的均值，sum 为分配的共享内存变量。

在所有子进程都实例化后，主进程将遍历 subprocess 的所有子进程对象，并调用其 start()方法以启动子进程。然后，遍历 subprocess 的所有子进程对象，并调用其 join()方法，等待所有子进程的运行结束。最后，主进程用 sum 除以数据的总个数，求得给定数据的方差。

方法 join()是个很重要的同步机制。主进程执行 p.join()后，有两种情况：①如果子进程 p 还没有运行结束，主进程将停留在 p.join()语句处，等待子进程 p 执行结束后，再继续执行后面的代码；②如果子进程 p 已经运行结束，那么主进程将立即通过 p.join()语句，执行后续代码。

在上述例子中，主进程需要等待所有子进程将结果加到共享内存变量后，再执行 sum/N。因此，在主进程调用子进程对象的 start()方法后，依次调用每个子进程对象的 join()方法，这样就可以确保共享变量 sum 已经被完全并且正确地统计。也就是在各个子进程计算出的结果都加到共享变量 sum 后，主进程才执行 print(sum/N)。

思考：上面的程序创建了与数据数量相同的子进程，在真实情况下，子进程的数量是有上限的。在设计多进程程序时，经常也会有创建子进程最大个数的限制。当程序的实现要求最多只能创建 P 个进程，平方差的问题应该如何求解呢？下面我们给出程序的设计思路，并实现求一组数据在最多创建 5 个子进程时的多进程程序。

(3) 多进程求解方差在最多创建 5 个子进程时的分析。

小明：各个子进程都同时向共享变量 sum 中写入数据，难道就不会出现如同 7.1.3 节中的银行错误修改存款金额的问题吗？

沙老师：程序中修改 sum 变量的语句为 sum.value+=(xi−y) ** 2，在 Python 中，我们所看到的、操作于共享内存变量上的赋值运算符(如“=”“+=”“−=”等)并不是进行简单的赋值。在 multiprocessing 模块的 Value 类的实现中，这些赋值运算符被赋予了新的功能，即默认在进行读写操作时，会对共享变量加锁，以保护变量。也正因为这种保护，如果多个进程想要同时改变一个共享变量的值，这些写操作最终将会按照串行的方式对变量进行写入。

与前面的实现一样，首先需要求得这组数据的均值。然后将数据分成 5 组，每一组数据传给一个指定的子进程。每个子进程求自己这组数据内每个数据与均值的差的平方，并将其加到内存共享变量 sum 上。

与上述实现相比，我们主要完成的任务是将数据分组，然后让每个子进程处理多个数据，而非一个数据。为了实现上述任务，程序中首先求得每组数据的个数，存于 len 中。然后，我们创建 p 个子进程，对于第 i 个子进程，其数据为 Numbers[i * len:i * len+len]。

在关联到子进程的 calculation 函数中，我们添加一个循环，用于遍历传递到该函数的数据数组 Ax。对每一个属于 Ax 数组的 xi，我们求得其与均值 y 的差值的平方，然后将其加到共享变量 sum 中。

```
#<程序:方差求解的多进程实现——限制最多 P 个子进程>
from multiprocessing import Process, Value, Array, Event
N = 10                                          #给定数据的个数
P = 5                                           #要求创建子进程个数
Numbers = [14,32,52,62,53,13,65,32,75,42]       #给定的数据集
def calculation(ID, Ax, y, sum):
    for xi in Ax:
        sum.value += (xi - y) * * 2
if __name__ == "__main__":
    y = float(sum(Numbers)/N)                   #求得给定数据集的均值
    len = N/P                                   #每组数据的个数
    sum = Value('f', 0)                         #申请共享变量 sum,用来存放平方和
    subprocess = []                             #存放子进程对象
    for i in range(P):                          #一共创建 P 个子进程
        subprocess.append(Process\
        (target = calculation,args = (i,Numbers[i * len:i * len + len],y, sum)))
    for p in subprocess:
        p.start()                               #启动子进程
    for p in subprocess:
        p.join()                                #等待子进程结束
    print (sum/N)                               #求得方差
```

下面给出的程序在执行 sum. value += (xi - y) ** 2 语句时，多个进程需要串行的执行，从而不能完全利用多个核进行并行计算。如果我们按如下方式修改 calculation 函数，当数据的总数 N 十分大时，程序的运行时间将被大大缩短。

```
#<程序:修改后的方差求解之 calculation 函数>
def calculation(k, Ax, y, sum):
    localsum = 0
    for xi in Ax:
        localsum += (xi - y) * * 2
    sum.value += localsum
```

修改后的 calculation 函数申请了一个局部的 localsum 变量，所有的累加都首先操作在 localsum 变量上。当子进程处理完分配给它的所有数据后，再把得到的 localsum 加到共享

内存变量 sum 上。这样的实现，每个子进程在计算 localsum 时可以完全并行执行，以加快程序的执行速度。

练习题 7.4.1：在<程序：方差求解的多进程实现>中，如果不使用 p.join()，请分析会输出什么结果。

练习题 7.4.2：本小节的实现中，平均值的求解是在主进程中进行的，即使用了 float(sum(Numbers)/N)。但是，当数据量非常大时，平均值的求解将成为程序运行速度的瓶颈。请利用本小节所学知识，利用多进程编程实现求 N 个数的平均数。要求最多创建 p 个子进程。设 $N=10, p=5$。

7.4.2 N 阶矩阵与 N 维向量相乘的多进程实现

在 7.4.1 节求方差的例子中，我们使用共享内存变量 Value 进行数据通信。本小节将介绍如何使用共享内存数组 Array 来进行数据通信。在本小节中，我们要求解的问题是一个 N 阶矩阵与一个 N 维向量的乘积。因为结果是一个 N 维向量，所以，我们将使用共享内存数组来存放结果的 N 维向量的每一位。在本例中，我们不对子进程的个数进行限制，即可以创建 N 个子进程。

问题：给定一个 $N\times N$ 的 $\boldsymbol{A}$ 矩阵与一个 N 维向量 $\boldsymbol{B}$，求它们的乘积。例如，当 $N=5$，求：

$$\begin{bmatrix}45 & 32 & 52 & 32 & 31\\43 & 43 & 68 & 62 & 48\\12 & 36 & 12 & 55 & 45\\65 & 75 & 69 & 21 & 36\\15 & 24 & 36 & 75 & 96\end{bmatrix}\times\begin{bmatrix}4\\6\\7\\4\\9\end{bmatrix}$$

(1) 多进程实现分析。

$N\times N$ 的矩阵 $\boldsymbol{A}$ 乘以 $N\times 1$ 的向量 $\boldsymbol{B}$，结果是 $N\times 1$ 的向量。求解方法是用矩阵第 i 行中的各个元素分别乘以向量中对应的元素，这些结果的和为结果向量第 i 行的值。例如，上述乘积结果向量第一行的值为：$45\times4+32\times6+52\times7+32\times4+31\times9=1143$。

根据矩阵与向量乘法的规则可以看出，当 i 不等于 j，求结果向量第 i 行的过程与第 j 行的过程就完全没有重叠。也就是说，它们可以并行求得。具体方法如下所述：

首先，为 $\boldsymbol{A}$ 的每一行创建一个子进程，共有 N 个子进程，第 k 个子进程要计算 $\boldsymbol{A}$ 的第 k 行向量乘以 $\boldsymbol{B}$ 向量，所得结果存放至共享内存数组的第 k 位。所以我们需要有一个共享数组，用来给每一个子进程存放结果。所有进程执行完毕后，求解过程结束，结果向量存储于共享内存数组中。

(2) 矩阵向量乘法的 Python 编程实现。

如上述分析，我们在主函数中使用 Array 申请一个含有 N 个元素的共享内存数组，N 为输入矩阵的行数。subprocess 是存放 N 个子进程对象的 list，每一个子进程都关联到 calculation 函数。这个函数的参数有 4 个，分别为 k、col、row 以及 RES，其中 k 表示结果向量的第 k 位，col 是输入矩阵的第 k 行，row 为输入向量，RES 为主函数申请的共享内存数组。

在所有子进程都实例化后，程序将遍历 subprocess 的所有子进程对象，并调用其

start()方法以启动子进程。然后,再次遍历 subprocess 的所有子进程对象,并调用其 join()方法,等待所有子进程运行结束后执行后续的操作。

```
#<程序:矩阵向量相乘>
from multiprocessing import Process, Array
N = 5
Matrix = [(45,32,52,32,31),
          (43,43,68,62,48),
          (12,36,12,55,45),
          (65,75,69,21,36),
          (15,24,36,75,96)]
Vector = (4,6,7,4,9)
def calculation(k, col, row, RES):
    cur_res = 0
    for i in range(len(col)):                #计算行与列的乘积
        cur_res += col[i] * row[i]
    RES[k] = cur_res                          #行与列的乘积存放在共享内存数组 RES 的第 k 位
if __name__ == "__main__":
    RES = Array('i', [0 for i in range(N)]);
    subprocess = []                           #存放子进程对象的 list
    for i in range(N):
         subprocess.append(Process(target = calculation, args = (i, Matrix[i], Vector,
RES)))
    for p in subprocess:
        p.start()                             #启动子进程
    for p in subprocess:
        p.join()                              #等待子进程结束
    for i in range(N):
        print (RES[i])
```

输出结果为:

```
1143
1586
973
1601
1620
```

在子进程中,col 中的每一个元素与 row 中对应的元素相乘,并使用 cur_res 记录累加后的结果。最后,将计算出的 cur_res 的值存入共享内存数组 RES 的第 k 位。

练习题 7.4.3:请使用 Python 编程实现本小节所述问题。

练习题 7.4.4:修改练习题 7.4.3 的程序,要求最多只能创建 p 个子进程。如 $p=5$(其余相关题目请参见习题 7.12~7.15)。

7.4.3 基于价格波动的生产者决策模拟

市场经济是非常复杂且与生活息息相关的活动。接下来我们用多进程编程模拟生成消费过程中一个相对简单的经济问题——生产者决策问题。通过这个例子,大家可以对市场经济有一定的认识。此外，本节还将介绍 Python 维护多个进程读写顺序的一个重要类——Event。学习并掌握了 Event 的用法，我们就可以控制不同进程对共享内存变量的读写顺序，进而写出正确的多进程程序。

在生产消费的过程中，商品的销售价格将随着市场的供需关系上下波动，并与生产量息息相关。如石斛和玛卡这两种植物因其药用价值近年来受到市场追捧，价格昂贵，人们发现商机后就开始大量种植。种植的多了，产量得到提高，价格就开始降低。我们用多进程编程对生产者决策问题进行模拟，是为了寻找生产量与价格的平衡，这是非常具有实际价值的。

例如，鲜花生产商要决定每一个季度种植多少鲜花。因为涉及商业机密，各个生产商每个季度种植的鲜花数量是不公开的，各个生产商需要根据当前季度的生成量和价格预估下一个季度的产量。如果种植多了，鲜花的单价将会降低，则利润降低。反之，如果种植少了，生产商就不能获得更多的利润。在市场经济调节下，供需关系最后应趋于平衡、稳定。

如上所述，生产消费的一个问题在于生产者究竟要生产多少个商品。如果多了，则利润下降，如果少了，赚得少了。在这里模拟的生产不是垄断生产，因为垄断生产能够很简单的推测出市场需求，并以此来牟取暴利(这就是国家要禁止市场垄断的原因)。在非垄断生产中，例如有 10 个生产者(也可能多于 10 个)，每个生产者将利用简单的模型预测下一个季度的产量。这个预测用到了上一个季度的总利润、生产成本和生产量。生产者使用的预测模型是一样的，但因为生产者有保守的，也有激进的，所以预测模型中的某个参数会有所不同。

我们想要通过模拟获知以下几个问题的答案：①某商品在整个市场的价格是否能趋于平衡？②对于分布型的生产关系，会不会因为各个生产者的产量不透明，导致商品的价格越来越高或者越来越低？③是保守的生产者获利更多？还是激进的生产者获利更多？

本小节将首先建立产量预测模型，然后通过多进程的思想，模拟生产消费的过程。最后，通过实验结果分析来回答上述问题。

拟解决的问题：假设消费者每个季度的消费总预算是一个定值，所有的生产者将通过其当前季度的销售情况对下一个季度的产量进行预估。因此，每个季度的市场总供给量(所有生产者的产量和)会不断变化，从而影响该季度的商品成交价格。要求模拟商品生产与消费的过程，并分析得出价格波动的曲线。

在模拟生产消费过程的程序中，我们需要创建两种类型的进程：市场进程和生产者进程。市场进程与生产者进程之间的执行顺序需要有严格的保证。Python 中的 Event 通信用来保证不同进程间的执行顺序。在下面的内容中，我们将首先介绍 Python 的 Event 通信功能与实现，然后将分析市场进程与生产者进程之间的执行顺序，进而给出保证市场与生产者正确执行的程序框架。

(1) Event 通信。

在 multiprocessing 中 Event 对象可以实现两个进程间的简单通信。当进程 A 需要等待进程 B 完成某些操作时，进程 A 会调用 Event 对象的 wait()方法，而进程 B 在完成这些操作后将会调用 Event 的 set()方法来通知进程 A。

wait()方法和 set()方法有一个共享的布尔变量 flag。调用 set()方法将把 flag 的值置为 1。而调用 wait()方法将检测 flag 的值是否为 1。如果 flag 的值为 1，则立即通过该语句；如果 flag 的值不为 1，则调用 wait()的进程将暂停执行，直到其他进程调用其相同 Event 对象的 set()方法将 flag 置为 1 后，该进程才能继续执行。注意，在创建 Event 对象时,flag 的初始值为 0。

下面我们用一个简单的例子来展示进程间是如何利用 Event 对象来保证程序的有序执行。在这个例子中,主进程要创建两个子进程。其中一个子进程(P1)完成 X+Y 操作,结果将存入一个共享变量 Res 中;另一个子进程(P2)将打印共享变量 Res 的值。我们希望,P2 子进程打印出的 Res 值为 P1 子进程中计算 X+Y 的结果。输出结果为:38。

```
#<程序:使用 Event 通信实现进程间的有序>
from multiprocessing import Process, Value, Event
def P1(X, Y, Res, Notify):
    Res.value = X + Y
    Notify.set()
def P2(Res, Notify):
    Notify.wait()
    print(Res.value)
if __name__ == "__main__":
    Res = Value('i', 0);          #共享变量 Res,存放 X + Y 的值
    Notify = Event()              #Event 对象,用来保证进程执行顺序
    p1 = Process(target = P1, args = (13, 25, Res, Notify))
    p2 = Process(target = P2, args = (Res, Notify))
    p1.start(); p2.start()
```

<程序:使用 Event 通信实现进程间的有序>使用了 Event 来实现两个子进程 P1 与 P2 之间的有序执行。在该例中,有如下两种执行顺序。

① 如果子进程 P1 首先执行 Notify.set(),Notify 相关联的 flag 标记将置为 1。当子进程 P2 执行 Notify.wait()时,将直接通过该语句。这时,Res 的值为 X+Y。

② 如果子进程 P2 首先执行 Notify.wait(),因为 Notify 相关联的 flag 标记的初始值为 0,子进程 P2 将暂停执行,等待 P1 调用 Notify.set()。当 P1 调用 Notify.set()时,Res 的值已经被更新为 X+Y 了。

所以,当子进程 P2 执行 print(Res.value)时,Res 的值一定为 X+Y。

需要注意的是,如果要多次使用同一个 Event 对象,在进行完一次通信后,需要调用 clear()方法。该方法会把 Event 对象关联的 flag 标记的值置为 0。当 Event 在一个循环中要重复使用时,在下次使用 Event 前调用 clear()才能保证进程执行顺序的正确。

练习题 7.4.5:如果<程序:使用 Event 通信实现进程间的有序>不使用 Event 对象,将会输出什么结果?

练习题 7.4.6:请分析如下程序是否能正确执行,即子进程 P2 能否正确输出 Res 的值。如果去掉注释 1,程序是否能正确执行?

```
from multiprocessing import Process, Value, Event
import time
def P1(X, Y, Res, Notify):
    Res.value = X + Y
    Notify.set()
    Notify.set()
def P2(Res, Notify):
```

```
    time.sleep(1)              #保证 P2 在 P1 之后执行
    Notify.wait()
    # Notify.clear()           #注释 1
    Notify.wait()
    print(Res.value)
if __name__ == "__main__":
    Res = Value('i', 0);
    Notify = Event()
    p1 = Process(target = P1, args = (13, 25, Res, Notify))
    p2 = Process(target = P2, args = (Res, Notify))
    p1.start(); p2.start()
```

(2) 生产消费问题多进程初步设计。

接下来,我们来设计如何模拟生产消费过程。在生产消费过程中,生产者将按季度进行生产,每个季度产出的产品将会在市场进行销售。在模拟程序中,每一个生产者将作为一个进程,它根据当前季度的利润与成本来对下一个季度的产量进行预估(产量预估模型将在之后进行详细的介绍)。市场也将作为一个进程,生产者当前季度生产的所有商品都会在市场进行销售。市场进程根据当前季度商品总量与消费总价计算出当前季度销售单价。为了简单起见,我们假设每个季度的消费总量是一个定值。每个季度市场进程得到的销售单价将会反馈给生产者,进行下一季度的产量预测。

根据上述分析,生产者与市场进程之间的运行有严格的顺序约束。在一个季度中,市场进程首先计算出当前季度的销售单价,然后反馈给生产者。生产者得到当前季度的销售单价,预测下一季度的生产量,然后进行生产。生产后,生产者将会把新的产量告诉市场进程,然后进入下一个季度。重复上述 3 个步骤就能够模拟出整个生产消费过程。

上述三个步骤的具体顺序如图 7-6 所示。图中(1)表示市场进程已获得当前季度商品的销售单价。(2)表示市场进程告知所有生产者当前季度的销售单价。(3)表示生产者获知

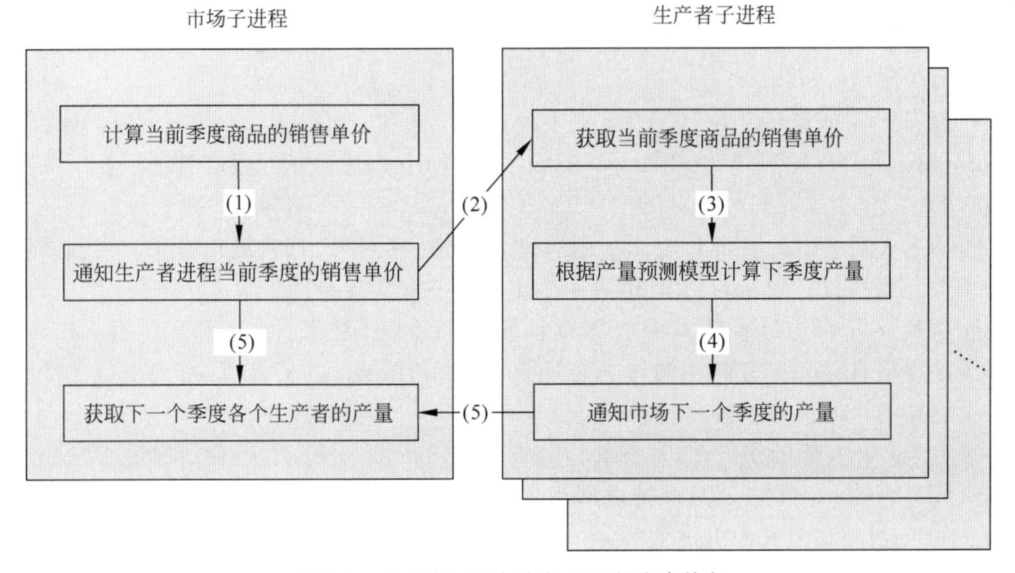

图 7-6　生产者进程与市场进程的有序执行

当前季度的销售单价后，将进行下一个季度的产量预估。(4)表示生产者已经计算出下一个季度的产量。(5)表示市场已经告知生产者当前季度的销售单价，并且生产者也已经将下一个季度的产量告知市场进程，此时便可以将所有商品投入市场进行销售，因此，可以进行下一个季度的模拟。为了实现多个进程间严格的执行顺序，我们将利用 Python 中提供的 Event 对象。

```
#<程序:市场进程>
def Market(Trigger, Notify, season):
    while season < totalSimSeason:
        # Do Price Calculation
        for i in range(SNum):
            Trigger[i].set()
        for i in range(SNum):
            Notify[i].wait()
            Notify[i].clear()
        season.value += 1
```

```
#<程序:生产者进程>
def Sales(ID, Trigger, Notify, season):
    while season < totalSimSeason:
        Trigger[ID].wait()
        Trigger[ID].clear()
        # Do Estimation
        # Produce
        Notify[ID].set()
```

<程序：市场进程>与**<程序：生产者进程>**是市场和生产者子进程的实现框架。其中，Trigger 与 Notify 是两个 Event 数组。在 Trigger 中的 Event 对象是市场用来通知生产者，当前季度的销售单价已经得出。而在 Notify 中的 Event 对象是生产者用来通知市场，下一个季度的产量已经得出。

在程序中，while 的每一次循环表示一个季度。season 为模拟的季度数，而 totalSimSeason 为总的模拟季度数。Market 和 Sales 分别为市场与生产者子进程所关联的函数。

市场进入新的季度时，即 Market 函数进入 while 循环时，首先进程将获知当前季度的销售单价，然后调用 Trigger 数组中每一个 Event 对象的 set()方法，通知每一个生产者。Trigger[ID]表示市场与第 ID 个生产者通信使用的 Event 对象。在通知完所有生产者后，市场子进程将对 Notify 数组中的每一个 Event 对象调用 wait()方法，以等待对应生产者将下一个季度的产量告知市场。

而生产者进入新的季度时，即 Sales 函数进入 while 循环后，生产者子进程将首先调用 Trigger[ID]的 wait()方法等待市场返回当前季度的销售单价。然后，调用 clear()方法将 Trigger[ID]对象相关联的 flag 置为 0。接下来，生产者将利用本季度的销售单价进行产量预估，作为下一个季度的产量。然后，生产者子进程将通知市场下一个季度的产量，以进行下一个季度的模拟。

这样，我们就有了生产者与市场间通信的基本框架，在此后的本小节中，我们将首先介绍产量预估模型，然后分别实现生产者与市场子进程对应的函数。

（3）产量预估模型。

在该问题中，每个季度的消费总预算（即需求量）是一个定值，因此生产的产量会对每个季度的销售价格起到决定性影响。假设每个季度的商品销售单价为消费总预算除以生产总量。除了商品销售价格外，我们还需要对产量预估进行建模。下面我们将给出一个简单的产量预估模型。这个产量预估模型非常简单，只是为了学习并行计算使用。在经济学中，产量的预估模型往往是非常复杂的。希望同学们发扬研究精神，创造新的预估模型，替换本章所使用的预估模型，实现生产消费问题的各类不同模拟。

$$P_{i+1}=\max\left(P_i \cdot \left[0.8+\alpha \cdot \frac{\text{profit}}{\text{cost}}\right],1\right)$$

生产者利用上述公式对下一个季度（第 $i+1$ 个季度）的生产总量进行预估。其中，P_i 表示第 i 个季度的生产总量，profit 表示第 i 个季度的总利润，cost 表示第 i 个季度的总生产成本。α 表示增产比例，每一个生产者可以有不同的值。α 越小，说明生产者越保守；反之 α 越大，说明生产者越激进。在生产过程中，每季度的生产总量应该大于或等于 0。在该模型中，如果第 i 季度的生产总量 P_i 为 0，那么该生产者接下来所有季度的生产总量都会为 0。为了避免这种情况的出现，我们要求每一个季度的生产总量至少为 1（注：也可以大于 1）。所以，在该模型计算第 $i+1$ 季度的生产总量 P_{i+1} 时，我们使用了 max 函数保证其值大于 0。也就是说，如果生产者因为亏损导致大幅度减产，减产后也至少要生产 1 个商品。根据是否获得利润，可以分为以下三种情况。

① 当生产者不赚不赔时，即 profit＝0：生产者为了在下一季度获取利润，将减少产量。将 profit＝0 带入公式，可以得到 $P_{i+1}=0.8P_i$，即减产 20%。

② 当生产者亏损时，即 profit＜0：生产者也会减产。保守的生产者减产得少，而激进的生产者减产得多。例如，当生产者第 i 季度亏损 20%时，即 profit＝－0.2cost。对于保守的生产者，其 $\alpha=1$，这样在第 $i+1$ 个季度，它的生产总量为 $P_{i+1}=0.6P_i$，即减产 40%；对于较为激进的生产者，其 $\alpha=2$，这样在第 $i+1$ 个季度，它的生产总量为 $P_{i+1}=0.4P_i$，即减产 60%。

③ 当生产者盈利时，即 profit＞0：生产者将根据盈利情况进行增、减产。当生产者增产时，保守的生产者增产少，而激进的生产者增产多。例如，在第 i 个季度生产者获得了 100%的利润，即 profit＝cost。对于保守的生产者，其 $\alpha=1$，这时，该生产者在第 $i+1$ 季度的产量为 $P_{i+1}=1.8P_i$，也就是说该生产者下季度的产量为本季度的 1.8 倍；对于较为激进的生产者，其 $\alpha=2$，这时，该生产者在第 $i+1$ 季度的产量为 $P_{i+1}=2.8P_i$，也就是说该生产者下季度的产量为本季度的 2.8 倍。

（4）市场与生产者之间的数据通信。

根据模型设计，市场与生产者之间要进行两类数据的交换。一类是当前季度每个生产者生产的商品总量，由每个生产者告知市场进程；另一类是当前季度的销售单价，由市场进程告知每个生产者。

对于第一类数据，我们使用共享内存数组 Array 进行交换，在程序里我们定义 Array 的变量名为 production，其中 production[ID]为第 ID 个生产者的产量。对于第二类数据，我们使用共享内存变量 Value 表示,程序中的变量名为 final_price。

市场进程(Market)通过当前季度生产总量(sum(list(production)))与消费计划总量(DemandBuget)求得当前季度的销售单价,并存放于共享内存变量 final_price 中。

生产者进程(Sales)通过 final_price 的值,首先计算得出该季度的利润总量,即 Profit。然后,利用产量预测模型预测下一个季度的生产总量,即 NxtProduction。该生产总量将存储于共享内存数组 production 的第 ID 位,表示下一个季度第 ID 个生产者的产量。

```
#<程序:生产者与市场的数据通信>
def Sales(ID, production, final_price,Trigger,Notification,season):
    while season.value<= totalSimSeason:
        Trigger[ID].wait()
        Trigger[ID].clear()
        Profit = float((final_price.value-BaseCost) * production[ID])  #计算总利润
        TotalBaseCost = BaseCost * production[ID]                       #计算生产总成本
        NxtProduction = production[ID] * (1-0.2+(1+float(ID)/10) * Profit/
TotalBaseCost)
        production[ID] = max(NxtProduction,1)
        Notification[ID].set()
def Market(season,Trigger,Notification,production,final_price):
    while season.value<= totalSimSeason:
        final_price.value = float(DemandBuget)/sum(list(production))
        print (list(production),final_price.value)
        for i in range(SNum):
            Trigger[i].set()
        for i in range(SNum):
            Notification[i].wait()
            Notification[i].clear()
        season.value+=1
    for i in range(SNum):
        Trigger[i].set()
```

> **小明**:为什么每季度的生产总量不使用一个共享内存变量,而要使用数组呢?
>
> **沙老师**:首先,使用一个共享内存变量也可以完成该功能,但是,每个生产者对这个变量的写入需要有严格的保护,即不能出现 7.1.3 节中账户写入不一致的情况。如 7.4.1 节中所述,在 Python 中 multiprocessing 模块的 Value 对象自动提供了保护机制。所以,每一个时刻只能有一个进程对该变量进行写入操作,这将会大大降低程序的并行度,成为整个程序的性能瓶颈。因此,我们在本模拟程序中使用了数组来实现。

(5) 市场与生产者之 main 函数。

```
<程序:生产消费模拟之 main 函数>
from multiprocessing import Process, Value, Array, Event

SNum = 10;                                   # 生产者总数
```

```
    totalSimSeason = 100;                           # 总共模拟的季度数
    DemandBuget = 10000;                            # 市场消费预算
    BaseCost = 50                                   # 生产单个商品的成本

    if __name__ == '__main__':
        season = Value('i',0)                       # 共享内存变量,表示模拟的当前季度
        final_price = Value('f', -1)                # 共享内存变量,存放当前季度的成交单价
        production = Array('i',[1 for i in range(SNum)])  # 共享内存数组,存放产量
        Trigger = [Event() for i in range(SNum)]    # Events 列表,用于市场通知生产者
        Notify = [Event() for i in range(SNum)]     # Events 列表,用于生产者通知市场
        marketProcess = Process(target = Market, args = \
        (season,Trigger,Notify,production,final_price))
        salemen = []                                # 列表,用于存放生产者子进程对象
        for i in range(SNum):
            salemen.append(Process(target = Sales, args = \
            (i,production,final_price,Trigger,Notify,season)))
        for i in range(SNum):
            salemen[i].start()
        marketProcess.start()
        marketProcess.join()
        for i in range(SNum):
            salemen[i].join()
```

根据上述分析,需要 season 与 final_price 两个共享内存 Value 变量、一个共享内存数组 production 变量,以及两个 Event 数组 Trigger 与 Notify。

此外,在 main 函数中,SNum 为生产者的个数,totalSimSeason 为模拟的总季度数,DemandBuget 为每个季度的消费计划总额,BaseCost 为每个商品的生产成本。

至此,整个生产消费模拟的程序就完成了。利用多线程编程可以很简单地完成这个复杂又动态变化的问题的编程。

(6) 实验结果。

运行上述程序,我们可以得到每一个季度商品的销售单价。根据这些销售价格,我们绘制出了价格的波动曲线,如图 7-7 所示。

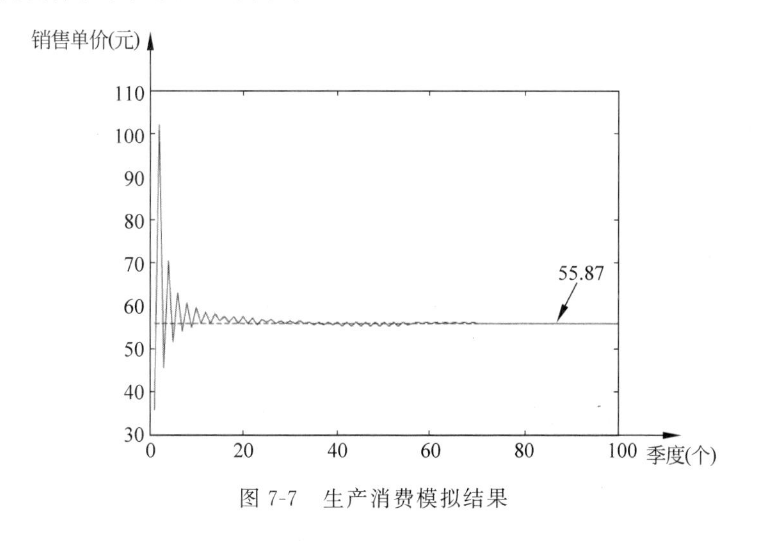

图 7-7　生产消费模拟结果

从结果可以看出,交易初期销售价格波动比较大。因为我们设定每个生产者生产量的初始值为 1,也就是在生产初期生产者完全不知道市场需求信息。当进行 20 个季度后,波动就变得平稳。在第 71 个季度后,商品价格恒定于 55.87。也就是单个产品的最终利润为 5.87 元。

我们在模拟的过程中,打印出每一个生产者每一个季度生产商品的总数。表 7-1 列举出了部分结果,从该表中可以看到,在交易初期,每个生产者生产的商品数量波动较大,这直接影响了销售单价,即销售价格在交易初期波动较大。

表 7-1 生产者产量与价格结果(部分)

Season	Sale 1	Sale 2	Sale 3	Sale 4	Sale 5	Sale 6	Sale 7	Sale 8	Sale 9	Sale 10	Price
1	1	1	1	1	1	1	1	1	1	1	1000.00
2	19	21	23	25	27	29	31	33	35	36	35.84
3	9	10	10	10	10	10	10	10	10	9	102.04
4	16	19	20	21	22	23	24	25	26	24	45.45
5	11	13	13	14	14	15	15	16	16	15	70.42
6	13	16	16	18	19	21	21	23	24	23	51.55
7	10	13	13	15	16	17	17	19	20	19	62.89
8	10	14	14	17	18	20	20	23	25	24	54.05
9	8	12	12	15	16	18	18	21	23	22	60.61
10	8	12	12	16	17	20	20	24	27	26	54.95
11	7	10	11	14	15	18	19	23	26	25	59.52
12	6	10	11	14	16	19	20	25	29	29	55.87
58	5	5	5	5	5	5	5	11	52	80	56.18
59	5	5	5	5	5	5	5	11	53	80	55.87
71	5	5	5	5	5	5	5	5	59	80	55.87
72	5	5	5	5	5	5	5	5	59	80	55.87
73	5	5	5	5	5	5	5	5	59	80	55.87

在模拟过程的末期,模拟到第 71 个季度后,价格和生产者每个季度产出的数量达到平衡。观察结果可以发现,较为保守的生产者 Sale 1～Sale 8,都只供给最低产量,而绝大部分产品都是激进者所生产。请同学们思考出现这个现象的原因。

练习题 7.4.7:请用本章的程序模拟分析,如果将产量预测模型中每个生产者每个季度生产的下限改为 0,模拟结果会是什么(是不是有些生产者在某个季度后就不再生产了)?

练习题 7.4.8:请用本章的程序模拟分析,如果所有生产者的增产比例 α 都为 1,并且初始产量也都为 1(即 $P_0=1$),会出现什么情况(是不是所有生产者每一季度的产量会变成一样呢)?

练习题 7.4.9:请修改程序,将产量预测模型中的常数 0.8 修改为 0.4,观察运行结果的价格变化趋势,并分析发生该变化的原因(提示:最终价格将不会趋于稳定,而是上下波动)。

7.4.4 电梯运行与调度模拟

在北京、香港、纽约等大城市里,每天都会有上千万人乘坐电梯。然而,很少有人去深入思考电梯是如何运行来提供服务的。

> **小明**：电梯的运行不是很简单吗，哪里有按键就去响应它，这样做不就可以了吗？
>
> **沙老师**：其实电梯的运行远没有看上去那么简单。举个例子吧，假设有两部电梯分别在3楼和15楼，现在7楼和13楼有人按电梯，电梯应该如何运行才能使乘客的等待时间最短？我们称这种情况下电梯的运行为电梯的调度。
>
> **小明**：这个问题不是很简单吗？在3楼的电梯去接7楼的乘客，在15楼的电梯去接13楼的乘客。
>
> **沙老师**：不正确！这个问题事实上没有正确答案，因为我们不知道两部电梯的运行状态以及7楼和13楼的按键方向，这样做出的调度往往不是最优的。

电梯的调度事实上是一个非常复杂的问题，电梯调度的算法不仅仅运用在电梯的运行上，计算机领域的很多应用都使用了这个调度算法，如磁盘的访问顺序等。考虑到调度算法的复杂性，这一节的内容不是必须掌握的，不过我们也推荐学有余力的同学阅读本节内容。

拟解决问题：一幢楼有多部电梯，每部电梯都能到达每个楼层。当楼层 K 有人需要乘坐电梯时，将有一部电梯移动到楼层 K。简单起见，我们假定每一个时刻只能有一个楼层的按键信息，电梯每移动一个楼层花费一个单位时间。

(1) 电梯模拟之子进程运行顺序。

电梯系统分为两个部分：一部分是控制单元，另一部分是各个独立的电梯。在模拟程序中，控制单元为一个子进程，每部电梯为一个子进程。

假设电梯移动一个楼层所需要的时间为一个单位时间。每个单位时间内，控制单元都会检测是否有新的按键事件。如果有新的按键事件，控制单元会获取每部电梯当前的运行情况，然后分配其中一部电梯去响应这个按键事件。整个电梯系统运行在一个以单位时间为基准的时钟下。

为了模拟实现电梯系统的运行，我们需要保证控制单元与电梯的有序执行。如图7-8所示，在每个单位时间内：①控制单元根据这个时刻的所有按键信息，分配电梯去响应各个按键，每一个按键都会分配一部电梯去服务，一部电梯可能会服务多个按键；②控制单元将分配信息写到共享数组里，并且告知所有电梯子进程去读取；③每个电梯子进程检测是否有需要服务的新楼层，如果有，则将其加入一个待到达楼层的列表；④每部电梯根据当前运行状态执行一个操作(上升、下降或停留)，之后，各个电梯子进程通知控制单元，表示已完成一个单位时间的操作；⑤当控制单元接收到所有电梯的通知后，这个单位时间内的所有事务就已完成，进入下一个单位时间。

为了实现上述功能，我们将会利用 multiprocessing 模块中的 Event 对象。在电梯模拟问题中，控制单元进程与每一个电梯进程需要有两个 Event 对象来进行通信。第一个 Event 对象是控制单元触发电梯执行操作，在程序中为 Trigger 数组，而第二个 Event 对象是电梯通知控制单元，该电梯已完成一个单位时间内的操作，在程序中，该组 Event 对象存储于 Notification 数组中。

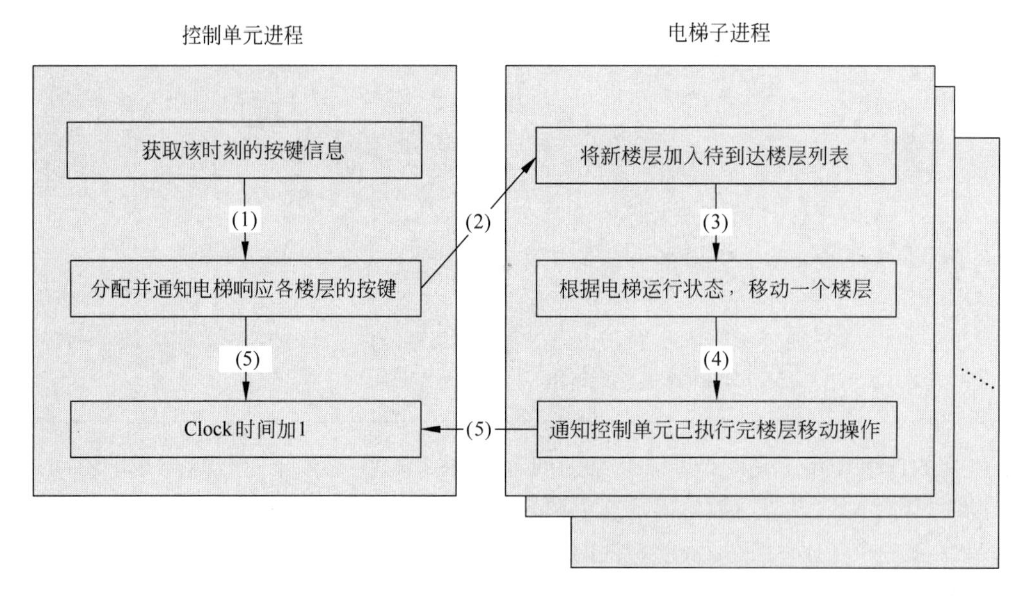

图 7-8　电梯模拟程序的执行顺序

```
#<程序:控制单元>
def control_unit (Trigger, Notification, clock):
    while clock.value < SimluationTime:
        # 获取按键信息
        # 分配电梯响应各个按键
        for i in range(ENum):
            Trigger[i].set()
        for i in range(ENum):
            Notification[i].wait()
            Notification[i].clear()
    clock.value += 1
```

```
#<程序:电梯进程>
def Sales(ID, Trigger, Notification, clock):
    while clock.value < SimluationTime:
        Trigger[ID].wait()
        Trigger[ID].clear()
        # 获取控制单元分配信息
        # 将新楼层加入待到达楼层列表
        # 根据电梯运行状态移动一个楼层
        Notification [ID].set()
```

电梯模拟的 Event 通信框架如上述代码所示，该通信框架与生产消费模拟中市场和生产者之间的通信是一模一样的。

(2) 电梯模拟之主函数设计。

```
#<程序:电梯模拟 main 函数>
if __name__ == '__main__':
    state_array = Array('i',[0 for i in range(ENum)])
    floor_array = Array('i',[1 for i in range(ENum)])
    clock = Value('i',0)
    end_flag = Value('i',0)
    move_array = Array('i',[-1 for i in range(ENum * 3)])

    Trigger = [Event() for i in range(ENum)]
    Notification = [Event() for i in range(ENum)]

    control = Process(target = control_unit, args = \
    (clock,Trigger,Notification,end_flag,move_array,state_array, floor_array))
    elevators = []
    for i in range(ENum):
        elevators.append(Process(target = Elevator, args = \
        (i,state_array,floor_array,clock,Trigger,Notification,end_flag,move_array)))
    for i in range(ENum):
        elevators[i].start()
    control.start()
    control.join()
    for i in range(ENum):
        elevators[i].join()
```

本程序使用了 3 个共享内存数组 state_array、floor_array 和 move_array。接下来首先介绍 state_array。模拟程序中,每部电梯有一个唯一标识的 ID。在电梯运行过程中,每个电梯有三种状态:上升、下降、停留。我们用 state_array 来表示电梯运行的状态。如果 state_array[ID]=0,则表示编号为 ID 的电梯处于停留状态;如果 state_array[ID]=-1,则表示编号为 ID 的电梯正在向下移动,处于下降状态;如果 state_array[ID]=1,则表示编号为 ID 的电梯正在向上移动,处于上升状态。

接着解释 floor_array。我们用 floor_array 存储每部电梯当前所在的楼层,floor_array[ID]表示编号为 ID 的电梯所处楼层。

最后解释 move_array。move_array 存储的内容是由控制单元进程写入的命令信息,并由电梯进程所读取。控制单元进程分配好要服务各个按键事件的电梯后,需要存入三个信息:拟服务的电梯 ID、出发的楼层、拟到达的楼层。这些信息将存入共享内存的 Array 对象 move_array。具体的实现将在之后的 control_unit 函数中进行讲解。

电梯模拟的主函数如上述代码所示。其中 ENum 表示电梯的总个数;elevators 为 list 对象,该 list 存储了所有代表电梯子进程的对象;Trigger 和 Notification 为两个 Event 对象数组,数组的长度为 ENum,数组内的第 ID 号元素为控制单元进程与编号为 ID 的电梯进程间的通信对象。

control_unit 是控制单元所关联的函数。其参数有时钟 clock、触发电梯的 Event 数组 Trigger,接收通知的 Event 数组 Notification、共享内存变量实现的模拟结束标志 end_flag、共享内存数组实现的 move_array、共享内存数组实现的状态数组 state_array，以及共享内存数组实现的楼层信息数组 floor_array。

Elevator 是电梯子进程所关联的函数，其参数有电梯编号 ID，共享内存数组 state_array、floor_array、move_array，共享内存变量 clock、end_flag，以及事件 Event 数组 Trigger 和 Notification。

(3) 电梯模拟之控制单元的实现。

为了模拟电梯的运行，在 control_unit 函数中，首先随机生成了一组按键事件，存储在 simulationEvent 中。在此，我们假设最大楼层是 10，最小楼层为 1。simulationEvent 是一个 dictionary 变量，simulationEvent[i]表示在第 i 个单位时间发生的所有按键事件，每一个按键事件被封装成一个 tuple。例如，simulationEvent[4]=[(4,8),(7,1)]表示在时刻 4 有两个按键事件，分别来自 4 楼与 7 楼。4 楼的乘客要去往 8 楼，而 7 楼的乘客要去 1 楼。

```
#<程序:电梯模拟 control_unit 函数>
def control_unit (clock, Trigger, Notification, end_flag, move_array, state_array, floor_
array):
    simulationEvent = {}
    Floors = range(1,10)
    Time = range(1,SimulationTime - 20)
    for i in range(5):
        eventTime = random.choice(Time)
        event = tuple(random.sample(Floors,2))
        if eventTime not in simulationEvent.keys():
            simulationEvent[eventTime] = []
        simulationEvent[eventTime].append(event)

    while clock.value <= SimulationTime:
        if clock.value in simulationEvent.keys():
            invalidFloor = []
            event_index = 0
            for cur_event in simulationEvent[clock.value]:
                (ID,Dir) = findNearestElevator\
                (cur_event[0],cur_event[1],floor_array,state_array,invalidFloor)
                invalidFloor.append(ID)
                if ID !=-1:
                    move_array[event_index * 3 + 0] = ID
                    move_array[event_index * 3 + 1] = cur_event[0]
                    move_array[event_index * 3 + 2] = cur_event[1]
                    print (clock.value,(ID,cur_event[0],cur_event[1]))
                    event_index += 1
                else:
                    if clock.value + 1 not in simulationEvent.keys():
                        simulationEvent[clock.value + 1] = []
                    simulationEvent[clock.value + 1].append(cur_event)
        for i in range(ENum):
            Trigger[i].set()
        for i in range(ENum):
```

```
            Notification[i].wait()
            Notification[i].clear()
        clock.value += 1
    end_flag.value = 1
    for i in range(ENum):
        Trigger[i].set()
```

在 while 循环中，每次循环 clock. value 的值将加 1，表示过去了一个单位时间，如果 simulationEvent[clock. value]中有事件，则需要控制单元选择一个最近的电梯来响应该事件。该选择函数为 findNearestElevator，其具体实现将在随后进行讲解。

在分配好电梯调度信息后，control_unit 会对 Trigger 数组中的所有事件执行 set()方法，以触发电梯子进程执行一个操作。之后，control_unit 函数将对每一个在 Notification 中的 Event 调用 wait()方法，以等待所有电梯子进程执行完一个单位时间内该完成的操作。

变量 SimulationTime 表示总的模拟时间，当时钟 clock. value 大于 SimulationTime 时，表示电梯模拟程序的结束。这时，control_unit 函数将会把 end_flag 的值置为 1。最后，再触发所有电梯子进程去检测 end_flag 的值。

(4) 电梯模拟之寻找最近电梯的实现。

在电梯控制单元中，最复杂的一个问题就是如何响应一个按键事件，即寻找“最近”的电梯来响应该事件。

小明：寻找最近的电梯响应 k 楼的按键事件有什么复杂的呢？当我们知道每一个电梯所在的楼层后，只要寻找最近的电梯就可以了嘛。

沙老师：电梯的调度并没有这么简单，假设最开始电梯 A 响应了 10 楼的按键，当 A 运行到 5 楼时，不断有人从 6 楼到 4 楼，从 4 楼到 6 楼，这样电梯 A 就永远无法到 10 楼接人。上述现象称为“饥饿现象”，即因为调度策略问题，有一些事件的请求一直不能得到响应。

寻找电梯响应函数应该如何设计呢？首先，如果所有电梯处于停止状态，那么，小明所述的方法可以用来寻找电梯进行响应；其次，当有电梯在运行时，如果电梯运行的方向与该按键事件所需电梯运行的方向相同，并且电梯还未达到按键所在的楼层，那么该电梯可以响应该事件；否则，运行中的电梯将忽略该事件。此外，为了简单起见，在每一个单位时间，我们假设一部电梯只能响应一个事件。根据以上分析，电梯响应函数的实现如下面的代码所示。

```
#<程序:电梯模拟之 findNearestElevator 函数>
def findNearestElevator(beg,end,floor_array,state_array, invalidElevator):
    direction = -1
    if beg - end < 0:
        direction = 1
    smallest_distance = 9999999999999; smallest_ID = -1
    for i in range(ENum):
```

```
        if i in invalidElevator:
            continue
        distance = 9999999999999
        if state_array[i] == 1 and direction == 1 and floor_array[i] < beg - 1:
            distance = beg - floor_array[i]
        elif state_array[i] == -1 and direction == -1 and floor_array[i] > beg + 1:
            distance = floor_array[i] - beg
        elif state_array[i] == 0:
            distance = abs(floor_array[i] - beg)
        if distance < smallest_distance:
            smallest_distance = distance; smallest_ID = i
    if smallest_ID != -1:
        return smallest_ID, direction
    else:
        return -1, -1
```

上述代码中 direction 表示事件需要电梯运行的方向，如果终点楼层 end 大于起点楼层，则需要电梯向上运行，direction 设为 1，反之 direction 为－1。在 for 循环中，我们首先检测编号为 i 的电梯是否已经被分配了事件。如果没有，且有以下三种情况之一，就可以将该事件分配给电梯 i。即：①电梯向上运行，end 大于 beg，且电梯未到达 beg 楼层；②电梯向下运行，beg 大于 end，且电梯未到达 beg 楼层；③电梯处于停止状态。我们在满足这些条件的所有电梯中选择距离 beg 楼层最近的电梯响应该事件。

如果没有电梯满足上面的条件，函数将返回(－1，－1)。这时，在 control_unit 函数中将把该事件移动到下一个单位时间进行处理。

(5) 电梯模拟之电梯子进程的实现。

在电梯子进程中，targetFloor 变量为一个 list，存放了所有需要到达的楼层以及这些楼层需要电梯移动的方向。即 targetFloor 中每一个元素为一个二元组(floor，direction)，其中 floor 为需要到达的楼层，而 direction 为需要电梯移动的方向。

在 while 循环中，电梯子进程首先等待来自 control_unit 函数的触发，即调用 Trigger[ID].wait()，在受到触发后，立即 clear 该 Event 事件，然后立即开始一个单位时间内的操作。

电梯调度的基本思想为：在电梯向上运行的过程中，如果到达楼层 K 时有需要向上的事件，则电梯接上 K 楼层的乘客后继续向上运行，直到到达 targetFloor 中的最大楼层后，才改变运行状态。此时，如果 targetFloor 中已经没有元素，则电梯停止；否则，将向下运行。电梯下降的过程也是如此。

根据电梯调度的基本思想，在 Elevator 函数中，我们首先判断电梯的运行方向，以及是否到达了最大或最小楼层，如果是，并且 targetFloor 中还有元素，则改变电梯的运行方向。如果电梯并没有到达最大或最小楼层，则判断电梯是否需要停止。如果需要停止，shouldStop()函数返回 True，此时电梯停下来接人，并将这些事件从 targetFloor 中删除；如果电梯不需要停止，则根据电梯的运行方向，电梯移动一个楼层。

如果 targetFloor 中已无元素，则电梯状态将转变为停止状态。

在执行完电梯调度的代码后，电梯子进程将检测 move_array 中是否有 control_unit 函数分配的新的调度事件，如果有，UpdateTargetFloor()函数将把新事件加入 targetFloor 变量中。

最后，如果 end_flag.value 的值被置为 1，则表示模拟结束，Elevator 函数将调用 break 退出 while 循环。否则，电梯子进程将调用 Notification[ID].set()，通知控制单元它已完成一个单位时间内的所有操作。

```
#<程序:电梯模拟之 Elevator 函数>
def Elevator(ID, state_array, floor_array, clock, Trigger, Notification, end_flag, move_
array):
    targetFloor = []
    while True:
        Trigger[ID].wait()
        Trigger[ID].clear()
        if len(targetFloor)!= 0:
            minFloor = getMinFloor(targetFloor)
            maxFloor = getMaxFloor(targetFloor)
            if state_array[ID] ==-1 and floor_array[ID] == minFloor:
                for event in getDeletionEvents(targetFloor,minFloor):
                    targetFloor.remove(event)
                if len(targetFloor)> 0:
                    state_array[ID] = 1
            elif state_array[ID] == 1 and floor_array[ID] == maxFloor:
                for event in getDeletionEvents(targetFloor,maxFloor):
                    targetFloor.remove(event)
                if len(targetFloor)> 0:
                    state_array[ID] =-1
            elif shouldStop(targetFloor,state_array[ID],floor_array[ID]):
                if (floor_array[ID],state_array[ID]) in targetFloor:
                    targetFloor.remove((floor_array[ID],state_array[ID]))
            else:
                if state_array[ID] ==-1:
                    floor_array[ID] -= 1
                elif state_array[ID] == 1:
                    floor_array[ID] += 1
            if len(targetFloor) == 0:
                state_array[ID] = 0
        for i in range(ENum):
            targetFloor = UpdateTargetFloor(move_array,targetFloor)
        if end_flag.value:
            break
        Notification[ID].set()
```

至此，电梯模拟的整个多进程 Python 程序就全部实现了。总结一下，该电梯模拟的实现使用了多进程的编程方式。每一部电梯为一个进程，此外还有一个控制进程。控制进程与电梯进程间使用 Event 对象实现执行顺序的保证。进程间的数据交换使用共享内存的方式进行，即 Value 与 Array。根据电梯的调度策略，控制进程将收到的按键事件分配给电梯子进程，而电梯子进程根据其需要响应的事件控制电梯的移动。事实上，电梯调度策略也能应用到其他场景，如磁盘的调度等，这些内容将在之后的操作系统课程上有较为详细的讲解。

练习题 7.4.10：请修改本小节程序，要求当电梯到达一个目标楼层后，停留两个单位时间。

练习题 7.4.11：请将 control_unit 函数中随机生成的按键信息改为由文件读入。并设计两个文件，第一个文件中上楼的乘客很多，表示上班高峰期，第二个文件中下楼的乘客很多，表示下班高峰期。请在模拟程序中加入代码，统计每个按键的等待时间(即从某楼层的按键信息发出，到服务该按键信息的电梯到达该楼层的时间间隔)。

练习题 7.4.12：根据练习题 7.4.11 的统计结果，请分析电梯的配置是否需要变动(例如，设置某些电梯只能到特定的楼层会减小所有按键的平均等待时间)。

7.5 利用多核进行并行计算的思考

7.5.1 没有智慧的计算就是浪费

基于多核的并行计算能够加快程序的执行，但是，如 7.1 节所述，在单核上需要 T 时间的程序，在 P 个核上运行时间最多能降到 T/P。在很多时候，要降低程序的运行时间，首先需要考虑的是如何有智慧地降低 T，而不是增加 P，也就是要设计出好的算法。

例如，找两个数的最大公约数。第一种办法是利用类似于 7.2.2 小节介绍的方法找到每个数在 2 至$\sqrt{n}$的所有质因数，最大公约数就是共同质因数的乘积。

利用上述方法，假设两个十进制数各自都有 200 位，需要查找的范围即为$(2,10^{100})$。假设一个核的处理速度为每秒能够执行 10^9 次查找，即使很富有地使用 10^7 个核进行查找(目前的超级计算机最多也只有 100 万个核，即 10^6)，要完成上述计算，也需要 $10^{100}/(10^7\times10^9\mathrm{s}^{-1})=10^{84}\mathrm{s}$。$10^{84}\mathrm{s}$ 是什么概念呢？宇宙诞生到现在也就 137 亿年，换算成秒不过是 $4.3\times10^{17}\mathrm{s}$。也就是说，要计算出两个 200 位的十进制数的最大公约数要经历 10^{66} 次宇宙诞生！

那么上述问题真的就没有办法求解了吗？正如前面所述，我们不能一味地要求增加 P，而是要将注意力集中到降低 T 上。回顾第 5 章所讲述的 GCD 贪心算法，即 Euclid 算法(又称为辗转相除法)，就可以用来快速地求解上述问题。因为 Euclid 算法每次计算后，问题规模至少缩小 1/2。因此，对于两个 200 位的数，我们大概只用进行 $\log_2 10^{100}=100\times\log_2 10\approx 330$ 次计算。所以，如果采用智慧的算法进行最大公约数的求解，我们能够在一秒内得到答案。各位想想，从宇宙级别的执行时间缩短到 1s 之内，算法的好坏是多么重要和神奇啊！所以不要一味地追求多核，算法更关键。

7.5.2 能自己做就自己做，不要总是请示协调

在并行计算中，每一个进程要尽可能独立地进行计算。如果每次计算都要请示，那么运算速度会大大降低。

我们来看一个非常简单的例子。给定一个含有 N 个元素的数组 A，要求数组 A 的各元素之和。假设一共有 P 个核可以用来计算($P<<N$)，利用并行计算的思想将数组 A 分为 P 段，即$(0, N/P]$，$(N/P, 2N/P]$，$(2N/P, 3N/P]$，…，$((P-1)N/P, N]$。

在程序中 sum 为共享变量。如果在每个子进程中，都使用 sum.value+=A[i]来进行

计算,那么,程序的运行效率将会非常低下,因为每一次对 sum 的写入都需要进行保护。如图 7-9 所示,当 Core 1、Core 2、…、Core P 都要加一个数到 sum 时,任意两个操作都不能同时进行,否则会出错。例如,A[1]=12,A[10]=23,sum=10,假如当 Core 1 计算 12+10 时,Core 2 也同时计算 23+10,然后 Core 1 先将 22 写回 sum,Core 2 再将 33 写回 sum,这样 sum 最终的值是 33,并不能实现我们需要的功能。正常情况下,sum 的值应为 10+12+23=45。在这种情况下,sum 是一个临界区,根据本章学习的内容,Python 自动对临界区进行保护,所有子进程都需要按序地对临界区进行读写操作。这样就使所有的写入变成了串行执行,即我们需要串行地进行 N 次写入。假设每次写入的时间为 K(包括 1 个单位的写入时间与 $K-1$ 个单位的信号量处理时间),那么,整个程序的运行时间将为 $N\times K$。这是非常糟糕的,完全没有展示出并行的效果。

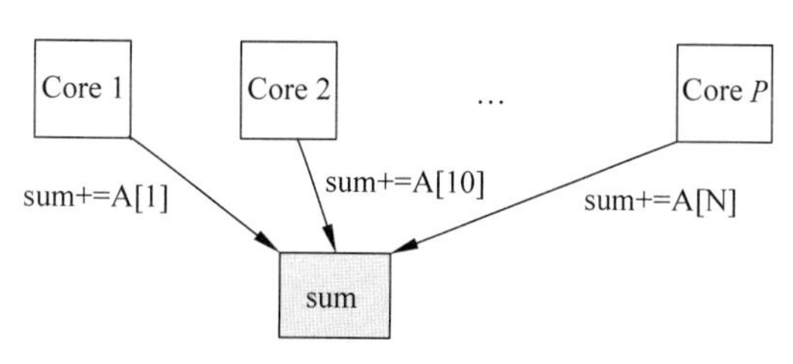

图 7-9　多核同时写共享变量

如果每个子进程中独立地进行自己的工作,而并不每次都去"打扰"共享变量 sum,程序的运行时间将会降低到 $P\times K+N/P$。该方法的具体实现为:每个子进程创建一个局部变量 local_sum,每次计算时,使用 local_sum += A[i]进行。最后,再使用 sum_value += local_sum。所有的计算都在 local_sum 上进行,因此,P 个核可以完全并行地执行分配给自己那一段元素的累加。假设 $N=10\ 000$,$P=100$,$K=4$,那么 $N\times K=40\ 000$,而 $P\times K+N/P=500$,执行时间大幅减少为原来的 1/80。

临界区使得并行度降低,在编写并行程序时,子进程越少操作临界区变量越好。

7.5.3　让大家共享多核,有福同享就是云计算

云计算是一种按使用量付费的模式,这种模式提供可用的、便捷的、按需的网络访问。进入可配置的计算资源共享池(包括计算核、Memory 存储、网络带宽等),这些资源能够被快速提供,只需要投入很少的管理工作,或与服务供应商进行很少的交互。也就是说,用户共享多核资源,按照需求量提出申请与付费的过程就是云计算。

小明可能会问:如果云计算中心只有 1000 个核,但是用户需要 5000 个核,那么云计算是不是就不能够支持这些用户了呢?实际上,不是的。云计算以一个非常智慧的方式共享多核,这种智慧的管理方式称为"虚拟化"。

虚拟化是一种在软件中模拟仿真硬件的技术,它以虚拟资源为用户提供服务。目标是合理调配计算机资源,使其更高效地提供服务。举例来说,如果有一台性能强大的服务器,虚拟化可以将其虚拟成多个独立的小服务器,用来服务不同的用户。虚拟化也可以将多个服务器虚拟成一个强大的服务器,完成特定的功能。不仅如此,云计算中心在分配资源时,还做到了时间上的复用。当用户不再需要资源,它之前所申请的资源将会归还给云计算中心,以用于服务其他用户。

虚拟化技术与操作系统很类似,建议大家在自己的计算机上安装虚拟机,如 virtual box 等。有了虚拟机后,你的计算机看上去就像有多台机器在同时运行了。

通过虚拟化技术,云计算把服务供应商的各种软硬件资源整合在一起,就像“一团云”,然后由“这团云”向外界的用户提供各种资源和服务。云计算的用户们可以不必了解云里各种资源的组织管理细节,只需要提出自己的需求,从云里获取自己所需的资源或服务。所以,云里真实的资源很多时候其实是由全部的用户共同占有,轮流使用,有福同享。

云计算提供的服务种类繁多,涵盖了从底层的硬件资源到顶层的应用程序。这些服务大致可以分为三类。

(1) 基础设施即服务(Infrastructure as a Service,简称 IaaS)。

这里所说的基础设施是指进行计算所需的基本资源。具体而言,IaaS 提供的服务涵盖了虚拟机、服务器、存储设备和网络等资源。有了 IaaS,大家就可以很方便地使用大量的硬件资源。例如,你可以到云服务供应商那里租几太字节存储空间,然后把你需要长期保存却很少使用的资料存放在里面,这样就可以节省你的常用计算机的存储空间。

(2) 平台即服务(Platform as a Service,简称 PaaS)。

平台的概念大家可能还比较陌生,它在这里主要是指开发各种应用所需的开发环境,如 Python 语言的各种开发工具、数据库和 Web 服务器等。

(3) 软件即服务(Software as a Service,简称 SaaS)。

这里的软件类型更是广泛,如电子邮件、通信和企业常用的管理软件等。

在云计算中,一方面,用户可以直接租用已经配置好的系统、平台和软件等,节省时间成本;另一方面,用户可以在需要时拥有大量的硬件资源,在不需要使用的时候停止租用、交还硬件资源,从而省去购置和维护硬件设备的开销。

此外,云计算的模式不仅仅是提供资源共享的一种方式,更是为大家提供了极大的便利。托云计算的福,普通人不再需要精通各种技术细节,就可以轻松地使用各种资源和软件;对专业人员而言,也可以从定制硬件设备、配置系统环境和软件的烦琐细节中解脱出来,把时间和精力集中在自己的主要任务上。这一点同学们实践以后就会体会到。

总而言之,云计算提供的各种服务就像是图书馆里的书一样,你需要什么书就取什么书,不需要的时候就还回去,大家有福同享。

7.5.4 分布式计算也是多核计算

我们常说的多核计算的环境往往是指同一台计算设备里有多个计算核,如一台装备一颗 4 核 CPU 的个人计算机、一台配置两颗 8 核 CPU 的工作站。计算核之间依靠高速的电路连接起来。这样的多核计算环境已经可以满足普通人日常所需的一些计算任务。不过,对许多企业和单位而言,为了完成一些复杂的商业、科研等计算任务,往往还需要用到更大规模的“多核计算”——分布式计算。

一个分布式计算环境往往包含多台相同或不同类型的计算机,称为计算节点。所有的计算节点通过网络连接在一起。在这种环境中,每个计算节点都可以看作是一个计算核,连接这些计算机的网络就可以看作是多核环境里的电路。那么,我们应该如何在这种更高层面的“多核环境”中做并行计算呢?我们以经典的分布式系统 Hadoop 为例,为大家讲解分布式环境里的并行计算。

首先要解决的问题就是如何存放和获取计算所需的数据。在多核计算中，进程或线程把计算所需的数据放在同一台计算机的内存里，它们独立地或共享地使用这些数据。然而，在分布式计算中，一个计算节点所需的数据可能是以文件的方式存放在其他的计算机里。这种环境需要一个统一的存储系统来管理各个计算节点中的数据，这就是分布式文件系统。Hadoop 使用的分布式文件系统叫 Hadoop Distributed File System，简称 HDFS。每个文件在 HDFS 中都有独特的编号和存放位置，方便不同的计算节点之间相互识别和获取数据。

其次，如何在分布式系统中的多个计算节点上并行处理数据呢？其基本思想与多核计算的并行一样，就是把一个大任务分解为多个小任务，每个计算节点负责处理一个小任务。这样，各个计算节点就可以并行地处理各自分配到的小任务。

假如节点 A 要处理的数据存放在节点 B 中，是不是要先把数据从节点 B 中读取到节点 A 之后再处理呢？如果是这样的话，岂不是没有并行了？在 Hadoop 中，移动的通常是处理程序的代码而不是数据。Hadoop 把处理数据的代码发送到存放相关数据的计算节点中。这样做有两个好处，一是可以提高并行计算的程度，这是因为我们可以同时把代码发送到各个计算节点，然后所有计算节点几乎同时开始处理各自的数据；二是传输的数据量更小，系统的计算速度更快，这是因为代码的大小相对于要处理的数据而言往往可以忽略不计，通过网络传输代码的开销极小。

最后，分布式系统中的各个计算任务之间如何通信呢？多核计算可以用共享内存实现进程间的通信，而分布式计算并不能简单地使用这种方式。分布式系统使用网络连接各个计算节点，它使用的通信方法也类似于互联网中的通信方法，这就是系统通信协议。通信协议是一套规定，定义了计算节点的角色、位置和一整套的联系方式。今后同学们在网络相关的课程中会学到相关知识，这里不再深入讨论。

这样看来，是不是觉得分布式计算其实就是多核计算呢？它们的思想都是用多个计算单元并行地处理多个小任务，以协作的方式一起完成一个大的任务。只不过，分布式计算的层次更高，显得更为宏观，所以在进行并行计算时使用了不同于多核计算的技术。

习题 7

习题 7.1：请简述什么是并行计算，以及多核系统与并行计算的关系。

习题 7.2：为什么我们需要并行计算？请从并行计算的优点进行分析。

习题 7.3：请根据 7.1.1 节的例子，分析与归纳并行计算算法设计的基本思想。

习题 7.4：请分别简述共享内存方式与消息传递方式的优缺点。

习题 7.5：p、q、r 为三个未知的大质数，N 为 p、q、r 的乘积。若 N 为已知，请分析如何利用＃<程序：多进程实现寻找质数问题>求解 p、q、r，并使用 Python 编程进行实现。

习题 7.6：请分析如何利用多进程编程求任意一个整数 N 的所有质因数。例如，42 的所有质因数为 2、3、7。

习题 7.7：请分析并实现利用多进程编程寻找 N 个数中的唯一密码。例如 N 为 1 000 000，给定 test(X)函数，如果 X 为正确密码，则 test 函数返回 True，否则返回 False。要求：创建 10 个子进程。

```
def test(X):
```

```
    if X == 49366:
        return Truc
    else:
        return False
```


习题 7.8：请用 Python 实现 7.3.2 节中的 #<程序：多进程实现寻找质数问题——利用共享内存通信>，即当找到满足条件的质数 K 后，所有子进程中止执行。

习题 7.9：请改写习题 7.7 的实现，在找到正确密码后，通知所有子进程退出执行。

习题 7.10：请分析并实现利用多进程编程寻找无序的 N 个数中的最小数，将最小数存放于一个共享内存变量 Value 中，并在所有子进程执行完成后，打印出所找到的最小数。请使用下述 generator(N)函数生成 N 个无序整数。要求：创建 10 个子进程。

```
import random
def generator(N):
    return random.sample(range(1, N * 10),N)
```

习题 7.11：请分析并实现利用多进程编程寻找无序的 N 个数中最小的 10 个数。请利用习题 7.10 给出的 generator(N)函数。要求：创建 10 个子进程(提示：使用共享内存数组 Array)。

习题 7.12：如果限制最多创建 P 个子进程(如 $P=10$)来求解矩阵乘以向量的问题，要如何实现？请给出分析过程与 Python 实现代码。

习题 7.13：当求解的问题为两个矩阵相乘时，假设没有子进程个数限制，请给出多进程的实现分析与 Python 实现代码。

习题 7.14：当求解的问题为两个大小为 $N \times N$ 的矩阵相乘时，假设子进程个数为 N 个，请给出多进程实现的分析与 Python 实现代码。

习题 7.15：当求解的问题为两个大小为 $N \times N$ 的矩阵相乘时，假设子进程个数为 P 个($P << N$)，请给出多进程实现的分析与 Python 实现代码。

习题 7.16：请使用 Python 多进程编程，求 1～1 000 000 所有质数的和。要求：最多创建 P 个子进程(如 $P=10$)。

习题 7.17：请编程实现 7.4.3 小节的模拟程序。

习题 7.18：请修改练习题 7.4.5 所编写的程序，将产量预测模型中的常数 0.8 修改为 0.4，观察运行结果的价格变化趋势，并分析发生该变化的原因(提示：最终价格将不会趋于稳定，而是上下波动)。

习题 7.19：请修改电梯模拟程序。假设一栋 30 层的办公大楼有 4 部电梯，第一部电梯是每一层楼都可以服务，第二部电梯是服务 1～13 楼，第三部电梯是服务 14～22 楼(含 1 楼层)，第四部电梯是服务 23～30 楼(含 1 楼)。

习题 7.20：如习题 7.19 所描述的电梯配置称为 A，假若这 4 部电梯每一层楼都服务，这种配置称为 B。请模拟比较，在什么情况下 A 比 B 要好？比较的标准是什么？

第8章 计算机网络与物联网

日常生活中，计算机最主要的用途是上网，比如搜索新闻、发送消息、观看视频、玩线上游戏等都需要连接网络。那么计算机网络是什么呢？在敲打键盘和按击鼠标的背后，都发生了什么呢？本章会带领大家来到计算机网络的世界，为大家答疑解惑。

8.1 无远弗届的网络

很多人每天打开计算机的第一件事就是打开QQ，那么当你用QQ给同学发送消息时，计算机是如何帮你传递消息的呢？

从前几章的学习中可以知道，计算机中的数据是以二进制——0和1的方式存在的。因此，一段感情真挚、内容丰富的信息在计算机中也只是一串0和1的数字。那么这段01串是怎么通过计算机网络传给他人呢？

其实，计算机网络帮你传递这段信息是要历经千辛万苦的。首先，你的信息经过计算机网络每一层的传递，用一个个"包装箱"一层一层地包装起来；然后，要穿过海洋（海底电缆）、高山（无线传输）、太空（通信卫星），跌跌撞撞，终于将信息送到了对方的计算机；最后，又要一层一层拆开这些"包装箱"，将这段信息以中文或者英文展示给他。

在这千辛万苦的传递过程中，很可能出现错误。出现的错误能纠正还好，如果不能纠正，就只能麻烦地将这些信息按照上述步骤重新发送。

计算机网络最基本的功能就在于：①信息的传送，使网络中的用户之间能够相互交换数据和信息。②计算机网络还能够实现资源的共享，例如打印机的共享、网上硬盘的共享，凡是接入网络的用户均能够享受网络中共享的软件、硬件和数据资源。在科技发达的今天，计算机网络是人们工作和生活不可分割的一部分。

小明：为什么要给消息套上"包装箱"啊？

阿珍：第一，这就像平时寄快递一样，你要写上收件人的信息吧，不然怎么知道要发给谁呢？二是为了保证传送无误，譬如在"包装箱"上写了里面的01串有多少个1，假如"拆箱"后检查不符合这个数字，就知道传递时出错了。三是为了拆分，不同长度的大数据会被拆分成多个标准"小箱子"，这样才方便传输和查错。

如图8-1所示，信息在计算机网络中传送需要经过五层封装，那么为什么要将计算机网络分层？这些"层"到底是什么？

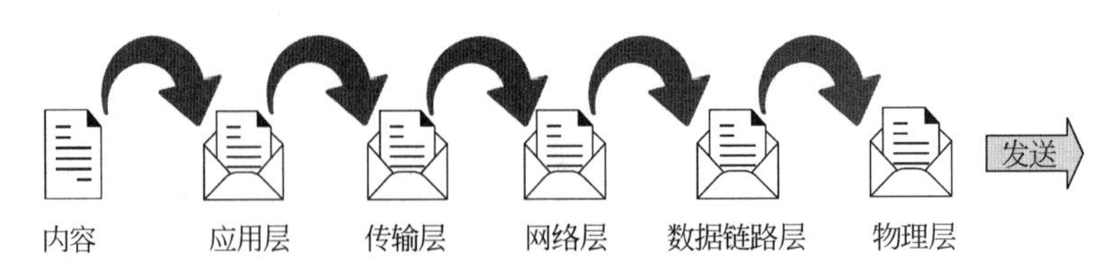

图 8-1　消息发送前的五层封装

将计算机网络分层有利于提高工作效率和容错性。在计算机网络中,一个简单消息发送和接收的过程是相当复杂的,如果将如此复杂的工作交给一层来处理,那么可想而知这一层的工作量将会非常大,并且效率会很低。而且,在处理如此复杂工作的过程中一旦出现错误,很难找到出现差错的地方。为了提高工作效率和容错性,计算机网络以分层的方式来处理消息的发送和接收。就像 Python 中函数的调用,假设要实现一个复杂的算法,如果把整个算法写在一个函数中,那么这个函数的工作量会很大,而且一旦函数内部出现错误,确定错误和改正错误会比较困难。但是如果用函数调用的方式,将这个复杂算法进行功能划分,每个功能用一个函数来实现,这个复杂的算法就由这些函数共同实现,从而提高工作效率。如果出现了错误,可以很快找到哪个函数出错,并且改正这个错误只需要修改这个函数,而不用修改其他函数。

另一方面,将计算机网络分层能够增强网络的可扩展性。将计算机网络分层其实就是将一个复杂的工作拆分成小的工作,使每一层负责一些小工作。层与层之间互不影响,某一层实现的功能和实现功能的方式都封装在这一层中,其他层对这些一无所知。层与层之间利用接口实现通信,某一层需要向上一层发送消息,只需调用与上一层的接口。就好像 Python 中的函数调用,某一函数实现的内容和实现方式只有它自己知道,其他函数对这些一无所知。每个函数会提供一个接口,即函数名和传递的参数,其他函数要用这个函数只需调用这个函数的接口。正是因为分层的这种性质,如果需要对某一层进行修改、扩展或升级,只需要修改这一层的内容而不会影响到其他层。例如现在的手机网络要从 4G 升级到 5G,运营商不可能升级手机网络中涉及的所有设备。事实上,他们只需要修改某一层,保证这个层的接口能被其他层调用即可。

小明:我懂了。其实这个概念就像是面向对象语言中的类——封装的概念。

我们讲了这么多次"层",其实这些"层"是由一些规则和动作构成的,每一层都需要根据某些规则实现一些功能。就比如寄包裹,现在物流公司的工作方式就是分层的方式。送包裹时柜台的收货人员是一层,他要做的事情就有收件、分类、判断你的信息有没有填错。运输人员也是一层,他们负责将包裹装车并运送到指定城市。到了指定城市以后,派送人员也是一层,他们将包裹进行派送,签单确认。这里的收货人员、运输人员和派送人员分别都是一层,每一层都有自己要完成的工作,不论运输人员是用飞机运输还是火车运输,都不会影响收货人员的收货工作和派送人员的派送工作。甚至运输人员想升级到用火箭来运输货物,也不会影响其他层人员的工作,而且一旦货物在中途寄丢了,我们可以通过物流记录来确定是在哪一层出现的包裹丢失情况。计算机网络结构就像是寄送货物的过程。

那么计算机网络中的每一层又是实现哪些主要功能呢?

1. 物理层(Physical Layer)

物理层主要实现的是01串在物理介质(电缆、无线等)上的传输。物理层要为计算机之间提供一个消息传输的物理连接。在真实的物理环境中信号本身都是连续形态的信号,而不是离散形态的数字信号(Digital Signal),连续形态的信号叫作模拟信号(Analog Signal)。所以首先要定义在物理层(无线、有线)传输时的模拟信号是如何表示0和1的,例如某一个频率定义为1,某一个频率定义为0。在物理层中要将计算机中的数字信号转换为模拟信号,模拟信号也就可以看作是波,最终在传输介质上传输的都是这些模拟信号。待对方接收到这些模拟信号后,再将其转换为计算机中能理解的数字信号,这一层的实现需要模拟(Analog)信号和数字(Digital)信号间的转换。

2. 数据链路层(Data Link Layer)

在物理层,我们知道怎么传输一个0或1信号。那么我们要如何较可靠地传输一串01?数据链路层要做的就是将这段01串正确有效地传输到目的地址。为了正确有效地传输信息,数据链路层在一串01的前后添加上一些额外的信息来保证传输的正确性。假如在传输过程中信息受到各种干扰而发生错误,便可以通过在数据链路层加上的信息检测出错误。

3. 网络层(Network Layer)

在数据链路层,我们知道要如何从直接相连的两台计算机间传输一串01。但是在真实的情况中,计算机不是直接相连的,而是经由跨城市、跨国家,甚至跨大洋的网络来连接的。网络层的工作是找到对方计算机在网络中的位置,然后将数据传输给他。如果要给某人发送信息,那么必须要知道他的计算机所在的位置,而这个位置就是IP地址。在计算机网络中IP地址就像门牌号一样,能够准确地显示计算机在网络中的位置。因此网络层中首先要给发送的信息加上对方的IP地址,从而指出这个信息的最终目的地址。网络中许多路由器完成信息的中间转接和转送。网络层要依据当时的网络拥挤状况来动态决定经由哪些路由器传输这个数据包。在网络层中数据是以标准形式的数据包(packet)为单元进行传输的。

4. 传输层(Transport Layer)

在网络层,我们知道如何从计算机A传送一个数据包到网络相连的计算机B。然而,是计算机A的哪个程序(更准确地说是进程)要传输到计算机B的哪个程序(进程)?假如传输的信息比数据包长,我们还要切分信息成为多个数据包,当接收方收到多个数据包后还要重新组合成原来的信息。注意,因为在网络层中,相同发送和接收端的数据包传输的路径不一定是一样的,数据包的传输顺序和接收顺序可能是不相同的,也就是说第一个送出的数据包经过网络后不一定是第一个被接收的,所以重组时要特别注意顺序的正确。传输层的任务就是实现应用程序到应用程序的连接与信息的切分和重组。

通过网络层的处理已经知道了对方计算机的位置,接下来就需要将消息传输给正确的应用程序(进程)。例如我们用 QQ 软件给对方发送消息,那么这个消息一定也是显示在对方的 QQ 里。传输层就是告诉对方,这个消息要传给哪个程序。也就是说,传输层负责在自己的应用程序和对方的应用程序间建立连接。

沙老师:程序和进程的概念要搞清楚。同一个程序,例如 QQ,每次执行就会产生一个独特的进程。可以这么说,执行时的程序可以说是个进程。我的这个 QQ 进程要传输信息到你的 QQ 进程。网络层知道如何传输数据包到你的计算机,而传输层知道如何传输全部数据到你计算机上的哪个进程。

5. 应用层(Application Layer)

现在的应用程序多种多样,例如 QQ、浏览器、游戏、网络视频、网络电话等。但是应用层之下的“层”,即上述的传输层、网络层、数据链路层和物理层,对数据的处理却是标准统一的。为了更有效地和底下的各个“层”实现对接,应用层针对不同的应用程序设计了不同的应用层协议。这些协议将信息按照某种规则、格式进行规范化描述,再通过统一、标准化的接口与传输层进行对接。不管应用层处理的是什么应用程序,传输层都能正确地收到标准化的数据信息,从而顺利地完成下层的一系列处理工作。

在图 8-2 中就是一个消息在计算机网络中传递的例子。当有同学给你发送一个消息“明天去图书馆吧”,这个消息的内容首先在传输层中被切割成多个部分;然后每一部分都传送到网络层中,在网络层中给每个数据包添加上一个头部和尾部,其中包含了传输目的地的 IP 地址等信息;紧接着,数据包又被送到了数据链路层,数据链路层又给数据包加上一个头部和尾部,其中包括了差错校验的信息等;最终送到物理层,并转化成了一段 01 串,然后这些 01 串就进入网络中,而一个大的互联网络是由一个个小网络通过路由器连接而成的。

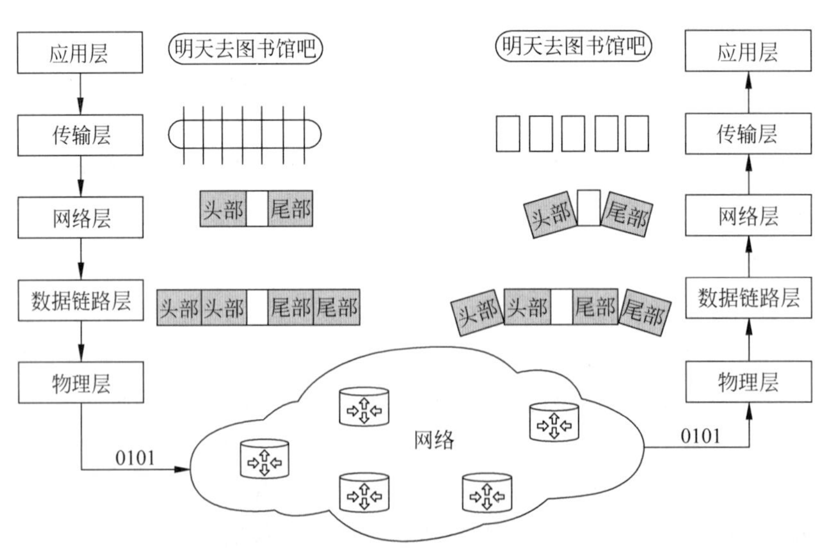

图 8-2 消息在计算机网络中的传递

将这段01串送到你的计算机后，在数据链路层，除去之前在这一层加的头部和尾部；然后送到网络层，网络层同样需要去掉之前在网络层加上的头部和尾部；然后送到传输层，将多个数据包合成一个数据消息，并找到要传给的应用程序；再传送到应用层，最终在你的应用程序中显示出来自发送方的消息“明天去图书馆吧”。

小结

到这为止，我们已经对计算机网络的几大“层”有了粗略的描述。你是否现在才发现，在按下QQ对话框中的一个发送按钮或者收到对方发来的信息的背后，计算机需要“磨磨蹭蹭”做这么多事情。下面我们会具体地介绍计算机网络每一层的作用和性质。希望通过下面的学习，让大家对计算机网络有个更直观的认识。

练习题8.1.1：计算机网络的分层有什么好处？为什么要分层？

练习题8.1.2：计算机网络信息传送的流程是什么？

练习题8.1.3：为什么每一层要有固定的接口？

8.1.1 物理层(Physical Layer)

物理层(或称实体层)是计算机网络中的最底层。物理层规定：为传输数据所需要的物理链路建立、维持、拆除而提供具有机械和电子功能的、规范的特性。简单地说，物理层确保原始的数据可在各种物理媒体上传输。

在物理层中，我们主要实现数据在各种传输介质上的传输。然而不同介质有不同的传输特质，而且不同介质的成本也各不相同。但是总体上，我们将介质分为有线和无线两种，有线如光纤和电缆，无线如无线电、卫星等。

大家进入餐馆或是咖啡店是不是都会问一句：“有Wi-Fi吗?”Wi-Fi其实是Wireless-Fidelity的简称，翻译成中文是无线保真。它是一种可以将个人计算机、手持设备(如PDA、手机)等终端以无线方式互相连接的技术。事实上它是一个高频无线电信号，也就是一种无线的传输介质，它的出现让信息的传输更加便捷、高效。

不管是有线还是无线的传输介质，在传输信息之前接收到的信号是数字信号，也就是01表示的一串比特流。这些01比特是如何通过电气方式表示的呢？其实这就涉及了编码的问题。这种编码方式以正电压表示0，负电压表示1，那么通过一连串的正负电压的输入就可以生成一串01比特流，如图8-3所示。这些01比特的数字信号会经过调制解调器转化成模拟信号，模拟信号也就是波，最终所有的数据都变成了以波的方式在介质上进行传输。同样地，模拟信号传输到对方计算机后，被调制解调器解调成数字信号，这样我们就成功地将原来的01比特传输给了对方。

首先要清楚的一点是：在传输过程中，传输介质传输的是模拟信号而不是数字信号。也就是说我们需要将0101的比特信息转化成模拟信号来传输，随之这些模拟信号要在接收方解调为数字信号。

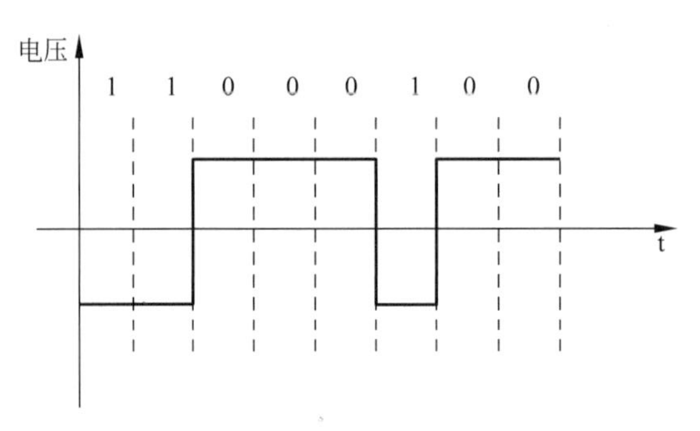

图 8-3　0 1 比特的电气表示

小明：是不是一个传输线路就只能传输一个信号呢？

沙老师：其实不然，否则我们的传输效率将会很低。这就涉及一个叫信道复用的技术了，它保证了多个信号能共享同一个信道。

物理层传输信号时，往往一条传输信道能同时传输多个信号。这是因为，单根线缆传输几个信号比为每个信号铺设一根线缆要便利得多。这种一条传输信道被多个信号共享的方式就是信道复用技术，主要有时分复用、频分复用和码分复用。

信道复用技术(Multiplexing)

正如上文所说的，信道复用技术的出现使得一个信道能够被多个信号所共享，那么这条信道的利用率就提高了，从而也节约了运营的成本。而它的大体设计思路就是将多个相互之间独立的信号进行合并，然后在同一个信道上传输这个复合的信号。

复用技术，简单地说，就像一条马路上有好几辆车在跑。

在图 8-4 中，三辆车从三个不同的地方 A1、B1、C1 到另外三个不同地方 A2、B2、C2，但是高速只有一条，因此需要共享该高速通道。

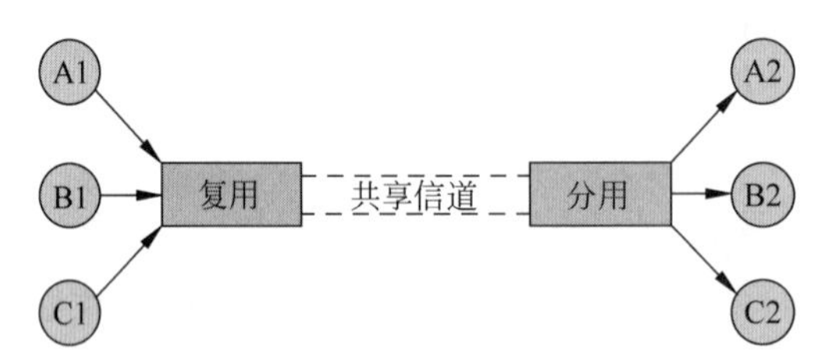

图 8-4　复用的示意图

信号传输也是如此，从三个不同的结点到另外三个不同结点，若中间经过同一个信道，那么就要用到复用技术。首先信号经过“复用”阶段，将不同信号合起来由同一个信道进行传输，然后到达“分用”阶段后，将合起来的信号拆开分别送到相应的终点。

最基本的复用是频分复用(Frequency Division Multiplexing，FDM)和时分复用(Time Division Multiplexing，TDM)。

按照字面理解，频分就是按照频率来分配信道的带宽资源(是带宽，不是宽带，这里的“带宽”是指频率的宽度)，也就是用同一个信道的不同频率范围来传输不同的信号，如图 8-5(a)所示。

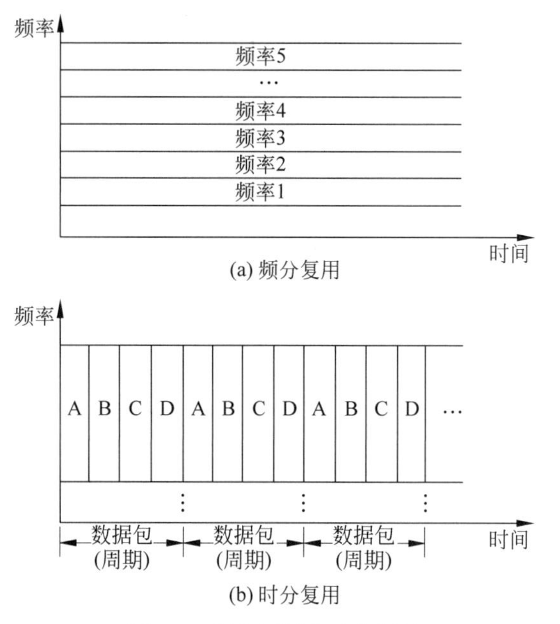

图 8-5　频分复用和时分复用

时分就是按照时间的周期性传输信号。如图 8-5(b)所示，每个周期就是一个时分复用帧，每个帧传输了四个不同的信号 A，B，C，D，经过一个周期后，继续按照顺序依次发送四个不同信号，每个信号都在同样的频率范围内进行传输。

除了上述两种复用技术外还有码分复用(Code Division Multiplexing，CDM)。

比如在一个会议大厅中(共享信道)，大家在两两交谈(从己方传输信号到对方)。频分复用可以看作大厅里的人以不同的语调进行交谈，某些人语调比较高，某些人语调比较低，所以所有人都能同时进行独立的交谈；时分复用可以看作是每对交谈人都按顺序进行交谈；那么，码分复用就可以看作是大厅里的所有交谈者之间都用不同语言进行交流，如有些人讲英文，那么对他们而言，英语之外的那些语言都被当作噪声。码分复用的含义就是，在所有信号中提取自己想要的信号，并把其他信号当成一种噪声。

小明：那么怎样能唯一表示自己的信号，让自己的信号与其他信号区分开来呢？

沙老师：这里就涉及对我们的信号进行编码了，就是将信息转换为另一种方式的代码，那么在对方接收后再用针对我们信号编码的方式进行解码，从而在各种信号中提取出我们唯一的信号。具体内容大家可以在以后的“计算机网络”课程中学到。

小结

本节先介绍了数据通过物理层在实际介质中的传输。传输介质可以是多种多样的，可以是有线和无线。另外，我们简单介绍了多个消息如何在同一条信道上进行传输，主要的解决技术就是信道复用。信道复用技术能在一定程度上提高信道利用率和消息传输的效率。

练习题 8.1.4：三种信道复用技术的区别在于什么？

8.1.2 数据链路层(Data Link Layer)

在对物理层的介绍中,我们知道了比特信息是如何在物理介质上传输的。那么要怎样保证传输信息的正确性呢?我们当然不希望看到传输到对方计算机的信息是一堆乱码。数据链路层的功能就是在一定程度上保证传输的正确性,尽量避免错误的发生。

那么数据链路层怎样实现"可靠有效"的传输呢?

数据链路层位于物理层和网络层之间。在发送端数据链路层接收到的是来自网络层的数据包,而在接收端它收到的是来自于物理层的比特流。所以数据链路层的工作包含两部分:将来自网络层的数据包添加辅助信息,即为数据包加上头部和尾部;将来自物理层的比特流正确地拆分成数据包,即将头部和尾部拆分出来,如图 8-6 所示。

数据链路层从网络层接收到要传输的数据包,将数据包包装一下,即给它加上头部和尾部。而头部和尾部中添加了一些控制信息,例如封装信息、差错控制、流量控制、链路管理等。

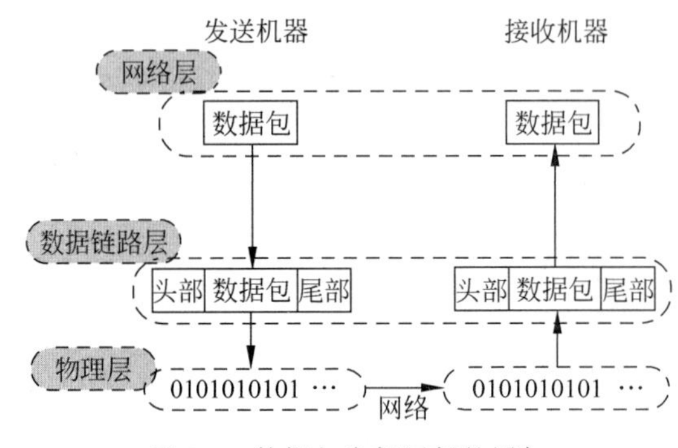

图 8-6 数据包头部尾部的添加

另一方面,数据链路层收到来自物理层的比特流,需要将这些比特流拆分成数据包。拆分比特流是一个比较复杂的过程,这里我们介绍一种叫"字节计数法"的拆分方法。

首先将比特流转变成字节流(每 8 比特作为 1 字节),接收方的数据链路层看到字节流中第一字节的值就知道这个数据包的大小为多少了。前一个数据包的结束位置后面字节的值,就是接下来这个数据包的大小。如图 8-7(a)所示,所要传输的数据包的大小分别是 5,5,8 字节。但是如果在传输过程中,一旦表示数据包大小的字节出现了错误,则后面所有数据包划分的结果都是错的。如图 8-7(b)所示,如果表示第二个数据包大小的字节出现了错误,变为了 7,那么除了第一个数据包是拆分正确的,其他拆分的数据包均是错误的。

那么该如何发现这种错误呢?这就涉及差错控制的问题了。差错控制是数据链路层的重要功能之一。数据传输过程中难免出错,出错会导致非常严重的后果,也许就完全改变了原先发送的内容。因此,要尽量检测出这种错误。

这里所指的错误无非就两种,要么 1 变成 0,要么 0 变成 1。出现这些错误的主要原因是模拟信号在介质上传输的过程中,难免会受到干扰和噪声,例如磁场、电场的干扰等。干扰信号让模拟信号的波形失真,有些比较强的干扰可能导致传输到对方机器的波形已经面目全非。当重新将模拟信号转换成数字信号时会出现差错。

现在广泛使用的一种检错技术是循环冗余检验(Cyclic Redundancy Check, CRC)技术

（详见课外阅读部分）。简单地说，就是在原来要传输的一串比特流后面加上供差错检测使用的几比特，用冗余的这几比特来验证当前收到的比特流是否有错误。

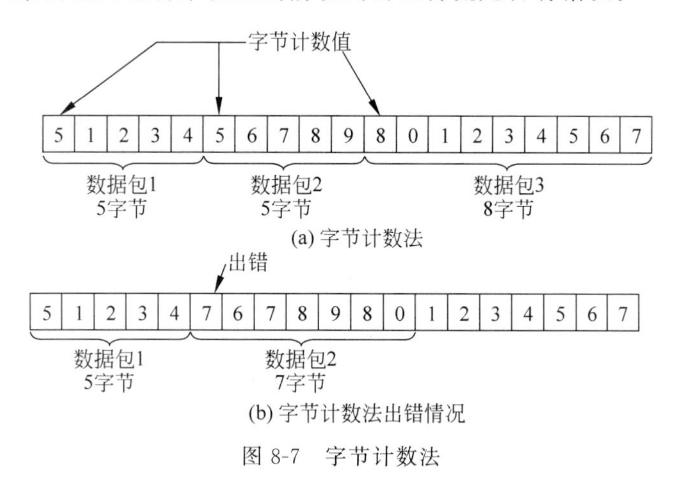

图 8-7　字节计数法

最后强调一下，循环冗余检验技术只能检测到数据包是否出现错误，但是无法检测出在什么位置出现了错误，因此也就无法纠正错误。所以，数据链路层的差错检测只能保证收到的数据是正确的，而不负责纠正错误。后面会讲到传输层的差错控制，这一层的差错控制就能够实现纠错。

小结

本节主要介绍了数据链路层是如何将来自本机网络层的数据包可靠地传输到对方的网络层。其中就涉及两个方面：第一，接收来自网络层的数据包，并在头部和尾部添加上控制信息；第二，将来自物理层的比特流拆分成一个个数据包。在接收来自物理层的比特流的过程中有可能会接收到错误的比特信息，那么本节介绍了一种简单的差错控制方法：循环冗余检验。利用差错控制的技术可以减少错误信息的产生。

练习题 8.1.5：数据链路层中为数据包添加的头部和尾部有哪些功能？

练习题 8.1.6：学习课外阅读，假设现在要传输一个内容为 1100101 的比特串，除数为 1101，那么最终发送的数据包是什么内容？

课外阅读：

CRC 的加减运算是用信息安全编码常用的二进制多项式的运算。任意一个二进制位串都可以和一个系数是 0 或 1 的多项式一一对应。例如，101001 可以用多项式 x^5+x^3+1 表示。我们用多项式的四则运算来做 CRC 的运算。注意，$1+1=0$，$x+x=0$，$1-1=0$，$x-x=0$，$0-1=1$，$1-0=1$。其实＋或－可以想象为互斥运算或是模 2 运算，也就是奇数个 1 得 1，偶数个 1 得 0。试试看 $(x+1)(x^2+x)=x^3+x^2+x^2+x=x^3+x$。将来各位同学学习“抽象代数(Abstract Algebra)”后就知道，我们小学学的加减乘除其实只是一个特殊的 case 罢了。用多项式的概念设计加减乘除是个很棒的想法，尤其适用于以二进制位为单元的设备。

假设发送端 S 发送的数据是“101001”，而接收端收到的数据是“101011”，显然在传输过程中出现了错误。现在用 CRC 来做个测试，判断接收到的数据是错误的。

在物理层传输中,我们把比特流划分成多组,每一组有 k 比特,假设 $k=6$。要传输的数据 $M=101001$。在数据 M 后面再添加 n 个冗余位,用这 n 个冗余位来检测当前数据传输是否正确。因此一共要发送 $k+n$ 比特。虽然传输的比特增加了,传输的消耗也增加了,但是能保证接收数据的可靠性。

具体步骤如下。

(1) 用二进制的模 2 运算进行 2^n(假设 $n=3$)乘 M 的运算,实际上这相当于在 M 后面添加 n 个 0。

(2) 用上一步得到的 $n+k$ 位数除以双方约定的一个长度为 $n+1$ 位的数 P,得余数 R,其中 R 有 n 比特。

(3) 将余数 R 加到要传输的数据 M 后面,形成 $k+n$ 比特的数据,然后发送出去。

(4) 接收方收到数据,用收到的数据除以约定的 P,得到余数 $R1$,如果 $R1$ 是 0,说明传输没有错误;反之则传输错误,将这个数据丢弃。

计算实例如下:

(1) $k=6$, $M=101001$, $n=3$; $M=x^5+x^3+1$, $Mx^3= x^8+x^6+x^3$

(2) 设除数 $P=1101$,得到余数 $R=001$; $P=x^3+x^2+1$,$Q=x^5+x^4+x^2+1$

试试看 $P\times Q=x^8+x^7+x^5+x^3+x^7+x^6+x^4+x^2+x^5+x^4+x^2+1=x^8+x^6+x^3+1$

(3) 新的要发送的数据为 101001001;也就是 $x^8+x^6+x^3+1$。

(4) 接收方将收到的数据再次除以 P,得到余数 $R1=0$,说明传输正确。

另一个例子如图 8-8 所示。

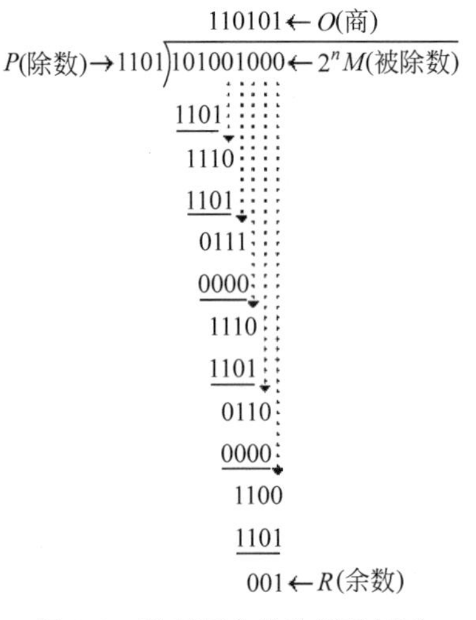

图 8-8 循环冗余检验原理例子

循环冗余检验只能判断是否出错,而不能找到具体哪里出了错。当在接收方得到的余数 $R\neq0$ 时,只能判断这个数据是有差错的,但是无法检测具体哪一位或者哪几位出现了错误。

8.1.3 网络层(Network Layer)

网络层介于传输层和数据链路层之间,它为数据链路层提供两个相邻端点之间的数据传送,进一步管理网络中的数据通信,将数据设法从源端经过若干个中间结点传送到目的端,从而向传输层提供最基本的端到端的数据传送服务。

数据从我们的计算机发送到对方计算机需要经过许多网络,而这些网络就像是一条条公路相互连通构成一个四通八达的线路网。要将数据传输给对方计算机就要知道对方计算机的地址,就像快递员要配送包裹首先要知道收货地址一样。但是仅仅知道目的地址是不够的,要想将数据发送给对方,还要知道怎样走到目的地址。

说到怎样在网络中寻找路径,就不得不提路由器(Router)了。在计算机网络中有一种叫作路由器的设备,它们是网络的交通枢纽。数据到达路由器后,路由器决定了这些数据将具体流向哪一条路。如图 8-9 所示,一个主机想要发送数据到另一个主机,那么这些数据必然需要经过多个网络,而网络之间的互连则是通过路由器实现的。

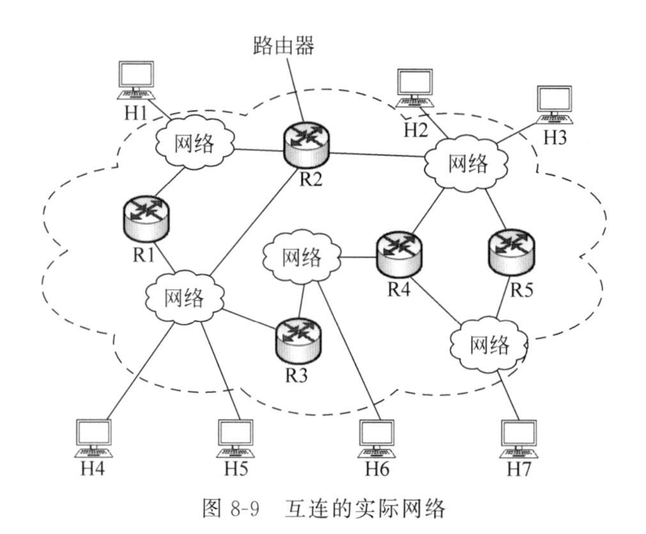

图 8-9　互连的实际网络

假设主机 H1 想要发送数据到 H7,有两种实现方式：电路交换(Circuit Switching)和包交换(Packet Switching)。如今计算机网络使用的都是包交换。

1. 电路交换

电路交换的实质就是在通信双方之间建立连接通道。在连接建立成功之后,双方的通信活动才能开始。通信双方需要传递的信息都是通过已经建立好的连接通道进行传递的,而这个连接一直维持到双方的通信结束。

使用电路交换,在连接建立后双方可以随时通信,具有较强的实时性。但是物理通道被双方独占,即使通信线路空闲也不能被其他用户使用,因此资源利用率低。

在日常生活中,打电话是电路交换的方式。打电话之前,我们先拨号建立连接,当对方接通电话后,一条端到端的连接就建立了。等到通话结束、电话挂断后该条通信电路就被释放了。也就是说,电路连接需要经过“建立连接—通信—释放连接”三大步骤。与之不同,互联网中的网络电话采用的是包交换的方式。

2. 包交换

包交换不需要建立连接通道。每一个数据单元,我们称之为数据包(Datagram),都是独立发送的或者说是无序的。每一个数据包都有自己的终点地址。同一发送端发送到同一目的端的数据包可以选择不同的路由器进行转发。如图 8-9 所示,H1 发送数据给 H7,若当前路由器 R2 比较忙,那么接下来的数据包可以选择走路由器 R1。包交换的线路选择是动态的,因此对资源的利用率高。

> **小明**：可以看出来,在网络中至关重要的就是路由器了,那么路由器是如何找到这些路径的?
>
> **沙老师**：路由器有一张叫作路由表的表格,这个表格记录了从哪里来的数据该到哪里去,这里的“哪里来”和“哪里去”指的就是 IP 地址,这个我们接下来马上就要讲到了。

我们使用包交换,向大家简单介绍,在网络层中数据是如何从发送端传输到目的端的。

假设图 8-10 的主机 H1 要给 H7 发送数据。

首先,H1 先查看自己的路由表,如果 H7 和 H1 在同一网络中(实际上,H1、H2、H3、H4 在同一网络中),则直接传输给 H7,否则交给某个路由器(图 8-10 中的 R1);然后 R1 查看自己的路由表,通过检测数据包的目的地址知道要将这个数据包转发给 R2;同 R1 一样,R2 查看自己的路由表,将数据包转发给 R3,R3 将数据包转发给 R4;R4 检测数据包的目的地址,发现自己和 H7 在同一网络中,那么就可以直接交付给 H7 了。于是,数据包就成功地从 H1 传送到了 H7。

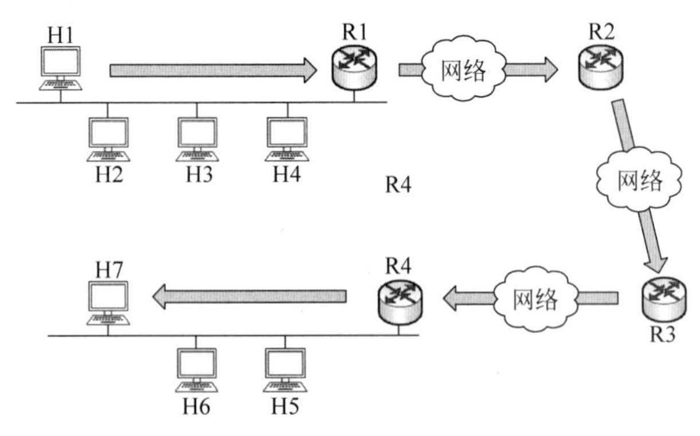

图 8-10　数据包在互联网中的传送

通过上述过程可知,我们通常所说的通过互联网将自己的信息发送给对方实际就是通过路由器转发,经过一个个网络,最终传送到对方主机。而这里的网络是由许多的计算机设备和线路组成的。

3. IP 地址

接下来我们来讲讲之前说到的 IP 地址。IP 地址其实就是一个地址,一个能唯一表示你的计算机在网络中位置的地址。我们通常说的连网,就是要获取互联网中的 IP 地址,这样网络中的其他用户才能找到你,然后给你发数据。最基本的一个常识,如果我们没有连网是不能登录 QQ 的,更别提给其他人发消息了。

IP 地址的格式是:网络地址+主机地址。网络地址用来表示这个 IP 地址属于哪一个网络。网络地址在整个因特网中是唯一的,就像电话号码中的区号。而主机地址表示在这个网络中具体的位置。主机地址在它所属的网络中也是唯一的,就像电话号。这样 IP 地址就能表示整个网络中的一个地址了。

以一个校园网为例,如图 8-11 所示,假设校园网主干网(backbone)的网络号是 129.74.100.0。计算机科学学院(C. S.)和管理学院(SOM)的网络地址分别为 129.74.25.0 和 129.74.218.0。每个学院的网络和校园主干网络之间都有路由器连接。路由器有两个端口(两个网卡),每个端口都有一个 IP 地址,可以看成一个端口是对内部网络,一个端口是对外主干网络的。这两个端口保证了数据能从一个网络发往另一个网络。

如图 8-11 所示,X 是连接计算机科学学院和主干网络的路由器。X 连接主干网端口的 IP 地址为 129.74.100.5,连接计算机科学学院网络端口的 IP 地址为 129.74.25.4。在 X 的内部有一张路由表,如表 8-1 所示。这张表就是路由器真正发挥作用的关键,有了这张路由表我们才能找到正确的出路。

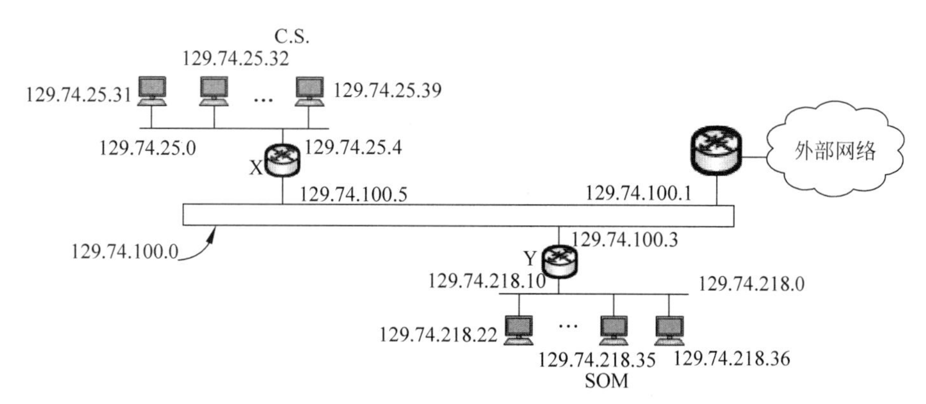

图 8-11　某个网络拓扑图

根据表 8-1,假设计算机科学学院的 IP 为 129.74.25.31 的主机想给管理学院的 IP 为 129.74.218.36 的主机发信息。那么信息从 129.74.25.31 发送,首先判断目标地址不在计算机科学学院的网络中,则这个消息发给路由器 X;路由器 X 根据目的地的 IP 地址的网络地址 129.74.218.0,从自己的路由表中查出,要发给端口 IP 为 129.74.100.3 的路由器,于是,这条消息就发送给路由器 Y;路由器 Y 按照路由器 X 的方式,最终将消息成功传送给 IP 为 129.74.218.36 的主机。

表 8-1　某个路由器的路由表

网络地址	路由器地址
129.74.27.0	129.74.100.4
129.74.218.0	129.74.100.3
129.74.25.0	—
129.74.25.0	129.74.100.2
…	…
0.0.0.0	129.74.100.1

但是,由于 IP 地址的数量有限,常常会出现 IP 地址不够用的情况。假设某大学分到了一个网络地址 200.200.200.0,这类网络地址最多能有 2^8(256)个主机,而大学校园的主机数往往有成千上万台,这 256 个 IP 地址显然不够用。为了解决这个问题,首先要引入公网和内网的概念。

公网和内网是两种 Internet 的接入方式。公网是 Internet 基础网络,俗称外网,它是把全球不同位置、不同规模的计算机网络(包括局域网、城域网、广域网)相互连接在一起所形成的计算机网络。公网接入方式是:上网的计算机得到的 IP 地址是 Internet 上的非保留地址,公网的计算机和 Internet 上的其他计算机可随意互相访问。内网是现阶段没有接入 Internet 的网络,称为局域网,俗称内网。内网中的计算机根据网络地址转换(Network Address Translation, NAT)协议,通过一个公共的网关访问 Internet。

在一个典型的配置中,一个本地网络使用一个专有网络的指定子网(比如 192.168.x.x 或 10.x.x.x)和连在这个网络上的一个路由器。这个路由器占有这个网络地址空间的一个专有地址(比如 192.168.0.1),同时它还通过一个或多个 Internet 服务提供商提供的公有的 IP 地址(叫作"过载 NAT")连接到 Internet 上。当信息由本地网络向 Internet 传递时,源地址被立即从专有地址转换为公用地址。由路由器跟踪每个连接上的基本数据,主要是目的地址和端口。当有回复返回路由器时,它通过输出阶段记录的连接跟踪数据来决定该转发给内部网的哪个主机;对于 Internet 上的一个系统,路由器本身充当通信的源和目的地址。

4. 私网(内网)IP 地址

根据标准(RFCI597),我们把私网地址划分成三个 IP 地址段,分别为:10.0.0.0～10.255.255.255(24 位,约 700 万个地址)、172.16.0.0～172.31.255.255(20 位,约 100 万个地址)、192.168.0.0～192.168.255.255(16 位,约 6.5 万多个地址)。这些私网地址几乎可以满足任何大学、企业的要求。

那么内网的主机如何以 NAT 协议访问 Internet? 如图 8-12 所示,通过 NAT 协议将内网中的主机与外界建立连接。

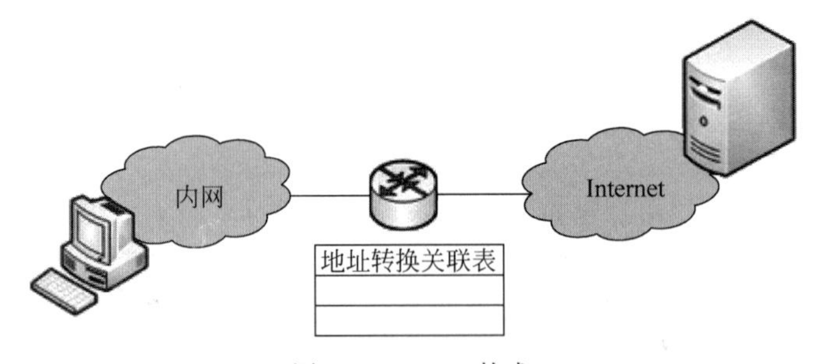

图 8-12　NAT 技术

举例而言,假设路由器外网口 IP 地址是 129.11.11.22,小明在学校里使用 192.168.1.10 这个私网地址访问 202.108.22.5(百度)。

(1) 这条数据到达路由器后进入 NAT 过程,路由器建立一个对应关系。

(2) 建立 192.168.1.10 的 5678 端口(这个端口是随机的)到 129.11.11.22 的 7776 端口(这个端口也是随机的)的连接关系。

(3) 路由器会使用 129.11.11.22 的 7776 端口来访问 202.108.22.5(百度)的 80 端口,从而请求打开网页。

(4) 百度返回网页信息时,是将数据发送到路由器的 IP,即 129.11.11.22 的 7776 端口,然后路由器在根据第(2)步里建立的对应关系,将这些数据返回给小明在内网的计算机和端口。

NAT 连接的方式主要包括以下三种。

(1) 静态 NAT(Static NAT):内网中的某个地址永久性被映射成外网中的一个地址,这是最简单的一种映射方式。

(2) 动态 NAT(Pooled NAT):这种方法是在地址转换的路由器上保留一个合法的外网地址列表,每当需要转换时,从列表中选择一个合法的外网地址与私网地址建立映射关系。

(3) 网络地址端口转换 NAPT(Port-Level NAT):NAPT 是将不同的私网地址映射到同一个公网 IP 的不同端口上。端口就是连接不同应用程序或者服务的入口。假设某个主机要访问 Web,那么将该主机的私网地址映射到公网 IP 的 80 端口,这时候内网中的主机就可以通过这个 80 端口来进行 Web 访问了。

这样就可以通过 NAT 技术解决 IP 地址不够用的问题了。

小结

本节主要介绍了网络层如何实现两个主机之间的数据传输,具体的功能包括主机地址寻找、路由线路的选择等。其中，在主机寻址方面，我们介绍了IP地址是一个主机在网络中的位置标识。另外，在网络中的路由线路选择则是采取包交换的方式，动态地选择合适的路由线路进行数据包的转发。在本节中我们还介绍了用NAT技术来解决IP地址不够用的问题。

练习题8.1.7：网络层两种交换方式的区别是什么？

练习题8.1.8：试举电路交换的实例。

练习题8.1.9：包交换的好处是什么？

练习题8.1.10：如图8-11所示，如果管理学院的129.74.218.36计算机想发消息给计算机科学学院的129.74.25.31计算机，那么经过哪几个路由器？路由表该如何设置？

练习题8.1.11：试辨认以下IP地址的网络号。

(1) 128.36.199.3　(2) 21.12.240.17　(3) 183.194.76.253　(4) 192.12.69.248

(5) 89.3.0.1　(6) 200.3.6.2

8.1.4 传输层(Transport Layer)

网络层的上面是传输层。在网络层中，我们讲了两个主机之间的通信，因为我们用到的是IP，IP能明确得找到对方的主机。找到主机以后，传输层就负责应用程序和应用程序之间的通信了。就像你用QQ给对方发信息，经过物理层、数据链路层、网络层的协助，消息已经发送给了对方的计算机，接下来传输层就负责把你发送的QQ消息发给对方的QQ。在这里的通信并不是两台计算机之间的通信，而是两个应用程序之间的通信，你QQ发的消息也必须在对方的QQ中收到，若对方在其他程序中收到你的信息就有点莫名其妙了。

另外，网络层提供的是面向无连接的数据包服务，那么IP数据包的传输有可能会出现丢失、重复、乱序等情况。因此，传输层就要保证应用程序之间的通信的可靠性。

为了解决上述情况，传输层通常用到两个协议：无连接的用户数据报协议(User Datagram Protocol, UDP)和面向连接的传输控制协议(Transmission Control Protocol, TCP)。本章主要介绍这两种传输层协议。

小明：为什么传输层有无连接和面向连接，且网络层也有无连接服务和面向连接服务呢？

阿珍：其实二者都是提供了不可靠和可靠的两种连接方式，但在网络层中，其目的是与目标主机建立可靠或不可靠的连接方式，而传输层则是在两个应用程序之间建立可靠或不可靠的连接方式。

1. 用户数据报协议(UDP)

UDP是无连接的，是不需要确认对方是否收到该消息的一种传输机制。接收方的传输层收到UDP报文后，发送端不保存数据的备份，接收端也不需要给出任何确认。

UDP的设计非常简陋，是不可靠的，虽然某些时候工作效率还是比较高的，但却没法保证可靠地交付消息。相对UDP而言，TCP增加许多功能，从而尽可能地保证了可靠地进行交付。目前，计算机网络广泛使用TCP传输协议。

2. 传输控制协议(TCP)

TCP 是面向连接的协议,所谓面向连接就是在进行通信之前,通信的双方必须建立连接才能进行通信,在通信结束后还要终止连接。TCP 的主要功能就是提供一个可靠的连接方式,这种可靠连接的建立方式便是接下来我们要讲的三次握手协议,即建立连接、传输数据、释放连接三个步骤。在细讲这三步之前我们先来看看 TCP 报文的格式。

(1) TCP 报文格式。

如图 8-13 所示,TCP 报头前 20 字节是固定的。报头包括几个字段:源端口、目的端口、序号、确认号、TCP 报头长度、8 个 1 比特的标志位、窗口大小和校验和。报头的这些字段可以确保 TCP 报文的可靠传输。

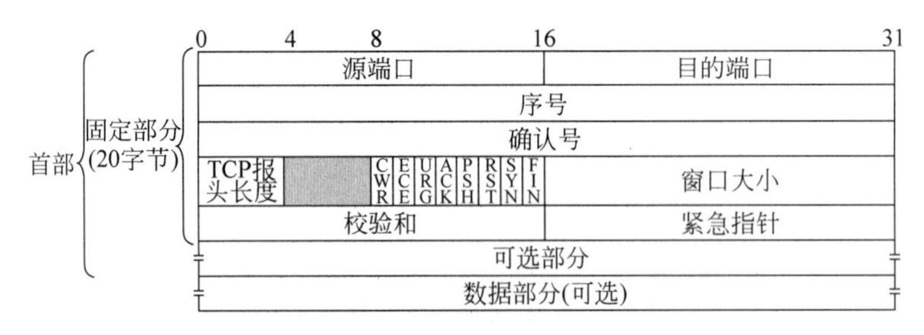

图 8-13 TCP 报头格式

① 源端口:指本机发送数据的端口。

② 目的端口:指对方收到数据后应该传给哪个端口。这里的端口其实就像是一个港口,只有进入正确的港口才能把数据传给正确的应用程序。

③ 序号和确认号:序号和确认号一起使用,用来进行三次握手。

④ TCP 报头长度:TCP 报头长度表示了首部一共有多少个 32 位的字,也就是有多少个 4 字节。图 8-13 中横向一条就是 4 字节。

⑤ 8 个 1 比特的标志位:我们选择其中三个进行解释,ACK 和 SYN 用在三次握手中,FIN 表示是否释放这个连接。

⑥ 窗口大小:这里的窗口大小用于流量控制。

⑦ 校验和:校验和提供了额外的可靠保障。它校验的范围包括了首部和数据部分。

小明:那么 TCP 的可靠连接是如何建立的呢?
沙老师:接下来的三次握手就是讲如何建立 TCP 可靠连接的问题了。

(2) 三次握手(Three Times Handshake)。

刚刚在上文讲到三次握手,那三次握手是什么呢?其实三次握手就是一种建立连接的方式。它的目的是在不可靠的网络中建立一种可靠的传输方式,这种传输方式要能够动态地适应计算机网络的各种特性,并可靠地传输数据。假设一个用户 A 想和服务器 B 建立连接,那么他们之间要握手三次才算是建立了可信任的连接。主要思想是:①A 向 B 说:“我要和你连接,好吗?这是我的号码 X。”②B 回答说:“可以。我回给你号码 X+1,再给一个我的号码 Y。”③A 说:“谢谢你的回答,你给我的号码 X 确实是我先前送的号码,接着让我传给你号码 Y+1 吧，你检查看看，代表我是原来的那个 A，谢谢。”

第一次握手：主机 A 将发送的 TCP 报文中的标志位 SYN 设置为 1，并随机产生一个序号为 X，然后将此 TCP 报文发送给服务器 B。当服务器 B 发现 SYN=1，就知道主机 A 想要与自己建立连接。

第二次握手：服务器 B 收到主机 A 的申请连接信息后，要进行确认。它向主机 A 发送的 TCP 报文格式中，SYN=1，ACK=1，确认号为 X+1，序号设置为另一个随机数 Y。

第三次握手：当主机 A 收到服务器 B 发来的 TCP 报文，检查确认号是否正确，即第一次握手中 A 发给 B 的确认号 X+1，并检查 ACK 是否为 1。若都正确，主机 A 会再发送一个 TCP 报文，它的 ACK=1，确认号为 Y+1。服务器 B 收到该报文后，确认序号 Y+1 和 ACK=1 后则成功建立连接。

完成上面的三次握手后，用户 A 和服务器 B 就可以进行数据传输了。

这个过程如图 8-14 所示。

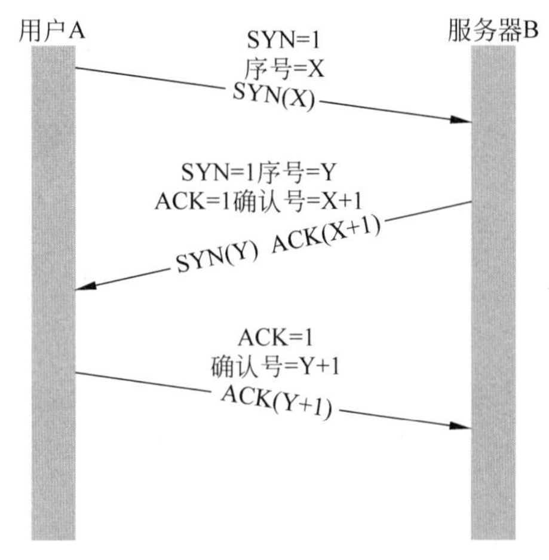

图 8-14　三次握手

假设 IP 地址为 220.181.28.42 的主机和 IP 地址为 124.147.192.147 的主机要通过三次握手建立连接。首先，IP 地址为 220.181.28.42 的主机发送报文，其中序号为 1655526439，标志位中 SYN =1；然后，IP 地址为 124.147.192.147 的主机接收到上面的报文后，发送序号为 3501066967、确认号为 1655526440（第一次握手的序号+1），标志位中 ACK=1、SYN=1 的报文；最后，IP 地址为 220.181.28.42 的主机收到上面的报文后，再次发送一个报文，其中序号为 3501066968（第二次握手的序号+1），标志位 ACK=1。这样，就在两个主机之间建立了连接。两个主机三次握手时发送报文的部分字段如表 8-2 所示。

表 8-2　三次握手中双方发送报文的部分字段

IP 及源端口	目的端口	序号	确认号	标识
220.181.28.42：80	90	1655526439	0000000000	SYN=1
124.147.192.147:3867	78	3501066967	1655526440	SYN=1 ACK=1
220.181.28.42：80	66	1655526440	3501066968	ACK=1

当然,在三次握手过程中难免会出现差错,针对可能出现的差错,可以采用如下三种方式:超时重传、确认丢失和确认迟到。

如图 8-15(a)所示,B 接受 M1 时检测出了差错,直接丢弃 M1,然后什么都不做。那么 A 在等待一段时间后,一直没收到 B 发来的确认报文,于是再重新发送 M1。这种方式叫作超时重传。

如图 8-15(b)所示,B 发送的确认报文丢失了,但 B 不知道自己发送的确认信息已丢失,于是 A 在等待一段时间后重新传送 M1。此时 B 又收到 M1,那么它会重新发送确认报文,并丢弃第一次收到的 M1 报文。这种方式叫作确认丢失。

如图 8-15(c)所示,B 发送了 M1 的确认报文,但是可能路上堵塞,导致又产生了超时情况。于是 A 又进行了重传,B 再次收到了 M1 并再次发送了 M1 的确认报文,并丢弃第一次收到的 M1 报文。过了一段时间,迟到的第一个 M1 的确认到了 A,这时候 A 同样将其收下,然后丢弃。这种方式叫作确认迟到。

正是上述这些确认和重传的机制,保证了通信的可靠性。

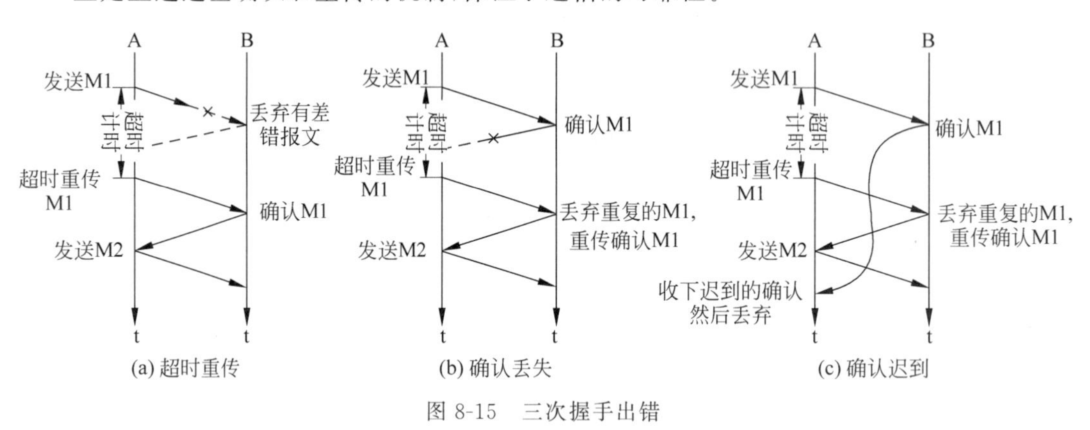

图 8-15 三次握手出错

在工业标准中,传输层与网络层的协议组合通称为 TCP/IP。也就是说,在网络层中它的传输是面向无连接的,但在传输层中它提供的又是可靠的、面向连接的传输控制协议。这样的可靠连接方式保证了消息能准确、安全地传输给对方。

小结

本节主要介绍了传输层如何在两个主机之间建立应用程序与应用程序之间的连接,并提供服务。首先,在传输层中介绍了两种不同的连接方式:无连接的 UDP 和面向连接的 TCP。其中 TCP 的连接方式是通过三次握手建立的,因此 TCP 相比于 UDP 而言更可靠,但开销也更大。另外,在本节中我们介绍了应用程序之间建立连接是通过端口的方式找到应用程序,并实现应用程序之间的连接。

练习题 8.1.12:说说 UDP 和 TCP 的区别,并说明在哪些情况下使用 UDP 更合适,在哪些情况下使用 TCP 更合适。

练习题 8.1.13:TCP 头部有多大?

练习题 8.1.14:三次握手的目的是什么?

练习题 8.1.15:假如第二次握手时回复的序号 Y 是可以猜测到的,请问会有什么样的安全问题？请详细用例子来解释。

练习题 8.1.16：分析三次握手中上述三种差错出现的原因。

练习题 8.1.17：没有三次握手的传输层会有什么隐患？

8.1.5 应用层(Application Layer)

应用层是计算机网络最上面的一层。应用层直接和应用程序接口，并提供常见的网络应用服务。它的作用是在实现多个系统应用进程相互通信的同时，完成一系列业务处理所需的服务。简单来说，应用层就是在管理应用程序，让它们能够遵守某个协议，从而能够更好地实现网络通信。

假如 QQ 只是一个文本编辑软件，那么它是否需要应用层的支持呢？显然不用，因为文本编辑软件不涉及通信传输的功能。而作为一种网络聊天软件，QQ 必须进行通信传输。而若要使用计算机网络的这些通信机制，就必须用一种应用层协议规范 QQ 这个应用程序。

本节我们为大家介绍域名系统(Domain Name System，DNS)这个应用层协议。

DNS 是一种应用层协议，提供了因特网的一种服务。它作为将域名和 IP 地址相互映射的一个分布式数据库，能够使人更方便地访问互联网。DNS 把人们通常使用的、便于记忆的名字转换为 IP 地址。

以百度的网址为例，百度的网址是 www.baidu.com(即百度的域名)，相当好记，我们平时访问百度时只要输入这个域名就可以了。但是有几个人知道它的 IP 地址呢？如果大家想知道它的 IP 地址，可以单击 Windows 系统的“开始”按钮，在搜索栏中输入“cmd”，随后会弹出一个黑框，在这个黑框中输入“ping www.baidu.com”，这时候就显示四段字。首先为本地 DNS 服务器的地址，笔者的 DNS 服务器地址字段为“Address：202.202.0.33”。接着，将显示 www.baidu.com 的服务器地址，笔者查询得到两个地址：199.75.217.56 和 119.75.218.77。这样就可以知道，百度服务器的 IP 地址是 119.75.217.56 或 119.75.218.77。在网址栏里直接输入 119.75.217.56 或 119.75.218.77，就会跳到百度网页。这里提一下，百度的服务器很多，所以有可能会出现不同的 IP 地址。

在上面的例子中，DNS 直接将我们输入的域名转化成了 IP 地址，这样我们就可以很方便地访问网页，而不需要记住 IP 地址。而且，“www.baidu.com”比“119.75.217.56”容易记得多。

DNS 将域名转化成 IP 地址的过程如下：得到域名后，浏览器会调用解析程序，这个程序会把域名发给本地的一个域名服务器；在这个域名服务器中可以查找到该域名对应的 IP 地址，将这个 IP 地址发给浏览器；浏览器获得目的主机的 IP 地址后就可以进行通信了。

那么什么是域名(Domain Name)呢？其实，它是由一串用点分隔的名字组成的 Internet 上某一台计算机或计算机组的名称，用于在数据传输时标识计算机的电子方位。一般来讲，域名是按照某种规定划分的，如图 8-16 所示的域名空间。

如图 8-16 所示，顶级域名分为通用域名和国家或地区的域名，其中通用域名如 com，国家或地区域名如 cn。顶级域名是已经规定好的，在顶级域名 cn(中国)下面又设了二级域名，如 bj、edu、com 等。在 edu 下又有三级域名 cqu 等。在 cqu 下又有四级域名 mail 和 www。域名是按照域名空间从下到上的顺序表示的，例如央视网主页的地址是 www.cctv.com。

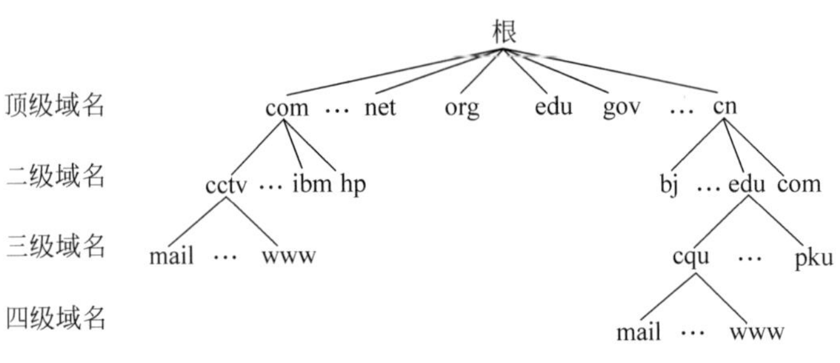

图 8-16 域名空间

结合前几节所学的知识，大家在浏览器中输入一个域名，其实就是向互联网中的某台计算机请求数据。那么首先必然要找到对方的 IP 地址才能进行通信和数据传输，于是域名系统就能发挥作用了。

小结

本节主要介绍了应用层为应用程序提供的服务，例如 DNS 域名系统服务。除此之外，应用层还提供了其他多种面向不同应用程序的服务协议，这些协议就像一件件工作服，穿什么衣服干什么事。当你穿上了翻译员的衣服，那么你就负责把这个域名翻译成 IP 地址——DNS；当你穿上了邮递员的衣服，那么你就负责把信件送出去——简单邮件传输协议(Simple Mail Transfer Protocol, SMTP)；当你穿上了搬运工的衣服，那么你就负责把文件传输出去——文件传输协议(File Transfer Protocol, FTP)。应用层中有许多不同的岗位，有了许许多多的岗位才能有效地帮助千千万万应用程序实现通信。

除了上述应用层的协议之外，还有一个值得我们去学习的是万维网。万维网(World Wide Web，WWW)是一个大规模、联机式的信息储藏所，简称 Web。它的作用就是把分布在成百上千万台计算机上的数据内容链接起来供人们访问。它的具体细节将在 8.2 节介绍。

练习题 8.1.18：说出某一个网站的各级域名。

练习题 8.1.19：浏览网页时，如何通过域名找到对应的网页服务器?

8.2 Web=?

我们经常在浏览器中输入的 WWW 是什么意思? 其实它是 World Wide Web 的缩写，它指一张连通了全世界的“网”。在学习本节之前，大家都是一名普通的网络用户。Web 对于我们而言，仅仅是一个每天都会接触到的环境，QQ 聊天、浏览网页、上网看球赛、下载电影等。互联网为我们提供的环境、氛围、内容都是 Web 的一部分。学习本节之后，大家应该以专业的角度去看待 Web。Web 对于其制作者、设计者而言，就是一门艺术。它包含了前台布局设计、后台程序、美工和数据库等各个领域的技术。

8.2.1 一个简单网页的代码

以一个网页例子开始讲起。写这个网页只需要新建一个文本文档，在文档中写入以下内容：

```
<程序：简单的 HTML 网页>
<html>
<head>
<title>我的第一个 HTML 页面</title>
</head>
<body>
<p>body 元素的内容会显示在浏览器中。</p>
<p>title 元素的内容会显示在浏览器的标题栏中。</p>
</body>
</html>
```

然后将文本文档命名为 example.html，其中 html 是后缀名，表示这个文档的类型。这样就建立了一个简单的网页。双击这个文档就能得到如图 8-17 所示的网页。

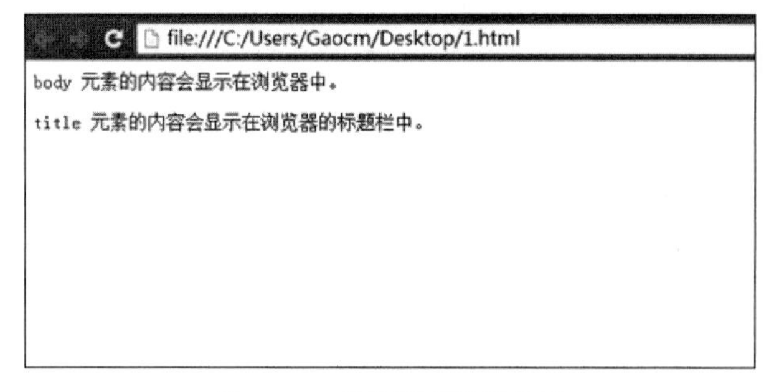

图 8-17　简单网页展示效果

这个网页是一个简单的静态网页，何为静态网页我们下文再谈。这个网页只有简单的 HTML 语言，它并不能说是一种编程语言，而是一种标记语言。其中的<html></html>包括了全部的内容，这两个标签是所有 HTML 网页代码的开始和结束的标记。

<head></head>表示了这个网页的头部内容，在<head>和</head>之间的<title></title>说明了这个网页的标题，这个标题就是显示在浏览器标签栏的文字。

接下来的<body></body>表示了这个网页的主体部分，就是网页正文中实现的内容。<body></body>内部的<p></p>表示了这两个便签内部的文字是自成一段的，因为这个 p 就是英文 paragraph 的意思。

小结

本小节提供了一个简单的 HTML 网页的代码实例，主要功能是在网页中显示两段文字。现实中我们浏览到的所有网页都是由这些网页代码编辑出来的，不同的代码内容提供了不同的设计方式。在下文中我们将介绍其他相关的网页设计开发方面的语言。

8.2.2　网页访问流程

在网页中散布了许多有用的事物，这些事物我们称为“资源”。用户想要获得这些资源就要找到资源的统一资源标识符(Uniform Resource Identifier，URI)。然后我们要用到一个传输的协议，这个协议就像是一个运输车，把需要的文本或者资源传输给我们。

URI 是怎么定义网络资源的呢？说道 URI，就不得不说另外两种标识符：统一资源定位符(Uniform Resource Locator，URL)和统一资源名(Uniform Resource Names，URN)。有时 URI 可以看作是 URL 或者 URN，或者两者的合并，如图 8-18 所示。比如 URL 表示一个人的住址，URN 表示一个人的名字，那么 URL 告诉了别人如何找到这个人，URN 定义了这个人的身份。

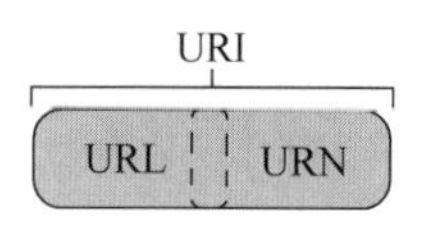

图 8-18 标识符

URL 就是一种 URI，它用资源在网络中的位置标识了一个互联网资源。例如 http://www.baidu.com 这个 URL 就标识了特定的资源(百度首页)，并说明了它是通过 HTTP 从对应域名 www.baidu.com 的主机中获得的。也就是说，当我们输入一个网址的时候，根据这个网址可以找到资源，再通过 HTTP 把这些资源传送给我们的计算机。

> **小明**：我们通过 URI 获得了某个首页资源，那么具体是获得了它的什么东西呢？是不是对方主机真的就把一个整理、组织好的页面发送过来？
>
> **沙老师**：其实不然，传过来的是一些文本文件、图片，以及其他相关文件，这些文件传到了本机以后，接下来就是浏览器来发挥作用了。浏览器把接收到的文本、图片和链接，以及构造这个网页的框架文件组织起来，显示给用户。这就是用户看到的网页。

接下来我们来了解一下网页访问的流程，这也是网络的基本运作方式，如图 8-19 所示。

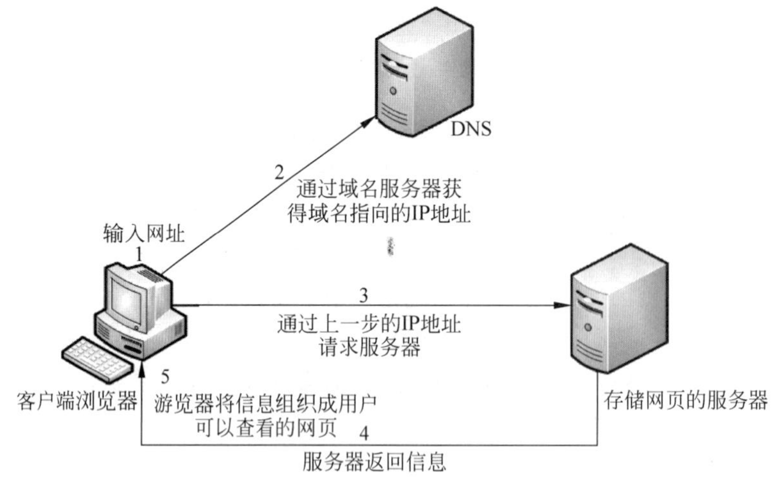

图 8-19 网页访问流程

(1) 在浏览器中输入一个域名；

(2) DNS 将这个域名转化成 IP 地址；

(3) 获得要访问网页所在服务器的 IP 地址之后，就可以向这个服务器发起访问请求，服务器收到访问请求后，便查看自己域名下的网页；

(4) 当这个网页服务器找到所请求的网页后，会返回一些信息，这些信息包括了代码文件，例如我们上文提到的.html 文件，以及图片、flash 等；

(5) 用户的主机收到这些信息以后，通过浏览器组织成可以查看的网页。这里要注意的是，网页服务器只是发送了一些信息回来，并不是真正将整个网页发送过来。

虽然网页服务器返回信息给客户端，客户端的浏览器进行组织从而展示给用户，但这并不代表所有的网页程序都是在客户端运行的。因此就有动态网页和静态网页之分。

小结

本小节主要介绍了访问网页的简单流程。当我们准备访问一个网页时，将我们输入的域名发送给DNS服务器，DNS服务器将其转换成IP地址后返回给我们，然后我们向这个IP地址发送请求，随后这个地址的服务器就将请求的网页数据传递到本地主机，接着通过浏览器的组织、布局，最终呈现出一个五彩缤纷的网页。

练习题8.2.1：在互联网中是通过什么信息来找到分布在互联网中的资源的？

练习题8.2.2：有时候我们浏览网页时，网页排版不正确，图片没有显示完全，那么有可能是哪几步出错了？

8.2.3 网页的动静之分

动态网页和静态网页的区别是服务器端是否参与程序的执行。服务器端执行某些脚本、生成HTML，再将其送到客户端，这样的网页程序称为动态网页，它们的特点是随客户、时间等因素返回不同的网页信息。现在浏览的网页基本上都属于动态网页，例如一些新闻网站，它们在不同时间要提供不同的时事新闻。只在客户端运行的网页程序是静态网页，也就是说这些静态网页的信息是不会随着时间、客户等变化而发生变化的。

如图8-20所示，动态网页根据需求，一般情况下需要一个后台的数据库来进行数据的管理。网页维护人员会对数据库中的数据进行增加、删除、修改、查看等操作。当用户请求这些网页时，服务器端的脚本语言参与运行，根据数据库的内容生成响应的HTML网页，然后再传送给用户。

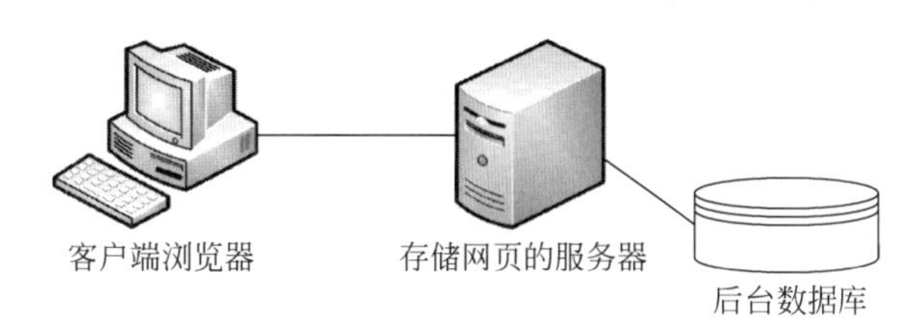

图8-20　动态网页与后台的交互

大部分动态网页都需要数据库的支持，但数据库并非动态网页的必需品。数据库的加入让动态网页的设计更加便捷。假如用静态网页实现一个新闻网站，那么就要不断地将新闻加入HTML中，然后再传送给用户。但是，如果用动态网页实现，只要将新闻内容存储在数据库中，每次新闻更新只需要修改数据库中的新闻内容；发送到客户端的网页可以不做任何修改，只需要根据写入的代码来读取数据库的内容，就可以实现实时更新了。

动态网页的特点归纳如下：

（1）动态网页以数据库进行数据管理，这样可以减少网站的维护工作。

（2）动态网页还可以实现许多静态网页不易实现的功能，例如用户的注册和登录等。

（3）动态网页在服务器端的运行并不是独立地存在于服务器，而是在用户发送请求以后才反馈的网页。

静态网页和动态网页各有各的特点,网站采取动态网页还是静态网页主要取决于网站的功能需求。但不论是动态网页还是静态网页都是用网页代码实现的。

为了更好地学习本节,大家可以去访问一个叫 W3Cschool 的网站。它是一个网站开发的教程网址,提供了很多免费的网页开发教程,包括 HTML、XML、CSS、JavaScript、PHP、ASP 等网页编写语言的教程。

8.2.4 网站用什么说话

网站通过网页语言与用户进行交流。接下来向大家简单介绍几种常用的网站开发语言,包括 HTML、CSS、JavaScript、PHP。

1. HTML

HTML(HyperText Markup Language)也称为超文本标记语言。说到底,HTML 并不是一种编程语言,而是一种标记语言。它包含了一套标签,用这些标签来描述网页。也就是说,HMTL 文档就是一张网页。浏览器负责读取 HTML 文档,然后用网页形式展示出来。

小明:编程语言和标记语言有什么区别?

沙老师:编程语言需要"编写—编译—链接—运行"的过程才能执行,而标记语言是为了在网页中对其中的内容进行结构化,可以直接显示在网页中。

HTML 是最基本、最关键的一种 Web 开发语言。它其实很简单,只需要在正确的位置设置正确的属性就可以编写出一个网页。

上文我们讲到了标签,网页就是用标签来描述的。<html></html>就是一对标签。一张网页包含了 HTML 标签和纯文本,纯文本就是我们要显示的内容。经过标签的组织标记,从而使这些纯文本内容更易懂。

以下几个标签是 HTML 中比较常见的标签:

<html>与</html>之间是整个网页内容;

<body>与</body>之间是可见的文档内容;

<h1>与</h1>之间是一个标题;

<p>与</p>之间是一个段落。

通常,网站上会有很多链接。单击链接就能从当前网页跳到另一个网页。链接在 HTML 中是用<a>标签来定义,例如下面的链接:

```
<a href = "http://www.cqu.edu.cn"> This is a link </a>
```

href 指定了该链接要指向的地址。

大多数 HTML 的标签都有自己的属性可供设置。上面链接标签中的 href 就是一个属性。此外,<body>标签中可以定义文本背景颜色属性,即<body bgcolor = "yellow">,这样就设置了文本内容的背景颜色。因此,标签的属性是 HTML 中至关重要的一部分,它能让 HTML 更丰富多彩。

如果大家想看看一个普通网页的 HTML 是怎样的,可以在 IE 浏览器中右击,选择"查看源”就可以看见这个网页的 HTML 内容了。如果是 Chrome 浏览器，可以右击后选择“查看网页源代码”，同样能看到该网页的 HTML 内容。

网页就是由上面提到的相关标签进行规划组织而成的。如果在此基础上增加些 CSS 脚本，还能使其更美观、更灵活。

2. CSS

CSS(Cascading Style Sheets)也称为层叠样式表，它是一种用来表现 HTML 等文件样式的计算机语言。CSS 出现的目的就是为了让 HTML 展现出来的效果更加赏心悦目。CSS 文件规定了如何显示 HTML 中的元素。例如，HTML 文件中的< h1 >告诉浏览器这是标题，那么就可以通过 CSS 来设置这个标题的属性，使这个标题更加多样化。

在 8.2.1 节中 HTML 代码的头部，即< head ></head >标签之间加入下面这段代码：

```
< style type = "text/css">
h1 {color:read}
</style >
```

再用浏览器打开这个文档会发现它的标题变成了红色。除了实现 HTML 也能实现的设置，CSS 还可以实现很多 HTML 不能通过设置标签完成的网页设置。此外，可以将 CSS 文件作为一个单独的文件，这个 CSS 文件可以定义某个 HTML 文件的全部样式(Style)。

3. JavaScript

JavaScript 是一种脚本语言，主要目的是为用户提供更流畅的浏览效果。它不同于传统的编程语言，不需要“编写—编译—链接—运行”，只要写到网页中，浏览器就能解释运行(也就是一句句执行这个代码)，而不需要进行编译(先生成目标文件，然后再链接执行)。

与上面的 HTML 和 CSS 不同，JavaScript 更像个程序。它有一些控制符，能灵活地执行各类操作。它在客户端运行，是随着 HTML 一起从服务器发送过来的。它的出现在一定程度上增加了人机的交互性。

JavaScript 使得网页增加了很多互动操作。比如当你输入一个文本后，会提示你确认是否输入正确，这个功能就是用 JavaScript 编写实现的。

下面我们在网页中添加一个按钮，单击这个按钮后出现一个消息框。代码如下：

```
<程序：单击按钮简单实例>
< html >
< body >
< h1 id = "header"> My First Web Page </h1 >
< p > My First Paragraph. </p >
< button onclick = "myFunction()">单击这里</button >
< script >
function myFunction()
{document.getElementById("header").innerHTML = "糟糕,标题被改了";}
</script >
</body >
</html >
```

首先新建一个文本文档，将上述代码复制到文本文档，并保存成 HTML 文件。运行这个文件，然后单击按钮，会发现标题变成“糟糕，标题被改了”。

上述代码定义了一个按钮(Button)。这个按钮有一个 onclick 事件,这个事件会调用 myFunction()函数,这个函数就是用 JavaScript 编写的。通过寻找 ID 的方式找到 ID 为 header 的目标元素,然后用 innerHTML 属性设置其内容为"糟糕,标题被改了"。强调一下,HTML 中的脚本语言必须放在< script >与</script >标签之间。

4. PHP

PHP(Hypertext Preprocessor)也是一种脚本语言,但通常在服务器端运行。它同样也是可以嵌入 HTML 中,它以<? php 开始,以? >结束。如下就是一段简单的 PHP 脚本:

<程序: 简单 PHP 代码实例>

```
< html >
< body >
<?php
echo "Hello World";
?>
</body >
</html >
```

在介绍动态网页时,曾提到用脚本语言在服务器端运行生成 HTML 代码,再将 HTML 代码发送到客户端。这里所说的在服务器端运行的脚本语言一般就是 PHP。下面是一段服务器上的 PHP 代码:

<程序: 服务器端 PHP 程序代码实例>

```
<?php
ob_start();
echo "Hello World!";
$content = ob_get_contents();    //取得 php 页面输出的全部内容
$fp = fopen("test.html", "w");
fwrite( $fp, $content);
fclose( $fp);
?>
```

上述代码中:

ob_start()表示打开一个缓冲区,也就是说 PHP 中输出的内容会先保存在这个缓冲区中;

echo "Hello World!"表示输出字符串"Hello World!",但不是输出到屏幕中,而是保存到缓冲区中;

ob_get_contents()表示获得缓冲区保存的内容;

$fp = fopen("test.html", "w")表示打开名为 test.html 的文件;

fwrite($fp, $content)表示将缓冲区的内容写入 $fp 所指的文件中;

fclose($fp)表示关闭 $fp 所指的文件。

小结

本小节主要介绍了网页设计中常用到的几种开发语言。本节中介绍的 HTML 能帮助你搭建一个简易的结构,CSS 让你的网页更加赏心悦目,JavaScript 让你的网页实现了一定程度上的交互,PHP 和数据库的结合让你的网页"动"起来。除此之外还有许多其他的网页开发语言，这些开发语言让你的网页设计更加完美。

练习题 8.2.3：试编写一个简单的本地网页。

练习题 8.2.4：分析上述几种语言的特点。

练习题 8.2.5：在 HTML 中，< body bgcolor="yellow">是什么含义？

练习题 8.2.6：哪个 HTML 标签用于定义内部样式表(CSS)？

练习题 8.2.7：JavaScript 的闭包用哪个标记符号？

练习题 8.2.8：PHP 有什么特点？它与 JavaScript 有什么区别？

8.2.5 关于本地计算机上的一个小网页

本节教大家在自己的计算机上编写一个简单网页。首先，需要向大家介绍 IIS(Internet Information Services)，即互联网信息服务。它是由微软提供的、基于 Windows 的互联网的基本服务，提供了很多 Web 服务的组件，例如下面例子要用到的 Web 服务器。

根据网上提供的教程，大家可以在自己的计算机上安装 IIS。IIS 安装完成后，会在系统盘(通常是 C 盘)创建一个 inetpub 文件夹。安装完成 IIS 以后，还需要对 IIS 进行配置。在 Windows 下的 IIS 管理器中可以进行端口、物理路径、默认文档等一系列属性的设置。

在 inetpub 文件夹中的 wwwroot 文件夹里添加一个名为 index. htm 的网页。IIS 管理器默认文档中有 index. htm 这个文档，在浏览器的地址栏中输入"http://localhost/"或者"http://127.0.0.1/"，则会呈现我们写的 index. htm。它的代码如下：

```
<程序: index.htm>
<html>
<head>
<script>                                    <!-- 表示以下为 JavaScript 内容 -->
function checkpost(){
    if(document.getElementById("name").value == "hello"
<!-- 在网页中用 id 的方式确定这个元素,判断元素的值是否等于"hello" -->
&& document.getElementById("pw").value == "123"){
        alert("用户名密码正确!");           <!-- 弹出对话框,显示"用户名密码正确" -->
        }else{
        alert("用户名或密码不正确!")
        return false;
        }
    }
</script>
</head>
<body bgColor = "#FFCC00" text = "#000000" ><!-- 设置背景颜色和文本颜色 -->
<label for = "name">用户名: </label>        <!-- 绑定 id 为 name 的 HTML 元素 -->
<input type = "text" name = "name" id = "name" /><br /> <!-- 这个 input 元素类型为文本,名字为
name,id 为 name -->
<label for = "pw">密码: </label>
<input type = "password" name = "pw" id = "pw" /><br />
<button type = "button" onclick = "checkpost()">提交</button> <!-- 这个按钮的类型为
"button",触发的事件是 checkpost 函数 -->
</body>
</html>
```

这是一个静态网页,它的功能是验证用户名是不是 hello,密码是不是 123。图 8-21 是这个静态网页实现的人机交互界面。

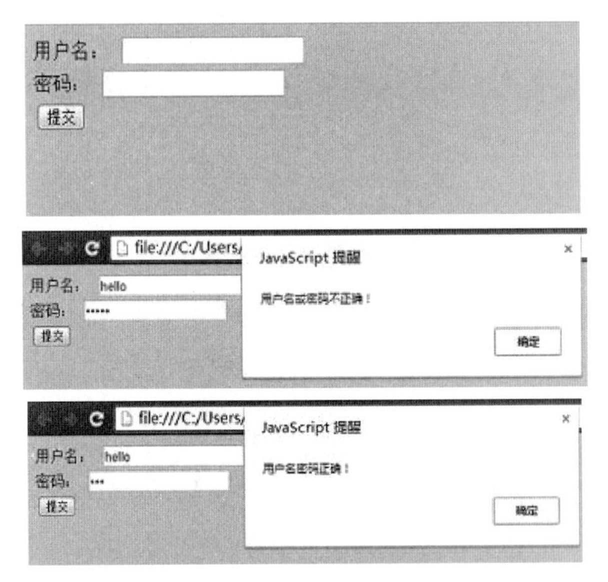

图 8-21　index. htm 效果展示图

练习题 8.2.9:分析 index. htm 程序,说明其实现的功能。

8.3　对计算机网络的领悟

在 8.1 节中,我们学习了消息是如何通过计算机网络传递到对方计算机中的。从开始输入消息,到最后对方接收到这个消息,中间过程可谓是历经千山万水。首先我们输入的消息内容在传输层被拆分成一个个数据片段,这些片段传送到了网络层,网络层为这些片段添加上目的计算机的 IP 地址以及其他的控制信息,然后发送到数据链路层,同样地,数据链路层为来自网络层的数据包再添加上相关控制信息,实现该数据包的可靠传输。最终,消息进入物理层,转换成 01 比特流,这些比特流的数字信号经过调制器转换成模拟信号,而模拟信号就是数据信息在介质中传输的方式。进入了网络后,消息通过路由器的接收和转发,根据自身数据包中的 IP 地址,最终到达了目的计算机。

此时,在对方的物理层中,将接收到的比特流信息拆分成数据包、发送到数据链路层,数据链路层将来自物理层的数据包进行差错校验,如果没有出错则将该数据包的头部和尾部去除,然后再发送给网络层,同样地,网络层也会去除该数据包中的头部和尾部信息,再发送给传输层,到了传输层之后,根据两个主机传输层之间通过三次握手建立的连接方式,消息最终被发送到指定的应用程序,再经过应用层对应的应用层协议,终于成功地还原了发送的消息。

在 8.2 节中,我们了解到了网页访问的流程以及 Web 开发的一些基本知识。并且,通过这一小节知道了我们平时浏览的网页其实就是服务器端发来的一些代码信息,最后通过浏览器进行处理、整合,然后呈现出来一张色彩斑斓的网页。其实,每一张色彩斑斓的网页都是由各种网页开发语言设计而成，在本节中，我们介绍了几种网页开发相关的语言，正是这些简单的开发语言构成了各种各样的网页。

通过前面两个小节，我们对计算机中的网络有了一个初步的认识，这些认识也都是一些基本常识，那么基于这些常识我们又能领悟到什么呢？

1. 层层负责、层层隔，复杂系统得以成

正如我们在8.1节中看到的，计算机网络中存在五个层，这五个层各司其职，负责将消息从上到下进行封装以及拆分，可以说计算机网络这个复杂的系统正是这五层所组成的。

每一层都封装了自己的功能，并且每一层都为外界提供了接口。即使对每一层的内部功能做了修改，只要保证接口的标准和一致性，那么这个复杂系统同样能够照常运行。这样的机制也正如函数调用的机制，每个函数的内部实现方式是千变万化的，但是函数被调用的方式却是固定的。也就是说，我们只要保证函数被调用的接口的一致性，那么函数内部的实现方式可以是多种多样、随时更新的。

如今任何复杂的系统都是如此，都讲究分而治之。没有哪个系统的设计开发者愿意将所有的功能实现在一个模块中。倘若如此就有可能面临牵一发而动全身的状况。计算机网络中的分层也同样是为了避免这种情况的发生，而且这样也提高了处理消息的效率。

2. 环环相扣、环环连，谁知粒粒皆辛苦

在8.1节中，消息从发送到接收经过了一层又一层，而且每一层之间都是相互连接、相互沟通的。消息从输入到经过计算机网络的五层，再到进入内网以及传送到外网，最后经过一个个路由器再送到目的计算机，然后继续通过这五层显示到对方计算机上。这中间经历了一个个环节、一个个模块，如果其中的任何一个部分出现了问题，那么这个消息都将无法传送到目的计算机中。也就是说，过程中的每一环都是相扣相连的。不仅计算机网络如此，在工厂的产品链中也是如此。

如今整个地球成了一个“地球村”，各个国家(地区)之间的交流沟通都变得简单快捷。商品的产品链也成了一个全球的商品链，其中任何一环出现了问题都将对商品产生影响。就像2011年泰国的洪灾，泰国是全球第二大硬盘生产商，这次洪灾导致了全球硬盘价格的上涨。从这个实例可以看出，全球的硬盘生产链也是呈现了环环相扣的情况，一旦硬盘生产中的某一个环节出现了问题，都会影响硬盘的销售。因为生产链呈现着一种相互之间的依赖关系，一旦一个环节受到影响，它所依赖的或者依赖它的环节都将受到打击。这种依赖关系时时刻刻都存在于我们的日常生活中，小到柴米油盐，大到国防航天。

环环相扣的依赖关系是复杂系统必不可少的部分。正是这种依赖关系保证了每个环节之间的密切联系，从而保证系统的正常运行。

3. 世界变小，纷扰多，何妨欸乃山水绿

网络的出现的确便利了我们的生活，我们可以足不出户地购物、观影等，身在异地的朋友、家人可以通过各种聊天软件、网络视频等沟通。除此之外，各种社交软件也丰富了我们的社交圈。但网络在为我们提供各种便利之余，也为我们的生活带来了纷扰。

环顾四周，有些同学正低头玩手机游戏，有些同学正用聊天软件和朋友们聊得不亦乐乎，有些同学正拿着手机看着各种比赛直播……网络发展的脚步是无法阻止的，我们可能会

面对更多的纷扰。大家需要学会去抵制这些诱惑,合理地利用网络,否则,下一个网络的葬送者就是你,你会因为这些诱惑或失去学业,或远离身旁的朋友和家人,甚至沉迷于网络的社交圈中而忘了如何在现实中与人相处。

大家有多久没有体会到大自然之美了?大家有多久没有静下心来了?我们欣赏一下柳宗元写的《渔翁》:

渔翁夜傍西岩宿,晓汲清湘燃楚竹。
烟消日出不见人,欸乃一声山水绿。
回看天际下中流,岩上无心云相逐。

好一句"岩上无心云相逐",这不就是"鸟倦飞而知还,云无心而出岫"?再看看郑板桥所写的《老渔翁》,大家有什么感触呢?

老渔翁,一钓竿,靠山崖,傍水湾。
扁舟来往无牵绊,沙鸥点点青波远。
荻港萧萧白昼寒,高歌一曲斜阳晚。
一霎时波摇金影,蓦抬头月上东山。

这种感触可不是网络能带来的吧。让我们静下心来,拿出一张纸,给远方的他(或她),写下你心头温润的文字吧。

8.4 初窥物联网

当今这个时代可以说是互联网时代,互联网的发展成就了现在这个庞大的信息世界,而且这个信息世界还在持续增长着。随着感知技术的快速发展,信息的获取方式不再是简单的人工获取,更多的是能够自动获取。自动获取就是通过传感器和智能识别终端对现实世界进行感知、测量和监控,从而自动、准确地生成来自现实世界的信息。在 RFID 不断发展的基础上,互联网的触角将不断延伸,逐渐渗透到我们的日常生活中,从而催生出一种新型的网络——物联网。物联网被认为是以物品为载体,通过 RFID 等技术将物品上的传感设备与互联网建立连接,从而实现物与物之间的互连。

在物联网的时代,每一个物体都可以寻址,每一个物体都能实现通信,每一个物体都能控制。国际电信联盟早在 2005 年就这样描述了物联网时代的场景:汽车会自动报警;公文包会"提醒"主人忘带了什么东西;衣服会"告诉"洗衣机对颜色和水温的要求等。毋庸置疑,这样的物联网时代将让我们充满期待,如图 8-22 所示。

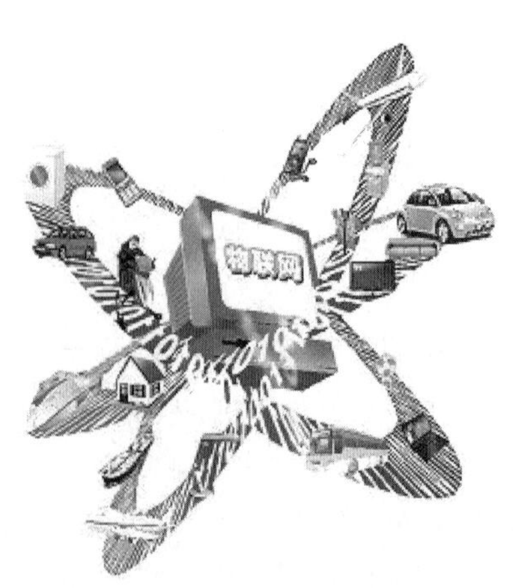

图 8-22　物物互联

物联网技术复杂,牵涉面广。它涉及各方面的知识,从 RFID、传感器,到互联网和移动通信网络等,甚至到云计算和数据安全等方面。本节只是作为认识物联网的敲门砖,如果同学们感兴趣,可以选修这方面的课程。

8.4.1 未来生活中的物联网

在未来的生活中，物联网必定会像如今的互联网一样，是我们生活不可或缺的一部分。它甚至照顾到我们的衣食住行等各个方面。当太阳初升，窗帘会自动地徐徐打开，烤面包机也开始工作。当你洗漱完毕坐到桌子旁时，面包早已准备好。当你吃完早餐出门后，房间的空调开始调节温度，降低电量消耗。当你坐上汽车，汽车会为你选择一条最优最快速的路线，行车过程中若是遇到紧急情况，车载计算机会及时发出警报或自动刹车避让，并随时根据路况调节行车速度。同时，车载计算机还能帮你预约商场附近的停车位。如果行车过程中出现身体不适，便携式监护仪会将实时的心电等生理数据传输到医院的后台服务系统，并向亲友发送警报短信。

物联网的广泛应用将渗透到生活的各个方面，我们没有理由不去期待这种生活。在此基础上，我们来介绍几种物联网方面的应用，智能家居、智能交通、医疗物联网。

8.4.2 智能家居

智能家居(Smart Home)是以住宅为载体，配备了网络通信、信息家电等自动化设备，为住户提供了舒适、高效、安全、便利的居住环境。可以说，智能家居就是一个系统。它与普通的家居相比，不仅拥有传统的居住功能，还能提供舒适安全、高品位的家庭生活。

智能家居一般利用 RFID 技术实现对家电灯光的控制，对某些特定电器的控制。无线网络技术也会应用在智能家居中。通过无线网络技术可以实现对灯光、窗帘、家电的遥控功能。使用基于无线射频技术的产品，可以将家里的所有电器都串成一个网络，在这个网络中人们可以任意自由地控制指挥这些电器了。

早在 1998 年 5 月，在新加坡举办的“98 亚洲家庭电器与电子消费品国际展览会”上，通过场内模拟的“未来之家”推出了新加坡模式的家庭智能化系统。它的功能主要包括三表抄送功能(这样就不用浪费人力来“查水表”了)、安防报警功能、可视对讲功能、监控中心功能、家电控制功能、有线电视接入、电话接入、住户信息留言功能、家庭智能控制面板、智能布线箱、宽带网接入和系统软件配置等。

如今智能家居不再以简单的灯光遥控控制、电器远程控制和电动窗帘控制为主。随着行业的发展，智能控制的功能将越来越多，控制对象也不断扩展，能延伸到家庭安防报警、背景音乐、可视对讲、门禁指纹控制等领域，可以说智能家居几乎涵盖了各个方面。

如图 8-23 所示的智能家居，平板电脑和手机通过移动互联网络接入互联网，在另外一端，家庭的上网设备也接入了互联网中。通过家庭中的上网设备(例如路由器等)使得家庭中的无线门铃、报警器等接入互联网，人们就可以通过远端的平板电脑或者手机与家里的感应设备建立连接，从而控制家中的各种设备，实现家居的智能化。

8.4.3 智能交通

交通与我们的生活息息相关，以前出门靠马车、靠双腿，如今出门有汽车、船、飞机。交通早就是我们日常生活中的一部分，它关系到了整个社会的各个方面。四通八达的公共交通路线也早就是社会基础设施中的一部分了。但是，观察现在的交通，还是能发现许多问题。如图 8-24 所示,随着城市的不断发展,机动车拥有量在不断地上升,与之形成对比的是公路交通道路宽度有限。另外,随着城市的发展,交通流量更多地向大城市集中。最终,交通问题越来越严重,并且影响了我们的日常工作生活。

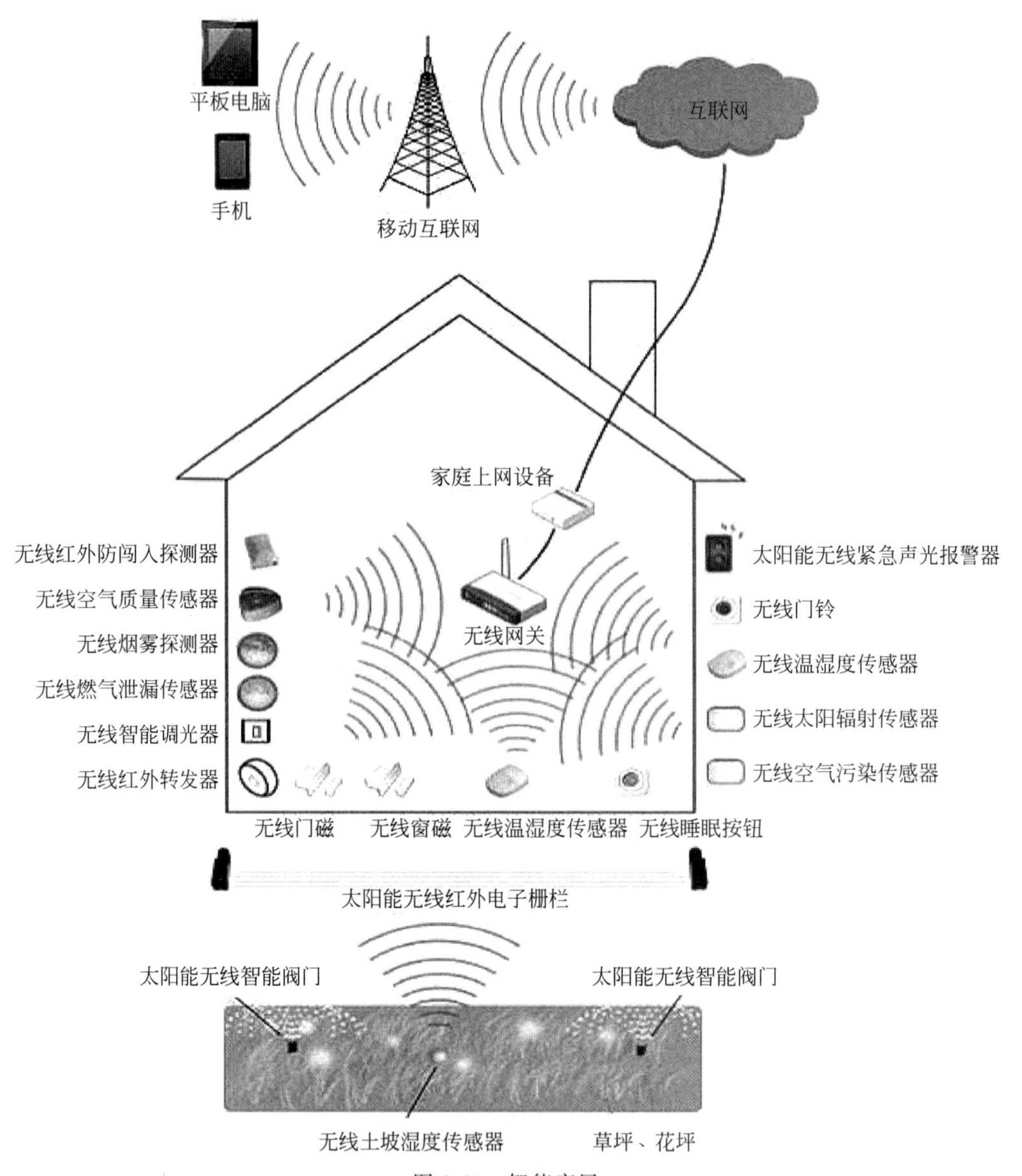

图 8-23　智能家居

我们希望的交通是这样的：当我们出行时,能实时获得现在的交通情况以及天气信息,这样所有的车辆都能够预先知道并规避交通堵塞,同时也能减少尾气排放快速地到达目的地,甚至还能提前预订停车位；在行车过程中,大部分的时间车辆都处于自动驾驶,或者在人为驾驶时,一旦遇到危险,车辆会紧急制动或者紧急避险,从而保障乘客的安全。以上的这一切都将通过智能交通来实现,也就是说智能交通将给交通领域带来一场革命,带给我们一个全新的交通环境。

图 8-24　交通问题

智能交通系统(Intelligent Transport System,ITS)是将先进的信息技术、通信技术、传感技术、控制技术以及计算机技术等有效地集成运用于整个交通运输管理体系中,从而建立起在大范围内及全方位发挥作用的、实时、准确和高效率的综合运输和管理系统。

在智能交通方面,IBM 也提出了自己的智能交通产品。它有助于分析跨不同交通网络的交通行为和事件,帮助优化车流量、效率、响应事件和旅行体验等。具体来说,IBM 的智能交通产品能够:

(1) 减少道路交通拥堵;

(2) 提高跨不同道路交通系统的事件可见性;

(3) 分析历史数据从而获得并理解道路交通流量及事件的固定模式;

(4) 预测未来一小时之内的道路交通流量状况;

(5) 增加公共交通车辆、服务及相关异常的可见度;

(6) 预测公共交通车辆的到达时间;

(7) 分析整个公交系统的性能状况和瓶颈。

可想而知,在智能交通提供的帮助下,交通将更好地、更人性化地为我们提供服务,能够及时有效地管理、协调和解决传统交通中出现的问题。

中国已经有很多物联交通方面的实例。

例如 2016 年在上海开园的国内首个无人驾驶示范园区"国家智能网联汽车示范区",该园区位于上海国际赛车场以南,总面积约 2 平方公里,共设置了 29 种测试场景,包括十字路口、林荫道、隧道、停车场等,几乎涵盖了所有日常交通场景。汽车中采用的控制技术和计算机技术使得汽车可以及时做出反应,安全行驶。为了达到自动驾驶测试的各方面要求,测试区内的每盏路灯、每个提醒装置、甚至每个假人,都安装了通信模块和传感模块,可以及时感应并与汽车实时通信。测试区内还设置了多个紧急避障测试场景,目的是测试车辆是否能够在行驶过程中及时避开危险障碍。

又如,天津联通分公司联合中国汽车技术研究中心及华为公司共同打造的国内首个 5G+V2X(Vehicle-to-Everything)融合网络无人驾驶示范区已经于 2018 年亮相。该园区依托 5G 大带宽、低时延、高可靠的通信能力,结合 V2X 适于短距传输且安全性高的特性,通过车与万物(基础设施)互连、全量信息上云台、云台指令/地图实时下发的方式,实现车辆在 5G 网络下的无人驾驶应用。据介绍,该示范区旨在打造国内车辆最高速、测试最全面的智能网联无人驾驶区。该示范区位于中国汽车技术研究中心内,设置有车辆远程控制、限速信息警示、行人识别与躲避、车辆车速引导等多个测试项目及障碍点。

由上述内容可知,物联网技术对智能交通提供了重要的技术支持,物联网技术的发展为智能交通提供了更加透彻的感知。

8.4.4 医疗物联网

健康一直都是人们所关注的话题,医疗也是这个话题中必不可少的一部分。但是,现在大家的普遍观念是有病才去医院,甚至发病了才往医院去,这种懈怠的心理每年造成了许多生命葬送在没有得到及时治疗的原因上。

从 2004 年开始,医疗行业兴起了移动医疗的热潮。移动医疗逐渐实现了医疗观念的改变,从曾经的医院业务型转变到对象管理型。也就是说,医疗行业更需要关注每一个对象,即每一个病人和参与医疗的个体,围绕着这些对象的是医生、护士、药品以及器械等。那么移动医疗的关键就在于实现对象和医生、药品等的联系,在这种动机下,医疗物联网也应运而生。它将对象进行有效合理的管理,通过网络实现对对象健康状况的感知,从而实时地监控对象的健康状况。一旦被监控对象的身体状况不佳,医疗物联网系统将及时地反馈这些信息,从而挽救患者的生命。

除此之外,医疗物联网还能维护用户们的健康档案,这将有可能是一个一生的健康记录。它可以根据用户们不同阶段的身体状况采取不同的医疗措施,并根据曾经的病史进行病情分析,到时候所有的用户将不用带病例卡到医院就能让医生知道他(她)曾经在各个医院的问诊情况。可以说,医疗物联网开启了医疗的新智慧。

某届中国国际高新技术成果交易会上,以物联网、云计算为代表的新一代信息技术成为热点。国内领先的医疗信息化解决方案提供商们携带产品盛装亮相,吸引了大量的国内外嘉宾驻足参观、咨询,如图 8-25 所示。

图 8-26 所示是一套远程无线健康监护平台,它提供的远程动态血压监护系统能随时随地监护你的血压情况。如图 8-27 所示,该系统由动态血压监测仪、e+医终端、医生工作站、控制中心四部分组成,依托无线远程健康监护平台的信息采集与传输,对患者在某一时间的血压进行自动采集与发送、保存,如果患者血压值超过预先设定值,系统将自动向相关人员发送短信等报警提示,这对高血压并发症的治疗有着重要的临床意义。

图 8-25 医疗物联网平台

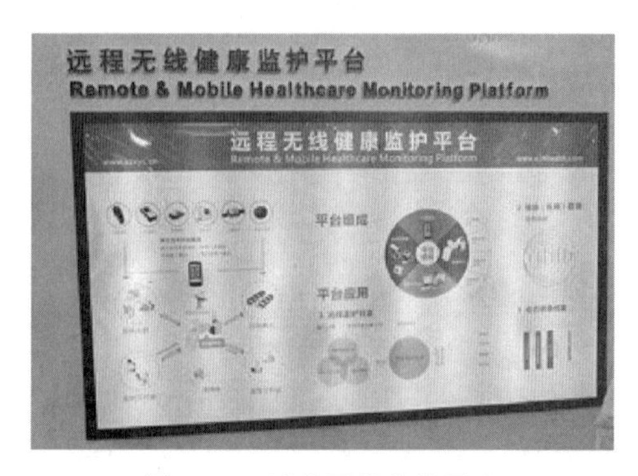

图 8-26 远程无线监护平台

除此之外，还有一些实用性更强的医疗系统，例如图8-28所示的智能婴儿管理系统。该系统能实时定位管理，防止婴儿被盗、错抱。工作人员介绍，该系统利用无线通信技术，能够对婴儿进行实时定位，当婴儿处于未授权区域或佩带的智能腕带遭人破坏时，控制中心将会发出报警信息，有效防止婴儿被盗。

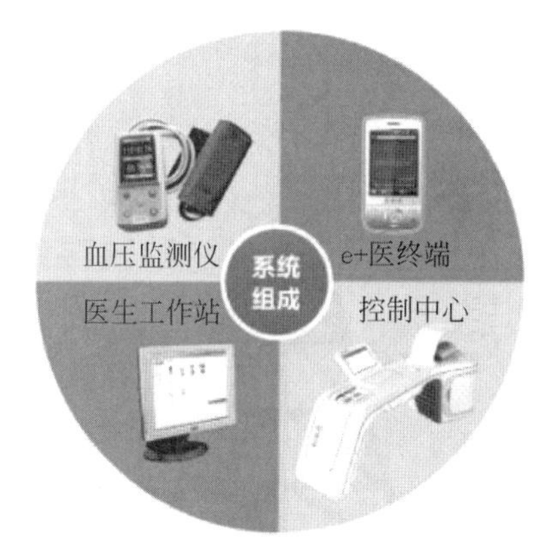

图8-27　远程动态血压监护系统

图8-28　智能婴儿管理系统

从以上的例子可以看出，医疗物联网的发展所带来的全方位、多层次、方便快速的医疗系统，已经成为医疗行业日益增长的需求。远程医疗、智慧医疗将作为医疗行业新元素，成为医疗行业未来的发展趋势。这其中，物联网也将扮演重要角色。

8.4.5　物联网相关技术

物联网是一种非常复杂、形式多样的系统技术。根据物联网的本质和应用特征，我们可以将其分为三层：感知互动层、网络传输层和应用服务层。

1. 感知互动层

感知互动层完成数据采集、通信和协同信息处理等功能。它通过各种类型的传感设备获取物理世界中发生的物理事件和数据信息，例如各种物理量、标识、音视频多媒体数据。感知互动层主要包括射频识别（RFID）等技术。其中RFID是一种能让物品"开口说话"的技术：RFID可以通过无线电讯号识别特定目标并读写相关的数据。RFID使用标签来附着在物品上，然后通过该标签进行自动辨识与追踪该物品。比如车辆生成行业中，将标签附着在一辆正在生产的汽车中，那么厂商就可以追踪此车在生产线上的进度。同样地，附着在药品上可以用来追踪药品在仓库中的位置，附着在牲畜和宠物上可以用来识别宠物，可以追踪到宠物所在位置以及与他人的宠物相区别。另外，有些标签可以附着在衣物、个人财物上（如图8-29所示），甚至植入人体内，所以说它的用处无所不至。

在采集到这些数据信息后，可以通过无线数据通信网络把这些信息自动采集到中央信息系统中，从而实现物品的识别和管理。近年来，各种可联网的电子产品层出不穷，智能手机、多媒体播放器（MP4）、上网本、平板电脑等迅速普及，因此信息的采集和分享也更趋于多样化。

2. 网络传输层

网络传输层，顾名思义是将感知互动层采集的各类信息通过网络传输到应用服务层。

这里的网络包括移动通信网、互联网、卫星网、广电网、行业专网以及形成的融合网等。

图 8-29　利用 RFID 技术对珠宝进行追踪管理

其中以互联网为核心网络,处在互联网边缘的各种无线网络则提供随时随地接入到网络的服务。下一代互联网(IPv6)技术将是物联网中的重要环节。由于 IPv6 的发展,IP 地址的数量问题将不再困扰人们,到时候"每一粒沙子都能分配到一个 IP 地址",这样每一个物品在互联网中都是有址可循的。

小明:为什么要给每一个物品都分配一个地址?

沙老师:我们通过网络来实现物物之间的互连,在 8.1.3 节中我们知道,网络中的资源位置是通过 IP 地址来表示的,因此想通过网络找到一个物品,那么该物品就需要有 IP 地址来标记它的位置。

在互联网的边缘,提供了许多无线网络来接入互联网,其中最常见的就是 Wi-Fi(802.11 系列标准),它为一定区域内(家庭、校园、餐厅、机场等)的用户提供网络访问服务。

3. 应用服务层

互联网最初用来实现计算机之间的通信,进而发展到连接以人为主体的用户,而现在正朝着物物相连的目标前进。在将来物物相连的信息社会中,物联网通过应用服务层将物联网技术和各行各业建立连接,从而实现广泛的物物相连。物联网的核心就是对信息的采集、传输和处理。例如智能家居中的自动空调系统,通过传感器收集到屋内的温度特征,然后经过网络的传输送到相应的应用服务层,即空调的处理层,根据传输来的数据,实时动态地分析当前屋内的温度特征,一旦超过预定设定温度值,就打开空调。同样地,智能交通也是如此,根据道路中采集到的道路当前行车状况,通过网络传输到车主应用管理设备中,车主就可以根据当前路况选择合适的道路,或者应用设备对数据进行处理,自动计算出合适的行车道路。总的来说,应用服务层的主要功能就是根据底层采集的数据,形成与业务需求相关联的动态数据资源库,也就是说采集到的数据信息将动态地存储在数据资源库中,根据各行各业的需求再将对应的数据资源进行组合、处理。

根据各行各业的业务需求,应用服务层开展对应的数据管理和应用系统的建设,例如绿色农业、工业监控、远程医疗、智能家居、智能交通以及环境监控等,都是基于不同的业务需求而建立的应用服务。因此,应用服务层提升了数据信息在物联网中的重要性,也为快速构建新的物联网应用奠定了基础。

小结

物联网是新一代信息技术中的重要组成部分。顾名思义，物联网就是物物相连的互联网。它的发展必然将给我们的生活带来更大的快捷和便利。智能家居、智能交通以及医疗智能化的发展将物联网带入我们生活的各个方面和社会的各行各业。物联网技术的3层结构将物联网技术分为三大部分，从信息的采集到信息的传输，到最后信息的处理，每一部分都是一种分层的结构，各个部分分工明确，利用物联网中的相关技术将物联网延伸到我们生活当中来。

练习题 8.4.1：试想一下，随着物联网的发展，在智能家居、智能交通和医疗信息化中还有可能出现哪些情景？

练习题 8.4.2：说说在智能家居、智能交通和医疗信息化中有可能应用到哪些物联网技术？

练习题 8.4.3：物联网分为三层结构的好处有哪些？

习题 8

习题 8.1：计算机网络中有几层？这几层分别叫什么名字？

习题 8.2：UDP 与 TCP 的区别是什么？

习题 8.3：介绍物理层的几个复用技术。

习题 8.4：数据链路层中实现了哪些功能？

习题 8.5：一个数据流中出现了这样的数据段：SOH A B EOT C SOH D E ESC EOT。采用本章的字符填充算法，试问经过填充后的输出是什么？

习题 8.6：网络层向上提供的服务有哪两种？试比较其优缺点。

习题 8.7：网络互连有什么实际意义？

习题 8.8：IP 如何表示？说说学校的 IP 地址的网络地址是多少？

习题 8.9：二进制 01000000 00011111 00001000 00111101 表示的 IP 地址是多少？网络号是什么？

习题 8.10：试说出以下 IP 地址的网络号。

(1) 128.36.199.3　(2) 21.12.240.17　(3) 183.194.76.253

(4) 192.12.69.248　(5) 89.3.0.1　(6) 200.3.6.2

习题 8.11：传输层的重要性是什么？

习题 8.12：试举例说明有些应用程序愿意采用不可靠的 UDP，而不采用可靠的 TCP。

习题 8.13：接收方收到有差错的 UDP 用户数据报时应如何处理？

习题 8.14：端口的作用是什么？

习题 8.15：三次握手是什么意思？目的是什么？

习题 8.16：三次握手在本章中出现的几种差错情况是什么？它们分别是因为什么原因出现的？

习题 8.17：请列举出三项其他的应用层协议。

习题 8.18：举例说明域名转换的过程。域名服务器中的高速缓存的作用是什么？

习题 8.19：互联网中散布着各种各样的资源，那么我们是通过什么方式来找到有用的资源呢？

习题 8.20：当我们在计算机中打开一个网页时，服务器传送过来的是什么信息内容？又是如何呈现为我们所看到的网页内容？

习题 8.21：HTML 指的是什么？

习题 8.22：在 HTML 中用什么符号进行注释？什么符号表示超链接？什么表示背景颜色设置？

习题 8.23：CSS 代码的结构通常包括哪几个部分？举例并说明其含义。

习题 8.24：以下 HTML 中，哪个是正确引用外部样式表的方法？

(1) <style src="mystyle.css">

(2) <link rel="stylesheet" type="text/css" href="mystyle.css">

(3) <stylesheet> mystyle.css </stylesheet>

习题 8.25：JavaScript 的闭包用哪个标记符号？

习题 8.26：说说下面这段代码的含义。

```
<html>
<body>
<script type="text/javascript">
var firstname;
firstname="George";
document.write(firstname);
document.write("<br />");
firstname="John";
document.write(firstname);
</script>
</body>
</html>
```

习题 8.27：在本地计算机上搭建一个示例网站，设置用户名和密码均为学号，并截图证明。

习题 8.28：根据图 8-27 所示的远程动态血压监护系统，说明图中四部分是如何建立连接并实现远程动态血压监护功能的。

习题 8.29：物联网的三层结构的主要功能分别是什么？

习题 8.30：了解物联网发展中所需的其他相关方面的技术，并简要介绍。

第9章　信息安全

计算机的普及度越来越高,21世纪的发展离不开计算机,人类生活的方方面面都有计算机的支持,无法想象没有计算机的世界会是怎样的状态。计算机最强大的地方在于其对信息快速高效的处理能力,而我们敢把所有的信息包括与自己相关的敏感信息交给计算机,是因为有信息安全技术的支持。随着计算机的普及和应用技术的发展,越来越多的地方需要用到信息安全技术,信息安全技术在我们生活中的地位越来越重要。

在本章中,首先9.1节列出了从1998年到2019年所发生的信息安全相关事件,每年层出不穷的信息安全事件应该让我们警钟长鸣;9.2节介绍计算机面临的一些常见威胁,包括网络上的威胁、恶意软件以及拒绝服务;然后针对9.2节的一些威胁,9.3节给出了一些解决的措施。从密码学到防火墙、入侵检测,再到网络安全以及系统安全,本章由表及里全方位介绍了各个技术的要点;而随着智能手机的普及,它所面临的威胁也值得关注。在9.4节我们介绍了一些常见的手机病毒以及防范知识;前面的内容都是基于操作系统的威胁及措施,而承载着它的硬件更是不能被忽视,9.5节介绍了关于硬件的木马和面临的旁道攻击等威胁;最后,9.6节对本章进行总结并给出了由信息安全受到的启示。

9.1　引言

1996年全球互联网用户不到4000万,1998年达到1亿,2000年超过2亿;1998年互联网的网页只有5亿个,到2000年年底已有11亿个。另外,到2000年,全球上网计算机已超过1亿台。这种发展使人类社会的各个方面都与互联网息息相关。从金融、交通、通信、电力、能源等国家重要基础设施,到卫星、飞机、航母等关键军用设施,以及与人民群众生活密切相关的教育、商业、文化、卫生等公共设施,都越来越依赖互联网。在这种情况下,任何一个依赖于互联网运行的系统遭到网络恐怖主义的袭击而瘫痪,其结果都是不堪设想的!

信息安全就是保证整个大的信息系统的安全,而信息系统是一个大的概念,包括用到的硬件、软件,数据库中的数据,操作系统的人,系统所处的物理环境和系统用到的基础设施等元素,其中任何一个元素受到威胁都可能导致系统受到不同程度的损害。而就像世上没有十分完美的事情一样,信息安全系统也存在不足。下面列举了部分发生于1998—2019年的信息安全事件。

1998年7月,黑客组织"死牛崇拜(Cult of the Dead Cow,CDC)"推出的强大后门制造工具Back Orifice(或称BO)使庞大的网络系统陷入了瘫痪。

1999年3月27日,一种隐蔽性和传播性极大的、名为Melissa(又名"美丽杀手")的Word 97、Word 2000宏病毒出现在互联网上,仅在一天之内就感染了全球数百万台计算机,引发了一场前所未有的“病毒风暴”。

2000 年 5 月 4 日晚,一种名为 VBS_LOVELETTER(又名为 I LOVE YOU)的新病毒,通过电子邮件迅速地在全球各地扩散。我国有数家与国外业务往来密切的大型企业传出灾情,邮件服务器瞬间被灌爆,网络陷入瘫痪。

2001 年 7 月的某天,全球的入侵检测系统(IDS)几乎同时报告遭到红色代码的攻击。在红色代码首次爆发的短短 9 个小时内,这一小小蠕虫以迅雷不及掩耳之势迅速感染了 250 000 台服务器。

2002 年 10 月 21 日美国东部时间下午 4:45 开始,13 台服务器遭受到了有史以来最为严重的、也是规模最为庞大的一次网络袭击——分布式拒绝服务(Distribution Denied of Service,DDoS)攻击,使得所有服务器陷于瘫痪。

2003 年 1 月 25 日,互联网遭遇到全球性的攻击,这个蠕虫名为 Win32. SQLExp. Worm。直到 26 日晚,此蠕虫才得到初步的控制。全世界范围内损失额高达 12 亿美元。

2004 年 6 月,发现专门进攻 Symbian s60 智能手机的手机病毒 Cabir。它会阻塞正常的蓝牙连接,不断搜索附近的蓝牙手机,并由此导致手机电池的快速消耗,在欧洲掀起了波澜。

2005 年,钓鱼网站来袭。美国超过 300 万个信用卡用户资料外泄,导致用户财产损失。同时,中国工商银行、中国银行等金融机构的网站先后成为黑客们模仿的对象,他们设计了类似的网页,通过网络钓鱼的形式获取利益。

2007 年 1 月,“熊猫烧香”病毒肆虐网络。除了通过网站带毒感染用户之外,此病毒还会在局域网中传播,在极短时间之内就可以感染几千台计算机,严重时可以导致网络瘫痪。中毒的计算机会出现蓝屏、频繁重启以及系统硬盘中数据文件被破坏等现象。

2008 年出现了史上危害最大的互联网漏洞——DNS 缓存漏洞。此漏洞直指应用中互联网脆弱的安全系统,而安全性差的根源在于设计缺陷。一旦该漏洞被利用,轻则无法打开网页,重则方便网络钓鱼和金融诈骗,给受害者造成巨大损失。

2009 年 5 月 19 日 21 时,由于几家网游私人服务器提供商之间的恶性竞争,其中一家向为对方解析域名的 DNS 服务器 DNSPod 发动分布式拒绝服务攻击,造成广西、江苏、海南、安徽、甘肃和浙江各省的电信宽带用户断网。

2010 年 9 月,奇虎公司针对腾讯公司的 QQ 聊天软件,发布了“360 隐私保护器”和“360 扣扣保镖”两款网络安全软件,并称其可以保护 QQ 用户的隐私和网络安全,引发了“360 QQ 大战”。3Q 之争虽然在国家相关部门的强力干预下得以平息,但此次事件对广大终端用户造成的恶劣影响和侵害,以及由此引发的公众对于终端安全和隐私保护的困惑和忧虑却远没有消除。

2011 年 3 月 15 日,RSA 公司执行总裁阿特·考维洛称,由于内部员工打开了一份含有木马的垃圾邮件,遭黑客攻击,用户用于获得身份认证的安全令牌(SecurID)信息被窃。考维洛公布消息不久,黑客袭击了包括洛克希德-马丁公司在内的众多敏感目标。RSA 的数据泄露事件给母公司 EMC 造成的单季损失即达 5500 万美元。

2012 年 12 月 24 日—26 日,不少旅客多次反映无法登录铁道部 12306 网站订票。12306 网站发布了《关于暂停互联网售票服务的公告》,公告称:“因机房空调系统故障,正在积极组织抢修。目前暂停互联网售票、退票、改签业务”。故障于 26 日 16 时排除,网站恢复正常。

2013 年 6 月 5 日，美国前中情局（CIA）职员爱德华·斯诺登披露给媒体两份绝密资料。一份资料称美国国家安全局有一项代号为“棱镜”的秘密项目，要求电信巨头威瑞森公司必须每天上交数百万用户的通话记录；另一份资料更加惊人，美国国家安全局和联邦调查局通过进入微软、谷歌、苹果等九大网络巨头的服务器，监控美国公民的电子邮件、聊天记录等个人隐私信息。

2014 年 1 月 21 日 15 时 20 分，全球大量互联网域名的 DNS 解析出现问题，一些知名网站如.com、.net 及所有不存在的域名，均被错误解析而指向 65.49.2.178（Fremont，California，United States，Hurricane Electric），导致互联网用户无法正常访问这些网站。

2015 年 3 月，美国人事联邦管理局（OPM）的数据发生泄露，事件直到同年 6 月才曝光，而 OPM 管理着包括美国军人在内的美国公民个人信息。最初的调查结果显示，此次事件泄露了 1800 万条记录，而进一步调查发现，实际泄露的记录数量比之前的调查结果还要多 400 万。截至同年 7 月底，调查显示泄露的记录数量增加至 2100 万条。

2016 年 10 月，黑客劫持了成千上万个物联网设备，对美国 DNS 服务商 Dyn 发动了三波流量攻击，Dyn 公司的多个数据中心服务器受到影响，美国大部分网站都出现无法访问的情况，使得美国半个国家的互联网陷入瘫痪。

2017 年，征信行业巨头 Equifax 的数据泄露事件可以排到数据安全事件的首位。攻击者攻破了 Equifax 公司的系统，并从中窃取了 18.2 份敏感文件，其中包括客户的个人信息及 20.9 万个信用卡密码。据统计，这次攻击事件涉及 1.43 亿美国公民的个人信息，他们的社会安全号码、出生日期、家庭地址等个人信息均包含在被窃取的文件中。

2018 年 8 月 2 日傍晚，全球头号芯片代工厂商台积电（TSMC）遭遇勒索病毒 Wannacry 入侵，病毒于当晚 22 点左右快速扩散至其三大重要生产基地，生产线全部摆停。此次事件给台积电公司造成了约 17.6 亿人民币的损失。同时，受勒索病毒影响，短时间内公司市值蒸发 78 亿人民币。

2019 年 2 月 12 日，Citrix 公司发现 SSL 3.0 协议的后续版本 TLS 1.2 协议存在漏洞，该漏洞允许攻击者滥用 Citrix 公司的交付控制器网络设备来解密 TLS 流量，导致近 3000 个网站受到影响。

接二连三的安全事件不得不让我们敲响警钟。下面我们介绍来自不同方面的威胁，主要包括网络上的威胁、一般用户最可能遇到的各种恶意软件的威胁，以及大型服务器所面临的拒绝服务攻击。

9.2 常见威胁

计算机是 20 世纪最先进的科学技术发明之一，对人类的生产活动和社会活动产生了极其重要的影响，并以强大的生命力飞速发展。它的应用领域从最初的军事科研应用扩展到社会的各个领域，已形成了规模巨大的计算机产业，带动了全球范围的技术进步，由此引发了深刻的社会变革。计算机已遍及学校、企事业单位，进入寻常百姓家，成为信息社会中必不可少的工具。

随着计算机的普及，许多计算机相关的安全问题也随之而来，就像 9.1 节介绍的信息安全事件,每年都会出现新的问题威胁着信息安全。从第一个计算机病毒的诞生,计算机每天都面临着各种不同的安全威胁。下面将介绍几种常见的计算机安全威胁,主要包括:网络上的威胁;任何计算机都可能会受到的来自病毒、蠕虫和木马等的威胁;大型服务器等面临的拒绝服务攻击。我们将从这些威胁的基本特点和破坏机制进行介绍。

9.2.1 网络的威胁

人们的日常生活已经越来越离不开网络,它带给了人们极大方便,比如可以足不出户地网上购物,和世界各地的朋友一起网上沟通学习,以及分享自己的生活等。禁不住各种网上的利益和资源诱惑,黑客们绞尽脑汁开始了各种剥夺。这里我们主要讲述两种最新的威胁——网络钓鱼和无线路由威胁。对于网络钓鱼,首先介绍网络钓鱼的概念,其次介绍钓鱼的主要手段,最后介绍如何对钓鱼网站进行判断和分析。对于无线路由的威胁,主要介绍可能入侵的手段和危害。

图 9-1 网络"钓鱼"

1. 网络钓鱼

网络钓鱼(Phishing)与钓鱼的英语 fishing 发音相近,又名钓鱼法或钓鱼式攻击,如图 9-1 所示。黑客始祖起初是以电话作案,通过大量发送声称来自于银行或其他知名机构的欺骗性垃圾邮件,意图引诱收信人给出敏感信息,如用户名、口令、账号 ID、ATM PIN 码或信用卡详细信息。

(1) 网络钓鱼主要手法。

① 发送电子邮件,以虚假信息引诱用户中圈套。诈骗分子以邮件的形式大量发送欺诈性邮件,引诱用户在邮件中填入金融账号和密码,或是以各种紧迫的理由要求收件人登录某网页,提交用户名、密码、身份证号、信用卡号等信息,继而盗窃用户资金。

② 建立假冒网上银行、网上证券网站,骗取用户账号和密码实施盗窃。犯罪分子建立起域名和网页内容都与真正网上银行系统、网上证券交易平台极为相似的网站,引诱用户输入账号密码等信息,进而盗窃资金。

③ 利用虚假的电子商务进行诈骗。此类犯罪活动往往是建立电子商务网站,或是在比较知名的、大型的电子商务网站上发布虚假的商品销售信息,犯罪分子在收到受害人的购物汇款后就销声匿迹。如 2003 年,罪犯佘某建立"奇特器材网"网站,发布出售间谍器材、黑客工具等虚假信息,诱骗顾客将购货款汇入其用虚假身份在多个银行开设的账户,然后转移钱款的案件。

④ 利用木马和黑客技术等手段窃取用户信息后实施盗窃活动。木马制作者通过发送邮件或在网站中隐藏木马等方式大肆传播木马程序,当感染木马的用户进行网上交易时,木马程序可以获取用户账号和密码,并发送给指定邮箱。

⑤ 利用用户口令漏洞破解、猜测用户账号和密码。不法分子利用部分用户贪图方便设置弱口令的漏洞,对银行卡密码进行破解。

(2) 钓鱼网站的判断和分析。

① 分析网址。网站的域名是唯一的,那么钓鱼网站的域名肯定与真实域名不同。一般

钓鱼网站最终的目的是金钱，所以对于比较常用的如支付宝和网银的网址应该时刻谨防，不要随意打开弹出的网址，如图 9-2 所示。

图 9-2　真正的支付宝页面

② 谨慎对待中奖信息。相信很多人都收到过 QQ 发送来的“恭喜你被选为××幸运用户，获得××钱的奖品，需要你缴纳××的税钱和转账费”，这些肯定都是假的，如图 9-3 所示。

③ 尝试输入错误的账号。在输入账号密码的时候，可以先尝试输入几个错误的账号密码。正常的网页会将用户的输入传送到后台数据库，并进行校验。而这些不法分子则不要校验这些中间过程，只是将用户输入的内容保存下来即可。很多钓鱼网站没有自己的数据库，也就意味着你任意输入数字或者账号都可以登录进去。如果出现这样的情况，就说明这个网站是钓鱼网站。

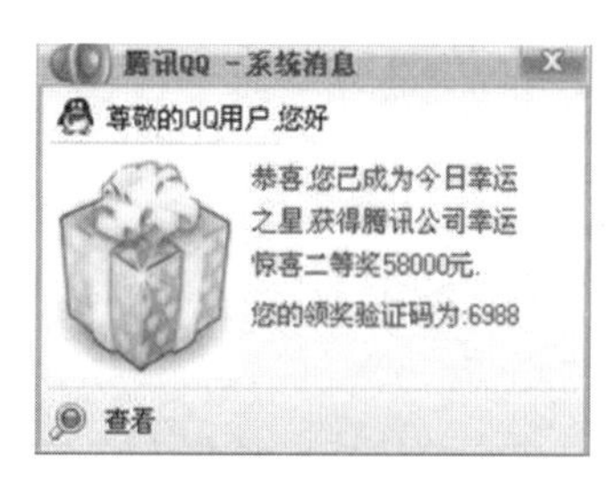

图 9-3　诈骗信息

④ 使用安全类第三方软件，可以通过将网站域名与数据库中的域名比对等方法尝试检测出钓鱼网站。现在网络上有很多安全类的第三方软件，例如腾讯电脑管家、金山安全卫士、360 安全卫士等。

2. 无线网络威胁

随着科技时代的发展，越来越多的无线产品正在投入使用，不论是咖啡店、机场的无线网络，还是自家用的无线路由，几乎离不开我们的生活。但是无线网络的安全也应该引起人们越来越多的关注，因为它已经成为黑客进攻的目标。那么无线网络现在面临怎样的威胁呢？

不论是计算机还是手机都带有无线网络搜索的功能，只要一打开这个功能就可以搜到周边的无线网络，而现在无线网络面临的最大威胁应该就是密码被破解。无线网络中用到的密码有账户登录密码、路由器配置登录密码等，那么我们就先讲讲关于无线网络的第一种威胁。入侵者可谓各出奇招，我们就来看一看几种破解密码的招式。

招式一，很多无线网络设置了非常简单的密码，如名字的拼音、生日或者默认的 admin，那么随便一个入侵者便可轻松破解。这种方式适用于所有的密码。

招式二，入侵者将自己虚设的无线网络的名字改为公共无线网络的名字，用户使用自己的账号去连接这个“无线钓鱼网络”时便会暴露自己的账号和密码信息。比如某学校的公共无线网络为 abc.com，那么黑客会设一个同名的无线网络供他人连接，一旦有人用自己的账号和密码“上钩”后,黑客便掌握了这个用户的账号和密码。这种方式一般是为了盗取上网账户登录密码。

招式三,与有线网络面临的信息监视一样,无线网络也同样面临这样的威胁。入侵者可以捕捉到通过该无线网络的一些数据包,对这些数据进行分析后可能就会获取用户的账号和密码信息。

而密码被破解后,入侵者的威胁程度也是因人而异。

“善良”的入侵者的目的就是蹭网,只会占用我们的带宽,降低我们的上网速度;而超级恶毒的入侵者可能就会登录我们的无线账号,然后更改我们的设置,如访问权限等,严重时可能也就剥夺了我们的使用权限。

除了上面讲述的关于密码的第一种威胁外,还有其他一些威胁。

第二种威胁,现在一些学校或者公司都有自己的无线网络,而一些拥有许可权的用户为了“更方便”自己上网,避开公司已安装的安全手段,私自设立了自己的秘密网络。这些网络表面看起来是无害的,但却成为入侵者进入学校或公司内部网络的门户。

第三种威胁,加密密文频繁破解。曾几何时无线通信最牢靠的安全方式就是对无线通信数据进行加密,加密方式种类也很多,从最基本的 WEP(Wired Equality Privacy)加密到 WPA(Wireless Application Protocol,无线应用通信协议)加密,而这些加密方式却被陆续破解。首先,WEP 加密技术被黑客在几分钟内破解,继而 WPA 加密方式中 TKIP(Temporal Key Integrity Protocol,临时密钥完整性协议)算法被逆向还原出明文。WEP 与 WPA 加密都被破解,使得目前无线通信只能够通过建立 Radius 验证服务器或使用 WPA2 来提高通信安全。

第四种威胁,修改 MAC 地址(Media Access Control Address,媒体访问控制地址或硬件地址),让过滤功能形同虚设。虽然用户可以使用无线网络的 MAC 地址过滤的功能保护无线网络安全,但是通过注册表或网卡属性可以伪造 MAC 地址信息。因此当通过无线数据嗅探器(sniffer)查找到 MAC 地址的访问权限信息后,就可以伪造主机的 MAC 地址,从而让 MAC 地址过滤功能形同虚设。

当然,还有其他一些威胁,如客户端对客户端的攻击(包括拒绝服务攻击)、干扰、对加密系统的攻击、错误的配置等,这都属于可给无线网络带来风险的因素。

9.2.2 恶意软件

相信大家都感受过恶意软件(Malware)带来的危害,计算机或手机突然不受控制,不能正常工作,或者不断弹出恶意广告等。从一些不安全的站点下载游戏或者其他资源时,很容易在毫不知情的情况下将恶意程序一并带到计算机。直到计算机开始出现异常,用户才可能意识到计算机已经中毒。而恶意程序干的坏事远不止是弹出广告,它可能在你不知不觉中就已经盗走了你所有的秘密信息,如银行账户信息、信用卡密码等。

如图 9-4 所示,按照对主机的依赖性可将恶意软件分为两种:依赖主机程序和独立于主机程序。依赖主机程序中典型的几种恶意软件有后门、木马、逻辑炸弹和病毒。而独立于主机程序的恶意软件有蠕虫、细菌和拒绝服务程序。根据恶意软件影响程度和涉及范围,本章主要讲述三大类恶意软件的工作原理:病毒、蠕虫和木马。而鉴于拒绝服务程序有很多种类和不同的特点,我们也会在 9.2.3 节专门讲述拒绝服务的原理。

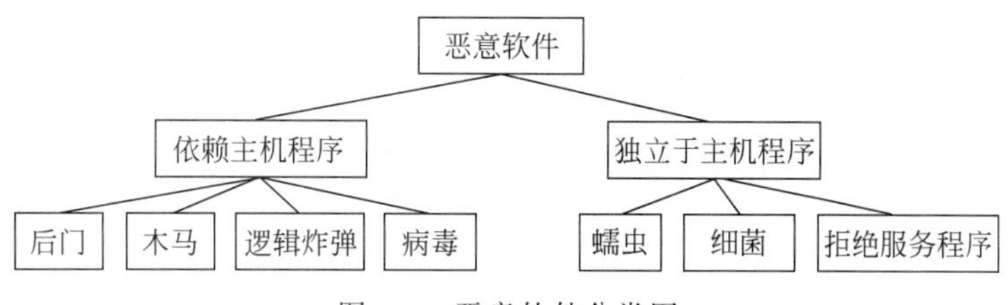

图 9-4　恶意软件分类图

1. 病毒(Virus)

人会因感染病毒生病,计算机也会染上计算机病毒而影响性能。就像生物病毒会寄生在细胞里一样,计算机病毒也要寄生在其他程序或者文件中,病毒所寄生的文件或者程序叫作宿主。一般感染病毒性感冒之后,人会有发烧、头痛、鼻塞等多种症状,并影响工作学习。同样地,计算机感染病毒后也会有如下症状:

① 计算机不能正常启动或者可以启动但所需的时间较长;

② 经常出现黑屏甚至死机的现象,无法正常工作;

③ 运行速度变慢,常用的应用程序运行时间明显增加;

④ 不停弹出大量的恶意窗口或者广告;

⑤ 文件长度、类型或者内容异常,文件内出现乱码、文件无法显示或者直接消失不见。

如果你的计算机出现以上五种情况之一或者更多,那么就需要小心了,你的计算机可能已经感染病毒。

病毒一词来源于生物学,计算机病毒正是具有了许多和生物病毒相似的特点而得名。计算机病毒有自己的病毒程序和宿主。计算机病毒的感染或寄生,是指病毒将其自身嵌入宿主指令序列中,病毒成为程序的一部分,随宿主程序的执行而执行。宿主程序是计算机中合法的程序,如某个应用程序。当病毒侵入时,宿主程序为病毒提供生存环境。因此,一旦病毒入侵,要想清除它,就必须将其寄生的宿主一起消灭。如果被入侵的宿主程序是计算机的重要文件,后果可想而知。

计算机病毒可以分为很多种类,如文件型病毒、引导型病毒、PE 病毒、脚本病毒和宏病毒等。下面我们以实例简单介绍文件型病毒和引导型病毒的原理和机制,感兴趣的同学可以去查阅其他病毒的资料。

(1) 文件型病毒。

通常将通过操作系统的文件系统进行感染的病毒称为文件型病毒。在各种计算机病毒中,文件型病毒所占的数目最多,传播最广,采用的技巧也最多样。文件型病毒主要感染计算机中的可执行文件(.exe)和命令文件(.com)。

要了解文件型病毒的原理,首先要了解文件的结构。以文件结构比较简单的.com 文件为例。病毒要感染.com 文件有两种方法:一种方法是将病毒加在.com 文件的前部;另一种方法是将病毒加在文件的尾部。以将病毒加在文件尾部为例。

如图 9-5 所示,病毒会将病毒代码拷贝到目标.com 文件的尾部,并修改.com 文件开始的程序跳转指令,使程序跳转到病毒代码,从而执行病毒程序。在加入病毒代码后,文件大小和修改时间会发生变化,为了做到自我隐藏,病毒会修改文件大小、开始地址、修改时间等文件属性。

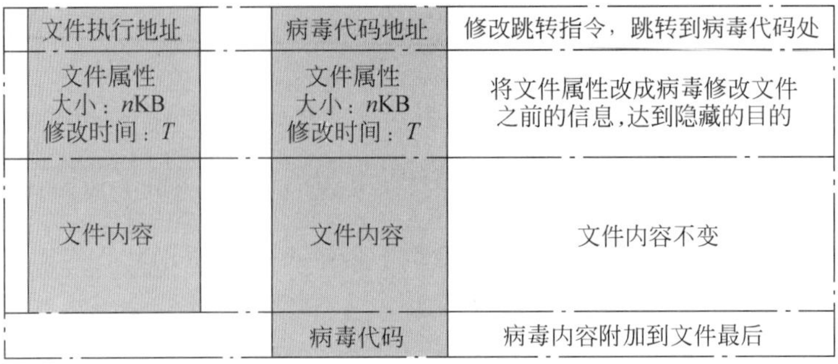

原文件	感染后文件	说明
文件执行地址	病毒代码地址	修改跳转指令，跳转到病毒代码处
文件属性 大小：nKB 修改时间：T	文件属性 大小：nKB 修改时间：T	将文件属性改成病毒修改文件之前的信息，达到隐藏的目的
文件内容	文件内容	文件内容不变
	病毒代码	病毒内容附加到文件最后

图 9-5　文件感染病毒前后对比

对于.com 文件，系统加载时会将全部文件读入内存，并把控制权交给该文件的第一条指令，如果该指令恰为跳转到病毒的指令，则病毒就会获得控制权。病毒获得控制权后往往会继续感染其他.com 文件或者执行破坏功能。

一般情况下，病毒感染计算机之后不会立即爆发，当满足病毒设置的触发条件之后才会发作。比如著名的“黑色星期五”在每月 13 日的星期五发作，它是在 1987 年出现的老牌文件型病毒。

“黑色星期五”是一种首先感染内存然后感染文件的病毒。病毒进入内存半小时之后，整个计算机的运行速度会降低到原来的十分之一左右，并在屏幕的左下角弹出一个黑色的窗口。它感染.com 文件和.exe 文件，一些变种病毒也感染如.sys、.bin 和.pif 等文件。

练习题 9.2.1：回顾“黑色星期五”病毒的原理。

(2) 引导型病毒。

引导型病毒，也称作开机型病毒，只有在系统启动时才会发作和传播。引导型病毒寄生在磁盘引导区或主引导区。此种病毒利用系统引导时不对主引导区的内容正确与否进行判别的缺点，在引导系统的过程中侵入系统，驻留内存，监视系统运行，伺机传染和破坏。

引导型病毒寄生在磁盘的引导区或主引导区，那么什么是引导区和主引导区呢？引导区就是系统盘上的一块区域，引导区内写了一些信息，告诉计算机应该到哪去找操作系统的引导文件。主引导区位于整个硬盘的 0 磁道 0 柱面 1 扇区，包括硬盘主引导记录(Main Boot Record，MBR)和分区表(Disk Partition Table，DPT)。其中主引导记录的作用就是检查分区表是否正确以及确定哪个分区为引导分区，并在程序结束时把该分区的启动程序(也就是操作系统引导区)调入内存加以执行。

要想了解引导型病毒的基本原理，首先要了解系统启动过程。当按下电源开关时，电源开始向主板和其他设备供电，供电稳定后，CPU 开始从基本输入输出系统(Basic Input Output System，BIOS)读取指令。BIOS 完成相关检测和初始化后，将硬盘中的引导程序读到内存固定的位置。引导程序是引导操作系统启动的程序，接下来便开始由操作系统控制运行。

引导型病毒的基本原理是：BIOS 将感染了引导型病毒的主引导区读到内存固定的位置，然后将控制权转到主引导程序。引导程序执行的最后一条指令是跳转指令，这条指令正是引导型病毒的注入点。病毒将跳转指令的跳转地址改为该病毒的地址，这样就跳转到病毒程序，控制权转给病毒。拿到了控制权，病毒就可以做想做的事情了。病毒为了保障自己不被其他程序的数据覆盖，会将内存大小的属性减小 1KB 或更多，来保证自己有足够的空间存放。为了进行感染传播，病毒会将中断向量表中磁盘读写中断的地址改为自己的地址，从而先进行感染操作，然后再跳转到磁盘读写的地址去进行正常操作。在完成了自己的任务后，病毒会将原来的引导区读入内存，然后进行正常的引导。

小明：在计算机启动的时候病毒做了这么多事，计算机难道不会变慢而引起用户的注意吗？

沙老师：理论上来说计算机是会变慢的，但是由于病毒占用的时间不会太多，一般不会引起太大的不同。但就像前面提到的，计算机在中毒之后也会明显变慢，影响正常程序的执行。

引导型病毒进入系统，一定要通过启动过程。而每台计算机都需要启动过程，如果任由引导型病毒恶意泛滥下去，后果必然不堪设想。所以我们也想出了一些解决办法，前面提到病毒是靠操控引导程序的跳转指令来拿到控制权的，首先它肯定要正确修改跳转的地址才可行。实际上现在计算机的软硬件能对引导程序所在的区域进行写保护，也就是一般用户程序是不能对它进行修改的，那么就扼杀了引导型病毒的注入点，因此现在纯引导型病毒已经很少了。

练习题 9.2.2：分析引导型病毒各环节的控制权是如何变化的。

通过对文件型病毒和引导型病毒的分析，我们可以发现虽然计算机病毒种类繁多、特征各异，但总结起来所有的病毒都具有以下共性。

① 计算机病毒要寄生在其他程序或者文件中。病毒所寄生的文件或者程序叫作宿主，宿主生则病毒存活，宿主亡则病毒也死亡。

② 病毒感染一个目标之后并不会满足，它会不停寻找下一个感染目标，因为仅仅一个文件的感染基本不能对计算机起到致命或有“效益”的影响。计算机病毒通过自我复制，实现感染更多文件再到更多计算机。

③ 计算机病毒在进入系统之后一般不会马上发作，可以在几周或者几个月甚至几年内隐藏在合法文件中，对其他系统进行感染而不被人发现。隐藏得越好，在系统中存在的时间就越长，病毒的传染范围也就会越大。

究其根源，不管哪种病毒，其本质都是人为制造的程序。其本质特点是程序的无限重复执行或复制。因为病毒最大的特点是传染性，而传染性就是其自身程序不断复制的结果。

2. 蠕虫(Worm)

蠕虫与病毒相似，是一种能够自我复制的计算机程序。但病毒需要寄生在宿主程序内，而蠕虫是一种独立存在的可执行程序。独立于主机程序是蠕虫最大的特点。

世界上第一个被广泛关注的蠕虫是莫里斯蠕虫，也称互联网蠕虫(Internet Worm)。1988 年 11 月 2 日，美国康奈尔大学(Cornell University)的研究生罗伯特·莫里斯(Robert Tappan Morris)将自己编写的蠕虫从麻省理工学院(MIT)放到互联网上。这种蠕虫通过互联网迅速侵入计算机，充斥计算机内存，使计算机莫名其妙的“死掉”。当晚，从美国东海岸到西海岸，互联网用户陷入一片恐慌。当专家找出阻止它蔓延的办法时，已有 6200 台采用 UNIX 操作系统的 SUN 工作站和 VAX 小型机瘫痪或半瘫痪。美国宇航局、几个主要的大学和医学研究机构都没有幸免于难，致使不计其数的数据和资料毁于一夜之间。笔者当时正在美国读书,所在大学的计算机也没逃过蠕虫的毒害。感染 Internet Worm 的计算机无法正常工作,使得学校不得不停课。据估算,此次蠕虫造成的损失为 1000 万美元至 1 亿美元。

> **沙老师**:漏洞是在计算机硬件、软件或者协议的具体实现或系统安全策略上存在的缺陷,从而使得攻击者能够在未授权的情况下访问或者破坏系统。计算机会受到各种恶意威胁,究其根本,就是因为系统存在漏洞,有缺陷,才让不怀好意者有机可乘。

那么 Internet Worm 是怎样通过网络感染计算机的呢?

一般来说,蠕虫主要分成两部分:主程序和引导程序。它感染计算机的主要步骤是:首先在网络中搜索,找到可以感染的计算机;然后搜索该计算机的安全漏洞,找到可以入侵计算机的方式;在该计算机上运行引导程序,而引导程序的主要功能就是下载和安装主程序;最后,蠕虫成功入侵该计算机,实施破坏行为,并继续在网络中搜索、入侵其他计算机。在蠕虫感染计算机的步骤中,关键的一步就是入侵计算机。不同的蠕虫有不同的入侵方式,但主要通过以下三种方式入侵。

(1) 第一种入侵方式——破解密码。

在计算机系统中,有一些默认的特权用户,这些用户可以执行很多特权操作。Internet Worm 就是利用了这一点,将自己伪装成特权用户。而要想伪装成特权用户,最重要的是得到验证用户身份的密码。说到破解密码,穷举攻击和字典攻击是两种简单却有效的密码破解方式。穷举攻击就是一一尝试密码的方式,而字典攻击会统计、分析用户以及词组的特性,在穷举的基础上根据组合的可能性猜测密码。例如小明将自己的密码设置成 xiaoming,那么破解这个密码只是分分钟的事。通过破解密码,可以获得这个用户在系统中的很多权限,下载和执行蠕虫是轻而易举的事。

(2) 第二种入侵方式——finger 中的栈溢出。

finger 服务可用于查询用户的信息,包括网上成员的真实姓名、用户名、最近登录时间和地点等,也可以用来显示当前登录在机器上的所有用户名。这对于入侵者来说是无价之宝,因为它能告诉入侵者在本机上的有效登录名,然后入侵者就可以注意它们的活动。fingered 程序就是用于实现这个功能的后台程序。

计算机用户发送一个字符串,fingered 程序用一个 gets() 函数来接收一个字符串,然后在系统中查找是否存在以该字符串注册的账号,如果存在则返回该账号相关信息。一般来说,账号不会太长,所以在 gets() 函数中的预设值是 512 字节,并且没有对接收的字符串进行长度检查。莫里斯就利用这个漏洞,发送一个长度为 536 字节的字符串,造成栈溢出,将下一条指令地址修改为蠕虫程序的地址,从而执行蠕虫程序。

> **沙老师**:所有程序在操作系统上执行的时候,都会相应分配一块内存用于参数的存储。而缓冲区溢出是普遍存在的一种现象,这不是某种编程语言的问题,而是只要对一段地址空间赋予超出其长度的值就会发生。

(3) 第三种入侵方式——sendmail。

sendmail 服务,即电子邮件服务,是用于收发电子邮件的服务。在 sendmail 的开发阶段，程序人员将接收方的程序运行模式设置成了调试模式。发送方在发送邮件的同时会发送一段可执行程序，而接收方接收到邮件时会执行这段程序，用来提示发送方已收到邮件。由于公司疏忽，在发布 sendmail 时忘记关闭 sendmail 的调试模式，从而为蠕虫的入侵和传播提供了便利。

Internet Worm 通过第三种入侵方式，造成了整个网络基本崩溃。莫里斯也是在整个网络基本崩溃之后，才意识到自己闹大了。由于 Internet Worm 入侵计算机后并没有对系统进行破坏，也没有盗走任何信息，莫里斯自己也表示了后悔和抱歉，并声称自己没有恶意。检方判莫里斯三年缓刑和 400 小时的社区服务，以及 10 050 美元的罚款。

由于蠕虫的执行机制，只要有一台计算机感染了蠕虫，那么这台计算机所在网络中的其他计算机就都有可能被感染。网络中被感染的计算机又会去感染更多的计算机，由此蠕虫就以指数级的速度在网络中进行传播。病毒依附宿主，再顽强的病毒只要删除其依附的宿主程序就可以消灭病毒。蠕虫却不同，网络中只要有一台计算机没有清除干净，那么蠕虫很快又会重新散播开来。

沙老师：我们学信息安全要抱着健康的心态，不能恶意攻击任何系统，莫里斯就是一个典型的例子。

3. 木马(Trojan Horse)

在计算机中，特洛伊木马是指表面上看似有用、实际目的却是危害计算机安全并导致严重破坏的计算机程序，是一种在远程计算机之间建立连接、使远程计算机能通过网络控制本地计算机的非法程序。完整的木马程序分成两部分：客户端程序和服务器端程序。客户端程序用于攻击者远程控制已植入木马的计算机，服务器端程序就是在目标计算机中的木马程序。攻击者通过客户端程序远程指挥和控制服务器端程序对目标计算机进行攻击。

木马来源于古希腊传说。传说特洛伊王子帕里斯来到希腊斯巴达王麦尼劳斯的王宫作客，受到了麦尼劳斯的盛情款待，但是帕里斯却拐走了麦尼劳斯的妻子。麦尼劳斯和他的兄弟决定讨伐特洛伊。由于特洛伊城池牢固、易守难攻，攻战 10 年未能如愿。最后英雄奥德修斯献计，让迈锡尼士兵烧毁营帐，登上战船离开，造成撤退回国的假象，并故意在城外留下一具巨大的木马(如图 9-6 所示)。特洛伊人把木马当作战胜品拖进城内，当晚正当特洛伊人酣歌畅饮、欢庆胜利的时候，藏在木马中的迈锡尼士兵悄悄溜出，打开城门，放进早已埋伏在城外的希腊军队，结果一夜之间特洛伊化为废墟。

要使得木马入侵计算机，攻击者要先通过一定的方法把木马执行文件放到被攻击者的计算机里，然后诱导用户执行木马程序，比如捆绑了木马文件的贺卡等。木马执行文件一般非常小，大概几千字节到几万字节，所以很容易在用户不知不觉中捆绑到正常文件上。

木马在入侵被攻击主机后，一般会首先将该主机的信息，如 IP 地址和目的端口号发给客户端，也就是攻击者所在的地方。这样，攻击者就可以通过这些信息和木马程序进行通信，控制木马程序在主机上的活动。有一些木马直接把所有密码发送回去，这样攻击者能获得很多重要信息。

(1) 盗号木马。

据统计，87%的网络游戏爱好者有过被盗号的经历，其中大部分人是被盗号木马窃取账号。盗号木马是一种危害较大的木马,在木马中占较高的比例,而且种类非常多。下面以简单的 QQ 盗号木马为例,讲述盗号木马是如何得逞的。

图 9-6 特洛伊木马

在计算机没有这么普及的时候,大家上网多是去网吧。网吧的计算机被很多人用过,其中可能就有恶意盗号者。用户输入自己的账号和密码登录 QQ,这时有消息提示密码错误,要求再次输入密码,或者已经登录的情况下,突然弹出窗口说账号存在异常,要求再次输入密码确认。这时候用户如果输入密码,那么其账号、密码信息就可能被木马窃取。其实,这个弹出来的窗口或者提示信息只是一个长得和 QQ 界面一样的东西,用于骗取用户的敏感信息。

这个实际实施破坏工作或者盗取信息的程序就是盗号木马的服务器端程序。服务端程序一旦得以运行,就会破坏计算机系统或者获取用户信息。在远程有一个与服务器端相对应的客户端程序。服务器会把获得的各种信息发送给客户端程序,客户端程序也会指挥服务器端程序在被攻击的计算机上进行各种活动,就好像斯巴达王指挥藏在特洛伊城中木马里的士兵进行作战一样。

(2) 键盘记录(Key Log)。

键盘记录是一种木马,它可以记录受感染计算机键盘的信息,截获后发送到远程的服务器中。

键盘记录木马始终是一种木马,感染方式也跟其他木马相同。实际上,现在 Windows 系统中已经自带键盘记录的功能。键盘记录木马的目的就是记录我们敲击键盘的按键信息,因此只要我们敲击键盘便会激发这个木马,从而记录我们的按键信息。

> **小明**:我们平时看到的蠕虫病毒是什么意思呢?蠕虫和病毒两者结合吗?
>
> **阿珍**:我们平时更习惯把所有这些恶意软件都称为病毒,其实,广义的病毒包括上面所列举的病毒、蠕虫和木马,只是我们在这从其特点和结构对其进行了细分。我们这里所说的病毒是狭义的病毒。

练习题 9.2.3:总结分析病毒、蠕虫、木马三者的联系和区别。

4. 其他威胁

除了上面着重介绍的威胁外,还有一些很重要的威胁。

(1) 红色代码(CodeRed)。

“红色代码”是一种新型的网络病毒,其传播使用的技术可以充分体现网络时代网络安全与病毒的巧妙结合,将蠕虫、病毒、木马合为一体,开创了网络病毒传播的新路,是划时代的病毒。

被红色代码病毒感染后,遭受攻击的主机所控制的网络站点上会显示这样的信息:“你好! 欢迎光临 www.worm.com!”随后,病毒会自动寻找下一个感染对象。这个行为会持续 20 天,之后它便会对某些特定的 IP 地址发起拒绝攻击。

红色代码病毒利用 Windows IIS 系统的漏洞进行感染。感染操作利用了“缓冲区溢出”技术,同样将输入的数据作为代码运行。不同于以往的文件型病毒和引导型病毒,红色代码病毒只存在于计算机内存,然后通过网络感染一台又一台计算机的内存。一般访问浏览器的端口为 80,红色代码病毒就是利用 TCP/IP 和端口 80,将自己作为一个 TCP/IP 流,直接发送到染毒系统的缓冲区。蠕虫依次扫描网络,以便感染其他的系统。一旦感染了当前的系统,蠕虫会检测硬盘中是否存在 C:\notworm,如果该文件存在,蠕虫将停止感染其他主机。

红色代码病毒现在已经发展出了很多个变种,如红色代码Ⅱ、红色代码Ⅲ等。攻击方式也变得多种多样,攻击者将可以改写 Web 页面、用垃圾数据重写硬盘、删除文件、窃取服务器机密数据等。

(2) 路由器 DNS 劫持。

北京时间 2014 年 1 月 21 日 15 点 20 分左右,大量网友反映新浪和百度等知名网站无法访问。通过 ping 结果来看,包括新浪微博、百度等多个使用.com 域名的网站均出现被解析到 65.49.2.178(此 IP 显示在美国)上的情况,如图 9-7 所示。

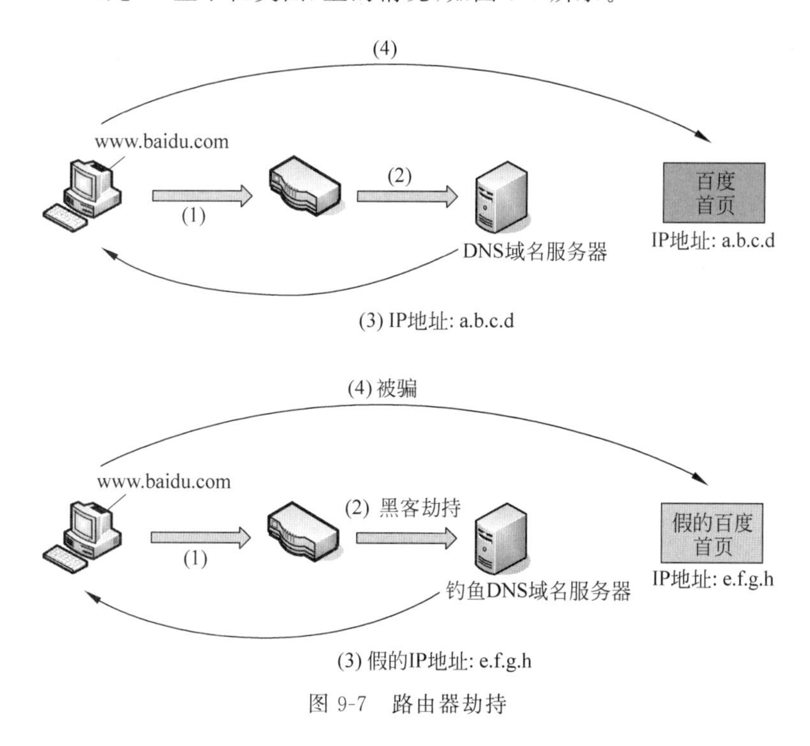

图 9-7 路由器劫持

通过学习第 8 章可以知道,正常情况下,访问网络时首先发送域名给 DNS 进行域名解析,然后返回其对应网址页面给用户,以此方便用户访问网络。而如果域名解析后返回的网址是假的,用户便不能正常访问网页。

入侵者可以劫持路由器的数据包并拦截域名解析的请求,分析请求的域名,如果是审查范围以内的请求则对这个请求返回假的 IP 地址,或者什么都不做使其失去响应。

小结

恶意软件就是恶意植入系统、破坏和盗取系统信息的程序。恶意软件对计算机的危害日益增长,单独的技术根本难以防范不停变化的恶意软件。而且可以预测,恶意软件将会无所不知,甚至也可能延伸至路由器、域名服务器、搜索引擎等。不管是 PC,还是大型服务器,都应该提高警惕,注意保护自己的系统,养成良好的习惯,不给恶意软件入侵计算机的机会。

9.2.3 拒绝服务

拒绝服务(Denial of Service, DoS)是网络上常见的安全问题。可以说自从 Internet 诞生,就存在拒绝服务。由于以前没有大型网站受到这种攻击,因此没有进入人们的视野。直到 2000 年年初,Yahoo!、eBay、Amazon 等知名网站大受其害,拒绝服务攻击才引起了大家的关注。

拒绝服务攻击的对象一般是服务器,使其不能向正常用户提供服务。通常,攻击者为了提高攻击的威力和影响,借助于客户/服务器技术,将多个计算机联合起来作为攻击平台,发起分布式拒绝服务攻击(Distributed Denial of Service,DDoS)。这些被利用的主机叫作僵尸主机(又称傀儡机),它们在不知不觉中被控制干坏事,如图 9-8 所示。相比一台主机,多台主机联合占用的目标机的资源成倍增加,对目标主机的破坏力更强。

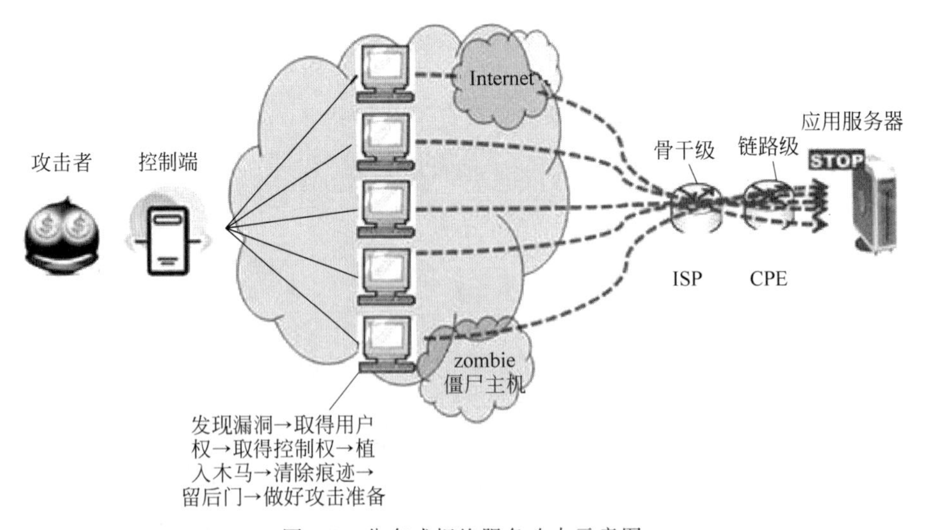

图 9-8 分布式拒绝服务攻击示意图

拒绝服务攻击的方式有很多种,利用的原理也有所不同。为了更好地理解这些攻击方式和原理,下面先分析客户端与服务器连接然后进行通信的过程。

客户端与服务器连接一般使用可靠传输 TCP(Transmission Control Protocol,传输控制协议)连接,需要服务器和客户端双向认证,使用三次握手协议,这是在第 6 章学习过的。三次握手的过程如下,如图 9-9 所示。

① 客户端先给服务器发送一个 SYN 请求。

② 服务器接收到之后返回客户端一个确认 ACK,表示已收到,并发送自己的 SYN。

③ 客户端收到后,就知道服务器已经接收到它的请求,并且验证服务器的身份。再按照服务器发送过来的 SYN,发送一个 ACK 验证。

服务器接收到客户端发送过来的 ACK 确认之后,即完成这一次的三次握手,TCP 连接完成,开始进行通信和活动。黑客在对服务器进行拒绝服务攻击时,就是从三次握手协议中找机会下手。下面列举利用三次握手协议进行攻击的情况。

1. SYN 洪泛(SYN Flooding)

TCP 连接的三次握手中,假设一个用户向服务器发送了 SYN 请求后突然死机或掉线,服务器在发送 SYN 和 ACK 请求后接收不到客户端的 ACK 确认。这时服务器一般会重试,再次发送 SYN 和 ACK 给客户端,等待一段时间后如果客户端还是没有响应,就丢弃这个未完成的连接,如图 9-10 所示。这段时间的长度称为 SYN Timeout,一般来说约为 30 秒到 2 分钟。

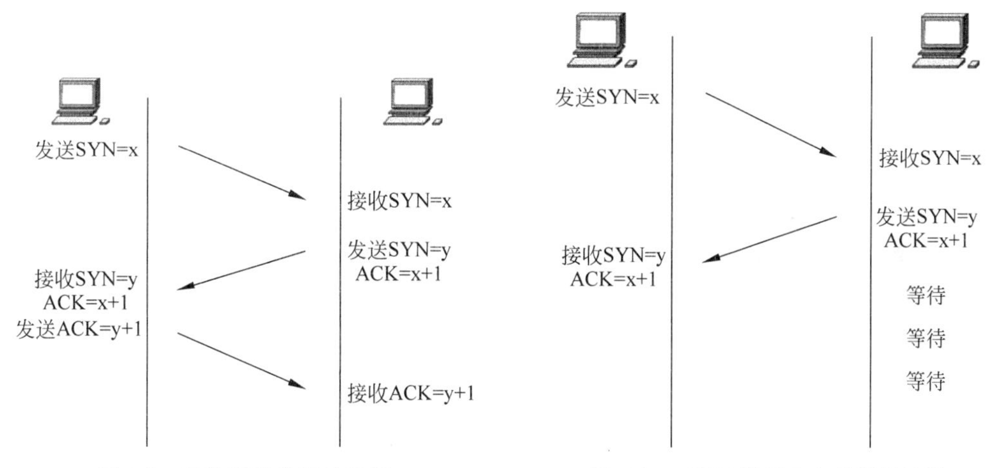

图 9-9　三次握手协议示意图　　图 9-10　SYN 洪泛攻击的握手过程

一个用户出现异常导致服务器的一个线程等待 1 分钟并不是什么大问题。SYN 洪泛攻击就是攻击者大量模拟这种情况,向服务器不停发送大量的半连接请求,使得服务器端用于存储和管理 TCP 连接请求的缓冲区溢出,那么其他的正常用户就不能再连接到服务器,因为服务器没有资源可以提供给新来的正常请求,在客户端表现为服务器端拒绝服务。

2. LAND 攻击

在 TCP 连接中,双方进行三次握手时会传输源 IP 地址和目的 IP 地址,也就是数据是从哪儿发出的、发给谁的。当攻击者发动 LAND 攻击时,将发送数据包中的源 IP 和目的 IP 改成同一个地址,即目标服务器的 IP 地址。服务器在接收到这样一个请求之后,向自己发送一个 ACK 确认和 SYN,自己再发送回一个 ACK,和自己建立一个空的连接,服务器会有一块空间用于保存这个空的连接直到超时。同样地，当发送大量的数据包使得服务器跟自己建立许多连接，服务器的资源大部分都用于和本身的空连接，使得正常用户无法连接到服务器。

3. Smurf 攻击

攻击者在远程服务器上发送 ICMP(Internet Control Message Protocol，Internet 控制报文协议)应答请求服务，目的 IP 接收到之后会回应请求的源 IP 地址。Smurf 攻击将请求的源 IP 设为要攻击的主机 IP，目的 IP 是有大量主机的局域网的广播地址。广播地址，顾名思义就是在这个局域网里每个主机都能收到。因此，该局域网的所有主机都收到这个 ICMP 应答请求服务，然后向请求的源 IP 做出回应，也就是这次攻击的目标。大量的回应数据包发送到被攻击的主机，目标系统的网络端口阻塞，拒绝为正常用户服务。

这三种攻击方式是常见的利用 TCP 漏洞进行的拒绝服务攻击。除此之外，攻击者还有其他手段使得服务器不能服务正常用户。

除了上面讲到的 TCP 可靠连接，还有一种连接叫用户数据报协议(User Datagram Protocol，UDP)连接。UDP 连接是不可靠连接，客户端直接将消息丢给服务器端，不需要认证，也不需要知道是否收到。因此，只要服务器开了 UDP 端口，提供相关服务，攻击者就可以发送大量伪造源 IP 地址的 UDP 包发送给服务器。大量的包涌向服务器，服务器端来不及处理，严重的可能会让服务器死机。

还有的方法会通过修改网络中的一些参数来构成拒绝服务，更多的内容会在以后的学习中学到，有兴趣的同学也可以自己查阅资料进行了解。

练习题 9.2.4：了解上面几种拒绝服务的原理后，试分析拒绝服务都有哪些特点。

9.3 措施和技术

9.2 节讨论了信息系统面临的各种威胁，所谓“兵来将挡，水来土掩”，本节我们向大家介绍一些信息安全措施和技术。我们会为大家介绍在信息安全中占据重要地位的密码学、众所周知的防火墙、入侵检测技术、网络安全技术、系统安全和杀毒软件。这些措施和技术能够帮助我们建立比较安全的信息系统。

9.3.1 密码学

密码学是研究编制密码和破译密码的技术科学。最初的古典密码学(Cryptology)主要应用于政治和军事以及外交等领域。两千多年前，古希腊名将恺撒与庞培、克拉苏秘密结成同盟，为了交换战事情报，需要互通信件。为了防止敌方截获情报信件，恺撒将要传送的信息进行加密，然后采用密文传送情报。恺撒加密方法很简单，就是建立一个字母到字母的对应表，将所有的字母在字母表上向前(或向后)按照一个固定数目偏移，与原来的字母表形成一一对应的关系，如图 9-11 所示。比如向后偏移 3，则 A 变成 D，B 变成 E，以此类推。解密时，字母 D 就表示 A，E 表示 B。例如，加密信件中的 fdhvdu 经过解密后其实是 caesar。

练习题 9.3.1：fubswrorjb 是经过恺撒加密之后得到的密文，解密出原文。(Cryptology，字母右移三位)

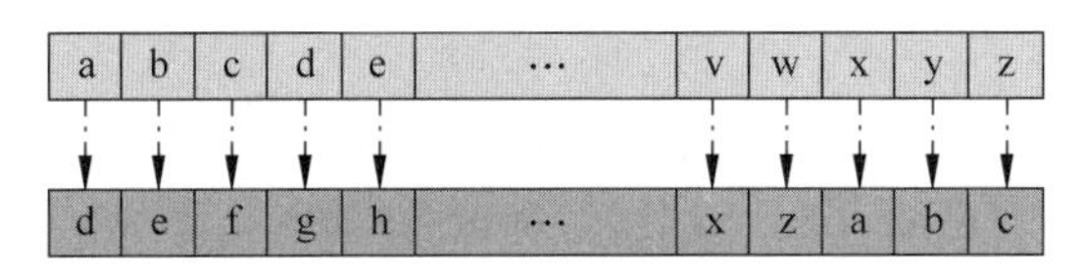

图 9-11　恺撒密码表

练习题 9.3.2：hwduytqtld 是经过恺撒加密之后得到的密文，解密出原文。（Cryptology，字母右移五位）

练习题 9.3.3：clapwnrgml 是经过恺撒加密之后得到的密文，解密出原文。（encryption，字母左移两位）

练习题 9.3.4：设英文字母 A，B，C，…，Z 分别编码为 0，1，2，3，…，25。已知加密变换为　$c=5m+7(\mathrm{mod}\ 26)$，其中 m 表示明文，c 表示密文。试对明文 HELPME 加密。

练习题 9.3.5：设英文字母 A，B，C，…，Z 分别编码为 0，1，2，3，…，25。已知加密变换为　$c=11m+2(\mathrm{mod}\ 26)$，其中 m 表示明文，c 表示密文。试对密文 VMWZ 解密。

古典密码学在当时发挥了很大的作用，后来除了简单的移位替换，还有发展和建立了仿射、置换等密码体制。但是有经验的人发现，当截获的密文（加密后的文字）足够多时，可以通过统计密文字母出现频率来确定明文（没有加密的文字）字母和密文字母的对应关系。在第二次世界大战中，日本军方的密码设计就存在这样的问题。在中途岛海战前，美军截获的日军密电经常出现 AF 这样一个地名，美军猜测它应该是太平洋的某个岛屿。于是，美军就逐个发表自己控制的每个岛的假新闻。当发出"中途岛供水系统坏了"这条假新闻后，从截获的日军情报中又看到 AF 字样，于是美军就断定中途岛就是 AF。事实证明他们判断正确，美军在那里成功地伏击了日本主力舰队。

小明：如果用恺撒加密来发送的信息不长，不完全满足统计规律，还会被破解吗？

沙老师：这种情况下就需要综合分析，因为除了单个字母或者字符出现的频率具有统计规律，字母对或者三个字母一起出现的频率也呈现一定的规律，有些组合出现的频率特别高，比如 th、ion、ing 等。

借助于统计学原理，利用频率统计找出密文与明文的对应关系，就能破解古典密码学中的加密算法。因此，第二次世界大战结束后，参与美军情报工作的科学家们开始反思，怎样才能设计出一个更有效的加密系统。

香农以概率统计的观点研究了信息的传输和保密问题，提出安全的保密系统需要做到：即使窃听者完全准确地接收到了传输信号，也无法恢复原始信息。他提出密码体制中两种基本方法：扩散和混淆。所谓扩散就是让明文中的每一位影响密文中的许多位，或者说让密文中的每一位受明文中的许多位的影响。混淆就是将明文、密文和密钥之间的统计关系变得尽可能复杂。乘积和迭代有利于实现扩散和混淆，就好像揉面团一样，通过反复地揉，水会渗透到面粉的所有角落。在分组密码的设计中，充分利用扩散和混淆，可以有效地避免对手从密文的统计特性推测明文或者密钥。扩散和混淆是继古典密码之后的现代分组密码的设计基础。此后，科学家们提出了对称加密（Symmetrical Encryption，又称分组加密）和非对称加密（Public Key Encryption，又称公钥加密），大大提高了加密系统的安全性。

1. 对称加密

对称加密就是加密和解密时用的同一个密钥,例如 DES(Data Encryption Standard)和 AES(Advanced Encryption Standard)都是对称加密算法。

DES 算法是 1972 年美国 IBM 公司研制的对称加密算法,1977 年 1 月 15 日美国正式公布实施的数据加密标准。DES 算法在传统的移位思想中进行了扩散模糊,通过多次的迭代增强其安全性。它的思想是将原来的消息进行拆分,分成固定长度的组(每一组 64 位或者 128 位),然后分别对每组进行加密。首先对每组的信息进行初始置换,做换位处理,然后是 16 轮迭代加密。每一轮迭代都有一个子密钥,这个子密钥由最初的密钥迭代得到。具体内容可以查阅密码学相关书籍。

DES 加密算法出现之后,被公认为是安全的。但是,随着密码分析技术和计算能力的提高,DES 的安全性受到威胁和质疑。就目前计算设备的计算能力而言,DES 不能抵抗对密钥的穷举搜索攻击。虽然 DES 的密钥长度为 64 位,但是实际的密钥长度只有 56 位,其余 8 位是校验位。因此计算机只要在 2^{56}(约 10^{17})个数中搜索,就能找到密钥。

为了提高 DES 的安全性,可以使用多重 DES。多重 DES 就是使用多个密钥,利用 DES 对明文进行多次加密,提高对抗对密钥的穷举搜索攻击的能力。在 1999 年 10 月发布的 DES 标准报告中推荐使用三重 DES(triple DES),三重 DES 能够有效对抗现在计算机的穷举搜索攻击,能够满足目前对安全性能的要求。

练习题 9.3.6:三重 DES 的密钥量是多少?与单重 DES 相比较,三重 DES 为什么是安全的?

练习题 9.3.7:最简单的多重 DES 是双重 DES,也就是对明文信息进行两次 DES 加密。虽然密钥量增加到两倍,但是对其进行攻击的计算量与攻击单重 DES 的计算量是差不多的,想想这是为什么呢?(中途相遇攻击)

除了三重 DES,1997 年 4 月 15 日美国国家标准技术研究所发起征集 AES 算法的活动,以确定一个性能更好的分组加密算法取代 DES,最终比利时密码专家 Joan Daemen 和 Vincent Rijmen 提出的"Rijndael 数据加密算法"获胜,成为高级加密标准 AES。2001 年 11 月 26 日,NIST 正式公布高级加密标准 AES,并于 2002 年 5 月 26 日正式生效。AES 的安全性能是良好的,其密钥长度至少为 128 位。经过多年来的分析和测试,至今没有发现 AES 的明显缺点,也没有找到明显的安全漏洞。AES 能够对抗目前已知的各种攻击方式。

2. 非对称加密

在对称加密方法中,加密和解密用的密钥是一样的。假设 A 给 B 发送信息,B 要知道 A 的加密密钥才能解密出相应的信息。那么怎样使 A 和 B 都知道密钥呢?如果让 A 将密钥传给 B,显然是不安全的。因为在传输的密钥会泄露,使得加密毫无意义。如果 A 和 B 同时约定好某一密钥,在他们的通信过程中一直使用这个密钥,也存在问题,因为一旦 A 或 B 不小心泄露了密钥,那所有传输过的信息就都泄露了。而且,A 在与 B 通信的同时,还需要和很多人通信,这样 A 就要管理很多密钥。由于对称加密的上述问题,非对称加密应运而生。

非对称加密就是加密和解密时用两个密钥:公有密钥和私有密钥,简称为公钥和私钥。假设 A 要向 B 发送信息,A 和 B 都要产生一对用于加密和解密的公钥和私钥;A 的私钥保密，A 的公钥告诉 B；B 的私钥保密，B 的公钥告诉 A；A 要给 B 发送信息时，A 用 B 的公钥加密信息；A 将这个消息发给 B(已经用 B 的公钥加密消息)；B 收到这个消息后，用自己的私钥解密消息。这样就消除了用户交换密钥的需要。

非对称加密中最著名的是 RSA 算法。它由 Rivest、Shamir 和 Adleman 三人于 1978 年提出，以三人的名字命名。RSA 是目前最有影响力的公钥加密算法，它能够抵抗到目前为止已知的绝大多数密码攻击，已被 ISO 推荐为公钥数据加密标准。下面我们就来对 RSA 算法进行分析。

RSA 公钥密码体制的安全性基于大整数的素数分解问题的难解性，具体描述如下。

① 选取两个大素数 p 和 q，p 和 q 保密。

② 计算 $n=pq$，$\phi(n)=(p-1)(q-1)$。其中 n 公开，$\phi(n)$保密。

③ 随机选取正整数 $1<e<\phi(n)$，满足 $\gcd(e,\phi(n))=1$。e 是公钥(Public Key)。

④ 计算 d，使得 $de\equiv 1(\bmod\ \phi(n))$。$d$ 是私钥(Private Key)。

⑤ 加密变换：对明文 $m\in\mathbf{Z}_n$，加密后得到密文 $c=m^e \bmod n$。

⑥ 解密变换：对密文 $c\in\mathbf{Z}_n$，解密后得到明文 $m=c^d \bmod n$。

说明：mod 即取余函数，例如 9 mod 4≡1，即 9 对 4 取余为 1。$\phi(n)$是 n 的欧拉函数，读音同 fee，表示与 n 互素的整数的个数。

上面涉及的数学知识很多我们还没学过，在本书不进行证明，有兴趣的同学可以自行查阅资料了解和学习。当然，通过对信息安全的深入学习，以后的课程会有讲解。下面我们主要对 RSA 算法中关键的部分进行解释说明，并分析为什么它具有较高的安全性。

首先我们通过一个实例来验证它的加密和解密过程。

① 选取两个素数 $p=3$ 和 $q=11$；

② 计算 $n=pq$，即 33，根据 $\phi(n)=(p-1)(q-1)$计算 $\phi(n)=20$；

③ 选取公钥 e，需要和 $\phi(n)$互素，取 $e=3$ 作为 B 的公钥；

④ 计算 B 的私钥 $d=7$，因为 $3\times 7=21$，21 对 20 取余结果为 1；

⑤ 假设 A 要传输的明文信息 m 是 6，用 B 的公钥计算加密密文 $c=6^3 \bmod 33$，即得到密文 $c=18$ 传送给 B；

⑥ B 收到密文 $c=18$ 之后，利用自己的私钥 $d=7$ 解密，$m=18^7 \bmod 33$，即得到明文为 6。

上述加密和解密过程如图 9-12 所示。

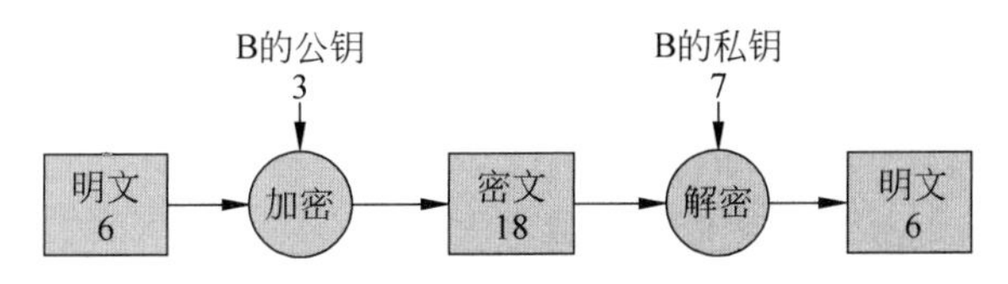

图 9-12　RSA 加密和解密过程

我们来讨论一下为什么 RSA 是安全的。假设攻击者要破解 RSA 算法，从公开的信息里想办法获取秘密的东西。在 RSA 算法中，公开的内容有：由两个大素数的乘积得到的大整数 n，公钥 e。其他的信息都是保密的，包括：大素数 p 和 q，n 的欧拉函数 $\phi(n)$，私钥 d。这些参数之间的关系为：

$$\begin{cases} n = p \times q \\ \phi(n) = (p-1)(q-1) \\ d \times e \equiv 1(\bmod\ (\phi(n))) \end{cases} \tag{9-1}$$

在只知道 n 和 e 的情况下,唯一可能破解的方法就是尝试将 n 进行分解。由于 n 是由两个素数乘积得到的,那么 n 肯定只能唯一分解成 p 和 q 的乘积。将 n 分解成 $p*q$ 之后,做一个简单的乘积就能得到 $\phi(n)$,在知道 $\phi(n)$的情况下,结合公钥 e 就能解密出私钥 d。因此,在整个过程中,最关键的一步在于将 n 分解成 $p*q$。

对上面的例子,攻击者可以很容易地将 n 进行分解,看到数字 33,不需要计算机来计算,我们就能将其分解为 3×11。实际使用中,选取的 p 和 q 至少是几百位的二进制数,为保证安全,现在推荐的是 1024 位。1024 位二进制数转换成十进制数大约是 300 位,现在的计算机根本无法用穷举的方法在知道 n 的情况下计算出 p 和 q。

假设已知公开的 n,要计算出 p 和 q,穷举思想的做法是从 2 开始,找出能整除 n 的素数,那么最多需要计算到 n 的平方根,下面是实现该过程的 Python 程序。

```
#<程序:把 n 分解成 p*q>
import math
n = 221
m = int(math.ceil(math.sqrt(n)))
flag = 0
for i in range(2,m+1,1):
    if n % i == 0:
        print(i,int(n/i))
        flag = 1
        break
if flag == 0:
    print ("Cannot find!")
```

对于上面的 n 为 33 的情况,通过这个程序可以瞬间计算出 p 和 q。但是如果 p 和 q 都是 1024 位的数,要通过多少次的计算才能得到结果呢?

两个 1024 位大素数示例以十六进制来表示如下:

p = AF6D E81E 70AA E959 3156 4058 7CBC A443 A1FC AA10 36A3 B05D 4E9E 9259 C06C 5075 6681 3DB7 739E 09C1 048A 70CC 2343 45AA 8B9B 2513 7BEF DBF0 192F 0417 1275 6911 FC4A F16E 49B1 DA7A 2F84 4FD9 C69B BB84 2E4A 4A3A E1F7 218C 488F FC3A 9162 98B9 8D7F 7A9B 3D8F 07AD A4E0 ED37 99EB 2ACF E079 DA70 F208 F59C 4143 D964 1B75

q = FB8A 51F7 1B63 3DA5 AB10 FEE9 B406 C2B3 A696 F024 5938 4CD8 0910 752C 59F8 AFFA A88C 944A 8DD5 FFDB 2D65 7F7B AF3B BC37 B6BE 16D8 3E17 F5F7 F304 778D 3C9E AFF9 0E3B 01AC 4763 F800 BA57 8454 8D9C A8C3 24EC 4F03 449E 2438 0F01 A014 7638 158E 0009 0BAE 2899 5C73 06D8 6BB7 0AE7 FF92 E9D8 3084 A5DF 827B 93A8 6B5E 0FE4 DB47

p 是一个 1024 位的二进制数,需要循环的次数为 2^{1024},也就是 10^{300}。假设一个计算机每秒钟能完成的计算为 10^9,则需要 10^{291} 秒。一年是 3600×24×365= 3.15×10^7 秒,如果

按照 4×10^7 计算，需要 2.5×10^{283} 年。而从宇宙诞生到现在大概才 138 亿年，也就是 1.38×10^{11} 年。要想通过穷举的方法破解 RSA 需要经历无数个宇宙年龄。因此，RSA 算法在目前是安全的。

小明：对这么大的整数进行乘方运算有什么快速的方法吗？

沙老师：在实际计算中，我们会采用一些方式来简化数据的乘方运算。根据 $(a \bmod n)\times(b \bmod n)=(a\times b) \bmod n$，先计算 $m \bmod n$，然后计算 $m^2 \bmod n$，即 $(m \bmod n)\times(m \bmod n) \bmod n$。接着计算 $m^4 \bmod n$，即计算 $(m^2 \bmod n)\times(m^2 \bmod n) \bmod n$。以此类推，最终得到一个表（以 $6^e \bmod 33$ 为例）：

6^e mod 33	结果
6^1 mod 33	6
6^2 mod 33	3
6^4 mod 33	9
6^8 mod 33	15
…	…

在上面的实例中，$e=3$，需要计算 6^3 mod 33，也就是要计算 $(6^1 \bmod 33)\times(6^2 \bmod 33) \bmod 33$，即 $6\times3=18$，跟我们之前计算出来的结果是一样的。同样地，要计算 6^{10} mod 33，则需要计算 $(6^2 \bmod 33)\times(6^8 \bmod 33) \bmod 33$。

RSA 安全性能高，它的实现也并不复杂，我们用 Python 程序实现整个 RSA 系统生成参数和加密、解密的过程。

```
#<程序：RSA 加密解密实现>
# All the functions are written by Edwin Sha
def change_number (x, b): #这个函数把一个十进制数 x 转换成一串二进制数
    if x < b: L = [x]; return(L)
    a = x % b; x = x//b
    return([a] + change_number(x,b))      #the least one goes first!
def mod (a,x,b): #计算 a^x mod b
    L = change_number(x,2)
    #print("x in binary = ",L)
    r = a % b; final = 1
    for i in L:
        if i == 1: final = (final * r) % b
        r = (r * r) % b
    return(final)
def GCD(x,y): #计算 x 与 y 的最大公约数
    if x > y: a = x;b = y
    else: a = y;b = x
    if a % b == 0: return(b)
    return(GCD(a % b,b))
def Extended_Euclid(x,y,Vx,Vy): #return [a, b] s.t. ax + by = GCD(x,y)
```

```
    # by Edwin Sha
        r = x % y; z = x//y
        if r == 0: return(y,Vy)
        Vx[0] = Vx[0] - z * Vy[0]
        Vx[1] = Vx[1] - z * Vy[1]
        return(Extended_Euclid(y, r, Vy, Vx))
def Mod_inverse(e, n): # return x : e * x mod n = 1 by Edwin Sha
    Vx = [1,0]
    Vy = [0,1]
    if e > n:
        G,X = Extended_Euclid(e,n,Vx,Vy)
        d = X[0] % n
    else:
        G,X = Extended_Euclid(n,e,Vx,Vy)
        d = X[1] % n
    return(d)
import random
def RSA_key_generation(p,q): #p 和 q 是素数,计算密钥 e 和 d
    phi = (p - 1) * (q - 1)
    e = random.randint(3,phi)
    if e % 2 == 0: e += 1
    while(GCD(e,phi) != 1):
        e = random.randint(3,phi)
        if e % 2 == 0: e += 1
    d = Mod_inverse(e,phi)
    if e * d % phi != 1: print("ERROR: e and d are not generated correctly")
    return (e,d)
```

函数执行过程如下。

① 给 p 和 q 各赋值一个大素数,由于 Python 对整数的大小没有限制,可以满足 RSA 算法的大素数要求。调用函数 RSA_test(p,q),将 p 和 q 作为参数传入。

```
def RSA_test(p,q):
    e,d = RSA_key_generation(p,q)
    n = p * q
    print("e, d, n: ", e, d, n)
    M = int(input("Please enter M (<n): "));
    while M >= n: M = int(input("Please enter M (< n)"))
    C = mod(M,e,n)
    print("Before transmission, original M = ",M," is encrypted to Cipher = ",C)
    M1 = mod(C,d,n)
    if M!= M1: print("!!! Error !!!")
    print("After transmission, Cipher",C, "is decrypted back to:",M1,"\n\n")
p = 19
q = 97
RSA_test(p,q)
```

② 计算 n,计算公钥 e 和私钥 d,d=RSA_key_generation(p,q)。公钥 e 的计算是随机选取一个与 $\phi(n)$互素的数。e=random.randint(3,phi)表示随机生成一个 3 到 phi 的整数,然后验证这个随机生成的数是否为奇数并且与 $\phi(n)$互素,如果互素,则满足条件,否则继续随机生成。私钥 d 的计算需要用到扩展欧几里得算法求乘法逆元,因为 d 和 e 满足 $d * e \equiv 1(\bmod \phi(n))$,私钥 d 就是 e 模 $\phi(n)$的逆元。

③ 完成公钥私钥的计算,下面就可以对信息进行加密了。输入待加密的信息,由于是模 n,其加密的内容不能超过 n。对输入的信息 M 加密,也就是计算 $C = M^e \bmod n$,得到密文 C。计算 $C = M^e \bmod n$,首先将指数 e 转换成二进制流 L=change_number(x,2),然后按照上面对话框中的计算方法,只计算对应二进制位为 1 的幂取模,而不是一个一个乘起来再取模。

④ 加密完成,由 M 得到密文信息 C,再对密文 C 解密得到明文 M。要做的是计算 $M=C^d \bmod n$,执行 M1=mod (C,d,n)。将 M 与 M1 比较,看是否解密正确。

练习题 9.3.8:p =241364017659577,q =50686443708503,给出一组公钥和私钥,并计算要发送明文消息为 708234,密文内容应该是什么?

练习题 9.3.9:(1) 研究和理解 Extended_Euclid()程序。

(2) 请问 Extended_Euclid(27,8,[1,0],[0,1])返回什么结果?为什么?

提示:这个程序很有意思,和 GCD 的算法相似。例如 GCD(17,5)的结果是 1。但是我们要如何找到符合 $a\times17+b\times5=1$ 的一对整数 a,b 呢?当调用 Extended_Euclid(17,5,[1,0],[0,1])时,我们用一个向量$[a,b]$来表示每一个数,任何数以$[a,b]$表示,即等于 $a\times17+b\times5$。所以 17=[1,0],5=[0,1],而在 GCD 运算的过程中,我们记录这个向量的变化,一直到最后 GCD 找到,其对应的向量就是我们的解了。以 17 和 5 为例,刚开始的时候 17=[1,0],5=[0,1],17−3×5=2=[1,0]−3×[0,1]=[1,−3]。各位验证一下,2 确实可以用[1,−3]表示,因为 1×17+(−3)×5=2。然后 GCD 步入了(5,2,[0,1],[1,−3])的阶段。5−2×2=1=[0,1]−2[1,−3]=[−2,7]。大家验证也可以发觉这个结果是正确的,1=(−2)×17+7×5。再经过一轮 GCD(2,1,[1,−3],[−2,7])就到底了,最后返回 1,[−2,7],就是答案了。其中 1 是 GCD(17,5),而[−2,7]代表−2×17+7×5=GCD(17,5)=1。

练习题 9.3.10:(1) 解释如何用 Extended_Euclid()来计算 e 对 mod n 的乘法逆元(Multiplication Inverse),也就是算出 d,使得$(e * d) \bmod n$ 的值等于 1。

(2) 请用 Extended_Euclid 算出 d,使得$(8\times d) \bmod 27 = 1$。

(3) 请用 Extended_Euclid 算出 d,使得$(27\times d) \bmod 8 = 1$。

提示:大家以前面题目的提示为例,假如要算出整数 d,使得 $5\times d(\bmod 17)$等于 1,首先用 Extended_Euclid 算出来 GCD=1 和[−2,7],假如 GCD 不等于 1,那就肯定错误,没有解。因为 GCD=1,所以从返回的[−2,7],我们知道(−2)×17+7×5=1。从这个式子中我们知道,7 就是 5 对 mod 17 的乘法逆元,因为等号两边 mod 17,可以得到 7×5 mod 17=1。其实大家也可以验证 d=−10,7,24,41,…,任意的 $7+17x$(x 是任意正负整数)都是正确的解。

现代密码学已经克服了古典密码学安全性能低的特点,不管是对称密码还是非对称密码都能保证加密系统的安全性。虽然对称加密速度快,但是存在密钥管理的问题;而非对称密码很好地解决了密钥交换问题,但加密、解密过程却很慢。是否存在一种算法能结合两者的优点,同时解决速度和密钥交换问题呢?

一个很简单的方法是,对真正要发送的信息使用对称加密,而对称加密的密钥用非对称加密发送给对方。假设 A 要向 B 发送一个大文件,先生成一个对称加密要用到的密钥,然后对文件内容用这个密钥进行加密;再用 B 的公钥对对称加密的密钥进行加密,附在加密后的文件里发送给 B;B 收到文件后,首先用自己的私钥将对称加密的密钥解密,然后再解密文件内容。这个过程如图 9-13 所示。

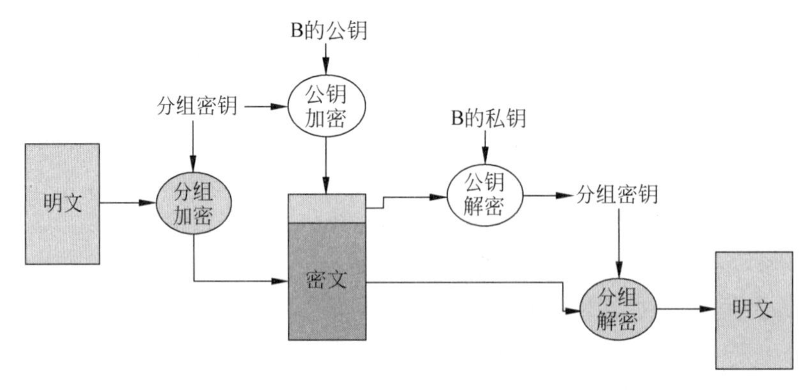

图 9-13 公钥密码

对称加密和非对称加密相结合的加密系统安全性高、方便快捷,是现在比较通用的加密系统。

在上述内容中,我们只介绍了加密系统的一个方面——保密,实际上还应该包含另外一个重要的方面——认证。任何人都可以给 B 发送信息,在没有认证功能的系统中,B 接收到了消息但不知道是谁发的。B 可能会收到很多垃圾信息而不知道发送者。因此,认证对于一个好的加密系统是必不可少的。

事实上,实现认证也很简单,利用发送方的公钥和私钥就可以完成认证工作。在 A 向 B 发送消息前,用自己的私钥进行签名,把签名和要发送的信息一起传给 B。B 收到信息之后,首先用 A 的公钥对签名进行验证。验证成功再对文件内容解密,否则丢弃文件。

A 用私钥进行签名的时候,签名的是什么内容呢?加密是用对方的公钥计算 $c = m^e \bmod n$,对方收到后根据 $c^d = m^{ed} \bmod n$ 解密出结果为 m;认证时用自己的私钥计算 $m^d \bmod n$,对方收到后用他的公钥进行验证。同样的问题,这里的 m 是很大的数,直接进行计算是非常耗时的。在密码学中,Hash 函数是一种将任意长度的消息压缩为一个固定长度的消息摘要的函数。A 在签名时正是对消息摘要进行签名。

Hash 函数是一对一的映射,即一段信息对应一个摘要。改变信息的一点内容,摘要就会大不相同。且 Hash 过程不可逆,只能由信息得到摘要而无法通过摘要还原出信息。B 在收到 A 发送过来的信息后,首先验证签名,即用 A 的公钥解密出摘要,再利用同样的 Hash 方法计算出一个摘要进行对比,如果与解密出的摘要一样,则认为消息是由 A 发出的。

练习题 9.3.11:加密时为什么不参考签名的方法,直接用公钥对消息摘要进行加密,而是先用公钥密码加密密钥,再用对称加密来加密消息?

练习题 9.3.12：用网银支付时要输入的动态口令是怎么实现的？是服务器向"中行 e 令"发送一个验证码吗？为什么每分钟会变化一次呢？提示：Hash 算法。

至此，我们对现在常用的加密系统有了一定的认识。下面我们再对这个加密系统做一个完整、系统的回顾。

在信息高速发展的今天，不同用户之间交互频繁。每个用户拥有一对自己的公钥和私钥，公钥对外公开，私钥只有自己知道。若 A 向 B 发送文件，首先生成一个加密密钥，将要发送的内容分别用三重 DES 或者 AES 加密，然后将加密的密钥用 B 的公钥加密，加上 A 用自己的私钥完成的签名，三部分内容一起发送给 B。B 收到之后第一件事是验证签名，确定是 A 发的之后，用 B 的私钥对三重 DES 或者 AES 加密的密钥解密，再用这个密钥解密文件。

小结

按照密码学的起源和发展历程，本节内容从两千多年前的恺撒密码开始，到现在普遍使用的对称加密和非对称加密，逐步改进和完善，保证加密系统的安全性能，并实现认证功能。

最初的恺撒密码实现的方式是通过简单的移位置换，将明文字母与密文字母一一对应。虽然在当时实现了保密的功能，但是很容易通过字母的统计特性而破解出来，安全性不高。到二战之后，香农提出的扩散和混淆的概念使得出现了安全性能很高的 DES，进一步发展出多重 DES，破解难度更高，以及高级安全标准 AES。这些算法都是对称加密，存在密钥不方便管理的问题，非对称加密随之诞生，尤其是 RSA 算法的诞生，不仅保证了加密系统无法被破解，而且还可以通过对摘要进行签名来实现认证。我们现在所使用的加密系统包括了对称加密和非对称加密两部分，结合了对称加密速度快和非对称加密密钥管理的方便性。

9.3.2 防火墙

防火墙由一台或多台设备及其结合的软件程序组成，用于加强对计算机的访问控制，作用在内部网和外网(Internet)之间。如果计算机系统有防火墙进行保护，那么不论是发出去的信息还是要接收的信息都要通过防火墙，只有经过授权的信息才可以通过防火墙。防火墙(Firewall)对于计算机的作用就如同小区的保卫处。如果外界人员想进入小区，必须经由保卫处同意；如果保卫处认为访问者有潜在危险，将会拒绝其进入。而内部人员是如何串门的，进行了什么活动，就不是保卫处所管理的范畴了。

防火墙的功能有以下几方面。

① 过滤和管理。一方面是限定内部用户访问特殊站点，比如外网中存在不安全因素的网站等。同时，还要防止未授权的用户访问内部网络。

② 保护和隔离。允许内部网络中的用户访问外部网络的服务和资源，在这个过程中，内部网络和外部网络进行连接和数据交换，防火墙要做到不泄露内部网络的数据和资源。

③ 日志和警告。防火墙会记录通过防火墙的内容和活动，分析是否有异常连接。对网络攻击进行检测，一旦发现有苗头，触发报警，提醒用户。

根据工作原理的不同，常见的防火墙主要分为三种：包过滤防火墙(Packet Filter Firewall)、状态包检查防火墙(Packet Inspection State Firewall)和应用代理防火墙

(Application Proxy Firewall)。

包过滤防火墙是最简单的防火墙,通常只包括对源和目的 IP 地址及端口进行的检查。它通过设定一套规则来判断是否让数据通过。

状态包检查防火墙是传统包过滤防火墙功能的扩展。简单的包过滤防火墙只考察进出的数据包,而不关心数据包的状态;而状态包检查防火墙会在防火墙的核心部分建立状态连接表,维护主机现有的连接。

应用代理防火墙也叫应用代理网关,它不允许数据包直接在应用程序和用户之间传递,所有的数据被拦截后通过代理连接来传递。这就存在两个网络连接:用户和代理服务器之间的连接,代理服务器和应用程序之间的连接。代理防火墙双向的接收、检查和转发用户和应用程序之间的所有数据。

下面我们以最简单的包过滤防火墙为例,讲解防火墙的基本原理。

包过滤防火墙最主要的工作就是规则表的设置。规则表确定了过滤规则,过滤系统根据过滤规则决定是否让数据包通过。只有满足过滤条件的数据包才被转发到相应的目的地,其余数据包则被丢弃。如表 9-1 所示即为一套规则。

表 9-1 过滤规则表

源 IP	目的 IP	协议	源端口	目的端口	标志位	操作
211.101.5.49	192.168.254.3	TCP	任意	80	任意	允许
192.168.254.2	任意	IP	任意	任意	任意	允许
任意	192.168.254.3	IP	80	任意	任意	允许

沙老师:第一行的意思即 IP 地址为 211.101.5.49 的计算机可以通过 80 端口将 TCP 包头的信息传给 IP 地址为 192.168.254.3 的计算机。

第二行的意思为计算机可接收任何来自 IP 地址为 192.168.254.2 的计算机的 IP 包头的信息。

同学们自己思考第三行规则代表的含义。

包过滤防火墙逻辑简单,网络性能和透明性好,但是不灵活,配置过程复杂,无法满足更多的安全要求,缺少审计和报警机制。

现在的计算机中都配有防火墙的一些功能,如果想要使用防火墙功能,只需要将其开启即可。选择"开始"→"控制面板"→"Windows 防火墙",便可查看我们计算机系统自带的防火墙。

练习题 9.3.13:如果开启计算机的防火墙功能,外网的用户能直接连接到这台计算机么?在同一个局域网中的计算机能不能看到它呢?

如图 9-14 所示,传入连接的状态即表明了规则表的存在。图 9-15 是防火墙的规则设置。规则设置已经采用图形化界面,本质上是前面所讲到的规则表的设置。单击"新建规则"按钮,我们就可以设置自己的规则。

通过设置防火墙,可以将外来攻击挡在墙外,保证防火墙内主机的安全。但是防火墙只能抵抗外部网络带来的攻击,而调查显示 70%的安全攻击来自内部网络。因此,我们不仅要考虑外患,更要解决内忧,这就需要用到入侵检测技术。

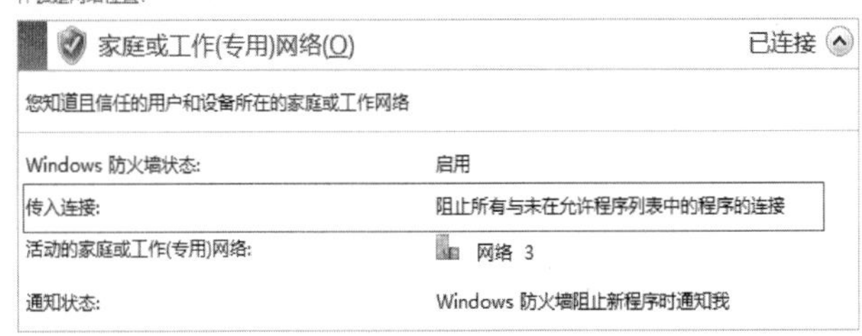

图 9-14　Windows 防火墙设置(1)

入站规则

名称	组	配置文件	已启用	操作	替代	程序	本地地址	远程地址	协议	本地端口	远程端口	许可的用户	许可的计算机
µTorrent (TCP-In)		所有	是	允许	否	C:\U...	任何	任何	TCP	任何	任何	任何	任何
µTorrent (UDP-In)		所有	是	允许	否	C:\U...	任何	任何	UDP	任何	任何	任何	任何

出站规则

名称	组	配置文件	已启用	操作	程序	本地地址	远程地址	协议	本地端口	远程端口	许可的计算机
Dr.COM Auth Client		所有	是	允许	任何	任何	任何	UDP	61440	61440	任何

图 9-15　Windows 防火墙设置(2)

9.3.3　入侵检测

入侵检测(Intrusion Detection)被认为是防火墙之后的第二道安全闸门,在不影响网络性能的情况下对网络进行监测,是一种积极主动的安全防护技术,提供了对内部攻击、外部攻击和误操作的实时防御,在系统受到危害之前拦截相应入侵,基本结构如图 9-16 所示。

成功的入侵检测技术不但可使系统管理员时刻了解系统(包括程序、文件和硬件设备等)的任何变更,还能为制定网络安全策略提供指南。它的管理和配置应该简单,使非专业人员也能非常容易地管理和配置,从而获得网络安全。并且,入侵检测的规模还应根据网络威胁、系统构造和安全需求的改变而改变。入侵检测系统在发现入侵后,能及时做出响应,包括切断网络连接、记录事件和报警等。

入侵检测的第一步是信息收集,包括系统和网络日志文件、目录和文件异常改变、程序执行异常行为和物理形式入侵信息。

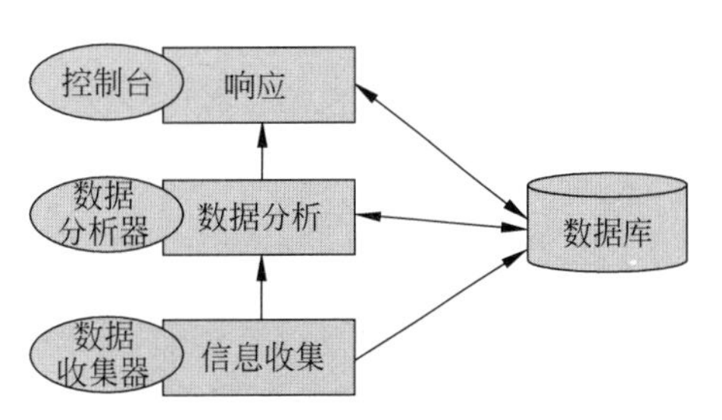

图 9-16　入侵检测基本结构

系统和网络日志文件。系统和网络日志文件记录了系统和网络中硬件、软件和系统问题的信息,同时还可以监视系统中发生的事件。通过查看日志文件,能够发现成功的入侵或入侵企图,并很快地启动相应的应急响应程序。

目录和文件异常改变。目录和文件中的异常改变(包括修改、创建和删除),特别是那些正常情况下限制的访问,很可能是一种入侵指示和信号。黑客经常替换、修改和破坏获得访问权的系统上的文件,为了隐藏活动痕迹会尽力去替换系统程序或修改系统日志文件。

程序执行异常行为。一个程序出现了异常的行为可能表明黑客正在入侵系统。黑客有时会将程序的运行分解,使得该程序运行失败。

物理形式入侵信息。物理形式入侵包括两种形式:对网络硬件的未授权连接和对物理资源的未授权访问。黑客总是想方设法去突破网络的周边防卫,如果他们能够在物理上访问内部网,就能安装他们自己的设备和软件。这样,黑客就可以知道网上的不安全(未授权)设备,然后利用这些设备访问网络。

搜集到足够的信息后,入侵检测的第二步就是进行数据分析。数据分析的方法包括模式匹配、统计分析和完整性分析。前两种方法都是实时的入侵检测方式,而完整性分析属于事后的分析。

模式匹配,即特征检测。它将入侵者的活动用一种模式来表示,然后检测这些活动是否符合已有的入侵模式。但是,它只能将已有的入侵检查出来,对新的入侵方法则无能为力。模式匹配的难点在于如何设计模式使其既能够表达入侵现象,又不包含正常的活动。

统计分析,也就是异常检测(Anomaly Detection)。假设入侵者的活动异常于正常的活动,根据这一理念建立正常活动的"活动简档",将当前活动状况与"活动简档"相比较。如果违反"活动简档"的统计规律,就认为该活动可能是"入侵"行为。异常检测的难题在于如何建立"活动简档"以及如何设计统计算法,从而避免将正常的活动作为"入侵"或忽略真正的"入侵"行为。

完整性分析。主要关注某个文件或者对象是否被更改,包括文件和目录的内容及属性。完整性分析利用强有力的加密机制,能够识别哪怕是微小的变化。它属于事后的分析,当发现改变时系统已经遭受了攻击或入侵。

入侵检测的第三步是响应,即发现有入侵行为之后做出相对应的应对策略。响应包括以下几个方面:将分析结果记录在日志文件中,并产生响应的报告;触发警报,如在系统管理员的桌面产生报警标志,或向系统管理员发送电子邮件等;修改入侵检测系统或目标系统,如终止进程,切断攻击者的网络连接,更改防火墙配置等。

下面对 FTP 日志信息进行分析为例。FTP 日志和 WWW 日志在默认情况下,每天生成一个日志文件,一般在本地系统文件中,包含了该日的一切记录,文件名通常为 ex(年份)(月份)(日期)。它们是 Internet 信息服务日志,FTP 日志默认位置是%systemroot%\system32\logfiles\msftpsvc1\,而 WWW 日志默认位置是%systemroot%\system32\logfiles\w3svc1\。例如 ex040419 文件,也就是 2004 年 4 月 19 日产生的日志,用记事本可直接打开,普通的、有入侵行为的日志一般是这样的:

```
#Software: Microsoft Internet Information Services 5.0(微软 IIS5.0)
#Version: 1.0 (版本 1.0)
#Date: 20040419 0315 (服务启动时间日期)
#Fields: time cip csmethod csuristem scstatus
0315 127.0.0.1 [1]USER administator 331(IP 地址为 127.0.0.1,用户名为 administator 的用户试
图登录)
0318 127.0.0.1 [1]PASS - 530(登录失败)
032:04 127.0.0.1 [1]USER nt 331(IP 地址为 127.0.0.1,用户名为 nt 的用户试图登录)
032:06 127.0.0.1 [1]PASS - 530(登录失败)
032:09 127.0.0.1 [1]USER cyz 331(IP 地址为 127.0.0.1,用户名为 cyz 的用户试图登录)
0322 127.0.0.1 [1]PASS - 530(登录失败)
```

```
0322 127.0.0.1 [1]USER administrator 331(IP 地址为 127.0.0.1,用户名为 administrator 的用户试图登录)
0324 127.0.0.1 [1]PASS - 230(登录成功)
0321 127.0.0.1 [1]MKD nt 550(新建目录失败)
0325 127.0.0.1 [1]QUIT - 550(退出 FTP 程序)
```

从日志里就能看出 IP 地址为 127.0.0.1 的用户一直试图登录系统，换了四次用户名和密码才成功，管理员立即就可以得知这个 IP 可能有入侵企图。而它的入侵时间、IP 地址以及探测的用户名都很清楚地记录在日志上。

练习题 9.3.14：假设上例中的入侵者最终是用 administrator 用户名进入的，分析入侵者的登录意图，提出一些安全的策略。

9.3.4 网络安全

网络安全(Network Security)是指网络系统的硬件、软件及其系统中的数据受到保护，不因偶然或者恶意的原因而遭受到破坏、更改或者泄露，系统连续可靠、正常地运行，网络服务不中断。网络安全是一个很广泛的概念，要保证网络的安全，必须使用多种手段相结合，这就包括上面的密码学、防火墙和入侵检测等技术。

网络中的硬件安全。网络中硬件设备的安全是整个网络系统安全的前提。在网络的设计和施工中，必须优先考虑网络设备不受电、火灾和雷击的侵害，考虑布线系统和绝缘线、裸体线以及接地和焊接的安全。

网络结构安全。网络拓扑结构设计也直接影响到网络系统的安全。外网和内网进行直接通信时，内部网络的机器会受到来自外网的威胁，由于连带关系会影响到多个系统受到威胁。因此，设计时有必要将公开服务器和外网以及内部其他业务网络进行隔离，不能将网络的内部结构直接暴露。同时，要对外网的服务请求加以过滤，拒绝可疑的请求服务进入内网。

网络系统中的数据安全。网络安全的最终目的是保证数据的安全。用户使用计算机必须进行身份认证；对于重要信息的通信必须授权，传输需要加密；需要采用多层次的访问控制与权限控制手段，实现对数据的安全保护；采用加密技术，保证网上传输的信息的保密性和完整性，避免被窃听或者被篡改。

以保证 Web 浏览器和服务器通信传输的数据安全性为例。常见的 URL 一般是 http:\\ ************* ，这种请求消息的方式完全是明文方式传输，是不安全的。

安全套接层协议(Secure Sockets Layer，SSL)在传输层对网络连接进行加密，如图 9-17 所示。因此，URL 形式变为 https:\\ ************** ，这样便可以保障在 Internet 上数据传输的安全，确保在网络上的传输过程不会被截取或者窃听。SSL 通过认证用户和服务器，确保数据发送到正确的客户机和服务器，保证数据在传输过程中的保密性和接收到数据之后的完整性。认证通过一个握手过程实现，并在该过程生成一个主密钥，在后面的通信中，所有加密信息的密钥都由主密钥生成。

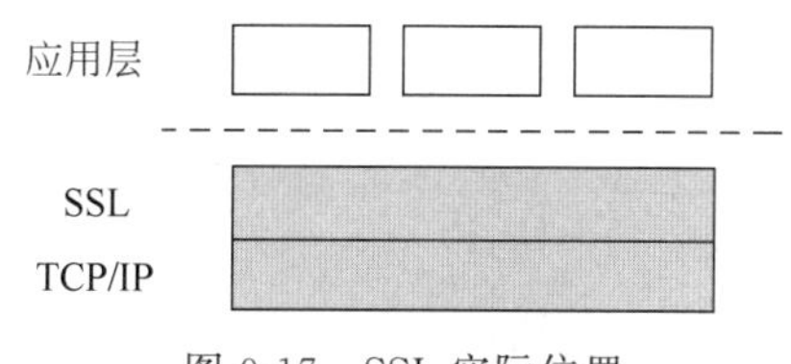

图 9-17　SSL 实际位置

SSL 为 TCP 提供可靠的端到端的安全服务,使客户与服务器之间的通信不被攻击者窃听和篡改,目前已成为互联网上保密通信的工业标准。

9.3.5 系统安全

系统安全(System Security)就是整个计算机系统的安全。系统安全涉及文件能否被用户访问,可以进行怎样的操作等。数据加密、解密所涉及的密钥分配、存储等过程必须由计算机实现,因此计算机的系统安全尤为重要。系统安全用来确保计算机内部信息的安全。

系统安全中有两个很重要的技术:用户认证和访问控制技术。用户认证解决“你是谁,你是否真的是你所声称的身份”,访问控制技术解决“你能做什么,你有什么样的权限”。图 9-18 即为一个文件的属性中所指出的当前用户所拥有的权限。

图 9-18 文件访问权限

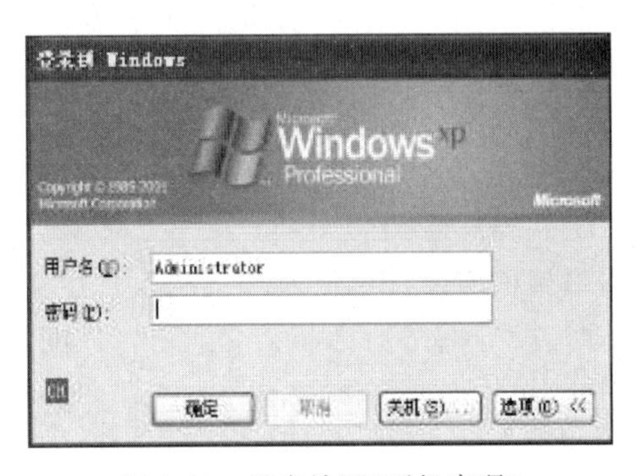

图 9-19 用户认证(开机密码)

用户认证方法有:口令(如图 9-19 所示)、令牌或智能卡,生理特征(指纹、人脸等),生物行为特征(书写习惯等)。

计算机的资源只给有访问权限的用户使用,主要包括读写和运行操作。在计算机中一般都存有一张 ACL 表,该表标明了用户对资源的访问控制权限,如表 9-2 所示。

表 9-2 用户访问控制表(ACL)

编号	用户	文件	操　作	预期结果
1	User1	Test_ugo_change1	修改文件权限、所有者、用户组	允许
2	User2	Test_ugo_change1 Test_ugo_change1	修改文件权限、所有者、用户组	拒绝
3	User3	Test_ugo_change1	修改文件权限、所有者、用户组	拒绝

表 9-2 表明了不同用户对资源的访问控制权限是不同的。除此之外,计算机中运行的程序的权限也存在差异,这种有差异的权限主要指程序访问其他程序的权限。

计算机上的可执行程序,如 QQ,执行的时候在计算机看来就是一个进程在运行。对进程运行的区域分层设计,在内层、具有最小环号(如图 9-20 所示)的环具有最高的特权,而在最外层、具有最大环号的环具有最小的权限。一般内核级的程序运行在最小环号上，而用户模式程序运行在最大环上。从安全的角度考虑，较小环上的程序可以访问较大环上的程序，反之则禁止；而且不允许低特权内编写的程序在高特权的环内运行。

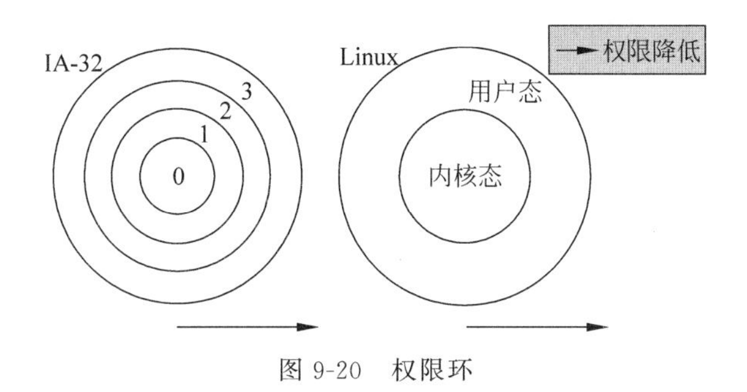

图 9-20　权限环

9.3.6　杀毒软件

杀毒软件(Antivirus Software)，也称反病毒软件或防毒软件，是用来消除恶意软件等计算机威胁的一类软件，同时包括实时程序监控识别、恶意程序扫描和清除，以及自动更新病毒数据库等功能。大部分杀毒软件还具有防火墙的功能。比较常用的杀毒软件有金山、360 等。

前面提到了恶意软件如病毒、蠕虫和木马等，它们在系统中实施的破坏都具有一定的特征，而杀毒软件就是抓住了这些特征进行实时监控。不同杀毒软件的实时监控方式存在差异，一种方式是在内存里划分一部分空间，将计算机里流过内存的数据与杀毒软件自身所带病毒库的特征码相比较，判断是否为恶意软件，如果符合恶意软件的特征，就立即将其清除。另一种方式是在划分的内存空间里虚拟执行系统或用户的程序，通过模拟程序执行，根据其行为或结果做出判断，避免恶意软件直接运行而对计算机造成的破坏。

很多杀毒软件还有反钓鱼功能。开启该功能就可以对我们浏览的网站进行把关，一旦误入钓鱼网站，软件就会自动弹出警告和提示。这些杀毒软件中有一个钓鱼网站列表，可以理解为一个专门用于存放钓鱼网站信息的数据库。在联网的状态下，杀毒软件每天都会对钓鱼网站的资料进行更新。

9.4　手机病毒

随着智能手机的普及，手机病毒成为一种新的威胁。智能手机作为新的智能平台，能够承载各种应用，如支付宝、网银、微信、QQ 等。手机病毒的传播使用户账户、密码很容易被窃取。本节我们将介绍什么是手机病毒、各式各样的手机病毒实例以及面对手机病毒应该采取的措施。

手机病毒是一种具有传染性、破坏性的手机程序，如图 9-21 所示。它可利用短信、彩信、电子邮件、网站浏览、铃声下载、蓝牙等方式进行传播，会导致用户手机死机、关机、个人信息泄露、自动拨打电话、发短(彩)

图 9-21　手机病毒

信等进行恶意扣费，甚至会损毁SIM卡、芯片等硬件，导致无法正常使用手机。

严格来讲，手机病毒也是一种计算机病毒。它能够自我复制并传染，在非授权的情况下控制手机、盗取信息，大搞破坏。随着近年来智能手机的普及，手机病毒成为病毒发展的下一个目标。智能手机的功能越来越多，利用手机能完成的事越来越多，这也给不怀好意者创造了越来越多的机会。

出于方便，大部分的手机用户都会将个人信息存储在手机上，如个人通讯录、个人信息、日程安排、各种网络账号、银行账号和密码等。这些重要的资料引来一些别有用心者的"垂涎"，由此引发各种病毒入侵手机。

1. 游戏木马

现在的手机对于用户来说，除了是一个方便沟通的交通工具外，更是随身携带的休闲娱乐工具。手机游戏种类繁多，很多知名游戏软件成了用户的必备软件。于是，黑客们就盯上了这些游戏软件，例如2013年出现的手机病毒"笑里藏刀"曾感染近百款热门游戏，给用户带来了大量的损失。当用户运行一款表面看来正常的游戏时，会弹窗提示"免流量安装精品游戏"，当用户单击"拒绝"，会强制退出游戏；如果用户单击"确认"，就会直接安装一款"精品休闲游戏"的应用。而这款"精品休闲游戏"是已经内嵌了病毒的软件，安装后会私自下载其他推广软件，给用户手机造成严重危害。

2. 越狱

我们经常听到一些iPhone手机用户说要"越狱"，那么"越狱"是什么？"越狱"从字面理解就是从监狱里逃出去，获得自由。用户将手机"越狱"的目的是想更方便地使用手机。追根溯源，由于原公司为了强制用户只使用自己提供的服务，因此在手机操作系统上加了限制。但是很多第三方软件能够提供更好的服务，并且这些服务是免费的，因此用户要解除手机的限制，从而获取最大开放权限，以享用更好的服务。

本质上，"越狱"就是将用户对iOS的使用权限修改为最高使用权限。它借助操作系统中存在的漏洞，通过一些指令修改权限。因此，"越狱"其实也是一种潜在的威胁。"越狱"成功自然带来很多益处，比如很多程序和系统有更好的兼容性，可以自己优化和管理系统，等等。但是"越狱"之后也伴随着一些弊端，比如我们管理系统的时候不能保证修改完全正确，可能会使系统崩溃；新的手机固件版本出来后会修复原系统的漏洞，可能会造成越狱失效，因此不能随意更新版本；越狱后存在一些小bug；为了保持手机一直处于越狱状态，需要一些进程一直运行在后台，比较费电；等等。

3. 其他手机病毒

2013年年初，移动公司声明12种新型手机病毒可"吞"话费。手机感染病毒后，出现后台自动联网并下载手机应用、不知情订购业务、手机话费无故减少等问题。通过监控发现其中包括："伪拍照大头贴""伪感官视界""伪向导""伪网络服务""字母病毒""视屏扣费""伪短信助手""伪UC影音""广告王病毒""安卓监听王""扣费声讯"和"伪系统更新"12款新型手机病毒。一个叫"耗电行者"的病毒，可以伪装成"财急送""任意号码显示"等应用，骗用户安装。在用户手机"安营扎寨"后，会在手机锁屏时，自动下载恶意软件并进行流氓推广。一个推广文件大小就是3～6MB，平均每天能下载3～5次，大量消耗手机上网流量，平均每天能白白耗费30MB流量。

面对不断升级的移动安全威胁和层出不穷的恶意软件，作为用户，应该做到以下几点来保证手机的安全：

① 尽量去官网和大型软件商店下载软件；

② 不接受陌生人发来的 URL 连接，不随便扫描未知的二维码；

③ 平时多注意自己的流量、电量和话费，如果发现不对，立即用手机安全软件或者由安管云开放平台认证的软件进行查杀；

④ 隐藏或关闭手机的蓝牙功能，防止手机自动接收病毒，更不要安装通过蓝牙发送过来的可疑文件；

⑤ 给手机安装适用的杀毒软件，并关注最新手机恶意软件、手机病毒的信息及防范措施。

9.5 硬件安全：木马电路与旁道攻击

前面的威胁都是针对软件的、比较传统且易受黑客利用的威胁，很少有人去怀疑硬件方面的威胁。但是来自硬件方面的威胁确实存在，并且已然在某些方面对社会和经济造成了损失。

我们的设备之所以能够安装各种各样的应用程序，是基于操作系统提供的平台，而操作系统又是运行于硬件之上。因此，硬件才是基本，硬件安全也处于极为重要的地位。试想，如果硬件暴露于黑客的视野之中，那么想窃取的一切信息都跃然纸上，我们想方设法所做的软件安全防治都是无用的。本节并不会向大家介绍硬件的结构及复杂的攻击方法，而是通过硬件木马和旁道攻击这两种攻击方式，让大家对硬件安全方面的知识有基本的了解。

9.5.1 硬件木马

全球化是加速社会各方面发展的一个渠道，能够把各个地方的资源合理地利用，降低生产成本，提高生产效率。对于硬件生产厂商来说，维持从每个零部件最后到组装为整个设备的成本开销是非常大的。很多硬件厂商都选择将一部分生产内容外包给价格便宜、相关技术过硬、值得信赖的公司，整个电路设计一般由多个研究团队分别开发的不同模块整合而成。

但是并不是所有的公司都是值得信赖的，其中的种种利益勾结也不得不让大家防范。比如一家芯片生产厂商与某些机构达成协议，在芯片中加入后门或其他可控部分。如果该公司的芯片用于军用或民用产品中，对信息安全的威胁是显而易见的。2013 年曾有文章指出，美国国家安全局（NSA）与加密技术公司 RSA 达成了 1000 万美元的协议，将 NSA 提供的一套密码系统设定为大量网站和计算机安全程序所使用的默认系统。这套臭名昭著的“双椭圆曲线（Dual Elliptic Curve）”系统从此成为 RSA 安全软件中生成随机数的默认算法。但问题随即出现，因为这套系统存在一个明显缺陷（即后门程序），能够让 NSA 通过随机数生成算法的后门程序轻易破解各种加密数据。

举例来说，公司 A 将一部分芯片的生产外包给公司 B，公司 A 提供一些关于规格、功能方面的需求，公司 B 则提供成品。如果公司 B 在芯片生产制造中，除了设计了实现特定功能的电路，还加入了实现其他功能的电路，或对特定功能的电路进行了一定的修改，使其在某些条件下极易损坏,这就被称为硬件木马电路。

由于硬件木马相对于原来的电路面积非常小,而且只能在某些稀有而特定的条件下发作,如一系列特定输入或某个特定的温度,因此很难被检测到。硬件木马触发后会造成关键信息的泄露、系统的损坏等问题,因此需要特别防范。

硬件木马一般由两部分组成:触发器和负载。当木马电路被触发时,负载则发挥木马电路的功能,如窃取信息并发送、使芯片功能失效等。木马电路可按照触发器、负载分类,如图 9-22 所示。

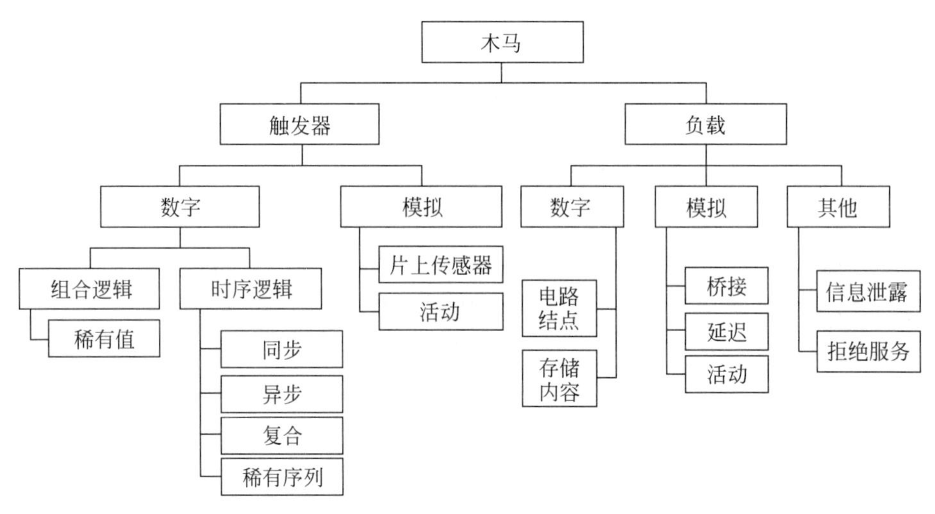

图 9-22　硬件木马的分类

图 9-23 是组合逻辑电路中的木马电路。触发器是一个或非门(NOR),当 A 和 B 输入皆为 0 时负载才能被激活。硬件木马本质上就是一种木马,只有在特定的触发条件下才会被激活。

由于硬件木马的危害极大,木马电路的检测刻不容缓。目前常见的木马电路的检测方法主要有以下 4 种。

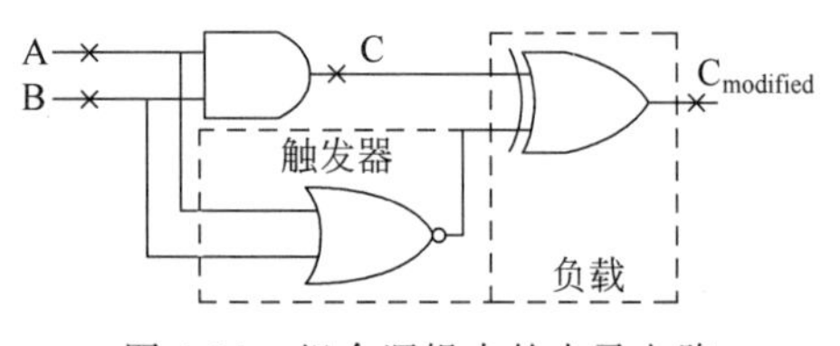

图 9-23　组合逻辑中的木马电路

(1) 物理检查:物理检查是最显而易见的一种硬件木马检测方法,它本质上是一种基于失效分析的技术,属于破坏性的木马检测手段。通常将待鉴别器件开封后,对电路进行逐层扫描,然后根据扫描图像重建原始设计,最后通过版图比较找到电路中的硬件木马。

(2) 功能测试:功能测试方法是一种基于自动测试图形生成(Automatic Test Pattern Generation, ATPG)的硬件木马检测技术。ATPG 原本是用来检测芯片制造过程中的缺陷和故障的,该方法的基本原理是:在芯片的输入端口施加输入信号,然后在芯片的输出端口监测并观察,如果输出的逻辑值与预计的输出不相符,则可以断定发现了一个缺陷或木马。

(3) 内建自测试技术(Built In Self-Test, BIST):BIST 是一个芯片的额外功能模块。芯片中除了包含实现定义的那些功能的元件外,还可以设计一些额外的电路结构来监测芯片内部的信号或监测缺陷。可信的芯片通过 BIST 电路产生一个签名(校验和或指纹),而有缺陷的芯片或被植入木马的芯片产生的却是另外一个不相同的签名。这种利用 BIST 来检测硬件木马的方法也被称为硬件可信性设计。

(4) 旁路分析技术：任何一个器件在工作时总是会发出各种各样的旁路信号，这些信号被对手收集、分析后，能让对手得知有关器件正在处理的数据信息。旁路信号主要包括热信号、电磁辐射信号、功耗信号，以及电路延时的信息等。插入的硬件木马会对集成电路(Integrated Circuit，IC)的一些物理参数，如电源瞬态电流、功耗或路径延时产生影响，通过观察这些影响就有可能检测出 IC 中是否有木马存在。

以上 4 种木马电路的检测方法并不能保证木马电路能够被检测到，并且各有优缺点。比如物理检测，它是基于失效分析的技术，检测过之后芯片便被破坏，无法再使用，并且生产厂商提供的大量芯片中，其中一个芯片被检测到没有木马电路并不能保证所有芯片不含木马，厂商可能只随机地在一些芯片中插入木马电路；另外物理检测的工作量大、耗时长，在实际测试中很少被采用。

9.5.2 旁道攻击

我们在 9.5.1 节的木马电路检测技术中谈到了旁路分析技术。所谓进攻即是一种防御，防御也可看作一种进攻。旁路分析就是这样一种既可用于防御也可用于攻击的技术。

旁路攻击也称为旁道攻击(侧信道攻击、边信道攻击)。在密码学中，旁道攻击指的是通过对系统的物理学分析和实现方式分析，尝试破解密码学系统的行为。该定义貌似很复杂、很难理解，但是我们举几个简单的例子就能让你立刻对这个硬件攻击的方式有个整体的认识。旁道攻击并非传统的攻击方式，可以将其理解为旁门左道。

例如打电话时按拨号键，不同数字发出的声音是不同的，因此窃听者就可根据拨号声音知悉你所拨打的电话号码；例如敲打键盘时，每个人的习惯是不同的，敲打每个键的声音也会有所不同，如果对你敲键盘的声音进行统计，就可以识别你所编写的内容。

加密解密系统中，都会有一系列的运算，不同运算所消耗的功耗是不同的。比如平方运算和一般的乘法运算所需功耗不同，通过对系统功耗的检测就可判断当前是哪种运算。当然，这需要掌握密码系统中各种运算的技术知识。

旁道攻击主要有以下 6 种。

(1) **计时攻击**：基于测量不同运算所耗费的时间。

(2) **功耗分析攻击**：利用硬件处理不同运算所需功耗的不同。

(3) **电磁攻击**：基于设备运行时发出的电磁辐射，其中可能包含明文或其他信息。该方法也可以和功耗攻击相同，同样用于推测密钥。

(4) **声密码分析**：分析一次运算中发出的声音(和功耗分析很像)。

(5) **差分出错分析**：通过故意引入错误来推出密钥。

(6) **数据残留**：敏感数据用过之后没有被清除干净，通过读取这些敏感数据获取关键信息。

如果能有效防止旁道攻击所带来的危害，弥补硬件安全所涉及的漏洞和缺陷，旁道攻击无疑更加完善了安全体系。由于旁道攻击主要依赖于通过旁道泄露的信息和加密数据之间的关系，因此其对策也主要分为两个方面。

(1) **减少乃至消除信息的泄露**：在该分类中，其中一种方法是电路线路调节和过滤，但是这种方法需要小心使用,因为即使极小的电路改变也可能危害到安全性;还有一种方法是在泄露的信息中增加噪声,使得泄露信息无法被利用。

(2) **消除泄露的信息与加密数据之间的关系**:也就是说从泄露的信息中无法推断出与加密数据相关的信息。在该分类中,一种比较常用的方法是重新设计应用程序或者软件。由于应用程序由很多条指令组成,每条指令在运行时都需要功耗,因此通过在软件的设计中随机插入一些虚拟无关的随机指令就可以隐藏泄露信息与运算之间的关系,对功耗分析攻击和计时攻击两类攻击手段是非常有效的防护方法。

当然旁道攻击也不是很容易就能上手的,需要耐心的学习以及耗时耗力的分析,面对旁道攻击,其防御手段也在不断更新。

硬件安全作为一切设备的基础,具有重大的战略意义,是信息安全的重要领域之一。

9.6 谈信息安全之美

本章先通过一个信息安全事件年代表敲响警钟。随后介绍了面临的一些威胁,先是网络上存在的威胁,普遍使用的无线网络中可能存在的威胁和钓鱼网站;然后是普通用户面临的客户端存在的问题,主要是恶意软件的威胁;最后讲述的是大型服务器端(比如大的网站)上面临的安全问题,即拒绝服务攻击。

针对上面的威胁,9.3 节讲解信息安全技术和措施。密码学以实现保密和认证;防火墙隔离网络上不可靠的信息;入侵检测实现对防火墙的补充,发现网络或系统中的不安全行为;最后是网络安全和系统安全技术。所有这些安全技术和措施是为了保证我们的计算机系统能够安全、正常地运行,抵御恶意攻击。

9.4 节介绍了随着智能手机快速的发展所产生的新问题——手机病毒。最后我们指出,不仅仅要关注基于操作系统的安全问题,还要关注承载操作系统的硬件安全。

科技的发展必然同时带来问题,需要人类给出与之相对应的策略来解决,反过来又会促进科技的发展。由此可见,信息安全的存在是必要的,信息安全的发展历程给笔者一些领悟。

感谢病毒与威胁,方能健全我体魄。经历过挫折和困难的磨砺和洗礼,生命才能更强。计算机系统在病毒破坏或者黑客入侵之后,管理者就会发现系统存在的漏洞,才能及时弥补漏洞,使整个系统更加安全和可靠。就像儿童需要接种许多病毒疫苗,就是向体内接种少量的病毒,激发体内的免疫系统,当以后遇到病毒的时候就能自我保护,不受其感染。许多大型公司也一样,比如微软,经常遭受攻击,每次被攻击之后,微软就又能发现一个漏洞并补上漏洞,以后就没有人再能利用这个漏洞进行攻击,系统也因此越来越完善。而一些小型或新发布的网站,或者新型号的手机,相比微软漏洞肯定更多,一旦遭受攻击,将会极其脆弱,系统很容易被破坏。

时时勤拂拭,莫使惹尘埃。安全防护工作是一个没有止境的工作,只要我们还需要计算机,就需要保证计算机的安全。就像大家会定期去医院检查身体,发现是否有潜在的病患一样,对计算机系统也应该做到时时关注。一旦有威胁出现,要做到"早发现,早治疗",尽早应对,以免造成不可挽回的损失。即使没有任何威胁出现,也需要分析系统可能存在的漏洞、未来可能会受到的威胁,并及时采取措施将潜在隐患清除。

纵有万砖建高楼，只需一砖转眼空。"九层之台，起于垒土"。一个大型的计算机系统需要许多团队一起协作才能得到一个完善的系统。每个团队在系统中实现一部分功能，所有的功能合理整合才能得到完整的系统。如果其中有一个部分存在漏洞，被不怀好意者利用而对系统发起攻击，那么整个系统就会因为这一个漏洞被破坏。系统的每一个环节都不可忽视，必须重视每一个细节，才能保证系统的安全。就像同学们可能因为天冷没有加衣服而感冒，影响学习效率，也可能由于没有经受住诱惑、玩游戏耽误学习计划。保证身心的健康和投入才能完成学习计划，保证系统的安全和健全才能提供高效可靠的服务。

新的威胁阵阵来，信息安全无止境。科技进步带动计算机的发展和革新，相信未来的计算机会实现更强大的功能和更多样的应用。毫无疑问的是，随之而来的必然有更多的新型安全威胁和漏洞。这些威胁是无法避免的，我们能做的就是进一步改善安全系统，加强防御，保证系统的安全，做到"兵来将挡，水来土掩"。

习题 9

习题 9.1：查找相关资料，试述计算机病毒发展趋势与特点。

习题 9.2：试述病毒、蠕虫和木马的差别和联系。

习题 9.3：简述三次握手协议内容。

习题 9.4：查找资料，列举除本章列举的其他拒绝服务方式，说明其基本原理与特点。

习题 9.5：查找相关资料，简述黑客攻击行为。

习题 9.6：简述网络钓鱼的主要防治措施。

习题 9.7：简述计算机网络面临的典型威胁。

习题 9.8：计算机网络安全保护的对象有哪些？

习题 9.9：我们将每个明文字母用 00(A)到 25(Z)的数字代替，26 代表空格，Bob 想发送 HELLO WORLD 给 Alice，按照上面的表示方法，请写出其对应的明文。

习题 9.10：假设 Bob 和 Alice 商量其公用的密钥 $k=7$，请根据加法加密的运算求出此时加密后的密文，并进行解密验证。

习题 9.11：按照这种发信顺序，如果使用公钥密码学算法，那么 Bob 应该使用什么密钥进行加密，并解释。

习题 9.12：假设 Alice 的公钥为 $e=23, n=91$，私钥为 $d=47, n=91$，Bob 的公钥为 $e=11, n=65$，私钥为 $d=35, n=65$。对明文进行加密以及解密验证。

习题 9.13：如果是银行网银中的加密算法一般用的是什么加密算法，并解释。

习题 9.14：什么叫访问控制？为什么要进行访问控制？

习题 9.15：假如我们现在想传输一个特别大的视频给对方，请举出一种合理的加密方法。

习题 9.16：一般来说入侵检测系统由 3 部分组成，分别是事件产生器、事件分析器和(　　)。

A. 控制单元　　B. 检测单元　　C. 解释单元　　D. 响应单元

习题 9.17：常见的几种攻击的原理有哪些，试举例。

习题 9.18：分别叙述误用检测与异常检测原理。

习题 9.19：名词解释 NAT。

习题 9.20：对防火墙及其作用进行简单描述。

习题 9.21：内部网络有一个 Web 服务器，地址为 10.1.1.10，防火墙外部接口的地址为 192.168.0.1，为防火墙配置地址转换及 ACL 使用的外部网络可访问的 Web 服务器。

习题 9.22：CA 安全认证中心的功能是(　　)。

A. 发放证书用于在电子商务交易中确认对方的身份或表明自己的身份

B. 完成协议转换，保护银行内部网络

C. 进行在线销售和在线谈判，处理用户单位

D. 提供用户接入线路，保证线路的可靠性

习题 9.23：计算机信息系统的安全保护，应当保障(　　)运行环境的安全，保障信息的安全，保障计算机功能的正常发挥，以维护计算机信息系统的安全运行。

A. 计算机及其相关的和配套的设备设施(含网络)的安全

B. 计算机安全

C. 计算机硬件的系统安全

D. 计算机操作人员的安全

习题 9.24：查找各个字母出现的频率，破解出下面一段加密后的信息。

YSZX E NATRXZR GZEXM EDY LT 1640 CNZ NZER YB CNZ KEMOZXSLUUZ BEHLUG FEM MLX NADY KEMOZXSLUUZ NZ FEM E FLUR ETR ZSLU HET NZ FEM PXAZU ETR ZTVYGZR NATCLTD WZYWUZ MLX NADY BZUU LT UYSZ FLCN CNZ READNCZX YB E BEXHZX FNY FEM E TZLDNKYAX YB NLM CNZ GYATD FYHET FEM EBXELR YB CNZ ZSLU NADY ETR ESYLRZR NLH YTZ REG NADY NZEXR CNEC NZX BECNZX ETR KXYCNZXM FZXZ EFEG NZ OTZF CNEC MNZ FYAUR KZ EUYTZ MY NZ XYRZ CY CNZ BEXH FLCN BLSZ YX MLI YB NLM ZSLU BXLZTRM CNZG HERZ CNZ DLXU DY KEPO CY KEMOZXSLUUZ NEUU FLCN CNZH ETR UYPOZR NZX LT E XYYH AWMCELXM CNZT CNZG MEC RYFT LT CNZ DXZEC RLTLTD NEUU CY RXLTO EM AMAEU CNZG RXETO KYCCUZ EBCZX KYCCUZ ETR MYYT CNZG KZDET CY MLTD ETR UEADN ETR MNYAC ZSLU FYXRM

提示：

明码表 A B C D E F G H I J K L M N O P R S T U V W X Y

密码表 E K P R Z B D N L V O U H T Y W X M C A S F I G

第10章 机器学习概论

10.1 人工智能与机器学习简介

计算机最初主要用于科学或工程上的大量计算，如太空飞行轨道的计算、天气预报、计算机辅助设计等；后来发展到以数据处理为导向的多种应用，如数据库、办公自动化等；此后，人们逐渐开始探索如何用计算机完成一些判断、决策性的工作，而这些工作在传统认知中似乎是人类所擅长的，如下棋、疾病诊断、图像识别、自然语言处理等。人们对计算机功能的期待越来越高，希望将智能嵌入计算机中。

人们对于“人工智能”(Artificial Intelligence)概念有不同的理解。有人认为，那些模仿人类思考能力的技术才能称为人工智能，这样的定义似乎过于“抬举”人类的思考方式，或许会阻碍人工智能的发展；也有人认为，只要是能做出判断的程序都属于人工智能的范畴，这样的定义似乎又过于宽泛；还有人认为，人工智能必须要体现出具备足够的知识与常识，其目标是能够与人交流，甚至回答高考题目及作文，这种定义是目标导向，似乎立意过高。

为了人工智能的发展，本书认为将人工智能的范畴设得较为宽泛会比较有利。也就是说，各类需要“智能”判断的应用，如室内恒温设定，扫地机器人的行进路径，指纹、车牌、人脸的识别，计算机下棋，飞行器的自动控制，无人车在城市道路上的自动驾驶，自然语言中语句意义的表示、理解与推理，跨领域的自动学习，都可以看作是由简到繁、从易到难的人工智能案例。虽然应用领域各殊，但这些技术的基础目标是类似的，都是要使程序做出正确的“判断”。基于基础目标的类似，本书倾向于将人工智能定义为：人工智能是能做出较为复杂判断的程序或技术。虽然何谓“较为复杂”见仁见智，但是很明显地，假如程序中只有简单的几个条件语句判断，是不够资格称为人工智能的。

那么程序如何做出看起来有智能的判断呢？这里列出四种常用的判断技术。

第一种：把所有的解都算出来并先存储起来，即先把输入和相应的输出存起来，等到需要做判断时进行匹配。用一个简单的例子解释。例如，要判断一个小于10万的数是否为质数，可以先将10万以内的所有质数先算出来，存储在一个列表或字典中，等程序执行时对输入进行匹配，从而得到解。这种方式看似简单，其实对某些小规模的应用是有效的。例如一些较简单的益智游戏，人类常常赢不了计算机，因为计算机程序可以将每一步的必赢策略都提前计算出来、存储起来，程序在进行判断的时候就搜索是否存在能达到必赢解的路径。但这个方法有一个缺陷：当选择太多或必赢的策略太多的时候，计算机无法计算或保存所有策略，只能计算和保存部分必赢策略，然后结合搜索技术做出较好的判断。

第二种：搜索决策树的方式。这种方式动态地计算当前可能的解，逐步探索中间解。例如小老鼠走迷宫的问题，小老鼠是从东、南、西、北四个方向，以深度优先搜索的方式寻找最后的出口，它走每一步时都会先试着走走看。对于某些应用而言，由于选择太多，更适合用设定层深限度的搜索方式。例如在下棋时，我们要在所有可能的步骤中选择一个最好的步骤，而对每一个可能的步骤，对手又有许多可能的步骤来对付我们这一步，以此类推，一般棋手能推演两三层已属不易，因为推演每深入一层，都会导致步骤数量呈指数级增长。计算机下棋之所以能战胜人类，主要原因之一是它可以凭借其高速计算和大量记忆的能力，尽可能推演较多层的搜索，而一般人无法做到。

第三种与第四种方式涉及所谓的"机器学习"范畴，是本章的重点。计算机程序所做的判断，最简单的是二元判断，也就是判断结果为"是"或"非"，相当于输出 1 或 0。这个输出可以看作是某一个函数计算后的结果。例如，要判断一个人是否患有糖尿病，其判断函数的参数可能是这个人的血糖、血压、血蛋白等数据，函数根据参数值判断此人是否有糖尿病。判断结果与事实之间的差异反映了这个函数的好坏。利用已知的数据集设计并调试出合适函数的技术称为"机器学习"。

机器学习的主要思想是利用已知的样本数据来构建或训练出具体的函数，这些已知的事实数据称为"训练集"。例如，识别糖尿病的训练集就可能包含多个样本，每一个样本具有血糖、血压、血蛋白等不同的"特征值"，这些样本包含已知患有糖尿病的样本和已知未患糖尿病的样本，机器学习利用这些样本来"训练"函数。所谓"训练"函数就是调试函数中的相关"系数"，使得函数结果能与训练集的结果尽量一致。基于不同的模型来构建函数，就分为各类机器学习技术，这里简单划分为如下两类。

第三种：基于数学模型来构建判断函数。有许多不同的模型被发展出来。一种模型是将训练集中每个样本点的 n 维特征值表示成一个 n 维的向量，然后用数学中的线性代数构建一个超平面函数，使其能够比较准确地划分出正反样本点。以糖尿病样本为例，假设训练集的样本有 k 个点，这些点分为患病和没患病两类集合，超平面函数就是希望尽可能地将这些点在多维空间中准确划分，错误率越低越好。本章将描述相关技术如何利用线性代数及求函数最小值等数学概念来构建此函数。本章也会描述另一种通用技术，它用概率统计的观念来建立函数，通过概率计算进行分类，从而最终做出较好的决策和判断。

第四种：不用传统的数学模型，而是基于"神经网络"模型来构建判断函数。神经网络是由大量的、简单的处理单元(称为神经元)广泛地互相连接而形成的复杂网络系统，每个神经元里有周围神经元的输入信号的"权重"，多个神经元之间相互影响，利用训练集持续地完善和更正这些权重。最后的判断就取决于训练后的神经网络的结果。

近年来神经网络模型取得巨大的进展，尤其对于图像类数据的识别更能体现其优越性。图像是一群二维的点，同一类图像的特征是很难简单定义的。例如，猫脸或狗脸要如何识别？这不取决于单独的点，更多地取决于点群之间的关系，而要发现这些关系是比较困难的。假如将图像的所有点都设为特征，不必要的特征反而容易造成训练失误。没有好的特征集，前面介绍的第三种方式就很难构建出好的判断函数。有一种技术称为"深度学习"，它基于多层次的卷积神经网络(CNN)，可以在训练时同时发掘特征，因此它对图像识别特别有效。正是这项技术推动了近年来机器学习的快速发展。

机器学习是人工智能的重要分支，对于某些应用，可以采集大量数据作为训练集，进而能训练判断函数。另外，算法(模型)的发展使机器学习取得了突出成果。本章会详细介绍基于上述第三种和第四种方法的各类机器学习技术。所有的程序例子都是利用 Python 完成的，同学们学习本章时最重要的是理解其原理，理解原理后再做编程实验，不要舍本逐末。市面上专注于 Python 编程的机器学习书籍似乎本末倒置。同学们也应该了解，机器学习并不等于人工智能，它是人工智能的重要部分。人工智能的发展还有着漫漫长路。例如，可否用计算机来解决数学上的各类猜想，解决计算机科学中的世纪难题"NP 是否等于 P"呢？让我们一起努力吧。

小明：人工智能是否就是让计算机模拟人类智能的技术？

沙老师：此言谬矣。人工智能不是模拟人类智能，而是人类通过程序将智能赋予计算机的技术。这种"智能"是人为制造的，所以称为人工智能。

小明：模拟人类的智能难道不是人工智能的目的吗？

沙老师：有一部分人类的智能是比较容易被计算机超越的，例如下棋，计算机凭借大量存储和快速计算的能力已经打败了人类。从这个例子上说，人的智能是很差的。也请同学们更深入地思考人工智能打败人类智能这个现象所表现出的人的优越。人工智能也是人类智能的另一种体现啊！

10.1.1 人工智能简介

人工智能在 20 世纪 50 年代就已经被提出了。最早期的人工智能是希望计算机能模拟人类。1950 年，艾伦·图灵(Alan Turing)提出了一个举世瞩目的想法——图灵测试。图灵测试(the Turing test)是指测试者与被测试者(一个人和一台机器)在隔开的情况下，测试者通过一些装置(如键盘)向被测试者随意提问。进行多次测试后，如果有超过 30%的测试者误以为在和自己说话的是人而非机器，那么这台机器就通过了测试，被认为具有人类智能。图灵指出，"如果一台机器在某些现实的条件下，能够非常好地模仿人回答问题，以至提问者在相当长的时间里误认它不是机器，那么这台机器就可以被认为是能够思维的"。图灵还大胆地预言了机器具备人类智能的可行性。从图灵测试的方式，我们可以知道，早期对于人工智能的期望是比较以人为本的。然而这个测试的准确性取决于测试者的程度。对没有经验的测试者而言，或许现在的计算机技术已经能够蒙蔽不少人了。假如你是测试者，你要如何设计你的对话和问题呢？或许对同一个问题重复进行提问，看被测试者是否表现出情绪反应，是一种更有辨别力的测试方式吧！

1956 年，在由达特茅斯学院举办的一次会议上，计算机专家约翰·麦卡锡提出了"人工智能"一词，这被人们看作是人工智能正式诞生的标志。此后不久，开始涌现出最早的一批人工智能学者和技术，从此人工智能走上了快速发展的道路。

人工智能的第一次高峰是 1956 年之后长达十余年的时间。在这十余年内，计算机被广泛应用于数学和自然语言领域，解决一些较简单的代数、几何和语言问题。虽然许多科学家对人工智能的发展充满希望，然而实际上人工智能距离预想的目标是很遥远的。

随着人们对于人工智能期望的提高，失望也随之增长。20 世纪 70 年代，人工智能进入了第一个低谷期。当时，人工智能的发展面临一些瓶颈，主要表现在三个方面：第一，计算机性能不足,导致早期的很多程序无法在人工智能领域得到体现;第二,算法的能力不足,对于一些要解决的问题,一旦问题维度上升,当时的算法立刻就不堪重负了;第三,数据缺失,当时不可能找到足够大的数据库来支撑程序进行学习,这很容易导致机器无法读取足够规模的数据进行智能化。

后来,人工智能又有了一股崛起的浪潮。那是在 1980 年,美国卡内基梅隆大学设计了一套名为 XCON 的“专家系统”。这是一种采用人工智能技术的系统,可以简单地理解为“知识库+推理机”的组合。XCON 的设计目标是成为一套具有专业知识和经验的计算机智能系统,这类系统称为“专家系统”。由专家系统衍生出了一种新的商业可能,诞生了多家生产专家系统软、硬件(如 Symbolics、Lisp Machines 等计算机)的新公司。这个时期,仅专家系统特殊计算机的产业价值就高达 5 亿美元。

专家系统在维持了数年之后,就结束了其历史进程。到 1987 年,苹果公司和 IBM 公司生产的通用台式机的性能都超过了 Symbolics 等厂商生产的专家系统计算机。从此,专家系统计算机的风光不再。

计算机下棋的能力超越人类是人工智能发展的里程碑。1997 年 5 月 11 日,IBM 公司的计算机系统“深蓝”战胜了国际象棋世界冠军卡斯帕罗夫,成为首个在标准比赛时限内击败国际象棋世界冠军的计算机系统。这是人工智能发展的一个标志性事件。2013 年,深度学习算法被广泛运用在产品开发中,各家公司都相继建立了人工智能实验室。2016 年 3 月,谷歌公司旗下的 AlphaGo 以 4∶1 的比分战胜围棋世界冠军李世石,这一次人机对弈让人工智能正式被世人所熟知,整个人工智能市场也像是被引燃了导火线,开始了新一轮的爆发。

AlphaGo 的出现震惊了世界,同时也将机器学习的研究推上了一个新台阶。要知道围棋棋盘由 19 条横线和 19 条竖线构成,一共 361 个下棋点,那么第一步棋就有 361 种选择,第二步有 360 种选择。以此类推,可以得到下围棋的方式多达 $361! \approx 10^{768}$ 种(不考虑中途结束的情况),这个数字比宇宙中所有粒子的数量 10^{80} 还要多出很多倍。当然,AlphaGo 并未采用“暴力”计算的方式,而是采用了机器学习算法来提供决策。AlphaGo 本质上就是一个深度学习的神经网络,它只是通过网络架构与大量样本找到了可以预测对手落子(策略网络)、计算胜率(评价网络)以及根据有限选项计算出最佳解的蒙特卡罗搜索树。也就是说,它是根据这三个函数来找出最佳动作,而不是真的理解什么是围棋。AlphaGo 的判断方式与人类下棋的思考方式是不同的。

在架构上,AlphaGo 可以说拥有两个大脑,即神经网络结构几乎相同的两个独立网络——策略网络与评价网络,这两个网络基本上是由 13 层的卷积神经网络所构成。第一个大脑是策略网络,它基本执行单纯的监督式学习算法,通过大量获取世界职业棋手的棋谱,以此来预测对手最有可能的落子位置。在这个网络中,完全不用去思考赢这件事,只需要能够预测对手的落子即可。第二个大脑是评价网络,它关注的是在目前局势下每个落子位置的最后胜率(也就是所谓的整体棋局),而不是短期的攻城略地。也就是说,策略网络用于分类问题(对方会下在哪),评价网络用于评估问题(我方下在某一点的胜率是多少)。在策略网络及评价网络中,AlphaGo 已经可以将接下来的落子(包括对方的落子)的可能性缩小到一个可控的范围内。

最终,它会快速运用蒙特卡罗搜索树在有限的组合中来计算最佳解。蒙特卡罗搜索树大致分为四个步骤：①选取。首先根据目前的状态，选择几种可能的对手落子模式。②展开。根据对手的落子，展开至我方胜率最大的落子模式（称为一阶蒙特卡罗树），所以在AlphaGo的搜索树中并不会真正地展开所有组合。③评估。评估最佳落子（AlphaGo该下在哪），一种方式是将落子后的棋局“丢”到评价网络来评估胜率，另一种方式则是建立更深度的蒙特卡罗搜索树（多预测几阶可能的结果）。④倒传导。在决定我方的最佳落子位置后，快速地根据这个位置，向下通过策略网络评估对手可能的下一步，并进行对应的搜索评估。

小明：程序能够解决数学上的所有问题吗？

沙老师：不能。有一些问题可以证明，但是存在一些无法用任何计算系统来解决的问题，最有名的称为Halting Problem（停机问题）。通俗地说，停机问题就是判断任意一个程序是否能在有限的时间之内结束运行。该问题等价于如下的判定问题：是否存在一个程序P，对于任意输入的程序w，能够判断w会在有限时间内结束还是陷入死循环。这是一个不可解的问题，证明过程见本节练习题。所以，不要期望计算机能解决所有数学问题。

机器的智能是人类利用计算机的程序给予的，其功能的强大依赖于其强大的存储能力和计算能力。除了计算机硬件的发展推动了人工智能的发展，算法软件的发展更为重要。出色的算法技术使得计算机下棋时的搜寻范围大幅减少，判断结果更加准确。人们希望计算机下棋的成功能复制到各个领域，然而这种复制是很困难的。会下棋的程序要如何看病呢？会下棋的程序又要如何实时驾驶无人车呢？这些问题至今都没有好的解决方法。

在本节结束前，希望同学们思考与讨论一些问题：你们觉得人工智能机器人会取代人类吗？你们认为人工智能的极限是什么？如何让人工智能程序“超越”其原有的程序？再来一个法律问题，假如一辆人工智能无人车出了车祸、撞到人，谁来承担法律责任？

10.1.2 Alpha-Beta剪枝搜索

IBM公司的超级计算机“深蓝”和AlphaGo的出现让人类对计算机下棋的本领越来越惊叹，同时也激发了人们对计算机下棋的研究兴趣。下棋是博弈的一种，博弈是启发式搜索的一个重要应用领域，博弈的过程可以用一棵博弈搜索树表示，通过对博弈树进行搜索来求取问题的解，搜索策略常采用Alpha-Beta剪枝搜索，这是一个常用于人机游戏对抗的搜索算法。我们通过探讨Alpha-Beta剪枝搜索算法来看计算机是如何下棋的。

考虑甲与乙两人博弈。甲方下棋时，要选择最好的一步，每一个可能的下棋点在搜索树中表示为一个子节点，对于每一个子节点都会计算出“效用值”，代表甲方如果选择此步的有利分数值，效用值越大对甲方越好。我们可以将甲方定为MAX方，它选择着法时总是对其子节点的效用值取极大值，即选择对自己最为有利的着法。同理，可以将乙方定为MIN方，由于效用值代表对甲方有利的分数值，乙方选择着法时总是对其子节点的效用值取最小值，即选择对甲方最为不利的走法。模拟博弈的过程，就是MAX和MIN的交互考量，整个模拟（或称为搜索）的过程构建出一棵博弈搜索树。

在博弈搜索树的图例中,用“正三角形”代表 MAX 节点,表示轮到 MAX 方下棋;用“倒三角形”代表 MIN 节点,表示轮到 MIN 方下棋。终端节点值是 MAX 方的效用值,其他节点用其子节点的最大或者最小值标记。效用值总是从 MAX 方的角度来看的,值越大对 MAX 方越有利,对 MIN 方越不利。当 MAX 方走棋时,试图使效用值最大,即最大化自己的表现;当 MIN 方走棋时,试图使效用值最小,贬低 MAX 方的表现。在搜寻时,MAX 节点所记录的当前最大有效值称为 Alpha 值,MIN 节点所记录的当前最小值称为 Beta 值。请注意,Alpha 值可能会随着搜寻而改变,当子节点有新的值比当前的 Alpha 值大时,Alpha 值会取较大值。明显地,Alpha 值只会随着搜寻变大或不变,而 Beta 值只可能变小或不变。

Alpha-Beta 剪枝算法是一个基于剪枝的深度优先搜索算法,旨在减少在搜索树中被极大极小算法评估的节点数。它用于裁剪搜索树中不需要搜索的树枝,以提高运算速度。它的基本思想是根据上一层已经得到的当前最优结果,决定当前的搜索是否要继续下去。原理是简单的,对 MAX 节点而言,假如其某一个子节点的 Beta 值比它父节点的 Alpha 值小,由于 Beta 值只可能会变小,它将来没有可能大于父节点的 Alpha 值了,因此我们就不需要继续搜索此子节点下面的任何分支了,称为“裁剪”此分枝。同理,对 MIN 节点而言,也可以将子节点的 Alpha 值与自己的 Beta 值来比较进行可能的裁剪。这两类裁剪会大大减少搜寻量。

Alpha-Beta 剪枝算法的基本原理是:①当一个 MIN 节点的 β 值小于或等于其任何一个父节点(MAX 节点)的 α 值时,减掉该节点的所有子节点;②当一个 MAX 节点的 α 值大于或等于任何一个父节点(MIN 节点)的 β 值时,减掉该节点的所有子节点。

在对博弈树采取深度优先的搜索策略时,从左路分枝的叶节点倒推得到某一层 MAX 节点的值,可表示目前着法的最佳效用值,记为 α,此值可作为 MAX 方着法效用值的下界。在搜索其他子节点时,即探讨另一着法时,如果发现一个回合(2 步棋)之后评估值变差,即子节点评估值低于下界 α 值,则可以剪掉此枝(以该子节点为根的子树),即不再考虑此子节点的延伸,此类剪枝称为 α 剪枝。也就是说,如果当前的最大值大于其后继节点的最小值,那么就不要再探索最小子树了,这就是 α 剪枝。α 剪枝示例如图 10-1 所示。

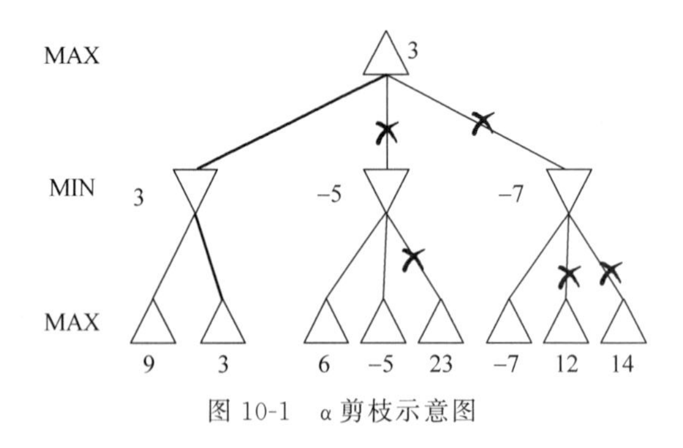

图 10-1　α 剪枝示意图

由左路分枝的叶节点倒推得到某一层 MIN 节点的值,可表示目前对方着法的钳制值,记为 β,此 β 值可作为 MAX 方无法实现着法指标的上界。在搜索该 MIN 节点的其他子节点,即探讨另外的着法时,如果发现一个回合之后钳制局面减弱,即子节点评估值高于上界

β值，则可以剪掉此枝，即不再考虑此子节点的延伸，此类剪枝称为β剪枝。也就是说，如果当前的最小值小于后继节点的最大值，就不要再往下看最大值树了，这就是β剪枝。β剪枝示例如图10-2所示。

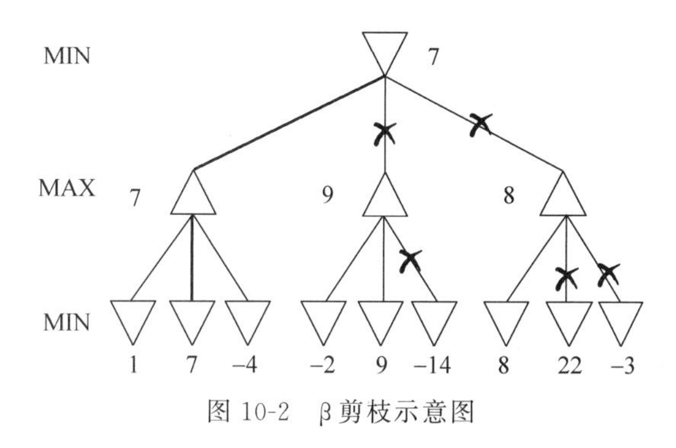

图10-2　β剪枝示意图

以上是Alpha-Beta剪枝搜索算法的简要介绍。此算法有一些缺点：首先，计算量的大小严重依赖于着法的寻找顺序；其次，因为分支可能非常多，深度搜索会造成选择数量呈指数级增长，所以层深的限制常常是必需的，有了层深限制则不能遍历所有可能的选择，搜寻顺序的固定和数量的限制常会使得对手发觉其弱点。为了克服这些缺点，"随机取样"的方式被提出，搜寻顺序和数量可能不再固定。如蒙特卡罗搜索树，在模拟博弈时，对于大数量的可能选择随机取样进行模拟，然后决定其优劣。

10.1.3　机器学习简介

机器学习(Machine Learning，ML)是现在人工智能发展的核心之一，它属于人工智能的一个重要部分。它是利用数据训练某种模型的相关参数，然后使用训练后的模型对未知数据进行预测的一种技术。它的应用领域十分广泛，例如数据挖掘、数据分类、计算机视觉、自然语言处理(NLP)、生物特征识别、搜索引擎、医学诊断、语音和手写识别等。

机器学习的目标是从经验中学习、抽象并形成知识，最终应用于推断之中。一般来说，机器学习任务可以被划分为以下三类：有监督学习、无监督学习和强化学习。理解不同任务种类间的联系与区别，对于机器学习的理解是十分重要的。

1. 有监督学习(Supervised Learning)

在有监督学习中，我们需要根据已知的部分数据 x 及其对应的正确结果 t，建立数据与结果之间的规则(映射) f。此后，在处理未知的数据 x' 时，利用之前得出的映射，便可以推断出其结果 $t'=f(x')$。根据结果 t 的连续性，有监督学习分为回归(regression)和分类(classification)两个大类。如果 t 是连续的，则称为回归问题，否则称为分类问题。

有监督学习在生活中应用十分广泛，一个典型的例子就是医生看病。假设你是一位专治糖尿病的医生，多年的从医经历让你拥有了一些糖尿病患者和非糖尿病患者的记录，如表10-1所示[①]。

---

① 数据来源于 https://raw.githubusercontent.com/vincentarelbundock/Rdatasets/master/csv/MASS/Pima.te.csv。为了便于展示，这里只选取了部分数据和特征。

表 10-1 病人信息表(部分)

血糖浓度	舒张血压	年龄	是否患病
148	72	50	Yes
85	66	31	No
89	66	21	No
78	50	26	Yes
197	70	53	Yes
166	72	51	Yes
118	84	31	Yes

现在有一位新的病人来看病,他希望知道自己是否患有糖尿病。作为专业医生,你对该病人进行了必要的检查,获得了该病人的血糖浓度、舒张血压和年龄数据,假设这些数据分别为 131、80、37。由于你基本不可能遇到与已记录指标完全相同的病人,你需要判断这位新来的病人是否患了糖尿病,这就是一个典型的有监督学习问题。我们可以将上述病人抽象成一个由向量 $\boldsymbol{x}=(131,80,37)$ 表示的样本,该向量称为该样本的"特征向量(feature vector)"。分类结果 t 也称为"标签(tag)",其取值为 Yes 或 No,Yes 表示病人患病,No 表示没有患病。

注意,这里使用了符号 $\boldsymbol{x}$ 和 t 分别表示样本的特征向量及对应的标签。前者是一个向量,因此用"黑体""斜体"的符号来表示;后者是一个标量,使用"斜体"的符号来表示。本章接下来使用的所有符号都会遵循这个规则。

由于标签 t 是一个离散的变量,因此这个问题是一个分类问题。也就是说,我们要根据已有的数据(表 10-1)来学习并总结出病人的病理指标与患糖尿病之间的关系,从而能够判断一个新的病人是否患了糖尿病。经验丰富的医生可以快速并较为准确地判断出这个人是否患了糖尿病,然而,对于缺乏经验的医生来说,可能难以快速、准确地做出判断。机器学习就是要让计算机通过已有的数据样本,尽快成长为经验丰富的"医生",从而快速、准确地判断出新来的病人是否患病。在之后的内容中,将介绍目前业界常用的方法与实例,帮助读者理解有监督学习的基本原理。

2. 无监督学习(Unsupervised Learning)

无监督学习一般是指从一堆感兴趣的数据中直接学习数据的属性。和有监督学习不同,无监督学习中只有数据 x,所有的数据没有任何标签。根据学习目标的不同,常见的无监督学习问题主要有聚类(clustering)、降维(dimensionality reduction)、特征提取(feature extraction)三大类。聚类是无监督学习中最常见的问题,其目的在于把相似的东西聚在一起形成类别。降维和特征提取的目的在于将多维度(在表 10-1 中,血糖浓度、舒张血压、年龄为三个不同维度)的数据在低维空间中表示,同时保证信息丢失尽可能少。

无监督学习在社交网络和商品推荐中有着广泛的应用,例如电商平台中的"猜你喜欢"功能。当你浏览了某商品 A 后,系统会自动推荐很多与 A 类似的商品给你,这里面就用到了无监督学习的知识。电商平台的后台系统会预先对所有的商品进行聚类,把具有相似性质的商品聚在一起。假如你浏览的商品 A 属于类别 X,那么系统就会将类 X 中的其他商品推荐给你,从而吸引你购买商品,增加平台收入。需要注意的是,系统并不清楚类 X 具体是什么商品,它只知道这些商品很类似。另一个例子是电商平台中的"购买了该产品的用户还购买了"的功能。和"猜你喜欢"的原理类似,该功能的实现方法是对用户的购买习惯进行聚类。如果一些用户购物行为比较相似,例如都经常购买电子产品,那么这些用户就会被归到一个类别中。之后,该类别中任意一个用户购买的商品将会被推荐给同类别中的其他用户。

相较于有监督学习,无监督学习的优点在于不需要预先给出数据的标签,因此在实际应用中可以节省大量的人力、物力。然而,在没有数据标签的情况下,算法缺乏对数据的预先认知,算法的设计具有更大的挑战性。

3. 强化学习(Reinforcement Learning)

相较于有监督学习和无监督学习通过事先给定的数据进行学习,强化学习更为智能,它能够与外界环境进行交互式学习。具体而言,外界环境将对学习结果进行反馈(奖励或惩罚),使得算法在学习过程中能不断优化自己的策略,获得更多、更好的奖励。强化学习目前主要应用在电子游戏和机器人设计之中,例如 Alpha Go 就用到了强化学习技术。此外,强化学习也广泛应用于无人驾驶、机械臂控制等领域。

目前,有监督学习的发展相对比较成熟,尤其是各种分类算法在商业应用中创造了巨大的价值。因此,本章主要讨论有监督学习中的分类问题。问题的数学定义如下:

输入:含有标签的训练集 $T=\{(\boldsymbol{x}^i,t^i)|i=1,2,\cdots,N\}$,测试集 $V=\{(\boldsymbol{x}^j,t^j)|j=1,2,\cdots,M\}$ 以及已知的类别集合 C。对于训练集或测试集中的第 k 个元素 $(\boldsymbol{x}^k,t^k)$,$\boldsymbol{x}^k$ 表示一个样本(以特征向量表示),t^k 则为该样本(sample)对应的标签,是类别集合 C 中的一个元素,代表该样本的分类。

将样本的特征数量记为 n,样本 $\boldsymbol{x}^i$ 的第 j 个特征记为 x_j^i,它是一个标量。N 和 M 分别是训练集和测试集中元素的数量。需要注意的是,训练集和测试集的数据形式是完全一样的,区别仅在于训练集可以用于算法的设计或训练,而测试集只能用于算法性能的验证。

输出:分类器 f。给定任意一个样本 $\boldsymbol{x}$,分类器 f 将该样本映射到集合 C 中的一个元素上,即 $r=f(\boldsymbol{x})$,$r\in C$。注意,这里的 r 表示分类器给出的分类,它可能与数据已知的标签 t 相同,也可能不同。

目标:最大化分类器 f 在测试集 V 中的分类正确率。

> **小明**:为什么不直接让分类器记住所有训练集数据的类别,这样对于训练集里面的任何数据,分类的准确率不就是 100%了吗?
>
> **阿珍**:这样生成的分类器只是一个记忆器,它能对已知数据精准地分类,但对于未知的数据,它的分类结果可能会很差。我们希望生成的分类器对未知数据也能有较好的分类结果。也就是说,我们需要从已知数据中进行"学习"(概括和抽象),而不仅仅是"记忆"。

在糖尿病判别的问题中,可以将表格中 80%的数据作为训练集,剩下 20%的数据作为测试集。对于训练集或测试集中的每一个样本(病人),它的特征向量就是由血糖浓度、血压、年龄这三个特征的值所构成的,标签就是他是否得病的标记(Yes 或 No)。例如,对于表 10-1 中的第一个病人,他的特征向量为 $\boldsymbol{x}^1=(148,72,50)$,对应的标签为 $t^1=\text{Yes}$。

在本章后面的内容中,将讨论解决该问题的几种代表性的方法。先介绍最小二乘分类器、Logistic 分类器和朴素贝叶斯分类器,这三个分类器主要使用统计学理论及模型来指导分类器的设计,属于传统机器学习范畴;之后将介绍基于神经网络的分类器设计方法,包括现在广泛应用于工业界的深度学习方法。相对于传统机器学习方法,基于神经网络的分类器在数据量较大的时候能产生更好的效果。

练习题 10.1.1:请列举一些在现阶段人工智能不如人类的应用。这些应用主要体现在哪些方面?

练习题 10.1.2:假如你是图灵测试的测试者,你要如何设计测试问题,以便能较为准确地判断出被测试者是否为计算机?

练习题 10.1.3:有人希望发展人工智能来应对高考,利用 AI 程序来得高分,你觉得这反映出当今的教育有什么需要反思的地方?

练习题 10.1.4:如何利用反证法证明 Halting Problem 是无法用计算机解决的?

提示:证明过程如下。

假设停机问题有解,即:存在过程 $H(P, I)$,可以判断程序 P 在输入 I 的情况下是否可停机。假设 P 在输入 I 时可停机,则 H 输出"停机",否则输出"死循环"。显然,程序本身也是一种数据,因此它可以作为输入,故 H 应该可以判定当将 P 作为 P 的输入时,P 是否会停机。于是定义一个过程 $U(P)$,其流程如下:

$U(P)$调用 $H(P, P)$;

如果 $H(P, P)$输出为"死循环",$U(P)$就停机;

如果 $H(P, P)$输出为"停机",$U(P)$这个程序就进入死循环。

也就是说,$U(P)$做的事情就是做出与 $H(P, P)$的"输出"相反的动作。现在将 U 作为参数传递给 $H()$函数,那么以下矛盾的事情就会产生,因而证明不可能存在 H 程序。$H()$的输出可能出现以下两种情况:

假设 $H(U, U)$输出"停机",代表 H 程序认为 U 会停机,但是按照 U 函数的定义,$U(U)$必定会进入死循环,二者矛盾,所以 $H(U, U)$输出不可能是"停机";

假设 $H(U, U)$输出"死循环",代表 H 程序认为 U 会死循环,但是按照 U 函数的定义,$U(U)$必定会停机,二者同样矛盾,所以 $H(U, U)$输出也不可能是"死循环"。

10.2 最小二乘分类器

我们先从一种简单的分类器开始说起,即最小二乘分类器,它的理论基础来源于数学中的最小二乘法(又称最小平方法)。最小二乘法是一种常见的数学优化技术,应用十分广泛,其中一个典型的例子就是求解一元线性回归问题。

一元线性回归问题的定义如下:已知变量 x、y 服从线性方程 $y=kx+b$,其中 k 和 b 是未知数;并且预先获取了 n 个样本点及其对应的值(x_1, y_1),(x_2, y_2),…,(x_n, y_n),如何确定未知参数 k 和 b,使得对于任意未知的 x,可以通过函数 $f(x)$获取 x 所对应的 y 值?由于这 n 个样本点一般不在一条直线上,我们就想选出一条"最好"的直线能尽可能地"靠近"所有的样本点,因此我们需要建立一个用来评价直线优劣的标准。

对于最小二乘法来说,它的评判标准是预测值和实际值的误差平方的总和。误差平方和值越小,说明得到的直线越优。误差平方和的计算如下:

$$J(k,b)=\sum_{i=1}^{n}(y_i-(kx_i+b))^2 \tag{10-1}$$

其中 y_i 是实际值，kx_i+b 则是预测值，我们的目标就是求取最优的参数 k 和 b，使得函数 $J(k,b)$ 的值达到最小，也就是让误差值最小。

我们使用坐标图和例子来更加形象地介绍预测值和实际值的误差。在图 10-3 中一共有 3 个样本点，每个样本点用黑点标识。假设最终得到的函数 $f(x)$ 就是图中的直线（只是假设，最终的结果以计算为准），那么对于样本点（x_1,y_1）来说，该回归直线根据 x_1 给出的预测值为 $\hat{y}_1=kx_1+b$，但 x_1 对应的实际值是 y_1，因此这两者之间就形成了误差值 $y_1-\hat{y}_1=r_1$。一元线性回归的目的就是寻找一条能最小化所有样本点的误差平方总和的最优直线。如何求解未知参数 k 和 b 呢，根据公式(10-1)，我们可以知道，是求 $J=r_1^2+r_2^2+r_3^2$ 的最小值。代入坐标点，得到 $J=(10-(10k+b))^2+(45-(20k+b))^2+(42-(40k+b))^2$。求解 J 的最小值，需要高数的求偏导知识，具体求解过程这里就不讲了，最后得到 $k=1.4009$ 和 $b=-0.3482$，就可以得到这条直线。

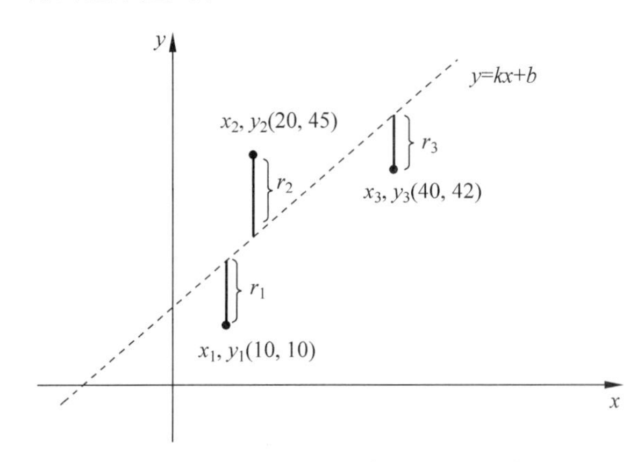

图 10-3　二维最小二乘回归问题示例

我们可以利用线性回归获得一个函数作为分类的标准，如图 10-4 所示。在这些数据上使用最小二乘法后，我们得到了图中所示的直线，该直线将这些点分成了两部分。这提示我们可以利用最小二乘的理论来构建分类器。

前面所述的例子是基于二维空间的，其原理也可以扩展到 n 维空间。对 n 维空间而言，这个分类器的函数不再是一条直线，而是一个超平面[①]；该超平面能将已知的样本切分为两类（在超平面之上的为一类，超平面之下的为另一类），并使得分类错误的数量尽可能少。

最小二乘分类器常用来解决二分类问题，即类别集合 C 中只有两个元素（$C=\{C_0,C_1\}$）的那些问题。一般来说，二分类问题就是回答是或者不是的问题，例如股市会不会涨，比赛会不会赢，身体是否健康等等。二分类问题虽然简单，但它的应用范围十分广泛。即使在尖端科技领域中，例如现在广泛使用的指纹识别以及人脸识别技术，其本质也是二分类问题，它们要解决的问题为：判断输入的信息是否为用户的指纹或者脸。

① 对于一个 n 维的空间，任意 $n-1$ 维的子空间即为该空间的超平面(hyperplane)。对于常见的三维空间，它的超平面是生活中常说的平面，也就是一个二维空间。对于一个二维空间，它的超平面就是一条直线，也就是一维空间。

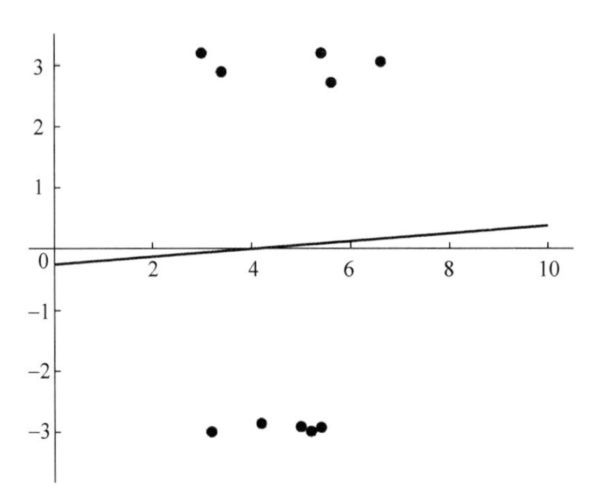

图 10-4　当数据没有相关性时的最小二乘回归

下面介绍如何通过最小二乘法寻找最优的超平面。首先,对于一个 n 维空间,它的超平面可以表示为方程

$$g(\boldsymbol{x})=b+\boldsymbol{wx}=b+w_1x_1+w_2x_2+\cdots+w_nx_n=0$$

其中 $\boldsymbol{x}=(x_1,x_2,\cdots,x_n)$ 表示特征向量,$\boldsymbol{w}=(w_1,\cdots,w_n)$ 表示参数向量,方程中的 $\boldsymbol{wx}$ 代表 $\boldsymbol{w}$ 与 $\boldsymbol{x}$ 两个向量的内积。b 为常数项,如果 $b=0$,则说明该平面过原点。如果空间是二维,则有 $\boldsymbol{x}=(x_1,x_2)$,$\boldsymbol{w}=(w_1,w_2)$。注意,在此我们不用(x,y)表示二维,而是用 x_1 和 x_2 表示二维。将 $\boldsymbol{x}$ 和 $\boldsymbol{w}$ 代入 $g(\boldsymbol{x})$后,可以得到 $b+w_1x_1+w_2x_2=0$,即

$$x_2=-\frac{w_1}{w_2}x_1-b$$

该方程和 $y=kx+b$ 其实是统一的,它实际上也代表了一条直线。

对于任意特征向量 $\boldsymbol{x}$,代入 $g(\boldsymbol{x})$后有三种可能的结果:$g(\boldsymbol{x})=0$;$g(\boldsymbol{x})>0$;$g(\boldsymbol{x})<0$。因此,对于任何未知样本 $\boldsymbol{x}$,我们利用 $g(\boldsymbol{x})$的值即可判断样本 $\boldsymbol{x}$ 的分类,大于 0 为一类,小于 0 为另一类,等于 0 的话按照自定规则为任意一类。

由于多维特征向量 x 的二乘法分类,求取最优的参数 $\boldsymbol{w}$ 和 b 的过程涉及复杂的线性代数,有兴趣的读者可以查阅线性代数相关知识。

为了求取最优的参数 $\boldsymbol{w}$ 和 b,需要利用训练集的信息。为了得到较好的超平面作为分类标准,需要有较多的样本点来产生此超平面,这些类别已知的样本点称为训练集。最小二乘分类器将训练集中的两类数据分别对应到超平面上下两个部分。具体来说,由于 $C=\{C_0,C_1\}$,可以将 C_0 类的元素打上标签 1,C_1 类元素的标签记为-1,1 和-1 分别代表样本点在平面的上方和下方。最小二乘分类器训练过程的目标是求得最优的 $\boldsymbol{w}$ 与 b,使得对于所有训练集元素$(\boldsymbol{x}^i,t^i)$,都有

$$b+w_1x_1^i+\cdots+w_nx_n^i=t^i$$

其中 t^i 的值就是 1 或-1,取决于该样本所属的分类。假设现在训练集里有 N 个点,每个点有 n 个特征,请注意 N 代表有多少个点,所以一般来说 N 是远大于 n 的。将所有的方程写在一个方程组内,得到:

$$
\begin{cases}
b + w_1 x_1^1 + \cdots + w_n x_n^1 = t^1 \\
b + w_1 x_1^2 + \cdots + w_n x_n^2 = t^2 \\
\cdots \\
b + w_1 x_1^N + \cdots + w_n x_n^N = t^N
\end{cases}
$$

其中 x_k^i 代表训练集中第 i 个样本的第 k 个特征，如果记矩阵 $\boldsymbol{A}$、$\boldsymbol{L}$ 与向量 $\boldsymbol{u}$ 为

$$
\boldsymbol{A} = \begin{bmatrix} 1 & x_1^1 & x_2^1 & \cdots & x_n^1 \\ 1 & x_1^2 & x_2^2 & \cdots & x_n^2 \\ \vdots & \vdots & \vdots & \vdots & \vdots \\ 1 & x_1^N & x_2^N & \cdots & x_n^N \end{bmatrix}, \quad \boldsymbol{u} = \begin{bmatrix} b \\ w_1 \\ \vdots \\ w_n \end{bmatrix}, \quad \boldsymbol{L} = \begin{bmatrix} t^1 \\ t^2 \\ \vdots \\ t^N \end{bmatrix}
$$

其中 $\boldsymbol{A}$ 与 $\boldsymbol{L}$ 是已知的，而 $\boldsymbol{u}$ 是未知的，那么上述方程组也可以写成矩阵形式 $\boldsymbol{Au}=\boldsymbol{L}$。然而在实际情况中，通常 N 远大于 n，所以常常找不到解。

既然找不到参数 $\boldsymbol{u}$ 使得方程组成立，那么我们的目标就变成寻找最优的参数 $\boldsymbol{u}$，使得 $|\boldsymbol{Au}-\boldsymbol{L}|^2$ 的值最小。请注意，向量 $\boldsymbol{V}=(v_1, v_2, v_3)$ 的 $|\boldsymbol{V}|$ 是 $v_1^2+v_2^2+v_3^2$ 的平方根（请各位回忆一下向量的定义）。也就是说，我们希望找到能使 $\boldsymbol{Au}$ 和 $\boldsymbol{L}$ 中每一个维度的误差平方和达到最小的 $\boldsymbol{u}$，这就是最小二乘法的思想了。

求解参数 $\boldsymbol{u}$ 的方法有很多，一种是利用梯度下降法迭代求解，另一种是用代数的方法求解。我们会在 10.3 节中详细介绍梯度下降法，在本节我们直接给出代数方法求解得到的公式：

$$
\boldsymbol{u} = (\boldsymbol{A}^{\mathrm{T}}\boldsymbol{A})^{-1}\boldsymbol{A}^{\mathrm{T}}\boldsymbol{L}
$$

这个公式的推导过程如下。

使得距离最小的向量 $\boldsymbol{u}$ 与使得距离平方最小的向量 $\boldsymbol{u}$ 是相同的，于是我们可以将所求的目标改写为：

$$
\min_{u \in \mathbf{R}} \|\boldsymbol{Au} - \boldsymbol{L}\|^2
$$

就是求向量 $\boldsymbol{Au}-\boldsymbol{L}$ 的每个元素平方和最小，其中 $\boldsymbol{A} \in \mathbf{R}^{n \cdot n}$，$\boldsymbol{u} \in \mathbf{R}^{n \cdot 1}$，$\boldsymbol{L} \in \mathbf{R}^{n \cdot 1}$。

我们知道，求最极值问题直接对应的就是导数为零，因此我们试图对所给出的原式的矩阵形式求导。

首先补充一些实值函数对实向量求导的知识。

对于矩阵 $\boldsymbol{B}$ 和实向量 $\boldsymbol{a}$、$\boldsymbol{x}$，下面三个式子是数学中已知的公式：

$$
\frac{\partial(\boldsymbol{a}^{\mathrm{T}}\boldsymbol{x})}{\partial \boldsymbol{x}} = \frac{\partial(\boldsymbol{x}^{\mathrm{T}}\boldsymbol{a})}{\partial \boldsymbol{x}} = \boldsymbol{a}
$$

$$
\frac{\partial(\|\boldsymbol{x}\|^2)}{\partial \boldsymbol{x}} = \frac{\partial(\boldsymbol{x}^{\mathrm{T}}\boldsymbol{x})}{\partial \boldsymbol{x}} = 2\boldsymbol{x}
$$

$$
\frac{\partial(\boldsymbol{x}^{\mathrm{T}}\boldsymbol{B}\boldsymbol{x})}{\partial \boldsymbol{x}} = \boldsymbol{B}\boldsymbol{x} + \boldsymbol{B}^{\mathrm{T}}\boldsymbol{x}
$$

如果矩阵 $\boldsymbol{B}$ 是对称的，则有 $\boldsymbol{B}^{\mathrm{T}}=\boldsymbol{B}$，可得

$$
\boldsymbol{Bx} + \boldsymbol{B}^{\mathrm{T}}\boldsymbol{x} = 2\boldsymbol{Bx}
$$

结合一些矩阵和行列式的知识，我们知道：

$$
\|\boldsymbol{Au} - \boldsymbol{L}\|^2 = (\boldsymbol{Au} - \boldsymbol{L})^{\mathrm{T}} \cdot (\boldsymbol{Au} - \boldsymbol{L})
$$

接下来,对上式展开得到:

$$\|\boldsymbol{Au}-\boldsymbol{L}\|^2=\boldsymbol{u}^{\mathrm{T}}\boldsymbol{A}^{\mathrm{T}}\boldsymbol{Au}-\boldsymbol{u}^{\mathrm{T}}\boldsymbol{A}^{\mathrm{T}}\boldsymbol{L}-\boldsymbol{L}^{\mathrm{T}}\boldsymbol{Au}+\boldsymbol{L}^{\mathrm{T}}\boldsymbol{L}$$

然后,求其对 $\boldsymbol{u}$ 的导数。因为$\frac{\partial(\boldsymbol{x}^{\mathrm{T}}\boldsymbol{Bx})}{\partial\boldsymbol{x}}=\boldsymbol{Bx}+\boldsymbol{B}^{\mathrm{T}}\boldsymbol{x}$,所以$\frac{\partial(\boldsymbol{u}^{\mathrm{T}}\boldsymbol{A}^{\mathrm{T}}\boldsymbol{Au})}{\partial\boldsymbol{u}}=\boldsymbol{A}^{\mathrm{T}}\boldsymbol{Au}+\boldsymbol{AA}^{\mathrm{T}}\boldsymbol{u}=\boldsymbol{A}^{\mathrm{T}}\boldsymbol{Au}+(\boldsymbol{A}^{\mathrm{T}}\boldsymbol{A})^{\mathrm{T}}\boldsymbol{u}=2\boldsymbol{A}^{\mathrm{T}}\boldsymbol{Au}$。对于中间两项 $\boldsymbol{u}^{\mathrm{T}}\boldsymbol{A}^{\mathrm{T}}\boldsymbol{L}$ 和 $\boldsymbol{L}^{\mathrm{T}}\boldsymbol{Au}$,求导可得到$\frac{\partial(\boldsymbol{u}^{\mathrm{T}}\boldsymbol{A}^{\mathrm{T}}\boldsymbol{L})}{\partial\boldsymbol{u}}=\frac{\partial(\boldsymbol{L}^{\mathrm{T}}\boldsymbol{Au})}{\partial\boldsymbol{u}}=\boldsymbol{A}^{\mathrm{T}}\boldsymbol{L}$;对于最后一项,由于 $\boldsymbol{L}^{\mathrm{T}}\boldsymbol{L}$ 与 $\boldsymbol{u}$ 无关,所以$\frac{\partial(\boldsymbol{L}^{\mathrm{T}}\boldsymbol{L})}{\partial\boldsymbol{u}}=0$。

所以,得到最后求导结果为:

$$\frac{\partial\|\boldsymbol{Au}-\boldsymbol{L}\|^2}{\partial\boldsymbol{u}}=2\boldsymbol{A}^{\mathrm{T}}\boldsymbol{Au}-2\boldsymbol{A}^{\mathrm{T}}\boldsymbol{L}$$

令 $2\boldsymbol{A}^{\mathrm{T}}\boldsymbol{Au}-2\boldsymbol{A}^{\mathrm{T}}\boldsymbol{L}=0$,解出 $\boldsymbol{u}$,便得到了最小二乘法解的矩阵形式:

$$\boldsymbol{u}=(\boldsymbol{A}^{\mathrm{T}}\boldsymbol{A})^{-1}\boldsymbol{A}^{\mathrm{T}}\boldsymbol{L}$$

找到了最优的 $\boldsymbol{u}$,也就是 $\boldsymbol{w}$ 和 b 后,我们就确定了一个 n 维空间中的超平面 $g(\boldsymbol{x})=b+\boldsymbol{wx}$,便可以对未知数据进行分类了。具体来说,对于未知样本 $\boldsymbol{x}$,如果 $g(\boldsymbol{x})$ 大于 0,则归为 C_0 类,否则归为 C_1 类。注意,$g(\boldsymbol{x})$ 刚好等于 0 的概率非常小,因此这种特殊情况对整体分类的正确率影响很小,可以人为规定它所属的类别。

我们已经介绍了最小二乘分类器的思想、原理及求解方法,接下来介绍如何利用它解决实际生活中的二分类问题。我们将使用最小二乘分类器来解决 10.1 节中提到的糖尿病问题。如前所述,我们采用了公开的数据集 Pima.te.csv,该数据集记录了印第安皮马地区 21 岁以上的妇女患糖尿病的情况。该数据集中一共有 332 条数据,每条数据包含了 7 个特征,分别是怀孕的次数、血浆葡萄糖浓度、血压、三头肌皮褶厚度、BMI 指数、糖尿病血统功能以及年龄。我们的目标是基于这些已知数据构建一个分类器,从而能根据新病人的上述特征来判断该病人是否患有糖尿病。为了测试分类器的性能,我们将数据中 232 条数据当作训练集,剩下 100 条数据作为测试集,用来验证构造的分类器的分类准确率。

最小二乘分类器思想简单,并且可以根据数学公式快速求出最优的参数 $\boldsymbol{u}$,因此我们可以使用 Python 写一个最小二乘分类器。由于程序有点长,我们将程序拆分成两个部分分别介绍,只需要了解基本概念的读者们可以略过接下来的 Python 程序部分。

在<程序:运用最小二乘分类器对糖尿病数据进行分类 part1 >中,我们引入了三个库,分别是 csv、Numpy 以及 Scikit-learn(sklearn)。csv 库的主要功能是读取和处理 csv 文件中数据。由于最小二乘分类器的构建中需要对矩阵进行求逆、转置、相乘等运算,我们引入了 Numpy 库。Numpy 是一个强大的科学计算库,包含了常用的数据结构——N 维数组(array)以及线性代数运算、傅里叶变换等工具函数。此外,我们还使用了 sklearn 库中的 metric 函数,该函数用来计算分类器的性能指标,如精确率(precision)、召回率(recall)等。

```
#coding = utf8
#<程序:运用最小二乘分类器对糖尿病数据进行分类 part 1>
import csv
import numpy as np
```

```
from sklearn import metrics

TRAIN_SET_NUM = 232
trans_table = {"Yes":1,"No": - 1}

def arr_float(data):
    out = []
    for elem in data:
        out.append(float(elem))
    return out

def read_data():
    with open('Pima.te.csv') as csvfile:
        csv_reader = csv.reader(csvfile)
        tx = [] ; ty = [] ;vx = [];vy = [] ; counter = 0
        for row in csv_reader:
            if counter == 0 : # 跳过表头
                counter += 1
                continue
            if counter > TRAIN_SET_NUM :
                vx.append(arr_float(row[1:8]))
                vy.append(trans_table[row[8]])
            else:
                tx.append(arr_float(row[1:8]))
                ty.append(trans_table[row[8]])
            counter += 1
    return tx,ty,vx,vy
```

在引入了必要的库之后,我们定义了一些变量和函数。变量 trans_table 是一个简单的字典,它负责把 Yes 转换为数字 1,把 No 转化为数字 −1,对应每个类别的标签;变量 TRAIN_SET_NUM 用来表示训练分类器的数据量,其默认值为之前所述的 232;函数 arr_float 能够将一个 list 里面的所有数据转化成 float 类型。基于上述变量和函数,我们编写了一个从.csv 文件中读取数据的函数 read_data(),该函数按行的顺序读取文件 Pima.te.csv 中的数据。由于第一行是表头,不是真正的数据,需要将其丢弃。我们利用变量 counter 来表示当前样本数据的编号,如果 counter 大于 TRAIN_SET_NUM,我们将该条数据放入测试集,否则放入训练集。对于每一行数据,第 1~7 列为样本特征,第 8 列为标签,我们利用 list 切片的方式将特征和标签分别存入不同的变量中。由于从 csv 文件中读取的数据默认为字符串类型,在存储的时候,需要手动将元素类型转化为浮点型。最终,我们得到了四个变量 tx、ty、vx、vy,分别对应训练集特征、训练集标签、测试集特征、测试集标签。在函数的最后,我们将训练集和测试集数据返回给调用者。

在<程序:运用最小二乘分类器对糖尿病数据进行分类 part 2>中,我们首先利用训练集构建最小二乘分类器,即求得最优的参数 $\boldsymbol{u}$。为此我们需要根据训练集中的数据构造矩阵 $\boldsymbol{A}$ 以及向量 $\boldsymbol{L}$。在该段程序中频繁用到了 array()函数,该函数的主要功能是创建任意大小的矩阵。向量 $\boldsymbol{L}$ 的构造比较简单,可以直接根据变量 ty 来构造,需要注意的是,直接根据 ty 构造的向量是一个行向量,需要进行转置操作才能得到向量 $\boldsymbol{L}$。矩阵 $\boldsymbol{A}$ 主要根据 tx 来构造,从之前的推导中可以看出,矩阵 $\boldsymbol{A}$ 的每一行就是数字 1 加上一个样本的特征向量。因此,我们只需要在 tx 中的每个元素前添加一个 1 即可得到矩阵 $\boldsymbol{A}$。最后,我们利用公式 $\boldsymbol{u}=(\boldsymbol{A}^{\mathrm{T}}\boldsymbol{A})^{-1}\boldsymbol{A}^{\mathrm{T}}\boldsymbol{L}$ 计算出参数 $\boldsymbol{u}$,便完成了最小二乘分类器的构建。

```
#<程序:运用最小二乘分类器对糖尿病数据进行分类 part 2>
tx,ty,vx,vy = read_data()
#分类器训练
L = np.array([ty]) ; L = L.T   #将 ty 从 list 转换为矩阵并转置,构造列向量 L
A = []
for i in range(TRAIN_SET_NUM):
    A.append(tx[i])
    A[-1].insert(0,1)
A = np.array(A) ; A_T = A.T   #将 A 从 list 转化为二维矩阵,A.T 代表 A 的转置
# 利用公式计算参数 u'(在程序里面为 u)
temp = np.linalg.inv(A_T.dot(A)) # dot 表示矩阵乘法,linalg.inv 表示求逆
temp = temp.dot(A_T) ; u = temp.dot(L)
#分类器测试
predicted = []
for sample in vx:
    sample.insert(0,1) ;sp = np.array([sample])
    value = sp.dot(u)
    if value > 0:
        predicted.append(1)
    else:
        predicted.append(-1)
print(metrics.confusion_matrix(vy, predicted))        # 输出分类结果的矩阵
print(metrics.classification_report(vy, predicted))  # 输出分类性能指标
```

接下来,我们利用测试集中的数据检测该分类器的性能。对于测试集中的每个样本,通过计算它的特征向量 $\boldsymbol{x}$ 和向量 $\boldsymbol{u}$ 的点积,即可对该样本进行分类。需要注意的是,样本的特征向量前需要添加一个数字 1 才能和 $\boldsymbol{u}$ 做点积,即

$$[1 \quad \boldsymbol{x}]\boldsymbol{u}=[1 \quad \boldsymbol{x}]\begin{bmatrix} b \\ \boldsymbol{w} \end{bmatrix}=b+\boldsymbol{w}\boldsymbol{x}$$

如果点积 value 大于 0,则归为 1 类,否则归为 −1 类。我们将每一个样本的分类结果依次放入 list 型变量 predicted 中,将预测结果 predicted 以及正确结果 vy 输入评价函数,得到相应的输出如下:

[[64 6], [9 21]]

	precision	recall	f1-score	support
−1	0.88	0.91	0.9	70
1	0.78	0.7	0.74	30
avg/total	0.85	0.85	0.85	100

可以发现,输出中没有直接给出算法在测试集中的识别率(或称正确率,也就是在测试集中识别正确的比率),而是给出了四个数字和每一个类别的精确率(precision)、召回率

(recall)等指标。这主要是因为在机器学习中,识别率往往不能全面反映算法的性能,因此学者们引入了以上输出中的各种性能指标。下面我们将对输出结果逐一进行解释。

最上面的四个数字64,6,9,21分别代表类别−1识别正确、类别−1识别错误、类别1识别错误以及类别1识别正确的数量。通过这四个数字我们可以很简单地算出该分类器的正确率为(64+21)/(64+6+21+9)=0.85。

接下来,我们解释精确率与召回率。每一个类别的精确率、召回率指标也是根据上述四个数字计算的。对于类别c,精确率表示在测试集的c类样本中有多少比例是识别正确的。这就是c类的精确率。例如,对于类别−1来说,测试集中有73(64+9)个−1类的样本,但只有其中64个是识别正确的,因此其精确率约为88%。召回率表示在识别结果为c类的样本中,有多少识别正确的比例。也拿类别−1举例,它验证出的结果中有70(64+6)个识别为−1类的样本,其中有64个是识别正确的,因此其召回率为91%。指标"F1分数(f1-score)"是对分类性能的一个综合考量,它是根据精确率和召回率计算的,具体计算方法如下:

$$\text{f1-score} = 2 \times \frac{\text{precision} \cdot \text{recall}}{\text{precision} + \text{recall}}$$

很明显,f1-score的值小于或等于1。至于最后的support指标,它表示该类别在测试集中的数量。如果一个问题可以用多种分类器解决,在实际应用中一般会选择F1分数最大的那个分类器。

在本例中,最小二乘分类器的平均F1分数达到了0.85。同时,我们可以看出最小二乘分类器在类别1中的表现是不如类别−1的。类别1的召回率只有0.7,这表示在检测为患有糖尿病的结果中有70%是正确的,有30%是不正确的。

最小二乘分类器实现简单,并且具有较快的分类速度,但它也存在一些问题。首先就是它的识别率不够高,当然这其中很大一部分原因是本例中训练数据有限;其次是最小二乘分类器作为一个线性分类器,有一些难以克服的缺点,比如说最小二乘分类器无法对线性不可分的数据进行分类。此时,我们可以尝试用支持向量机(Support Vector Machine,SVM)来分类,它的主要思想是先将数据映射到可线性分割的高维空间中,然后在高维空间中构建超平面进行分类。

此外,最小二乘分类器对抗异常值(outlier)的能力较差,如果样本中有一些异常值,构建出来的分类器就会误差很大。这其中的主要原因是最小二乘分类器对每个样本点一视同仁,认为其都具有相同的权重。接下来,我们将介绍另一种工业界目前仍在广泛使用的二分类器——Logistic分类器,它能在一定程度上克服最小二乘分类器对异常值过于敏感的缺点。

练习题10.2.1:请简述最小二乘分类器的原理。

练习题10.2.2:在最小二乘法中,我们寻找那条最"靠近"所有样本点的直线时采用了预测值(kx_i+b)和实际值(y_i)的误差平方和,即这些点与直线在竖直方向的距离的平方和,而没有采用点到直线的垂直距离,讨论一下这是为什么。是否可以使用垂直距离作为拟合直线的评价标准?

练习题10.2.3:请描述正确率(识别率)、精确率、召回率三者的差异。

练习题10.2.4:根据f1-score的计算公式,请证明它的值一定小于或等于1。

练习题 10.2.5：请举出两个例子，一个精确率与召回率之间的差异很小，另一个差异较大，并简要分析其对 f1-score 的影响。假设测试集中有 100 个样本。

10.3 Logistic 分类器

Logistic 分类器和最小二乘分类器相同，也是用来解决二分类问题的。不同于最小二乘分类器基于距离来构建分类器，Logistic 分类器以事件发生概率的含义为基础，定义一个类似概率的函数，利用这个函数来判断事件的类别。对于训练集中的样本，我们希望能得到一个函数，它的值介于 0 到 1，类似于概率的意义，使得训练集分类正确的概率能最大化。

上述模型的构建主要分为两步：(1)通过引入参数 $\boldsymbol{w}$、b 对输入 $\boldsymbol{x}$ 的特征属性进行加权，得到 $z=\boldsymbol{wx}+b$，其中 $z\in(-\infty,+\infty)$ 是一个实数；(2)引入 sigmoid 函数，将 z 映射到区间 $[0,1]$ 中，并把这个值作为样本属于类 C_1 的概率 $p(\boldsymbol{x})$，即

$$p(\boldsymbol{x})=h(z)=\frac{1}{1+\mathrm{e}^{-z}}=\frac{1}{1+\mathrm{e}^{-wx-b}}$$

上式中函数 $h(z)=(1+\mathrm{e}^{-z})^{-1}$ 即为 sigmoid 函数(也称 logistic 函数)，它的函数曲线如图 10-5 所示。

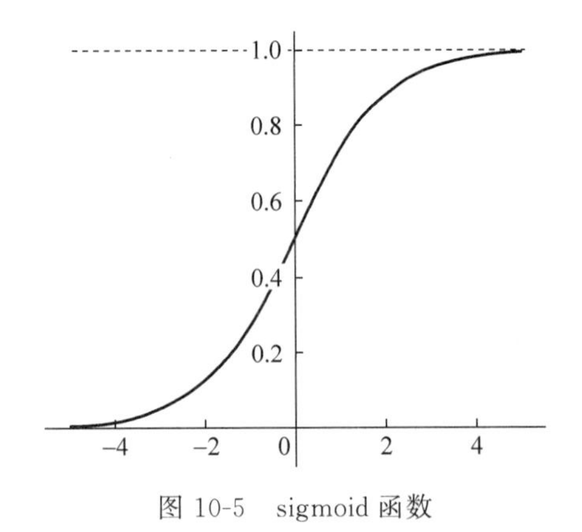

图 10-5　sigmoid 函数

之所以采用 sigmoid 函数，是因为该函数具有很多优良的性质。其中一个重要的性质就是它非常光滑(无限阶可导)，且其一阶导数恰好为

$$h'(z)=\frac{\mathrm{e}^{-z}}{(1+\mathrm{e}^{-z})^2}=h(z)(1-h(z))$$

基于该模型，对于任意输入 $\boldsymbol{x}$，我们可以求出它属于类 C_1 的概率 $p(\boldsymbol{x})$，也就是说，样本 $\boldsymbol{x}$ 属于类 C_0 的概率为 $1-p(\boldsymbol{x})$。接下来介绍如何确定模型中参数 $\boldsymbol{w}$、b 的值。

和最小二乘分类器类似，我们希望最终的参数 $\boldsymbol{w}$ 和 b 能让训练集 T 中的每一个元素 $(\boldsymbol{x}^i,t^i)$ 在代入模型后得到的分类结果和预期的结果 t^i 尽可能相同。t^i 的值是 1 或 0，$t^i=1$ 表示样本类别为 C_1，$t^i=0$ 表示样本类别为 C_0。然而，由于实际应用中数据量巨大，基本不可能存在 $\boldsymbol{w}$ 和 b 使得每一个训练样本的分类结果和预期结果完全相同。因此，我们希望尽可能提高 Logistic 分类器分类正确的概率。

如果样本 $\boldsymbol{x}$ 属于类 C_1，那么该样本经分类器分类正确的概率即为 $p(\boldsymbol{x})$；如果样本 $\boldsymbol{x}$ 属于类 C_0，分类正确的概率则为 $1-p(\boldsymbol{x})$。因此，对于任意训练样本 $\boldsymbol{x}$，其分类正确的概率可以表示为 $p(\boldsymbol{x})^t(1-p(\boldsymbol{x}))^{1-t}$。多个样本分类正确的概率就是将所有样本分类正确的概率相乘，得到如下函数：

$$L(\boldsymbol{w},b)=\prod_{i=1}^{N} p(\boldsymbol{x}^i)^{t^i}(1-p(\boldsymbol{x}^i))^{1-t^i}$$

由于函数 $p(\boldsymbol{x})$ 中有参数 $\boldsymbol{w}$ 和 b，最终得到的函数 L 是变量 $\boldsymbol{w}$ 和 b 的函数。可以看出，函数 $L(\boldsymbol{w},b)$ 的值越接近 1，则说明分类器分类的结果越准确。因此，我们的目标就是求出能使 $L(\boldsymbol{w},b)$ 达到最大值的参数 $\boldsymbol{w}$ 和 b。

我们将该问题转换为一个求最小值点的问题，从而利用梯度下降法(Gradient Descent)求取最优的参数 $\boldsymbol{w}$ 和 b。梯度下降法是一种求取目标函数最小值的方法，将自变量沿着负梯度方向移动，也就是让自变量逐渐往最低值点逼近，最终得到目标函数的最小值点。

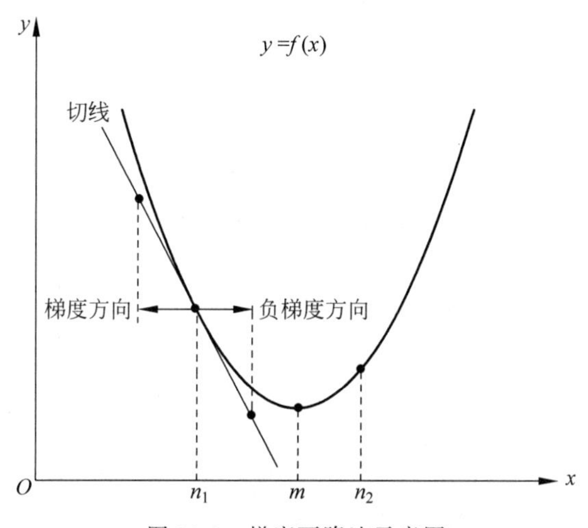

图 10-6　梯度下降法示意图

如图 10-6 所示，函数 $y=f(x)$ 的最小值点为 $x_{\min}=m$。我们随机选择一个初始点 $x_0=n_1$，求取函数在该点的梯度方向[①]，可以发现其值为负，即梯度方向指向 y 轴的负方向。因此，如果将 n_1 沿负梯度方向移动便可以进一步逼近最小值点 m。同理，当选择 n_2 为初始点时，上述性质也依旧成立。也就是说，负梯度方向总是指向能让函数值下降的方向。

基于以上性质，为了得到函数的最小值点，我们只需要随机选取一个初始点，并将该点不断沿着负梯度方向移动，最终便可以求得函数的最小值点。不过在使用梯度下降法时，我们需要注意每次沿梯度方向移动距离的大小。一般情况下，在实际应用中，我们会采取 $x_{\text{new}}=x-\eta\cdot f'(x)$ 的策略。也就是说，我们将当前点 x 沿负梯度方向移动 $\eta\cdot f'(x)$，这里的 η 是一个可以自由调节的参数，称为学习速率，它的大小与收敛速度以及能否收敛密切相关。

如图 10-7 所示，当 η 值很小的时候，初始点 x_0 将沿着一个方向缓慢地逼近最小值点，此时可以保证收敛但收敛速度较慢；当 η 较大时，初始点在逼近最小值点的过程中会产生

① 即函数在该点切线的斜率，同时它也等于导函数在该点的取值。

震荡,但收敛速度较快;当 η 值过大时,迭代过程中当前点会不断在最小值点两边来回震荡,导致无法收敛。在实际应用中,η 的值一般很小并且不超过 1,常见的取值范围是[0.001,1]。

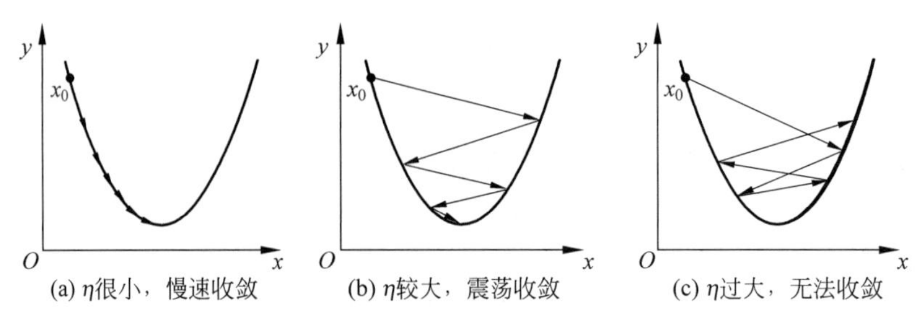

图 10-7 梯度下降法迭代的三种情形

接下来介绍如何利用梯度下降法求函数 $L(\boldsymbol{w},b)$ 的最优参数。首先,我们将问题从一个最大化问题转化为一个最小化问题。通过负对数变换,我们得到:

$$J(\boldsymbol{w},b)=-\ln(L(\boldsymbol{w},b))=-\sum_{i=1}^{N} t^i\ln(p(\boldsymbol{x}^i))+(1-t^i)\ln(1-p(\boldsymbol{x}^i))$$

此时,函数 $J(\boldsymbol{w},b)$ 的最小值点即函数 $L(\boldsymbol{w},b)$ 的最大值点。为了求得 $J(\boldsymbol{w},b)$ 的最小值点,我们首先给 $\boldsymbol{w}$ 和 b 赋一个初值 $\boldsymbol{w}_0$ 和 b_0,接下来求取梯度方向,即求函数 $J(\boldsymbol{w},b)$ 对参数 $\boldsymbol{w}$ 和 b 的导函数在 $\boldsymbol{w}_0$ 和 b_0 处的取值。由于函数 $J(\boldsymbol{w},b)$ 是一个多元函数,我们在求 $J(\boldsymbol{w},b)$ 对参数 $\boldsymbol{w}$ 的导数时需要将 b 当成常量,求出的导函数称为 $J(\boldsymbol{w},b)$ 对参数 $\boldsymbol{w}$ 的偏导数。同理,在求取对参数 b 的偏导数时需要将参数 $\boldsymbol{w}$ 看成常量。此外,我们还需要注意参数 $\boldsymbol{w}$ 是一个向量,在求导时需要对其每一个分量 w_k 分别求导,具体过程如下:

$$\begin{aligned}J'_{w_k}(\boldsymbol{w},b)=\frac{\partial J(\boldsymbol{w},b)}{\partial w_k}&=-\sum_{i=1}^{N}\left(\frac{t^i}{p(\boldsymbol{x}^i)}-\frac{1-t^i}{1-p(\boldsymbol{x}^i)}\right)\cdot\frac{\partial p(\boldsymbol{x}^i)}{\partial z}\cdot\frac{\partial z}{\partial w_k}\\&=-\sum_{i=1}^{N}\left(\frac{t^i-p(\boldsymbol{x}^i)}{p(\boldsymbol{x}^i)\cdot(1-p(\boldsymbol{x}^i))}\right)\cdot p(\boldsymbol{x}^i)\cdot(1-p(\boldsymbol{x}^i))\cdot\boldsymbol{x}_k^i=\sum_{i=1}^{N}(p(\boldsymbol{x}^i)-t^i)x_k^i\end{aligned}$$

同理,可以求得 $J(\boldsymbol{w},b)$ 对参数 b 的偏导数为

$$J'_b(\boldsymbol{w},b)=\frac{\partial J(\boldsymbol{w},b)}{\partial b}=\sum_{i=1}^{N}p(\boldsymbol{x}^i)-t^i$$

接下来,可以将参数沿着负梯度方向进行迭代更新,即

$$w_k^{(i)}=w_k^{(i-1)}-\eta J'_{w_k}(w_k^{(i-1)},b^{(i-1)})$$

$$b^{(i)}=b^{(i-1)}-\eta J'_b(w^{(i-1)},b^{(i-1)})$$

其中符号 $w_k^{(i)}$ 表示参数 $\boldsymbol{w}$ 第 k 个分量在第 i 次迭代的值,其他符号同理。通过上述方式不断更新参数 $\boldsymbol{w}$ 和 b 的值,直到达到终止条件。终止条件包括以下几种:(1)超过了指定的迭代次数;(2)函数值在两次迭代间的差值趋近于 0,即 $|J(\boldsymbol{w}^{(i)},b^{(i)})-J(\boldsymbol{w}^{(i-1)},b^{(i-1)})|<\varepsilon$;(3)梯度方向的值趋近于 0,即 $|J'(\boldsymbol{w}^{(i)},b^{(i)})|<\varepsilon$。达到终止条件后,取最后一次迭代中参数 $\boldsymbol{w}$ 和 b 的值作为最终的参数值,Logistic 分类器便构建完成。对于任何新的待分类数据 $\boldsymbol{x}$,我们便能够根据 $p(\boldsymbol{x})$ 的值来决定其所属的类别了。如果以概率 0.5 为分类界限,当 $p(x)$ 小于 0.5 时归类到 C_0;否则,将 $\boldsymbol{x}$ 分类到 C_1 中。

接下来用 Logistic 分类器来解决同样的糖尿病问题。相对于最小二乘分类器，Logistic 分类器的参数求解过程相对复杂，因此本章引用了 Scikit-learn 库(sklearn)。Scikit-learn 库是 Python 非常流行的一个机器学习库，它涵盖了诸如聚类、回归、分类、降维、数据预处理等工具，并且所有代码开源，是学习机器学习必备的库之一。这里直接使用其中线性模型模块的 Logistic Regression 子模块求解该问题。

在<程序：运用 Logistic 分类器对糖尿病数据进行分类>中，我们首先引入必要的库以及模块。之后，我们同样定义了两个有用的全局变量。需要注意的是，trans_table 不再将 No 映射为−1 了，而是映射成 0。我们同样使用之前的 read_data()函数读取训练集和测试集数据。接下来，我们使用代码“model = LogisticRegression();”创建了一个默认的 Logistic 分类器。通过调用模型的 fit()方法并输入训练集样本及其对应的标签，便可以完成模型的训练，即确定出最优的参数 $\boldsymbol{w}$ 和 b。模型训练完成后，调用模型的 predict()方法，完成对测试集中所有样本的分类。最终产生的 predicted 变量是一个列表，它包含了分类器对每一个测试集样本的分类结果。通过最后两行代码，我们将预测结果和正确的结果 vy 作比较，程序输出如下：

```
# <程序:运用 Logistic 分类器对糖尿病数据进行分类>
import csv
from sklearn import metrics
from sklearn.linear_model import LogisticRegression

TRAIN_SET_NUM = 232
trans_table = {"Yes":1,"No":0}

tx,ty,vx,vy = read_data()
# 分类器训练和测试
model = LogisticRegression() ; model.fit(tx, ty)
predicted = model.predict(vx)
print(metrics.confusion_matrix(vy, predicted))
print(metrics.classification_report(vy, predicted))
```

[65 5 ; 11 19]

	precision	recall	f1-score	support
0	0.86	0.93	0.89	70
1	0.79	0.63	0.7	30
avg/total	0.84	0.84	0.83	100

根据程序的输出，可以得到 Logistic 分类器的识别正确率为 84%，平均 F1 分数为 0.83。对比之前最小二乘分类器的结果，Logistic 分类器的表现并不如最小二乘分类器，主要有两个原因：其一是 Logistic 分类器本身的缺陷，即容易欠拟合，正确率不高；其二是由于本例中采用的数据量较小，并且数据较为规整，噪音、异常值很少，Logistic 分类器抗干扰的能力没有发挥出来。

我们在训练集中添加一个异常样本，重新测试两个分类器的性能(需要设置 TRAIN_

SET_NUM 为 233),得到实验结果如下。

最小二乘分类器的结果如下:

[61 9 ; 19 11]

	precision	recall	f1-score	support
−1	0.76	0.87	0.81	70
1	0.55	0.37	0.44	30
avg/total	0.7	0.72	0.7	100

Logistic 分类器的结果如下:

[65 5 ; 11 19]

	precision	recall	f1-score	support
0	0.86	0.93	0.89	70
1	0.79	0.63	0.7	30
avg/total	0.84	0.84	0.83	100

可以看出,Logistic 分类器几乎没有受到异常样本的影响,分类器的各项性能指标和之前的数据完全一致。反观最小二乘分类器,其性能变化巨大,加入了噪声数据后,识别率降低至 72%,平均 F1 分数降低至 0.7。更糟糕的是,对于类别 1,其召回率已经降低至 37%,也就是说,如果一个人患了糖尿病,该分类器只有 37%的概率能成功检测,性能下降十分明显。由此可以看出,相比于最小二乘分类器,Logistic 分类器的抗干扰(噪声、异常数据)能力要强很多。

总的来说,Logistic 分类器是一个性能优良的线性分类器,在工业界依旧有很广泛的应用。Logistic 分类器实现较为简单,并且拥有较快的分类速度,同时有良好的抗干扰性。当原始数据里面有较多噪音和异常点的时候,采用 Logistic 分类器能有更好的性能表现。不过 Logistic 分类器也有自己的缺点,即容易欠拟合,导致准确率不高。在实际应用中,可以通过加大训练数据量解决这个问题。

小明:现在机器学习已经有了各种各样现成的库,为什么我们还要学习其中的数学原理呢?

沙老师:我们都知道,机器学习很重要的一部分是根据数据和结果去调整算法的参数。如果你不了解每种机器学习算法的内在原理,你甚至连参数的意义都不清楚,更不用谈如何克服算法的缺点、优化算法的性能了。此外,知其然而不知其所以然,也不是我们读书人应有的态度。

练习题 10.3.1:Logistic 分类器的原理是什么?

练习题 10.3.2:Logistic 分类器模型的构建可分为哪几步?

练习题 10.3.3:请写出函数 $J(\boldsymbol{w},b)$ 对参数 b 的偏导求解过程。

练习题 10.3.4:请描述 Logistic 分类器是如何使用概率模型的。

10.4 朴素贝叶斯分类器

前面已经介绍了两种分类器，它们主要用于解决二分类问题。然而在实际生活中，我们难免会遇到一些多分类问题，例如车牌识别系统，它需要判断输入图像中的字符是数字0～9，还是字母A～Z。本节介绍一个常用的多分类器——朴素贝叶斯分类器，它基于著名的贝叶斯定理，具有较好的分类效果。

朴素贝叶斯(Naive Bayes)分类器基于坚实的数学理论，但它的分类思想并不复杂，和人类分类的思维方式很类似。朴素贝叶斯方法将分类的过程看作一个已知结果(特征)，求最可能导致该结果的因素(分类)的问题。例如，你已经知道某病人的收缩血压为145(毫米汞柱)(偏高)，你想判断该病人是患了糖尿病、感冒还是高血压。稍有常识的人都会判断该病人得了高血压，这是因为在上述三个因素(分类)中，高血压是最可能导致病人的收缩血压偏高的。

朴素贝叶斯的基本思想也类似。在上述例子中，收缩压为145就是样本的特征，而糖尿病、感冒、高血压就是已知分类。对样本进行分类，实际上就是求在收缩压为145的情况下，得糖尿病、感冒以及高血压的条件概率分别是多少，即求概率 $P(C_i|\boldsymbol{x})$，其中 $\boldsymbol{x}$ 表示样本的特征，C_i 代表第 i 个分类。在求得收缩压为145的情况下每种病症的发生概率后，朴素贝叶斯分类器就可以根据概率的大小判断他得了什么病(判断样本属于什么类别)。

有些读者可能只了解基本的概率知识，我们在此简单回忆一下条件概率的意义和计算方法。在生活中，我们经常需要计算在事件 A 已经发生的情况下事件 B 发生的概率。例如在刮风(事件 A)的情况下，求下雨(事件 B)的概率，这就是一个条件概率的问题，一般记作符号 $P(B|A)$。

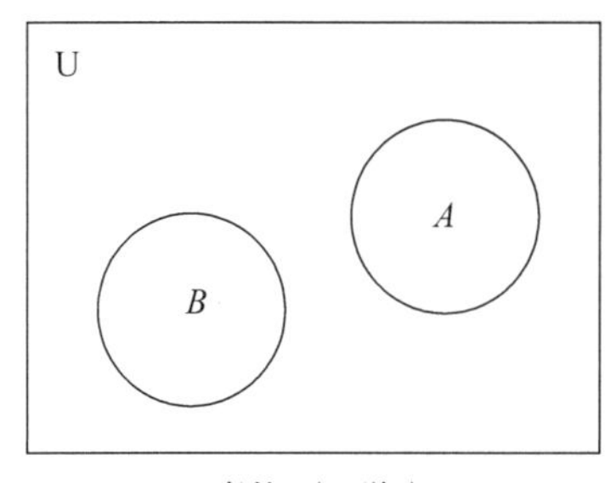

(a) 事件A和B独立

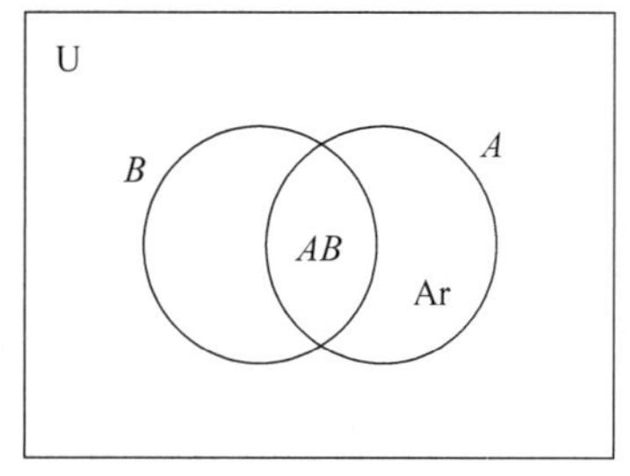

(b) 事件A和B不独立

图 10-8 条件概率韦恩图

条件概率的计算和事件 A、B 本身的关系有关。如图10-8(a)所示，如果事件 A 和 B 独立，那么 A 事件是否发生对 B 事件发生的概率没有任何影响。例如，事件 A 是“今天下雨”，事件 B 为“投掷一枚硬币为正面朝上”。很明显，无论今天是否下雨，投掷一枚硬币为正面朝上的概率都是0.5。因此，当 A、B 独立时，条件概率 $P(B|A)=P(B)$。

如图10-8(b)所示，当事件 A、B 之间存在一定的联系时，如何计算条件概率 $P(B|A)$ 呢？为了方便理解，我们假设事件 A 为“刮风”，事件 B 为“下雨”。我们可以将事件 A 发生的概率拆成两部分的和，事件 AB(刮风又下雨)的概率以及事件 Ar(刮风不下雨)的概率。在这两个事件中，只有事件 AB 发生，才会有事件 B 发生。因此条件概率 $P(B|A)$ 的值就是区

域 AB 占区域 A 的面积比例,即

$$P(B \mid A)=\frac{P(AB)}{P(A)}$$

有了条件概率的概念后,接下来本文讨论如何求取条件概率 $P(C_i|\boldsymbol{x})$。事实上,已知结果求原因的条件概率往往很难计算。对于本节开始提到的例子,为了计算概率 P(患高血压|收缩压=145),你需要计算在收缩压为 145 的人群中,患高血压人群的比例。为此,你首先需要寻找一批收缩压为 145 的人,再依次询问他们是否患高血压,最后根据统计结果算出条件概率。然而这个过程实际上很难执行,首先你很难找到收缩压恰好为 145 的人群,其次询问别人是否患高血压也可能会让人生气。因此,我们可以看出直接计算条件概率 $P(C_i|\boldsymbol{x})$有些困难。

贝叶斯公式的出现解决了上述问题,它让我们可以通过条件概率 $P(\boldsymbol{x}|C_i)$来计算 $P(C_i|\boldsymbol{x})$。由于事件 A 和 B 一起发生的概率和事件 B 和 A 一起发生的概率是相同的,我们有:

$$P(B \mid A)P(A)=P(BA)=P(AB)=P(A \mid B)P(B)$$

其中 $P(B|A)P(A)=P(BA)$其实就是条件概率公式的另一种形式,对上式进行一个简单的变换,就可以得到贝叶斯公式

$$P(A \mid B)=\frac{P(B \mid A)P(A)}{P(B)}$$

我们可以利用贝叶斯公式来求条件概率 $P(C_i|\boldsymbol{x})$,即

$$P(C_i \mid \boldsymbol{x})=\frac{P(\boldsymbol{x} \mid C_i)P(C_i)}{P(\boldsymbol{x})}$$

基于上述公式,我们只需要求得 $P(\boldsymbol{x}|C_i)$、$P(C_i)$、$P(\boldsymbol{x})$,便可以求出概率 $P(C_i|\boldsymbol{x})$的值。不过,$P(\boldsymbol{x})$的计算一般是可以省略的。根据上述公式可以看出,在 $P(C_i|\boldsymbol{x})$中,不管分类 C_i 如何变动,等式右边中分母 $P(\boldsymbol{x})$是不变的。此外,在分类时,我们只需要得到能使 $P(C_i|\boldsymbol{x})$最大的那个类别 $C_{\max}$ 即可,并不关心 $P(C_i|\boldsymbol{x})$的实际取值。因此,即使不计算 $P(\boldsymbol{x})$,我们同样可以算出能使 $P(C_i|\boldsymbol{x})$最大的类别 $C_{\max}$,从而完成样本的分类。

接下来我们介绍如何求取概率 $P(C_i)$以及 $P(\boldsymbol{x}|C_i)$。对于概率 $P(C_i)$,通过统计训练集中类别 C_i 所占的比例便可以得到。对于概率 $P(\boldsymbol{x}|C_i)$,它的计算过程要稍微复杂一些,但这比求概率 $P(C_i|\boldsymbol{x})$简单很多。我们依旧采用本节开始提到的例子来讲解如何求 $P(\boldsymbol{x}|C_i)$,即概率 P(收缩压=145|患高血压)。首先,我们需要收集一些患高血压的病人的收缩压数据;之后,利用统计学方法估计收缩压服从的分布;最后,根据分布求收缩压为 145 的概率即可。该方法解决了两个问题:(1)询问高血压病人的收缩压不会让人感觉不适,数据获取简单;(2)即使数据中缺少收缩压为 145 的样本,我们亦可计算出相应的概率。

在实际应用中,如果一个特征的取值是连续的,贝叶斯分类器一般假设该特征的取值服从正态分布 $N(\mu,\sigma^2)$。之后,通过已有的数据便可以估计出参数 μ、σ 的值(有兴趣的读者可以查阅统计学参数估计相关资料),从而确定该特征服从的分布。如果特征的取值是离散的,我们只需要统计该特征各种值出现的频率,得到该特征的分布律即可。

上面我们讲述了只有一个特征时 $P(\boldsymbol{x}|C_i)$的计算方法。当特征向量 $\boldsymbol{x}$ 有多个特征时,$P(\boldsymbol{x}|C_i)$该如何计算呢?这涉及贝叶斯分类器的一个重要假设,即特征向量中各特征之间

相互独立。例如求概率 P(收缩压=145；舒张压=98|高血压)，在贝叶斯分类器中直接转化为求概率 P(舒张压=98|高血压)×P(收缩压=145|高血压)。

事实上，我们知道收缩压和舒张压不能视为完全的独立关系，因此这种特征选择会降低贝叶斯分类器的性能。在实际应用中，我们需要尽量选择那些相互独立的特征。如果特征之间不独立，那么贝叶斯分类器的分类效果可能不好。

在了解了求 $P(\boldsymbol{x}|C_i)$ 和 $P(C_i)$ 的方法后，我们只需要对所有的类别分别计算 $P(\boldsymbol{x}|C_i)P(C_i)$，并选取值最大的那个类别 $C_{\max}$ 作为样本 $\boldsymbol{x}$ 的分类，即可完成朴素贝叶斯分类器的分类过程，即

$$C_{\max}=\underset{C_i}{\operatorname{argmax}}\{P(\boldsymbol{x} \mid C_i)\times P(C_i)\}$$

贝叶斯分类器的思想很符合人类在分类时的思考过程，其分类过程主要可以分为以下三个阶段。

第一阶段是准备工作，主要是特征选择以及数据收集。需要注意的是各特征之间要尽可能相互独立。

第二阶段是训练过程，需要根据输入的训练集进行训练，形成一个朴素贝叶斯分类器。训练的实质就是根据输入数据求取概率 $P(C_i)$ 以及 $P(\boldsymbol{x}|C_i)$，为接下来的分类过程做准备。

第三阶段是使用训练好的分类器对未知样本 $\boldsymbol{x}$ 进行分类。我们对于每一个分类计算概率 $P(\boldsymbol{x}|C_i)P(C_i)=P(x_1|C_i)\cdots P(x_n|C_i)P(C_i)$，并挑选能使上述概率最大的分类 $C_{\max}$ 作为未知样本 $\boldsymbol{x}$ 的分类。

为了帮助读者更好地理解朴素贝叶斯分类器，本文挑选了一个非常简单的例子来说明具体的训练以及分类过程。在该例子中，每一个样本有四个特征，分别为天气、温度、湿度以及是否起风。对于每一个特征，它们的取值都是离散的，我们需要根据上述四个特征来预测某运动员是否会出去打球。

表 10-2　训练集数据

天气	温度	湿度	起风	类别(标签)
晴天	炎热	高	否	不去
晴天	炎热	高	是	不去
阴天	炎热	高	否	去
下雨	适中	高	否	去
下雨	凉爽	正常	否	去
下雨	凉爽	正常	是	不去
阴天	凉爽	正常	是	去
晴天	适中	高	否	不去
晴天	凉爽	正常	否	去
下雨	适中	正常	否	去
晴天	适中	正常	是	去
阴天	适中	高	是	去
阴天	炎热	正常	否	去
下雨	适中	高	是	不去

如表 10-2 所示,我们已经事先获取到了所有的训练集数据。我们的目的是预测未知样本 $\boldsymbol{x}$=(下雨,凉爽,高,否)所属的类别,即判断该运动员在该天气条件下是否会出去运动。接下来就介绍训练分类器的方法。

如前所述,我们需要根据训练集数据求取概率 $P(C_i)$ 以及 $P(\boldsymbol{x}|C_i)$。本例中只有两个分类：去和不去,因此可以得到 $P(C_0)=P(\text{去})=9/14$,$P(C_1)=P(\text{不去})=5/14$。

对于概率 $P(\boldsymbol{x}|C_i)$,由于本例中有 4 个特征属性和 2 个分类,因此一共需要确定 8 个分布律。这里只介绍如何求取 $P(x_1|C_0)$ 即 $P(\text{天气}|\text{去})$ 的分布律,其他分布律的计算与此类似。先把数据中所有类别为“去”的样本选出来,一共得到 9 条数据。在这 9 条数据中,天气为“晴天”的有 2 条,“阴天”的有 4 条,“下雨”的有 3 条,可以得到 $P(\text{天气}|\text{去})$ 的分布律如下所示：

$$P(\text{天气}=\text{晴天}\mid\text{去})=2/9$$
$$P(\text{天气}=\text{阴天}\mid\text{去})=4/9$$
$$P(\text{天气}=\text{下雨}\mid\text{去})=3/9$$

同理还可以求得其他所有的分布律。为了方便展示,这里将所有的分布律放在同一个表格中,如表 10-3 所示。

表 10-3　$P(\boldsymbol{x}|C_i)$ 分布律

$P(\text{天气}=\text{晴天}\|\text{去})=2/9$	$P(\text{天气}=\text{晴天}\|\text{不去})=3/5$
$P(\text{天气}=\text{阴天}\|\text{去})=4/9$	$P(\text{天气}=\text{阴天}\|\text{不去})=0$
$P(\text{天气}=\text{下雨}\|\text{去})=3/9$	$P(\text{天气}=\text{下雨}\|\text{不去})=2/5$
$P(\text{温度}=\text{炎热}\|\text{去})=2/9$	$P(\text{温度}=\text{炎热}\|\text{不去})=2/5$
$P(\text{温度}=\text{适中}\|\text{去})=4/9$	$P(\text{温度}=\text{适中}\|\text{不去})=2/5$
$P(\text{温度}=\text{凉爽}\|\text{去})=3/9$	$P(\text{温度}=\text{凉爽}\|\text{不去})=1/5$
$P(\text{湿度}=\text{高}\|\text{去})=3/9$	$P(\text{湿度}=\text{高}\|\text{不去})=4/5$
$P(\text{湿度}=\text{正常}\|\text{去})=6/9$	$P(\text{湿度}=\text{正常}\|\text{不去})=1/5$
$P(\text{起风}=\text{是}\|\text{去})=3/9$	$P(\text{起风}=\text{是}\|\text{不去})=3/5$
$P(\text{起风}=\text{否}\|\text{去})=6/9$	$P(\text{起风}=\text{否}\|\text{不去})=2/5$

求得上述所有的概率以及分布律后,贝叶斯分类器的训练过程就结束了。接下来就可以使用该分类器对未知样本 $\boldsymbol{x}$ 进行分类。下面分别求概率：

$$\begin{aligned}P(\text{去})P(\text{下雨,凉爽,高,否}\mid\text{去})&=\frac{9}{14}P(\text{天气}=\text{下雨}\mid\text{去})P(\text{温度}=\text{凉爽}\mid\text{去})\\&\quad P(\text{湿度}=\text{高}\mid\text{去})P(\text{起风}=\text{否}\mid\text{去})\\&=\frac{9}{14}\times\frac{3}{9}\times\frac{3}{9}\times\frac{3}{9}\times\frac{6}{9}\approx 0.03175\end{aligned}$$

$$\begin{aligned}P(\text{不去})P(\text{下雨,凉爽,高,否}\mid\text{不去})&=\frac{5}{14}P(\text{天气}=\text{下雨}\mid\text{不去})P(\text{温度}=\text{凉爽}\mid\text{不去})\\&\quad P(\text{湿度}=\text{高}\mid\text{不去})P(\text{起风}=\text{否}\mid\text{不去})\\&=\frac{5}{14}\times\frac{2}{5}\times\frac{1}{5}\times\frac{4}{5}\times\frac{2}{5}\approx 0.00914\end{aligned}$$

可以看出,在 $\boldsymbol{x}$=(下雨,凉爽,高,否)的情况下,该运动员去打球的可能性更大,也就是说,应该把这个样本分到“去”这个分类中。

通过上面的例子，相信读者应该清楚了贝叶斯分类器的训练、分类的全过程。接下来用朴素贝叶斯分类器再次解决 10.1 节中提到的糖尿病问题。

<程序：运用朴素贝叶斯分类器对糖尿病数据进行分类>和 Logistic 分类器解决糖尿病的代码类似。我们只需要将引入的分类器替换为 GaussianNB 并以该模型来建立分类器即可。运行该代码，得到输出结果如下：

[[61 9] ; [6 24]]

	precision	recall	f1-score	support
0	0.91	0.87	0.89	70
1	0.73	0.8	0.76	30
avg/total	0.86	0.85	0.85	100

从以上结果可以看出，朴素贝叶斯分类器的表现比最小二乘分类器和 Logistic 分类器都要好一些。对比最小二乘分类器，朴素贝叶斯分类器在两个类别的表现更稳定，类别 0 和 1 的 F1 分数差距较小。此外，朴素贝叶斯分类器的类 1 召回率达到了 80%，比之前提到的两个分类器都要好。这体现了朴素贝叶斯分类器的一个特点，即在小规模数据上也能拥有较好的性能表现。

```
# <程序:运用朴素贝叶斯分类器对糖尿病数据进行分类>
import csv
from sklearn import metrics
from sklearn.naive_bayes import GaussianNB        #更改的地方 1

TRAIN_SET_NUM = 232
trans_table = {"Yes":1,"No":0}

tx,ty,vx,vy = read_data()
# 分类器训练和测试
model = GaussianNB () ; model.fit(tx, ty)        # 更改的地方 2
predicted = model.predict(vx)
print(metrics.confusion_matrix(vy, predicted))
print(metrics.classification_report(vy, predicted))
```

除了上述的优点，贝叶斯分类器还很适合解决多分类问题。接下来再举一个利用朴素贝叶斯分类器识别手写数字的例子。我们的数据来源是著名的手写数字数据集 MNIST[①]，该数据集一共包括 7 万张手写数字图片及其对应的标签(即图片中的数字值)。其中训练集中有 6 万张图片，测试集中有 1 万张图片。在本次实验中，我们只选取原始训练集中的前 1 万张图片作为训练集，原始测试集中的前 1000 张图片作为测试集。

与之前的糖尿病问题不同，本例中的输入是数字图片，而不是确定的特征向量，我们需要自己将图片转化成特征向量。在 MNIST 数据集中，每一个手写数字图片的大小都是 28×28，并且数字都已经处于图片中间，没有多余的白边。因此在本例中，我们直接将数字图像的像素点按行顺序展开成一个长度为 784 的向量，并把该向量作为该图像的特征向量。

① 原始数据可在链接 http://yann.lecun.com/exdb/mnist/中下载。

特征向量中每一个维度的值为 0 或 1,代表像素点的颜色为白色或黑色。

```
#coding = utf8
#<程序:运用贝叶斯分类器识别手写体数字>
from copy import deepcopy
from sklearn import metrics
from sklearn.naive_bayes import BernoulliNB

TRAIN_NUM = 10000;VERIFY_NUM = 1000

def read_file_data(fname,count,size,offset):
    f = open(fname,'rb') ; filedata = f.read()
    f.close() ; fdata = bytearray(filedata)
    ret = [] ; cur = offset
    for i in range(0,count):
        if size == 1:
            ret.append(fdata[cur])
            cur += 1 ; continue
        temp = []
        for r in range(0,size):
            temp.append(fdata[cur]);cur += 1
        ret.append(deepcopy(temp))
    return ret

tx = read_file_data("./MNIST/train-images-idx3-ubyte",TRAIN_NUM,28*28,16)
ty = read_file_data("./MNIST/train-labels-idx1-ubyte",TRAIN_NUM,1,8)
vx = read_file_data("./MNIST/t10k-images-idx3-ubyte",VERIFY_NUM,28*28,16)
vy = read_file_data("./MNIST/t10k-labels-idx1-ubyte",VERIFY_NUM,1,8)

model = BernoulliNB(); model.fit(tx,ty)
predicted = model.predict(vx)
print metrics.classification_report(vy, predicted)
```

由于 MNIST 数据集采用一种自定义的数据格式,多张图片的信息存储在了一个文件中(具体格式请参考 MNIST 脚注中的链接),我们定义了一个 read_file_data()函数来从该类文件中读取图片数据。它从文件 offset 处以二进制的方式读取 count 个大小为 size 的数据,并以 list 的形式返回读取到的数据。基于该函数,我们分别从 4 个文件中读取相应的特征以及标签,得到训练集和测试集数据。我们调用 Scikit-learn 中的朴素贝叶斯模块,完成模型的创建和训练过程。最后,我们利用该模型对测试集数据进行预测并将结果和期望输出相比较,程序输出结果如下:

	precision	recall	f1-score	support
0	0.89	0.91	0.9	85
1	0.9	0.97	0.93	126
2	0.92	0.81	0.86	116
3	0.69	0.8	0.74	107
4	0.84	0.75	0.79	110

5	0.73	0.62	0.67	87
6	0.86	0.82	0.84	87
7	0.9	0.8	0.84	99
8	0.73	0.69	0.71	89
9	0.67	0.88	0.76	94
avg/total	0.82	0.81	0.81	1000

输出结果显示，朴素贝叶斯分类器的平均精确率、召回率以及 F1 分数分别为 82%、81%和 0.81。此外，数字 5、8 的召回率低于 0.7，说明它们经常被识别为别的数字。数字 3、5、8、9 的精确率都低于 0.75，说明经常有数字被错误地识别成这几个数字。这些信息有助于我们了解分类器的缺陷，从而对模型进行优化。

细心的读者可能还注意到一个问题，在<程序：运用贝叶斯分类器识别手写体数字>中，我们使用的是 BernoulliNB 模块，即伯努利朴素贝叶斯分类器；而在<程序：运用朴素贝叶斯分类器对糖尿病数据进行分类>中，我们使用的是 GaussianNB 模块，即高斯朴素贝叶斯分类器。这样做的主要原因是，糖尿病问题中每一个特征取值是连续的，因此我们假设该特征取值服从高斯分布。在手写数字识别中，由于每个特征的取值只有 0 和 1 两种，假设其服从高斯分布显然不合理，因此假设它服从伯努利分布。事实上，如果使用 GaussianNB 来做手写数字识别，其精确率只有 55%，和 BernoulliNB 的性能差距非常大。因此，了解分类器的工作原理是非常重要的，如果一味地对所有问题使用同一种贝叶斯分类器，那分类结果可能会很差。

朴素贝叶斯模型发源于古典数学理论，有着坚实的数学基础，对于小规模的数据也能有较好的分类结果。相比于最小二乘和 Logistic 分类器，它更适合解决多分类问题。此外，贝叶斯分类器对数据缺失不敏感，分类性能稳定。

理论上，朴素贝叶斯模型与其他分类方法相比具有最小的误差率，但是实际上并非总是如此，这是因为朴素贝叶斯模型建立在属性之间相互独立的假设之上，而这个假设在实际应用中往往是不成立的。在属性个数比较多或者属性之间相关性较大时，分类效果不佳。此外，朴素贝叶斯分类器还假设特征取值是服从某种分布的，如高斯分布或者伯努利分布。如果假设的分布和实际分布偏差较大，也会导致较差的分类结果。

练习题 10.4.1：朴素贝叶斯分类器的分类过程包括哪几个阶段？

练习题 10.4.2：朴素贝叶斯分类器的优缺点分别是什么？

练习题 10.4.3：由以下训练数据表写出朴素贝叶斯分类器的过程，并确定 $x=(2,S)^{\mathrm{T}}$ 的类标记 y。表中 $X^{(1)}$ 和 $X^{(2)}$ 为特征，取值的集合分别为 $A_1=\{1,2,3\}$，$A_2=\{S,M,L\}$，Y 为类标记，$Y\in\{1,-1\}$。

训练数据表

	1	2	3	4	5	6	7	8	9	10	11	12	13	14	15
$X^{(1)}$	1	1	1	1	1	2	2	2	2	2	3	3	3	3	3
$X^{(2)}$	S	M	M	S	S	S	M	M	L	L	L	M	M	L	L
Y	−1	−1	1	1	−1	−1	−1	1	1	1	1	1	1	1	−1

10.5 人工神经网络

在 10.2 节至 10.4 节中分别讨论了三种分类方法，这些分类方法经过学术界和工业界的共同改进，解决了生活中大量的问题。然而，对于有些问题来说，运用上述分类方法依旧难以解决。例如在朴素贝叶斯分类器中提到的手写数字识别问题，即使在数以万计的样本上进行训练，贝叶斯分类器的识别率也只有 81%左右，这样的识别率是肯定不能应用在实际生活中的。

有些读者可能会产生如下疑问：在用朴素贝叶斯分类器解决糖尿病问题时，仅仅使用 233 个样本即可达到 86%的正确率；为何在手写数字识别的问题上，用 1 万个样本训练，识别率却只能达到 81%呢？这其中的主要原因是，对于手写数字识别来说，它的样本特征难以表示，在糖尿病问题中，每一位病人已经被抽象成一个特征向量，它包含一些事先确定好的特征；而在手写数字识别问题中，我们将样本(28×28 的二值图片)按行顺序展开的向量作为该样本的特征向量。显然，对于后者来说，它的特征向量仅仅是数据的另一种表示形式，并没有刻画出样本的特征。这样的特征向量会将重要的信息(特征)和不重要的信息(噪声)一同输入分类器，从而影响分类器的准确率，即使拥有大量的训练样本，分类器的识别率也难以提升。

小明：那么如何更好地表示手写数字的特征呢?

沙老师：这个问题很难，然而你想想，人类却能够很准确地通过人脑提取特征、进行手写数字识别。

小明：那我们能否模仿人脑的工作机理，从而让机器能够自动从数据中提取特征并实现分类呢?

沙老师：这个问题的答案是肯定的，人工神经网络(artificial neural networks)就是一种模仿生物大脑的计算模型，近年来被广泛应用于多个学科领域。

我们在中学上生物课时曾经接触过神经元的概念，它是构成人体神经系统的基本单位，人的神经系统大约包含 860 亿个神经元。图 10-9 展示了神经元的基本结构，主要由细胞体、树突、轴突和突触组成，每个组成部分都有着自己的功能。树突作为每个神经元的输入通道，获取其他神经元传递的电位，经过细胞体处理转化为一个信号量，再经过轴突和突触抑制或增强信号量，并传给下一个神经元。可以把神经元想象成一个计算单元，神经元对输入的信号量进行处理，产生新的信号量，当信号量值超过某个阈值时，表现为‘是’，否则表现为‘否’。若表现为‘是’，我们称此神经元被“激活”。

受生物神经元启发，神经学家 Warren McCulloch 和数学家 Walter Pitts 在 1943 年共同提出了 M-P 神经元模型，给出了神经元的形式化描述和网络结构方法，为人工神经网络的发展奠定了基础。1957 年，美国康奈尔大学航天实验室的认知心理学家弗兰克·罗森布拉特(Frank Rosenblatt)受到 M-P 神经元模型及其他基础性工作的启发，提出了影响深远的“感知器(perceptron)”模型。

图 10-10 展示了感知器的基本结构，它是最简单的神经网络模型。与生物神经元类似，

它也包括信号输入、信号处理和信号输出三个部分。感知器的输入为实数向量 $\boldsymbol{x}$，信号处理单元将输入 $\boldsymbol{x}$ 和权值向量 $\boldsymbol{w}$ 做线性加权，得到结果 $\boldsymbol{wx}$。之后，该结果被送入一个函数 f 中，f 对其进行处理，并将处理后的结果作为感知器的输出。这个函数 f 一般称为"激活函数(activation function)"，它的主要作用是在模型中加入非线性因素，增强模型的表达能力。

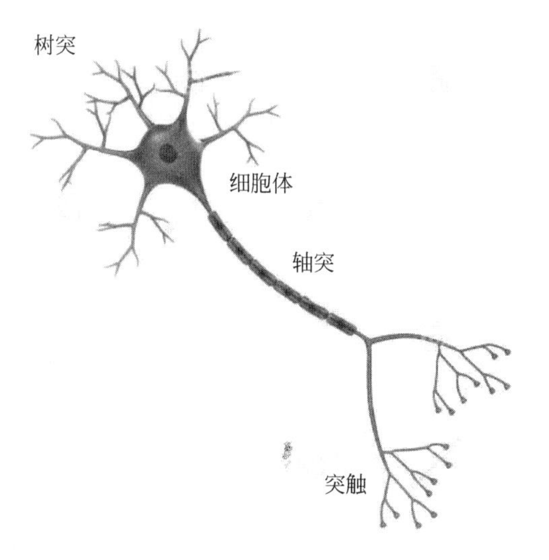

图 10-9　神经元的结构

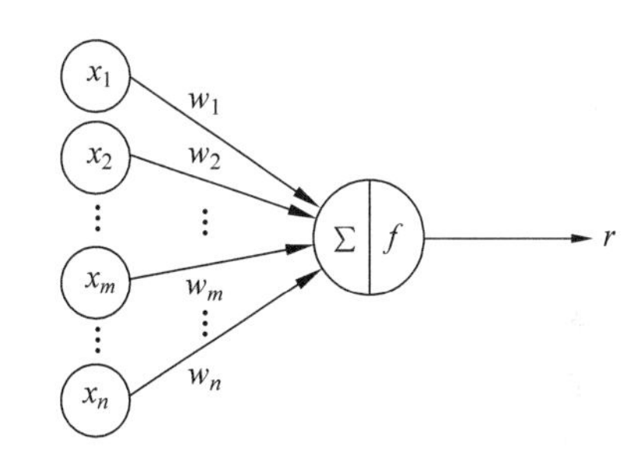

图 10-10　感知器的结构

激活函数有很多种，包括跃迁函数、sigmoid 函数、tanh 函数等。跃迁函数可以将感知器的输出映射到 0/1 这两个数字上，也就是说，如果 $\boldsymbol{wx}$ 大于某个阈值，则感知器的输出为 1，否则感知器的输出为 0。至于 sigmoid 函数，和 10.3 节中讨论的一样，它可以将感知器的输出映射到区间 [0,1]。tanh 函数和 sigmoid 函数类似，它将感知器的输出映射到区间 [−1,1]。

可以将感知器模型的输出 r 用方程 $r=f(\boldsymbol{wx})$ 表示，其中 $\boldsymbol{x}$ 表示输入，$\boldsymbol{w}$ 表示权重参数，f 表示激活函数。虽然感知器结构简单，但它也可以用来解决一些简单分类问题。在确定激活函数后，对于任意的输入样本 $\boldsymbol{x}$，感知器都有对应的输出 r。可以利用训练集对感知器进行训练，确定最佳的参数 $\boldsymbol{w}$，使得感知器的输出 r 和我们期望的输出 t 尽可能相同。定义误差函数为训练集中感知器输出和期望输出的差值的平方和，即

$$E(\boldsymbol{w})=\sum_{x\in T}(t_x-r_x)^2=\sum_{x\in T}(t_x-f(\boldsymbol{wx}))^2=\sum_{i=1}^{N}(t^i-f(\boldsymbol{wx}^i))^2$$

其中，T 表示全体训练样本的集合，t_x 表示样本 $\boldsymbol{x}$ 的标签(期望输出)，r_x 代表感知器在输入为样本 $\boldsymbol{x}$ 时的输出。训练感知器的目标就是找到能使 $E(\boldsymbol{w})$ 函数值最小的参数 $\boldsymbol{w}$。

同样可以使用梯度下降法求取最优的参数 $\boldsymbol{w}$。这里重点介绍如何求偏导数 E'_w。由于 $\boldsymbol{w}$ 是一个向量，于是有

$$E'_w=\left(\frac{\partial E}{\partial w_1},\frac{\partial E}{\partial w_2},\cdots,\frac{\partial E}{\partial w_n}\right)$$

其中，

$$\frac{\partial E}{\partial w_k}=-2\sum_{x\in T}(t_x-f(\boldsymbol{wx}))\cdot f'(\boldsymbol{wx})\cdot x_k$$

$$= -2\sum_{i=1}^{N}(t^i - f(\boldsymbol{w}\boldsymbol{x}^i)) \cdot f'(\boldsymbol{w}\boldsymbol{x}^i) \cdot x_k^i$$

如果令

$$\boldsymbol{A} = [\boldsymbol{x}^1 \quad \boldsymbol{x}^2 \quad \cdots \quad \boldsymbol{x}^N] = \begin{bmatrix} x_1^1 & x_1^2 & \cdots & x_1^N \\ x_2^1 & x_2^2 & \cdots & x_2^N \\ \vdots & \vdots & \vdots & \vdots \\ x_n^1 & x_n^2 & \cdots & x_n^N \end{bmatrix}$$

$$\boldsymbol{L} = \begin{bmatrix} (t^1 - f(\boldsymbol{w}\boldsymbol{x}^1))f'(\boldsymbol{w}\boldsymbol{x}^1) \\ (t^2 - f(\boldsymbol{w}\boldsymbol{x}^2))f'(\boldsymbol{w}\boldsymbol{x}^2) \\ \vdots \\ (t^N - f(\boldsymbol{w}\boldsymbol{x}^N))f'(\boldsymbol{w}\boldsymbol{x}^N) \end{bmatrix}$$

就可以发现$\frac{\partial E}{\partial w_k}$刚好为$\boldsymbol{A} \cdot \boldsymbol{L}$(是一个 $n \times 1$ 的向量)的第 k 个元素。因此有

$$E'_w(\boldsymbol{w}) = -2\boldsymbol{A} \cdot \boldsymbol{L}(\boldsymbol{w})$$

之后,利用公式 $\boldsymbol{w}^{(i+1)} = \boldsymbol{w}^{(i)} + \eta \times 2\boldsymbol{A} \cdot \boldsymbol{L}(\boldsymbol{w}^{(i)})$ 不断进行迭代,直到遇到终止条件,即可得到最优的参数 $\boldsymbol{w}$(参考 10.3 节)。

为了更好地理解感知器的训练过程,下面介绍一个简单的小例子。假设我们需要判断某人的患病情况并且已经有了四个训练样本 A、B、C、D,每个样本有三个特征,每个特征的取值有 0、1 两种,用来反映这个人是否有这个症状,0 表示无症状,1 表示有症状。具体的样本数据如表 10-4 所示。

表 10-4　简单感知器的训练集数据

样本	症状 1	症状 2	症状 3	是否患病
A	0	0	1	0
B	1	1	1	1
C	1	0	1	1
D	1	1	0	0

如果现在又出现一个人 E,他的特征情况如下,如何利用感知器去判断他是否患病呢?

未知样本	症状 1	症状 2	症状 3
E	1	0	0

取感知器的激活函数为 sigmoid 函数,学习速率 η 为 0.5,下面使用 Python 完成感知器的训练和未知样本 E 的分类。

```
#<程序:用感知器判断是否患病>
from numpy import exp, array, random, dot
train_set = array([[0, 0, 1], [1, 1, 1], [1, 0, 1], [0, 1, 1]]).T
label_set = array([[0, 1, 1, 0]]).T
weight = random.random((3, 1))
# train
```

```
    for i in range(200):
        out = 1 / (1 + exp( - (dot(train_set.T, weight))))
        weight += dot(train_set, (label_set - out) * out * (1 - out))
    # classify
    new_sample = array([1, 0, 0])
    print('possibility:', 1.0 / float(1 + exp( - dot(new_sample, weight))))
```

在<程序：用感知器判断是否患病>中，用到了 numpy 库中的一些函数，包括 array、dot、random 和 exp 函数，其中 array 和 dot 函数的作用已经介绍过。这里的 random 函数和 Python 内置的 random 模块中的函数不同，它可以生成任意大小的随机数矩阵，并且矩阵每个元素的取值在区间 $[0,1]$ 内。例如，random((3, 1))表示生成一个有 3 个元素的列向量。exp 函数是底数为 e 的指数函数，exp(5)等于 e^5。

为了构造上述推导中的矩阵 $\boldsymbol{A}$，首先将样本放在 train_set 中，此时 train_set 是一个 4 行、3 列的矩阵，每一行代表一个样本。然后利用.T 对矩阵进行转置，使得 train_set 变成一个 3 行、4 列的矩阵，每一列代表一个样本，这样便完成了矩阵 $\boldsymbol{A}$ 的构造。同理，将四个样本对应的标签放在 label_set 中并转置，得到一个 4×1 的列向量。接下来，利用 random 函数随机生成初始权重向量。

一共训练感知器 200 次。在循环的第一行，利用了 numpy 向量运算的特性来计算 $f(\boldsymbol{w}\boldsymbol{x}^i)$。dot(train_set.T, weight)的结果是一个一维向量，输入函数 exp 中，可以一次性地对向量中的每一个元素进行指数运算，其结果依旧是一个向量。最后通过加法和除法，便可以得到 4×1 的列向量 out，它的每一个元素对应一个样本的 $f(\boldsymbol{w}\boldsymbol{x}^i)$。在循环的第二行，使用公式 $\boldsymbol{w}^{(i+1)}=\boldsymbol{w}^{(i)}+\eta 2\boldsymbol{A}\cdot\boldsymbol{L}(\boldsymbol{w}^{(i)})$ 对 $\boldsymbol{w}$ 进行调整。这里着重介绍 $\boldsymbol{L}(\boldsymbol{w})$ 的构造。事实上有

$$\boldsymbol{L}(\boldsymbol{w})=\begin{bmatrix}(t^1-f(\boldsymbol{w}\boldsymbol{x}^1))f'(\boldsymbol{w}\boldsymbol{x}^1)\\(t^2-f(\boldsymbol{w}\boldsymbol{x}^2))f'(\boldsymbol{w}\boldsymbol{x}^2)\\\vdots\\(t^N-f(\boldsymbol{w}\boldsymbol{x}^N))f'(\boldsymbol{w}\boldsymbol{x}^N)\end{bmatrix}=\left(\begin{bmatrix}t^1\\t^2\\\vdots\\t^N\end{bmatrix}-\begin{bmatrix}f(\boldsymbol{w}\boldsymbol{x}^1)\\f(\boldsymbol{w}\boldsymbol{x}^2)\\\vdots\\f(\boldsymbol{w}\boldsymbol{x}^N)\end{bmatrix}\right)*\begin{bmatrix}f'(\boldsymbol{w}\boldsymbol{x}^1)\\f'(\boldsymbol{w}\boldsymbol{x}^2)\\\vdots\\f'(\boldsymbol{w}\boldsymbol{x}^N)\end{bmatrix}$$

注意，这里的运算符“ * ”指向量对应位置的元素相乘，而不是矩阵乘法。另外，对于 sigmoid 函数，有 $f'(\boldsymbol{w}\boldsymbol{x}^i)=f(\boldsymbol{w}\boldsymbol{x}^i)(1-f(\boldsymbol{w}\boldsymbol{x}^i))$。因此，在此例中有

$$L(\boldsymbol{w})=(\text{label\_set}-\text{out})*f'(\boldsymbol{w}\boldsymbol{x})=(\text{label\_set}-\text{out})*\text{out}*(1-\text{out})$$

最后，对于未知样本 E，其特征 $\boldsymbol{x}=(1,0,0)$，代入 $f(\boldsymbol{w}\boldsymbol{x})$后得到如下输出：

('possibility:', 0.9956881664804735)

这说明病人 E 患病的概率达到了 99%以上，因此将他分到类别 1 之中。部分读者可能已经注意到，感知器的训练过程和 Logistic 分类器类似，差别主要在于误差函数。这是因为感知器是一个比较灵活的分类模型，如果将激活函数设为 $f(x)=x$，感知器模型便和最小二乘分类器类似。Frank Rosenblatt 已经证明，如果两类样本是线性可分的(即存在一个超平面将它们分开)，则一定可以使用感知器进行分类，即感知器的训练过程一定收敛。

由于感知器模型只有一层神经元，其特征表述能力和学习能力都十分有限，一些学者发现感知器模型甚至无法解决简单的异或问题①，因此，研究人员提出用由多个感知器组成的

① 假设平面上有四个点(0,0)、(0,1)、(1,0)、(1,1)，将横、纵坐标进行异或运算，并将结果分为 0 和 1 两类。

互连神经网络模型来增强对复杂函数的逼近能力,这种模型称为"人工神经网络"。

如果说感知器是人的神经元,那么由一个个感知器组成的人工神经网络就好比人的大脑。虽然简单的感知器只能逼近一些较简单的函数,但由此构建的人工神经网络则可以逼近任意复杂的函数,能更好地描述非线性的问题。一般来说,一个人工神经网络主要包含一个输入层、一个输出层,以及至少一个隐藏层。隐藏层不接收外界信号,也不向外界发出信号,隐藏层的多少决定了该神经网络对复杂函数的逼近能力。神经网络中的每一个节点都可以看作是一个简单的感知器,每个节点可与其他若干个节点之间建立连接关系,这些连接关系一般都配有相应的权重。

根据网络结构(连接关系)及训练算法的不同,目前神经网络已经有很多种类,其中一种典型的多层神经网络是由 Rumelhart 和 McClelland 在 1986 年提出的 BP 神经网络。BP 神经网络解决了感知器模型无法解决的异或问题。此外,Robert Hecht-Nielsen 还证明了任意一个闭区间内的连续函数都可以用只含一个隐藏层的 BP 网络来逼近,也就是说,3 层(包含输入层和输出层)的 BP 神经网络可以完成任意的 n 维到 m 维的映射。

如图 10-11 所示,BP 神经网络是一种典型的前向网络,即每层神经元只接收前一层的输出作为输入,并将产生的输出传到下一层神经元。它的训练过程包含了两个阶段:第一阶段是信号的前向传播,得到输出与实际的误差值;第二阶段是误差的反向传播,将误差分摊给每一层的所有神经元并对相应的权值进行调整。与感知器类似,BP 神经网络同样使用梯度下降法对神经元之间的连接权值进行调整,当误差减少到可接受的范围内或者达到预设的最大迭代次数时,就停止网络的训练。

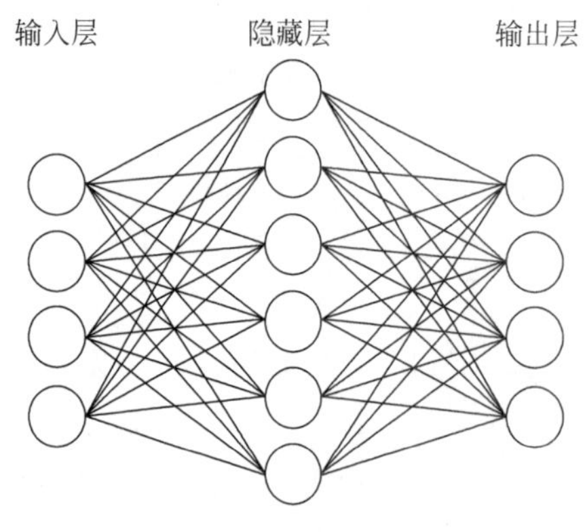

图 10-11 BP 神经网络模型

BP 神经网络的提出解决了很多感知器无法解决的问题,但是 BP 神经网络也有一些缺点,制约了它的进一步发展。首先,因为 BP 神经网络本质上使用了梯度下降的思想,所以优化目标函数复杂,网络收敛速度缓慢,甚至可能无法收敛;其次,BP 神经网络对初始权重十分敏感,训练中有较大的可能性会收敛到局部最优解;最后,BP 神经网络容易出现过拟合[①]的现象,导致分类器在训练样本中的准确率很高,但是解决实际问题时准确率低下。

除了 BP 神经网络,其他的神经网络如 Hopfield 神经网络、径向基函数(RBF)神经网络

---

① 分类器在训练过程中过度地学习训练数据中的细节和噪音,最终的结果就是在训练集中有极高的正确率,但在测试集中效果很差。出现这种现象的原因主要是训练数据中存在噪音或者训练数据太少。

等也对神经网络的发展产生了深远的影响。然而，这些神经网络也有自身的缺陷。为了逼近更复杂的函数，隐藏层的节点数和层数越来越大，这会引入过多的参数，导致训练复杂度过高，甚至出现无法收敛的问题。此外，上述多层神经网络仍然需要人为提取原始数据的特征作为输入，才能有较好的分类效果，然而，特征选择对于某些类型的数据很难实现，需要忽略不相关的变量，同时保留有用的信息，这个尺度很难掌握。总之，人们希望神经网络能够更加智能。

练习题 10.5.1：传统分类器与人工神经网络分类有什么区别？

练习题 10.5.2：你能简述感知器的基本结构吗？

练习题 10.5.3：误差函数是什么？它对人工神经网络的分类结果起到什么作用？

练习题 10.5.4：你知道什么是 BP 神经网络吗？它的训练过程分为哪几个阶段？

10.6 深度学习

深度学习是由 Hinton 等人于 2006 年提出的概念。此后的短短几年时间里，深度学习颠覆了语音识别、图像分类、文本理解等众多领域的算法设计思想，大大加快了科技发展的脚步。随着数据量的爆炸式增长，以及 CPU 和 GPU 的计算能力的不断增强，如今深度学习已经广泛应用于人类生活中，如语音识别、自动驾驶等，大大方便了人们的生活。

深度学习在初值选取和训练机制等方面与传统的多层神经网络完全不同。首先，传统多层神经网络的初值是随机生成的，这很容易使网络在训练时收敛到局部最优解；其次，传统多层神经网络在训练时对整个神经网络同时进行训练，这会导致网络训练的时间复杂度过高，尤其在隐藏层较多的情况下，会导致神经网络严重欠拟合(没有充分学习到样本的特征)。

深度学习采用了不同的训练机制，克服了多层神经网络中的训练问题。其训练过程主要包含两个阶段：第一阶段主要通过学习输入数据的结构，得到网络的初始权值，这个初值更接近全局最优，因此网络的训练有较大的可能性收敛到全局最优解；第二阶段主要是对神经网络进行逐层训练和优化，因此可以大大降低训练的复杂度。正因为如此，深度学习的训练复杂度不会随隐藏层的增加而呈指数级增加，这使得神经网络可以包含更多的隐藏层，增加模型的表达能力。

深度学习最强大的地方在于设计者可以自己设计每一个隐藏层的功能，从而使整个网络可以自己学习输入数据的特征，不需要人为进行特征选择。对于图像这种难以表示特征的数据类型，深度学习有着巨大的优势。例如在图像领域应用十分广泛的卷积神经网络(Convolutional Neural Network，CNN)，它模拟了视觉信号在人类大脑中的加工过程，网络中每个隐藏层功能明确，可以自动提取图像的特征，如图像的轮廓、边缘等信息，并完成分类。

10.4 节中使用了朴素贝叶斯分类器对手写数字进行了识别，但其识别率并不高，只有80%左右，与实际应用需求仍有较大的差距。接下来介绍如何使用深度学习的方法来识别手写数字，实验使用的数据集与 10.4 节相同，即 MNIST 手写数字数据集。

由于程序较长，这里分成两个部分分别介绍。先介绍程序的初始化部分，包括库的引入及数据的导入，即格式化。在<程序：利用深度学习进行手写数字识别 p1 >中主要使用了

Python 的 Keras 库,它的主要优势在于可以支持卷积神经网络(CNN)、循环神经网络(RNN)以及二者的结合,另外它还可以在 CPU 和 GPU 之间很好地切换。

我们从 Keras 中导入了所需的模型、网络层、数据集等,下面一一介绍。

```
#<程序:利用深度学习进行手写数字识别 p1>
from keras.models import Sequential
from keras.layers import Dense, Dropout, Flatten
from keras.layers.convolutional import Conv2D, MaxPooling2D
from keras.datasets import mnist
from keras.utils import np_utils
from keras.optimizers import Adadelta
batch_size = 128
num_classes = 10
epochs = 10
(X_train, Y_train), (X_test, Y_test) = mnist.load_data()
X_train = X_train.reshape(X_train.shape[0], 28, 28 ,1).astype('float32')
X_test = X_test.reshape(X_test.shape[0], 28, 28, 1).astype('float32')
X_train /= 255
X_test /= 255
Y_train = np_utils.to_categorical(Y_train, num_classes)
Y_test = np_utils.to_categorical(Y_test, num_classes )
```

Sequential 是 Keras 中常用的网络模型,后面会具体介绍。Dense、Dropout 和 Flatten 是 Keras 中比较常用的网络层,其中 Dense 层就是常用的全连接层,Dropout 层用于防止数据的过拟合,Flatten 层常用于卷积层和全连接层之间的过渡。

此外,本例中还引入了两类卷积神经网络层,它们的主要功能是提取数据的特征。第一个是二维的卷积层 Conv2D,它对输入图像进行卷积操作,从而形成一个该图像特有的特征向量。我们可以想象一个移动的窗口,从输入矩阵(输入图像以矩阵的形式存储)的第一个位置开始不断向后移动,任意时刻可以通过非线性变换将这个窗口内的像素值转换为某个特征值。随着窗口不断向后移动,就不断地产生对应的特征值,最后得到一个特征向量,这就是图像的卷积过程。引入的第二个卷积神经网络层是池化层 MaxPooling2D,它可以保证特征的位置与旋转不变性,同时还可以对卷积层的输出进行降维。

最后,从 Keras 直接导入了 mnist 数据集以及经过 Keras 优化的 numpy 库 np_utils。此外还用到了一个优化器 Adadelta。优化器是编译 Keras 模型必要的参数之一,可以在编译之前初始化一个优化器对象传入,也可以直接传递一个预定义的优化器名。如果是传递一个预定义的优化器,则优化器的参数为默认参数。

完成了库和相关数据的导入后,要定义一些有用的变量。batch_size 是和训练过程相关的一个参数,类似梯度下降法中的学习速率 η,其值太小会导致训练慢、过拟合等问题,而值太大会导致欠拟合,在实际应用中需要适当选择。变量 num_classes 定义了本例中共有多少个分类,epochs 定义了训练的迭代次数,本例中只要迭代 10 次即可达到 99%左右的识别率。

接下去通过 mnist.load_data()函数分别载入训练集和测试集,并进行简单的预处理。通过调用 reshape()函数,将输入处理为 28×28 像素的灰度图片,每个像素点的值在 0 到

255。通过 astype()函数，把数据转换为浮点类型，提高运算时的精度。然后，将图片的像素值除以 255，使像素值处于[0,1]区间。最后，通过 np_utils 中的 to_categorical()函数，将测试集和训练集的标签转化为数字 0～9 这 10 个类别，这样就完成了所有的初始化工作。

接下来构造一个简单的神经网络模型，即之前提到的 Sequential 模型(顺序模型)。Keras 主要提供了两种模型，分别为顺序模型和函数式模型。顺序模型主要指将多个网络层进行线性堆叠，简而言之就是把所需的网络层按照顺序连接起来。函数式模型的应用范围比顺序模型更广泛，顺序模型只是函数式模型的一个特例，有兴趣的读者可以自行了解函数式模型的相关知识。本节中使用顺序模型来构建深度网络。

```
#<程序:利用深度学习进行手写数字识别 p2>
model = Sequential()
model.add(Conv2D(filters = 64, kernel_size = (3, 3), activation = 'relu',
        input_shape = (28, 28, 1)))
model.add(MaxPooling2D(pool_size = (2, 2)))
model.add(Conv2D(filters = 64, kernel_size = (3, 3), activation = 'relu'))
model.add(MaxPooling2D(pool_size = (2, 2)))
model.add(Dropout(0.5))
model.add(Flatten())
model.add(Dense(128, activation = 'relu'))
model.add(Dense(num_classes, activation = 'softmax'))
model.compile(loss = 'categorical_crossentropy', optimizer = Adadelta(),
metrics = ['accuracy'])
model.fit(X_train, Y_train, batch_size = batch_size, epochs =  epochs, verbose = 1,
        validation_data = (X_test,Y_test))

score = model.evaluate(X_test, Y_test, verbose = 0)
print('Test loss:', score[0])
print('Test accuracy:', score[1])
```

在<程序：利用深度学习进行手写数字识别 p2>中，首先创建了一个 Sequential 模型对象，再通过该对象中的 add()方法，一共添加了 8 个神经网络层。接下来逐一介绍每一层的作用。

首先添加了一个二维卷积层 Conv2D。由于它是 Sequential 模型的第一层，需要知道输入数据的情况，因此需要接收一个与输入形状相关的参数，即 input_shape = (28, 28, 1)；参数 filters 表示卷积核的数目，即输出的维度，为了增强卷积层的表现能力，一般会使用多个卷积核，从而得到多个特征值；参数 kernel_size 表示卷积核的大小；activation 表示用到的激活函数，对于该网络层，采用了 relu 函数作为整个网络层的激活函数，它的功能是将负数转为 0，正数维持不变。如果不指定激活函数，则默认不使用任何激活函数。

在加入卷积层后，通常会添加池化层，用来对卷积层输出的结果进行降维。这里加入了一个 MaxPooling2D 层，其中 pool_size=(2, 2)表示将图片在两个维度上均降低为原维度的一半。接着继续添加一组卷积层和池化层，用来提取更加复杂的特征，参数设置和此前基本相同。

为了防止网络出现过拟合现象，加入一个 Dropout 层。Dropout 层会在训练过程中每次对参数进行调整更新时,按照一定的概率随机关闭神经元,这里的 0.5 就是断开神经元的概率。这样可以忽略某些输入,防止网络陷入局部最优解;同时它可以提高网络的泛化能力,防止过拟合现象。

提取了输入数据的特征后,就要加入对特征进行分类的全连接(Dense)层。不过在此之前,应该先加入 Flatten 层,将多维的输入按行展开成一维向量,过渡到全连接层。这里添加了两个全连接层,用于对特征进行分类。Dense 层包括两个参数,第一个参数表示该层输出的维度,第二个参数表示所使用的激活函数。在第一个 Dense 层中,使用 relu 作为激活函数;在第二个 Dense 层中,使用 softmax 函数作为激活函数。softmax 函数常用于多分类过程中,它将多个神经元的输出映射到区间 [0,1] 内,并把它理解为概率,从而进行多分类。其计算方法也很简单,有兴趣的读者可以自行查阅相关资料。

添加完所有的网络层后,深度学习网络就构建完成。不过在对网络进行训练之前,还需要对训练过程进行配置。需要添加一些参数,并对所创建的这个模型进行编译。可以通过 compile()函数来完成模型的编译工作。compile()函数接收三个参数:第一个参数是损失函数(loss function),它的主要作用是反映模型预测结果和实际数据之间的差距,衡量模型预测结果的好坏;第二个参数是优化器,一般可以直接使用 Keras 预定义的优化器,如 SGD、RMSprop、Adagrad、Adadelta 等,这里使用的是 Adadelta;第三个参数是一个列表,包含一个或多个性能指标,它可以是一个预定义指标的名字,或者用户提供的一个函数,本例中只使用了 accuracy 指标,用来反映模型的准确性。

完成编译后,就可以对模型进行训练。与朴素贝叶斯等分类器相类似,只需要调用 fit()函数,就可以完成模型的训练。在参数中指定了训练的迭代次数 epochs、batch_size 以及相应的训练数据;verbose 表示是否将训练过程的进度打印到屏幕,本例中设为 1,可以更清楚地看到目前模型训练的速度和进度。当漫长的训练过程结束后,调用 evaluate()函数评估我们的模型。它会计算出之前指定的一些指标的值(包括损失),并将其以列表的形式返回。在本例中只有损失和 accuracy 两个指标,将其打印出来,得到的结果如下:

```
('Testloss:', 0.025408282418624729)
('Test accuracy:', 0.99139999999999995)
```

可以看出,我们构建的神经网络可以很好地完成手写数字识别的任务,在测试集中的识别率达到了 99.14%,相比朴素贝叶斯分类器有显著的提升。主要原因是神经网络可以自己学习输入数据的特征,从而能更好地区分样本,达到更高的分类精度。神经网络相比传统机器学习方法还有另一个优势,就是它在数据量较大的时候性能提升较快。MNIST 的训练集中共有 6 万张手写数字图片,数据量较大,充分利用了神经网络的优势。

以上所有的测试都是基于 MNIST 手写数字数据集,我们还可以自己手写一个数字,对创建的神经网络进行测试。笔者首先在纸上写了一个数字'2',然后利用手机相机拍摄,将得到的图片发送给计算机。之后用图像处理软件把图片处理为输入层指定的、大小为 28×28 的灰度图像,如下所示:

2

接着编写 Python 代码,验证之前训练好的模型是否能够正确识别自己手写的数字。

在<程序：利用深度学习进行手写数字识别 p3>中，首先导入 numpy 包以及 skimage 包的 io 模块，其中 skimage 是 Python 用来对图像进行处理的一个包。

```
#<程序:利用深度学习进行手写数字识别 p3>
import numpy as np
import skimage.io

img = skimage.io.imread('/path/*.jpg'), as_gray = True)
img = np.reshape(img, (1, 28, 28, 1)).astype('float32')
proba = model.predict_proba(img, verbose = 0)
result = model.predict_classes(img, verbose = 0)

print(proba[0])
print(result[0])
```

以灰度的方式导入图片，将图片处理为 28×28 像素的大小。与之前类似，需要将数据转换为浮点型。然后调用 model 的 predict_proba()方法，就可以得到输入属于每个分类的概率。调用 predict_classes()则给出最后的分类结果。这里的 model 就是之前已经构建并训练好的模型。得到输出结果如下：

```
[  0.06764017  0.00607536  0.51046914  0.0296623  0.06839082
0.00213996  0.01730241  0.00071402  0.2911231  0.00648262  ]
2
```

第一个输出是一组向量，向量中的第 k 个值分别代表着我们手写的数字为 k 的概率。可以看到，在 0～9 十个数字中，2 的向量值最大，所以模型将我们手写的数字图片识别为 2（第二个输出），识别结果正确。

由以上结果可以看出，深度神经网络的功能十分强大。相比于朴素贝叶斯分类器，它的识别率很高，已经达到了 99%的级别，距离实际应用需求不远了。

沙老师：神经网络虽然强大，但它和人脑相比还有一定差距。深度神经网络一般需要针对特定的问题设计，并不像人脑一样能够解决多种类型的问题。因此，对于某一类型的问题，神经网络设计的好坏决定了其性能的优劣。

总的来说，深度学习相比传统的机器学习方法有着巨大的优势。近年来，深度学习在计算机视觉、语音识别、自然语言处理等方面取得了巨大的成就，进一步说明了深度学习的强大。与传统的算法相比，深度学习能够自行提取数据的特征，并且在数据量较大的时候有更好的性能。但这并不表示传统机器学习就一无是处，在数据量较小的情况下，传统机器学习表现出更优良的性能，而神经网络则很容易过拟合。目前，深度学习和传统机器学习方法都广泛应用于工业界，二者并不是竞争的关系，而是一种相辅相成的关系。

练习题 10.6.1：传统的多层神经网络与深度学习网络有什么区别？

练习题 10.6.2：深度学习的训练过程分为哪几个阶段？

练习题 10.6.3：深度学习网络的设计一般涉及哪些网络层？你能分别简述它们在深度

学习网络中的作用吗?

练习题 10.6.4:请自行设计一个多层的深度学习网络,使用 MNIST 手写数字数据集进行训练,利用更多指标进行模型评估。然后手写数字并拍照上传和处理,利用训练好的模型进行手写数字识别,最后对结果进行分析。

习题 10

习题 10.1:什么是智能? 什么是人工智能?

习题 10.2:(讨论题)你觉得人工智能机器人会取代人类吗?

习题 10.3:(讨论题)你认为人工智能的极限是什么?

习题 10.4:(讨论题)一个法律问题。假如一辆人工智能无人车出了车祸、撞到人,谁来承担法律责任?

习题 10.5:什么是图灵测试? 请论述它的优缺点。

习题 10.6:什么是 halting problem? 为什么没有计算机能解决此类问题?

习题 10.7:请解释 Alpha-Beta 剪枝搜索的原理,举出一个搜索最好和最坏的顺序。

习题 10.8:什么是机器学习? 机器学习一般分为哪几类?

习题 10.9:请简述监督学习和无监督学习的区别与联系。

习题 10.10:请简述最小二乘分类器的优点与缺点。

习题 10.11:请简述 Logistic 分类器的优点与缺点。

习题 10.12:表 10-5 列举了一批根治性肾切除术患者的肾癌标本资料。请利用最小二乘分类器对未知样本 $\boldsymbol{x}$ =(年龄=40,指标 A=1,指标 B=90.5,指标 C=2,指标 D=1)进行分类,判断该患者肾细胞癌转移的情况。

表 10-5 患者肾癌标本资料

序号	年龄	指标 A	指标 B	指标 C	指标 D	肾细胞癌转移
1	37	1	57.2	1	1	0
2	60	2	190	2	1	0
3	54	3	128	4	3	1
4	52	3	80	3	4	1
5	59	1	94.4	2	1	0
6	38	1	74	1	1	0
7	25	2	93.5	4	3	1
8	33	1	48	2	1	0
9	44	1	63	2	1	0

习题 10.13:请简述学习速率 η 在梯度下降法中对收敛的影响。

习题 10.14:请写出贝叶斯公式,并描述朴素贝叶斯分类方法的原理和步骤。

习题 10.15:表 10-6 收集了一些天气情况的记录。假设待预测样本 $\boldsymbol{x}$=(Temperature = Cool, Humidity=High, Wind=Weak),请利用贝叶斯分类器预测样本 $\boldsymbol{x}$ 是否为雨天。

表 10-6　天气记录列表

Day	Temperature	Humidity	Wind	Rain
1	Hot	High	Weak	No
2	Hot	High	Weak	Yes
3	Mild	High	Weak	Yes
4	Hot	High	Strong	No
5	Cool	Normal	Strong	No
6	Mild	High	Weak	No
7	Cool	Normal	Strong	Yes
8	Cool	Normal	Weak	Yes

习题 10.16：精确率、召回率、F1 分数各自的意义是什么？

习题 10.17：激活函数的作用是什么？为什么要加入激活函数？

习题 10.18：常用的激活函数有哪些？它们分别有哪些优点？

习题 10.19：请根据本书所述原理，查阅相关资料，利用 Python 编程实现一个只含一个隐藏层的 BP 神经网络。

习题 10.20：机器学习中的“欠拟合”和“过拟合”的意义是什么？

习题 10.21：如何防止模型训练中出现“欠拟合”或“过拟合”？

习题 10.22：什么是深度学习？它与传统多层神经网络的区别是什么？

习题 10.23：深度学习相比于传统机器学习方法有哪些优点和缺点？

参 考 文 献

[1] Transistor[EB/OL]. [2020-06-10]. http://en. wikipedia. org/wiki/Transistor.

[2] The Python Tutorial [EB/OL]. (2020-06-09) [2020-06-10]. https://docs. python. org/3/tutorial/index. html.

[3] RANDAL E B, DAVID R O. Computer systems: a programmer's perspective[M]. Chennai: Pearson India Education,2003.

[4] HENNESSY J L, PATTERSON D A. Computer architecture: a quantitative approach[M]. 5th ed. San Francisco,CA: Morgan Kaufmann,2011.

[5] LUTZ M. Learning Python[M]. 4th ed. Sebastopol,CA: O'Reilly Media,2009.

[6] CORMEN T H, LEISERSON C E,RIVEST R L, et al. Introduction to Algorithms [M]. Cambridge, MA: The MIT Press,2009.

[7] LEVITIN A,LEVITIN M. Algorithmic Puzzles [M]. USA: Oxford University Press,2011.

[8] TANENBAUM A S. Modern Operating Systems[M]. 3rd ed. New York City: Pearson,2007.

[9] TANENBAUM A S, WETHERALL D J. Computer Networks[M]. India International ed. 5th ed. Upper Saddle,NJ: Prentice Hall,2010.

[10] PATTERSON D A, HENNESSY J L. Computer Organization and Design——The Hardware/Software Interface[M]. 4th ed. San Francisco,CA: Morgan Kaufmann,2011.

[11] SEELEY D. A Tour of the Worm[EB/OL]. [2007-01-01]. http://world. std. com/～franl/worm. html.

[12] EICHIN M W,ROCHLIS J A. With Microscope and Tweezers: An Analysis of the Internet Virus of November 1988[J]. IEEE Symposium on Research in Security and Privacy,1989.

[13] STALLINGS W. 密码编码学与网络安全：原理与实践[M]. 王张宜，等译. 5 版. 北京：电子工业出版社，2012.

[14] 李志刚，朱志军，佘丛国，等. 大数据——大价值、大机遇、大变革[M]. 北京：电子工业出版社，2012.

[15] 唐朔飞. 计算机组成原理[M]. 北京：高等教育出版社，2008.

[16] 郑莉. C++语言程序设计[M]. 北京：清华大学出版社，2013.

[17] 王珊，萨师煊. 数据库系统概论[M]. 北京：高等教育出版社，2006.

[18] 汤小丹，梁红兵，哲凤屏，等. 计算机操作系统[M]. 西安：西安电子科技大学出版社，2007.

[19] 谢希仁. 计算机网络[M]. 北京：电子工业出版社，2008.

[20] 陈鲁生，沈世镒. 现代密码学[M]. 2 版. 北京：科学出版社，2008.

[21] 陈波，于泠，肖军模. 计算机系统安全原理与技术[M]. 2 版. 北京：机械工业出版社，2009.

[22] 张仁斌，李钢，侯整风. 计算机病毒与反病毒技术[M]. 北京：清华大学出版社，2006.

图书资源支持

感谢您一直以来对清华版图书的支持和爱护。为了配合本书的使用，本书提供配套的资源，有需求的读者请扫描下方的"书圈"微信公众号二维码，在图书专区下载，也可以拨打电话或发送电子邮件咨询。

如果您在使用本书的过程中遇到了什么问题，或者有相关图书出版计划，也请您发邮件告诉我们，以便我们更好地为您服务。

我们的联系方式：

地　　址：北京市海淀区双清路学研大厦 A 座 701

邮　　编：100084

电　　话：010-83470236　010-83470237

资源下载：http://www.tup.com.cn

客服邮箱：2301891038@qq.com

QQ：2301891038（请写明您的单位和姓名）

资源下载、样书申请

书圈

扫一扫，获取最新目录

课 程 直 播

用微信扫一扫右边的二维码，即可关注清华大学出版社公众号"书圈"。